KB155050

교통공학

Transportation Engineering

| 도철웅 지음 |

교문사

우리나라에 교통공학(Transportation Engineering)이란 학문이 소개된 지 벌써 50년 가까이 되었고, 본인의 졸저인 《교통공학원론(상), (하)》가 출간된 지 30년이 되어가고 있습니다.

이 두 권의 책은 그 동안 두 차례 대폭 개정을 하였으나 그 내용이 너무 방대(尨大)하여 대학의 학부 수준에는 맞지 않는다는 지적이 많았고, 학부 1, 2학년에서 사용할 수 있는 교통공학 소개서(紹介書) 수준의 단행본이 필요하다는 많은 분들의 요청에 힘입어 교통공학 개론 수준의 단행본을 내놓게 되었습니다.

이 책의 주요 내용과 순서 및 범위는 미국의 일반대학교 <교통공학개론> 과목에서 주로 사용하는 교재인 몇 권의 "Introduction to Transportation Engineering"(E.C. Carter, J.H. Banks 등)을 참고로 하여 교통시설 설계부분과 교통운영 및 관리 부분을 대폭 줄이는 대신 교통계획, 수요분석 및 대중교통과 교통프로젝트의 평가를 포함시켰습니다. 구체적으로 설명하면,

(1) 서론 및 교통특성, 차량 및 인간특성, 교통량 변동 부분, 교통류의 특성 및 이론, 교통자료 조사 및 분석 부분은 기본적인 것만 서술을 했고,
(2) 용량과 서비스수준 분석에서 우리나라 도로용량편람의 가장 복잡한 부분인 우회전의 직진환산계수 산정과정과 차로군 분류 과정을 단순화하여 신호교차로를 분석하는 방법을 소개하였습니다. 우리나라 도로용량편람의 신호교차로 분석방법을 종합한 바 있는 필자의 경험을 살려 고안한 이 방법의 결과는 KHCM의 결과와 큰 차이가 없습니다.
(3) 도로의 계획과 기하설계, 교차로 및 인터체인지 설계, 주차 및 터미널 시설설계 부분은 기본적인 도로설계 위주로 대폭 간략화했고,
(4) 교통통제설비, 신호교차로 운영, 교통신호시스템, 교통통제 및 교통체계관리 부분을 교통통제와 교통운영 및 교통체계관리로 단축하여 기본원리만 설명을 했으며,

(5) 《교통공학원론(하)》에 있는 '교통계획'의 5개장을 요약하여 교통계획, 수요분석, 대중교통, 교통사업 평가 등 4개장으로 요약 정리하였으며, 교통수요분석의 마지막 부분에는 교통계획과정 4단계의 예제를 알기 쉽게 풀이하여 설명하였습니다.
(6) 교통경제, 교통환경 및 교통안전은 이 책에서 제외하였습니다.

이 책으로 대학에서 교통공학개론을 강의하려면 2개 학기로 나누어 가르치는 것을 권장(勸奬)합니다. 만약 1개 학기로 가르치려면 각 장의 뒷부분을 생략하는 한이 있더라도 모든 장을 다 조금씩 다루어 교통공학의 전 분야를 조감(鳥瞰)할 수 있도록 하는 것이 좋을 것입니다.

2017년 12월
저자 도 철 웅

차례

제 4 장 교통류 이론

제 5 장 교통자료 조사 및 분석

제 6 장 용량 및 서비스수준

제 7 장 교통시설의 계획과 설계

제 8 장 교통통제

제 9 장 교통운영 및 교통체계관리

제 10 장 교통계획

제 11 장 교통수요 분석

제 12 장 대중교통 운영

제 13 장 교통 프로젝트의 평가

제1장

서론 및 교통특성

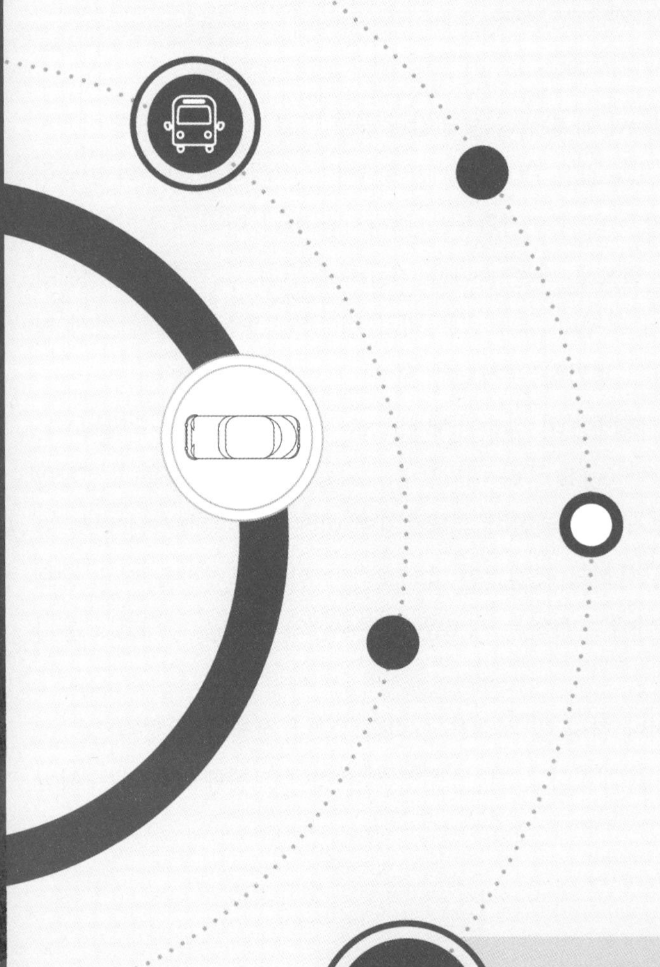

교통이란 사람이나 물자를 한 장소에서 다른 장소로 이동시키는 모든 활동과 그 과정, 절차를 말한다. 유사 이래로 인간의 의식주를 해결하기 위한 모든 경제활동이나 사회활동은 전적으로 교통이라는 수단에 의해서 이루어졌으며, 고대나 현대를 막론하고 인류문명의 모든 분야에 걸쳐 핵심적인 역할을 수행해 왔다. 한 국가의 흥망성쇠도 그들의 종족을 이동시키는 능력이나 교통시설, 즉 도로, 항구, 강 등을 방호하는 능력에 좌우되었다.

1.1 교통의 의의

사회가 복잡해짐에 따라 여러 지역에서 발생하는 인간활동을 연결시키고 물자를 이동시켜야 할 필요성이 더욱 커지므로, 이와 같은 필요성을 만족시키기 위해서는 교통의 발달이 뒤따르지 않을 수 없다. 교통의 발달은 다시 인간활동을 증대시킬 뿐만 아니라 편리하고 풍요롭게 함으로써 더욱 많은 교통을 필요로 하는 순환을 거듭하게 된다. 교통과 인간생활과의 이와 같은 밀접한 관련성 때문에 교통의 양과 질은 바로 한 국가 또는 사회의 경제 및 사회활동과 그 구성원의 생활의 질을 평가하는 척도가 된다.

그러나 이와 같은 교통과 경제, 사회발전의 상승관계에도 불구하고 환경이란 측면에서는 매우 값비싼 대가를 치르지 않으면 안 된다. 특히 대기오염, 소음, 진동 등은 교통이 생활환경을 훼손시키는 대표적인 요인으로서, 인간생활이 윤택해지면 이에 대한 중요성이 더욱 크게 부각된다. 즉 교통이 갖는 경제, 사회의 긍정적인 효과보다도 환경의 영향을 더욱 중요시하는 가치관의 변화로 말미암아 이에 부응하는 새로운 교통수단의 출현을 향해서 교통기술이 발전되고 있다.

그러므로 교통에 관여하는 인간이나 차량 및 시설을 사회적으로나 경제적, 환경적으로 순기능을 발휘할 수 있도록 교통시설을 계획하고 건설, 운영하는 것이 교통에 종사하는 사람들의 중요한 임무이다.

1.1.1 교통과 문명

사람이나 물자의 이동은 인류의 역사와 함께 시작되었다. 신석기시대의 사람들은 그들의 소유물을 옮기면서 먹을 것을 찾아 이곳저곳으로 이동했다. 이처럼 제한적이고 원시적인 사회에서의 이동도 그들의 생활양식을 꾸준히 변화시킨 것처럼, 어느 사회이든 교통이 그 사회가 그 기능을 수행하는 데 있어서 중요한 역할을 한다. 다시 말하면 인간의 생산활동이나 여가활동의 범위와 장소는 교통에 크게 좌우되며, 소비를 위한 상품이나 서비스, 심지어 생활양식까지도 교통과 밀접한 관련을 맺고 있다. 따라서 교통기술의 발달과 현대문명의 발달은 불가분의 관계를 갖는다. 즉 인간의 모든 활동이 교통기술의 발달을 촉진시킬 뿐만 아니라 반대로 교통의 발달이 우리가 살고 있는 사회를 변화시킴으로써 문명의 발달에 이바지한다는 것이다.

교통은 또한 교통시스템을 건설하고 운영, 관리하는 많은 사람의 시간과 연료 및 물자, 토지 등 엄청난 자원을 소모한다. 만약 그와 같은 교통시설의 운영에 실질적인 이득이나 인간생활의 질을 높이는 이득이 없다면 그와 같은 자원소모는 불필요할 것이다. 따라서 교통의 역할을 경제적, 사회적, 정치적, 환경적으로 검토하면 교통이 인간생활에 얼마나 광범위하게 영향을 미치며, 또 그 중요성이 얼마나 큰지 알 수 있다.

1.1.2 교통과 경제

경제란 근본적으로 인간에게 가치 있는 상품이나 서비스의 생산과 분배 및 소비에 관한 것이다. 경제의 발달은 상품의 생산과 분배활동에 크게 의존하며 교통은 이들 상품을 보다 더 필요성이 많은 곳으로 신속히 이동시켜 그 가치를 증대시키는 기능을 수행함으로써 경제활동의 근간을 이룬다. 이와 같은 관점에서 교통의 역할을 이해하는 것은 대단히 중요하다.

사람이 살아가는 데 필요한 의식주를 충족시키기 위해서는 지구상의 자연자원을 사용해야 한다. 그러나 지구상의 자원은 골고루 분포되어 있지도 않을 뿐만 아니라 필요로 하는 장소에 꼭 있는 것도 아니기 때문에 필요성은 언제 어디서나 존재하기 마련이다.

교통은 상품에 공간적 효용(place utility)을 제공한다. 즉 수송거리가 길면 수송비용이 크므로 상품가격이 높아서 소비가 발생하지 않아 효용가치가 없으나 반대로 수송거리가 점점 짧아지면 상품가격이 내려가 소비가 발생하기 시작하므로 생산지에서의 상품의 효용가치가 점점 커지게 된다. 교통이 발달하여 수송비용이 적어지면 상품의 효용가치가 커지지만 공간적인 변위에 따라 그 가치가 달라지는 것은 앞에서 설명한 것과 같은 이유이다.

교통은 또한 상품의 시간적 효용(time utility)을 증대시킨다. 어떤 한 장소에 수송되는 상품이라 할지라도 그것이 도착하는 때에 따라서 상품의 효용가치가 크게 달라지는 상품이 있다. 신문, 화훼, 크리스마스트리 같은 것들이 한 예이다.

교통의 발달은 수송비용을 절감시킴으로써 상품의 생산원가를 낮출 뿐만 아니라 더욱 저렴하거나 질이 좋은 원료를 구입·사용할 수 있게 하며, 생산된 상품을 이동시킬 때의 비용도 줄이므로 상품의 가격이 저렴해진다. 소비자 쪽에서 볼 때는 필요로 하는 상품을 저렴한 가격으로 구입할 수 있을 뿐만 아니라 그 상품의 공급원도 다원화된다. 만약 더욱 효율적인 공급원을 계속 사용한다면 노동의 지역적 분화와 전문화가 이루어지고 소비가 증가할 것이다. 이와 관련하여 교통의 발달로 말미암아 생산활동이 몇몇 지역으로 집중되고 광범위한 시장이 형성된다. 따라서 생산에 있어서 규모의 경제가 갖는 이점을 살릴 수 있다. 상품의 공급이 더 이상 어떤 지역에 국한되지 않기 때문에 만약 어떤 공급원이 필요로 하는 모든 것을 공급하지 못한다면 다른 공급원으로부터 필요한 것을 공급받을 수 있다.

1.1.3 교통과 사회

교통의 경제적·사회적 역할을 엄밀히 구분하기는 힘들다. 그러나 교통의 많은 역할과 일상 생활양식에 미치는 모든 효과를 시장경제의 메커니즘으로만 설명할 수 없기 때문에 이를 구분할 필요가 있다. 그래서 우리들이 말하는 교통의 사회적 역할은 경제적이든 비경제적이든 그 사회 구성원들의 활동범위와 생활방식 속에서 찾을 수 있다.

교통의 속도가 빨라지고 교통비용이 절감됨으로써 인간생활의 공간적 패턴이 아주 다양해졌다. 싼 교통비용으로 인구라든지 경제활동이 바람직하게 분산되거나 집중되기가 용이해졌으며 지난 수십 년 동안 지방에서 도시지역으로의 이주와 도시지역 내에서의 이주 및 도시중심지로부터 외곽으로의 이주가 현저히 많았다. 이와 같은 변화는 사람들이 경제활동의 위치와 그 양상을 알고 이에 따른 의식적인 선택의 결과이다. 뿐만 아니라 교통으로 인해서 사회적으로 바람직하지 않은 변화가 일어나는 것은 충분히 예상할 수 있다.

인구문제, 교육, 위락, 도시팽창, 주거환경 등 현대사회가 안고 있는 제반 문제점은 거의 대부분이 교통문제와 관련을 맺고 있다. 뿐만 아니라 교통의 발달로 말미암아 지역 간의 격차를 해소하고 외딴 지역을 도시지역과 연결시킴으로써 사회적, 문화적 일체감을 달성할 수 있으며, 군사적으로도 대단히 중요하다.

1.1.4 교통과 환경

근대에 와서 인간의 수많은 활동이 자연환경에 결정적인 영향을 미친다는 것은 잘 알려진 사실이다. 교통이 자연환경에 미치는 영향은 우선 자연자원을 사용하는 데 있지만 그 자원의 대부분이 경제시장에서 거래되는 것이 아니기 때문에 그 영향은 별도로 고려되어야 한다. 교통서비스의 가격을 볼 때도 사용된 자원의 가치가 충분히 반영되었다고 볼 수 없다. 교통이 환경에 미치는 영향은 크게 네 가지 범주, 즉 오염, 에너지 소모, 토지이용 및 경관, 안전으로 나눌 수 있으며 이들은 주로 환경에 부정적인 영향을 미친다.

오염 중에서도 가장 심각하고 다루기 어려운 것은 차량이 공기 중에 입자나 가스를 방출하여 대기를 오염시키는 것이다. 모든 형태의 교통수단은 거의 예외 없이 대기를 오염시키며 특히 내연기관을 가진 차량은 많은 오염물질을 방출한다. 인구가 밀집된 지역의 오염은 공장 등과 같이 다른 오염원에서 나온 오염물질과 함께 주민건강에 큰 해를 끼친다.

대기에 방출된 오염물질은 시간이 경과함에 따라 공기의 순환에 의해서 희석되기 때문에 방출된 오염물질과 공기의 질 사이에 명확한 관계를 정립하기는 어렵다. 또 오염이 위험수준에 도달하지 않기 위해서 오염방출을 얼마나 절감시켜야 하며, 또 위험수준이 어느 정도인지 정확히 알려져 있지 않기 때문에 이 분야의 연구가 선진국에서는 대단히 활발히 이루어지고 있다.

우리나라의 경우 대기오염원 중에서 교통수단에 의한 오염이 50% 이상이기 때문에 대기오염을 줄이기 위한 목표를 향해 교통시스템의 운영이나 교통기술을 발전시킬 필요가 있다. 심지어는 교통시스템의 효과척도로써 지금까지 많이 사용하고 있는 주행속도, 지체, 정제수 대신에 대기오염 방출량을 기준으로 하는 경향도 있다.

교통기관에 의한 소음공해도 인간에게 육체적, 정신적으로 큰 피해를 끼친다. 소음원에서 나는 소리를 줄이거나 소음을 차단하는 방법에 관한 많은 연구가 진행 중이며 기술적으로 이 문제를 해결할 날이 멀지 않을 것이다. 이 외에도 교통에 의한 공해는 진동, 수질오염이 있으나 그다지 심각한 수준은 아니다.

세계적으로 연료의 공급, 특히 교통수단이 주로 많이 사용하는 오일공급은 제한되어 있으므로 현재의 추세대로 사용한다면 앞으로 수십 년 내에 오일은 바닥이 날 것이다. 우리나라에서 사용하는 총 에너지의 약 20%를 교통부문에 사용하며 오일의 40%가 도로교통에 소모된다. 그래서 많은 나라에서는 교통수단에 사용되는 연료를 다른 것으로 대체하려는 노력을 하고 있다.

도시화는 도시교통시설의 확충을 요구하며, 이는 또 많은 토지의 사용을 의미한다. 교통시설을 위한 토지는 대개가 띠 모양이며, 도시지역에서 비교적 용량이 큰 시설은 인접 교차교통의 영향을 받지 않게끔 지하차도 또는 고가차도로 처리하는 것이 바람직하다. 이러한 도로는 도로변에서의 접근을 방지하기 위해서 방책을 설치하며 결과적으로 주민의 왕래를 차단하고 통행패턴을 변화시킨다. 뿐만 아니라 도로계획선상의 주민이나 사업체가 다른 지역으로 이동해야 하며 건설 후에는 소음 및 대기오염 문제가 발생하게 된다. 따라서 새로운 도로를 계획할 때는 세심한 주의가 요구되며 그 도로가 어떤 주거지역을 횡단하지 않기 위해서는 가능한 방법을 총동원해야 한다.

1.1.5 교통과 안전

교통의 가장 심각한 문제점은 교통사고로 인한 인명 및 재산손실이다. 우리나라의 교통사고 건수와 그로 인한 피해는 꾸준히 증가추세를 보이다가 1989년을 기점으로 하여 거의 일정한 수준을 유지하고 있다. 그렇더라도 하루에 700건 정도의 교통사고로 평균 28명이 죽고 1,000명 정도가 부상을 당하고 있다.

국가적으로 교통사고 감소를 위한 다각적인 노력이 경주되고 있음에도 불구하고 교통사고의 증가율이 줄어들지 않는 가장 큰 이유는 자동차 대수와 운전면허 소지자의 증가율이 높은 데 비해 교통인프라가 그 추세를 따라가지 못하기 때문이다. 교통사고의 증가율이 자동차 대수와 운전면허 소지자 증가율에 훨씬 못 미치기는 하지만 사고율로 비교하면 선진국 수준의 2~3배에 달하고 있으므로 교통안전은 현재 범국가적인 관심사가 되고 있다.

1.2 교통공학의 영역

Engineering의 사전적 정의는 '과학이나 수학을 이용하여 재화나 자연에너지를 인간에게 유용하게끔 만드는 방법이나 기술 및 그것의 적용'을 뜻한다. 따라서 Engineering은 학문적인 영역에 국한되는 것이라기보다 응용과학 또는 기술의 범주에 속한다. 따라서 교통공학(Transportation Engineering)이란 사람이나 물자를 신속하고 안전하게, 편리하고 쾌적하게, 값싸며, 친환경적으로 질서 있게 이동시키기 위하여 교통시설을 계획하고 설계하며 운영하고 유지관리하는 데 필요한 과학적인 원리와 기술을 연구하고 적용하는 것이라 정의할 수 있다.

전통적인 Traffic Engineering은 도로교통 위주의 교통류 특성과 이론 및 기하설계, 교통운영 기법 등을 다루었으나 1970년대 중반 이후에는 교통환경 및 교통경제 등과 같은 범위까지 교통의 스펙트럼을 넓혀 지금은 거의 다 Transportation Engineering이란 통일된 용어를 사용하고 있다.

도시계획, 교통계획, 교통공학, 도로공학은 기능면에서 볼 때 순차적으로 연결된다. 교통계획은 도시계획의 핵심 요소로서 교통수요를 예측하여 궁극적으로 이 수요를 감당하는 교통망을 구축하는 것이다. 교통공학은 이 교통망 위의 차량들이 신속하고 안전하게 운행할 수 있도록 그 시설의 형태와 규모를 설계하고 효율적인 운행방법을 모색하는 것이다. 도로공학은 교통공학에서 개념적으로 설계한 교통시설을 구체화하고, 세부설계를 하며 시공 건설한다. 따라서 각 단계는 그 앞, 뒤 단계를 어느 정도 수준에서 반드시 이해할 필요가 있다.

그러나 이들 각 분야는 엄격히 구별되지 않는 경우가 많다. 교통전문가는 그의 주된 관심사가 무엇이든 상관없이 교통의 모든 분야에 대한 넓은 안목과 기본적인 지식을 갖추어야 한다. 그래야만 이러한 분야 간의 엄격한 구분은 없어지고 인접분야와 연계하여 이해의 폭도 넓어질 것이다. 배기가스나 소음 문제를 다루는 교통환경 분야는 자동차공학이나 환경공학의 일부분과 그 범위를 같이 한다.

교통공학은 실무수행 과정 및 순서에 따라 교통계획, 교통시설설계, 교통운영으로 분류하여 이해하면 편리하다. 이들은 모두가 서로 밀접한 관계에 있기 때문에 어느 한 분야가 독립적으로 이해되거나 발전한다는 것은 불가능하다. 뿐만 아니라 지금까지의 교통공학이 각 교통수단별 또는 교통시설별로 개별적으로 연구 발전되어 왔기 때문에 '시스템'으로서의 교통을 이해하는 데는 미흡한 점이 너무 많았다는 반성이 강하게 일고 있다. 또 교통공학이란 비록 과학적인 방법과 어떤 기초원리에 의해서 여러 분야가 통합된 것이기는 하지만 공통적인 원리와 접근방법을 가진 단일 분야가 아니라, 특성 있는 문제점이나 접근방법을 가진 여러 분야의 종합이라 할 수 있으므로 모든 교통문제를 다룰 때에 체계분석적 접근법을 사용하는 것이 무엇보다 중요하다. [그림 1-1]은 교통공학의 분야와 이와 밀접한 다른 학문과의 관계를 나타낸 것이다.

1.2.1 교통특성의 조사 및 연구

교통공학은 교통시스템을 건설하고 운영하는 데 필요한 모든 기술적인 활동, 즉 연구, 계획, 설계, 건설, 운영, 유지관리에 대한 책임을 가진 과학기술 분야이다. 교통의 특성이란 교통량, 속도, 밀도, 지체, 차종구성 등을 말하며, 이들은 도로상태나 교통운영조건에 따라 크게 변한다.

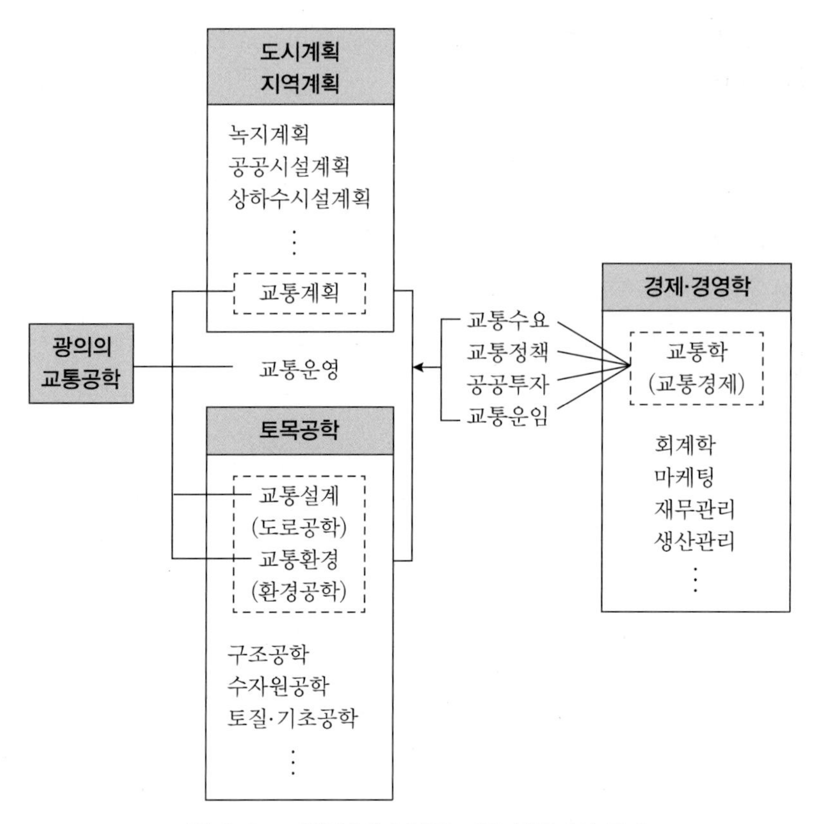

그림 1-1 교통공학의 분야와 다른 학문과의 관계

교통조사란 교통개선을 위한 관련자료를 객관적으로 측정하고 분석하여 교통, 도로 또는 도시계획 단계에서 사용하도록 하는 것이다. 새로운 조사기법의 개발, 교통운영 대책, 새로운 건설재료, 설계의 개선 등은 모두 기초 또는 응용연구로부터 나온다. 그러므로 교통에 대한 관리 및 행정을 담당하는 기관은 항상 담당 교통수단에 대한 모든 측면의 연구개발 계획과 관련자료를 가지고 있어야 한다.

교통조사를 목적에 따라 분류하면 다음과 같다.

- 전국 또는 지자체 별로 교통수요와 교통현황을 광역적, 거시적으로 실시하는 조사 : 사람통행조사, 자동차 기종점조사, 교통량조사, 물류조사, 지체조사 등이 있으며, 이와 같은 조사는 정기적으로 조사되어 일정한 양식으로 집계되어 출판된다. 주로 지역적 특성이나 연도별 변화추이를 나타내는 데 목적이 있다.
- 도로 건설 및 개선 또는 운영방법을 개발하기 위한 조사로서 교통구성과 시간변동을 상세하게 나타내야 하는 조사 : 노변 설문에 의한 경로 및 기종점조사, 교차로의 방향별,

차종별 교통량조사, 경계선조사, 지점속도조사, 주행시간조사, 지구 내 차량대수조사, 노상 및 노외주차조사, 교통용량조사, 지체도 및 지체 발생빈도조사, 버스현황 및 이용도조사, 지체발생 또는 사고 잦은 지점의 원인분석을 위한 특별조사 등이 있으며, 이 조사에서는 전체 교통상황이 전반적으로 관측되어야 하며, 합리적인 대책을 수립하기 위해 비교적 상세한 교통류의 특성을 조사한다. 이 조사는 개선대책의 사전 사후 변화를 평가하는 것으로서 최근에는 시뮬레이션 기법이 발달하여 대상 교통류를 사전에 평가할 수도 있다.

- 문제가 있는 도로구간이나 교차로의 개선을 위한 교통행태조사 : 교통량조사, 속도조사, 밀도조사, 용량조사, 교통류 마찰조사(보행자, 자전거, 주차차량, 신호현시 등), 사고발생 상황조사 등이 있으며, 이 조사는 신호기 설치나 교통규제의 필요성을 평가하기 위한 조사이다. 신호의 조정, 안전시설 설치, 교통규제의 효과를 평가하기 위한 사전. 사후 조사가 여기에 해당된다.
- 기타 교통조사 : 보행자와 자전거의 이용 실태나 도로횡단시의 행태에 관한 조사, 합류행태에 관한 조사, 주민 또는 운전자의 교통의식, 노약자나 어린이의 교통행태 특성조사가 있으며, 인간의 교통의식을 조사하는 앙케이트 조사도 있다.

1.2.2 교통계획(Transportation Planning)

교통시스템에 대한 투자효율을 높이고 도시지역의 급격한 인구증가에 따른 교통수요를 만족시키기 위한 긴박한 필요성에 의하여 선진국에서 1950년대 말부터 발전되기 시작한 학문이다. 이 분야는 경제학의 원리와 도시 및 지역계획의 기법을 이용함으로써 미래의 교통수요를 예측하고, 그에 대한 대안을 분석·평가하며, 교통이 토지이용과 자연 및 사회환경에 미치는 영향을 추정하는 것을 포함한다.

교통계획은 개인이나 지역주민의 경제적, 사회적 여건변화에 따른 교통이용 행태를 분석하여 장래의 교통수요를 정량적으로 예측하고, 그 수요를 충족시킬 수 있는 대안, 예를 들어 교통시설의 위치를 달리하거나 투자규모를 달리하거나 운영방법을 변화시키는 것과 같은 대안을 수립하여 이에 따른 사회, 경제, 환경에 미치는 영향을 분석 평가하며 최적대안을 찾아내어 이를 계속적으로 발전시키는 일련의 과정이다.

장기교통계획의 경우는 20~30년까지의 장래 교통수요를 예측하나 10년 혹은 5년 정도의 예측만 하는 중기 혹은 단기계획도 있다. 교통계획은 장래의 경제, 인구, 토지이용을 충분히 고려해야 하며, 장래 사람과 물자의 공적 혹은 사적인 이동과 터미널 시설 및 교통통제시설(traffic control devices)도 포함하는 종합적인 것이다.

교통계획은 계획을 세우는 측과 이를 시행하는 측의 완벽한 이해와 협력이 이루어져야 하며, 그 계획은 또 정기적으로 재평가되고 수정되어야 한다. 그러므로 교통계획은 변할 수 없는 결론이나 최적해가 아니라 미래의 불확실성과 정황을 반영하는 의사결정 과정이라 할 수 있다.

교통계획의 궁극적인 목표는 모든 교통수요를 질서 있고 안전하게, 효율적, 경제적으로 충족시킬 수 있는 교통망시스템을 구축하는 데 있다. 교통계획이 다루는 범위는 다음과 같다.

① 지역 교통계획에 따른 도로망, 대중교통시스템, 터미널, 주차장의 장기계획
② 특정 교통시설의 개선, 발전계획
③ 장기계획 또는 특정 교통시설계획이 환경에 미치는 영향분석
④ 교통시스템과 그 이용자의 행태에 관련된 요소에 대한 연구

1.2.3 교통운영 및 관리(Transportation Operation and Management)

교통운영 및 관리란 도로, 터미널, 주차장 등 모든 교통시설의 효율을 제고하기 위하여 교통현상과 자료를 기술적으로 분석하고 판단하여 안전하고 원활한 소통을 위한 운영기법을 계획하고 시행하며, 그 성과를 측정, 분석, 평가하는 교통기술 분야를 말한다. 뿐만 아니라 교통수요의 변화나 주위여건의 변화에 따라 변하는 교통의 질과 사회, 경제 및 환경에 미치는 효과를 극대화하기 위해서 끊임없는 중간점검과 평가를 통하여 새로운 운영대책을 발전시키고, 이러한 일련의 계획, 시행 및 성과측정, 분석, 평가의 기법을 발전시키는 것도 교통운영 및 관리에 포함된다. 그러기 위해서는 여러 가지 교통특성, 즉 운전자 및 보행자 특성, 차량운행 특성, 교통류 특성, 통행발생 및 패턴, 주차특성 등을 이해하고, 이들에 대한 과학적인 분석 및 운영방법에 대한 깊은 지식을 필요로 한다.

교통운영 및 관리에서 시설의 용량을 분석하고 교통수요를 감안하여 서비스수준을 검토함으로써 교통개선책을 제시하는 것이 매우 중요한 부분이다. 교통개선책은 시설의 용량을 증대시키거나 안전성을 제고하는 데 주안점을 두기도 하지만 교통수요를 통제하는 방법도 아울러 고려된다. 이때의 개선책은 비록 그것이 대규모투자를 요하는 사업이거나 또는 단순히 운영방법을 변화시키는 것이라 할지라도 반드시 효율성이 입증되어야 타당성을 갖는다.

이때 효율성을 검증하는 기준을 효과척도(measure of effectiveness, MOE)라고 하며 여기에는 지체량, 정지수, v/c비, 평균통행속도, 연료소모량, 배기가스량 등이 있으나 각각에 대한 국가나 지역사회의 관심도에 따라, 그리고 도시지역과 지방도로에서 이들이 갖는 중요성에 따라 다른 기준을 사용하는 수가 많다.

교통운영은 법에 의해서 정해진 설계기준과 이에 따른 교통통제시설에 의해서 수행된다. 즉 이 통제대책은 법으로 규정된 교통운영 방법을 도로이용자에게 운행 중에 눈으로 알아볼 수 있게 하는 가장 좋은 수단이다. 교통운영을 위한 통제대책은 일관성이 있고 분명해야만 효과를 나타낼 수 있으므로, 적용의 통일성을 기하기 위하여 그것에 대한 계속적인 연구와 발전이 이루어져 왔다.

1.2.4 교통시설 설계

교통시설설계란 교통의 구성요소인 도로, 차량 및 사람(운전자, 보행자)의 특성과 속도, 밀도, 교통량 등과 같은 교통류 특성을 고려하여 이에 적합한 교통시설의 구체적인 위치, 규격, 모양, 재료 등을 결정하는 것을 말한다. 즉 예상교통량을 적절한 속도로 운행하게 하는 새로운 도로의 선형, 경사, 횡단면, 교차로, 인터체인지, 출입제한(access control) 등을 교통분석에 의거하여 설계하고, 기존 도로나 교차로의 용량과 안전성을 증대시키기 위하여 재설계를 하거나 주차장 혹은 터미널을 설계하며, 아울러 토지구획설계, 차량의 출입제한을 위한 기준을 수립하는 것을 포함한다. 또 교통시설설계에서는 교통류의 기본원리와 특성에 대한 이해를 바탕으로 하여 교통시설, 특히 도로, 터미널 등의 기능적 설계나 기하설계를 위한 기법을 개발하거나 기준 및 지침을 발전시키는 것도 포함한다.

1.2.5 교통과 연관된 학문분야

교통공학이 다른 분야와 관련되는 경우는 대단히 많다. 교통과 경제발전과의 관계, 요금정책과 산업발전 등을 연구하는 분야, 도시계획적인 측면에서 토지이용과 교통과의 관계를 다루는 분야, 교통에 의한 소음 및 대기오염 등을 연구하는 분야들이 있다. 이 밖에도 교통공학을 연구하기 위한 도구로서의 학문은 수학, 물리학, 통계학, 컴퓨터, 전자공학, 가치공학(Value Engineering), OR, 심리학, 지리학, 등이 있으나 이들 대부분은 각기 그 학문 고유의 영역을 가지면서 그 학문의 원리를 교통에 응용한 것이므로 교통공학에 포함된다고 볼 수는 없다.

교통경제는 교통요금, 공공투자, 정부규제 등과 같은 분야이지만 경제학이나 경영학에서 잘 취급하지 않는 부분이다. 교통수요에 대한 시설의 적정 공급수준을 결정하고, 교통시설 투자에 대한 경제성분석을 하며, 수송비용과 요금정책에 따른 교통수요의 탄력성을 조사하고, 이것이 경제전반에 미치는 영향을 파악하는 일은 교통경제의 영역에 속하지만 교통공학자도 이에 대한 기본적인 지식은 가져야 한다. 교통경제를 '교통학'이라 부르는 이유는 일본의 예를 따른 것이다. 일본에서는 경제 및 경영학에서의 Transportation 또는 Transportation Economics를 '교통학'이라 번역하여 부르고 있다.

교통이란 공공서비스 분야이므로 교통시스템을 건설하고 운영하는 데 필요한 모든 기술적인 활동, 즉 연구, 계획, 설계, 건설, 운영 등에 대한 최종적인 책임은 공공기관에 있다. 따라서 교통에 관련된 각 분야의 활동이 효율적으로 이루어지기 위해서는 이들 활동을 관리하는 교통행정에 대한 실무적인 이해가 반드시 필요하다.

교통시설의 건설 및 시공도 교통공학의 범주에 속하기는 하나 토목공학에서 다루어지므로 교통공학에서 깊이 있게 취급할 필요가 없다.

배기가스 및 소음문제를 다루는 교통환경 분야는 교통공학에서 중요한 이슈로 등장하고 있으며, 외국에서는 교통공학에서 이 분야에 대한 연구가 대단히 활발히 진행되고 있으나 우리나라에서는 아직도 이 분야에 대해서는 관심이 적은 편이다.

1.2.6 교통전문가의 구비조건

교통과 관련이 있는 모든 분야는 공학적인 전문성을 요구한다. 토목공학자는 수송시스템에 관련된 시설물을 설계하고 개선하며 건설·관리하는 역할을 담당하고, 기계 및 항공공학자 또는 조선공학자는 수송수단을 설계한다. 전기전자공학자는 동력 또는 제어시스템을 발전시키며, 산업공학에서는 인간행태 분석전문가들이 승객 또는 수송수단을 조작하는 인간의 복잡한 행동양상을 연구한다. 교통공학자는 교통계획기법, 시설의 체계적인 운영 및 기하설계 기법을 발전시킨다.

앞에서 말한 교통과 관련된 여러 분야에 종사하는 사람이 교통공학에 대한 기본적인 지식이 없이 교통에 관련된 전문성을 발휘할 수 없는 것과 마찬가지로 교통공학자는 교통에 연관된 여러 분야의 기본적인 지식을 갖추어야만 한다. 특히 교통관련 자료를 통계적으로 처리해야 할 필요성이 많기 때문에 일반적인 통계학에 관한 지식이 요구된다. 특히 교통의 현상이나 특성을 이론적으로 규명하여 교통기술의 발전에 이용하기 위해서는 상당한 수준의 통계학, 예를 들어 실험통계(Experimental Design), 대기행렬이론(Queueing Theory), 시계열분석(Time Series Analysis), 비모수통계학(Nonparametric Statistics) 등에 관한 지식을 필요로 한다. 뿐만 아니라 방대한 교통자료를 취급하거나, 운전자와 차량이 통행을 만들 때 생기는 교통의 특성을 시뮬레이션 기법으로 모델링하기 위해서는 컴퓨터 사용에 숙련되어야 한다.

교통은 일정한 시간대 내에서 다양한 수송대상(사람, 물자 등)을 각종 수단(도로, 철도, 해운, 항공 등)을 이용하여 다양한 지역(도시, 지방, 국가 등) 내 또는 지역 간을 이동시키는 것이므로 동일한 시간단면에서 볼 때 대단히 복잡한 활동들의 상호작용 또는 과정이다. 따라서 교통공학자는 시스템 전반에 관한 안목이 있어야 한다.

교통공학자는 또한 그 사회에서 교통효율을 극대화하기 위하여 각종 대중교통수단에 대한 균형을 이룬 예산배정이나 지원책의 필요성을 인식해야 하며, 교통이 지역사회에 미치는 영향이나 기여도를 파악할 수 있는 실용지식을 가져야 한다. 이와 같은 역할을 만족스럽게 수행하기 위해서는 공공이익에 관한 깊은 관심과 정치적 의사결정 과정에 대한 충분한 지식을 가지고 있어야 한다.

교통시스템을 계획하고 설계, 운영하며 이를 관리할 때는 도로망의 고려사항이라든가, 또는 터미널의 요구조건, 각 시스템이 다른 교통수단이나 인접 토지이용에 미치는 영향 및 주위 환경에 미치는 영향 등을 반드시 고려해야 한다. 뿐만 아니라 교통의 발달이 수반하는 문제점인 교통혼잡, 교통사고 및 환경오염, 그리고 환경손상에 대한 중요성을 누구보다도 깊이 인식해야만 한다.

교통분야가 점점 더 복잡해지고 또 빠른 변화를 나타내고 있으므로 최신의 분석기술과 기술적인 과제에 대한 자질을 갖춘 인재가 많이 필요하다. 그런 이유와 또 교통분야의 다양성 때문에 교통공학을 배우는 사람들은 앞으로 직업적 경험을 쌓아가는 기회가 많을 것이다.

1.3 교통시스템 및 교통특성

교통이란 인간의 활동이 일어나는 수많은 장소와 장소를 서로 연결함으로써 사회에 공헌하도록 고안된 서비스이다. 이러한 서비스를 제공하기 위한 교통시스템의 주요 구성요소는 다음과 같다.

- 교통시설(수송로) : 도로, 철도, 공항, 항만, 관로, 운하 등과 이에 수반되는 주차장, 박차장, 조차장
- 운반수단 : 자동차, 선박, 항공기 등
- 운전자 : 운반수단을 운전하는 사람
- 조직 : 시설 관련 조직과 운영조직으로 나눌 수 있다. 시설관련 조직은 주로 교통시설을 계획, 설계, 건설, 유지관리, 및 운영하는 것이다. 중앙정부의 건설교통 관련 부와, 지자체의 건설교통 관련 부서, 광역교통계획기구(범지자체의 광역 수준의 교통계획을 담당하는), 기타 지방행정조직의 토목 및 교통담당 부서 들이 여기 속한다. 운영조직은 수송수단 즉 철도, 항공, 선박, 자동차, 이륜자동차, 자전거 등을 움직이는 조직 또는 사람을 말한다.
- 운영 전략 : 운행노선 배정, 운행스케줄 작성, 교통제어기법 등

교통시스템의 구성요소 중에서도 중요한 것은 수송로(guideway)와 차량(vehicle) 및 운전자(driver)이다. 수송로는 시스템의 고정시설로써 노선과 교차점 및 터미널로 구성되며 교통시스템의 가장 중요한 구성요소이다. 도로교통 및 지하철 교통과 같이 2개 이상의 시스템을 함께 고려하는 복합시스템의 경우는 그 구성요소의 상호연관성 때문에 시스템 분석이 대단히 복잡하고 또 고도의 교통기술을 필요로 한다. 동일한 형태와 질을 갖는 교통서비스가 어느 곳에서나 가능한가, 않는가의 여부는 그 시스템의 고정시설의 위치에 따라 달라지기 때문에 분석 시 그 시설의 위치특성을 반드시 고려해야 할 필요가 있다. 이와 같은 교통서비스의 편재성(ubiquity)은 수송망(transportation network)의 개념을 통하여 달성할 수 있다.

수송로는 그 양 끝단에 주정차 시설 등과 같은 터미널이 있으며 이 시설이 효율적으로 운영되기 위한 운영시설 또는 부대설비가 따른다. 이 수송로는 도로나 철도처럼 지상의 것도 있으며 바다나 공중의 항로도 있다. 이동수단은 개개의 차량에서부터 연속된 컨베이어 벨트(conveyor belt)까지 각양각색이다. 터미널도 거대한 화물이나 버스터미널에서부터 주차장

또는 짐이나 승객을 태우고 내리는 조그만 공간에 불과한 것도 있다.

지금까지 여러 가지 형태의 교통수단이 사용되어 왔다. 어떤 것은 옛날부터 발전되어 내려온 것이 있는가 하면 어떤 것은 우주시대의 산물도 있다. 이들 수단들은 서로 치열한 경쟁을 하고 있으므로 기술의 발전에 따라 사라지기도 하고 더욱 새로운 것이 끊임없이 출현하기도 한다.

지구상의 주요 교통활동은 도로, 철도, 항공, 해운, 연속수송 등 5개 시스템에 의해서 수행되며 이들은 또 각각 2~3개의 하부 시스템으로 구성된다. [표 1-1]은 이들 주요 시스템의 주요 기능을 열거했다. 이 책이 도로교통과 지하철 교통만을 취급하지만 국가 전체의 교통을 고려하기 위해서는 이들을 함께 이해할 필요가 있다.

표 1-1 주요 교통시스템의 주요 기능

시스템	수 단 (mode)	인 원 수 송	화 물 수 송
도 로	트 럭	-	도시 간 또는 지구 내의 모든 종류의 화물로 통상 적재량이 적음. 컨테이너 이용 가능
	버 스	도시 간 또는 지역, 지구 내	도시 간의 소화물
	승 용 차	도시 간 또는 지역, 지구 내	개인용품 수송
	자 전 거	지구 내, 위락수단	-
철 도	철 도	도시 간, 출퇴근용	도시 간, 대형화물, 컨테이너, 살화물(bulk cargo)
	전 철	도시 내, 지역 내	-
항 공	국제항공	국가 간, 장거리, 해양횡단	고가품(高價品)의 장거리 수송, 컨테이너
	국내항공	도시 간, 관광여객, 사업목적	소규모
해 운	외항선박	승무원	bulk cargo, 컨테이너 이용
	연안선박	항구 간 여객, 관광객	bulk cargo, 바지선 이용
기 타	관로(管路)	-	오일, 천연가스, 장·단거리 수송
	벨트 컨베이어	에스컬레이터, 수평이동벨트, 짧은 거리	재료수송, 15 km 이내
	삭 도	리프트 및 토우, 험한 지형에서 단거리 관광객	험한 지형에서 재료 수송

1.3.1 교통시스템의 비교

교통서비스의 궁극적인 목표는 이동성(mobility)과 접근성(accessibility)을 제공함과 동시에 효율성(efficiency)을 가져야 한다. 이용객은 각 교통수단이 갖는 고유의 편리성(convenience), 쾌적성(comfort), 안전성(safety), 경제성(economy), 신속성(rapidity)을 주관적으로 판단하여 교통수단이나 교통시설을 선택하게 된다.

접근성이란 그 시스템을 이용하기 위한 접근 용이도와 접근지점들을 연결하는 노선의 직접성 및 여러 종류의 교통을 수용하는 능력을 나타낸다. 이동성이란 시스템의 능력과 속도에 따라 좌우되는 수송 가능한 교통량을 말하며 수송비용과 환경 및 에너지 효과, 신뢰성, 안전성 등은 그 시스템의 효율성을 나타내는 주요 지표가 된다.

도로교통은 모든 교통수단 중에서도 가장 접근성이 양호하다. 이는 역사적으로 모든 토지소유주는 도로에 직접 접근을 해야 한다는 개념에서 비롯되었다고 볼 수 있다. 도로망 내에 이용 가능한 많은 노선이 있기 때문에 전체 이동속도는 매우 양호한 편이나 사람이 운전하기 때문에 일정한 정도 이상의 속도를 낼 수가 없다. 개개의 차량은 비교적 작으므로 용량, 특히 화물수송 용량은 적은 편이다. 효율 면에서 볼 때 도로교통이 다른 시스템에 비해 그다지 좋은 편은 아니나, 많은 사람이 이를 이용하고 있음을 볼 때 시스템이 갖는 효율성보다 양호한 접근성에 더 큰 가치를 부여함을 알 수 있다.

철도는 노선과 터미널 건설에 필요한 막대한 비용과 그것을 위한 재원염출의 어려움 때문에 접근성이 제한될 수밖에 없다. 기술적으로도 철도의 노선은 경사와 곡률에 제약을 받으므로 도로보다 융통성이 적다. 그러나 차량을 연결함으로써 용량을 크게 늘릴 수 있으며 도로에서의 가능한 속도보다 두 배를 높여도 무리가 없다. 여러 가지 측면에서 보더라도 효율성은 높은 편이나 노동집약적인 운영 특성 때문에 직접비용이 크다는 단점이 있다.

항공교통은 접근성이 좋지 않은 반면 속도는 다른 어떤 교통시스템보다 빠르며, 또 용량은 비교적 적은 편이다. 고속의 항공교통이 갖는 매력은 다른 어떤 단점, 특히 큰 비용을 보상하고도 남는다.

해상교통은 안전한 항구를 필요로 하기 때문에 접근성에 제약을 받으며 지리적인 영향을 받는다. 선박은 속도가 비록 낮지만 수송능력은 다른 어느 교통수단보다 크기 때문에 살화물(bulk cargo)을 수송할 때의 효율은 아주 크다.

관로는 수송로가 고정되어 있으므로 철도교통의 접근성과 유사하다. 노선당 단위비용은 도로와 철도보다 적으며 수송로 부지 획득의 비용이 적고 도로나 철도보다 건설이 훨씬 용이하다. 기술적으로 전혀 다르기는 하지만 벨트 컨베이어 시스템은 수송로의 길이, 속도, 용량을 고려할 때 관로와 유사하다.

1.3.2 우리나라의 교통특성

도로는 국내 여객수송에 가장 큰 몫을 담당하며, 항공교통은 장거리 여행자를 수송하는 주요 기능을 수행한다. 이와 달리 국내 화물수송에서 도로가 전체 화물수송(톤 단위)의 약 3/4을 담당하고 해운이 20% 정도를 담당한다. 국제수송에서는 화물은 해운, 여행객은 항공이 거의 전부를 담당한다.

근년에는 전반적인 여객수송량은 그다지 증가하지 않은 데 비해 지하철, 항공, 해운의 이용객은 크게 늘었다. 다시 말하면 철도와 도로이용 인구는 비슷한 수준을 유지하거나 오히려 줄었다. 반면 지하철 승객과 국내항공여객은 큰 폭으로 증가하였으며, 국내화물 수송실적과 국제화물은 꾸준한 증가세를 보이고 있다.

우리나라 모든 차량통행량의 50% 이상이 서울, 인천, 경기 등과 같은 수도권 지역에서 일어난다. 택시의 연평균 주행거리는 자가용 승용차의 약 5배이며, 영업용 버스는 자가용 승용차에 비해 약 4배 더 많이 주행한다. 우리나라의 모든 차량의 연평균 주행거리는 약 2만 km로써 이 값은 다른 선진국에 비해 여전히 높으나 매년 줄어드는 경향을 보인다.

에너지에 관한 관심이 점차 높아지고 있으므로 수송시스템이 소비하는 에너지에 대해서 알 필요가 있다. 거의 대부분의 수송수단은 석유류를 사용하며 우리나라 총 소비에너지의 약 16% 정도를 수송수단이 소비한다.

1.3.3 도시교통 특성

지방부 도로와 도시가로의 교통은 완연히 다른 특성을 나타낸다. 1986에 제정된 도시교통정비촉진법으로 인구 10만 명 이상의 도시 및 그 도시와 같은 교통생활권에 있는 지역은 도시교통정비기본계획을 20년 단위의 장기계획과 10년 단위의 중기계획으로 구분하여 수립하고, 이 계획을 수립하기 위해 필요한 기초조사를 실시하고 있다. 그 이전인 1984년에는 우리나라 최초로 서울, 부산, 대구, 대전, 광주 등 5대 도시에 대한 교통개선방안에 관한 연구를 수행하여 1996년까지의 교통개선대책을 수립한 바 있다. 이 연구는 연구 그 자체의 성과도 중요하지만 도시교통에 관한 여러 가지 자료를 광범위하게 수집, 분석하여 뒤따르는 여러 가지 연구의 기초자료를 제공할 수 있었던 것에 큰 의의를 둘 수 있다.

(1) 도시통행

통행(trip)은 도시지역에서 발생하는 여러 가지 활동의 종류와 양을 나타내는 단위로서 인구 1인당 일 평균통행수는 1 이상이다. 소득이 높은 계층의 사람은 교통수단도 좋으며 더 많은 활동을 하게 되므로 통행빈도가 높다. 이 통행발생률은 혼잡하지 않고 교통서비스가 좋은 지역이라 하더라도 3을 넘는 예는 거의 없다. 그러나 실제 교통을 유발하는 교통인구 1인당 하루의 통행발생률은 이보다 훨씬 높다.

통행길이에 관한 자료는 도시고속도로의 계획이나 대중교통 계획을 위해서 아주 요긴하게 사용될 수 있으나 이것에 관한 자료는 거의 없다. 일반적으로 작은 지역에서 발생하는 통행은 큰 지역에 비해서 그 길이가 짧으며 출퇴근 목적을 위한 통행길이가 여러 통행목적 중에서 가장 길다.

수도권과 같은 대도시의 경우 교통수단별 이용분담률은 버스와 지하철 및 전철이 50% 이상 차지하고 있고, 그 다음으로 도보와 승용차를 이용하는 통행이 주종을 이루며, 택시 통행이 가장 적다.

우리나라 수도권의 경우 목적별로 본 통행량은 70%가 출퇴근 및 등·하교 통행이며 나머지 30%가 개인용무, 쇼핑, 여행 등을 위한 통행이다. 그러므로 통행의 대부분은(90% 이상) 그 출발지나 목적지 중 어느 하나는 자택이며, 특히 출퇴근 통행 및 등하교 통행의 기점과 종점은 거의 대부분 자택이다. 또 출퇴근 통행 및 등하교 통행은 50% 이상이 버스나 지하철, 전철을 이용하나 기타의 목적을 위한 통행은 택시 및 승용차 이용이 버스 이용보다 많다.

(2) 첨두특성

도시지역에서 교통문제를 특히 많이 야기하는 시간대는 반드시 있게 마련이다. 서울의 경우 첨두현상을 일으키는 출퇴근 통행이 전체 통행의 70%를 차지하면서 이들의 50% 이상이 버스, 지하철 및 전철을 이용하므로 이들 대중교통의 첨두현상은 다른 교통수단보다 더욱 심각함을 알 수 있다. 그렇다고 이 수요를 승용차로 전환시키면 도로혼잡은 더 심각하게 될 것이다. 따라서 첨두수요까지 수용할 수 있도록 도로용량이나 대중교통 용량을 증대시키거나, 첨두수요를 분산시키는 방법을 강구해야 한다.

(3) 중심업무지구

모든 도시지역은 토지이용 밀도가 특별히 높은 지역이 적어도 한 곳은 있다. 이와 같은 지역은 다른 여러 곳으로부터의 접근이 아주 용이해야 할 필요가 있는 곳으로 주로 도심지에 위치하여 주요 사무실, 쇼핑센터, 문화센터 등이 몰려 있으며 이 지역을 중심업무지구(Central Business District, CBD)라 한다.

앞에서 말한 첨두통행의 많은 부분이 그 기점과 종점을 CBD에 두고 있기 때문에 CBD는 주변지역의 다른 곳보다도 교통에 관한 관심이 더욱 크게 요구되는 곳이기도 하다. 또 토지이용의 밀도와 지가가 높기 때문에 넓은 토지나 공간을 필요로 하는 교통문제 해결책을 시행하는 데는 많은 어려움이 있다.

도시지역으로 들어오는 대부분의 교통은 일부 이 지역을 통과하는 교통을 제외하고는 거의 도시 내에 목적지를 갖는다. 도시 내로 들어오는 교통 중에서 통과교통이 아닌, 목적지가 도시 내인 교통의 비율은 도시의 크기가 커짐에 따라 증가하며, 반대로 도시 내 교통 중에서 CBD에 목적지를 둔 비율은 도시의 크기가 커질수록 적어진다.

(4) 도시주차

차량주차는 도로교통시스템의 중요한 요소이다. 차량당 연평균 주행거리를 기준으로 볼 때 일년에 차량을 운행하는 시간보다 세워놓는 시간이 훨씬 더 많다. 그러므로 CBD와 같이 주차공간에 비해 주차수요가 많은 지역은 주차특성을 면밀히 분석할 필요가 있다. 이와 같이 주차문제는 도시규모가 클수록 더욱 심각해진다. 일반적으로 도시의 크기가 클수록 CBD의 주차공간의 절대량은 크지만 인구당 주차공간으로 볼 때는 오히려 줄어든다.

도시의 크기가 클수록 주차장으로부터 최종목적지에 이르는 평균보행거리가 길어진다. 그러나 이 거리는 통행목적에 따라 크게 차이가 나며, 통상 장시간 주차를 하는 출퇴근을 위한 통행이 다른 통행목적에 비해 주차장에서 최종목적지까지의 보행거리가 길다. 쇼핑이나 개인용무를 위한 통행의 주차시간은 비교적 짧으며, 따라서 목적지에 가까운 주차장을 찾으려는 경향 때문에 이 보행거리는 짧아진다.

주차수요는 하루 종일 변한다. 대도시에서 하루에 주차하는 실주차대수(parking volume)의 50% 이상이 오전 11시와 오후 2시 사이에 주차를 하며, 주차수요는 교통량처럼 계절별, 요일별, 시간별로 변동이 있다.

1. TRB., *Transportation Education and Training*, TRB. Rec.1101, 1986.
2. ITE., *Transportation Engineering*, Journal, Jan. 1980.

3. Edward K. Morlok, *Introduction to Transportation Engineering and Planning*, McGraw Hill Book Co., 1978.
4. ITE., 1985, *Membership Directory*, Washington, D.C., 1985.
5. Everett C. Carter and W. S. Homburger, *Introduction to Transportation Engineering*, ITE., 1978.
6. Roger L. Creighton, *Urban Transportation Planning*, University of Illinois Press, 1970.
7. John W. Dickey, *Metropolitan Transportation Planning*, Scripta Book Co., 1975.
8. Arnold Whittick, *Encyclopedia of Urban Planning*, McGraw Hill Book Co., 1974.
9. William I. Goodman and Eric C. Freund, *Principles and Practice of Urban Planning*, ICMA., 1968.
10. ITE., *Transportation and Traffic Engineering Handbook*, 1982.
11. J.H. Banks, *Introduction to Transportation Engineering, Second Edition*, McGraw Hill.,2004.
12. 경찰청, 2001년도 판 교통사고통계, 2001.
13. 건설교통부, 교통통계연보, 2002.
14. 교통안전공단, 2001 자동차 주행거리 실태조사 연구, 2002.12.
15. 김대웅, 교통조사분석, 형설출판사, 2004.

1. 교통의 발달이 공간적 효용과 시간적 효용을 증대시켜 경제활동의 각 영역에 어떤 긍정적 영향을 끼치는지 구체적 예를 들어 설명하시오.
2. 앞으로 50년 후 개인교통수단이 여전히 존재하게 될지 의견을 말해보시오.
3. 도로교통에서 첨두특성을 없애면 어떤 이점이 있으며, 그러자면 어떤 구체적인 방법을 강구해야 하는지 말해보시오.
4. 이용자 관점에서 본 개인승용차의 장점과 사회 또는 국가적 관점에서 본 승용차의 단점을 비교하고 먼 장래 개인승용차의 존속 여부에 대한 토론을 하시오.
5. 교통시스템이란 무엇이며 어떤 요소로 구성되어 있는가?

제2장

차량, 인간특성 및 교통량 변동

교통이란 3개의 주요 요소 즉, 수송로와 터미널, 차량, 그리고 운전자 및 통행자로서의 인간이 어우러지는 현상이다. 교통시설 및 이의 계획, 설계, 운영을 위해서는 교통의 주체가 되는 차량과 인간 요소 중에서 교통과 관련되는 어떤 기본적인 특징을 이해할 필요가 있다. 뿐만 아니라 이 요소들이 교통로 상을 이동할 때 생성되는 교통류는 관로 내에서 흐르는 유체와 유사한 특성을 나타내며 흘러간다.

이 장에서 다루는 차량이란 주로 자동차와 자전거를 말하며, 또 이 차량을 움직이는 인간의 육체적, 생리적, 정신적인 면이 교통에 미치는 요인과, 교통류의 물리적 현상을 중점적으로 설명한다. 통행을 일으키는 동기는 뒤에 교통계획에서 다루어진다.

교통전문가는 다양한 도로, 차량, 운전자를 취급한다. 각 운전자는 같은 교통조건에 대하여 보고, 듣고, 반응하는 능력이 각자 다르며, 차량의 성능도 비록 같은 공장에서 동시에 생산된 것이라 하더라도 서로 다르다. 도로조건 역시 꼭 같은 곳이라고는 존재하지 않는다.

이와 같이 다양한 차량, 도로 또는 운전자의 행태가 평균치를 중심으로 어떤 경향을 갖는다고 할 때, 단지 이 평균치만을 기준으로 하여 계획 또는 설계를 해서는 안 된다. 뿐만 아니라 여러 운전자나 차량 또는 서로 다른 도로구간에 존재하는 다양성을 이해하지 않으면 교통시설을 적절하게 설계하거나 운영할 수 없다.

이 다양성을 교통공학에 적절히 반영하기 위해서는 다양한 형태의 분포가 어떤 것인지 알아야 하며 이를 통계적으로 처리할 줄 알아야 한다.

2.1 차량특성

2.1.1 규격 및 중량

교통류에 포함되는 차량은 승용차, 버스, 화물자동차, 2륜차 등으로서 크기나 중량이 크게 다르다. 이들 차량제원은 도로설계 때 구조적으로나 기하적인 측면에서 큰 영향을 미친다.

일반적으로 통용되는 도로의 규격은 차량의 규격을 제한한다. 한 차로의 폭은 통상 3.5 m 이내이며 통과높이는 4.5 m 이상의 값이 일반적으로 사용된다. 그러므로 차량의 최대규격은 이러한 도로의 규격보다 적은 값을 갖도록 법에 규정하고 있다. 또한 도로포장의 종류나 규격에 따라서 차량의 허용 축하중이나 바퀴하중이 달라진다. 우리나라의 자동차안전기준에 관한 규칙(건설교통부: 2001.4.28)에 규정된 차량의 규격 및 중량제한은 다음과 같다.

길이	13.0m 이하
폭	2.5m 이하
높이	4.0m 이하
최저지상고	0.12m 이상
차량무게	20톤 이하(화물차 및 특수차 40톤)
축하중	10톤 이하
바퀴하중	5톤 이하
연결차	16.7m 이하
최소회전반경	12.0m 이하(바깥쪽 앞바퀴 기준)

차량의 제원은 어떤 교통시설을 설계하는 데 영향을 준다. [그림 2-1]은 우리나라의 대표적인 중형 승용차의 제원이다. 회전반경은 통로와 램프의 설계에 필요한 자료이며, 앞 뒤 내민 길이는 주차장시설의 설계에 필요한 자료이다. 교차로와 교통섬을 설계하기 위해서는 그 지점에서 통과가 예측되는 가장 큰 차량의 회전양상을 고려해야 한다.

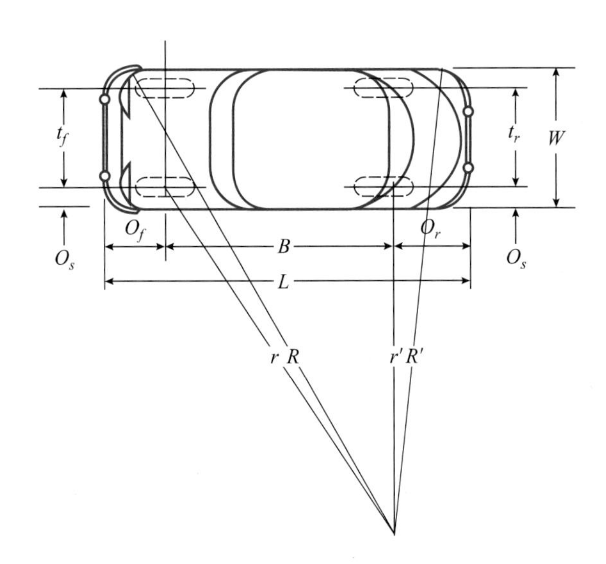

부호	명칭	길이(m)
L	전체 길이	4.71
W	전체 폭	1.82
B	축간 거리	2.70
O_f	앞 내민 길이	0.85
O_r	뒷 내민 길이	0.96
O_s	옆 내민 길이	0.15
R	최소회전반경(앞범퍼)	5.58
R'	최소회전반경(뒷범퍼)	4.58
r	최소회전반경(앞바퀴)	3.88
r'	최소회전반경(뒷바퀴)	2.94
t_r	뒷바퀴 간격	1.52
t_f	앞바퀴 간격	1.54
	높이	1.41
	최저 지상고	0.16
	차량 무게(공차시)	1.34톤

그림 2-1 우리나라 대표적 중형자동차의 제원(2,000 cc)

2.1.2 주행저항과 가속 및 감속

차량에 작용하는 외력은 엔진출력으로부터 차량내부 각 기관에서 소모된 후 최종적으로 구동바퀴에 전달되는 구동력과, 주행저항 및 바퀴와 노면 사이의 마찰력 등이다. 이 힘들의 합력에 의해 가속도 또는 감속도가 작용하여 차량이 움직이거나 속도를 변화시킨다.

차량이 움직이는 데 발생하는 엔진 외부저항을 주행저항이라 하며 여기에는 구름저항(rolling resistance), 공기저항(air resistance), 경사저항(grade resistance), 곡선저항(curve resistance)이 있다.

차량이 가속을 할 때 이에 저항하는 관성력을 가속저항 또는 관성저항이라 하여 주행저항에 포함시키는 사람도 있으나, 이 관성력은 감속시에도 저항력과 반대 방향으로 발생하므로 여기서는 주행저항에 포함시키지 않고 별도로 고려한다.

① 구름저항(rolling resistance; R_r) : 구르는 타이어와 노면 간의 접지조건에 따라 발생하는 저항. 노면상태와 차량의 무게에 좌우된다. 차량의 무게를 W (kg)라 할 때 승용차, 아스팔트 또는 콘크리트의 양호한 노면상태를 기준으로 해서 $R_r = 0.013\,W$(kg)의 관계를 갖는다.

② 공기저항(air resistance; R_a) : 차량 진행로의 공기효과 및 차량표면의 공기 마찰력, 차량 후미의 진공효과에 의한 저항력. 차량의 전부단면적과 주행속도에 좌우된다. 차량의 전부 단면적을 A(m^2), 속도를 V (kph)라 할 때, $R_a = 0.0011 A V^2$ (kg)이다. 이 식은 공기저항계수가 비교적 적은 최근의 승용차에 관한 식이므로 제작연도가 오래된 차량이나 버스나 화물차인 경우는 이보다 더 큰 값을 갖는다.

③ 경사저항(grade resistance; R_g) : 차량무게가 경사로 아래 방향으로 작용하는 분력. 차량의 무게와 경사의 크기에 좌우된다. 경사의 크기를 s (%)라 할 때, $R_g = 0.01\,Ws$ (kg)의 관계를 갖는다.

④ 곡선저항(curve resistance; R_c) : 곡선구간을 돌 때 앞바퀴를 안쪽으로 끄는 힘으로 소모되는 힘. 차종, 곡선반경, 속도에 좌우된다. 곡선저항 R_c는 다음 표와 같다.

곡선반경(m)	속도(kph)	곡선저항(kg)
345	80	18
345	95	36
170	50	18
170	65	54
170	80	108

(1) 가 속

차량의 가속 및 감속특성은 교통공학과 도로기술에서 매우 중요하다. 운전자가 정상적인 여건에서 속도를 변화시키는 변화율은 고속도로의 가속, 감속차로 및 테이퍼(taper)의 설계, 주의표지의 위치선정, 속도변화구간의 설치를 위한 기초자료를 제공한다. 최대가속능력은 운전자가 왕복 2차로 도로에서 추월을 할 때 발휘되며 도로의 종단곡선 및 평면곡선 설계의 중요한 요소가 된다.

가속하는데 쓰이는 힘은 구동바퀴에 전달되는 구동력에서 주행저항을 뺀 나머지 힘이다. 이를 수식으로 나타내면 다음과 같다. 여기서 차량이 직선운동을 하므로 모든 힘을 스칼라량으로 나타내도 좋다.

$$F-R=\frac{W \cdot a}{g} \tag{2.1}$$

여기서 F = 구동바퀴에 전달되는 구동력(kg)
R = 주행저항(kg)
W = 차량의 무게(kg)
a = 가·감속도(m/sec²)
g = 중력의 가속도(9.8 m/sec²)

이 식을 다시 쓰면 $a=\frac{(F-R)g}{W}$ 로써 가속도는 구동력에서 주행저항을 뺀 힘 $(F-R)$에 비례하고 차량의 무게 W 에 반비례한다는 것을 알 수 있다. 그러나 구동바퀴의 구동력이 아무리 커져도 구동축 타이어와 노면의 마찰계수로 결정되는 마찰력보다 클 수는 없다. 차량의 무게는 구름저항과 경사저항의 크기에 영향을 주며, 속도는 공기저항과 곡선저항의 크기에 영향을 준다. 승용차의 가속능력은 일반적으로 트럭이나 버스보다 크다. 이러한 사실은 트럭과 승용차가 동시에 같은 교통류에 혼입될 때 문제를 야기하기 때문에 중요하다.

승용차의 정상적인 가속도 및 감속도는 주행 중의 속도에 따라 다르며 일반적으로 관측되는 값은 [표 2-1]과 같다. 차량이 추월하기 위해서는 그 차량의 최대가속능력을 고려해야 한다.

(2) 감 속

차량의 브레이크를 밟지 않더라도 가속페달에서 발을 떼면 공기저항과 엔진 압축력에 의

표 2-1 정상가속도 및 감속도

속도변화(kph)	가속도		감속도	
	(kph/sec)	(m/sec²)	(kph/sec)	(m/sec²)
0~30	5.5	1.53	7.5	2.08
30~40	2.0	0.56	6.7	1.86
40~50	1.4	0.39	5.0	1.39
50~60	1.0	0.28	5.0	1.39
60~70	0.8	0.22	5.0	1.39
70~80	0.8	0.22	5.0	1.39

자료: 참고문헌(2)

해서 저절로 감속이 된다. 따라서 고속에서는 이들 저항이 크므로 감속도가 비교적 크다. 예를 들어 시속 100 km로 달리다가 가속페달에서 발을 떼면 약 3.4 kph/sec의 감속이 생긴다. 이 경우는 후미등이 켜지지 않으므로 뒤에 따라오는 차량에게 예고 없이 감속이 이루어지는 상황이기 때문에 고속교통을 통제할 때 유의해야 한다.

브레이크를 밟아 감속하는 경우, 비상시 최소정지거리를 얻기 위해서는 최대감속도를 사용하며, 정지표지나 신호등 앞에서 정상적인 정지를 하기 위해 필요한 적절한 길이와 시간을 알기 위해서는 정상적인 감속도를 사용한다.

차량이 일정한 속도로 주행할 때 구동바퀴에 공급되는 구동력은 저항을 극복하는 힘뿐이다. 따라서 차량을 정지시키기 위해서 작용하는 힘은 구동력이 단절됨으로 살아나는 주행저항력과 차량에 작용하는 제동력이며, 이 두 힘으로 이 차량이 가지고 있는 관성을 제거한다. 또 만약 v (m/sec)의 속도에서 감속을 하여 t 초 후 정지하는 경우라면, $v = at$이므로 이 관계식은 세 번째 항과 같이 나타낼 수 있다.

$$F + R = \frac{W \cdot a}{g} = \frac{W \cdot v}{g \cdot t} \tag{2.2}$$

주행저항력은 제동력에 비해 그리 크지 않으므로 이를 무시하고, 제동력 F는 타이어와 노면 사이의 마찰력과 같으므로 식 (2.2)는 다음과 같이 된다.

$$F = f \cdot W = \frac{W \cdot a}{g}$$

따라서 감속도는 다음과 같이 나타낼 수 있다.

$$a = f \cdot g \tag{2.3}$$

이 식에서 보는 바와 같이 적용되는 감속도가 적으면(브레이크 페달을 약하게 밟으면) 마찰계수가 적어지고 마찰력도 적어진다. 그러나 브레이크를 최대로 밟아 바퀴를 완전히 잠겼을 때 최대마찰력이 발생하며 급기야 타이어는 노면에 미끄러진다. 이 경우 정지시간 t가 가장 짧아지고 미끄러지는 거리도 최소가 된다. 최대감속은 비상시를 제외하고는 승객에게 불쾌감을 주므로 잘 사용하지 않는다. 불쾌감이 없을 정도의 감속도는 최대감속도에 비해 훨씬 적은 값을 가지며 이것 또한 속도에 따라 다르다. 앞의 [표 2-1]에서 보는 바와 같이 고속에서 많이 사용하는 감속도는 저속에서의 그것보다 적다. s만한 종단경사가 있는 경우의 감속도는 $a=(f+s)\cdot g$로 나타낸다.

최대마찰계수는 속도, 타이어 마모상태, 포장면의 종류, 노면상태에 따라 달라지며 고속에서의 마찰계수는 저속에서보다 적다. 따라서 고속에서의 감속도는 저속에서의 감속도에 비해 적으므로 고속에서 급정거하기까지의 최대감속도는 저속에서의 최대감속도보다 적다.

같은 속도라 하더라도 노면상태나 타이어 마모상태에 따라 최대마찰계수는 큰 차이를 나타낸다. 예를 들어 60 kph에서 새 타이어 경우의 최대마찰계수는 0.76인 반면 많이 마모된 타이의 마찰계수는 0.3이다. 뿐만 아니라 60 kph에서 건조한 PC 콘크리트 노면의 마찰계수가 0.63이며, 같은 PC 콘크리트이면서 노면이 젖었을 경우의 마찰계수는 0.32밖에 되지 않는다.

교통시설의 계획이나 설계에서 요구되는 마찰계수는 이처럼 다양한 도로조건, 속도, 차량에 대하여 모두 안전한 값을 갖도록 충분히 낮게 책정해야 한다. 실제의 상황에서 가능한 모든 조건을 포함하면서 가장 안전한 마찰계수는 설계목적상 정지시거를 계산할 때에 사용된다.

운전자가 비상시 급정거 할 때의 최소정지거리는 교통공학이나 도로설계에서 아주 중요한 요소이다. 이 거리는 운전자가 어떤 상황에서 반응하는 시간동안 달린 거리와 제동거리의 합이다. 즉

주: 마찰은 두 물체의 상대적인 운동에 반대하는 접촉력으로서, 아직도 이를 정확히 설명할 기본 이론이 없는 복잡한 현상이다. 예를 들어 두 개의 거친 면을 샌드페이퍼로 매끄럽게 하면 두 면 사이의 마찰력이 상당히 감소한다. 그러나 면을 더 연마하면 이상하게도 마찰이 다시 증가하기 시작한다. 사실상 표면의 거칠기 정도는 전체 마찰의 10% 정도 밖에 설명하지 못한다. 따라서 매끄러운 면이 마찰이 적다고 생각하는 것은 잘못이다. 기관차의 연마된 바퀴가 매끄러운 레일 위를 달릴 때 큰 견인력을 낸다는 것이 이러한 사실을 뒷받침한다. 마찰에 관한 최신 이론에는 표면접착설, 정전기력설 등이 있다.

$$d = \frac{v^2}{2a} + t_r \cdot v = \frac{v^2}{2g(f+s)} + t_r \cdot v \tag{2.4}$$

여기서 d = 최소정지거리 (m)

v = 차량속도 (m/sec)

g = 중력의 가속도 (9.8 m/sec²)

f = 타이어 – 노면의 마찰계수

s = 경사 (m/m, 오르막 +, 내리막 –)

t_r = 운전자 반응시간 (지각 – 반응시간) (초)

속도는 kph의 단위를 사용하는 것이 편리하므로 윗식을 간단히 고쳐 쓰면 다음과 같다.

$$d = \frac{V^2}{254(f+s)} + 0.278\,V \cdot t_r \tag{2.5}$$

여기서 a의 단위는 m이며, V의 단위는 kph, t_r의 단위는 초이다.

2.1.3 마력 및 주행속도

차량의 구동축에 전달되는 구동력만 가지고는 속도가 관련되는 차량의 운행능력이나 운행특성을 설명할 수가 없다. 따라서 마력(horsepower, hp)이란 출력단위를 사용한다. 마력이란 일률 또는 공률, 즉 단위시간당 한 일의 크기를 말하며, 힘이 작용하는 속도와 같다. 1마력(hp)은 74.6 kg의 무게를 1초 동안에 1 m 움직이는 능력을 말하며, 일반적으로 차량이 출고될 때 최대출력을 마력으로 나타내는 경우가 많다.

마력과 힘, 속도와의 관계를 수식으로 나타내면 다음과 같다.

$$P = \frac{FV}{3.6 \times 74.6} = 0.00373FV \tag{2.6}$$

여기서 P = 마력 (hp)

F = 주행저항(R) + 관성력(kg)

V = 주행속도 (kph)

2.1.4 구동력 및 제동력과 축하중

정지해 있거나 주행하는 차량에 가속력이 작용하거나, 주행하는 차량에 제동력이 가해지면 관성에 의해 차량이 뒤로 제켜지거나 앞으로 쏠리고, 따라서 바퀴에 작용하는 하중이 변한다. 구동력이나 제동력은 이렇게 변한 바퀴하중에 의해 계산된다. 이 문제들에서는 주행저항을 무시한다. 왜냐하면 가속 또는 감속 중에는 속도가 변함에 따라 주행저항이 변하므로 이를 고려하기가 매우 복잡하기 때문이다.

앞에서 언급한 바와 같이 차량의 가속력은 구동바퀴의 구동력에서 나오며, 제동력은 모든 바퀴의 마찰력에서부터 나온다. 또 가속을 하거나 감속을 할 때는 그 힘의 반대 방향으로 크기가 $W \cdot a/g$인 관성력이 발생한다. 따라서 축하중으로부터 구동력 및 제동력을 구하는 관계식은 다음과 같다.

구동력=마찰계수 × 구동축하중 (2.7)

제동력=전륜마찰계수 × 전륜축하중 + 후륜마찰계수 × 후륜축하중 (2.8)

차량이 가속하거나 감속을 하면 차량의 무게중심에 관성력이 작용하므로 이로 말미암아 관성모멘트(차량이 뒤로 뒤집어지거나 앞으로 쏠리는 모멘트)가 생기고, 이로 인해 앞·뒷바퀴에 걸리는 하중은 차량이 정지해 있을 때의 하중과 다른 값을 갖는다. 이와 같이 변화되는 축하중을 구하는 것은 기본적인 정역학 문제이다. 이들의 관계는 다음과 같은 식으로 요약할 수 있다.

$$W_R' = W_R \pm \text{관성력} \times \frac{\text{차량중심의 높이}}{\text{축간거리}} \qquad (\text{가속시}+,\ \text{감속시}-) \qquad (2.9)$$

$$W_F' = \text{차량총중량} - W_R' \qquad (2.10)$$

여기서 W_F', W_R' = 가 · 감속시 전 · 후륜축하중

W_R = 정지시 후륜축하중

2.1.5 차량운행비용

차량의 운행비용은 크게 두 가지로 나눌 수 있다. 첫째는 연료, 오일, 타이어 및 수리유지비를 포함하는 직접비용(가변비용)이며, 이 비용은 차량의 사용정도에 따라 달라진다. 둘째는 고정비용으로서 차량의 사용정도에 상관없이 소용되는 비용이다. 여기에는 감가상각비,

보험료, 면허세, 등록세 등이 있다. 총 고정비용 또는 연평균 주행거리당 고정비용은 국가 수송경제적인 측면에서 볼 때의 관심사항이지만 교통공학에서는 교통설계에 의해서 좌우되는 직접비용만을 고려한다. 총비용은 차량의 종류나 운행행태에 따라 좌우될 뿐만 아니라 연료, 임금, 세금 등의 단위비용의 크기에 따라 달라진다. 일반적으로 우리나라 영업용 일반 버스와 11톤 트럭의 km당 직접비용은 중형승용차의 2배 및 3배이다.

2.1.6 배기가스

정부는 차량으로부터 배출되는 대기오염물질의 허용기준을 정하여 이를 규제하고 있다. 이와 같은 규제는 대기환경보전법 및 동 시행령(2000.2.3 개정)에 의한 것으로서 교통으로 말미암아 파생되는 오염을 방지하여 대기를 쾌적하게 보전하기 위하여 차량의 제작에서부터 통행 및 연료사용에 이르기까지 배기(排氣)가스에 관한 전반적인 사항을 관장한다.

배기가스는 통상 엔진이 냉각된 상태와 더워진 상태에서 표준시험운행으로 측정한다. 냉각엔진은 일반적으로 가열된 상태 때보다 더 많은 오염물질을 방출하며, 그 방출률은 엔진에 흡입되는 연료/공기비에 따라 달라진다. 그러므로 차량의 배기가스 방출률은 냉각엔진 및 가열된 엔진으로 주행하면서 가속, 감속, 엔진 공회전을 정해진 순서와 정해진 시간동안 실시하여 측정한다.

차량운행으로 인하여 배출되는 대기오염물질로는 일산화탄소(CO), 질소산화물(NO_x), 탄화수소(HC), 황산화물(SO_x) 및 초미세먼지가 있다. 한 해 동안 전국의 대기오염물질 배출량은 약 400만 톤으로 이중 자동차가 약 60%를 차지하고 있다. 특히 서울을 비롯한 대도시에서는 자동차교통이 차지하는 대기오염 비중은 80%를 상회한다. 자동차에서 연간 배출되는 일산화탄소는 약 100만 톤이며 질소산화물은 60만 톤, 탄화수소는 15만 톤, 황산화물은 40만 톤, 초미세먼지는 10만 톤 정도이다. CO와 NO_x는 모두 배기통에서 배출되며 HC는 60%가 배기통에서, 나머지는 크랭크케이스에서 20%, 기화기의 증발에 의해서 20%가 배출된다.

배기가스에 의한 폐해(弊害)는 ① 연기나 스모그 현상에 의한 시계감소, ② 부식, 마손, 산화, 가수분해 등과 같은 물질손상, ③ 과일손상, 성장장애, 생산량 감소와 같은 농작물 피해, ④ 사람과 가축에 대해 눈과 호흡기 자극, 호흡기 질병, 폐 조직의 변질, 혈액성분 변화 등과 같은 생리적 피해, ⑤ 오염물질에 대한 노출공포 및 정신질환 등이 있다. 일산화탄소는 폐와 호흡기 기능을 저하시키며, 혈액성분을 변화시키고, 시력과 정신기능을 약화시킨다.

특히 일산화탄소는 혈중 산소를 빼앗아가므로 심장질환, 천식, 빈혈이 있는 사람에게는 아주 위험하다. 공기 중에 있는 질소산화물의 역효과는 아직 알려진 바가 없다. 그러나 질소산화물은 공기 중에서 쉽게 이산화질소로 바뀌어 폐와 혈액에 피해를 준다. 탄화수소는 공기 중에서 색다른 광화학물질로 금방 바뀌기 때문에 공기 중에 오랫동안 잔류하지는 않으나 암을 유발한다고 알려지고 있다. 납은 심장과 혈관, 중추신경과 말초신경 계통에 영향을 미치며, 특히 간, 신장, 뇌세포에 손상을 준다.

디젤엔진을 사용하는 버스, 트럭 등 대형차량이 대기오염물질을 많이 배출한다고 알려져 대기오염의 관점에서 볼 때 바람직하지 않는 교통수단으로 지목받고 있다. 그러나 배기량을 기준으로 하거나 또 그들이 실어 나르는 승객 수나 화물의 양을 감안한다면 승용차보다 더 나쁘다고 말할 수는 없다. 단위 배기량을 기준으로 할 때, 휘발유 엔진은 디젤엔진에 비해 CO는 약 60배, HC는 2배가량 더 많은 배기가스를 배출한다. 반면 디젤엔진은 휘발유 엔진에 비해 NO_x를 1.1배 더 많이 배출하며, SO와 미세먼지는 휘발유 엔진에 비해 훨씬 더 많이 배출한다.

초미세먼지는 배기가스는 물론이고 포장과 타이어 마모, 브레이크 패드의 마모에서 많이 발생하며, 황산염, 질산염, 암모니아 등과 같은 발암물질과 납을 포함하고 있어 주의를 끌고 있다. 납은 연료의 옥탄가를 올리기 위해 Tetraethyl lead나 Tetramethyl lead로 첨가되는데, 대부분의 납 함유분진이 $1\mu m$ 이하의 크기로서 호흡에 의하여 인체에 흡수되기 용이하다.

디젤엔진 차량에서는 특히 냄새가 심하며 아직 이 냄새의 원인물질이 명확히 규명되지는 않았으나 알데히드 카보닐, 기타 각종 산화물질일 것으로 추측된다.

차량 배기가스에 관해서는 〈교통공학원론〉-하권 제20장에서 자세히 설명되어 있다.

2.2 운전자특성

도로교통시스템을 설계하고 운영하기 위해서는 도로이용자가 갖추어야 할 조건과 능력을 잘 알고 있어야 한다. 운전은 매순간 변하는 자극에 대한 신속한 판단과 행동을 요구하므로 운전자는 이것에 대처할 수 있는 능력을 가져야 하기 때문이다.

통상 운전자는 운행 중에 눈과 귀로 받아들이는 여러 가지 자극 중에서 자기의 운전과 관계되는 것만을 가려낼 능력을 가져야 한다. 이와 같이 얻어진 운전에 관련된 정보와 관찰로부터 운전자는 어떤 행동을 취해야 안전하게 운전할 것인가를 순간적으로 판단한다. 과거의 학습이나 경험은 접수된 정보를 판단하는 데 도움을 준다. 예를 들어 길 위로 공이 굴러 들어오는 것을 보았다면, 보이지는 않지만 길에서 노는 어린이가 길에 갑자기 뛰어 들어올 수가 있을 것이라고 판단한다.

어떤 사실을 지각한 후 이를 분석하고 이에 따라서 취해야 할 반응의 종류, 즉 정지할 것인가, 속도를 줄일 것인가, 급히 좌·우회전할 것인가, 그냥 지나갈 것인가를 판단하고 결정한다. 이 결정은 다시 근육운동을 수반하는 행동으로 나타나게 된다. 이와 같은 복잡한 과정은 운전자의 심리적 또는 육체적 상태에 따라서 많은 영향을 받는다.

교통대책을 성공적으로 수립하는 데 있어서 운전자의 평균적인 육체적·정신적 한계뿐만 아니라 그 변화의 범위도 알아야만 적절한 교통통제나 운영대책을 세울 수가 있다. 외부 자극에 대한 인간의 신체적 반응은 다음과 같은 일련의 과정을 통하여 이루어진다.

① 지각 또는 발견(perception) : 자극을 시각, 청각, 촉각 등과 같은 감각기관, 즉 수용기(receptor)에서 접수하여 뇌로 전달되는 과정이며, 이 자극(예를 들어 주행로상의 어떤 물체를 보는 것)은 운전과 관련이 없는 것일 수도 있다. 이 과정은 구심성 신경활동으로서 무의식 과정이다.

② 확인(identification 또는 intellection) : 뇌에서 그 자극이 무엇인지를 확인하고(예를 들어 그 물체가 길가에서 굴러온 공이라는 것을 파악), 운전과 관련이 없는 불필요한 정보는 여과시키는 과정이다. 중추신경이 여과기(filter) 역할을 한다.

③ 행동결정(emotion 또는 judgement) : 기존의 기억이나 사고 및 경험과 비교 판단하여 적절한 행동(정지, 추월, 감속, 경적 울림, 비켜감 등)을 선택하는 최종 의사결정 과정으로서 중추신경 활동이다. 예를 들어 도로변에 공놀이를 하는 어린이가 있을 수 있으므로 감속을 해야 한다고 결정하는 것이다.

④ 행동수행(volition 또는 reaction) : 의사결정된 행동을 원심성 신경활동과 효과기(effector), 즉 운동기관을 통하여 차량에 작용하여 원하는 차량의 반응이 시작되기 직전까지의 과정이다. 예를 들어 가속페달에서 발을 떼는 순간부터 감속페달을 밟은 후 차량의 제동시스템이 작동되어 감속이 시작되기 직전까지의 과정이다.

이와 같은 일련의 과정을 지각-반응과정 또는 인지반응 과정이라 하며 이때 소요되는 시간을 인지반응 시간이라 한다. 실험에 의하면 이 시간은 0.2~1.5초 정도이나 이것은 피실험자가 실험실에서 예상되는 자극에 대하여 측정한 값이므로 실제 운행 중에 발생하는 시간은 0.5~4.0초 정도이다. AASHTO는 안전정지시거를 계산하기 위하여 이 값을 2.5초로 사용하여 설계에 반영한다. 반면에 신호교차로에서는 운전자의 확인 및 행동결정 시간이 단축되므로 설계기준 반응시간을 1.0초, 비신호 교차로에서는 2.0초를 사용할 것을 권장하고 있다. 흔히 지각과정을 인지과정이라 부르는 사람들이 있으나 인지(cognition)과정이란 위의 ①, ②과정을 합한 것이다. 어떤 사람은 ①, ②, ③의 과정을 합해서 반사시간 또는 순반응시간이라 부르기도 하며, 심리학에서는 일반적으로 반응시간은 반사시간만을 의미한다. 이에 반해 교통공학에서는 인지-반응 전체시간을 지각-반응시간 또는 공주시간이라 부른다.

2.2.1 지 각

지각은 운행 중인 상황에서 대부분 시각적인 자극으로부터 시작된다. 운전자는 운행 중 차도, 다른 차량, 교통운영시설, 또는 주행에 장애가 되는 물체를 끊임없이 눈으로 본다.

시각의 예민성, 즉 정상적인 조명 아래에서 물체를 자세히 볼 수 있는 능력은 눈의 망막 중심 $3\sim5^{\circ}$의 원추형 범위에서 가장 예민하다. 그러나 $10\sim12^{\circ}$ 범위에서도 비교적 명확히 볼 수가 있다. 그러므로 교통표지나 신호등을 설치할 때 이와 같은 시각의 범위를 고려하여야 한다.

이 범위를 벗어난 주변시계(peripheral vision)에서는 물체가 보이기는 하지만 자세히 볼 수는 없다. 그 중에서 $120\sim160^{\circ}$ 사이에 있으면서 움직이거나 밝은 빛을 내는 물체는 운전자의 주의를 끄는 역할을 한다. 이 때 운전자가 고개를 돌리거나 눈동자를 움직임으로써 대상물체를 정확한 시계 내에 두어 자세히 볼 수 있다.

눈동자를 움직여서 대상물체에 초점을 맞추는 데도 시간이 걸린다. 운전자가 오른쪽 어느 곳을 보고 있다가 왼쪽으로 시선을 옮겨 다른 곳을 본 후 다시 오른쪽 대상물을 보는 데 걸리는 시간은 약 0.5~1.3초이다. 마찬가지로 운전 중에 속도계를 읽고 다시 전방으로 시선을 옮기는 데 0.5~1.5초 정도가 소요된다.

교통통제시설의 설계나 설치장소의 선정에는 이와 같은 시각효과를 반드시 고려해야 한다. 훌륭한 표지, 방호울타리, 신호등과 같은 교통시설은 운전자가 고개를 많이 움직이지 않고 쉽게 보고 이해할 수 있는 것이어야 한다.

색깔은 어느 물체를 지각하는 데 큰 역할을 한다. 밝은 조명 아래서는 많은 색깔이 구별되지만 조명도가 낮아지면 어떤 색깔은 잘 보이지 않게 된다. 약한 조명에서 적색과 청색은 잘 보이지 않으나 황색은 비교적 잘 보인다.

조명도의 변화에 따른 적응성은 사람의 나이에 따라 크게 다르지만 밝은 곳에서 어두운 곳으로 시선을 옮기는 경우 시력의 회복시간이 6초 이상 소요되므로 터널이나 전조등 또는 가로등의 밝기에 주의를 해야 한다. 반면에 어두운 곳에서 밝은 곳으로 시선을 옮길 때의 시력회복 시간은 약 3초 정도이다.

촉각이나 근육에 대한 자극에는 미끄러지는 느낌, 흔들림, 노면의 요철, 감속도 등이 있다. 청각 자극에는 차량의 운행상태, 울퉁불퉁한 노면(rumble strips)위를 달리는 소리, 옆에서 달리는 차량소리, 경적음 등이 있다. 후각은 운전에 직접적인 역할을 하지 않는다.

2.2.2 시 력

운전자의 시력은 교통에서 대단히 중요하다. 시력을 정의할 때, 만국식 시력표에서는 5 m 거리에서 흰 바탕에 검정으로 그린 직경 7.5 mm이고 굵기와 틈의 폭이 각각 1.5 mm인 렌돌트 환(Landolt 環)의 끊어진 틈을 식별할 수 있는 시력을 1.0이라 하여 이를 정상적인 기준시력으로 간주한다. 이때 시표의 끊어진 틈의 폭은 5 m 떨어진 거리에서 1′의 시각을 이루며, 환의 직경은 5′의 시각을 이룬다. 따라서 10 m 거리에서 15 mm 크기의 글자를 읽을 수 있더라도 시력은 1.0이다. 만약 5 m 떨어진 거리에서 10′의 시각을 이루는(크기 15 mm) 문자를 비로소 판독할 수 있다면 이 시력은 0.5이다.

반면, 스넬른(Snellen)식 시력표에서는 5′의 시각을 이루는 문자는 20 ft의 거리에서 0.349 inch에 해당되며 이를 판독할 수 있는 정상적인 기준시력을 20/20으로 표기한다. 따라서 20/20의 시력이 40 ft에서 잘 판독할 수 있는 문자의 크기는 그 두 배인 0.698 inch이며, 이 문자를 20 ft에서 비로소 잘 판독할 수 있는 시력을 20/40이라 한다. 이 값은 0.5로서 앞의 만국식 시력과 같은 시력을 나타낸다.

스넬른식 표기법은 미국에서만 사용하고 우리나라에서는 국제안과학회의 협정에 따라 세계 공통적으로 사용하고 있는 만국식 표기법을 사용한다. 이 두 가지 방법은 근본적으로 동일하므로 환산이 가능하다. 즉 거리에 상관없이 5′의 시각을 이루는 문자를 읽을 수 있는 시력을 기준으로 하여 1.0 또는 20/20으로 나타내고, 판독 가능한 시각의 크기에 비례해서 시력을 나타낸다. 예를 들어 25′의 시각을 나타내는 문자를 판독할 수 있는 시력을, 만국식에서는 0.2(=5/25), 스넬른식에서는 20/100으로 나타낸다. 예전에는 글자를 읽지 못하는 사람을 위하여 렌돌트 환의 벌어진 틈새 위치를 식별해내는 것으로 시력을 측정하였으나, 지금은 문맹자가 거의 없으므로 시표에 사용되는 문자는 글자 또는 아라비아 숫자이다.

시력과 문자의 크기 및 판독거리는 다음과 같은 관계를 갖는다. 즉

$$\frac{hv}{l} = k \tag{2.11}$$

여기서 h = 문자 또는 부호의 크기
v = 시력
l = 판독거리
k = 판독정도(degree of legibility)로서 얼마나 잘, 명확히 볼 수 있는가하는 정성적 인지표

2.2.3 반 응

앞에서 언급한 지각시간이란 단지 어떤 물체가 운전자의 시각에 자극을 주는 시간만을 말한다. 그러나 통상적으로 운전자의 반응시간이란 그 물체를 식별하고 그에 따른 적절한 행동을 판단하고, 비교하거나 연관시키면서 종합적으로 결심하고 근육운동을 수반한 행동반응과 브레이크 반응을 포함한 모든 과정을 망라한 시간을 말하며 여기에는 지각시간까지도 포함된다.

운전자는 자신의 반응능력을 알고 있다. 예를 들어 앞 차 뒤를 따라 운행을 할 때 반응시간이 짧은 운전자는 반응시간이 긴 운전자보다 앞 차 뒤를 더 가까이 붙어서 운전을 한다. 실험에 의하면 촉각, 청각 및 시각의 자극에 대한 단순반응시간은 약 0.15초이나 이 자극이 근육운동을 수반하는 반응으로 연결될 경우의 반응시간은 0.25~0.55초 정도임을 보인다. 그러나 이러한 반응시간은 자극이 복합적일수록 더욱 길어진다. 앞 차의 제동등에 대한 반응은 0.4초에서 1.0초 이상의 범위를 갖는다.

운전상황이 더욱 복잡해지면 잘못된 반응이 생겨날 수도 있다. 자극의 수가 증가할수록 반응시간과 반응착오가 일어날 가능성이 커진다. 반응착오의 결과는 반응시간이 길어지는 것보다 더 위험한 결과를 초래할 수도 있다. 예를 들어 고속도로의 일방통행램프에 잘못 들어가는 경우와 같은 것이다.

2.2.4 연령의 영향

운전자의 모든 신체적 능력은 나이가 많아짐에 따라 감퇴한다. [표 2-2]에서 30세 이후

시각이 매년 0.5%씩 감퇴됨을 보이며, 브레이크 반응시간은 25세에서 65세까지 매년 0.5%씩 증가함을 보인다. 나아가 많은 운전자는 차량 전조등이나 다른 불빛으로부터 눈부심 효과를 극복하는데 더 많은 어려움을 당한다.

앞에서 말한 운전자의 반응시간, 시각, 청각 등 운전자의 육체적 능력이 운전능력을 좌우하지만 운전태도 및 운전성향도 이에 못지않게 중요하다. 이와 같은 사실은 육체적으로 가장 우수한 능력을 가진 젊은 나이의 운전자들이 가장 많은 사고를 낸다는 사실로도 알 수가 있다. 운행 중의 속도선택 능력, 집중력, 모험심에 따른 운전성향에 관해서는 심리학자들에 의해 많은 연구가 이루어지고 있다.

표 2-2 운전자 연령별 시각능력 및 브레이크 반응시간

연 령	시 각 능 력(%)	평균반응시간(초)
15~19	95	0.439
20~24	101	0.437
25~29	101	0.447
30~34	96	0.446
35~39	95	0.457
40~44	96	0.463
45~49	92	0.475
50~54	84	0.476
55~59	84	0.481
60~64	79	0.497
65~69	79	0.522
70~74	78	-
75~79	78	-

자료: 참고문헌(7)

2.2.5 운전조작모형

운전하는 동안에 지각(知覺)과 반응의 과정은 끊임없이 반복된다. 운전하는 시간의 대부분은 운전조작행위를 바꾸지 않고 운행을 하지만 차량운행 조작의 변화를 요하는 어떤 상황이 생기면 판단과 반응에 필요한 시간에 비해서 가용한 시간의 크기는 아주 중요하다. 그런 의미에서 운전조작과 도로 및 교통상의 위험요소 간의 상관관계를 이해하기 위해서는 간단한 운전조작모형(driving task model)을 사용할 필요가 있다.

[그림 2-2]에서 왼쪽에 있는 차량이 어떤 속도로 정상적인 지각시간 동안 P지점까지 가고, 판단하고 결심할 동안 E지점까지, 그리고 최소반응시간 동안 V지점까지 움직였다 한

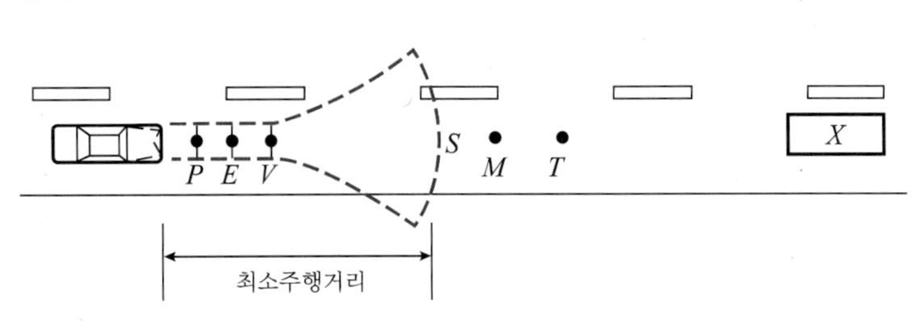

자료: 참고문헌(2)

그림 2-2 운전자 반응에 관한 개념도

다. 그러므로 차량의 주행방식의 변화는 V지점부터이다. 만약 운전자의 결심이 비상정지하는 것이라면 V에서부터 원호 S 내의 범위는 최소정지거리이다.

X는 도로상의 차량, 커브, 경사변화, 보행자, 장애물 등과 같이 운전자에게 주행방식을 변하게 만드는 요소이다. T점은 늦어도 이 점까지는 운전자가 주행방식 변화의 결심을 끝내야 하는 물리적인 마지막 점이다. 그러므로 비상정지인 경우 ES와 TX의 거리는 같다. M점은 운전자가 반응을 위해 근육운동을 시작해야 할 최종위치라고 생각하는 심리적인 마지막 점이다. E는 운전자의 행동판단을 끝낸 지점이다.

EM 간의 거리는 운전자가 행동을 취하고 차량의 반응을 완료시키는 데 사용하는 가용거리이며 안전여유거리이다. MT는 상황을 인식하는 데 따르는 오차로서 판단과 운전숙련도에 따라 짧아진다. ET는 실제 안전여유거리이다. 만약 E지점이 T지점 왼쪽에 있는 상황이면 안전하다. 만약 운전자가 잘못 판단하여 M지점을 T점 오른쪽에 둔다면 위험하나 진행하면서 M지점이 왼쪽으로 당겨진다. 그러나 만약 E지점이 T점 오른쪽에 있으면 원호 S가 X의 오른쪽에 위치하므로 사고는 불가피하다.

2.3 보행자특성

실제로 모든 통행은 어느 정도의 보행을 포함하므로 어린이나 육체적인 보행불능자를 제외하고는 모든 사람이 보행자이다. 따라서 모든 교통시스템에는 적절한 보행시설이 마련되어야 한다. 보도, 횡단보도, 통로, 계단 및 에스컬레이터 등을 적절히 설계하려면 보행특성에 관한 이해와 지식을 알아야 할 뿐만 아니라, 주차시설의 적정위치와 대중교통시스템의 정류장의 적정위치를 결정하기 위해서는 수락보행거리(acceptable walking distance)의 범위를 알아야 한다.

2.3.1 보행속도 및 간격수락

보행시설을 계획하기 위해서 필요한 자료는 어른이 여러 가지 자세로 걸을 때 지면을 차지하는 면적이다. 그러나 사람이 편안하게 움직이기 위해서는 추가적인 공간이 필요하다. [그림 2-3]은 짐을 들지 않고 걷거나 기다리거나 서있는 사람들의 혼잡도에 따른 밀도를 나타낸다.

보 행	밀 도		서 있음, 대기
		−8.0	• 혼잡밀도. 몸이 서로 닿아 옴짝달싹 할 수 없음.
		−7.0	
		−6.0	
		−5.0	• 엘리베이트 또는 버스 안에서의 최대 허용 밀도. 움직일 수 없음.
		−4.0	
		−3.0	• 몸이 서로 닿지 않고 편안히 서 있을 수 있음. 집단으로 앞으로만 움직일 수 있음.
• 용량도달. 속도제약. 빈번한 정지. 추월불능.	m^2 당 사람 수	−2.0	
		−1.5	• 편안히 서 있을 수 있음. 다른 사람을 방해하면서 대기지역 내를 돌아다닐 수 있음.
• 속도감소 또는 제약. 반대방향 또는 횡단하는 사람과 잦은 충돌.		−1.0	• 편안히 기다릴 수 있음. 다른 사람을 방해하지 않고 돌아다닐 수 있음.
		−0.9	
		−0.8	• 편안히 기다릴 수 있음. 대기지역 내에서 자유로이 돌아다닐 수 있음.
• 속도 어느 정도 제약. 반대방향 또는 횡단하는 사람과의 충돌 가능성이 큼.		−0.7	
		−0.6	
		−0.5	
• 정상속도 유지. 반대방향 또는 횡단하는 사람과의 충돌 극소수.		−0.4	
• 자유로운 움직임. 충돌 없음.		−0.3	

자료: 참고문헌(8)

그림 2-3 최소보행자 공간

도로상에서의 보행자의 안전을 분석하고 교통신호시간을 설계할 때 보행자의 보행속도와 차량 교통류 내의 차량간격 사이로 길을 횡단하는 보행자의 특성을 고려해야 한다.

보행속도는 각 개인의 육체적 조건이나 심리적 상태에 따라 크게 다르다. 일반적으로 보행자군의 약 90%가 1.2 m/sec 또는 그 이상의 속도로 걸으며, 또 이 값은 보행시설의 설계 목적에 그대로 이용된다. 그러나 보행로가 혼잡하면 그 속도는 떨어진다. 신호교차로 횡단보도에서 보행자가 많을 때 보행자 신호시간은 이 값보다 작은 값을 사용한다.

보행자가 횡단하는 데 필요한 차량 간의 시간간격(차간시간)은 횡단도로의 폭과 도로 운영형태(일방통행, 양방통행)에 따라 달라진다. 예를 들어 차도폭이 13 m인 일방통행 도로를 횡단할 때의 평균수락간격은 5.7초이다. 그러나 이 값은 변화폭이 매우 큰 수락간격의 평균값이다. 영국에서 행해진 연구에 의하면 차간시간이 4.5초인 경우, 약 50%의 보행자가 이를 횡단하며 1.5초 이하인 경우에는 아무도 횡단하지 않는다. 반면 차간시간이 10.5초 이상인 경우에는 모든 보행자가 길을 횡단한다. 보행자 형태는 그 장소의 교통단속이나 보행자에 대한 차량 운전자의 태도에 따라서도 크게 달라진다.

2.3.2 통행거리 및 보행거리

보행통행은 온종일 등산을 하거나 또는 집에서 주차장까지 걸어가는 등 그 거리가 천차만별이다. 그러나 교통연구 중에서 보행에 관한 연구는 그리 많지 않기 때문에 보행통행의 목적에 관한 것이나 차량통행의 한 부분으로서의 보행거리에 관한 단편적인 자료가 고작이다. 보행거리는 이용 가능한 교통수단이 적고, 불편하거나 비용이 많이 들 때 길어진다는 것은 쉽게 짐작이 간다. 그래서 큰 도시에서 승용차 이용자는 주차의 어려움 때문에 보행거리가 길어지며, 반면 작은 도시의 대중교통수단 이용자는 대중교통노선이 불비하여 걷는 길이가 길다.

보도, 횡단보도, 계단, 승강기 및 많은 사람의 대기장소와 같은 큰 터미널 부근의 보행시설을 설계하기 위해서는 보행자 수를 예측하는 것이 우선적인 문제이다. 이와 같은 장소는 보행자가 집단적으로 모이거나 흩어지기 때문에 짧은 시간에 넓은 보행자 공간을 필요로 한다. 이 수요는 터미널을 출입하는 교통시스템의 교통량을 예측하여 계산할 수 있다.

운동장이나 문화행사장 또는 위락시설과 같이 많은 사람이 모이는 곳도 역시 앞에서 언급한 바와 같은 문제점을 가지고 있으며 또한 같은 방법으로 분석이 가능하다. 어떤 경우이든 보행자가 움직이는 방향을 결정하고, 최대수요를 처리하는 데 필요한 허용시간이나 최대허용지체를 가정해야 한다.

최대수락 보행거리는 도심지 내 또는 주요 활동중심지 내에 있는 주차시설의 경제적 타당성을 좌우할 뿐만 아니라 대중교통망이나 정류장의 위치가 적절한지의 여부를 판단하는 기초가 된다.

쇼핑센터나 공항과 같이 자동차를 주로 이용하는 장소에서의 보행거리는 대단히 짧다. 예를 들어 조금이라도 더 가까운 곳에 주차하기 위하여 몇 십 미터 멀리에 주차할 곳이 있음에도 불구하고 더 가까운 주차공간을 찾기 위해서 돌아다니는 것을 종종 볼 수 있다. 또 CBD에서도 편리하게 주차할 수 있는 장소를 찾기 위해서 돌아다니기는 하지만 주차장이 부족하기 때문에 부득이 멀리 주차를 하므로 보행길이가 비교적 길다.

대중교통계획에서 밀도가 높은 도시의 경우 약 400 m 이내의 거리에서 서비스를 받을 수 있도록 하며, 기타 지역은 800 m 이내를 대중교통서비스 가능영역으로 본다. 성향조사에 의하면 통행거리가 같을 때 보행은 승용차나 대중교통수단에 비해 2~3배 더 불편하다고 간주된다.

2.4 교통량의 변동특성

넓은 의미에서의 교통수요란 어떤 교통시설을 이용하고자 하는 모든 교통량을 말한다. 이러한 교통수요는 그 시설의 물리적, 시간적, 공간적 조건에 의해 제약을 받기 때문에 실제로 그 시설을 이용하기 위해 도착하는 교통량은 이보다 적다. 교통공학에서는 이처럼 어떤 시설을 이용하기 위해 도착하는 좁은 의미의 교통량을 교통수요라 하며, 이들이 도로조건, 교통조건 및 교통운영조건에 의해 실제로 그 시설을 이용하는 만큼을 교통량이라 한다.

따라서 교통수요가 그 시설의 용량보다 적으면 교통수요와 교통량은 그 크기가 같으며, 만약 교통수요가 용량보다 크면 교통량은 용량과 크기가 같다.

한 점을 지나는 교통량이나 교통류율은 도로의 양적인 생산력을 나타내며 용량과 함께 교통류의 질을 나타낸다. 교통량(volume)이란 한 시간당 어느 지점을 통과하는 차량대수를 말하며, 교통류율(flow rate)은 특정기간(통상 1시간보다 짧은) 동안 어떤 지점을 통과하는 차량대수를 말하거나 혹은 그 유율로 한 시간 동안 통과한 것으로 환산한 값을 말한다.

2.4.1 교통량의 시간별 변동

교통량의 시간에 따른 변화는 사회 및 경제활동이 수반되는 교통의 수요를 반영한다. 예를 들어 오전 3시 전후의 교통량은 오전 8시 전후의 교통량보다 적으며, 도시부 도로의 일요일 교통량은 다른 어느 요일보다 적다. 반대로 관광위락지역의 일요일 교통량은 다른 요일에 비해 훨씬 크다. 마찬가지로 쇼핑센터 부근의 12월 교통량은 다른 어느 달보다 크다.

이처럼 교통량은 시간별, 요일별, 계절별(또는 월별)에 따라 한 시간 안에서도 큰 변동을 보이며 도로의 종류와 위치, 차종에 따라서도 큰 차이를 나타낸다. 도로에서 첨두 교통수요를 혼잡 없이 처리하려면 이러한 변동특성을 알아야 한다. 이러한 혼잡상태는 수요가 용량을 초과하는 동안 발생하여 수요가 용량 이하로 줄어든 후에도 상당기간 지속된다. 뿐만 아니라 첨두시간의 교통수요가 용량보다 적을지라도 수요와 용량의 차이가 적으면, 그 첨두시간 내에서의 교통량 변동으로 인해 혼잡이 상당히 오래 지속될 수 있다.

교통수요의 계절별 변동은 관광위락도로에서 특히 중요하다. 예를 들어 해수욕장으로 향하는 도로는 여름 한 철에만 과포화상태에 도달할 뿐 다른 시기에는 한산하다.

(1) 월별 변동

어느 도로나 월별 교통량은 차이가 나게 마련이다. 대부분의 도로는 7~8월과 1~2월의 교통량이 가장 적으며, 5월과 10월의 일 교통량이 1년 평균값인 연평균일교통량(Annual Average Daily Traffic, AADT)과 거의 같다. 이와 같은 사실은 비단 도심부 도로에서 뿐만 아니라 지방부 도로나 교외 간선도로에서도 발견할 수 있다. 다시 말하면 도로의 종류나 그 기능에 따라 차이가 나기는 하지만, 어느 도로나 어떤 특정 월의 일평균교통량이 AADT와 거의 같은 월이 있기 마련이다. 이와 같은 사실은 어떤 도로의 AADT를 구하는 데 아주 중요한 근거를 제공한다. 즉 교통량의 시간별 변동패턴이 장기적으로 크게 변화가 없다는 가정 하에서, AADT와 유사한 달의 교통량을 이용하여 간단하게 개략적인 AADT를 얻을 수 있다.

(2) 요일별 변동

일반적으로 도시부 도로에서 일요일 교통량은 다른 요일에 비해 매우 적다. 그러나 고속도로뿐만 아니라 지방부도로, 특히 관광지 부근의 도로는 일요일의 교통량이 다른 요일보다 훨씬 많음을 쉽게 짐작할 수 있다. 그러나 토요일과 일요일을 제외한 평일의 교통량은 요일별로 큰 차이를 발견할 수 없는 것이 보통이다.

(3) 시간별 변동

우리나라 대도시의 경우 8~20시까지 거의 일률적으로 교통량 첨두현상을 보인 반면, 외국의 대도시는 오전 및 오후의 첨두현상이 두드러진다. 이와 같은 양상은 대부분의 외국 도시들이 갖는 공통된 현상으로서 우리나라 대도시의 도심부 교통량 변화패턴과는 큰 차이를 보인다. 그러나 우리나라도 교외 간선도로에서는 이와 같은 현상을 나타내는 곳이 많은 반면, 대도시를 연결하는 고속도로는 도시부도로의 일반적인 특성과 매우 유사하다.

여기서 유의할 것은 서울에서 8~20시 사이의 일률적인 첨두현상은 이 시간 동안의 교통수요가 일률적인 것이 아니라 교통수요가 가로의 용량을 초과하기 때문에 생기는 현상이라 볼 수 있다. 즉 이 첨두교통량은 교통수요가 아니라 이 가로의 용량이라 볼 수 있다.

(4) 첨두시간 및 분석시간

용량 및 교통분석은 가장 교통량이 많은 첨두시간을 대상으로 한다. 그러나 이 첨두시간 교통량은 일정한 값을 갖는 것이 아니라 매일 매일 다르다. 만약 어느 지점의 시간별 교통량을 그 크기순으로 나열한다면 그 모양은 도로의 종류에 따라 크게 다르다. 지방부도로나 관광위락도로는 하루의 첨두시간 교통량 간에 큰 차이가 있다. 예를 들어 명절 연휴 때의 첨두시간 교통량과 다른 평일의 첨두시간 교통량은 크게 다르다. 반면에 도시부 도로는 명절 연휴 때의 교통량이 평일보다 적은 정반대의 현상을 보인다. 뿐만 아니라 대부분의 도시부 도로는 첨두시간의 교통수요가 용량을 초과하므로 용량과 같은 교통량을 가진 첨두시간이 많아 첨두시간 교통량 간의 변동이 적다.

(5) 첨두시간 계수(Peak Hour Factor, PHF)

교통량의 월별, 요일별, 시간별 변동뿐만 아니라 첨두시간 내의 짧은 시간에서의 변동 또한 대단히 중요하다. 이와 같은 사실은 도로나 교차로의 용량을 분석하는 데 있어서 매우 큰 의미를 갖는다. 어떤 기간 동안의 교통용량이란 그 기간 내의 교통수요변동을 고려한 것이어야 한다. 다시 말하면 어떤 교통시설의 용량 초과여부를 평가할 때 한시간의 평균교통류율과 용량을 비교하는 것이 아니라 이보다 짧은 첨두시간의 교통류율과 용량을 비교해야 한다. 예를 들어 어떤 고속도로의 24시간 교통량이 아무리 적더라도 첨두시간의 교통량이 시간당 교통용량을 초과한다면 이 도로는 재고되어야 할 필요가 있다. 도시부 도로의 용량분석에서도 마찬가지로 첨두시간의 교통류율이 중요하다.

예를 들어 첨두 1시간 동안 15분 간격으로 교통량을 조사하여 [표 2-3]과 같은 결과를 얻었다고 하자.

이 자료에서 보는 바와 같이 5:00~6:00 사이의 한 시간 교통량은 4,300 vph이다. 그러나 교통류율은 15분마다 변하게 되며 15분 간격 동안의 최대흐름, 즉 첨두교통류율은 4,800

표 2-3 교통량과 교통류율

관 측 기 간	교 통 량(대)	교 통 류 율(vph)
5:00~5:15	1,000	4,000
5:15~5:30	1,200	4,800
5:30~5:45	1,100	4,400
5:45~6:00	1,000	4,000
5:00~6:00	4,300	

vph이다. 조사기간 동안 관측지점을 4,800 대가 통과한 것은 아니지만 첨두 15분 동안에는 이와 같은 비율로 차량이 통과하였다는 것을 나타낸다.

이 관측지점에서의 도로용량이 4,500 vph이라면 전체 한 시간에 통과한 교통량이 4,300 대로서 용량보다 적다. 그러나 4,800 vph의 비율로 차량이 도착하는 첨두 15분 동안에는 병목현상이 발생하게 되며, 이 혼잡은 상류부 쪽으로 빠르게 전파되므로 이것이 해소되는 데는 상당한 시간이 소요된다.

첨두시간계수(Peak Hour Factor, PHF)는 다음과 같은 15분 첨두유율을 한 시간 단위로 나타낸 값에 대한 한 시간 교통량으로 정의한다. 즉,

$$PHF = \frac{V}{V_{15} \times 4} \tag{2.12}$$

여기서 PHF = 첨두시간계수

V = 첨두 한 시간당 교통량(vph)

V_{15} = 첨두 15분간 통과한 교통량(veh/15분)

분석기간이 15분이 아니라 이보다 짧으면 첨두시간 계수는 적어지고 분석기간이 길면 이 계수의 값은 커진다. 우리나라 도시에서 첨두시간 계수로 0.95를 사용하면 무리가 없다.

첨두시간 계수를 알고 첨두시간 교통량을 알면 이를 이용하여 다음과 같이 첨두유율을 구할 수 있다.

$$v = \frac{V}{PHF} \tag{2.13}$$

여기서 v = 첨두15분 교통류율(vph)

V = 첨두시간 교통량(vph)

여기서 분석단위의 시간길이에 대한 논란이 있을 수 있다. 우리나라에서는 모든 도로에 대해 15분을 기준으로 하고 있으나, 미국에서는 고속도로는 5분, 신호교차로는 15분, 신호가 없고 출입제한이 없는 도로는 1시간으로 정하고 있으며, 이렇게 정한 근거는 알 수 없다. 분석 교통량(예를 들어, 15분 첨두유율)이 교통시설의 규모를 결정하는 데 사용될 때, 분석단위가 길면 과소설계가 되어 혼잡지속시간이 길어진다. 반대로 분석단위를 짧게 하면 혼잡지속시간이 짧아지는 대신 과도설계가 되어 비효율이 발생하기 쉽다.

2.4.2 교통량의 공간적 변동

교통량은 도로의 종류에 따라 다르며 그 변동패턴 또한 다르다. 또 같은 도로라 하더라도 방향별로 차이가 있으며, 같은 방향에서도 차로에 따라 교통량에 차이가 난다. 실제로 경부고속도로와 호남고속도로는 비교적 비슷한 변동패턴을 나타내지만 영동고속도로는 이들과 큰 차이를 보인다. 그 이유는 영동고속도로가 주로 여름과 겨울철의 위락통행을 담당하기 때문이다. 경부와 호남고속도로처럼 유사한 기능을 갖는 도로의 교통량 변동패턴은 거의 같으므로, 어떤 도로의 AADT를 구할 때, 그 도로와 기능이 같은 도로의 변동패턴을 이용하기도 한다.

교통량의 방향별 분포는 교통시설의 설계와 운영에서 반드시 고려해야 하는 사항이다. 긴 시간, 즉 하루나 한 주일로 볼 때는 통행의 순환성 때문에 양방향 교통량이 거의 비슷하다. 그러나 하루 중 특정한 시간대의 교통량은 경우에 따라서는 심한 불균형을 이룬다. 이와 같은 방향별 분포의 불균형은 출퇴근시간 혹은 위락관광도로에서의 첨두시간에 특히 심하다.

다차로도로에서 방향별 분포는 설계와 서비스수준에 큰 영향을 준다. 특히 도시부 방사형도로에서 아침·저녁 출퇴근 시간대의 방향별 불균형은 대단히 크다. 따라서 양방향 모두 첨두방향 교통량을 수용할 수 있는 규모가 되어야 한다. 이러한 특성 때문에 어떤 도로에서는 일방통행제, 가변차로제 등이 사용되기도 한다.

방향별 분포는 시간, 요일, 계절에 따라 매년 변한다. 또 도로에 인접한 개발사업은 기존의 방향별 분포를 변화시키는 교통을 유발하기도 한다.

한 방향이 2차로 이상인 도로에서는 차로별로 교통량이 달라진다. 이러한 차로별 교통량 분포는 노변마찰, 유출입부의 위치 및 완속차량의 혼합률 등 여러 가지 요인에 의해 결정되나, 이 특성은 다른 외국의 패턴과는 많은 차이가 나므로 그것을 인용하는데 특히 조심을 해야 한다.

1. 법령, 자동차안전기준에 관한 규칙(건설교통부: 2001.4.28)
2. ITE, *Transportation and Traffic Engineering Handbook,* 1982.
3. AASHTO, *A Policy on Geometric Design of Highway and Streets,* 1984.
4. 국토연구원, 도로사용자 부담조사, 1985
5. 법령, 대기환경보전법 및 동 시행령(환경부: 2000.2.3)
6. T.W. Forbes and M.S. Katy, *Summary of Human Engineering Research Data and Principles Related to Highway Design and Traffic Engineering Problems,* American Institute for Research, 1957.
7. ITE., *Traffic Engineering Handbook,* 1965.
8. Batelle Research Center, *Synthesis of a Study on the Analysis, Evaluation and Selection of Urban Public Transport Systems,* 1974.
9. J. Cohen, E.J. Dearnaley, and C.E.M. Hansel, *The Risk Taken in Crossing a Road,* Operational Research Quarterly, Vol.6, No.3, 1955.
10. Carter, Everett. C. and W. S. Homburger, *Introduction to Transportation Engineering,* ITE., 1978.
11. ITE., *Manual of Transportation Engineering Studies,* 1994.
12. TRB., *Highway Capacity Manual,* Special Report 209, 2000.
13. J. G. Wardrop, *Some Theoretical Aspects of Road Traffic Research.* Proceedings of the Institution of Civil Engineers, Part II, Vol.1, 1952.
14. N.D. Lea Transportation Research Corporation, *Dictionary of Public Transport,* International Transit Handbook-Part 1, 1981.
15. L. C. Edie, *Discussion of Traffic Stream Measurements and Definitions,* Proceedings of the 2nd International Symposium, Traffic Flow Theory, 1963.
16. 교통개발연구원, 도로용량편람 조사연구 2, 3단계(3단계 중간보고서)

1. 어느 차량이 주행 중 일정한 감속도로 감속하면서 35m를 달렸다. 감속시간이 3초라면 이 차량의 감속직전의 속도는 얼마인가? 이때의 타이어-노면의 마찰계수는 0.8이었다.
2. 마찰계수가 0.8인 노면에서 어느 차량이 40m 감속하여 정지하였다. 감속하기 전의 초기속도는 얼마인가? 감속중 주행저항은 없다고 가정한다.
3. 100 kph로 주행하던 차량이 도로상의 위험한 물체를 발견하고 $6\,m/s^2$의 감속도로 미끄러지며 정지하였다. 이 차량이 미끄러진 거리는 얼마인가?
4. 어느 도로에서 첨두시간 교통량이 6,300대였다. 같은 시간대의 첨두15분교통량이 1,920대라면 첨두시간계수는 얼마인가?
5. ‘첨두1시간’ 밖의 ‘첨두15분’ 교통량이 ‘첨두1시간’ 안의 ‘첨두15분’ 교통량 보다 클 수가 있음에도 불구하고 ‘첨두1시간’ 안에 있는 ‘첨두15분’ 교통량을 조사하여 PHF를 계산하는 이유는 무엇인가?

제3장

교통류 특성

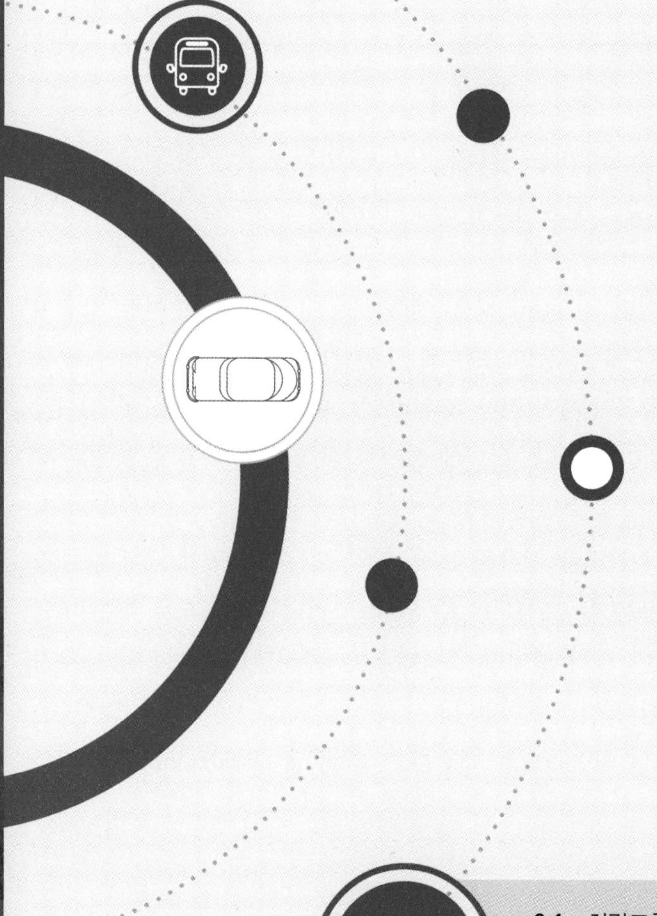

교통공학이란 교통시설을 계획하고, 설계하며, 운영하고 또 그 위를 달리는 차량의 흐름을 다루는 과학이므로 교통류의 특성은 인간행태, 차량의 능력, 교통수요, 그리고 도로의 기하구조에 따른 영향을 받는다.

교통류의 특성을 나타내는 변수에는 교통량, 속도, 통행시간, 밀도, 차두시간, 차간시간, 점유율 등이 있으며, 그 밖에 대기차량 대수, 대기시간(지체시간)도 교통류의 질을 평가하는 데 많이 사용되는 변수이다. 그러나 이러한 변수들은 현장에서 측정하기가 어렵다. 더욱이 교통조건이 변할 경우를 가정하여 이 변수들을 예측해야 할 필요성이 생긴다.

3.1 차량도착의 확률분포

교통의 흐름에서 주어진 시간 안에 도착하는 차량대수, 또는 어느 순간 주어진 구간 안에 있는 차량대수를 그 교통류 특성에 맞는 확률분포함수로 나타내면 교통류를 분석하기가 매우 편리하다.

확률분포는 무작위로 일어나는 어떤 사상(event)을 예측하는 데 사용된다. 어떤 사상이 무작위로 일어난다는 말은 아주 짧은 순간 동안(또는 좁은 공간)에 그 사상이 일어날 확률이 같다는 말이다. 예를 들어 교통류율 q가 일정할 경우 0.5초 동안에 어떤 사상이 일어날 확률, 즉 차량 1대가 도착할 확률은 다른 0.5초 동안에 그 사상이 일어날 확률과 같다는 뜻이다.

다른 예로서 주차장에서 주차면의 분포를 생각해 보자. 만약 모든 주차면에 대해서 주차될 기회가 균일하다면 주차면의 이용은 무작위로 볼 수 있다. 그러나 경험적으로 보는 바와 같이 출입구에 가까이 있는 주차면이 멀리 떨어진 구석에 있는 주차면보다 이용될 경우가 더 많을 때는 이를 무작위로 주차한다고 볼 수 없다.

교통공학에서 사용되는 확률분포는 일반적으로 계수분포(counting distribution)와 간격분포(gap distribution)로 대별된다.

3.1.1 계수분포

확률변수가 0 또는 자연수를 갖는 확률분포이므로 그 분포함수는 불연속인 이산형(discrete)

분포이다. 확률변수가 차량대수 또는 주차면수인 반면에 계수단위는 어떤 시간길이 또는 도로구간 등이다. 이러한 확률분포 중에서 교통공학에서 많이 이용되는 것은 포아송분포(Poisson), 이항분포(Binomial), 음이항분포(Negative Binomial), 기하분포(Geometric), 다항분포(Multinomial), 초기하분포(Hypergeometric)이며, 이 책에서는 포아송분포와 이항분포만을 설명한다.

(1) 포아송분포

완전히 무작위로 드물게 발생하는 이산형 사상을 나타내는 데 사용되며, 계수단위가 주어진 시간 또는 주어진 도로구간일 때 차량대수를 확률변수로 사용한 첫 번째 확률분포이었다. 이 분포는 계수단위 하나를 한 시행(trial)으로 보고, 이때 일어난 평균사상수가 m일 때 한 시행에서 x개의 사상이 일어날 확률을 나타낸다. 즉,

$$P_{(x)} = \frac{m^x e^{-m}}{x!} \qquad (x = 0,\ 1,\ 2, \cdots) \tag{3.1}$$

여기서 x가 일정한 시간 내에 도착하는(또는 일정한 도로구간 내에 있는) 차량대수를 나타내는 확률변수라면,

$P_{(x)}$ = 계수단위 내(한 시행)에 x대가 도착할(있을) 확률
m = 계수단위 내에 도착할(또는 있을) 평균차량대수

이 분포의 확률변수 x의 평균과 분산은 다 같이 m이다. 따라서 분산/평균 비가 1.0 부근인 교통량이 적은 임의교통류(무작위 교통류)에 사용하면 잘 맞는다. 이 분포의 특징은 같은 교통류에서 m이 클수록 정규분포에 가까워진다.

또 x가 m보다 적거나 같을 확률은 항상 0.5보다 크며, m이 클수록 이 값은 0.5에 가까워진다. 따라서 m이 크면 정규분포에 근사시킬 수가 있다.

이 분포함수의 매개변수 m은 현장관측치의 평균값을 사용한다.

예제 3.1 임의도착 교통류에서 도착교통량이 시간당 600대이다. 30초 동안에 3대가 도착할 확률을 구하라.

풀이 $m = (600/3600) \times 30\text{초} = 5\text{ 대}/30\text{초}$

$$P_{(3)} = \frac{5^3 e^{-5}}{3!} = 0.1404$$

예제 3.2 임의 도착교통류가 흐르는 어느 도로의 교통밀도는 15 대/ km이다. 이 도로의 200 m 구간 안에 5대의 차량이 있을 확률을 구하라.

풀이 $m = 15 \times (200/1000) = 3$ 대/200m

$$P_{(5)} = \frac{3^5 e^{-3}}{5!} = 0.1008$$

신호교차로에서 좌회전 전용차로의 길이가 짧을 경우 좌회전 차량이 대기할 때 직진차로를 침범하여 직진의 진행을 방해하는 경우가 있다. 이 때 좌회전 차로의 적정길이를 포아송 분포로부터 확률적으로 구할 수 있다. 신호교차로의 한 접근로에서 임의도착하는 좌회전차량의 주기당 평균 도착대수가 2이상일 때, 좌회전 포켓의 길이가 평균값의 2배를 수용할만한 길이이면, 전체 주기의 95% 이상은 좌회전 차로로서의 기능을 다한다. 이 말은 100주기 중에서 최소 95주기는 좌회전 대기차량이 좌회전포켓을 벗어나지 않는다는 의미이다.

(2) 이항(二項)분포

1) 일반적 특성

이 분포는 계수단위가 주차면수 또는 차량대수인 경우가 많다. 차량 한 대(또는 주차 한 면)가 하나의 시행으로 보고 n번의 시행에서 x개의 사상이 일어날 확률을 다음과 같이 나타낸다.

$$B_{(x)} = {}_nC_x\, p^x q^{n-x} = \frac{n!}{x!(n-x)!} p^x q^{n-x} \qquad (x = 0,\ 1,\ 2,\ 3,\ \ldots,\ n) \quad (3.2)$$

여기서 $B_{(x)}$ = n번의 시행에서 x번의 사상이 일어날 확률

n = 시행의 수(계수단위의 차량대수)

x = n번의 시행에서 일어나는 사상의 수

p = 한 시행에서 한 사상이 일어날 확률

q = 한 시행에서 한 사상이 일어나지 않을 확률 $= 1 - p$

이 분포의 확률변수 x의 평균은 np이며 분산은 npq로서, 분산이 항상 평균보다 적다. 따라서 분산/평균 비가 1.0보다 적은, 교통량이 많은 교통류에 사용하면 잘 맞는다.

포아송 분포의 특징과 마찬가지로 이 분포에서도 x가 평균값 이하일 확률은 0.5보다 크며, 같은 분포에서 n이 클수록 이 값은 0.5에 가까워진다.

예제 3.3 직진과 좌회전차량이 무작위로 혼합되어 도착하는 교통류를 관찰한 결과 30%가 좌회전차량으로 밝혀졌다.

(1) 5대 중에서 3대가 좌회전차량일 확률을 구하여라.

(2) 5대 중에서 처음 3대가 좌회전차량일 확률을 구하여라.

풀이

$$n = 5$$

$$p = 0.3 \qquad q = 0.7$$

$$B_{(x)} = {}_5C_x\,(0.3)^x\,(0.7)^{5-x}$$

(1) $B_{(3)} = {}_5C_3(0.3)^3(0.7)^2 = 0.1323$

(2) 5대 중에서 처음 3대가 좌회전차량일 경우의 수는 한 가지 밖에 없으므로

$$B_{(3)} = (0.3)^3(0.7)^2 = 0.0132$$

2) 계수단위가 시간 또는 도로구간일 경우

계수단위가 차량대수나 주차면수가 아닌 어떤 시간 또는 도로구간인 경우에도 이항분포의 이용이 가능하다. 교통량 조사에서 예를 들어 10초 내에 도착하는 평균차량대수가 8대이고 분산이 4이면, 앞에서 설명한 포아송분포를 이용하여 확률을 구하면 적합성이 떨어진다. 왜냐하면 포아송분포는 평균과 분산의 값이 비슷할 때에만 잘 적합하기 때문이다.

교통이 혼잡해지면 교통류는 균일하게 되고 따라서 분산/평균의 비는 포아송분포 때보다 적어진다. 이 경우는 포아송분포보다는 이항분포가 그 교통현상을 더 잘 설명한다. 이때 유의해야 할 것은 계수단위가 시간 또는 도로구간 길이이므로 한 시행이 반드시 1초 또는 1 m가 아니라 조사자료에 따라 가변적이다. 다시 말해서 계수단위 시간(또는 구간길이) 내의 시행수가 조사관측 값에 따라 달라진다.

또 한 가지 사실은 이 분포가, 어떤 사상이 무작위로 일어나되 한 시행에서 그 사상이 두 번 이상 일어나지 않는다는 가정에 근거하고 있으므로 사용에 주의해야 한다.

이 확률함수에 사용되는 매개변수 n, p는 관측값의 평균 및 분산값으로부터 다음 식을 이용해서 구할 수 있다.

$$n = \frac{(\text{평균})^2}{\text{평균} - \text{분산}} \tag{3.3}$$

$$p = \frac{평균}{n} \tag{3.4}$$

예제 3.4 복잡한 도심지 교차로에서 임의도착 교통량을 15초 단위로 65회 측정한 결과 평균값 7.8대, 분산값 4.4를 얻었다. 이에 적합한 확률분포함수를 구하고, 15초에 5대가 도착할 확률을 구하라.

풀이 분산/평균비$= 4.4/7.8 = 0.564 < 1.0$

그러므로 이항분포에 적합하다.

$$n = \frac{7.8^2}{(7.8-4.4)} = 17.9 \rightarrow \text{정수화 } 18$$

$$p = \frac{7.8}{18} = 0.433$$

그러므로 이 교통류에 적합한 확률분포함수는

$$B_{(x)} = {}_{18}C_x (0.433)^x (0.567)^{18-x}$$

따라서

$$B_{(5)} = {}_{18}C_5 (0.433)^5 (0.567)^{13} = 0.082$$

(이 문제에서 한 시행은 $15/18 = 0.833$초의 경과로 본다. 즉 0.833초 이내에는 한 대도 도착하지 않거나 혹은 한 대만 도착한다고 가정한 것이다.)

3.1.2 간격분포

차량이 앞의 계수분포에 주어진 것과 같은 어떤 패턴으로 도착할 때, 차량 간의 간격을 나타내는 분포를 구할 수 있다. 이 간격은 시간의 단위로 주어지며 이는 이산형 변수가 아닌 연속형 변수로 나타낸다. 이들의 대표적인 확률분포는 음지수분포(Negative Exponential), 편의된 음지수분포(Shifted Negative Exponential), Erlang 분포이며, 이 책에서는 가장 많이 사용되는 음지수분포와 편의된 음지수분포를 설명한다.

(1) 음지수분포

음지수분포는 간격분포의 기본적인 형태로서 포아송분포로부터 나온 것이다. 즉 차량도

착률λ인 포아송분포에서 t시간 사이에 차량이 한 대도 도착하지 않을 확률은,

$$P_{(0)} = e^{-\lambda t}$$

이다. 또 이것은 말을 바꾸면 두 대 차량 사이의 차두시간이 t보다 클 확률과 같다. 즉 차두시간의 분포를 나타내는 확률분포함수를 $f(t)$라 하면 이 확률은,

$$\int_t^\infty f(t)\,dt = e^{-\lambda t} \tag{3.5}$$

이다. 따라서 차두시간의 분포를 나타내는 확률분포함수는,

$$f(t) = \lambda e^{-\lambda t} \tag{3.6}$$

로서 음지수함수이다. 이 함수의 확률변수 t의 평균값과 분산은 다음과 같다.

$$\text{평균} = \frac{1}{\lambda}$$

$$\text{분산} = \frac{1}{\lambda^2}$$

이 함수의 매개변수 λ는 평균도착류율로서 포아송분포에서 사용되는 것과 같으며 현장관측에서 얻을 수 있다. 또 평균차두시간μ를 구하여 이의 역수를 λ로 사용해도 좋다. 따라서 식 (3.6)은 다음과 같이 쓸 수가 있다.

$$f(t) = \frac{1}{\mu} e^{-\frac{t}{\mu}} \tag{3.7}$$

예제 3.5 교통량이 그다지 많지 않은 도로에서 임의도착분포를 갖는 교통류가 있다. 시간당 도착교통량이 600대일 때 차두시간이 4초보다 적을 확률을 구하라.

풀이

$$\lambda = \frac{600}{3600} = \frac{1}{6}\text{대/초}$$

$$P_{(h<4)} = \int_0^4 \frac{1}{6} e^{-\frac{t}{6}}\,dt = 1 - e^{-\frac{2}{3}} = 0.4866$$

(2) 편의된 음지수분포

한 차로에서 차간시간은 0이 될 수 없으며 최소한의 안전 차두시간을 갖는다. 음지수분포

함수의 곡선으로 볼 때, 이 분포곡선은 음지수분포 함수에 비해 최소허용 차두시간 c만큼 오른쪽으로 이동된다. 따라서 이 함수는 다음과 같이 표시된다.

$$f(t) = \begin{cases} 0 & (t < c) \\ \dfrac{1}{\mu - c} e^{-\frac{t-c}{\mu - c}} & (t \geq c) \end{cases} \text{(단, } \mu > c\text{)} \tag{3.8}$$

이 함수의 확률변수 t의 평균값과 분산은 다음과 같다.

$$\text{평균} = \mu = \frac{1}{\lambda}$$

$$\text{분산} = (\mu - c)^2$$

사용되는 매개변수 μ와 c는 관측치로부터 얻을 수 있다. 즉 t의 평균, 또는 평균도착류율 λ의 역수가 μ이며, 최소허용차두시간은 c이다.

예제 3.6 임의도착하는 교통류의 교통량이 600 vph이다. 평균 최소허용차두시간이 1.5초일 때 차두시간이 4초보다 적을 확률을 구하라.

풀이

$$\lambda = \frac{600}{3600} = \frac{1}{6} \text{ 대/초}$$

$$\mu = 6\text{초}$$

$$P_{(h<4)} = \int_{1.5}^{4} \frac{1}{6 - 1.5} e^{-\frac{t-1.5}{6-1.5}} dt$$

$$= \int_{1.5}^{4} \frac{1}{4.5} e^{-\frac{t-1.5}{4.5}} dt$$

$$= 1 - e^{-\frac{2.5}{4.5}} = 0.4262$$

3.2 교통류 변수

교통류의 특성을 나타내는 기본적인 요소에는 다음과 같은 것이 있으며 이들은 서로 밀접한 상관관계를 가지고 있다. 이들은 교통류 이론에 의해서 모형화가 가능하며, 이러한 모형을 이용하여 교통류 특성의 여러 변수들을 평가하거나 추정할 수 있다. 이중에서 밀도는 연속교통류에만 사용되고, 차간시간은 단속교통류에서만 사용된다.

- 속도(speed, u) 및 통행시간(travel time, t)
- 교통량(volume, q) 또는 교통류율(flow rate) 및 그의 역수인 차두시간(headway, h)과 차량 간의 차간시간(gap, g)
- 교통류의 밀도(density, k) 또는 점유율(occupancy, o) 및 그의 역수인 차두거리(spacing)

3.2.1 속도와 통행시간

속도 또는 그의 역수인 이동시간(또는 통행시간)은 어떤 도로나 혹은 도로망의 운영상황(operational performance)을 나타내는 간단한 기준이다. 개개의 운전자는 그가 원하는 속도를 유지할 수 있는 정도에 따라 그 통행의 질을 부분적으로 평가할 수 있다. 목적지에 도달하기 위한 노선을 선택할 때 대부분의 운전자는 지체가 적게 일어나는 노선을 택한다. 장기적으로 볼 때 주거지의 위치는 직장으로부터 통행시간을 고려하여 결정하며, 또 쇼핑센터의 위치를 선정할 때도 여러 소비지역으로부터의 통행시간을 고려하는 것이 당연하다.

교통개선사업으로부터 발생하는 편익은 속도증가로 인한 통행시간 절약을 돈으로 환산하여 나타낸다. 차량운행비용은 통행속도에 따라 그다지 크게 변하지 않는다. 경우에 따라서는 속도가 빨라지면 연료소모가 많아지기 때문에 운행비용이 오히려 커질 수도 있다.

속도는 고속도로를 계획하거나 정지시거를 고려하여 도로를 설계할 때, 그리고 교통신호의 황색신호시간을 결정할 때 가장 우선적으로 고려해야 할 사항 중의 하나이다. 속도는 교통류율이나 교통류의 밀도뿐만 아니라 운전자나 차량의 특성, 시간과 장소 및 주위환경에 많이 좌우된다.

운전자는 운행 중 속도에 관해서 서로 다른 느낌을 갖는다. 그중 하나는 달리는 순간에 느끼는 속도감, 즉 지점속도며, 다른 하나는 어느 거리를 달렸을 때 걸린 시간과 그 거리로 계산되는 통행속도이다. 지점속도는 어느 순간에 속도계에 나타나는 속도로서 운전자가 실제로 느끼는 속도이지만 통행속도는 운전자가 직접 느낄 수 있는 것이 아니라 오히려 그 역수인 통행시간(travel time)을 통하여 느끼면서 통행의 질을 평가하게 되는 것이다.

교통공학에서 속도에 관련된 것만 제대로 이해하면 교통공학의 기초를 이해한다고 말할 정도로 속도에 관한 개념은 매우 까다롭고 또 중요하다. 그러므로 속도의 뜻을 정확하게 이해하고 올바른 측정방법으로 그 값을 구하고 적절하게 사용해야 한다. 속도에 관한 용어 중에서 많이 사용되는 몇 가지를 정의하면 다음과 같다.

① 지점속도(spot speed) : 어느 특정 지점 또는 짧은 구간 내의 순간속도이다. 모든 차량에 대한 평균값을 평균지점속도(average spot speed)라 하며, 각 차량의 순간속도를 산술평균한 값이다. 이 속도는 속도규제 또는 속도단속, 추월금지구간 설정, 표지 또는 신호기 설치위치 선정, 신호시간 계산, 교통개선책의 효과측정, 교통시설 설계, 사고분석, 경사나 노면상태 또는 차량의 종류가 속도에 미치는 영향을 찾아내는 목적 등에 사용된다.

② 통행속도(travel speed) : 어느 특정 도로구간을 통행한 속도이다. 모든 차량에 대해서 평균한 속도를 평균통행속도(average travel speed)라 하며, 구간길이를 모든 차량의 평균통행시간으로 나눈 값이다. 따라서 이는 각 차량의 통행속도를 조화평균한 값과 같다. 정지지체가 없는 연속류에서는 주행속도(running speed)와 같으며, 정지지체가 있는 단속류에서는 이 속도를 총 구간통행속도(overall travel speed) 또는 총 구간속도(overall speed)라 부르기도 한다. 이 속도는 교통량, 밀도 등과 함께 교통류 해석, 도로이용자의 비용분석, 서비스수준 분석, 혼잡지점 판단, 교통통제기법을 개발하거나 그 효과의 사전·사후분석, 또는 교통계획에서 통행분포(trip distribution)와 교통배분(traffic assignment)의 매개변수로 사용된다.

③ 주행속도(running speed) : 어느 특정 도로구간을 주행한 속도이다. 모든 차량에 대하여 평균한 속도를 평균주행속도(average running speed)라 하며, 구간 길이를 모든 차량의 평균주행시간으로 나눈 값이다. 따라서 이는 각 차량의 주행속도를 조화평균(調和平均) 한 값과 같다. 이때 주행시간(running time)이란 통행시간 중에서 정지시간을 뺀, 실제로 차량이 움직인 시간을 말한다. 차량의 속도를 조화평균한 값이다.

④ 자유속도(free flow speed) : 어느 특정 도로구간에 교통량이 매우 적고 교통통제시설이 없거나 없다고 가정할 때 운전자가 제한속도 범위 내에서 선택할 수 있는 최고속도로서, 이 속도는 도로의 기하조건에 의해서만 영향을 받는다.

⑤ 순행속도(cruising speed) : 어느 특정 도로구간에서 교통통제시설이 없거나 없다고 가정할 때 주어진 교통조건과 도로의 기하조건 및 도로변의 조건에 의해 영향을 받는 속도로서, 자유속도에서 교통류 내의 내부마찰(저속차량, 추월, 차로변경 등)과 도로변 마찰(버스정차, 주차 등)로 인한 지체를 감안한 속도이다.

⑥ 운행속도(operating speed) : 양호한 기후조건과 현재의 교통조건에서 운전자가 각 구

간별 설계속도에 따른 안전속도를 초과하지 않는 범위에서 달릴 수 있는 최대안전속도로서, 측정값의 평균을 평균운행속도(average operating speed)라 하며 공간평균속도로 나타낸다. 이 속도는 최대 안전속도란 개념이 모호하여 측정하기가 매우 어렵기 때문에 도로 운행상황을 나타내는 데 있어서 지금은 잘 사용되지 않는 속도이다. 보통 평균주행속도보다 약 3 kph 정도 더 높다고 알려지고 있다. 그러나 대중교통에서는 이 용어를 사용하나 그 의미는 조금 다르다.

⑦ 설계속도(design speed) : 어느 특정구간에서 모든 조건이 만족스럽고 속도가 단지 그 도로의 물리적 조건에 의해서만 좌우되는 최대안전속도로서 설계의 기준이 되는 속도이다. 그러므로 설계속도가 정해지면 도로의 기하조건은 이 속도에 맞추어 설계된다.

⑧ 평균도로속도(average highway speed) : 어느 도로구간을 구성하는 소구간의 설계속도를 소구간의 길이에 관해서 가중평균한 속도로서, 설계속도가 많이 변하는 긴 도로구간의 평균설계속도를 나타낸다.

(1) 속도분포와 대표값

교통류 내의 각 차량은 서로 다른 속도로 움직인다. 그러므로 교통류의 속도를 하나의 대표값으로 나타내기 위해서는 속도의 분포를 알아야 한다. 속도분포가 정규분포를 나타낸다는 것은 앞에서도 언급한 바 있다. 분산은 분포곡선이 위로 솟구쳤는지 혹은 옆으로 퍼졌는지를 나타낸다. 정규분포는 평균값에서 오른쪽과 왼쪽으로 각각 표준편차(s)만큼의 범위 내에 측정된 모든 속도의 약 68%가 포함되며, 양쪽으로 각각 표준편차의 2배 범위 내에는 모든 속도분포의 약 95%, 3배의 범위 내에는 99%의 속도가 포함된다.

여러 차량의 속도분포로부터 그 교통류의 속도의 대표값으로는 평균값(mean), 최빈값(mode), 중위값(median), 15백분위 속도, 85백분위 속도, 최빈10 kph 속도(pace speed) 등이 있다. 이 중에서 평균값은 시간평균속도 방법 또는 공간평균속도 방법으로 평균하며, 이 들에 대한 자세한 설명은 다음에 나온다.

누적속도분포는 백분위 속도를 나타내며 이 속도는 교통류 내에서 그 속도 이하로 움직이는 차량의 비율을 나타낸다. 그러므로 50백분위 속도는 중위값이며, 정규분포에서는 이 값이 평균값 및 최빈값과 같다.

85백분위 속도는 그 교통류 내에서 합리적인 속도의 최대값을 나타내며 15백분위 속도는 합리적인 속도의 최저값을 나타낸다. 도로설계나 교통운영을 할 경우 지나친 고속차량을 기준으로 할 수가 없으므로, 보통 85백분위 속도를 현장의 도로조건에 적합한 교통운영계획을 세우는 데 기준 속도로 삼는다.

속도의 대표값의 하나로서 가장 빈도수가 많은 최빈값을 사용하기도 한다. 정규분포에서는 이 값 역시 평균값과 같다. 최빈10 kph 속도는 10 kph 속도범위 안에서 빈도수가 가장 많은 속도범위를 나타낸다. 이 때 속도의 범위는 50-60 km, 60-70 km 등과 같이 10의 배수로 한다.

속도가 도로이용자에게 교통류질의 평가기준이 되는 반면 분산은 교통류의 효율성과 안전성을 나타낸다. 즉 표준편차가 크면 한 교통류 내에 속도의 범위가 넓으므로 추월, 따라잡음, 차로변경 등의 빈도수가 많아진다. 반면에 표준편차가 적으면 교통류 안의 마찰이 비교적 적고 순화(馴化)된 교통류를 이루게 된다.

(2) 시간평균속도와 공간평균속도

- 시간평균속도 : 어느 시간 동안 도로상의 어느 점(또는 짧은 구간)을 통과하는 모든 차량들의 속도를 산술평균한 속도
- 공간평균속도 : 어느 시간 동안 도로구간을 통과한 모든 차량들이 주행한 거리를 걸린 시간으로 나눈 속도

기본적으로 시간평균속도란 어떤 점을 기준으로 한 속도인 반면에 공간평균속도는 도로의 길이에 관계되는 속도이다. 예를 들어 30 m 도로구간을 A차량은 1초에 통과하고 B차량은 2초에 통과한다고 할 때 A차량의 속도는 30 m/sec, B차량의 속도는 15 m/sec이므로,

$$\text{시간평균속도} = \frac{30+15}{2} = 22.5\,\mathrm{m/sec}$$

두 차량의 공간평균속도는 두 차량이 주행한 거리가 60 m이고 걸린 총시간은 3초이므로

$$\text{공간평균속도} = \frac{60}{3} = 20\,\mathrm{m/sec}$$

시간평균속도와 공간평균속도는 다음과 같은 공식을 이용하여 쉽게 구할 수 있다.

$$\bar{u}_t = \frac{1}{n}\sum^{n}\frac{d}{t_i} = \frac{1}{n}\sum^{n}u_i \tag{3.9}$$

$$\bar{u}_s = \frac{nd}{\sum^n t_i} = \frac{d}{\frac{1}{n}\sum^n t_i}$$

$$= \frac{1}{\frac{1}{n}\sum^n \frac{t_i}{d}} = \frac{1}{\frac{1}{n}\sum^n \frac{1}{u_i}} \quad (3.10)$$

여기서 $\bar{u}_t$ = 시간평균속도

$\bar{u}_s$ = 공간평균속도

d = 구간길이

t_i = i 번째 차량의 통행시간

n = 차량대수

위 식에서 보는 바와 같이 시간평균속도는 각 차량속도의 산술평균이며, 공간평균속도는 조화평균이다. 따라서 각 차량의 속도가 전부 같지 않는 한 시간평균속도는 공간평균속도보다 항상 크다. 시간평균속도는 그 정의가 의미하는 바와 같이 어느 지점 또는 짧은 구간(속도 변화가 예상되지 않는)의 순간속도, 즉 지점속도(spot speed)를 나타내는 데 사용되며, 따라서 통행시간 또는 구간길이의 개념은 존재하지 않는다.

반면에 공간평균속도는 비교적 긴 도로구간의 통행속도(travel speed)를 나타내는 데 사용되며, 이 속도는 통행시간과 반비례하기 때문에 도로구간의 길이와 통행시간으로 나타내는 것이 운전자에게는 더욱 실감나는 척도가 될 수 있다.

그러나 도로구간의 길이가 길 경우 각 차량의 통행속도(또는 시간)를 측정하기가 매우 어렵거나 비용이 많이 든다. 따라서 그 구간 내의 어느 대표적인 지점에서 각 차량들의 지점속도를 이용하여 공간평균속도를 예측한다. 이렇게 예측한 값은 도시도로나 지방도로는 물론이고 혼잡상태나 비혼잡상태와 관계없이 비교적 정확한 통행속도 값을 나타낸다고 알려져 있다. 공간평균속도의 예측 방법은 다음과 같다.

① 지점속도들을 조화평균하는 방법 : 각 차량의 지점속도가 그 구간의 구간통행속도(overall travel speed)와 같다는 가정에 근거를 두고 각 지점속도를 조화평균하여 구하는 방법이다. 이는 구간 내에서 속도변화가 있더라도 전구간 평균통행시간은 그 지점속도로 그 구간을 달린 시간과 같다는 가정을 전제로 하고 있다.

② 예측식을 이용하는 방법 : 시간평균속도는 공간평균속도보다 크며 둘 간의 관계는 다

음과 같다.

$$\bar{u}_s = \bar{u}_t - \frac{\sigma_t^2}{\bar{u}_t} \tag{3.11}$$

$$\bar{u}_t = \bar{u}_s + \frac{\sigma_s^2}{\bar{u}_s} \tag{3.12}$$

이 식들은 이론적인 식이 아니고 경험식이다. 여기서 σ^2은 분산의 불편추정치(unbiased estimate)이며, n값이 클수록, σ^2/μ의 비가 적을수록 위의 관계식은 잘 맞는다.

여기서

$$\sigma_t^2 = \frac{1}{n-1}\sum(u_i - \bar{u}_t)^2$$

$$\sigma_s^2 = \frac{1}{n-1}\sum(u_i - \bar{u}_s)^2$$

(3) 평균통행속도와 평균주행속도

평균통행속도(average travel speed)와 평균주행속도(average running speed)는 교통공학 분야에서 자주 사용되는 속도로서 공간평균속도로 나타내는 값이다. 두 속도 모두 어떤 도로구간의 길이를 차량이 소모한 평균시간으로 나누어서 구한다.

통행시간(travel time)이란 어떤 도로구간을 통과하는 데 걸리는 총 시간이며, 주행시간(running time)이란 어떤 도로구간을 통과하는 데 걸리는 총 움직인 시간이다. 따라서 이 두 값의 차이는 정지시간이다. 즉, 주행시간에는 통행시간과는 달리 정지시간이 포함되지 않는다. 평균통행속도는 평균통행시간에 의해 계산되며, 평균주행속도는 평균주행시간에 의해 계산된다.

예를 들어 2 km 길이의 도로구간을 통과하는 데 걸리는 평균시간이 3분으로서, 이 중에 1분이 정지지체시간이라면,

- 평균통행속도 $= \frac{2\,\text{km}}{3\,\text{분}} \times 60 = 40\,\text{kph}$
- 평균주행속도 $= \frac{2\,\text{km}}{2\,\text{분}} \times 60 = 60\,\text{kph}$

만약 도로구간을 통과하는 중에 정지지체시간이 없다면 두 속도는 같은 값을 갖는다. 따라서 지방부도로와 같은 연속교통류에서의 평균통행속도는 평균주행속도와 같으며(교통혼잡으로 인한 정지지체가 없다면), 도시부도로와 같은 단속교통류에서는 교차로에서의 정지지체가 있으므로 평균통행속도가 평균주행속도보다 낮다.

대중교통에서는 차량과 이용자 측면에서 본 통행시간이 서로 다를 수 있다. 미국연방정부에서 발간한 용어사전의 정의에 따르면, 이용자의 통행시간(travel time)이란 차량의 통행시간(trip time)과 이용자가 차량을 타기 위해 기다리는 시간을 합한 시간이며, 따라서 이용자의 통행시간은 서비스의 빈도와 밀접한 관계가 있다. 또 여행시간(journey time)이란 사람이 기점에서부터 종점까지 가는 데 소요되는 총 시간으로서 걷는 시간, 기다리는 시간 및 차량의 통행시간(trip time)을 모두 합한 것이다.

3.2.2 밀도와 차두시간 및 점유율

차두시간, 차간시간, 차간거리, 밀도, 점유율과 같은 교통류 변수들은 교통량과 속도의 변수와 함께 교통류 특성을 설명하는 데 매우 중요한 요소이다. 교통량은 밀도와 속도(공간평균속도)의 곱으로 나타낼 수 있으므로 이 관계를 이용하여 나머지 각 변수들의 상관관계를 나타낼 수 있다.

(1) 차두시간 및 차간시간

교통류 내의 차두시간(headway)과 차간시간(gap)은 교통운영에서 매우 중요한 파라미터이다. 차두시간이란 한 지점을 통과하는 연속된 차량의 통과시간 간격을 말하며, 따라서 앞 차의 앞부분(또는 뒷부분)과 뒷 차의 앞부분(또는 뒷부분)까지의 시간간격이다. 그러므로 평균 차두시간은 평균 교통류율의 역수이다. 차간시간은 차량 간의 순간격으로서 연속으로 진행하는 앞 차의 뒷부분과 뒷 차의 앞부분 사이의 시간간격을 말한다. 보행자나 운전자가 교통류를 횡단할 때는 차두시간보다 차간시간에 관점을 둔다.

교통류 내에서의 차두시간과 차간시간의 분포는 정규분포를 갖는 속도와는 달리 음지수(negative exponential) 분포를 갖는다. 평균 교통류율과 차두시간 및 차간시간 사이에는 다음과 같은 기본적인 관계가 있다. 즉,

$$\bar{h} = \frac{3600}{\bar{q}} \tag{3.13}$$

$$\bar{g} = \bar{h} - \frac{\bar{l}}{\bar{v}} \tag{3.14}$$

여기서 $\bar{h}$ = 평균 차두시간(초)

$\bar{q}$ = 평균 교통류율(vph)

$\bar{g}$ = 평균 차간시간(초)

$\bar{l}$ = 평균 차량길이(m)

$\bar{v}$ = 평균 차량속도(m/sec)

앞 장에서 언급된 보행자나 운전자의 수락 차간시간분포를 실제 차간시간에 적용시킴으로써 어떤 교통류를 횡단하거나 합류하는 교통량의 크기를 구할 수 있다.

(2) 밀도와 차두거리

교통류의 밀도(density 또는 concentration)는 교통혼잡의 기준이다. 그러나 속도와 교통량과는 달리 현장에서 밀도를 측정하기란 대단히 어려우므로 현장에서는 잘 사용되지 않는 파라미터이다. 밀도는 항공사진이나 차량검지시스템을 설치하여 구할 수는 있으나 이런 장치는 대단히 정교하며 고가이므로 연구목적으로만 사용된다. 그 대신 현장에서 평균 교통류율과 속도를 측정하여 밀도를 계산하는 방법을 사용한다. 이에 대해서는 다음 절에서 설명한다.

마찬가지로 어느 순간의 교통혼잡을 나타내는 차두거리(spacing)도 직접 측정하는 경우는 드물고 일반적으로 계산에 의해서 구한다. 차두거리는 차두시간(headway)을 거리로 나타낸 것이며, 앞 차량의 앞부분에서부터 뒷차량의 앞부분까지의 거리로서 밀도의 역수이다. 마찬가지로 차간시간(gap)을 거리로 나타낸 것이 차간거리(distance gap)이다.

밀도는 교통류를 평가하는 데 있어서 가장 중요한 지표이다. 어떤 밀도에 도달하면 교통류가 불안정하게 되어 자칫하면 강제류(forced flow) 상태, 즉 앞차와 뒤차가 꼬리를 물고 있는 상태로 된다는 사실은 여러 가지 연구결과에서 알려진 바 있다. 고속도로나 교량 또는 터널에 유입되는 차량을 적절히 조절하여 어떤 시설 내의 교통밀도가 이러한 불안정한 정도까지 도달하지 못하도록 하는 방안을 강구할 수 있다.

(3) 밀도와 점유율

밀도와 유사한 개념을 가진 변수로서 점유율(占有率, occupancy)이 있다. 점유율은 차량이 어느 지점을 통과할 때 점유하는 시간, 즉 그 지점을 통과하는 시간을 말하며 주로 도로 상에 설치된 교통자료 측정장치에서 얻는다. 밀도와 점유율의 크기는 비례하며 상호 호환해 사용할 수 있다. 반면에 일정한 길이의 도로에서 차량의 총길이가 차지하는 비율을 공간점유율이라 하나 잘 사용하지 않는 변수이다.

3.3 교통류의 성질

고속도로나 국도 위를 주행하는 교통행태와 교통신호나 횡단보도가 많은 도시부 가로를 주행하는 교통행태는 많은 차이가 있다. 전자는 긴 구간을 망설임 없이 주행을 하는 연속교통류(uninterrupted flow)를 형성하나, 후자의 경우는 곳곳에 교통신호나 횡단보도가 있어서 주행 중 부득이하게 정지를 해야 하는 단속교통류(interrupted flow) 형태를 보인다.

3.3.1 연속교통류의 특성

연속교통류의 특성은 교통량, 속도 및 밀도의 상관관계로 나타낸다. 교통자료를 조사할 때 앞에서 언급한 것처럼 조사구간 전체를 측정하기가 어려우므로 밀도를 직접 구할 수는 없으나 교통량과 속도를 이용하여 밀도를 구할 수 있다. 이들 세 파라미터의 상관관계는 다음과 같다.

$$\text{교통량}(q) = \text{속도}(u_s) \times \text{밀도}(k) \tag{3.15}$$

여기서의 속도는 공간평균속도이다.

교통류 파라미터들 간의 기본적인 관계는 [그림 3-1]에 나타나 있다. 이들 관계의 모양은 모든 연속교통류 시설에 대하여 비슷하지만 정확한 모양과 수치는 해당 도로의 도로조건 및 교통조건에 따라 결정된다. 각 그래프에서 실선은 적은 밀도와 교통량을 갖는 정상적인 교통류 상태를 나타내며, 점선의 정점은 용량상태를 나타내며, 이때의 교통량(q_m), 속도(u_m), 밀도(k_m)를 용량(capacity), 임계속도(critical speed), 임계밀도(critical density)라 하며, 이 상태 이후를 강제류(forced flow) 상태라 한다. 교통량이 용량 부근에 다다르면 불안정한 상태가 되며, 어떤 연구에 의하면 실선과 점선 사이가 불연속성을 나타내기도 한다.

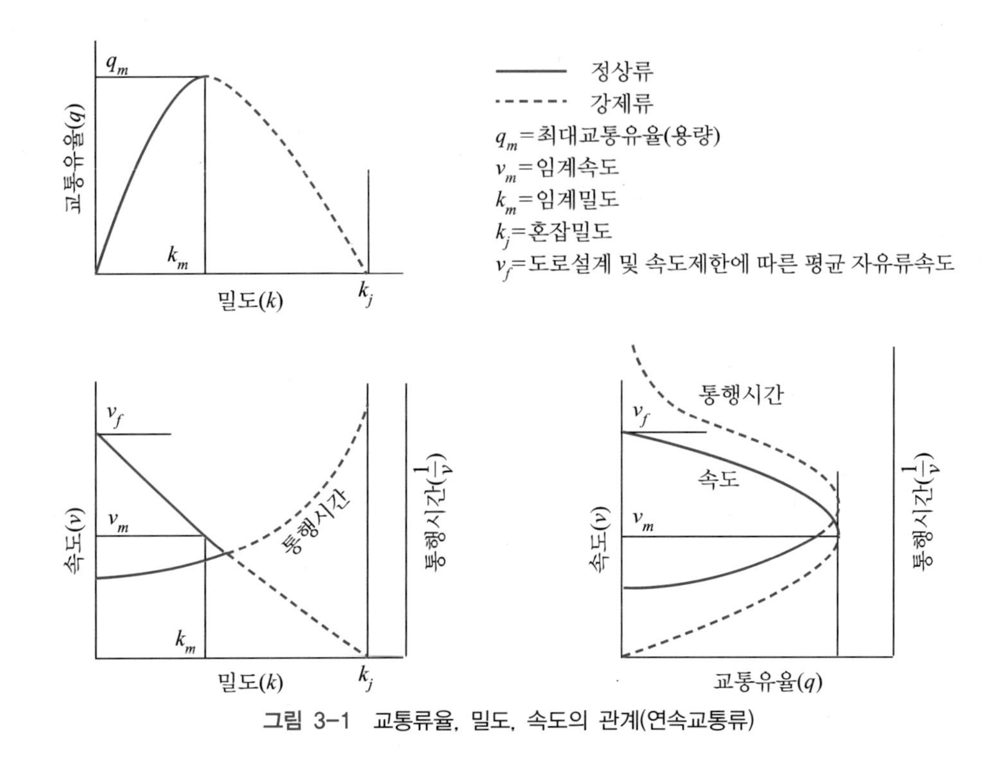

그림 3-1 교통류율, 밀도, 속도의 관계(연속교통류)

고속도로의 한 차로당 통상적인 임계밀도는 1 km당 44대 정도이다. 평균속도는 교통 및 도로조건과 차로에 따라 다르나, 고속도로의 중앙차로(1차로)에서의 임계속도는 대략 50 kph이며, 갓길에 인접한 차로는 트럭과 버스의 교통량이 많기 때문에 약 40 kph 정도이다. 도로의 종단경사 역시 임계속도에 영향을 미친다. 이에 따라 중앙차로와 맨 우측 차로의 용량q_m을 위 식을 이용하여 계산하면 각각 2,200 vph와 1,800 vph 정도이다.

그림에서 교통류율이 0인 상태는 다음과 같은 전혀 다른 두 가지 상황에서 발생하게 된다.

① 도로상에 차량이 한 대도 없을 경우, 즉 밀도가 0일 때 교통류율도 0이 된다. 이때의 속도란 완전히 이론적인 것이며, 첫 번째로 이용하는 운전자가 선택하는 매우 높은 속도이다.

② 밀도가 모든 차량이 정지할 정도까지 많아지면 교통류율은 0이 된다. 이와 같은 상태에서는 차량의 움직임이 없으므로 차량이 도로의 한 지점을 통과할 수 없기 때문이다. 모든 움직임이 정지된 상태의 밀도를 혼잡밀도(jam density)라 한다.

이와 같은 극단적인 두 점 사이에서 최대효율을 나타내는 교통류의 움직임이 생기게 된다. 밀도가 0에서부터 증가함에 따라 차량이 증가하므로 교통류율도 증가하게 된다. 그러나 이에 따라 차량 간의 내부마찰(예를 들어 속도가 느린 차량, 대형차량, 차로를 변경하는 차량 등과 같은 차량에 의한 상호작용)로 인해 속도는 감소하기 시작한다. 이와 같은 속도 감소 경향은 밀도와 교통량이 적을 때는 거의 무시할 정도로 적게 나타나지만, 교통량이 계속해서 증가하게 되면 속도는 감소경향이 현저하게 커진다. 최대교통류율은 속도와 밀도의 곱이 최대가 될 때이다.

용량에 근접할수록 교통류 내에는 이용 가능한 간격(gap)이 적어지기 때문에 교통류는 불안정하게 된다. 용량상태에 다다르면 이와 같은 간격마저도 없기 때문에 도로를 출입하는 차량이나 교통류 내의 차로변경 등으로 인한 혼잡이 생기게 되며, 이와 같이 발생된 혼잡은 쉽게 분산되거나 감소되지 않는다. 그러므로 용량상태 또는 용량에 근접한 상태로 운행되는 경우, 도로 출입차량이나 차로변경으로 인해서 상류부에 대기행렬이 형성되는 경우가 대부분이며, 따라서 병목현상 및 강제류(forced flow)가 필연적으로 발생하게 된다. 이러한 이유 때문에 대부분의 도로시설은 용량보다 적은 교통량으로 운영되도록 설계한다.

앞의 그림에서 보는 바와 같이, 용량 이외의 다른 교통류율은 다음과 같은 두 가지 다른 조건하에서 발생하게 된다. 즉, 한 경우는 높은 속도와 낮은 밀도상태, 다른 경우는 낮은 속도와 높은 밀도상태이다. 낮은 속도, 높은 밀도의 곡선부는 불안정류를 의미하며 이는 강제류 또는 병목현상을 나타내는 것이다. 그리고 높은 속도, 낮은 밀도의 곡선부는 안정류의 범위를 나타내며, 이는 용량분석의 대상이 되는 범위이기도 하다. 서비스수준 A에서 E까지는 곡선의 안정류 부분이며, 서비스수준 E의 최대교통량을 연속교통류시설의 용량으로 간주한다.

3.3.2 단속교통류의 특성

단속교통류는 연속교통류보다 훨씬 더 복잡하다. 단속교통류 시설에서의 교통은 교통통제시설, 즉 교통신호, '정지', '양보' 표지 등의 영향을 받게 되며 이들은 전체 교통의 흐름에 각기 판이한 효과를 나타낸다. 단속교통류 시설의 용량 및 서비스수준 분석은 제6장에서 자세히 설명을 하며 여기서는 단속교통시설과 교통류의 관계를 개념적으로 설명한다.

(1) 신호교차로에서 녹색시간의 개념

단속교통류 시설에서 가장 중요한 고정 단속시설은 교통신호이다. 교통신호는 각 방향별 흐름의 일부 또는 전부를 주기적으로 멈추게 한다. 따라서 차로상을 이동하는 교통은 어떤 기간 동안의 주행금지 신호 때문에 전체 시간의 일부분 동안에만 주행하게 된다. 즉 신호등의 유효 녹색시간 동안만 주행하게 된다. 예를 들면 신호교차로에서 어떤 진행방향이 신호주기 90초 중 30초의 녹색신호를 받게 된다면 전체 시간의 1/3만이 주행에 사용되는 꼴이 된다. 그러므로 그 진행방향의 녹색신호 한 시간에 최대 3,000대의 교통량을 통과시킬 수 있다면, 이 이동류는 한 시간 중 20분만 녹색신호를 받기 때문에 최대 통과가능 교통량, 즉 용량은 시간당 1,000대이다.

이처럼 한 주기 중에서 진행할 수 있는 녹색시간의 길이에 따라 용량은 변하기 때문에 신호교차로의 용량을 나타내기 위해서는 녹색시간 한 시간당 지나갈 수 있는 최대차량대수(vehicle per hour of green, vphg)와 녹색시간의 비율을 사용하여 구한다. 이 최대차량대수를 포화유율(saturation flow rate) 또는 포화교통량이라고 하며, 위의 예에서 언급된 3,000 vphg가 이것에 해당된다.

여기서 '도로용량편람'의 신호교차로 용량분석에서 사용하는 차로군(lane group)에 대한 개념을 이해할 필요가 있다. 차로군이란 같은 현시에 이동하는 혼잡도(v/s)가 동일한 이동류 또는 이동류들을 통칭한 것이다. 대부분의 직진 또는 좌회전 이동류는 각각의 차로군을 형성하지만, 공용좌회전 차로가 있는 접근로에서 동시신호가 켜질 때는 좌회전 차로를 직진의 일부가 이용하게 되어 두 이동류가 합해서 한 혼잡도를 나타낸다. 이 말은 직진과 좌회전 두 이동류가 합해서 한 차로군을 형성한다는 의미이다. 따라서 지금까지 오랫동안 사용하던 이동류(movement)란 개념을 차로군(lane group) 개념과 구분하여 사용하는 것이 더 정확할 것이다.

한 시간 동안의 실제교통류율(용량)은 차로군의 포화교통량에다 주기에 대한 유효녹색시간의 비(g/C)를 곱하면 된다. 즉

$$c_i = s_i \times \left(\frac{g}{C}\right)_i \tag{3.16}$$

여기서 c_i = 차로군 i의 용량(vph)

s_i = 차로군 i의 포화교통량(vphg)

$\left(\frac{g}{C}\right)_i$ = 차로군 i의 유효 녹색시간비

g_i = 차로군 i의 유효녹색시간(초)

C = 주기의 길이(초)

교통량 대 용량의 비, v/c는 포화도(degree of saturation)라 하며 교차로 분석에서 x 또는 X로 나타내기도 하며, 교통량 대 포화교통량의 비 v/s는 교통량비(flow ratio)라 하고 y로 나타내기도 한다. 이 v/s비는 신호시간과는 무관함에 유의해야 한다. 따라서v/s 값이 적더라도 v/c 값이 매우 클 경우도 있다. 포화도와 교통량비의 관계는 다음과 같다. 즉, 주어진 차로군 i에 대하여,

$$X_i = \left(\frac{v}{c}\right)_i = \frac{v_i}{s_i \times \left(\frac{g}{C}\right)_i} = \frac{v_i C}{s_i g_i} = \frac{(v/s)_i}{(g/C)_i} \tag{3.17}$$

여기서 X_i= 차로군 i의 포화도(v/c 비)

v_i= 차로군 i의 실제 교통량(vph)

(2) 신호교차로에서 포화류율과 손실시간

신호교차로에서 모든 교통의 흐름은 주기적으로 중단된다. [그림 3-2]는 신호등에서 정지한 차량의 대기행렬을 나타낸 것이다. 신호가 녹색으로 바뀌면 대기행렬의 선두에 있는 차량부터 움직이기 시작한다.

이때의 차두시간(headway)은 접근로의 정지선을 통과하는 차량들을 관측함으로써 측정할

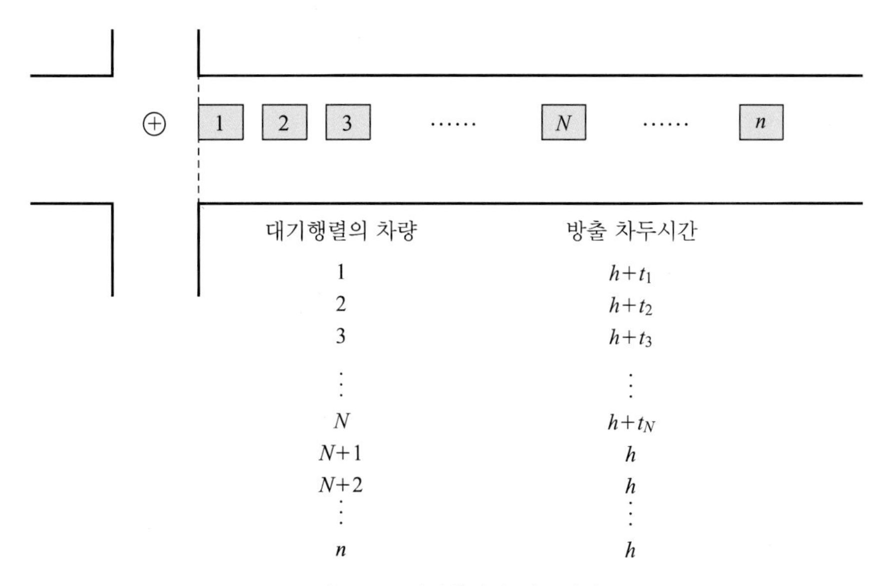

그림 3-2 차량위치와 차두시간

수 있다. 교차로를 통과하는 교통량을 조사할 때 정지선을 기준으로 하는 이유는 정지선을 통과한 차량은 반드시 교차로를 통과한다고 볼 수 있으며, 또 이 지점에서 관측하기가 가장 쉽기 때문이다.

대기행렬의 맨 선두 차량의 차두시간은 녹색신호의 시작으로부터 그 차량이 정지선을 완전히 벗어나는 데까지 걸린 시간이다. 두 번째 차량의 차두시간은 첫 번째 차량이 정지선을 통과한 시점부터 두 번째 차량이 그 선을 통과한 시점까지의 경과시간이다. 다음 차량의 차두시간도 이와 같은 방법으로 측정하면 된다.

대기행렬 중 첫 번째 차량 운전자는 녹색신호로 변경된 것을 본 후 브레이크로부터 발을 떼면서 가속을 하여 정지선을 통과하게 된다. 이 시간은 반응시간과 정지상태에서 출발하여 차량 한 대만한 거리를 움직인 시간의 합이므로 비교적 길게 나타난다. 두 번째 차량은 첫 번째 차량이 정지선을 통과하는 것보다 좀 더 빠른 속도로 통과하게 되는데 그 이유는 가속할 수 있는 거리가 차량길이 만큼 추가되기 때문이다. 그러므로 두 번째 차량은 첫 번째 차량보다 정지선 직전의 차량 한 대의 거리를 통과하는 시긴만큼 늦게 정지선을 통과하게 된다. 그러나 실제로 두 번째 차량은 녹색신호가 켜진 순간 첫 번째 차량처럼 자유로운 가속을 할 수가 없으므로(앞 차량 때문에) 반응시간이 첫 번째 차량보다 길다. 따라서 첫 번째 차량과 두 번째 차량이 정지선을 벗어나는 시간 차이는 정지선 직전의 차량 한 대의 거리를 달리는 시간과 반응시간의 차이를 고려한 것이다. 이러한 과정은 그 다음 차량에 대해서도 마찬가지이다. 이때 정지선 직전의 차량 한 대의 길이를 통과하는 시간은 속도가 증가할수록 점점 짧아지다가 어느 속도에 도달하면, 즉 정지선을 통과할 때 가속상태가 아닌 정속상태가 되면 차두시간은 일정하게 된다.

[그림 3-2]에서는 일정한 차두시간을 h라 표시했는데 이는 N대 차량이 통과한 후에 나타난다. 앞에 통과하는 N대까지의 차두시간은 평균적으로 h보다 크며 $h+t_i$로 표시하였다. 여기서 t_i는 i번째 차량의 출발 및 가속으로 인한 차두시간의 증가분을 나타내며 i가 1로부터 N으로 증가함에 따라 t_i는 감소하게 된다.

[그림 3-3]은 앞에서 설명한 차두시간을 그림으로 나타낸 것이다. 예를 들어 N을 6, 즉 출발 및 가속으로 인한 증기분은 7번째 차량부터는 나타나지 않는다고 가정한 것이다. 여기서의 h값을 포화차두시간(saturation headway)이라 하며, 대기행렬 내의 7번째 차량에서부터 대기행렬 내의 마지막 차량까지의 평균차두시간으로 얻는다. 포화차두시간은 대기행렬이 항상 존재한다는 가정하에서 녹색신호시간 동안 안정류 상태로 통과하는 차량 중 1대가

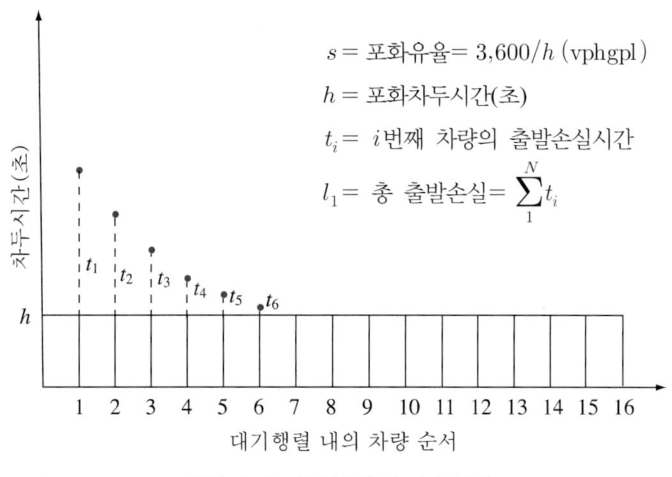

그림 3-3 포화유율과 손실시간

소모하는 시간을 의미한다.

포화유율은 안정류 상태로 신호교차로를 통과하는 차량의 차로당, 녹색시간 한 시간당 교통량(vehicle per hour of green per lane, vphgpl)으로 정의되며, 그 계산식은 다음과 같다.

$$s = \frac{3,600}{h} \tag{3.18}$$

여기서 s = 포화유율(vphgpl)

h = 포화차두시간(초)

따라서 포화유율은 한 시간 내내 녹색신호가 계속되며 차량 진행에 중단이 없다는 가정하에서 차로당, 시간당 교차로를 통과할 수 있는 차량대수를 의미한다. 뿐만 아니라 교차로에 진입하는 모든 차량의 차두시간이 h라고 가정한 것이다.

신호교차로에서 실제 차량의 흐름은 주기적으로 중단되며, 매 주기마다 다시 출발이 시작되기 때문에 [그림 3-3]에 나타난 바와 같이 처음 N번째까지의 차량들은 출발반응 및 가속에 의한 차두시간을 가지게 된다. 즉 그림에서 보는 바와 같이 처음 6번째까지의 차량은 h보다 긴 차두시간을 갖게 되며 이때의 증가분 t_i를 출발손실시간(start-up lost time)이라 한다. 또 이들 차량들의 전체 출발손실시간은 이들 증가분의 합으로서 다음과 같이 표시할 수 있다.

$$l_1 = \sum_{i=0}^{N} t_i \tag{3.19}$$

여기서 l_1 = 출발손실시간(start-up lost time)(초)

t_i = i 번째 차량의 출발손실시간(초)

따라서 대기행렬이 N대 이상이면 대기행렬이 녹색신호를 받을 때마다 1대당 h초씩 소모하고 여기에다 총 출발손실시간 l_1만큼 더 소모하게 된다. 우리나라의 출발지연시간은 2.3초로 하고 있으며, 이상적인 도로조건과 승용차로만 구성된 교통류에서의 차두시간 h는 1.63초, 즉 포화교통류율 s는 2,200대로 사용한다. 따라서 교차로에 대기하고 있는 h대의 차량($n \geq 6$)이 정지선을 벗어나는 데 소요되는 시간 T는 다음과 같이 나타낼 수 있다.

$$T = 1.63n + 2.3 \qquad (n \geq 6) \tag{3.20}$$

차량의 흐름이 중단될 때마다 또 다른 시간손실이 생긴다. 즉, 일단의 교통류가 중단되고 다른 방향의 교통류가 교차로에 진입하기 위해서는 안전을 위해서 교차로 정리시간이 필요하다. 이때는 어떠한 차량도 교차로를 사용해서는 안 된다. 이러한 시간을 정리손실시간(clearance lost time)이라 한다. 실제 신호주기에는 황색 또는 전방향 적색신호(all red time)를 사용하여 교차로를 정리한다. 그러나 운전자들은 정지선에서 급정거할 수 없으므로 이와 같은 시간의 일부분을 불가피하게 사용하지 않을 수 없다. 이 시간을 진행연장시간(end lag)이라 하며, 우리나라에서는 평균값으로 2.0초를 사용한다. 따라서 정리손실시간 l_2는 황색 또는 전적색 신호시간 중에서 진행연장시간을 뺀 시간을 말한다.

[그림 3-4]는 신호교차로 접근로에서 포화상태 때 신호의 변화에 따른 교통류율의 변화와 출발지연시간, 진행연장시간, 유효녹색시간, 정리손실시간의 개념을 나타낸 것이다. 이 그림에서 실선은 포화상태를 나타내며, 파선은 교통수요가 용량보다 적을 때의 교통류율을 나타낸다.

포화류율과 손실시간과의 관계는 대단히 중요하다. 어느 진행방향의 교통은 교차로를 일정기간, 즉 유효녹색시간 동안 포화류율로 통과하게 된다. 여기서 유효녹색시간은 그림에서 볼 수 있는 바와 같이 녹색시간에서 출발손실 시간을 빼고 진행연장시간을 더한 값이다. 따라서 녹색시간에서 0.3초를 뺀 값과 같다.

손실시간은 출발 및 멈춤이 일어날 때마다 생기게 되므로 한 시간 동안의 전체 손실시간

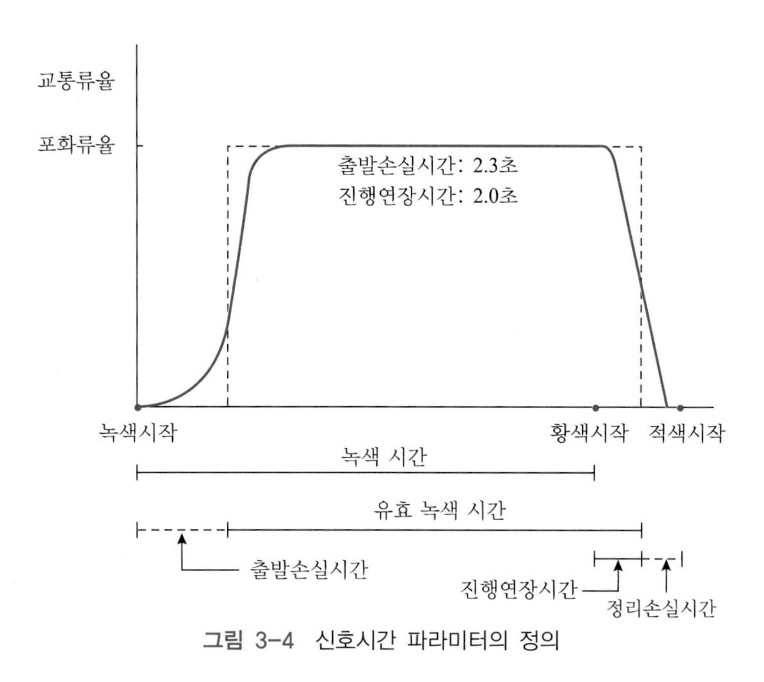

그림 3-4 신호시간 파라미터의 정의

은 신호주기 및 현시수와 관계가 있다. 만약 신호주기가 120초이면 한 시간 동안에 30번의 출발과 멈춤이 각 현시에 대해서 일어난다. 따라서 한 방향의 총 손실시간은 $30(l_1 + l_2)$가 되며, 신호주기가 60초라면 각 방향의 총 손실시간은 $60(l_1 + l_2)$가 되어 120초 주기 때보다 두 배의 손실시간이 발생하게 된다. 만약 한 주기에 네 현시가 있다면 각 현시에 대한 손실시간을 4번 구하고 이를 합한다. 이때 한 현시의 손실시간을 4배 하지 않는 이유는 각 현시마다 황색시간이 다를 경우 정리손실시간, 즉 l_2의 값이 차이가 나기 때문이다.

손실시간의 총량은 용량에 영향을 준다. 즉, 위와 같은 논리로 본다면 주기가 길어지면 용량이 증대되는 결과를 가져온다. 그러나 주기가 길면 적색신호시간 역시 길어지므로 적색신호에서 대기하는 차량의 행렬이 길어져 교차로 주변에 또 다른 문제점을 야기할 수도 있다. 또 신호주기가 길면 일반적으로 차량의 평균 정지지체시간(average stopped-time delay)은 길어진다.

(3) '정지'와 '양보' 표지에서의 흐름

'정지'와 '양보' 표지에서의 운전자는 자신이 원하는 방향으로 진행하기 위해서, 주도로의 흐름 중에서 이와 상충되는 흐름 내에 있는 적절한 간격(gap)을 이용하게 된다. 따라서 '정지'와 '양보' 표지로 통제되는 교차로의 접근용량은 다음과 같은 두 가지 요소에 좌우된다.

- 주도로 교통류 내의 간격분포
- 부도로 운전자의 간격수락 행태

도로 교통류의 간격분포는 이 도로의 총 교통량, 방향별 분포, 이 도로의 차로수, 그리고 차량군 형성의 정도 및 종류에 좌우된다. 부도로 운전자의 간격수락 특성은 원하는 진행방향, 주도로의 차로수, 주도로 교통의 속도, 시거, 부도로 차량의 대기시간 및 운전자의 특성(시력, 반응시간, 연령) 등에 좌우된다.

(4) 지 체

단속교통류의 교통류질을 측정하는 중요한 기준은 지체이다. 특히 평균 접근지체시간은 신호교차로의 서비스수준을 평가하는 데 사용되는 가장 좋은 효과척도이다. 접근지체(approach delay)는 교차로에 접근하면서부터 교차로를 벗어나 다시 본래의 속도로 회복할 동안 추가적으로 소요된 시간이다. 따라서 접근지체는 순행속도로부터 감속하여 정지할 때까지의 감속지체(deceleration delay), 적색신호 동안의 정지지체(stopped delay) 및 가속하여 다시 순행속도로 회복할 때까지의 가속지체(acceleration delay)를 합한 것이다. 어느 접근로의 평균접근지체는 그 접근로의 총 접근지체를 같은 시간 동안 그 접근로로 진입하는 총 교통량으로 나눈 값으로서 초/대의 단위로 표시된다.

신호교차로의 지체는 포화도(v/c)에 가장 큰 영향을 받는다. 이 포화도는 또 포화교통량, 주기 및 녹색신호시간의 함수이므로 결국 신호시간이 신호교차로의 운영상태를 좌우하는 가장 중요한 파라미터임을 알 수 있다.

이 파라미터는 신호등이 설치되지 않은 교차로의 서비스수준을 결정하는 데도 마찬가지로 사용된다. 이때 사용되는 효과척도는 여유용량(reserve capacity)으로서, 이것은 교차로 접근로의 용량에서 교통수요를 감한 값으로 정의되며 이 값은 지체와 상관관계를 갖는다.

신호교차로의 분석은 일차적으로 각 차로군 또는 접근로별로 지체를 계산한 후 이를 교차로 전체에 대해서 종합을 한다. 이때 주의해야 할 것은 교차로 전체의 지체가 적다고 해서 그 교차로의 운영상태가 좋다고 말할 수 없다는 것이다. 예를 들어 네 접근로 중에서 어느 세 접근로의 지체는 매우 작은 대신 나머지 한 접근로는 과포화가 발생하여 매우 심각한 지체를 유발하더라도 교차로 전체에 대해서 평균하면 지체 값이 양호한 범위에 들 수 있다. 그러나 이 교차로는 사실상 운영상태가 매우 나쁘다고 평가되어야 한다.

도시간선도로의 지체는 이 도로구간의 통행시간과 순행시간의 차이를 말한다. 교차로 사이의 링크구간은 가속구간, 순행속도구간 및 감속구간으로 이루어지므로, 이 지체는 이 도로구간 내에 있는 모든 신호교차로의 그 도로 진행방향 접근로의 총 접근지체와 같다.

도시간선도로의 지체는 그 도로구간의 자유속도가 아니라 순행속도를 기준으로 한다. 순행속도는 주어진 도로 및 교통조건에서의 속도, 즉 교통류 내부의 마찰과 도로변 주차, 자전거, 보행자 등으로 인한 노변마찰을 반영하기 때문에 자유속도보다 적은 값을 갖는다. 교차로 또는 도시간선도로의 지체는 그 도로의 주어진 도로조건 및 교통량 등 교통조건하에서 교통운영상태를 분석하기 위해 주로 사용되는 것인 만큼 주어진 교통조건하에서의 속도, 즉 순행속도가 기준이 되어야 한다.

1. Carter, Everett. C. and W. S. Homburger, *Introduction to Transportation Engineering,* ITE., 1978.
2. ITE., *Transportation and Traffic Engineering Handbook,* 1982.
3. ITE., *Manual of Transportation Engineering Studies,* 1994.
4. TRB., *Highway Capacity Manual,* Special Report 209, 2000.
5. J. G. Wardrop, *Some Theoretical Aspects of Road Traffic Research.* Proceedings of the Institution of Civil Engineers, Part II, Vol.1, 1952.
6. N.D. Lea Transportation Research Corporation, *Dictionary of Public Transport,* International Transit Handbook-Part 1, 1981.
7. L. C. Edie, *Discussion of Traffic Stream Measurements and Definitions,* Proceedings of the 2nd International Symposium, Traffic Flow Theory, 1963.
8. 교통개발연구원, 도로용량편람 조사연구 2, 3단계(3단계 중간보고서), 1992.

1. 어느 교차로에 좌회전 전용차로를 설치하고자 한다. 임의로 도착하는 좌회전 교통량이 시간당 300대이고, 한 주기에서 좌회전 할 수 없는 시간길이가 60초이다. 좌회전 전용차로가 85% 이상 제 역할을 하는 데 필요한 최소길이는 얼마인가? 단, 이전(以前) 주기는 과포화주기가 아니며 대기차량의 차두거리를 6 m로 가정한다.
(힌트: $P_{x \leq n} \geq 0.85$인 n값을 찾는다.)
2. 교통류 중에서 대형차량이 40% 무작위로 혼합되어 있을 때 20대 중에서 6대가 대형차량일 확률을 이항분포로 구하고 정규분포로 근사화한 값과 비교하라.
3. 임의도착 교통류율이 4초에 6대 꼴(시간당 5,400대)이며, 분산은 3.6이다. 4초에 3대가 도착할 확률을 구하라.
4. 비보호좌회전과 직진의 공용차로에서 임의로 도착하는 교통류에서 좌회선 차량의 비율이 20%이다. 적색신호에 도착하는 차량 중에서 첫 좌회전 차량 앞에 직진차량이 3대가 있을 확률을 구하라. 단 이전 주기 끝에 남아 있는 차량은 없다.
5. 어느 신호교차로의 한 접근로에서 조사한 어느 직진차로의 교통량비는 0.3이었으며, 그 차로의 녹색시간비는 0.4이었다. 이 접근로의 포화도는 얼마인가?
6. 신호교차로의 정지선에서 적색신호에 대기하는 차량이 10대가 있다. 이 차량들이 정지선을 벗어나는 데 걸리는 시간은 얼마인가?

제4장

교통류 이론

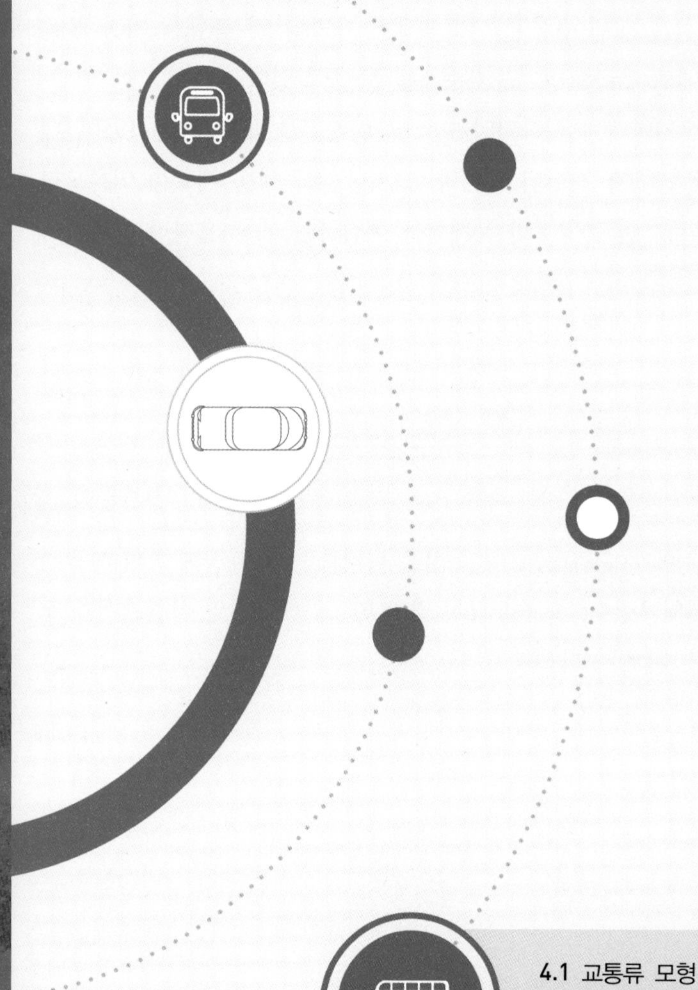

교통류의 특성을 설명하는 교통류 이론은 수학, 확률이론, 물리학의 원리를 교통류 행태 분석에 적용시키는 것으로서, 교통류의 특성을 수리식으로 모형화하여 이들 변수들 간의 상관관계로 나타내고 이를 이용하여 필요로 하는 변수의 값을 찾아낸다.

교통류 분석은 도로 또는 교차로의 용량을 알아낼 뿐만 아니라, 병목현상이 발생할 경우에 일어나는 교통행태가 어떠할 것인가를 예측하기 위한 것이다. 연속교통류에서 병목현상의 크기와 해소시간을 분석하는 데는 충격파 이론이 사용된다. 교차로에서 차량의 지체시간을 추정하는 문제는 교통류 이론을 실제에 적용하는 가장 흔한 예이다. 대기행렬에서 기다리는 차량대수와 대기시간도 대기행렬 모형을 이용하여 구할 수 있다.

이장에서 설명되는 교통류 이론은 실험이나 관측에 의해서 개발된 것 중에서 가장 좋은 것임이 입증된 이론이며, 이 밖에도 추종모형 및 가속소음 모형도 있다.

교통류 이론에 대한 연구는 1930년대에 시작되었지만 크게 진전을 보인 때는 1950년대 이후이며, 지금까지도 이에 대한 연구가 진행되고 있다. 그러나 최근에는 새로운 이론모형의 개발보다도 기존 이론을 교통시스템 운영상의 문제점을 해결하는 데 적용하려는 노력이 커지고 있다.

4.1 교통류 모형

연속교통류의 교통분석 및 설계에서 그 교통류의 특성을 나타내는 여러 변수들의 상관관계를 이해할 필요가 있다. 교통류의 3변수, 즉 속도(u), 밀도(k), 교통량(q)의 상관관계를 교통류 모형이라 부르며 이들 간의 관계는 다음과 같다.

$$q(\text{vph}) = u(\text{kph}) \times k(\text{vpk}) \tag{4.1}$$

여기서 q = 평균교통류율
u = 공간평균속도
k = 평균밀도

이와 같은 변수와 관련된 다른 부호의 정의는 다음과 같다.

q_m = 최대교통류율, 용량

$u_f =$ 자유속도

$u_m =$ 최대교통류율 때의 속도, 임계속도

$k_j =$ 혼잡밀도

$k_m =$ 최대교통류율 때의 밀도, 임계밀도

4.1.1 속도-밀도 모형

한 차로나 도로에서 밀도가 증가하면 속도는 감소한다. 또 밀도와 속도를 알면 교통량을 계산에 의해서 구할 수 있다. 속도-밀도 모형에는 크게 직선모형(Greenshields model)과 지수모형(Greenberg, Underwood model)으로 나눌 수 있으나 실제 현장에서 속도와 밀도의 관계는 [그림 4-1]과 같다고 알려지고 있으므로 이를 위와 같은 어느 하나의 모형으로 나타내는데 한계가 있다. Greenshields의 직선모형이 수학적으로 단순한 반면, 현실적인 u_f와 k_j값을 나타낼 수 없다.

Greenberg의 지수모형은 k_j값에 대해서는 잘 맞으나 밀도가 적은 교통류에서의 속도값을 나타내지 못한다. Underwood의 지수모형 역시 높은 밀도 때의 속도가 0인 상태를 나타내지 못한다.

모든 영역을 모두 만족시키는 모형은 없으나 Greenshields 모형이 가장 사용하기 간단하고, 연속교통류의 형태를 가장 잘 간파할 수 있으며, 넓은 범위에 걸쳐 관측치와 만족스런 적합성을 나타낸다. 다음은 Greenshields 모형(직선모형)과 Greenberg 모형(지수모형)만 설명하기로 한다.

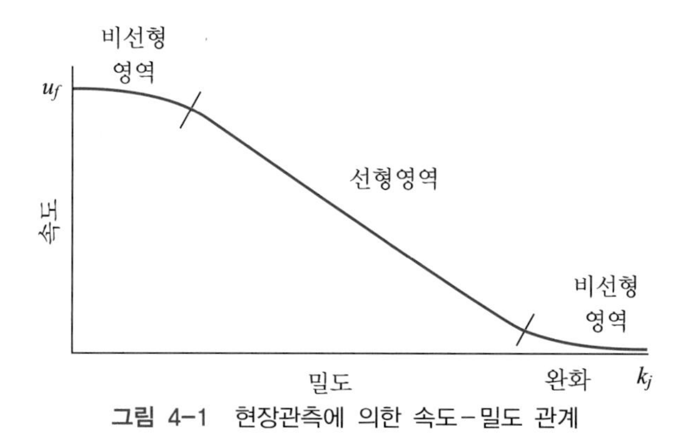

그림 4-1 현장관측에 의한 속도-밀도 관계

(1) Greenshields 모형

교통류 특성 조사 초기에 Greenshields는 속도와 밀도를 다음과 같은 직선관계로 나타내었다.

$$u = u_f \left(1 - \frac{k}{k_j}\right) \tag{4.2}$$

이 모형은 사용하기가 간편하며 현장 관측자료와 비교적 잘 맞는다. 그러나 모형이 제시하는 직선관계는 모든 관측영역에 걸쳐 모두 적합한 것은 아니다.

(2) Greenberg 모형

Greenberg는 속도-밀도 관계를 다음과 같이 나타내었다.

$$u = u_m \ln\left(\frac{k_j}{k}\right) \tag{4.3}$$

이 모형은 혼잡한 교통류에 잘 맞으나 낮은 밀도에서는 적합하지 않다. 즉 윗 식에서 $k \to 0$일 때 $u \to \infty$가 되기 때문이다.

4.1.2 교통량-밀도 모형

[그림 4-2]에서 보는 바와 같은 교통량-밀도 관계를 교통기본도) 또는 q-k곡선이라 부른다. 도로상에 차량이 한 대도 없을 때는($k=0$) 교통량도 0이며($q=0$), 곡선은 원점인 A점을 지난다. A점에서부터 B, C 및 D점을 연결하는 동경(radius vector)의 경사는 그 점들이 나타내는 교통량과 밀도에서의 속도를 의미한다($u = q/k$). 또 A점에서의 접선의 기울기는 자유속도 u_f를 나타낸다.

교통신호에서 정지된 대기행렬은 높은 밀도이지만 교통량이 0인 경우를 나타내며 그림에서 $k = k_j$, $q = 0$인 E점을 의미한다. 교통량이 0인 두 점 A,E 사이에 밀도가 중간 정도이면서 교통량이 최대가 되는 한 점 C가 존재한다. 점 B와 D는 각각 혼잡하지 않은 상태와 혼잡한 상태를 나타내는 임의의 점이다.

그림에서 표시한 각 변수의 값은 도해의 목적으로 부여한 것이며 현장관측치가 반드시 그와 같다는 것은 아니다. 그림에서 최대교통류율 q_m은 2,400 vph이며 최대밀도 k_j는 160

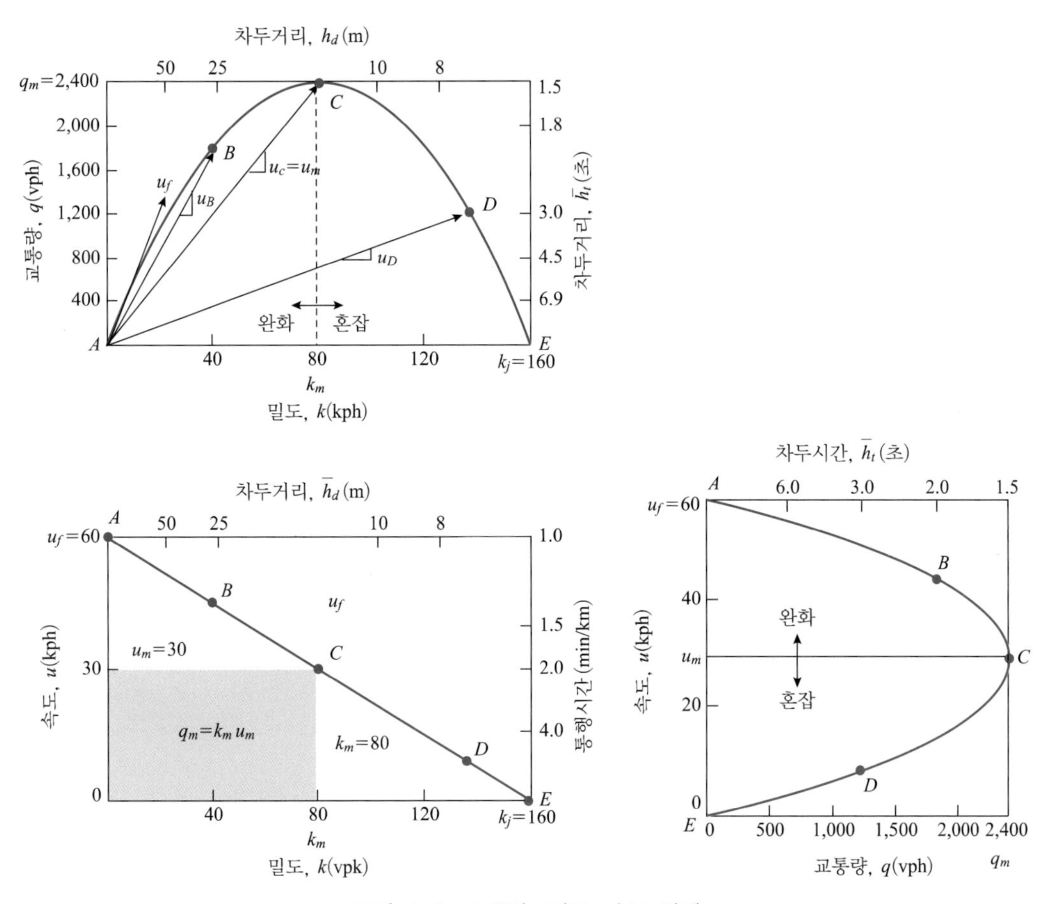

그림 4-2 교통량-밀도-속도 관계

vpk이다. 또 q_m에서의 임계밀도 k_m은 그림에서 80 vpk이다. 최대교통량 q_m 때의 속도 u_m은 원점 A에서 C점을 연결하는 직선의 기울기로서;

$$u_c = u_m = 2,400/80 = 30\,\text{kph}$$

점 B에서의 교통량 q는 1,800 vph, 밀도는 40 vpk이므로, 속도는;

$$u = 1,800/40 = 45\,\text{kph}$$

D점에서의 교통량이 1,224 vph이고 밀도가 136 vpk이면 속도는 1,224/136 = 9 kph로 계산된다.

교통량-밀도의 관계는 Greensields 모형(포물선모형)과 Greenberg 모형(지수모형) 두 가지에 대해서만 설명하기로 한다.

(1) Greenshields 모형

이모형은 Greenshields의 속도-밀도 모형에서 유도되는 것으로서 식 (4.2)를 식 (4.1)에 대입하여 얻을 수 있다. 즉,

$$q = uk = u_f\left(k - \frac{k^2}{k_j}\right) \tag{4.4}$$

이것은 포물선함수로서 식 (4.4)를 미분하여 $dq/dk = 0$, $k = k_m$으로 두면 최대교통량을 구할 수 있다. 즉,

$$\frac{dq}{dk} = u_f\left(1 - \frac{2k_m}{k_j}\right) = 0$$

u_f는 0이 아니므로,

$$1 - \frac{2k_m}{k_j} = 0$$

따라서 $k_m = \dfrac{k_j}{2}$이다.

임계밀도 k_m에 해당하는 속도는 임계속도 u_m이므로 $k_m = k_j/2$를 식 (4.2)의 k에 대입하면,

$$u_m = u_f\left(1 - \frac{k_j}{2k_j}\right) = \frac{u_f}{2}$$

이다. 따라서

$$q_m = u_m\, k_m = \frac{u_f k_j}{4} \tag{4.5}$$

(2) Greenberg 모형

이모형은 Greenberg의 속도-밀도 모형에서 유도되는 것으로서 식 (4.3)을 식 (4.1)에 대입하여 얻는다. 즉,

$$q = uk = ku_m \ln\left(\frac{k_j}{k}\right) \tag{4.6}$$

용량상태의 속도와 밀도는 각각 u_m, k_m 이므로 식 (4.3)에서

$$u_m = u_m \ln\left(\frac{k_j}{k_m}\right)$$

이다. 따라서 $k_m = \dfrac{k_j}{e}$ 이므로

$$q_m = \frac{u_m k_j}{e} \tag{4.7}$$

4.1.3 속도-교통량 모형

속도-밀도 모형이 일단 결정되면 그것으로부터 밀도-교통량 모형을 얻을 수 있다. 예를 들어 Greenshields 및 Greenberg의 속도-밀도 모형식 (4.2), (4.3)을 밀도 k의 함수로 나타내고 그 식에 속도 u를 곱하면 다음과 같은 속도-교통량 모형식들을 얻을 수 있다. 즉

$$\text{Greenshields : } k = k_j\left(1 - \frac{u}{u_f}\right) \qquad q = uk = uk_j\left(1 - \frac{u}{u_f}\right) = k_j\left(u - \frac{u^2}{u_f}\right) \tag{4.8}$$

$$\text{Greenberg : } k = k_j e^{-\frac{u}{u_m}} \qquad q = uk = uk_j e^{-\frac{u}{u_m}} \tag{4.9}$$

특히 Greenshields의 속도-교통량 관계식은 포물선을 만든다. 이 관계는 제6장에서 취급하는 연속교통류의 용량분석에서 일반적으로 많이 사용된다.

4.2 교통류의 충격파

교통류를 유체와 같은 것으로 보고 이에 대한 수리역학적인 원리를 적용시킨 것이 교통류의 충격파이다. 충격파란 밀도와 교통량 변화의 전파운동을 말한다. 예를 들어 도로상에서 차량이 고장이 나면 다른 차량들은 이 병목지점을 통과하기 위해서는 속도를 줄여야 한

다. 만약 교통량과 밀도가 점점 커지면 속도를 줄이기 시작하는 지점(제동등이 켜지기 시작하는 것으로 알 수 있음)은 상류부로 이동된다. 이와 같이 제동등이 켜지는 지점의 이동이 충격파의 이동을 의미한다.

4.2.1 충격파 이론

충격파 이론을 설명할 때 대부분의 책에서는 충격파의 속도를 밀도의 함수로 나타내었다. 아마도 이것은 미국의 문헌을 그대로 사용했기 때문이 아닌가 생각한다. 그러나 이 책에서는 밀도, 속도, 교통량의 관계를 이용하여 모든 관계식을 4.2.2절의 [표 4-1]과 같이 속도의 함수로 나타내었다. 이렇게 하면 수식을 적용하기가 훨씬 간단하다. 뿐만 아니라 수식을 암기하기도 쉬워 현장에서 쉽게 사용할 수 있으므로 이 방법을 사용할 것을 권장한다.

(1) 충격파 속도

충격파 해석은 어떤 교통류가 어떤 제약조건을 만나면 차량군이 생성이 되고, 그 제약조건이 해소되면 차량군의 하류부가 와해되면서 차량군이 소멸되는 과정을 해석하는 것이다.

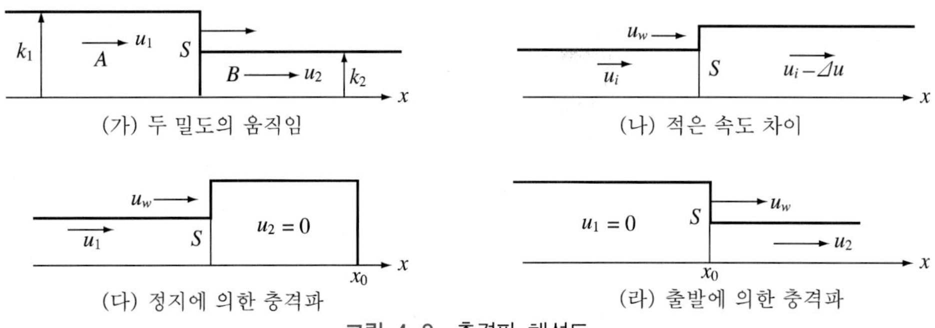

그림 4-3 충격파 해석도

[그림 4-3(가)]에서 보는 바와 같이 직선도로를 따라 흐르는 밀도가 현저히 다른 두 교통류를 생각해 보자. 이때 두 교통류는 u_w라는 속도로 움직이는 수직선 S로 경계가 만들어져 있다. 이들 속도가 그림에서 보는 X방향으로 움직이면 +, 그 반대방향이면 −라고 한다.

편의상 처음의 상류부 교통류를 '1교통류'라 하고, 그것이 어떤 제약조건에 의해 차량군이 생기는데 이때 생성된 교통류를 차량군 또는 '2교통류'라 한다.

충격파 이론을 설명에 사용되는 부호는 다음과 같다.

u_1 = 1교통류 안에 있는 차량의 속도(공간평균속도)

$u_2 =$ 2교통류 안에 있는 차량의 속도(공간평균속도)

$u_{w(1-2)} =$ '1교통류'와 '2교통류' 간의 충격파 속도

$U_{r1} = (u_1 - u_w) =$ '1교통류'안에 있는 차량의 S선에 대한 상대속도

$U_{r2} = (u_2 - u_w) =$ '2교통류'안에 있는 차량의 S선에 대한 상대속도

시간 t동안 S선을 넘는 차량대수 N은 다음과 같다.

$$N = U_{r1} . k_1 . t = U_{r2} . k_2 . t$$

그러므로

$$(u_1 - u_w)k_1 = (u_2 - u_w)k_2$$

이것은 다시 다음과 같이 쓸 수 있다.

$$u_2 k_2 - u_1 k_1 = u_w (k_2 - k_1)$$

따라서 1교통류와 2교통류 사이의 충격파 속도 $u_{w(1-2)}$는

$$u_{w(1-2)} = \frac{q_2 - q_1}{k_2 - k_1} \tag{4.10}$$

이 공식에서 충격파의 속도 u_w는 예제 4.1의 [그림 4-4]와 같은 교통량-밀도곡선에서 '1' 점과 '2' 점을 연결하는 현의 경사와 같음을 알 수 있다. 이 값이 +이면 충격파가 하류부로 이동하는 것을 말하며, −이면 상류부로 향하는 것을 말한다.

(2) 차량군의 변화속도와 차량군 최대길이

'1교통류'의 하류부에 저속차량이나 또는 도로가 차단되는 것과 같은 제약조건이 있으면 저속 또는 정지차량군(2교통류)이 생성되고, 이러한 제약조건이 해소되면 이 차량군이 와해되면서 새로운 '3교통류'가 하류부에 생성된다. 경우에 따라서는 용량상태의 '3교통류'가 다시 와해되거나 새로운 제약조건을 만나면 새로운 교통류(4교통류)로 변할 수 있다. 그러나 여기서는 '3교통류'까지만 생각하기로 한다.

이처럼 교통류가 생성 또는 소멸되는 속도는 교통류 분석에서 매우 중요한 의미를 가지며 이 값은 충격파 속도로부터 구할 수 있다.

어느 교통류의 생성 및 소멸속도는 하류부의 '2교통류'와 '3교통류' 사이의 충격파 속도에서 상류부의 '1교통류'와 '2교통류' 사이의 충격파 속도를 뺀 값이다. 즉,

$$2\text{교통류 길이의 변화속도} = \text{하류부 충격파 속도} - \text{상류부 충격파 속도} \tag{4.11}$$

예를 들어, '2교통류'(차량군) 길이의 변화속도 u_{Q2}는 다음과 같이 나타낸다.

$$u_{Q2} = u_{w(2-3)} - u_{w(1-2)} \tag{4.12}$$

이 값이 +이면 생성속도를 나타내고, −이면 소멸속도를 의미한다.

'2교통류' 하류부에 생성되는 '3교통류'는 교통량이 없는 공백상태이므로 자유속도 u_f, 밀도 0인 자유류(free flow)상태가 된다. 그러나 '2교통류'를 만드는 제약조건이 사라지면 '2교통류'가 와해되면서 생성되는 '3교통류'는 용량상태의 교통류이다. 물론 이 용량상태 교통류의 하류부는 여전히 자유류 상태일 것이다.

여기서 '2교통류'의 하류부에 있는 제약조건이 그대로 존재한다면 '2교통류'와 '3교통류'(자유류) 사이의 충격파 속도는 '2교통류'의 속도와 같으므로 위의 식은 다음과 같이 쓸 수 있다.

$$u_{Q2} = u_2 - u_{w(1-2)}$$

차량군의 길이는 제약조건이 존속하는 동안 증가가 계속되고 제약조건이 사라지는 순간 차량군의 길이는 최대가 된다. 따라서 2교통류의 최대길이 $Q_{\max 2}$는 다음과 같다.

$$Q_{\max 2} = u_{Q2} \times (\text{제약조건의 존속시간}) \tag{4.13}$$

일반적인 경우 '3교통류'는 병목상태가 해소된 후 생기는, 즉 '2교통류'가 와해되어 생기는 교통류이므로 초기에는 용량상태를 나타내지만 금방 분산되어 그보다 밀도가 낮은 교통류로 변한다.

(3) 소멸 소요시간 및 완전소멸 위치

2교통류의 소멸 소요시간 T_{Q2}는 그 교통류의 최대길이 $Q_{\max 2}$를 소멸속도 u_{Q2}로 나누어 구한다. 즉

$$T_{Q2} = \frac{Q_{\max 2}}{u_{Q2}} \tag{4.14}$$

2교통류가 완전히 소멸되는 지점 P_2의 위치는 그 교통류의 하류부가 와해되기 시작하는 지점(제약조건 제거 지점)에서부터 와해 충격파 속도로 T_{Q2} 동안 진행한 지점이다. 즉

$$P_2 = T_{Q2} \times u_{w(2-3)} \tag{4.15}$$

이때 P_2의 값이 $+$이면 하류부, $-$이면 상류부를 뜻한다.

4.2.2 Greenshields 모형에 응용

밀도, 속도, 교통량의 관계를 나타내는 교통류 모형에는 앞에서 설명한 여러 가지 모형들이 있으며, 교통량-밀도 관계를 포물선 방정식의 모형으로 간단히 나타내는 방법도 있다. 교통류가 어떤 모형을 갖든 상관없이 식 (4.10)을 사용하면 충격파를 해석할 수가 있다. 그러나 여기서 유의해야 할 것은 서로 다른 모형을 갖는 교통류 간의 충격파는 해석할 수가 없다.

일반적으로 교통류가 Greenshields 모형을 가질 때 그 모형의 단순성으로 인해 충격파 해석이 비교적 간단하다. 따라서 충격파 이론을 쉽게 이해하기 위해서는 이 모형의 교통류를 사용하여 설명하는 것이 좋다.

(1) 충격파 속도

이제 Greenshields 모형을 갖는 어느 교통류는

$$k_i = k_j\left(1 - \frac{u_i}{u_f}\right) \text{이며,} \qquad q_i = k_j\left(u_i - \frac{u_i^2}{u_f}\right) \text{ 이므로}$$

이를 식 (4.10)에 대입하여 정리하면 다음과 같다.

$$u_{w(1-2)} = u_1 + u_2 - u_f \tag{4.16}$$

이식을 해석하면 ‘1교통류와 2교통류가 만날 때의 충격파 속도는 1교통류 속도와 2교통류 속도를 합한 후 자유류 속도를 뺀 값과 같다’라는 매우 단순한 명제가 성립된다. 이와 같은 방법으로 아래의 모든 경우에 대한 충격파 속도를 구할 수 있다.

1) 밀도가 거의 같을 경우

[그림 4-3(나)]의 경우처럼 u_1과 u_2가 거의 동일하고 u와 같다면 식 (4.16)은 다음과 같이 된다.

$$u_{w(1-2)} = 2u - u_f \tag{4.17}$$

이와 같이 속도가 거의 같은 두 교통류간의 충격파를 불연속파(discontinuity wave)라 하며 이 충격파의 속도를 불연속파의 속도라 한다.

2) 정지에 의한 충격파

[그림 4-3(다)]에서 보는 바와 같이 평균속도 u_1인 교통류가 신호등 때문에 정지해야 할 경우이다. 정지한 교통류의 속도 u_2는 0이다.

따라서 식 (4.16)은 다음과 같이 된다.

$$u_{w(1-2)} = u_1 - u_f \tag{4.18}$$

u_f가 u_1보다 크므로, 정지 충격파는 속도$(u_1 - u_f)$의 크기로 상류부 쪽으로 이동한다. 그러므로 $t=0$에서 신호등이 적색으로 바뀐 후 t초 후에 정지차량의 길이는 x_0지점에서부터 상류쪽으로 $(u_1 - u_f)t$ 만큼이다.

3) 출발에 의한 충격파의 경우

[그림 4-3(라)]는 신호등에서 정지된 차량이 $t=0$일 때 신호등이 녹색으로 바뀌면$u_1 = 0$인 교통류가 u_2의 속도로 출발한다.

따라서 $u_1 = 0$을 식 (4.16)에 대입하면

$$u_{w(1-2)} = u_2 - u_f \tag{4.19}$$

마찬가지로 u_f가 u_2보다 크므로 출발 충격파 속도는 $(u_2 - u_f)$의 크기로 상류부 쪽으로 이동한다.

다음은 이해를 돕기 위해 예제를 중심으로 설명한다.

예제 4.1 단차로 도로를 주행하는 어느 한 교통류는 $u_f = 60\,\text{kph}$, $k_j = 160\,\text{vpk}$ 값을 가지며, 따라서 $q_m = (60/2) \times (160/2) = 2,400\,\text{vph}$이고 Greenshields 모형을 따른다고 알려지고 있다. 이 교통류의 교통량-밀도곡선은 [그림 4-4]와 같다. 이 도로에서 시간당 교통량이 1,914대, 속도가 43.5 kph인 교통상태가 있다(그림의 점1). 이때 저속으로 주행하는 트럭이 진입하여 9 kph의 속도로 3 km 주행한 후(20분 주행) 도로를 벗어났다. 차량이 트럭을 추월할 수 없으므로 그림의 점2와 같은 상태의 차량군이 형성되었다고 한다. 트럭이 도로

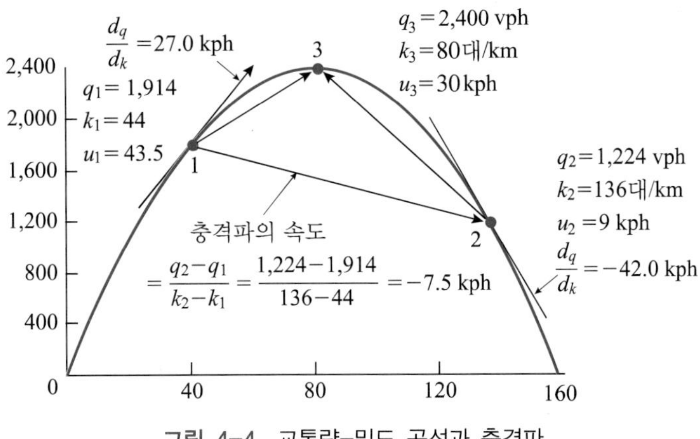

그림 4-4 교통량–밀도 곡선과 충격파

를 벗어나면 차량군은 용량상태(점3)로 신속히 와해된다. 다음 물음에 답하라.

① 트럭의 후미에서 저속차량군이 생성되는 속도(충격파 속도)는 얼마인가?

풀이 $u_1 = 43.5\,\text{kph}$, $u_2 = 9\,\text{kph}$, $u_f = 60\,\text{kph}$이므로 식 (4.16)에서

$$u_{w(1-2)} = u_1 + u_2 - u_f$$
$$= 43.5 + 9 - 60 = -7.5\,\text{kph}\ \text{(이므로 상류부 쪽으로)}$$

(2) 차량군 증가속도 및 차량군 최대길이

어느 교통류 길이의 변화속도는 식 (4.11)에서 설명하였다. 와해되기 이전의 차량군(2교통류)과 그 하류부와의 충격파는 '2교통류' 그 자체의 속도, 즉 u_2이다. 이는 식 (4.16)에서도 얻을 수 있다. 즉 하류부의 충격파 속도 $u_{w(2-3)} = u_2 + u_3 - u_f$에서 와해되기 이전의 '2교통류'의 하류부는 자유류 상태이므로 $u_3 = u_f$가 된다. 따라서 $u_{w(2-3)} = u_2$이다. 상류부의 충격파 속도는 $u_{w(1-2)} = u_1 + u_2 - u_f$이므로 '2교통류' 길이의 변화속도 u_{Q2}는 식 (4.11)에서,

$$u_{Q2} = u_{w(2-3)} - u_{w(1-2)} = u_2 - (u_1 + u_2 - u_f)$$
$$= u_f - u_1 \tag{4.20}$$

여기서 $u_f > u_1$이므로 u_{Q2}는 생성속도이다. 또 이 식에서 '2교통류' 길이의 변화속도는 저속차량의 속도와는 무관하다는 것을 알 수 있다. '2교통류'의 최대길이는 $Q_{\max 2}$는 생성속도 × 제약조건 존속시간(식 4.13)이다.

예제 4.2 앞 예제와 연결시켜 다음 물음에 답하라.

② 저속차량군(2교통류) 길이는 얼마나 빠른 속도로 증가하는가?

풀이 트럭 뒤로 저속차량군 길이가 계속 증가하고(7.5 kph 씩), 트럭은 하류부로 계속 움직이므로(9 kph 씩), 저속차량군의 생성속도는

$$u_{Q2} = 7.5 + 9 = 16.5\text{kph}$$

또는 식 (4.20)으로부터

$$\begin{aligned} u_{Q2} &= u_f - u_1 \\ &= 60 - 43.5 = 16.5\,\text{kph} \end{aligned}$$

③ 이 차량군의 최대길이는 얼마인가?

풀이 저속차량군의 생성속도와 트럭이 도로를 벗어나기까지 주행한 시간을 곱한 값이므로 식 (4.13)으로부터

$$\begin{aligned} Q_{\max 2} &= u_{Q2} \times (\text{제약조건의 존속시간}) \\ &= 16.5 \times (20/60) = 5.5\,\text{km} \end{aligned}$$

④ 이 저속차량군 안에 있는 차량대수는 몇 대인가?

풀이 속도 9 kph 상태 때의 밀도는 [그림 4-2]에 보는 바와 같은 속도-밀도 관계에서 구한다. 그러므로 $k = 136\,\text{vpk}$. 따라서 차량대수는 $5.5\,\text{km} \times 136 = 748$ 대

(3) 차량군 와해 시 충격파 속도 및 차량군 변화속도

하류부의 교통제약 조건이 사라지면 하류부는 차량군이 와해되고 동시에 상류부는 차량군이 계속 생성된다. 그러므로 식 (4.16)에서,

하류부의 충격파 속도: $u_{w(2-3)} = u_2 + u_3 - u_f$

여기서 와해될 때의 교통류는 용량상태이므로 $u_3 = u_f/2$이며
따라서 $u_{w(2-3)} = u_2 - u_f/2)$로 쓸 수 있다. 또

상류부의 충격파 속도: $u_{w(1-2)} = u_1 + u_2 - u_f$

따라서 '2교통류'의 변화속도 u_{Q2}는 식 (4.11)에서,

$$\begin{aligned} u_{Q2} &= u_{w(2-3)} - u_{w(1-2)} \\ &= (u_2 + u_3 - u_f) - (u_1 + u_2 - u_f) \\ &= u_3 - u_1 \end{aligned} \tag{4.21}$$

여기서 $u_3 > u_1$이면 '2교통류'의 하류부가 '3교통류'로 와해되어 소멸되더라도 상류부의 생성속도가 빨라 전체 '2교통류'의 길이는 증가한다. 반대로 u_{Q2}가 −값을 가지면 '2교통류'는 소멸된다. 여기서도 마찬가지로 저속차량군의 소멸속도는 저속차량의 속도와는 무관함을 알 수 있다.

예제 4.3 앞 예제와 연결시켜 다음 물음에 답하라.

⑤ 트럭이 도로를 벗어난 후 저속차량군이 용량상태로 와해될 때의 충격파 속도는?

풀이

$$\begin{aligned} u_{w(2-3)} &= u_2 + u_3 - u_f \\ &= 9 + 30 - 60 = -21\,\text{kph} \ \ (\text{상류부 쪽으로}) \end{aligned}$$

⑥ 저속차량군의 길이가 소멸되는 속도는?

풀이 상류부 쪽에서는 7.5 kph 씩 증가하고, 하류부 쪽에서는 21 kph씩 감소하므로 실제 차량군 길이가 변하는 속도는

$$7.5 - 21 = -13.5\text{rph}$$

식 (4.21)를 이용해도 같은 결과를 얻는다. 즉 차량군의 변화속도 u_{Q2}는

$$\begin{aligned} u_{Q2} &= u_3 - u_1 \\ &= 30 - 43.5 = -13.5\,\text{kph} \end{aligned}$$

(4) 소멸 소요시간 및 완전소멸 위치

차량군 소멸 소요시간 T_{Q2} 및 완전 소멸위치 P_2는 식 (4.14) 및 식 (4.15)를 이용해서 구한다.

예제 4.4 앞 예제와 연결시켜 다음 물음에 답하라.

⑦ 저속 차량군이 완전히 소멸하는 데 걸리는 시간은?

풀이 최대 차량군 길이를 차량군 감소속도로 나눈다. 식 (4.14)로부터,

$$T_{Q2} = \frac{Q_{\max 2}}{u_{Q2}}$$

$$= \frac{5.5}{13.5} = 0.41 \text{시간}$$

⑧ 차량군이 완전히 소멸되는 지점은 트럭이 도로를 벗어난 지점으로부터 얼마나 떨어져 있는가?

풀이 트럭이 도로를 벗어나는 날 때 차량군이 와해되기 시작하며, 그 와해속도(2, 3교통류 간의 충격파 속도)에 소멸 소요시간을 곱해서 얻는다. 식 (4.15)에서,

$$P_2 = T_{Q2} \times u_{w(2-3)}$$

$$= 0.41\,\text{hr} \times (-21)\,\text{kph} = -8.56\,\text{km} \quad \text{(상류부 쪽)}$$

(5) 이탈지점의 원상회복시간

제약조건이 제거되는 지점(이탈지점)의 교통류 상태는 시간에 따라 일정하지 않다. 차량군(2교통류)이 완전 소멸되는 지점에서 '1교통류'와 '3교통류'가 만나게 되고 이 두 교통류는 다시 충격파를 만든다. 이 충격파는 하류부로 움직이며 그 속도는 식 (4.16)을 이용해서 구한다. 즉

$$u_{w(1-3)} = u_1 + u_3 - u_f$$

제약조건이 사라진 그 지점이 '3교통류' 상태로 있다가 시간이 흐르면 '1교통류' 상태가 된다. 그 시간, 즉 1,3교통류의 충격파가 이탈지점에 도착하는 데 소요되는 시간은 소멸지점과 이탈지점간의 거리를 1,3교통류간의 충격파 속도 $u_{w(1-3)}$로 나누어 얻는다. 즉

$$T_{(3-1)} = \frac{P_2}{u_{w(1-3)}}$$

예제 4.5 앞 예제와 연결시켜 다음 물음에 답하라.

⑨ 차량군이 완전 소멸되는 지점에는 '1교통류'와 '3교통류'가 만나게 되고 이들 역시 충격파를 만든다. 이 충격파의 속도는 얼마인가?

풀이 식 (4.16)에서

$$u_{w(1-3)} = u_1 + u_3 - u_f$$
$$= 43.5 + 30 - 60 = 13.5\,\text{kph} \ \ (\text{하류부 쪽으로})$$

⑩ 트럭이 도로를 벗어난 후 얼마를 지나야 그 지점이 '1교통류' 상태가 되는가?

풀이 1, 3교통류가 만나는 지점은 ⑧에서 트럭 이탈지점 상류 8.56 km 이며, 1, 3 교통류 간의 충격파 속도는 ⑨에서 13.5 kph이다. 이탈지점이 '1교통류' 상태가 되는데 소요되는 시간은,

$$T_{(3-1)} = \frac{8.56}{13.5} = 0.63\text{시간}$$

(6) 요 약

앞에서 언급한 바와 같이 충격파 이론을 설명할 때 대부분의 책에서는 충격파의 속도를 밀도의 함수로 나타내었으나, 이 책에서는 [표 4-1]과 같이 충격파의 속도를 교통류속도의 함수로 나타내었다. 이렇게 하는 것이 수식을 이해하고 암기하기가 쉬워 이 방법을 사용할

표 4-1 충격파 이론(요약)

충격파 변수	일반식	Greenshields 모형을 따를 경우
1) 불연속파 속도	$u_{wd} = \left(\frac{dq}{dk}\right)_k$	$2u - u_f$
2) 충격파 속도	$u_{w(1-2)} = \frac{q_2 - q_1}{k_2 - k_1}$	$u_1 + u_2 - u_f$
3) '2교통류' 변화속도	$u_{Q2} = u_{w(2-3)} - u_{w(1-2)}$ (+는 생성, −는 소멸)	$u_3 - u_1$(제약조건의 존속 시 $u_3 = u_f$) (+는 생성, −는 소멸)
4) '2교통류' 최대길이	$Q_{\max 2} = u_{Q2} \times$(제약조건의 존속시간)	
5) '2교통류' 와해 충격파속도	$u_{w(2-3)} = \frac{q_2 - q_3}{k_2 - k_3}$	$u_2 - \frac{u_f}{2}$
6) '2교통류' 소멸 소요시간	$T_{Q2} = \frac{Q_{\max 2}}{u_{Q2}}$ (u_{Q2} = '2교통류' 소멸속도)	
7) '2교통류' 완전 소멸지점 (병목제거지점 기준)	$P_2 = T_{Q2} \times u_{w(2-3)}$ 병목제거 지점으로부터 −는 상류부, +는 하류부	
8) '2교통류' 완전 소멸 후 병목 제거지점이 '3'에서 '1교통류' 상태로 회복되는 시간	$T_{(3-1)} = \frac{P_2}{u_{w(1-3)}}$	

※ 충격파 속도 : +는 하류부, −는 상류부 쪽
※ 차량군 길이 변화속도 : +는 생성, −는 소멸

것을 권장한다. 여기서 사용하는 1, 2, 3교통류를 정의하면 아래와 같으며, 이들 각 교통류의 속도는 u_1, u_2, u_3이다.

- 1교통류 : 초기상태의 교통류
- 2교통류 : 차량군 상태, 저속차량에 의한 차량군 또는 정지에 의한 대기행렬
- 3교통류 : 병목조건이 사라진 후 2교통류가 와해되어 생기는 교통류, 통상 용량상태임

4.3 대기행렬 모형

혼잡으로 인한 지체는 여러 가지 교통시설에서 흔히 볼 수 있다. 비보호좌회전에서 좌회전할 기회를 기다리는 차량, 버스를 기다리는 승객, 이륙허가를 얻을 때까지 taxiway에서 기다리는 비행기들이 모두 대기행렬이다.

차량의 대기행렬은 교통수요가 용량에 접근하거나 초과되는 지점의 상류쪽에서 발생한다. 그 원인은 수요가 일시적으로 증가하거나 용량이 잠시 동안 감소하기 때문일 수 있다. 만약 수요의 증가 때문이라면 그 수요가 충분히 감소하면 행렬이 저절로 없어진다. 그러나 접근조절(access metering)과 같은 운영기법을 이용하면 대기행렬이 발생되지 않는 수준의 수요를 유지할 수 있다.

일시적인 용량감소의 경우는 적색신호등에서의 차량대기, 통행료 징수소에서의 순간적인 지체, 또는 도로를 차단하거나 영향을 주는 갑작스런 사고 등이 있다. 이 경우에는 그 용량감소의 원인이 제거된 후, 도착교통량보다 큰 용량이 제공되어야만 어느 정도 시간이 경과한 후에 대기행렬이 없어진다.

사용자가 기다려야 할 시간의 길이와 줄을 서서 기다리는 차량대수, 또는 시설이 이용되지 않고 비어 있을(대기행렬이 없을) 시간비율 등은 모두 대기행렬 모형을 이용하여 구할 수 있는 문제들이다.

4.3.1 대기행렬 이론의 기초

간단한 대기시스템의 예가 [그림 4-5]에 나타나 있다. 여기서 대기시스템이라 함은 대기행렬과 서비스 기관을 포함한 것을 말한다. 그림에서 대기차량대수는 5이며 평균도착률은

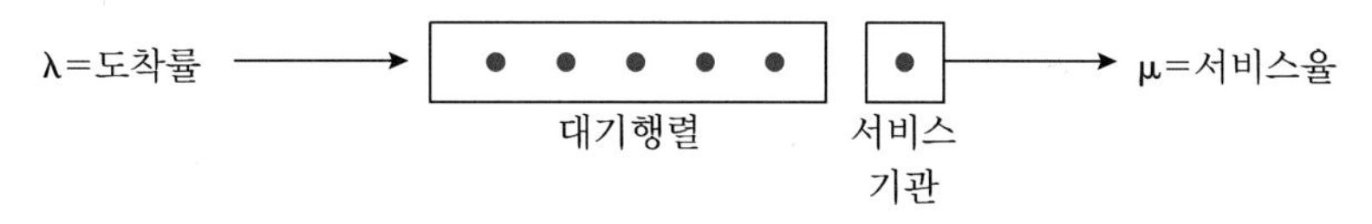

그림 4-5 단일 서비스기관의 대기시스템

λ, 평균서비스율은 μ로 표시된다.

교통시설의 대기특성을 수학적으로 예측하기 위해서는 다음과 같은 대기시스템의 특성과 매개변수를 알아야 한다.

1) 도착특성

평균도착률(λ), 도착대수 또는 도착간격에 대한 확률분포가 어떤 것이며, 유입원(input source)이 한정되어 있는지 아니면 무한한지를 알아야 한다.

2) 서비스 시설 특성

평균서비스률(μ), 서비스시간에 관한 확률분포, 동시에 서비스할 수 있는 시설의 수, 대기행렬 길이의 제한 여부 등을 알아야 한다.

주차장으로 들어오는 차량의 시간간격과 나갈 때 주차료를 지불하는 데 걸리는 시간이 모두 음지수분포를 갖는다면 도착과 서비스는 모두 무작위(임의)라 볼 수 있다. 도착시간 분포와 서비스시간 분포가 서로 다를 수도 있다. 예를 들어 유입램프에 도착하는 것은 임의이나 일정시간마다 1대씩 유입될 수 있는 경우에는 음지수분포 도착간격과 일양분포(uniform distribution) 서비스시간을 갖는다고 볼 수 있다.

3) 서비스 순서

일반적인 원칙은 선입선출(first come, first served, FCFS) 방식으로 서비스를 받는 것으로서, 신호등 대기를 하는 차로나 고속도로 유입램프와 같은 곳이다. 또 나중에 도착한 것이 먼저 서비스를 받는 후입선출(last come, first served, LCFS) 방식도 있으며, 우선권이 인정되는 경우(긴급차량 등), 무작위 순서(service in random order, SIRO)도 있다.

이 책에서는 교통류 특성과 가장 유사한 경우인 도착시간 간격과 서비스시간이 음지수분포이면서, 유입원이 무한정이며, 서비스기관이 하나이고, 대기행렬 길이에 제한 없이 FCFS로 서비스될 때의 경우만을 취급한다.

평균도착률이 λ이면 도착간의 평균시간간격은 $1/\lambda$이며, 또 평균서비스율이 μ이면 평균

서비스시간은 $1/\mu$이다. $\rho=\lambda/\mu$를 교통강도(traffic intensity) 또는 이용계수(utilization factor)라고 하며 1보다 적어야 한다. 만약 이 값이 1보다 크다면 대기행렬은 무한정 길어지므로 이 대기시스템은 쓸모가 없을 것이다.

대기행렬시스템 내의 차량대수는 대기행렬에 있는 차량대수(대기행렬의 길이)와 서비스를 받고 있는 차량대수를 합한 것이다. 시스템 내에 차량이 한 대도 없을(시스템이 놀고 있을) 확률과 n대가 있을 확률, 또 n대 이상 있을 확률은 다음과 같다.

$$P_{(0)}=1-\rho \tag{4.22}$$

$$P_{(n)}=\rho^n \cdot P_{(0)}=\rho^n(1-\rho) \tag{4.23}$$

$$P_{(x\geq n)}=1-P_{(x\leq n-1)}=\rho^n \tag{4.24}$$

서비스기관이 하나이고 서비스 순서가 선입선출(FCFS)인 대기행렬 내 또는 대기시스템 내의 대기차량 대수 및 대기시간은 [표 4-2]에 나타나 있는 공식을 사용하는 것이 좋다. 이

표 4-2 각종 서비스시간 분포에 따른 대기특성

서비스시간 분포	대기대수		대기시간	
	대기행렬 내 $E(m)$	시스템 내 $E(n)$	대기행렬 내 $E(w)$	시스템 내 $E(v)$
일반분포 평균= $\frac{1}{\mu}$ 분산= σ^2	$\frac{\lambda^2\sigma^2+\rho^2}{2(1-\rho)}$	$E(m)+\rho$ $\lambda E(w)+\rho$ $\lambda E(v)$	$\frac{E(n)}{\lambda}-\frac{1}{\mu}$ $E(v)-\frac{1}{\mu}$ $\frac{E(m)}{\lambda}$	$\frac{E(m)}{\lambda}+\frac{1}{\mu}$ $E(w)+\frac{1}{\mu}$ $\frac{E(n)}{\lambda}$
음지수분포 평균= $\frac{1}{\mu}$ 분산= $\frac{1}{\mu^2}$	$\frac{\lambda^2}{\mu(\mu-\lambda)}$	$\frac{\lambda}{\mu-\lambda}$	$\frac{\lambda}{\mu(\mu-\lambda)}$	$\frac{1}{\mu-\lambda}$
일양분포 평균= $\frac{1}{\mu}$ 분산=0	$\frac{\lambda^2}{2\mu(\mu-\lambda)}$	$\frac{\lambda}{2(\mu-\lambda)}+\frac{\lambda}{2\mu}$	$\frac{\lambda}{2\mu(\mu-\lambda)}$	$\frac{1}{2(\mu-\lambda)}+\frac{1}{2\mu}$
Erlang 분포 평균= $\frac{1}{\mu}$ 분산= $\frac{1}{a\mu^2}$	$\frac{1+a}{2a}\frac{\lambda^2}{\mu(\mu-\lambda)}$	$\frac{1+a}{2a}\frac{\lambda^2}{\mu(\mu-\lambda)}+\frac{\lambda}{\mu}$	$\frac{1+a}{2a}\frac{\lambda}{\mu(\mu-\lambda)}$	$\frac{1+a}{2a}\frac{\lambda}{\mu(\mu-\lambda)}+\frac{1}{\mu}$

주: 도착분포는 평균, 분산이 λ인 Poisson분포이며 $s=1$, $FCFS$, $\rho<1$일 때 적용. 모든 계산은 분(分)단위로 취급하는 것이 편리하다.

표는 도착교통의 분포가 포아송분포(평균과 분산이 λ인)이면서, 서비스시간의 분포가 평균 $1/\mu$, 분산 ρ^2인 임의의 어떤 분포를 가질 때 대기특성 상호간의 상관관계를 나타내고, 이를 몇 가지의 서비스시간 분포에 적용시킨 예를 보인다.

① 평균대기행렬 길이, $E(m)$

서비스를 기다리는 평균차량대수를 말하며, 시스템 내의 평균차량대수에서 서비스를 받고 있는 차량의 평균대수(ρ)를 뺀 값과 같다.

$$E(m) = \frac{\rho^2}{1-\rho} = \frac{\lambda^2}{\mu(\mu-\lambda)} \tag{4.25}$$
$$= E(n) - \rho$$

그러나 이때 주의할 것은 진입램프에서 주도로 진입을 위해 기다리는 맨 선두차량은 서비스를 받고 있는 차량으로 간주해야 한다.

② 시스템 내의 평균차량대수, $E(n)$

대기행렬에 있는 평균차량대수 $E(m)$과 서비스를 받고 있는 평균차량대수 ρ를 합한 것으로 다음과 같다.

$$E(n) = E(m) + \rho = \frac{\rho^2}{1-\rho} + \rho \tag{4.26}$$
$$= \frac{\rho}{1-\rho} = \frac{\lambda}{\mu-\lambda}$$

③ 평균대기시간, $E(w)$

서비스를 받기 시작하기 전까지 대기행렬에서 기다리는 평균대기시간을 말하며, 시스템 내의 평균체류시간에서 평균서비스시간을 뺀 값과 같다.

$$E(w) = \frac{\lambda}{\mu(\mu-\lambda)} \tag{4.27}$$
$$= E(v) - \frac{1}{\mu}$$

④ 대기차량만의 평균대기시간, $E(w)'$

$E(w)$는 전체 차량에 대한 평균대기시간인 반면 $E(w)'$는 이 중에서 대기하는 차량만의 평균대기시간을 말한다. 여기서 대기할 확률은 ρ이며 대기하지 않을 확률은

$(1-\rho)$이므로 $E(w)$와 $E(w)'$의 관계는 다음과 같다.

$$E(w) = E(w)' \times \rho + 0 \times (1-\rho)$$

따라서 대기차량만의 평균대기시간 $E(w)'$은

$$E(w)' = \frac{E(w)}{\rho} = \frac{1}{\mu - \lambda} \tag{4.28}$$

이 값은 다음에 설명되는 시스템 내의 평균체류시간, $E(v)$와 같다.

⑤ 시스템 내의 평균체류시간, $E(v)$

평균대기시간 $E(w)$에다 평균서비스시간 $1/\mu$를 합한 값과 같다.

$$\begin{aligned} E(v) &= E(w) + \frac{1}{\mu} \\ &= \frac{\lambda}{\mu(\mu-\lambda)} + \frac{1}{\mu} \\ &= \frac{1}{\mu-\lambda} \end{aligned} \tag{4.29}$$

예제 4.6 어느 유료주차장은 한 개의 출구에서 주차요금을 징수하고 있다. 주차요금을 내기 위해서 무작위로 도착하는 차량은 시간당 120대 꼴이다. 요금을 지불하는 시간은 평균 18초인 음지수분포를 갖는다. 이 주차장의 운영특성에 관해서 다음 물음에 답하라. (1) 요금징수소가 비어 있을 확률, (2) 시스템 내에 3대가 있을 확률, (3) 만약 대기하는 차량이 3대 이상이면 대기공간이 좁아서 주차장 내부 운영에 큰 지장을 받는다. 지장을 받을 확률은 얼마인가? (4) 대기공간을 몇 대분 확보해야 주차장 내부 운영에 지장을 받지 않을 확률이 적어도 95% 이상이 되는가? (5) 평균대기차량 대수는 얼마인가? (6) 시스템 내의 평균잔류(殘留)차량 대수는 몇 대인가? (7) 평균대기시간은? (8) 시스템 내의 평균체류시간은? (9) 평균대기시간이 1분 이상이면 요금징수소를 증설하려고 한다. 요금을 지불하기 위해 도착하는 차량이 시간당 몇 대 이상이면 증설하는가? (10) 평균대기차량이 2대 이상이면 요금징수소를 증설하려고 한다. 요금을 지불하기 위해 도착하는 차량이 시간당 몇 대 이상이면 증설하는가?

풀이 도착률 $\lambda = \dfrac{120}{60} = 2$대/분

서비스율 $\mu = \dfrac{60}{18} = 3.33$대/분

이용계수 $\rho = 2/3.33 = 0.6$

(1) 요금징수소가 비어있을 확률

$$P_{(0)} = 1 - \rho = 0.4$$

(2) 대기시스템 내에 3대가 있을 확률

$$P_{(3)} = \rho^3 \cdot P_{(0)} = (0.6)^3 (0.4) = 0.084$$

(3) 서비스 받는 차량까지 4대이므로

$$P_{(n \geq 4)} = 1 - P_{(n \leq 3)} = \rho^4 = 0.1296$$

(4) $P_{(n \leq 4)} = 1 - P_{(n \geq 5)} = 1 - \rho^5 = 0.9222$

$$P_{(n \leq 5)} = 1 - P_{(n \geq 6)} = 1 - \rho^6 = 0.9533$$

따라서 시스템 내에 5대(대기 4대, 서비스 1대)의 공간을 확보하면 된다.

(5) 평균대기차량 대수

$$E(m) = \frac{0.6^2}{1 - 0.6} = 0.9 \text{ 대}$$

(6) 시스템 내의 평균차량 대수

$$E(n) = \frac{0.6}{1 - 0.6} = 1.5 \text{ 대}$$

(7) 평균대기시간

$$E(w) = \frac{2}{3.33(3.33 - 2)} = 0.45 \text{ 분}$$

(8) 시스템 내의 평균체류시간

$$E(v) = 0.45\text{분} + 18\text{초} = 0.75 \text{ 분}$$

(9) $E(w) = \dfrac{\lambda}{3.33(3.33 - \lambda)} = 1\text{분}$

$$\lambda = 2.546\text{대/분} = 154\text{대/시간}$$

$$(10)\ E(m) = \frac{\lambda^2}{3.33(3.33-\lambda)} = 2\text{ 대}$$

$$\lambda = 2.44\text{대/분} = 146\text{대/시간}$$

4.3.2 교차로에서의 대기행렬 모형

신호등이 있는 교차로(횡단보도 포함)와 없는 교차로는 그 해석방법에서 큰 차이가 있다. 신호등 없는 교차로에서 한 대의 차량이 기다리는 시간은 주도로 간격의 흐름과 횡단교통류의 특성 및 주도로의 차간시간 간격을 수락하는(gap acceptance) 특성의 함수이다.

주도로의 교통을 횡단하는 것이 보행자냐 차량이냐에 따라 횡단행태가 크게 다르다. 보행자는 무리를 지어 동시에 한 간격을 이용하여 횡단할 수 있으나, 차량의 경우는 먼저 도착한 앞 차량이 횡단하지 않고는 뒤 차량이 횡단할 수 없다. 다시 말하면 보행자는 뒤늦게 횡단지점에 도착했더라도 수락간격을 만나면 먼저 도착한 사람과 함께 횡단할 수 있으나, 차량의 경우는 대기행렬이 있는 경우 수락간격(acceptable gap)이 나타나더라도 앞 차량 때문에 이 간격을 이용할 수 없고 자신이 선두차량이 되었을 때 비로소 자신의 수락간격을 이용할 수 있다. 물론 주도로의 교통량이 아주 적어 간격이 상당히 클 경우는 대기행렬 중 여러 대의 차량이 동시에 횡단이 가능하나 이때에도 역시 앞 차량이 횡단한 후 남은 간격을 자신이 이용할 수 있는가를 다시 판단해야 한다.

이 책에서는 신호교차로의 대기시간만 설명한다.

신호교차로에서의 대기는 각 접근로에서의 적색신호 동안에 발생하며 접근교통량이 많아질수록 대기행렬은 길어진다.

접근교통은 똑같은 승용차환산단위(passenger car unit, pcu)로 구성되어 있다고 가정한다. 예를 들어 트럭 한 대는 1.5 또는 2.0 pcu로, 또 회전차량은 그 회전의 형태와 이에 수반되는 지체량에 따라 적절한 값이 부여된다.

신호교차로에서 사용되는 부호는 다음과 같다.

C= 주기길이(초)

g= 유효녹색시간(초)

r= 유효적색시간(초)

$q=$ 한 접근로의 평균 도착교통류율(pcu/초)

$s=$ 한 접근로의 포화교통량(pcu/초)

$d=$ 한 접근로에서 pcu당 평균차량지체(초)

$\lambda=g/C$, 유효녹색시간비

$y=q/s$, 평균도착률의 포화교통량에 대한 비

$x=qC/gs$ 또는 v/c, 주기당 평균도착대수의 주기당 최대출발대수에 대한 비

그러므로 $r+g=C$이며 $\lambda x=y$이다. x를 한 접근로의 포화도(degree of saturation)라 하며, y를 한 접근로의 교통량비(flow ratio)라 한다.

(1) 정주기신호의 결정모형

결정모형의 대표적인 것은 May에 의해서 제안된 것으로서 [그림 4-6]에 보인다. 이 모형

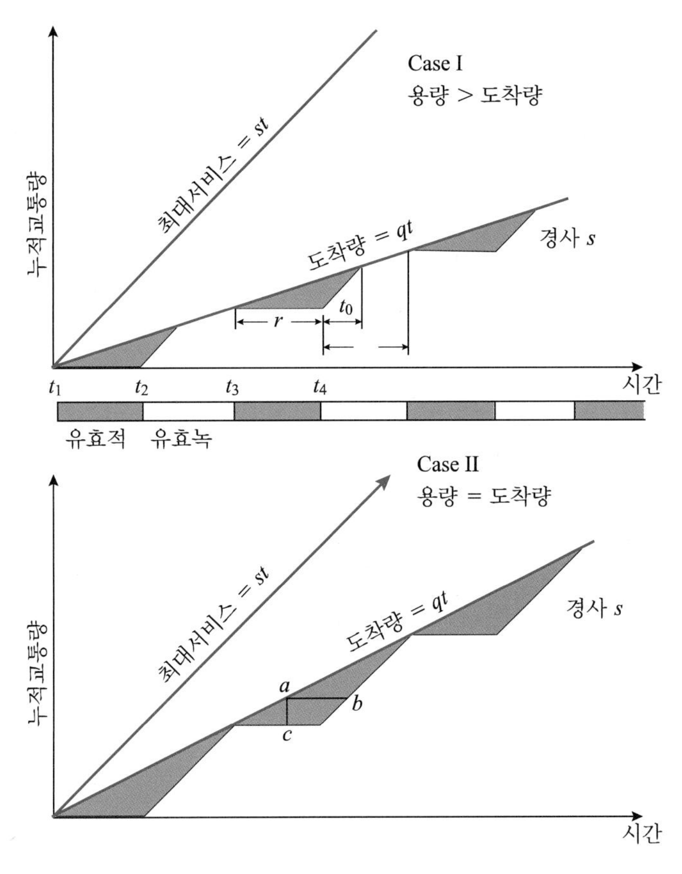

그림 4-6 신호교차로에서의 대기행렬 모형

은 도착차량이 규칙적으로 도착한다고 가정한 것이다. 이러한 도착을 균일도착(uniform arrival)이라 한다. 그림에서 수직축은 누적도착대수 qt를 나타내며 수평축은 시간 t 를 나타낸다. 첫째 그림은 녹색시간 동안에 방출되는 용량이 한 주기 동안의 도착량보다 많은 경우이며, 둘째 그림은 두 양이 같은 경우이다. 그림에서 수직거리 $(c-a)$는 적색신호가 시작된 후 누적되는 차량대수를 나타내며, 수평거리 $(a-b)$는 어떤 차량이 도착해서부터 출발할 때까지 걸린 시간을 나타낸다.

[그림 4-6]으로부터 구해지는 여러 가지 대기행렬 특성값은 다음과 같다.

① 어떤 주기에서, 녹색신호의 시작에서부터 대기행렬이 완전히 소멸되는 시간을 t_0라 하면, t_0이후에는 도착량과 방출량은 같다. 즉,

$$q(r+t_0)=st_0$$

여기서 $y=q/s$라 두면

$$t_0=\frac{yr}{1-y} \tag{4.30}$$

② 대기행렬이 존재하는 시간의 비는

$$P_q=\frac{r+t_0}{C} \tag{4.31}$$

③ 정지하는 차량의 비율

$$P_s=\frac{q(r+t_0)}{q(r+g)}=\frac{t_0}{yC} \tag{4.32}$$

이 비율은 앞의 대기행렬이 존재하는 시간의 비와 같다.

④ 대기행렬의 최대길이는 적색신호가 끝나는 때에 발생한다. 즉,

$$Q_m=qr \tag{4.33}$$

⑤ 전체 차량의 대기시간은 빗금 친 삼각형의 면적과 같다. 즉,

$$D=\frac{qr}{2}(r+t_0)$$

$$= \frac{qr}{2} \cdot \frac{r}{1-y} = \frac{qr^2}{2(1-y)} \tag{4.34}$$

⑥ 전시간에 걸친 대기행렬 중의 평균차량대수

$$\overline{Q} = \frac{D}{C} = \frac{qr^2}{2C(1-y)} \tag{4.35}$$

⑦ 차량당 평균대기시간은

$$d = \frac{D}{qC}$$

$$= \frac{r^2}{2C(1-y)} \tag{4.36}$$

⑧ 대기차량당 평균대기시간은

$$d_s = \frac{D}{q(r+t_0)} = \frac{(1-y)D}{qr} = \frac{r}{2} \tag{4.37}$$

⑨ 대기차량의 최대대기시간은 적색신호시간과 같다. 즉,

$$d_m = r \tag{4.38}$$

만약 도착량 qC가 통과량 sg보다 크다면, 대기행렬은 시간이 경과함에 따라 무한정 길어지므로 위의 공식들을 적용할 수 없다.

(2) 정주기신호의 확률모형

교차로에 도착하는 차량이 규칙적이 아니고 여러 가지 확률모형을 갖는다는 것은 앞에서 설명한 바 있다. 교통신호에서 대기하고 있는 차량의 출발행태를 나타내는 여러 가지 모형은 대부분 동일한 차두시간 $1/s$로 차량이 정지선을 통과한다고 가정한다. 출발모형 중에는 이와 다른 모형도 있으나 그 모형의 차이가 도착모형처럼 그렇게 지체량 계산에 큰 영향을 미치지는 않는다.

Webster는 컴퓨터 시뮬레이션을 이용하여 다음과 같은 지체공식을 만들었다.

$$d = \frac{C(1-\lambda)^2}{2(1-\lambda x)} + \frac{x^2}{2q(1-x)} - 0.65\left(\frac{C}{q^2}\right)^{1/3} x^{(2+5\lambda)} \tag{4.39}$$

이 식은 독립교차로에 임의도착하는 차량의 지체를 구하는 식으로서, 경험식을 포함하고 있으므로 이를 단순화하여 다음과 같은 식을 사용하기도 한다.

$$d = \frac{9}{10}\left\{\frac{C(1-\lambda)^2}{2(1-\lambda x)} + \frac{x^2}{2q(1-x)}\right\} \tag{4.40}$$

교차로 지체에 관한 여러 가지 확률모형 사이에 큰 차이가 없다고 알려지고 있다. 따라서 계산하기 쉽거나 편리한 모형을 선택해 사용해도 무방하다.

예제 4.7 주기가 90초이며 유효녹색시간이 60초인 접근로가 있다. 도착교통량이 720 vph이며, 포화교통량이 1,200 vph일 때: (1) 고정시간 신호에서 도착교통이 균일하다고 가정할 때의 확정 모형, (2) 고정시간 신호에서 임의도착 교통이라 가정할 때의 Webster 확률모형을 이용하여 차량당 평균지체를 구하라.

풀이 (1) $y = q/s = 720/1,200 = 0.6$

$$t_0 = \frac{yr}{1-y} = \frac{0.6 \times 30}{1-0.6} = 45\text{초}$$

$$\text{총지체: } D = \frac{qr^2}{2(1-y)} = \frac{(720/3600)(30)^2}{2(1-0.6)} = 225\text{대}\cdot\text{초}$$

$$\text{주기당 교통량} = \frac{720 \times 90}{3,600} = 18\text{대/주기}$$

$$\text{차량당 평균지체} = \frac{D}{qC} = \frac{225}{(720/3,600)90} = 12.5\text{초/대}$$

(2) $x = 0.9$, $q = 720/3,600 = 0.2$대/초, $d = 27.9$초/대

4.3.3 병목지점에서의 대기행렬

도로상에 있는 병목지점은 교통의 흐름을 부분적 또는 전체적으로 제한한다. 전체적으로 제한하는 경우는 신호교차로에서와 같은 경우이다. 병목지점은 대기행렬 이론에서 서비스 기관으로 간주될 수 있으며, 통과를 기다리는 차량은 서비스 대기행렬로 볼 수 있다.

앞에서 설명한 결정모형의 기법을 일시적인 병목현상의 문제, 예를 들어 철길건널목이나 사고가 발생한 단차로 도로와 같은 조건에 적용될 수 있으며, 이 문제는 [그림 4-6]에 있어서 교통신호 한 주기 동안의 대기행렬로 생각할 수 있으므로 대기시간은 적색신호시간 r과 같으며 방해요인이 사라진 후부터 대기행렬이 없어질 때까지 걸리는 시간은 t_0와 같다.

이 모형에서 사용되는 부호는 다음과 같다.

q = 병목지점 상류부로부터 도착되는 평균교통류율(대/분)
s = 포화교통류율 또는 상류부 도착 교통의 연속교통류 용량(대/분)
s_r = 병목지점에서 병목현상이 있는 동안의 교통류율($s_r < q < s$)
r = 방해기간(분)
t_0 = 방해요인이 사라진 후부터 대기행렬이 소멸될 때까지의 시간(분)
t_q = 방해가 시작되면서부터 대기행렬이 완전히 소멸될 때까지의 시간(분)
$= r + t_0$

평면교차 철길건널목에서처럼 도로가 완전히 차단되면 s_r의 값이 0이 되며, 고장난 차량에 의해서 도로가 부분적으로 막히면 $s_r < q$의 값을 갖는다. 그러므로

$$q(r + t_0) = s_r \cdot r + s \cdot t_0$$

$$t_0 = \frac{r(q - s_r)}{s - q}$$

따라서 이 모형에서의 대기행렬은 다음과 같은 특성을 갖는다.

① 병목시점부터 완전히 해소될 때까지 시간

$$t_q = r + t_0 = r\left(\frac{s - s_r}{s - q}\right) \tag{4.41}$$

② 영향을 받는 총 차량대수는

$$N = q \cdot t_q \tag{4.42}$$

③ 대기행렬의 최대길이는

$$Q_m = r(q - s_r) \tag{4.43}$$

④ 총 지체시간은

$$D = \frac{r(q - s_r)t_q}{2} \tag{4.44}$$

⑤ 대기행렬 내의 평균차량대수는

$$\overline{Q} = \frac{Q_m}{2} \tag{4.45}$$

⑥ 지체차량의 평균지체시간은

$$d_s = \frac{D}{qt_q} = \frac{r}{2}\left(1 - \frac{s_r}{q}\right) \tag{4.46}$$

⑦ 지체차량의 최대지체시간은

$$d_m = r\left(1 - \frac{s_r}{q}\right) \tag{4.47}$$

예제 4.8 용량이 5,700 vph이고 첨두시간의 균일도착 교통수요가 4,500 vph인 고속도로에서 차량 한 대가 고장이 나서 용량이 4,200 vph로 줄어들었다. 고장수리시간이 15분일 때: (1) 대기행렬이 완전히 해소되는 시간은 수리가 끝난 후 얼마 지나서인가? (2) 최대대기행렬 길이는 얼마인가? (3) 총 지체시간 및 차량당 평균지체시간을 구하라.

풀이 (1) $t_0 = r\left(\frac{q - s_r}{s - q}\right) = \frac{15}{60}\left(\frac{4,500 - 4,200}{5,700 - 4,500}\right) = 3.75$분

(2) $Q_m = r(q - s_r) = \frac{15}{60}(4,500 - 4,200) = 75$대

(3) $D = \frac{Q_m(r + t_0)}{2} = \frac{75 \times (15 + 3.75)}{2} = 703$대·분

총 지체차량대수: $N = q(r + t_0) = 4,500 \times \frac{15 + 3.75}{60} = 1,406$대

차량당 평균지체: $d = \frac{D}{N} = \frac{703}{1,406} = 0.5$분

1. TRB., *Traffic Flow Theory,* Special Report 165, 1997.
2. Donald R. Drew, *Traffic Flow Theory and Control,* McGraw-Hill Book Co., 1968.
3. B. D. Greenshields, *A Study of Traffic Capacity,* Proc. of HRR. 14, 1935.
4. D. R. Drew, *Deterministic Aspects of Freeway Operations and Control,* Freeway Characteristics, Operations and Accidents, HRR 99, 1965.
5. J. S. Drake, J. L. Schofer, and A. D. May, Jr., *A Statistical Analysis of Speed Density Hypothesis,* Traffic Flow Characteristics, HRR 154, 1967.
6. D. L. Gerlough and M. J. Huber, *Traffic Flow Theory,* Special Report 165, TRB., 1997.
7. L. A. Pipes, *Hydrodynamic Approaches-Part I ; An Introduction to Traffic Flow Theory,* Special Report 79, HRB., 1961.
8. R. L. Bierley, *Investigation of an Inter-Vehicle Spacing Delay,* HRR. 25, 1963.
9. J. W. McClenahan and H. J. Simkowitz, *The Effects of Short Cars on Flow and Speed in Downtown Traffic : A Simulation Model and Some Results,* Transport Science 3(2), 1969.
10. P. Fox and F. G. Lehman, *Safety in Car Following-A Computer Simulation,* Newark College of Engineering, 1967.
11. J. C. Tanner, *The Delay to Pedestrians Crossing a Road,* Biometrika 38, 1951.
12. G. H. Weiss and A. A. Maradudin, *Some Problems in Traffic Delay,* Operations Research 10(1), 1962.
13. N. G. Major and D. J. Buckley, *Entry to a Traffic Stream,* Proc. Australian Road Research Board, 1962.
14. R. Ashworth, *The Capacity of Priority Type Intersections with a Non-Uniform Distribution of Critical Acceptance Gaps,* Transport Research 3(2), 1969.
15. A. D. May, Jr., *Traffic Flow Theory-The Traffic Engineer's Challenge.*
16. Allsop, *Delay at Fixed Time Traffic Signal I : Theoretical Analysis.*
17. J. G. Wardrop, *Some Theoretical Aspects of Road Traffic Research,* Proc. of the Institution of Civil Engineers, Part II, Vol.I, 1952.
18. T. P. Hutchinson, *Delay at Fixed Time Traffic Signal II : Numerical Comparisons of Some Theoretical Expressions,* Transport Science 6(3), 1972.

1. $q=-0.8k^2+80k+50$의 관계를 가지는 어느 교통류가 $k=48$ vpk 상태에서 돌발상황으로 3분간 차단되었다. 이 교통류가 Greenshields 모형을 따른다고 할 때 이 교통류의 (1) 충격파 속도, (2) 대기행렬 생성속도, (3) 대기행렬 최대길이를 구하라.
2. 자유속도 100 kph, 혼잡밀도 120대/km이며 Greenshields 모형에 적합한 교통류가 있다. 통행속도가 80 kph인 교통류에 60 kph의 저속차량이 진입하여 3분간 주행한 후 도로를 벗어났으며, 이 때 생성된 차량군은 90 kph의 속도로 와해되었다. (1) 차량군 생성속도, (2) 차량군 최대 길이, (3) 차량군 소멸속도, (4) 차량군 소멸 소요시간, (5) 차량군 완전 소멸지점의 위치를 구하라.
3. 임의로 도착하는 차량의 평균 도착시간 간격이 60초이고, 한 곳의 요금징수소에서 요금징수시간은 평균 18초인 지수분포를 갖는다. (1) 도착차량이 대기해야 할 확률, (2) 대기행렬의 평균길이, (3) 서비스 중인 시간의 비율, (4) 평균대기시간, (5) 평균대기시간이 18초 이상이면 요금징수소를 증설하고자 한다. 도착율이 얼마 이상이면 증설하는가?
4. 신호교차로에 일정한 율로 도착하는 교통유율은 시간당 900대, 녹색신호에 방출되는 교통유율은 2,000 vph이다. 유효녹색시간 60초, 적색신호 40초일 때 (1) 대기행렬의 최대길이는 몇 대인가? (2) 최대지체시간은 몇 초이며, 언제 도착한 차량인가? (3) 대기행렬이 해소되는 시간은 녹색신호 시작 후 얼마 지나서 인가? (4) 한 주기당 총지체는 얼마인가? (5) 정지한 차량당 평균지체시간은 얼마인가? (6) 시간당 용량은 얼마이며, v/c 비는 얼마인가?
5. 36대의 차량에 대한 속도조사를 한 결과 평균 52 kph, 분산 36을 얻었다. 이 교통류 속도의 모평균을 추정함에 있어서 신뢰수준 95%에서 허용오차를 ±0.5 kph로 하자면 필요한 표본수는 얼마인가?

제5장

교통자료 조사 및 분석

교통시스템을 계획하거나 설계하고 운영전략을 발전시키기 위해서는 먼저 교통환경에 대한 이해가 선행되어야 한다. 즉 교통전문가는 현재 존재하는 문제점의 성격과 범위를 알아야 할 뿐만 아니라 장래의 상황과 경향을 예측할 수 있는 기술을 발전시켜야 한다. 그러기 위해서는 현재의 교통시스템에 관한 명확한 기초자료와 과거에 관한 축적된 자료가 필요하다. 자료는 정확해야 하며, 만약 정확성이 보장되지 않는 것이라면 사용에 따른 신뢰도가 밝혀져야 한다.

5.1 교통조사의 목적

교통조사는 교통공학 거의 모든 분야에서 필요로 한다. 조사된 결과로부터 수요와 공급의 양이나 교통서비스의 질에 관한 자료를 얻으며, 현재상태와 추세를 측정하여 교통계획에 필수적인 입력자료를 예측하기 위한 기초를 마련한다. 또 교통류와 기하구조의 특성에 관한 자료를 조사하여 교통시설을 설계하거나, 또는 광범위한 교통시스템을 운영함에 있어서 문제점이 있는 곳을 찾아내기 위해서도 조사가 필요하다.

교통조사는 또한 특정지역에 적용된 교통운영개선책의 효과를 예측하거나 증명하며, 조사분석의 결과로부터 시스템 이용자가 받고 있는 서비스수준을 알 수 있다. 뿐만 아니라 교통통제시설을 설치하는 데 필요한 기준을 발전시키고 이 기준과 운영상태를 비교하는 기틀을 마련하며, 관련 행정부서가 계획을 세우거나 행정을 하는 데 도움을 준다. 즉 조사자료의 교류를 통하여 실무행정에서 우선순위와 스케줄 작성을 용이하게 하며, 기구, 인원 및 조사장비의 성과를 평가하는 데 도움을 준다.

그러나 교통조사는 흔히 많은 시간과 비용을 필요로 하며, 불필요한 자료 때문에 혼동이 일어나거나 값진 자료가 이용되지 못하는 수가 있다. 그러므로 자료획득과 축적을 위해서는 체계적인 계획이 필요하다. 이와 같은 계획은 시스템의 성과나 추세를 파악하기 위하여 정기적으로 시행하는 조사제도에 따른다. 그 외에 특정한 문제점을 분석하거나 이러한 문제점에 적용된 해결책의 성과를 평가하기 위하여 특별한 조사를 하는 경우도 있다.

5.2 교통조사의 원리

교통조사의 원리는 어느 상황에서의 시스템 성과나 인간행태를 연구할 때와 마찬가지로 자료수집과 해석이 정확하고 과학적으로 이루어져야 하며 충분한 통계기법을 이용해야 한다.

5.2.1 자료수집 및 표본

자료수집 방법이나 수집된 자료의 종류는 수행하고자 하는 연구의 종류에 따라 다르다. 만약 현장에서 사용된 조사방법이 적절하다면 조사의 정확도는 두 가지 사실에 좌우된다. 첫째, 모집단이 변하지 않는 한 표본의 크기가 클수록 정확도는 커진다. 둘째, 표본추출의 방법에 따라 정확도가 달라진다. 만약 표본이 의도와는 달리 서로 다른 모집단에서 추출되었다면 그 결과는 아무런 의미가 없다. 이와 같은 오차의 예로서, 속도조사에서 관측자가 어떤 지점을 여러 가지 속도로 지나가는 차량으로부터 대표적인 표본을 추출하기란 대단히 어렵다. 관측자의 일반적인 성향은 고속의 차량을 더 많이 추출하는 경향이 있으므로 이러한 자료를 그대로 이용한다면 편의되거나 무의미한 결과를 얻게 될 것이다. 설문지 조사에서는 응답이 자의적이므로 교육수준이 낮은 사람들의 응답률이 떨어지는 것은 흔히 볼 수 있는 현상이며 이러한 사실도 분석에서 반드시 고려해야 한다.

표본추출의 경우는 세 가지이다. 현황조사에서는 전체 모집단이 조사대상이 되며 표본(교통통제시설, 버스노선, 주차시설)은 없다. 두 번째 경우는 집계조사나 사고분석조사에서처럼 하루, 첨두시간, 야간 또는 주말 등과 같은 조사시간과 지역을 표본으로 선택하는 경우이다. 이때 선택된 지역에서 선택된 시간대 내의 전체 자료를 조사하여 표를 만든다. 세 번째 경우는 표본시간대와 표본지역에 있는 모든 자료를 조사할 수 없을 때이며, 예를 들어 순간속도 조사, 기종점 조사, 재차인원(在車人員) 조사 등이 이 경우에 속한다. 이 경우에는 모집단의 일부분이 표본이 되며, 이때의 표본은 편의되지 않고 무작위로 선택되어야 한다.

측정결과를 이용하는 사람은 그 결과의 신뢰성을 평가할 수 있어야 한다. 그러기 위해서는 표본추출 및 조사방법을 명시하고, 조사시의 제약사항이나 조사에 제외된 사항들 및 이용 상 유의해야 할 사항들을 명시해야 한다.

또 조사의 정확도를 점검하기 위한 모든 수단을 동원해야 한다. 이것은 다른 조사의 결과와 서로 비교해 봄으로써 가능하다. 예를 들어 기종점 조사에서 가구면접 조사 결과와 검사선(screen line) 조사 결과를 서로 비교해 볼 수 있다.

교통조사는 조사활동의 종류에 따라 5가지, 즉 현황조사, 관측조사, 면접조사, 통계조사 및 실험조사 등으로 분류된다. 어떤 조사는 측정이 전혀 불필요한 것도 있다. 교통의 역할에 관련되는 인간 및 사회요인을 이해하기 위해서는 경제학, 지리학, 심리학 및 사회학과 같은 분야에 대한 조사를 해야 하는 수도 있다.

5.2.2 조사분석의 통계적 해석

자료를 주의 깊게 정리, 종합하고 분석함으로써 원래의 자료나 현장관측에서 나타나지 않는 특성이나 경향을 발견할 수 있을 뿐만 아니라, 어떤 선입관이나 가설을 배제하거나 확인할 수 있다. 이 목적을 달성하기 위해서는 통계학에서 사용되는 신뢰성 검증이 필요하다.

대부분의 조사는 계획된 실험과는 달리 시스템의 현장에서 이루어지므로, 통계적으로 검사하지 않고는 그 조사된 사상이 교통상황과 관련된 것인지 아니면 교통외적 요인에 의한 것인지, 또는 단순히 우연에 의한 것인지를 알 수가 없다. 그 좋은 예가 사전·사후조사로 불리는 효과분석이다. 사전·사후조사의 기간이 상당히 긴 복잡한 시스템에서는 관측치에 변화가 있더라도 그것이 단지 조사되고 있는 교통조건의 변화 때문이라고 만은 할 수 없다. 장기간에 걸쳐 교통과 상관이 없는 다른 조건의 변화가 일어나 교통조건에 따른 효과를 찾아내지 못하게 할 수도 있기 때문이다.

결국, 측정값에 영향을 미치는 시스템 내의 제약사항이 무엇인가를 알아야만 이들의 영향을 따로 분리시킬 수가 있다. 장기적인 제약조건은 용량이나 서비스수준에 관한 결함 등이며, 단기적으로는 악천후나 교통사고로 인한 일시적인 도로폐쇄 등이 있다.

통계적 기법이 요긴하게 사용되는 경우는 앞에서 언급한 사전·사후 비교분석 외에 조사에 필요한 표본의 크기를 결정할 때이다.

조사자료의 통계적인 해석이 가능하려면 충분한 관측자료가 필요하다. 또 어떤 교통개선 대책이 유의미한 효과를 나타내는지를 알기 위해서는 대책을 시행하기 전과 시행한 후의 효과를 사전·사후 조사를 통해 통계적으로 밝혀야 한다.

(1) 표본 크기의 결정

지점속도조사는 표본수를 크게 할 수 있기 때문에 비교적 정확한 평균이나 분산 값을 얻을 수 있으나 통행시간조사는 많은 시간과 비용이 소요되므로 여러 번 조사할 수 없기 때문에 정확도가 문제가 된다. 따라서 요구되는 정확도를 얻기 위한 최소한의 표본수를 통계적으로 구해야 한다.

필요한 표본의 크기는 아래와 같은 t분포로부터 구할 수 있다.

$$t = \frac{\bar{x} - \mu}{s/\sqrt{n}} \tag{5.1}$$

따라서 표본의 크기는 다음의 식을 이용해서 구할 수 있다.

$$n = \left(\frac{t_{\alpha.(n-1)} \cdot s}{\bar{x} - \mu} \right)^2 \tag{5.2}$$

여기서 $\bar{x} - \mu$ = 평균의 오차(E)

n = 필요한 표본의 크기

$t_{\alpha.(n-1)}$ = 유의수준 α, 자유도 $(n-1)$에서의 t값

s = 표본의 표준편차

이 식에서 보는 바와 같이 n은 다시 $t_{\alpha.(n-1)}$의 함수이므로 시행착오법으로 n을 구해야 한다. 만약 표본의 크기가 매우 크다고 판단되면($n \geq 30$), t분포 대신 z분포를 사용해도 좋으며, 이때는 시행착오법으로 풀 필요가 없다. 시행착오법으로 표본의 수를 구하기 위해서는 위 식을 다음과 같이 변환시켜 평균의 오차를 구하고 이를 최대허용오차 ϵ와 비교한다.

$$\bar{x} - \mu = \frac{t_{\alpha.(n-1)} \cdot s}{\sqrt{n}} \tag{5.3}$$

평균의 오차 $\bar{x} - \mu$는 +값을 가질 때도 있고, −값을 가질 때도 있기 때문에 유의수준은 양쪽 각각 $\alpha/2$씩 나누므로 $t_{\alpha.(n-1)}$ 대신 $t_{\alpha/2.(n-1)}$를 사용한다.

예제 5.1 2km의 도로구간을 15회 시험주행하여 평균통행시간 1.8분, 표준편차 0.3분을 얻었다. 만약 평균통행시간의 오차범위를 95% 신뢰구간에서 ±0.16분으로 하자면 시험주행을 최소 몇 번을 해야 하는가? 표본수에 따른 표준편차는 없다고 가정한다.

풀이
- 유의수준 $= (1 - 0.95) = 0.05$
- 최대허용오차 $\epsilon = \pm 0.16$

- $n = 15$일 때 표로부터 $t_{0.025,14} = 2.145$, 따라서

$$\bar{x} - \mu = \frac{t_{0.025.14} \cdot s}{\sqrt{n}} = \frac{2.145(0.3)}{\sqrt{15}} = 0.166 > 0.16$$: 최대허용오차보다 크다.

- $n = 16$일 때 $t_{0.025,15} = 2.131$, 따라서

$$\bar{x} - \mu = \frac{t_{0.025.15} \cdot s}{\sqrt{n}} = \frac{2.131(0.3)}{\sqrt{16}} = 0.159 < 0.16$$: 최대허용오차보다 적으므로

- 표본의 크기는 최소한 16회는 되어야 함.

만약 $n \geq 30$이면 $\sigma = s$라 할 수 있으므로 표본의 크기는

$$n = \left(\frac{z_{\alpha/2} \cdot s}{\bar{x} - \mu}\right)^2 = \left(\frac{K \cdot s}{E}\right)^2 \tag{5.4}$$

여기서 K는 신뢰수준에 따른 계수로서 [표 5-1]과 같다.

예를 들어 95% 신뢰수준을 요구한다면 $K = 1.96$이다. 여기서 표본의 표준편차 s는 알 수 없으나 각 도로별 대표적인 표준편차는 [표 5-2]에 주어져 있으므로, 이 값을 이용하여

표 5-1 신뢰수준에 따른 K값

신뢰수준 (%)	K
68.3	1.00
86.6	1.50
90.0	1.64
95.0	1.96
95.5	2.00
98.8	2.50
99.0	2.58
99.7	3.00

표 5-2 지점속도 표본수 추정을 위한 대표적 표준편차

지 역	도로 종류	표준편차(kph)
지방부	2차로	8.5
	4차로	6.8
중 간	2차로	8.5
	4차로	8.5
도시부	2차로	7.7
	4차로	7.9

신뢰수준 95%에서 허용오차$\pm E$인 표본수를 얻을 수 있다.

예제 5.2 지방부 2차로 국도에서 평균지점속도를 추정하고자 한다. 95% 신뢰수준에서 허용오차 ±2 kph가 되게 하려면 표본수는 얼마이어야 하는가? 만약 허용오차를 ±1 kph 되게 하려면 필요한 표본수는?

풀이 지방부 국도 2차로 도로에서 지점속도의 일반적인 표준편차는

$\sigma = 8.5\,\text{kph}$ [표 5-2]

(1) $n = \left(\dfrac{1.96 \times 8.5}{2}\right)^2 = 70$ 개

(2) $n = \left(\dfrac{1.96 \times 8.5}{1}\right)^2 = 278$ 개

(2) 사전·사후조사 비교

속도와 통행시간 자료는 두 모집단의 평균을 비교할 필요가 있을 때 사용한다. 예를 들어 교통시설 설치 후 또는 교통개선 사업 시행 후 평균속도 또는 통행시간이 이전과 현저하게 변했는지를 판단하는 사전·사후 조사에 사용된다. 즉 두 분포의 평균 간에 유의한 차이가 있는지를 알기 위해 다음 식을 이용해 t값을 구하고, 유의수준 α와 자유도 $n_1 + n_2 - 2$에서의 t값과 비교하여 검정을 한다. 이 식은 두 모집단이 정규분포이고 분산이 같으며 표본수가 30보다 적을 때 사용하면 좋다.

$$t = \frac{|\overline{x_1} - \overline{x_2}|}{\sqrt{\dfrac{s_1^2(n_1-1) + s_2^2(n_2-1)}{n_1+n_2-2}\left(\dfrac{1}{n_1} + \dfrac{1}{n_2}\right)}} \tag{5.5}$$

비교하는 두 모집단이 정규분포이면서 표본수가 각각 30보다 클 때는 다음과 같은 식을 사용한다.

$$z = \frac{|\overline{x_1} - \overline{x_2}|}{\sqrt{s_1^2/n_1 + s_2^2/n_2}} \tag{5.6}$$

예제 5.3 어느 주거지역 도로에서 과속방지턱을 설치한 후 그 도로의 중앙지점에서 측

정한 지점속도의 값이 다음과 같을 때, 과속방지턱의 효과가 있다고 말할 수 있는가? 95% 신뢰수준에서 설명하라.

	조사대수	평균(kph)	분산(kph^2)
사업시행 전	18	50	25
사업시행 후	13	40	16

풀이 • 자유도는 $18+13-2=29$이다.

• 과속방지턱 설치 후 감속되었는가에 대한 검정이므로 단측검정이다.

• $$t=\frac{|\overline{x_1}-\overline{x_2}|}{\sqrt{\frac{s_1^2(n_1-1)+s_2^2(n_2-1)}{n_1+n_2-2}\left(\frac{1}{n_1}+\frac{1}{n_2}\right)}}$$

$$=\frac{|50-40|}{\sqrt{\frac{(25)(17)+(16)(12)}{29}\left(\frac{1}{18}+\frac{1}{13}\right)}}=5.96\ >\ t_{0.05,29}=1.699$$

• 따라서 과속방지턱은 효과가 있다고 95% 확신을 가지고 말할 수 있다.

5.3 교통량 조사

교통량이란 일정한 시간 동안 도로 또는 차로의 한 지점 또는 구간을 통과하는 차량대수를 말하며, 교통계획, 설계, 운영 및 관리에 가장 자주 사용되는 기본적인 파라미터이다. 교통량조사는 독립교차로에서 수작업으로 간단히 조사하는 것에서부터 전국적으로 광범위하게 이루어지는 복잡한 조사에 이르기까지 모두가 교통공학 분석에서 핵심부분이다.

교통량 조사는 분석의 목적에 맞게 조사해야 하며, 불필요한 자료를 조사하는 것은 인력과 시간의 낭비를 초래하므로 조사 전에 미리 조사계획을 잘 세워야 한다.

5.3.1 교통수요 추정

교통수요는 어느 일정한 시간 동안 또는 장래에 특정 도로구간을 통과하고자 하는 차량대수를 말하며, 교통량은 현재 통과하고 있는 차량대수이다. 현재 조사된 교통량은 장래 교통수요를 나타낼 수 없을 뿐만 아니라, 통행에 제약이 있을 경우 실제 그 곳을 통과하고자 하는 교통수요는 현재의 교통량보다 훨씬 클 수도 있다.

현재의 교통량에 영향을 주는 조건에는 다음과 같은 것이 있다.

① 병목효과 : 도착교통량이 어느 구간의 용량을 초과할 때 병목현상이 생기며, 이때 병목지점 상류부에 대기행렬 또는 강제류가 발생한다. 병목지점 하류부의 교통량(병목지점의 용량)은 도착교통량보다 적으며, 도착교통량이 용량보다 큰 상태가 계속되는 한 상류부의 교통혼잡은 계속 증가한다. 이러한 혼잡상태는 도착교통량이 용량보다 적어진 이후에도 한동안 지속된다.

② 우회노선 : 가장 가깝고 편리한 노선이 혼잡하면 운전자는 우회노선을 택한다. 따라서 본 노선에서의 교통량조사는 그 노선의 교통수요를 나타내지 못한다.

③ 잠재수요 : 어느 지역의 교통혼잡이 매우 심하면 통행을 포기하거나 다른 교통수단을 이용하거나 혹은 다른 목적지를 선택한다. 따라서 관측된 교통량은 이러한 잠재적 교통수요를 나타낼 수 없다.

④ 장래증가 : 교통수요는 상당한 시일이 경과하면 통행행태의 변화 및 교통시설의 개선효과에 영향을 받아 변한다. 현재의 교통량 조사는 이러한 영향을 감안하지 못한다.

대부분의 교통분석에 필요한 자료는 교통수요이긴 하지만 이를 추정하기란 매우 어려울 뿐만 아니라 그것도 교통량을 알아야만 비교적 정확한 교통수요를 추정할 수가 있다. 따라서 가능한 한 정확한 수요를 추정하기 위한 노력을 해야 하나 이를 정확히 예측할 수 없는 경우 현재의 교통량을 정확히 조사하여 교통분석에 사용해도 좋다.

5.3.2 교통량 자료의 종류 및 용도

교통량은 모든 교통변수 중에서도 가장 기본적인 것으로서 도로의 계획, 설계, 운영을 위한 핵심 자료일 뿐만 아니라 사고 및 안전 분석, 경제성 분석에서도 매우 중요한 역할을 한다. 따라서 교통량을 조사분석하는 일은 주의 깊고 높은 정밀도가 요구된다. 부정확한 교통량 자료는 정밀도와 이를 이용한 분석 및 개선효과를 떨어뜨린다.

계획목적으로 사용되는 교통량에는 연평균일교통량(Annual Average Daily Traffic, AADT), 평균일교통량(Average Daily Traffic, ADT), 연평균평일교통량(Annual Average Weekday

Traffic, AAWT), 평균평일교통량(Average Weekday Traffic, AWT) 등과 같은 하루 단위의 양방향 교통량 자료를 사용하며, 설계 및 운영 목적으로는 한 방향의 첨두시간 교통량 또는 첨두 15분 교통류율을 사용한다. 이 첨두 15분 교통류율은 첨두시간의 첨두 15분 교통량을 4배한 값이며, 첨두시간 교통량을 이 값으로 나눈 것을 첨두시간계수(peak hour factor, PHF)라 한다. 교통량 조사에서는 첨두시간이 언제이며 그때의 첨두시간 교통량, 특히 그 중에서도 첨두 15분 교통량을 구하는 데 주의해야 한다.

교통량은 일반적으로 방향별 분포, 차로별 분포, 차종별 구성, 회전 이동류별로 분류하여 조사·분석되는 경우가 많다.

그 외에 교통분석에 많이 사용되는 교통량의 종류는 연간 총 교통량, 차종, 축수, 중량 및 규격에 따른 교통량, 단기 교통량(1, 5, 10 또는 15분), 교차로 교통량, 도로구간 교통량, 경계선(cordon line) 교통량, 검사선(screen line) 교통량, 보행자 교통량 등이 있다.

5.3.3 교통량 조사방법

특정시간 동안에 어느 지점을 통과하는 교통량을 방향별, 차로별, 차종별, 회전 이동류별 등으로 조사하기란 개념적으로는 어렵지 않으나 실제 현장에서 이들을 정밀하게 조사하기란 매우 어렵고 복잡하다. 교통량조사에 있어서 유의해야 할 사항은 ① 적절한 조사지점 및 시간결정, ② 조사인원 및 장비의 배치, ③ 현장기록을 정확히 하는 방법 강구, ④ 자료정리 및 분석방법 개발, ⑤ 사용목적에 따른 자료 정리이다.

(1) 수동식 조사 방법

교통량 조사는 2~3시간 동안의 첨두 15분 교통류율을 구하는 경우가 많으므로, 대부분의 교통량 조사는 수동식으로 조사된다. 8~10시간 이하의 조사에 기계식 조사장비를 설치하여 조사하는 것은 비경제적이다. 또 교통량 이외의 정보(차로이용, 차종, 회전, 승차인원 등)를 손쉽고 정확하게 얻기 위해서는 수동식 관측조사가 좋다. 검지기로 차종을 분류할 수는 있으나 승용차와 택시, 또는 버스와 트럭을 구분하기가 어렵다.

수동식 조사는 조사계획을 수립하기가 쉽고, 복잡한 장비가 필요 없으며, 조사 인건비 이외의 경비가 들지 않는다. 그러나 많은 지점을 동시에 조사하거나 긴 시간을 조사해야 할 경우에 조사자를 훈련시키거나 조사계획을 수립하는 데 많은 노력이 필요하다.

회전교통량, 표본조사, 차종조사 및 보행자 조사 등과 같은 일상적인 조사시간은 다음과 같다.

- 2시간(첨두시간)
- 4시간(오전, 오후 첨두시간)
- 6시간(오전, 오후 첨두시간 및 그 사이 2시간)
- 12시간(07:00 ~ 19:00)

현장에서 2~3시간 동안 조사하면 피로하게 되어 규칙적인 간격으로 쉬어야 한다. 또 몇 분간의 조사시간이 지난 후에는 조사된 값을 기록지에 옮겨 적어야 하므로 이때도 조사가 중단된다. 이때 조사되지 않은 교통량은 보간법으로 추정한다.

출입제한이 이루어지는 교통시설의 조사시간 단위는 5~15분, 교차로 및 간선도로의 조사시간 단위는 15분이 보통이나 한 시간 안에서의 교통량 변동을 알 필요가 없으면 한 시간을 조사시간 단위로 한다. 조사방법에는 중간휴식방법과 교대방법이 있다.

(2) 기계식 조사방법

휴대용 기계식 계수기로는 압력튜브식이 많이 사용된다. 이 계수기는 통과차량의 축수를 계수하므로 교통량은 축수를 보정하여 얻는다. 예를 들어 지방부 2차로 도로에 설치된 압력튜브에서 24시간 조사된 축수가 8,500이었고, 두 시간 동안의 차종분류조사에서 얻은 차량당 평균축수가 2.35이었다면, 통과차량대수는 8,500/2.35 = 3,617 대/일이다. 물론 2시간 차종분류조사의 결과가 24시간의 결과와 같을 수는 없으나 개략적으로 이러한 방법을 사용한다.

압력튜브식을 교통량이 많은 다차로 도로에 사용할 경우, 동시에 통과하는 차량 때문에 많게는 약 15%의 오차(적게 계수됨)를 보일 수 있다. 또 노면에 이 장치를 설치할 때 양단을 단단히 묶어야 오차를 줄일 수 있으므로 조사기간 동안 설치상태를 정기적으로 점검해야 한다.

검지기를 사용하여 차종별 교통량을 얻을 수도 있다. 이때 차종은 검지기를 통과하는 시간으로 구별한다. 근래에는 비디오 촬영을 하여 실내에서 이를 교통분석기로 차종별 교통량 및 기타 다른 교통변수를 구하는 방법이 많이 사용된다.

이 들 검지기는 교통감응 신호교차로에 사용하는 것과 같은 방식으로서 검지기와 컴퓨터를 연결하여 교통량을 상시적으로 모니터할 수 있다. 어떤 검지기는 도로의 한 차로 또는 일부분만 검지하므로, 수동식으로 표본조사하여 관측교통량과 조사된 교통량의 관계를 찾아내어 보정할 수도 있다.

(3) 이동차량 조사방법

조사하고자 하는 도로의 양방향을 여러 번 주행하면서 필요한 자료를 조사해서 교통량을 구한다. 이 조사방법은 통행시간도 함께 구할 수 있는 장점이 있으며, 양방통행 도로에서만 가능하다. 신뢰성 있는 자료를 얻기 위해서는 한 방향당 6번 이상 주행하는 것이 좋다. 조사노선을 도로조건과 교통조건이 균일한 몇 개의 구간으로 분할하여 조사하면 더욱 정확한 결과를 얻을 수 있다. 더 자세한 내용은 통행시간 및 지체조사에서 설명된다.

5.3.4 교차로 교통량 조사

교통시스템에서 가장 복잡한 곳은 교차로이다. 각 접근로는 최대 4개의 이동류, 즉 직진, 좌회전, 우회전, U회전(U회전은 대개 좌회전에 포함하여 분석)이 있다. 이 이동류들은 또 차종별로 승용차, 버스, 화물차로 분류하여 조사된다. 따라서 4지 교차로의 경우 조사시간 동안 48개의 자료를 구분해서 조사해야 한다. 교통량이 매우 적은 경우를 제외하고 한 교차로에 여러 사람의 조사인원이 필요하다. 따라서 이동류별, 차종별 교통량을 동시에 조사하려면 교통량이 많은 경우 한 이동류를, 적은 경우는 두 이동류를 한사람이 조사하는 것이 바람직하다. 차종별 분류를 간단히 하는 방법으로, 4륜차량은 승용차로, 6륜 이상 차량은 트럭으로 분류하기도 한다.

교통량이 시간에 따라 비교적 변동이 적은 경우는 일반적으로 중간휴식방법과 교대방법을 혼합한 방법을 사용하나 변동이 크면 중간휴식방법이 좋다.

(1) 신호교차로

모든 접근로가 동시에 통행권을 가질 수가 없기 때문에, 한 관측자는 신호가 바뀜에 따라 두 방향의 이동류(예를 들어, 동쪽 직진 및 남쪽 직진)를 교대로 조사할 수 있어 편리하다. 반면에 신호교차로에서는 각 현시에 여러 이동류가 진행하고, 각 주기는 여러 현시가 있으며, 각 현시의 녹색시간이 서로 다르기 때문에 교통량조사가 매우 복잡하다. 조사시간과 휴식시간은 주기 길이의 정확한 배수가 되어야 모든 이동류가 균등히 조사될 수 있다. 예를 들어 120초 주기의 경우 7주기(14분)를 조사하고 1주기(2분)를 쉬는 방법이다. 이때는 한 조사시간 단위가 16분이 됨에 유의해야 한다. 15분 교통량을 얻기 위해서는 조사된 값을

15/14배 해 주어야 한다. 만약 주기가 110초인 경우는 7주기(12.83분) 또는 8주기(14.67분)를 조사하고 1주기를 쉰다. 15분 교통량은 조사된 값에다 각각 15/12.83 또는 15/14.67을 곱해주면 된다.

교통감응 신호인 경우는 주기길이와 녹색시간이 수시로 바뀌므로 조사시간을 정하기가 어렵다. 최대 주기길이를 파악하여 적어도 5개 주기길이 동안 조사하면 무난하나 교통량에 따라 신호시간이 변하므로 교통량의 변동을 반영하는 조사가 되어야 한다.

(2) 도착과 출발 교통량

교차로의 교통량은 정지선을 지나는 교통량을 조사하면 된다. 그 이유는 이 선을 통과한 차량은 되돌아 올 수 없고 반드시 교차로를 통과하기 때문이다. 또 모든 회전이동류는 정지선을 통과할 때만이(U회전은 정지선 바로 직전에서) 그 방향을 명확히 알 수 있고, 또 관측도 쉽기 때문이다. 접근로의 용량이 수요보다 적으면 대기행렬이 형성된다. 이런 경우에는 출발교통량이 수요를 나타내지 못하기 때문에 도착교통량을 조사해야 한다. 주기의 정확한 배수 동안 조사하고 이를 조사시간(예: 15분)으로 보정시켜 주는 것은 앞에서 설명한 것과 같다.

대기행렬이 생성되어 있고 신호시간에 따라 그 길이가 변할 때, 방향별 도착교통량을 직접 관측으로 조사하기란 매우 어렵다. 그러나 출발교통량과 특정 순간(적색신호 시작순간)에 조사한 대기행렬 길이를 이용하여 도착교통량을 추정할 수 있다. 즉 다음 표에서 보는 바와 같이 녹색신호에서 출발한 차량대수와 각 조사시간(주기의 배수)의 마지막 주기의 녹색신호 끝 순간에 정지선 후방에 남아 있는 대기차량대수를 이용하여 도착교통량을 구한다. 조사시간의 시작은 적색신호의 시작점이 좋다.

[표 5-3]은 조사시간 동안의 출발교통량과 조사시간의 마지막 녹색신호 끝 순간의 대기행렬 대수를 이용하여 도착교통량을 구하는 방법을 보인다. 여기서, 매 조사시간의 첫 방출교통량에는 그 앞 조사시간의 마지막 주기에서 다 방출되지 못한 교통량이 포함된다. 따라서 매 조사시간의 도착교통량은 바로 앞 조사시간의 잔여 대기차량을 빼고, 조사시간의 마지막 녹색신호 끝 순간의 대기행렬 대수를 포함해야 한다.

맨 첫 조사시간(아래 표에서 4:00~4:15)의 바로 앞 주기의 잔여 교통량은 조사시간 시작 순간, 즉 바로 앞 주기의 녹색신호 끝에 남아 있는 차량 대수이므로 쉽게 측정할 수 있다.

여기서 첨두 방출교통류율은 $65 \times 4 = 260$ vph이며, 첨두 도착교통류율은 $70 \times 4 = 280$ vph이고, 교통분석에서는 첨두 도착교통류율을 사용한다. 또 도착교통량의 방향별 분포는

표 5-3 신호교차로 교통량 조사

조사시간	방출교통량	대기차량대수	도착교통량
4:00 순간		1	
4:00~4:15	50	2	50+2-1=51
4:15~4:30	55	3	55+3-2=56
4:30~4:45	62	5	62+5-3=64
4:45~5:00	65	10	65+10-5=70
5:00~5:15	60	12	60+12-10=62
5:15~5:30	60	5	60+5-12=53
5:30~5:45	62	2	62+2-5=59
5:45~6:00	55	3	55+3-2=56
계	469		471

방출교통량의 방향별 분포와 같다고 가정하여 사용한다.

첨두시간은 접근로별로 다를 수 있으나 일반적으로 교차로 전체의 첨두시간을 구한다. 위의 표에서 4:00~5:00까지의 도착교통량은 242 vph, 4:15~5:15까지의 교통량은 252 vph, 4:30~5:30까지의 교통량은 249 vph이므로 이 접근로의 첨두시간은 4:15~5:15이며 첨두시간계수(PHF)는 252/280 = 0.9이다.

5.3.5 도로망 교통량 조사

도로망 교통량 조사도 교차로 교통량 조사 못지않게 복잡하다. 이 조사는 일정 시간 동안 몇 개의 교차로와 링크로 구성된 도로망의 교통량과 교통량 변화패턴을 구하기 위한 것이다. 조사범위는 주로 CBD 또는 공항 및 경기장, 대형 쇼핑센터와 같은 주요 교통유발시설 주위를 대상으로 한다. 이러한 조사는 교통계획(traffic planning) 및 운영을 위한 기초자료를 얻고 노외 주차시설의 위치를 결정하는 데 사용된다.

조사의 목적이 전체 도로망의 교통량을 조사하는 상시조사(permanent count)를 통하여 교통량과 교통량 변동패턴을 얻는 것이지만, 조사인원과 장비의 제약 때문에 동시에 모든 링크를 모두 조사할 수는 없다. 따라서 다른 시간에 여러 장소에서 조사하는 표본조사, 즉 전역조사(coverage count) 방법을 사용하며, 그러기 위해서는 교통량의 시간별, 요일별 변동을 모니터링하기 위한 보정조사(control count)를 실시한다. 보정조사지점에서 측정한 교통량 변동을 이용하여 표본조사된 교통량을 전수화한다.

(1) 보정조사

도로망에서의 보정조사의 목적은 교통량 변동패턴을 모니터링하기 위함이다. 이 조사자료는 다른 지점에서 짧은 시간동안의 표본조사를 보정하는 데 사용되기 때문에, 이 조사지점은 조사기간 내내 계속적으로 교통량이 조사되어야 한다.

보정조사지점의 선정은 매우 중요하다. 이 지점은 표본조사를 하고자 하는 지점과 같은 시간별, 요일별 변동을 나타내는 곳이어야 한다. 이러한 변동패턴은 토지이용패턴과 교통특성(특히 통과교통과 국지교통의 비율) 때문에 생긴다. 보정조사지점을 선정하는 일반적인 기준은 다음과 같다.

- 10~20개 표본 조사지점당 1개의 보정조사지점
- 도로종류별(간선, 집산, 국지도로)로 별개의 보정조사지점 설정(도로종류에 따라 통과교통과 국지교통의 비율이 다르고 변동패턴도 현저히 다를 수 있다.)
- 토지이용 특성이 현저히 다른 곳에 별개의 보정조사지점 설정

(2) 전역조사

교차로에는 회전교통량이 있어 복잡하기 때문에 이 보정조사와 전역조사는 블록 중간에서 조사한다. 전역조사는 전 조사기간 동안 적어도 한번은 조사가 이루어져야 한다. 이들 조사지점들의 어느 하루 교통량으로부터 그 지점의 평균 평일교통량을 추정할 수 있다. 이때는 전역조사지점들을 대표하는 보정조사지점의 조사기간의 요일별 교통량을 알아야 한다. 일반적으로 각 조사지점 간의 월별 변동패턴이 비슷하다 하더라도 요일별 변동패턴은 어느 정도 차이를 보이며, 시간별 변동패턴은 더 많은 차이를 보인다.

이해를 돕기 위해 [그림 5-1]과 같은 6개 교차로와 7개 링크로 이루어진 작은 CBD 도로망을 예로 든다. 이 도로망의 각 전역조사지점에서 평균 평일교통량(Average Weekday Traffic, AWT)을 알고자 한다. 보정조사지점 A는 이 도로망의 교통량 변동패턴을 대표할 수 있는 지점이라 가정하며, 조사인력 및 장비는 한 번에 보정조사지점을 포함하여 두 지점만 조사할 수 있다고 가정한다.

[표 5-4]는 보정조사지점 A에서 5일간 계속 조사한 보정교통량 조사자료이며, 이로부터 요일 변동계수를 구한 것이다.

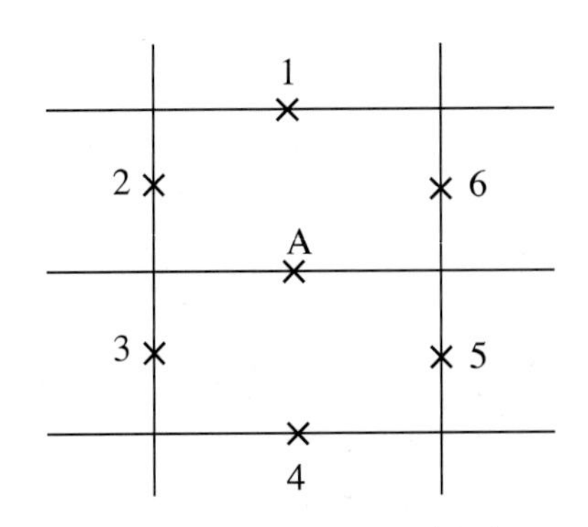

그림 5-1 CBD 도로망(예시)

표 5-4 보정조사지점의 5일 교통량 및 요일 변동계수

월	화	수	목	금	총계	평균
7,000	7,700	7,500	8,400	6,300	36,900	7,380
7,380/7,000 = 1.05	7,380/7,700 = 0.96	7,380/7,500 = 0.98	7,380/8,400 = 0.88	7,380/6,300 = 1.17	요일 변동계수	

요일 변동계수는 보정조사의 평균 평일교통량을 특정일 교통량으로 나눈 값을 말하며, 특정일의 전역조사 교통량에 이 계수를 곱하면, 전역조사지점의 평균 평일교통량을 구할 수 있다. 즉

$$AWT_i = V_{id} \times F_d \tag{5.7}$$

여기서 AWT_i = 전역조사지점 i의 평균 평일교통량

V_{id} = 전역조사지점 i의 d요일 교통량

F_d = 보정조사지점의 요일변동계수로서, 그 지점의 AWT를 d요일의 하루 교통량으로 나눈 값[표 5-4]

이러한 계산은 보정조사지점의 요일 변동패턴이 전역조사지점의 요일 변동패턴과 같다고 가정할 때 가능하다. 이러한 가정이 타당성을 가지려면 보정조사와 전역조사가 될수록 월별 변동이나 주말의 영향을 제외한 같은 조사기간 내에 조사된 것이어야 한다.

[표 5-5]의 1일 교통량은 보정조사 시간과 같은 시간동안 다른 조사인력과 장비를 이용하여 장소를 옮기면서 각 전역조사지점을 하루씩 조사한 값이다. 이 자료는 자료를 기록하고 조사장비를 옮기는 동안, 그리고 조사를 하지 않는 시간, 즉 중간 휴식시간까지 고려하여

표 5-5 전역조사지점의 평균 평일교통량 추정

조사지점	요 일	1일 교통량	평균 평일교통량(추정)
1	월	6,500	× 1.05 = 6,825
2	화	6,200	× 0.96 = 5,952
3	수	6,000	× 0.98 = 5,880
4	목	7,100	× 0.88 = 6,248
5	금	7,800	× 1.17 = 9,126
6	월	5,400	× 1.05 = 5,670

전수화시킨 것이다.

이 교통량에 요일별 변동계수를 곱하여 각 전역조사지점의 평균 평일교통량을 추정한 값이 같은 표 마지막 칸에 나와 있다. 일반적으로 주말(토, 일요일) 및 공휴일은 교통량 변동이 심하므로 교통량 조사에서 제외된다.

(3) 통행량 추정

가로망의 교통량 조사의 하나로 어느 시간 동안 가로망상의 총 통행량(대-km; vehicle-km of travel, VKT)을 조사하는 것도 있다. 이 값은 어느 링크에서 조사된 교통량은 그 링크길이 전체를 주행한다고 가정하여 개략적으로 구한다. 조사지점을 지나는 차량 중에는 이면도로에서 진입한 차량도 있지만, 링크를 이용하던 차량이 조사지점 이전에 이면도로로 빠져나가는 것도 있기 때문에 위의 가정은 타당성이 있다. 앞의 예에서 모든 링크의 길이를 0.4 km라 할 때, 앞에서 구한 7개 조사지점의 교통량으로 이 가로망의 평균 평일 총 통행량을 계산하면,

$$
\begin{aligned}
VKT &= (7,380 + 6,825 + 5,952 + 5,880 + 6,248 + 9,126 + 5,670) \times 0.4 \\
&= 18,832\text{대}.\text{km}
\end{aligned}
$$

이 값은 어느 조사주간의 평균 평일교통량에 대한 것이기 때문에 이 도로망의 주간별 교통량 변동패턴을 모르면서 이 값으로 연간 VKT를 환산해서는 안 된다.

(4) 조사자료 제시

조사분석된 자료를 제시하는 방법은 여러 가지가 있다. 여러 지점의 일교통량 및 첨두시간 교통량을 간단한 표로 나타내는 것이 가장 간편하다. 도로망 지도 위에 교통량의 크기를 선의 굵기로 나타내는 교통량도 방법도 많이 사용된다. [그림 5-2]는 도로망의 교통량도를 나타낸 것이다.

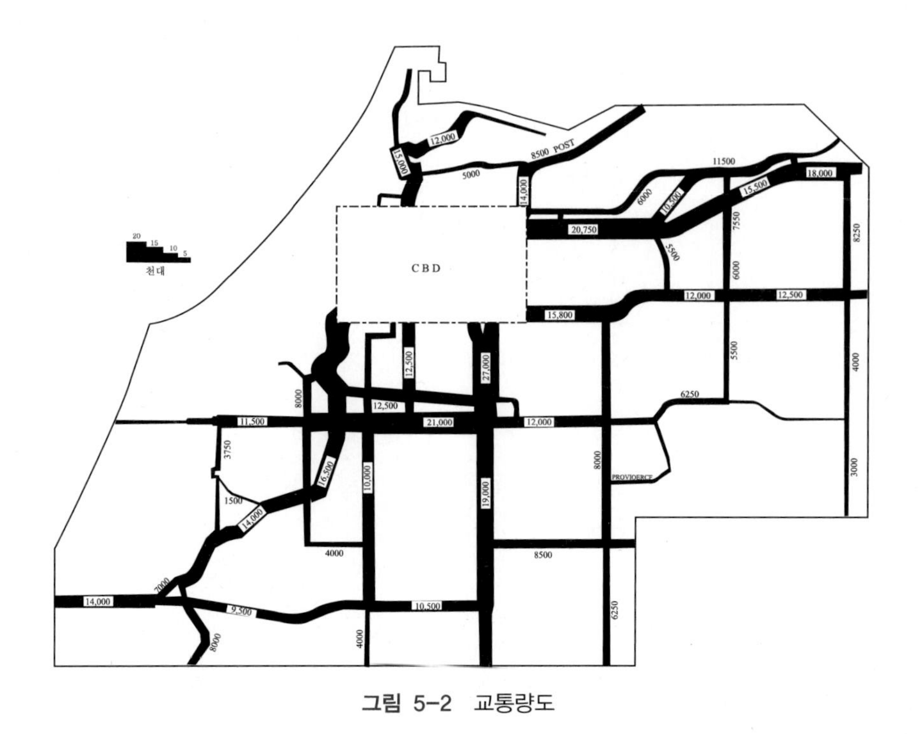

그림 5-2 교통량도

5.4 속도조사

속도조사는 일반적으로 비혼잡 상태에서 어느 한 점을 지나는 차량들의 지점속도를 조사하는 것을 말한다. 이 속도는 주행 중인 운전자의 희망속도 또는 운전자 관점에서의 합리적인 속도를 나타내기 때문에, 도로설계, 교통운영 및 교통안전의 측면에서 볼 때 매우 중요한 자료이다.

5.4.1 속도조사의 의의

속도는 어떤 도로나 또는 도로망의 운영상태 나타내는 가장 간단한 기준이다. 개개의 운전자는 그가 원하는 속도를 유지할 수 있는 정도에 따라 그 통행의 질을 부분적으로 평가할 수 있다. 목적지에 도달하기 위한 노선을 택할 때 대부분의 운전자는 지체가 가장 적게 일어나는 노선을 택한다. 장기적으로 볼 때 주거지의 위치는 직장으로부터 통행시간을 고려하여 결정하며, 또 쇼핑센터의 위치를 선정할 때도 여러 소비지역으로부터의 통행시간을 고려하는 것이 당연하다.

교통개선사업으로부터 발생하는 편익은 속도증가로 인한 시간절약을 돈으로 환산하여 나타낸다. 차량운행비용은 통행속도에 따라 그다지 큰 영향을 받지는 않는다. 경우에 따라서는 속도가 빨라지면 연료소모가 많아지기 때문에 운행비용이 오히려 커질 수도 있다.

속도는 고속도로를 계획하거나 정지시거를 고려하여 도로를 설계할 때, 그리고 교통신호의 황색시간을 결정할 때 가장 우선적으로 고려해야 할 사항 중의 하나이다. 속도는 교통류율이나 교통류의 밀도뿐만 아니라 운전자나 차량의 특성, 시간과 장소 및 주위환경에 많이 좌우된다.

운전자는 운행 중 속도에 관해서 서로 다른 두 가지의 느낌을 갖는다. 그 중 하나는 달리는 순간에 느끼는 속도감, 즉 지점속도(spot speed)이며, 다른 하나는 어느 거리를 달렸을 때 걸린 시간과 그 거리로 계산되는 통행속도(travel speed)이다. 지점속도는 어느 순간에 속도계에 나타나는 속도로서 운전자가 실제로 느끼는 속도이지만, 통행속도는 운전자가 직접 느낄 수 있는 것이 아니라 오히려 그 역수인 통행시간을 통하여 느끼면서 통행의 질을 평가하게 되는 것이다.

5.4.2 시간평균속도, 공간평균속도, 백분위속도

시간평균속도는 일정시간 동안 어느 지점을 통과하는 모든 차량들의 산술평균속도이며, 평균지점속도를 나타내는 데 사용된다. 반면, 공간평균속도는 일정한 도로구간 길이를 주행하는 모든 차량들의 평균주행시간으로 나눈 속도로서, 평균통행시간을 나타내는 곳에 사용된다. 이 값은 각 차량들의 통행속도를 조화평균한 것과 같은 값을 갖는다.

속도분포는 정규분포를 나타낸다고 알려지고 있다. 지점속도는 평균, 표준편차 및 평균의 표준편차의 값이 사용되며, 시간평균속도로 나타낸 자료를 사용하나 간혹 공간평균속도가 필요한 경우도 있다.

평균지점속도 및 이 속도의 분산, 85백분위 속도의 용도는 다음과 같다.

- 도로설계 : 속도, 곡선반경, 편경사의 관계 설정
  속도, 종단경사, 경사길이의 상관관계
- 교통운영 : 시거계산, 추월금지구간 결정, 속도제한구간 설정 및 제한속도 결정, 표지설치 위치, 신호시간 및 설치위치 결정
- 사고분석, 교통개선효과 분석, 단속지점 및 기준 선정, 단속효과 판단

평균통행속도는 교통량, 밀도, 속도 등 교통류 특성 간의 상관관계를 분석하는 데 사용하며, 도로의 성능을 나타내는 기준이 된다. 이러한 평균통행속도는 구간통행시간 및 지점속도로부터 구할 수도 있다.

속도의 누적분포나 백분위속도(percentile speed) 역시 교통류의 속도특성을 나타내는 데 사용된다. 백분위속도란 교통류 내에서 그만한 %의 차량이 그 속도 이하로 주행하는 속도이다. 예를 들어 85백분위속도란 그 속도 이하로 주행하는 차량이 전체 차량의 85%가 된다는 의미이다. 85백분위속도는 그 교통류에서 합리적인 속도의 최고값을 나타내는 지표로 사용된다. 따라서 이보다 높은 속도로 주행하는 15%의 운전자는 합리적인 속도를 초과하여 주행하는 셈이다. 또 15백분위속도는 합리적인 속도의 최저값을 나타내는 지표이다. 그러므로 교통류 내의 합리적인 속도범위는 15~85백분위속도이며, 이 두 속도의 차이는 합리적인 속도분포의 분산정도를 나타내며, 대략 표준편차의 2배 정도이다.

50백분위속도는 속도분포의 중앙값으로서, 속도분포가 정규분포를 따른다고 알려지고 있으므로 이 값은 평균속도와 같다고 볼 수 있다.

예제 5.4 어느 곳에서 속도조사를 한 결과가 아래와 같다. 평균과 표준편차 및 표준오차(평균의 표준편차)를 구하라. 또 누적분포곡선을 그리고 85백분위 속도를 구하라.

속 도(kph)			관측 빈도수 (120회)	누적 빈도수
하한값	중간값	상한값		
27.6	30.0	32.5	1	1
32.6	35.0	37.5	2	3
37.6	40.0	42.5	5	8
42.6	45.0	47.5	16	24
47.6	50.0	52.5	17	41
52.6	55.0	57.5	22	63
57.6	60.0	62.5	23	86
62.6	65.0	67.5	21	107
67.6	70.0	72.5	6	113
72.6	75.0	77.5	4	117
77.6	80.0	82.5	2	119
82.6	85.0	87.5	1	120

풀이 • 시간평균속도 :

$$\overline{u_t} = \frac{\Sigma f_i u_i}{n} = \frac{1(30) + 2(35) + 5(40) + 16(45) + \cdots\cdots 1(85)}{120} = 56.6\,\text{kph}$$

• 표준편차 :

$$s = \sqrt{\frac{\sum_i (x_i - \overline{x})^2}{n-1}}$$
$$= \sqrt{\frac{(30-56.6)^2 + (35-56.6)^2 + (40-56.6)^2 \cdots (85-56.6)^2}{120-1}} = 10.1\,\text{kph}$$

• 평균의 표준편차 : $s_{\overline{x}} = \frac{s}{\sqrt{n}} = \frac{10.1}{\sqrt{120}} = 0.92\,\text{kph}$

• 85백분위 속도 : 그래프용지에 누적분포를 그려서 찾아도 좋으나 보간법으로 구하는 것이 더 쉽다.

$120 \times 0.85 = 102$번째

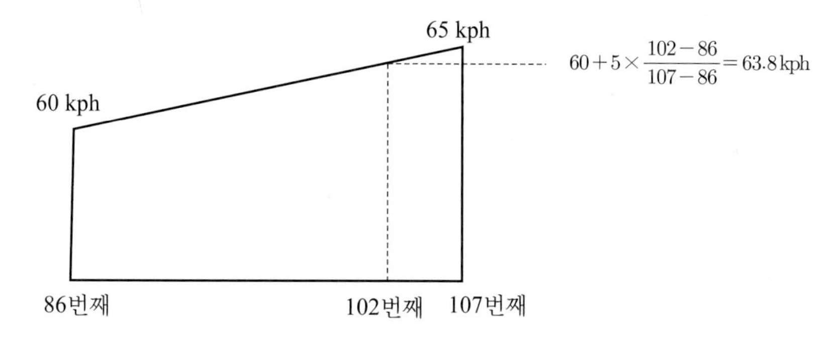

5.4.3 현장측정

속도자료는 일반적으로 다음과 같은 방법으로 조사 분석된다.

① 도로상의 한 지점을 통과하는 차량들의 순간속도를 속도계를 이용하여 직접 관측한다. 이들 속도는 지점속도이며, 이를 산술평균한 것이 시간평균속도로 나타내는 평균지점속도이다.

② 정해진 긴 조사구간을 지나는 차량들의 구간 통행시간을 표본조사하여 이를 산술평균하면 평균통행시간을 얻을 수 있다. 구간길이를 이 값으로 나누면 이 구간의 공간평균

속도, 즉 평균통행속도를 얻을 수 있다. 이때 이 구간 내에서 각 차량의 속도변화가 있든 없든 상관이 없다. 구간길이를 각 차량의 통행시간으로 나누어 구한 각 차량의 통행속도를 조화평균해도 위와 같은 평균통행속도를 얻을 수 있다.

만약 각 차량들의 통행속도를 산술평균하면, 그 구간 내에서 속도 변화가 없이 이 속도로 계속 주행했다고 가정한 경우의 그 구간 내 임의 점에서의 평균지점속도를 얻는다.

③ 시험차량의 교통류 적응방법(floating car technique), 즉 추월당한 만큼 추월하는 방법으로 통행시간을 조사하고, 이를 시험주행 횟수로 평균하면 평균통행시간을 얻는다. 구간 길이를 이 값으로 나누면 공간 평균속도인 평균 통행속도를 얻을 수 있다.

속도를 현장에서 측정하는 방법은 조사인력과 시간 및 교통류의 방해 여부를 고려해서 결정해야 한다. 표본추출을 할 때 표본의 임의성(randomness)을 확보하도록 해야 한다. 특히 고속 또는 저속차량, 트럭, 차량군의 선두차량 등과 같이 특이한 차량이 표본으로 선정될 가능성이 크므로 유의해야 한다. 이를 위해서는 교통량의 크기에 따라 예를 들어 매 5번째 차량 또는 매 10번째 차량만 표본으로 추출하도록 하고 이 방침을 고수해야 한다.

교통사고나 악천후 또는 특별한 행사가 있는 경우와 같이 비정상적인 조건에서는 조사를 하지 않아야 한다.

속도계를 사용하여 속도를 측정할 경우는 접근차량의 진행방향과 투사선이 이루는 각이 크면 속도보정을 해야 한다. 차량의 진행방향의 속도는 속도계에 나타난 값에다 투사각의 cosine 값을 곱해서 얻는다.

5.5 통행시간 및 지체조사

도로의 일정구간을 통과하는 시간은 그 구간의 교통혼잡 상태를 나타내는 가장 기본적인 지표이다. 그러나 이 통행시간 조사자료 만으로는 혼잡의 요인인 지체에 관한 정보를 알 수 없다. 따라서 통행시간 조사와 지체조사는 함께 이루어지며, 이때 조사되는 지체발생 장소, 원인, 크기 등 지체특성 자료는 교통개선대책을 수립하는 데 필수적인 요소이다.

5.5.1 정의 및 용도

1) 용어정의

① 속도, 공간평균속도, 시간평균속도 : 제3장 참조

② 지체 : 통행 중 어떤 요소에 의해 방해를 받는 동안에 손실된 시간

③ 운영지체 : 교통류 내의 다른 교통에 의한 간섭에 의해 발생하는 지체. 여기에는 큰 교통량, 도로용량 부족, 합류 및 분류로 인한 교통류 내부간섭(내부마찰)에 의한 지체와 주차된 차량, 주차면을 나오는 차량, 보행자, 고장 난 차량, 버스정류장, 횡단교통 등으로 인해 흐름에 방해를 받아(측면마찰) 생기는 지체가 있다.

④ 고정지체 : 신호기, 정지표지, 양보표지, 철길건널목 등 교통통제시설로 인한 지체로서 주로 교차로에서 발생하며, 교통량이나 교통류의 내부간섭과는 상관없는 지체이다.

⑤ 정지지체 : 차량이 완전히 정지한 동안의 지체

⑥ 통행시간 지체 : 통행하는 동안 가속, 감속, 정지 등에 의한 지체

⑦ 접근지체 : 교차로에 접근하여 정지하였다가 가속하여 제 속도를 회복하기까지의 교차로 총 지체(감속지체+정지지체+가속지체)

2) 용도

① 혼잡 : 지체의 크기, 위치, 원인을 알면 혼잡정도를 파악할 수 있고 해소 방안을 강구할 수 있다. 또 이와 관련되는 다른 조사, 즉 사고조사, 교통량조사, 교통통제시설 및 교통법규의 준수조사 등의 필요한 위치를 파악할 수 있다.

② 도로충족도(sufficiency ratings), 혼잡도 평가 : 서로 다른 도로를 비교하는 방법들로서 모두 통행시간에 기초를 두고 있다.

③ 사전·사후조사 : 주차제한 또는 신호시간, 새로운 일방통행제 등과 같은 교통운영기법의 사전·사후효과를 파악할 때, 통행시간 및 지체자료를 사용한다.

④ 교통배분 : 도로망이나 교통시설을 이용하는 교통량 예측은 상대적인 통행시간 자료를 사용한다.

⑤ 경제성분석 : 통행시간 절약에 의한 경제적 편익을 계산하기 위해 통행시간 자료를 사용한다.

⑥ 경향분석 : 시일이 경과함에 따라 변하는 서비스수준을 평가하는 데 통행시간 자료를 사용한다.

5.5.2 통행시간 및 지체조사 방법

통행시간 및 지체조사 방법에는 ① 시험차량 방법, ② 이동차량 방법, ③ 차량번호판 판독법, ④ 직접 관측법, ⑤ 면접방법이 있다. 조사방법은 조사목적, 조사구간의 종류, 길이, 조사시기, 조사인원 및 장비를 고려하여 선택한다.

(1) 시험차량 방법(test car method)

분석구간을 시험차량으로 여러 차례 반복 주행하여 평균속도와 지체의 크기, 원인, 지체가 일어나는 장소 등을 조사하는 방법이다. 이 방법은 주행하는 방법에 따라 평균속도 방법, 교통류 적응 방법, 최대속도 방법으로 구분된다. 이 방법은 어떤 도로에도 사용할 수 있으나 평면교차로를 가진 간선도로에 주로 사용하며 조사구간 길이는 2 km를 넘지 않는 것이 좋다. 자료조사 및 기록은 두 개의 stop watch를 사용한다. 하나는 조사구간 내 각 통제지점 사이의 경과시간을 기록하는 데 사용되며, 나머지 하나는 개별 정지지체의 길이를 측정하는 데 사용된다. 이때 지체의 위치와 원인을 함께 기록해야 한다.

① 평균속도방법(average-car technique)

운전자가 판단해서 그 교통류의 평균속도로 주행하면서 조사하는 방법이다.

② 교통류 적응방법(floating-car technique)

추월당한 횟수만큼의 차량수를 추월하면서 조사하는 방법이다.

③ 평균최대속도 방법(maximum-car technique)

앞 차량과의 안전거리와 최소 추월거리를 유지하면서 제한속도로 주행하는 방법이다. 이 방법은 시험차량 운전자의 심리적 상태로 인한 영향을 배제하면서 도로 및 교통조건에 의한 지체만을 반영하는 좋은 자료를 얻을 수 있다.

시험차량 방법에서의 표본의 크기는 조사의 목적에 따라 다르나 보통 다음과 같은 허용오차를 기준으로 하여 정한다.

- 교통계획 및 도로요구 조사 : ±5~8 kph
- 교통운영, 경향분석, 경제성 분석 : ±3.5~6.5 kph
- 사전·사후조사 : ±2~5 kph

[표 5-6]은 허용오차와 통행속도의 평균범위에 따른 95% 신뢰수준에서의 최소 시험주행

표 5-6 95% 신뢰수준에서의 최소 표본수

통행속도의 평균범위(kph)	허용오차에 따른 최소 시험주행수				
	±2.0	±3.5	±5.0	±6.5	±8.0
5.0	4	3	2	2	2
10.0	8	4	3	3	2
15.0	14	7	5	3	3
20.0	21	9	6	5	4
25.0	28	13	8	6	5
30.0	38	16	10	7	6

자료: 참고문헌(1)

수를 나타낸 것이다. 여기서 통행속도의 평균범위란 연속된 속도측정값의 차이(절대값)를 평균한 것이다. 즉,

$$\text{통행속도의 평균범위} \quad R = \frac{\Sigma S}{N-1} \tag{5.8}$$

여기서 ΣS= 연속된 측정값의 절대값 차이를 합한 것(kph)

N= 시험주행 횟수

처음 4번 정도 시험주행을 하여 만약 요구되는 시험횟수가 [표 5-6]에 나타난 값보다 크다면 유사한 교통조건하에서 추가적인 시험주행이 필요하다.

예제 5.5 어느 도로구간을 4회 시험주행한 결과 55, 62, 48, 58 kph의 통행속도를 얻었다. 이 조사의 목적이 사전·사후조사 분석이며 허용오차를 ±2.0 kph라 할 때, 95% 신뢰수준에서의 표본수를 구하라.

풀이 S_1 = 절대값$(55-62)=7$

S_2 = 절대값$(62-48)=14$

S_3 = 절대값$(48-58)=10$

식 (5.8)에서 $R=(8+4+10)/(4-1)=7$

[표 5-6]에서 통행속도 평균범위 7 < 10와 허용오차 ±2.0 kph의 최소표본수는 8이다. 따라서 추가적으로 4회 더 측정해야 한다. 그러나 총 8회 측정하여 위의 공식을 사용하면 통행속도의 평균범위가 10 kph의 범위를 벗어날 수도 있으나 그런 경우는 매우

드물다.

(2) 이동차량 방법(moving vehicle method)

조사하고자 하는 도로의 양방향을 여러 번 주행하면서 필요한 자료를 조사해서 통행시간을 구한다. 이 조사방법은 교통량도 함께 구할 수 있는 장점이 있으며, 양방통행 도로에서만 가능하다. 그러나 교통량이 아주 많은 다차로 도로나 교통량이 아주 적은 도로에서는 부정확하다. 신뢰성 있는 자료를 얻기 위해서는 한 방향당 6번 이상 주행하는 것이 좋다. 조사노선을 도로조건과 교통조건이 균일한 몇 개의 구간으로 분할하여 조사하면 더욱 정확한 결과를 얻을 수 있다. 조사내용은 다음과 같다.

- 통행시간 : stop watch 또는 녹음기 사용
- 대향교통량 : 시험주행하는 중에 지나가는 반대방향의 차량수를 수동으로 조사
- 피추월 교통량(overtaking traffic) : 같은 방향으로 주행하면서 시험차량을 추월한 차량대수
- 추월교통량(passed traffic) : 시험차량이 추월한 차량대수

$$V_n = \frac{60(M_s + O_n - P_n)}{T_n + T_s} \tag{5.9}$$

$$\overline{T_n} = T_n - \frac{60(O_n - P_n)}{V_n} \tag{5.10}$$

$$S_n = \frac{60d}{\overline{T_n}} \tag{5.11}$$

여기서 n, s = 주행방향(북, 남쪽)

V_n = 북쪽방향의 교통량(남쪽방향의 교통량은 V_s) (vph)

M_s = 시험차량이 남쪽으로 주행하면서 만난 대향(북쪽 진행) 차량대수

O_n = 북쪽으로 주행하는 시험차량을 추월한 차량대수

P_n = 북쪽으로 주행하는 시험차량이 추월한 차량대수

T_n = 북쪽으로 주행할 때의 통행시간(분)

T_s = 남쪽으로 주행할 때의 통행시간(분)

$\overline{T_n}$ = 북쪽으로 주행하는 모든 차량들의 평균통행시간(분)

S_n = 북쪽으로 주행하는 차량들의 공간평균속도(kph)

d = 시험구간 길이(km)

예제 5.6 주간선도로 0.75 km 구간에 대한 이동차량 방법으로 구한 다음 자료를 이용하여 남북방향의 교통량, 통행시간, 통행속도를 구하라.

북쪽 주행	T_n(분)	M_n	O_n	P_n
1	2.65	85	1	0
2	2.70	83	3	2
3	2.35	77	0	2
4	3.00	85	2	0
5	2.42	90	1	1
6	2.54	84	2	1
계	15.66	504	9	6
평균	2.61	84	1.5	1.0
남쪽 주행	**T_s(분)**	**M_s**	**O_s**	**P_s**
1	2.33	112	2	0
2	2.30	113	0	2
3	2.71	119	0	0
4	2.16	120	1	1
5	2.54	105	0	2
6	2.48	100	0	1
계	14.52	669	3	6
평균	2.42	111.5	0.5	1.0

풀이

$$V_n = \frac{60(M_s + O_n - P_n)}{T_n + T_s} = \frac{60(111.5 + 1.5 - 1.0)}{2.61 + 2.42} = 1{,}336 \text{ vph}$$

$$V_s = \frac{60(M_n + O_s - P_s)}{T_n + T_s} = \frac{60(84 + 0.5 - 1.0)}{2.61 + 2.42} = 996 \text{ vph}$$

$$\overline{T_n} = T_n - \frac{60(O_n - P_n)}{V_n} = 2.61 - \frac{60(1.5 - 1.0)}{1{,}336} = 2.59\text{분}$$

$$\overline{T_s} = T_s - \frac{60(O_s - P_s)}{V_s} = 2.42 - \frac{60(0.5 - 1.0)}{996} = 2.45\text{분}$$

$$S_n = \frac{60d}{\overline{T_n}} = \frac{60 \times 0.75}{2.59} = 17.4 \text{ kph}$$

$$S_s = \frac{60d}{\overline{T_s}} = \frac{60 \times 0.75}{2.45} = 18.4 \text{ kph}$$

(3) 차량번호판 판독법 (license plate method)

통행시간 자료가 충분할 때만 가능하다. 관측자가 구간 시작점과 종점에 위치하여 통과하는 차량의 번호판을 촬영하여 같은 차량의 통과시간을 기록한다. 번호판은 끝자리 3~4개를 비교해도 충분하다. 보통 50대의 표본이면 정확한 자료를 얻을 수 있다. 이 방법은 시험차량 방법보다 정확하다고 알려져 있으나 자료를 수집하고 분석하는 데 많은 인력이 소요된다.

(4) 직접관측법 (direct observation method) 및 면접방법 (interview method)

직접관측법은 관측자가 조사구간의 입구와 출구를 동시에 관측할 수 있을 때 사용가능하다. 면접방법은 적은 비용으로 많은 자료를 얻고자 할 때 사용하는 방법으로서, 어느 기관에 소속된 직원이나 공무원을 대상으로 출퇴근 시의 통행시간을 조사하는 방법이다.

5.5.3 교차로 지체조사

교차로 지체는 교차로 혼잡을 분석하는 데 반드시 필요하다. 다양한 교차로 통제방법의 효과와 효율을 평가하려면 여러 가지 요소를 고려해야 하나 그 중에서 교차로 지체가 가장 중요한 요소이다. 교차로 지체에 영향을 주는 것에는 차로수, 차도폭, 경사, 출입제한, 도류화 및 버스정류장과 같은 도로조건과 각 접근로의 교통량, 회전교통량, 차종, 접근속도, 주차, 보행자 및 운전자특성과 같은 교통조건, 신호기 종류, 신호시간, 정지 및 양보표지, 회전 및 주차제한과 같은 교통통제조건이 있다. 교차로 지체조사는 통행시간을 조사하여 접근지체를 구하는 방법과 정지지체만 조사하는 방법이 있다.

(1) 통행시간 방법

교차로 전후지점을 통과하는 통행시간을 측정하는 방법이다. 앞에서 설명한 시험차량 방법, 차량번호판 판독법 등을 이용할 수 있고, 교차로 인근 건물 위에서 촬영하여 실내에서 작업할 수도 있다. 또 하나의 방법은, 각 접근로의 이동류 별로 짧은 시간간격(예를 들어, 매 15초)마다 교차로 전후의 정해진 지점 사이에 있는 차량의 순간밀도를 측정하고, 아울러 조사기간(예를 들어, 10분) 동안 교차로를 통과한 차량대수를 측정하여 계산에 의해 그 접근로의 해당 이동류에 대한 평균통행시간을 구하는 방법이다. [표 5-7]은 이 방법으로 얻은 측정자료의 예를 나타낸 것이다.

표 5-7 교차로 통행시간 조사(순간밀도 조사)

조사 시작시간	순 간 밀 도				통과대수*
	+0초	+15초	+30초	+45초	
5 : 00 pm	0	4	5	7	14
5 : 01	3	8	4	2	12
5 : 02	5	0	6	1	18
5 : 03	5	3	6	6	12
5 : 04	6	7	4	7	14
소 계	19	22	25	23	
총밀도 = N		89			70

* 통과대수는 5: 00~5: 05까지 조사

위 조사자료에서 평균통행시간 $T = N \cdot t / V = 89 \times 15/70 = 19.1$초이다. 이때 이 조사는 한 접근로의 한 이동류에 관한 것이다. 교차로의 접근지체를 구하기 위해서는 이 통행시간에서 순행시간을 빼야 한다.

(2) 정지지체 방법

교차로에서 어느 한 접근로 또는 한 이동류에 대한 정지한 시간만 조사하는 것이다. 짧은 시간간격(예를 들어, 매 15초)마다 정지해 있는 차량대수를 연속적으로 측정하고, 아울러 조사기간(예를 들어, 10분) 동안 교차로 통과 차량 중에서 정지한 대수와 그대로 통과한 대수를 측정하여 그 이동류의 평균정지지체를 구한다. [표 5-8]은 이 방법으로 얻은 측정자료의 예를 나타낸 것이다.

표 5-8 교차로 정지지체 조사

조사 시작시간	정지차량 대수				접근교통량*	
	+0초	+15초	+30초	+45초	정지대수	통과대수
5 : 00 pm	0	2	7	9	11	6
5 : 01	4	0	0	3	6	14
5 : 02	9	16	14	6	18	0
5 : 03	1	4	9	13	17	0
5 : 04	5	0	0	2	4	17
소 계	19	22	30	33	56	37
계		104			93	

* 접근교통량은 5:00~5:05까지 조사

이 조사자료로부터

총 정지지체 = 104 × 15 = 1,560 대-초
정지차량당 평균정지지체 = 1,560/56 = 27.8 초
차량당 평균정지지체 = 1,560/93 = 16.8 초
정지차량 % = 56/93 = 60.2%

이 조사는 한 접근로에 대해서 또는 한 이동류에 대해서 조사하는 것이다.

5.5.4 통행시간 및 지체와 혼잡도

혼잡은 도시의 상업활동을 위축시키고 재산가치를 하락시키며, 물가상승, 주구분열, 도로 사용자 비용을 증가시킨다. 교통혼잡을 완화하면 결과적으로 차량운행 비용절감, 사고감소, 통행시간단축은 물론이고 운전자의 편의성과 쾌적성을 현저히 증진시킨다.

(1) 혼잡도

도시교통시설의 혼잡도를 나타내는 지표는 ① 속도, 지체, 총 통행시간을 나타내는 운영 특성, ② 교통시설의 v/c 특성, ③ 자유이동을 제약받는 차량의 비율 및 제약시간 길이 등 이동의 자유도를 함께 나타낼 수 있어야 한다.

이러한 세 가지 요소를 포괄하는 혼잡도는 도로를 새로 건설하거나 개선계획을 수립할 때 서비스수준을 결정하는 데 큰 도움이 된다. 만족할 만한 서비스수준을 제공하는 데 있어서 도로시스템의 종류에 따른 바람직한 평균 총 구간통행속도(average overall travel speed)는 [표 5-9]에 보인다.

앞의 이동차량 방법 예제에서 북쪽방향의 교통량, 속도자료와 위 표에 나타난 기준을 이

표 5-9 도로종류별 평균 총 구간통행속도의 최소허용 기준

도로 종류	평균통행속도(kph)		단위통행시간(분/km)
	첨두 시	비첨두 시	첨두 시
고속도로	55	55~80	1.1
주간선도로	40	40~55	1.5
집산도로	30	30~40	2.0
국지도로	15	15~30	4.0

* 미국의 기준이므로 사용에 유의할 것

용하여(주 간선도로라 가정) 몇 개의 지표를 계산하면 다음과 같다.

① 지체율(delay rate) : 1 km당 실제 통행시간과 기준 통행시간의 차이
실제통행시간= 60/17.4= 3.45 분/km
기준통행시간= 1.5 분/km
지체율= 3.45 − 1.5= 1.95 분/km

② 총 차량지체율(vehicle delay rate) : 모든 차량의 총 지체시간을 나타낸다.
총 차량지체율= 1,336 × 1.95= 2,605분·대/km

③ 혼잡지표(congestion index) : 혼잡을 나타내는 지표는 다음과 같은 것이 있다.
- 실제통행시간/비혼잡통행시간 : 비혼잡통행시간은 설계기준 서비스수준에서 얻을 수 있다.
- 설계기준 서비스수준에 해당되는 통행속도를 15 kph 이상 초과할 때 혼잡상태로 정의
- 총 평균구간속도와 속도변화 및 속도변화 빈도와의 관계
- 시간손실과 운전자의 편리성, 쾌적성과의 관계
- 속도변화의 분산값을 나타내는 가속소음 모형

(2) 속도와 지체 특성

도시지역의 평균통행속도는 개발밀도가 높은 곳에서는 5 kph, 외곽 주거지역의 짧은 도로구간에서는 55~65 kph 정도가 된다. 도시중심과 도시외곽을 연결하는 방사선도로의 평균통행속도는 25~30 kph 정도이다. 일반적으로 첨두 및 비첨두시간의 도로별 총 구간통행속도는 각 도로의 계획서비스수준을 기준으로 할 때, [표 5-9]에 보인 값 이상이어야 만족스럽다.

차로 도로의 통행속도와 지체에 관한 다변량 분석에 의하면, 통행속도에 영향을 주는 요인을 그 크기순으로 나열하면 다음과 같다.

- 연속교통류의 평균구간 통행속도는 교차도로 수, 도로연변의 상점 수, 추월가능 구간비율, 교통량, 용량 등에 의해 영향을 받는다.
- 단속교통류의 평균구간 통행속도는 G/C비, 교차로 접근경사, 주기길이, 모든 접근로의 총 접근교통량, 해당 진행방향 접근교통량에 의해 영향을 받는다.
- 단속교통류의 평균지체는 G/C비, 주기길이, 모든 접근로의 총 접근교통량, 해당 진행방향 접근교통량 등에 의해 영향을 받는다.

5.6 주차조사

주차시설은 교통체계에서 볼 때 차량을 이동시키는 도로만큼이나 중요하다. 즉 교통에 적절한 서비스를 제공하기 위해서는 출발지에서부터 목적지까지 효율적으로 이동시켜야 할 뿐만 아니라, 그 통행이 끝나는 곳에 일시적인 정차시설을 마련해야 한다. 가로 시스템이 아무리 좋아도 주차하는데 소요되는 시간과 그 후 최종 목적지까지 걸어가는 데 걸리는 시간이 길면 이 가로 시스템의 효과는 반감된다.

노외 주차시설은 소유자 또는 운영자가 누구이든 공공기관이 전반적인 계획지침을 마련하고 관장할 책임이 있다. 특히 도시 주차시설의 대부분을 차지하는 노상주차 시설에 관해서는 공공기관이 더욱 큰 책임을 진다. 주차 및 터미널 문제는 일반적으로 CBD에서 가장 중요한 교통문제이지만 기타 지역에서도 이와 비슷한 중요성을 가지므로 결코 소홀히 취급해서는 안 된다.

주차조사의 목적은 어떤 지역의 주차문제를 해결하기 위한 주차개선 계획을 세우기 위함이다. 그러기 위해서는 ① 주차시설의 형태와 공급량, ② 주차시설의 사용목적과 사용방법, ③ 필요한 주차공간의 크기, ④ 주차수요 특성, ⑤ 주차발생원의 위치, ⑥ 주차에 관한 법적, 재정적, 행정적 자료 등의 정보가 필요하다.

따라서 주차조사의 범위는 광범위 할 수밖에 없다. 그러나 비용, 조사인력 및 조사시간의 제약을 받는 경우에는 기본적이고 중요한 자료만 조사한다. 이때는 주차시설 현황조사, 주차 이용도조사, 주차시간 길이조사 등을 행하며, 주차미터기를 운영하는 경우는 주차미터기 수입조사도 한다.

5.6.1 주차시설 현황조사

주차조사를 하기 위해서는 현재의 주차장 크기와 그 운영방식을 파악해야 한다. 이때 주차시설은 노상 주차시설과 평면주차장 및 옥내주차장 등 노외 주차시설을 포함한다.

조사시역을 나타내는 지도는 1:100 축척을 사용하며 여기에는 CTD(Central Traffic District)가 반드시 포함되어야 한다. CTD는 CBD 내와 CBD에 출입하는 사람들이 주차장으로 사용하는 지역이나 도로를 포함한 것이다. 조사지역 내의 모든 주차시설이 블록별 또는 가로링크별로 번호가 부여된다.

노상 주차시설 현황조사에서는 각 시설별 운영방법과 함께 그 시설의 위치, 주차각도, 주차면의 규격과 수, 시간제한, 기타 승강장, 소화전, 주요건물 출입구로 인한 주차금지 구간의 길이 등을 조사한다. 이때 공공주차에 주로 이용되는 골목길에 있는 주차가능공간도 조사하여 노상 주차시설에 포함시킨다. 만약 골목길 주차공간이 화물차의 하역주차장으로 이용되면 이때는 노외 주차장시설로 간주한다.

노외 주차시설은 그 시설의 위치와 규모, 운영방식을 조사한다. 만약 주차장의 관리방침이 통로까지도 주차공간으로 이용된다면 이때의 주차시설 용량은 실제 주차면수에다 이를 추가시켜야 한다.

5.6.2 주차이용도조사

주차시설에서 주차수요와 주차 이용도란 말뜻의 차이를 이해해야 한다. 즉 주차를 원하는 모든 사람이 주차할 수 있는 충분한 주차시설이 있다면 이 둘은 같을 수 있지만, 도시지역에서와 같이 주차하기가 어려운 경우는 실제 주차수요를 모르므로 이용도를 조사하여 주차의 적정성을 나타낸다.

소도시 내 중심지역에서의 높은 이용도는 주차수요와 아주 근사한 값을 나타낸다. 주차시설 이용도를 정기적으로 점검하면 어떤 중요지역의 성장방향을 찾아낼 수 있다. 소도시에서는 보행거리가 길지 않으므로 신설되는 주차장은 이러한 수요를 만족시키도록 해야 한다.

주차이용도조사는 하역장 또는 골목길이 트럭에 의해 어떻게 이용되며 또다른 차량에 의해 이용되지 않는 부분이 얼마인지를 조사한다. 또한 모든 차량의 도착률과 주차대수를 파악하여 첨두주차시간 및 관측주차대수(parking accumulation)가 가장 많은 시간대를 알아낸다. 관측주차 대수란 분석시간대의 어느 시점에 주차되어 있는 차량대수를 말한다. 주차조사와 함께 경계선 교통량조사를 하여 차량의 도착, 출발대수로부터 구한 누적차대수와 관측주차 대수를 비교한다. 이로부터 시간당 이동 중인 차량대수와 CTD에서 주차하지 않고 통과하는 교통량을 알 수가 있다.

각 조사지역(블럭 또는 링크별로)의 노상주차와 노외주차를 구분하여 시간당 관측주차대수로부터 시간당 점유율(occupancy)을 구한다[그림 5-3]. 이때 조업주차(operational parking)에 대해서도 같은 방법으로 구한다. 관측주차 대수 곡선을 그리면 첨두주차시간을 한 눈에 알 수 있다. 일반적으로 첨두주차시간을 포함한 연속된 3시간의 첨두주차시간대에 대해서 주차이용도 분석을 한다.

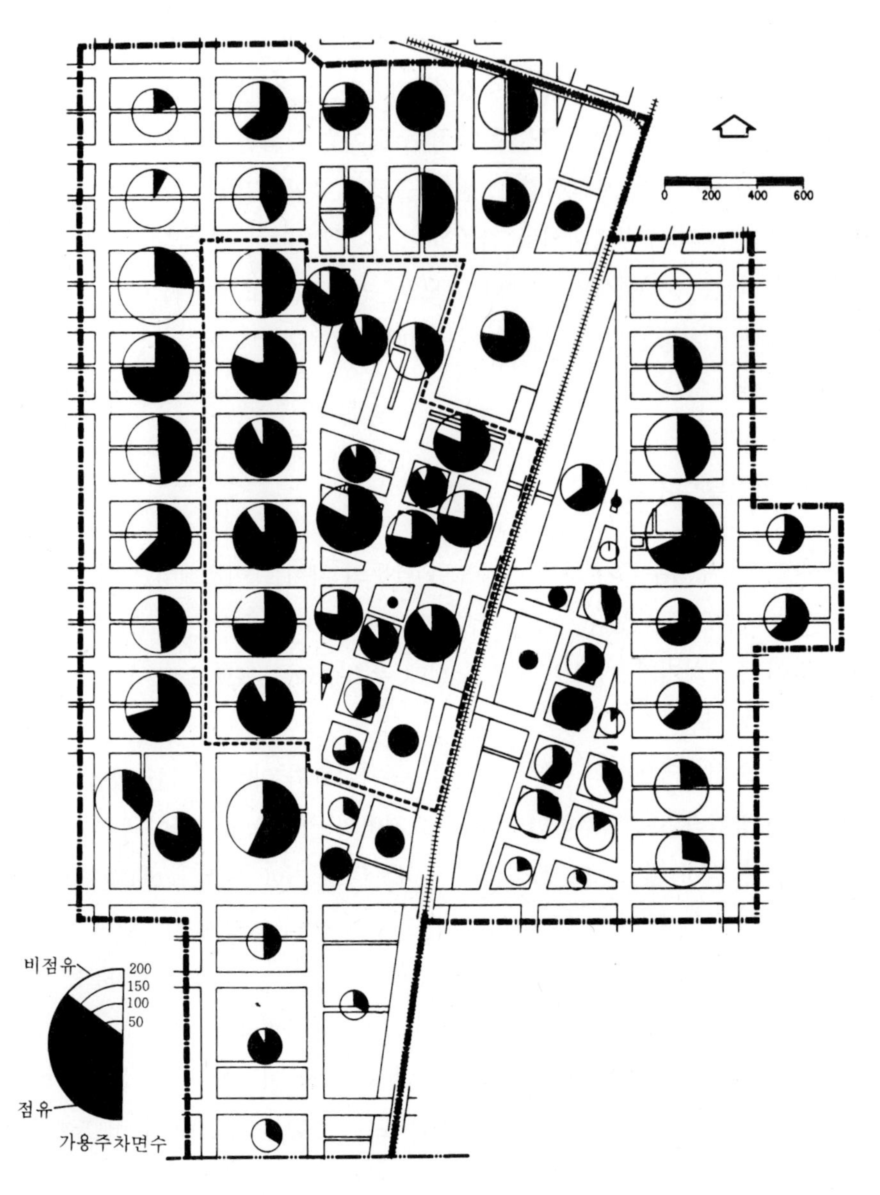

그림 5-3 노상주차면 이용도(CBD, 첨두시간)

규제가 엄하거나 주차요금이 비싼 주차장은 대체로 이용도가 낮으며, 이용도가 매우 높은 경우는 주차공간이 적으며 불법주차가 많다는 것을 예싱할 수 있다. 특히 첨두주차시간대에 주차장 내에서 주차공간을 찾기 위해 돌아다니거나, 주차를 끝내고 주차장을 떠나거나, 또 공사 중이거나 인접 주차면을 침범하여 주차한 차량 때문에 주차장의 실용용량(practical capacity)은 주차장의 가용용량(possible capacity), 즉 주차장 총 주차가능면수의 80~95%

정도밖에 되지 않는다. 주차장의 실용용량 대 주차장의 가용용량의 비를 나타내는 이 값을 주차장의 효율계수(efficiency factor)라 한다.

주차수요가 실용용량을 초과할 경우의 점유율은 이 효율계수와 같은 값을 갖는다. 평균주차시간 길이가 긴 주차장은 이 계수가 크며, 주차장의 진출입로(driveway), 주차장의 통로(aisle) 및 주차면(stall)의 크기와 배치가 이상적일수록 이 값은 커진다. 일반적으로 주차장을 설계할 때 평면주차장은 0.85, 옥내주차장은 0.8, 노상주차장은 0.9~0.95 이상의 효율계수를 갖도록 해야 한다.

주차이용도조사는 2년에 한번씩 실시하는 것이 좋으나 경우에 따라서는 매년 실시하되 관측횟수를 줄이는 방법도 있다. 즉 2시간에 한번씩 관측하거나 혹은 하루 중 3번(오전 8~9시, 첨두시간, 오후 4~5시)만 관측하기도 한다.

5.6.3 주차시간 길이조사

노상주차장 또는 노외주차장에서의 주차시간의 길이는 차량번호판을 이용하여 구할 수 있다. 통상 오전 9시부터 오후 5시, 오전 7시부터 오후 7시까지 사이에서 일정시간 간격으로 주차되어 있는 차량번호를 기록한다. 이때 조사간격이 짧을수록 더 정확한 결과를 얻을 수 있으나 2시간을 넘지 않는 것이 좋다. 만약 조사가 한 시간마다 행해진다면 앞에서 설명한 이용도조사와 함께 하는 것이 편리하다. 주차시간 제한이 있는 주차장을 조사할 때는 조사원이 주차단속원으로 오해를 받아 조심스럽게 주차하기 때문에 주차 현실을 있는 그대로 조사하지 못하는 경우가 있으므로 몰래하는 것이 좋다.

평면주차장이나 옥내주차장에서는 앞에서 설명한 방법으로 주차시간 길이를 조사하기란 매우 어렵다. 가장 좋은 방법은 주차장 입구에서 출입하는 차량의 번호와 그 시간을 기록하여 주차장 체류시간을 간접적으로 계산하는 것이다.

1. ITE., *Manual of Transportation Engineering Studies*, 4th ed., 1994.
2. ITE., *Transportation and Traffic Engineering Handbook*, 1982.
3. McShane, W. R. and R. P. Roess, *Traffic Engineering*, Prentice Hall, 1990.
4. Bruce, D. Greenshields and F. Weida, *Statistics with Application to Highway Traffic Analysis*, Eno Foundation, 1952.
5. FHWA, *Urban Origin-Destination Surveys*, U.S. Government Printing Office, 1973.
6. USDOT., FHWA., *Guide for Traffic Volume Counting Manual*, 1970.

1. 교통조사 방법에는 어떤 것이 있는가?
2. 보정조사, 전역조사, 요일 변동계수를 설명하라.
3. 교통수요와 교통량의 차이를 설명하라. 병목현상이 생긴 지점에서의 교통수요, 교통량, 용량간의 크기를 비교하라.
4. 시험차량 방법과 이동차량 방법을 설명하라.
5. 어느 교통류에서 40대의 차량에 대한 속도조사를 한 결과 평균 34.5kph, 분산 27.5를 얻었다. 이 교통류의 속도를 신뢰수준 95%, 허용오차를 ±0.5kph로 하자면 차량 몇 대의 속도를 조사해야 하는가?
6. 교차로를 이용하는 교통량을 조사할 때 접근로의 정지선을 통과하는 차량대수를 교통량으로 하는 이유는 무엇인가?

제6장

용량 및 서비스수준

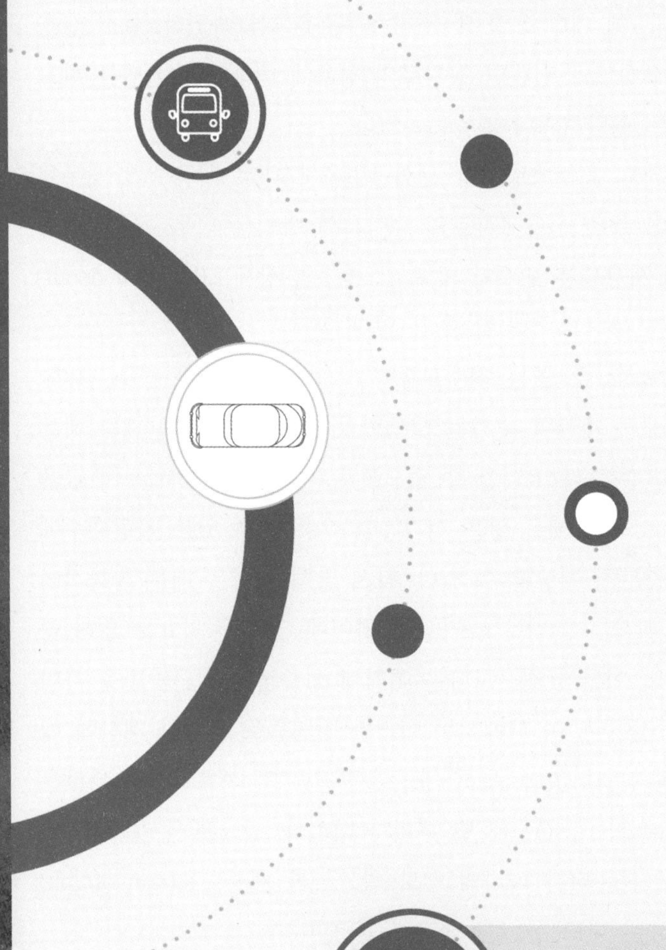

용량분석의 근본적인 목적은 어떤 시설이 수용할 수 있는 최대교통량을 추정하는 데 있다. 교통시설이 용량에 도달하면 그 운영상태가 나빠지므로, 계획하거나 설계할 때는 이러한 수준에 이르지 않도록 해야 한다. 그러므로 어떤 시설이 주어진 수준의 운영상태를 유지할 수 있을 정도의 교통량을 추정하는 것이 용량분석의 또 다른 목적이라 할 수 있다. 즉 용량분석은 주어진 수준의 운영상태를 나타낼 수 있는 교통량이 얼마인가를 추정하기 위한 일련의 과정으로서 기존시설을 분석하고 개선하며, 장래시설을 설계하거나 계획할 때 필요하다.

이 장에서는 여러 교통시설 가운데 연속교통시설과 단속교통시설 각각의 대표적인 시설로서 고속도로 기본구간과 신호교차로에 대한 용량 및 서비스수준을 취급하였다. 특히 신호교차로 분석에서는 개념 파악이 중요하므로 단순한 교차로의 경우에 대해서만 설명을 하고 비보호좌회전과 같은 복잡한 부분은 생략하거나 간략화하였다.

우리나라 '도로용량편람'은 미국의 도로용량편람 분석방법을 그대로 사용했기 때문에 분석방법이 매우 복잡하고 까다롭다. 특히 신호교차로의 용량분석 방법은 너무 이론적으로 치우친 면이 있어 복잡하다. 더욱이 사용되는 변수가 많고 각 변수의 상세도(level of detail)가 서로 달라 계산 결과의 신뢰도는 누구도 장담할 수가 없다.

사실상 용량이란 어떤 시설이 수용할 수 있는 최대교통량 부근에서 시간과 장소, 기후, 날씨, 지방에 따라 변한다. 용량이라고 계산된 숫자는 발생할 수 있는 합리적인 값이기는 하지만 이 값에 영향을 주는 모든 변수를 다 고려할 수 없으므로, 경우에 따라서는 이 값을 초과할 수도 있고 적을 수도 있다. 더욱이 매우 짧은 시간동안 수용할 수 있는 차량대수에 임의변동이 있을 것이라는 사실은 충분히 예상할 수 있다. 다시 말해 용량은 매우 확률적이라 할 수 있다. 그러므로 용량계산을 할 때 적은 숫자상의 차이에 연연할 필요는 없다.

따라서 용량을 분석할 때는 순수한 이론적 접근보다는 여기에 실증적인 접근방법을 가미하면 훨씬 간단하고 이해하기 쉬울 것이다. 이 책에서는 이러한 방법으로 복잡한 계산에 매달리기보다는 개념 파악의 중요성을 강조하였다. 특히 '도로용량편람'의 신호교차로 부분은 저자가 깊이 관여한 것이라 이를 단순화 시키는 데 별 무리가 없었다. 앞으로 우리나라 '도로용량편람'은 미국식의 접근방법보다는 다른 나라의 것도 참고하여 계산도표(nomograph)나 교차분류표를 사용하여 단순화하는 것도 한번쯤 생각해 볼 일이다.

6.1 도로용량과 서비스수준

교통공학에서 일반적으로 사용하는 용량이란 말은 교통수요 및 교통량과 엄격히 구별해야 한다. 교통수요(traffic demand)란 어느 시점에서 그 시설을 이용하기를 희망하는 교통량이고, 교통량이란 실제 이용하는 교통량이며, 용량이란 그 시설을 이용할 수 있는 최대교통량 또는 능력을 말한다. 그러므로 교통수요가 용량을 초과하면 혼잡이 일어나고, 이때 실제 통과하는 교통량은 용량을 초과할 수 없다. 반대로 교통수요가 용량보다 적으면 실제 통과하는 교통량이 바로 교통수요가 된다.

도로시스템은 많은 요소로 구성되어 있으며 어느 한 요소가 그 용량을 제한할 수 있다. 고속도로의 경우 이 요소는 도로 기본구간, 진입 진출램프 연결부, 엇갈림 구간 등이다. 도시부 간선도로에서는 보통 신호교차로 용량이 제한요소이다. 따라서 도로구간의 교통상황이 아무리 좋아도 그 하류부의 교차로 용량이 적으면 그 도로 전체의 용량은 제한적일 수밖에 없다. 지방부 2차로 도로, 다차로도로와 같은 다른 일반도로에서도 도로기본구간 또는 교차로가 가장 중요하다.

용량분석은 기존 교통시설의 운영분석(operational analysis)과 장래시설의 계획 및 설계분석(planning and design analysis)으로 나누어 생각하는 것이 편리하다. 운영분석은 도로조건과 교통조건 및 교통운영조건이 주어졌을 때 그 교통류의 서비스수준이나 속도, 밀도 등과 같은 교통류의 특성을 분석하는 것이고, 계획 및 설계분석은 예상되는 교통조건과 계획하는 서비스수준이 주어졌을 때 그 서비스수준을 유지하는 데 필요한 교통시설의 크기를 결정하는 것이다.

서비스수준(level of service, LOS)이란 운영상태를 등급으로 나타내는 것으로서 그 방법은 시설의 종류에 따라 다르나 대부분 교통량과 용량의 관계로 나타낼 수 있다.

6.1.1 용 량

교통시설의 용량이란 주어진 시간 내에 주어진 도로조건, 교통조건, 교통운영조건 아래에서 도로 또는 차로의 균일구간이나 지점을 통과할 수 있는 최대시간교통량을 말하며, 이때의 도로조건은 좋은 기후조건과 좋은 노면상태를 전제로 한 것이다.

용량은 비단 도로에 대해서 뿐만 아니라 다른 모든 교통시설이나 교통수단, 즉 주차장,

보도, 엘리베이터 등과 같은 보행자 시설, 자전거 시설, 대중교통수단, 항공기, 선박 등에서도 유사한 의미로 사용된다.

용량분석에서 사용되는 '주어진 시간'의 길이로는 동일한 교통류 특성을 유지한다고 판단되는 최대시간인 15분을 사용한다. 그러나 도시부 도로의 특정 애로구간 분석에서는 첨두5분의 교통량을 사용할 수도 있다. 이 시간길이는 혼잡지속 시간을 어느 정도로 허용할 것인가와 관계가 있다. 즉 용량을 초과하는 시간을 줄이기 위해서는 분석시간을 짧게 잡아야 한다.

기존도로에 대한 용량분석은 도로 또는 도로망의 용량이 교통수요에 비해 얼마만큼 부족한가를 판단하고, 개선의 우선순위를 결정하기 위해서 행하며, 계획도로에 대해서는 그 도로가 예상되는 교통량을 만족할 만한 서비스수준으로 처리할 수 있는지를 분석하기 위해서 행해진다. 그러나 적절한 도로시스템이란 용량으로만 평가할 수 있는 것은 아니다. 안전성, 경제성, 노선의 연결성, 서비스수준, 토지이용 및 환경에 미치는 영향도 함께 고려되어야 한다.

용량산정에서 정의되는 주어진 도로, 교통 및 교통운영조건은 분석하고자 하는 시설구간에 걸쳐 균일해야 한다. 왜냐하면 주어진 조건이 변하면 용량도 변하기 때문이다.

1) 도로조건

도로조건이란 도로의 종류, 주변 개발환경, 차로수, 차로폭 및 갓길 폭, 설계속도, 측방여유폭(lateral clearance), 평면 및 종단선형 등을 포함하는 도로의 기하특성을 말한다.

2) 교통조건

교통조건이란 그 시설을 이용하는 교통류의 특성을 말하며, 교통량, 교통류 내의 차종구성, 교통량의 차로별 분포 및 방향별 분포가 여기에 해당된다.

3) 교통운영조건

교통운영조건이란 운영시설의 종류 및 구체적인 설계와 교통규제를 말하며, 교통신호의 위치, 종류 및 신호시간은 용량을 좌우하는 결정적인 운영조건이다. 기타 중요한 운영조건은 '정지' 및 '양보' 표지, 차로이용 통제, 회전통제 등과 같은 교통통제 대책들이다.

6.1.2 서비스수준

서비스수준이란 교통류 내에서의 운행상태를 나타내는 것으로서, 운전자나 승객이 느끼는 정성적인 평가기준이다. 도로조건이나 교통운영조건이 일정하다면 서비스수준은 주로 교통조건에 따라 좌우된다. 서비스수준을 평가하는 효과척도(measure of effectiveness, MOE)로는 통행속도, 정지수, 통행시간, 교통밀도, 운행비용 등 여러 가지가 있으나 운전자나 승객이 느끼는 것은 속도 및 통행시간, 이동의 자유도, 정지수, 쾌적감, 편리성, 안전감이다. 그러나 MOE는 측정하기가 쉽고 또 다른 MOE들을 대표할 수 있는 것이어야 한다.

서비스수준에 관한 예시를 하거나 측정을 할 때 고속도로에 대한 예를 가장 많이 사용한다. 왜냐하면 고속도로상에서 나타나는 속도와 교통량의 범위가 가장 넓고 다양하기 때문이다. 도시간선도로는 속도범위가 한정되어 있고, 교차로는 속도가 간접적인 의미밖에 갖지 않을 뿐만 아니라 도로구간과는 다른 방법으로 해석되기 때문에 서비스수준의 분석이 꽤 까다롭다.

도로구간 내의 운행조건은 균일하지 않고 v/c비에 따라 달라지는 경향이 있으며 또 시간과 장소가 변함에 따라 영향을 받는다. 예를 들어 램프를 통해서 일단의 차량군이 고속도로로 진입한다면 그 당시 고속도로의 서비스수준은 낮아졌다가 이들이 지난 다음에는 다시 높아진다. 또 교통류 내에 저속의 차량이 운행한다면 이것은 마치 병목지점이 움직이는 것과 같은 효과를 낸다. 고장 난 차가 있거나 도로공사 작업을 하는 경우에도 교통류 조건이 크게 변한다.

(1) 서비스수준의 등급

서비스수준에 따른 교통상태(traffic performance)는 교통시설의 종류에 따라 큰 차이가 있으나, 연속교통류(uninterrupted flow)시설의 서비스수준과 교통상태 사이의 일반적이며 개념적인 관계는 서비스수준 A에서부터 F까지 6개 등급으로 정의된다. 그러나 단속교통류(interrupted flow)에서는 서비스 질에 대한 사용자의 인식에 따라 서비스수준 A에서부터 FFF까지 8개로 나누며, 이들은 연속교통류의 그것과는 전혀 다른 교통상태를 설명한다는 데 유의해야 한다.

(2) 서비스 교통량

서비스 교통량이란 주어진 시간 내에 주어진 도로조건, 교통조건, 교통운영조건 아래에서 주어진 서비스수준을 유지하면서, 도로 또는 차로의 균일구간이나 어떤 지점을 통과할 수 있는 최대시간교통량을 말한다. 용량에서와 마찬가지로 서비스 교통량도 15분간의 교통량을 사용한다.

도로용량편람(Highway Capacity Manual, HCM)은 서비스수준 F를 제외한 나머지 5개

등급의 서비스수준에 대한 각 교통시설이 수용할 수 있는 서비스 교통량을 예측 또는 산정하는 방법을 제시하였다.

서비스수준이 운행상태의 어떤 범위를 나타내는 반면에 서비스 교통량은 일정한 값을 갖는 데 유의해야 한다. 서비스 교통량이 각 서비스수준을 유지하는 범위 안에서의 최대교통량을 의미하기 때문에 어떤 서비스수준을 유지하는 서비스 교통량의 범위는 그 수준에서의 서비스 교통량과 그보다 한 등급 높은(좋은) 서비스수준의 서비스 교통량 사이에 있음을 알 수 있다.

(3) 효과척도

각 시설에 대한 서비스수준은 각 시설의 운행상태를 가장 잘 나타내는 한 개 또는 몇 개의 운행변수에 의해서 표현된다. 서비스수준의 개념은 운행상태를 폭 넓게 나타내려고 하지만, 여러 종류의 시설을 많은 운행변수로 표현한다는 것은 자료수집 및 활용의 제한성 때문에 사실상 불가능하다.

각 시설의 서비스수준을 정의하기 위하여 사용되는 파라미터를 효과척도(Measure of Effectiveness, MOE)라 하며, 이들은 각 시설의 운행상태를 가장 잘 나타내는 서비스 기준들을 대표하는 것이어야 한다. 효과척도는 계량적이어야 하며, 시뮬레이션이 가능하고 현장 측정이 가능해야 한다. 또 민감해야 하며 통계적으로 나타낼 수 있고 중복되는 것은 피해야 한다. [표 6-1]은 각 시설의 서비스수준을 결정하는 데 사용되는 효과척도를 나타낸 것이며,

표 6-1 각 시설별 효과척도

시 설	MOE
고속도로	
기본구간	v/c비, 밀도(pc/km/차로)
엇갈림구간	밀도(pc/km/차로)
연결로구간	밀도(pc/km/차로)
다차로도로	평균통행속도(kph)
2차로도로	교통량, 총 지체율(%)
신호교차로	평균운영지체(초/대)
비신호교차로	평균운영지체(초/대), 교통량(vph)
도시 및 교외 간선도로	평균통행속도(kph)
대중교통	탑승인원(명), 운행시격(분), 운행시간(시간/일)
보행자	보행교통량(인/분/m), 점유공간(m^2/인)
자전거	상충횟수(회), 정지지체(초/대), 평균통행속도(kph)

이 값의 크기에 따라 그때의 서비스수준이 결정된다.

지금까지 차량에 대해서만 언급을 했지만 자전거나 보행자 교통에 대해서도 같은 방법으로 해석할 수 있다. 그러나 보도나 횡단보도의 적절성을 평가하고 이들을 개선하거나 새로운 시설을 설계하는 데는 보행자의 교통특성을 충분히 이해해야만 한다. 그밖에 비행장 터미널, 대중교통 터미널, 또는 주차건물에 있는 보행로, 계단, 에스컬레이터 등을 설계하거나 평가하는 데도 서비스수준 개념을 이용해야 한다. 이와 같은 인파는 대중교통 또는 비행기 도착 때나 많은 관객이 동원되는 체육대회 및 문화행사가 끝난 후, 또는 일상적인 출퇴근 때 일어난다. 보행자 시설에서의 병목현상을 이해하기 위해서는 제4장에서 설명한 대기행렬 분석이 유용할 수도 있다. MOE에 관해서는 제9장에 좀더 자세히 설명한다.

6.2 고속도로 기본구간의 용량

고속도로는 일반적으로 기본구간, 엇갈림 구간 및 연결로 접속부로 구성되어 있다. 고속도로 기본구간이란 연결로 부근의 합류 및 분기, 또는 엇갈림에 영향을 받지 않는 구간으로서 고속도로 전체의 대부분을 차지한다.

고속도로의 기본구간을 설정하기 위해서는 연결로 또는 엇갈림 구간의 영향권을 정의해야 한다. 진입연결로 또는 엇갈림의 합류지역의 영향권은 접속부의 상류 100 m에서부터 하류 400 m까지이며, 진출연결로 또는 엇갈림의 분기지역의 영향권은 접속부의 상류 400 m에서부터 하류 100 m까지를 말한다. 이와 같은 지침은 안정류 상태에 대한 것이며, 혼잡이나 병목현상이 생기게 되면 그 영향권이 이보다 훨씬 길 수도 있다.

6.2.1 고속교통류의 특성

연속교통류 시설의 속도-교통량-밀도 관계는 그 도로구간이 갖는 통상적인 도로조건 및 교통조건에 의해서 결정된다. 용량분석에서 사용되는 기본특성은 아래와 같은 이상적인 조건하에서 평가된 것이다.

- 최소 3.5 m 차로폭
- 차도 외측단으로부터 장애물까지의 측방여유폭은 최소 1.5 m

• 평지
• 승용차로만 구성된 교통류

이와 같은 조건은 용량의 관점에서 볼 때만 이상적일 뿐 그 외에 안전이나 혹은 다른 요소와는 상관없음을 유의해야 한다. 이와 같은 조건하에서 여러 가지 설계속도에 대한 전형적인 교통류 특성은 [그림 6-1]에 잘 나타나 있다. 이 그림은 평균통행속도와 교통량간의 관계를 나타낸다. 이 관계는 설계속도가 120 kph, 100 kph, 80 kph인 도로에서 얻은 결과이다.

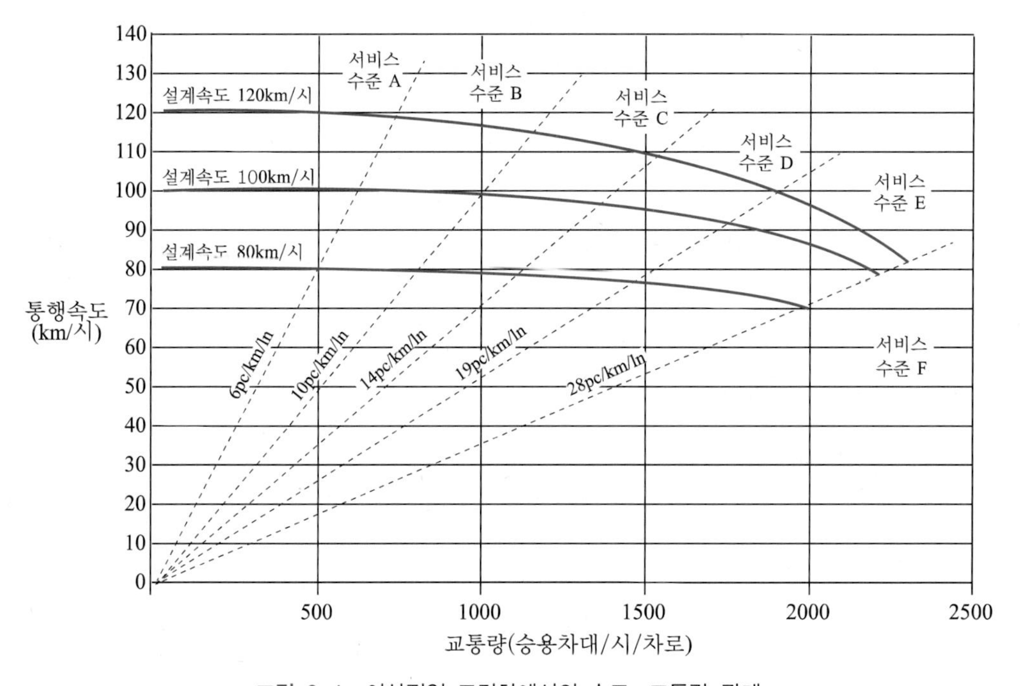

그림 6-1 이상적인 조건하에서의 속도–교통량 관계

그림에서 보는 바와 같이 세 도로의 용량은 각각 2,300, 2,200 및 2,000 pcphpl(passenger car per hour per lane; 차로당 시간당 승용차대수)이다. 또 교통량이 상당한 수준에 이를 동안 속도의 변화는 아주 적은 편이나, 교통량이 용량에 이를 즈음에는 교통량 증가에 따라 속도가 현저하게 감소한다. 이와 같은 현상은 설계속도가 높은 도로가 낮은 도로보다 더욱 심하다.

이상적인 조건이 아닌 실제 조건에서는 용량이 변할 뿐만 아니라 속도-교통량-밀도의 상관관계도 변한다. 이들의 변화요인에는 차로폭, 측방여유폭 및 설계속도의 감소, 차종구성 등이 있으며 이들의 영향은 앞에서 설명한 바 있다. 운전자의 구성도 용량에 영향을 미친다고 알려지고 있다. 일반적으로 주말에 주로 발생하는 위락교통의 운전자는 정규적인 통근 운전자보다 도로를 비효율적으로 이용하며 이로 인한 용량감소효과는 20~25% 정도에 이른다고 한다. 그러나 우리나라 HCM에서는 이를 고려하지 않는다.

6.2.2 서비스수준

근본적으로 속도를 고속도로 기본구간의 MOE로 사용하기에는 부적합하다는 것은 잘 알려진 사실이다. 운전자의 입장에서는 속도가 서비스 질을 평가하는 데 가장 중요한 척도가 될 수 있지만, 이동의 자유도 역시 중요한 파라미터가 아닐 수 없다. 따라서 이동의 자유도를 가장 잘 나타내는 밀도를 고속도로 기본구간의 서비스수준을 반영하는 주요 MOE로 삼는다.

고속도로 기본구간의 각 설계속도에 따른 서비스수준의 기준은 [표 6-2]에 잘 나타나 있다. 이 표는 [그림 6-1]을 근거로 하여 얻은 값으로서, 여기서 어떤 서비스수준에 해당되는 교통량(MSF)은 이상적인 조건하에서의 값이라는 사실을 명심해야 한다. 밀도와 v/c비는 도로나 교통조건이 이상적이든 일반적이든 공통적으로 적용되는 값이기 때문에 주어진 도로의 서비스수준을 평가하는 좋은 척도가 된다. 어떤 서비스수준에 해당되는 기준 v/c비는 설계속도에 따라 그 값이 변하므로 사용에 불편하기는 하지만 계산하기 쉽고, 반면에 밀도는 도로 및 교통조건에 관계없이 서비스수준에 따라 하나의 값을 갖지만 그 값을 구하기가 어려워 사실상 MOE로는 v/c비를 많이 사용하고 있다.

표 6-2 고속도로 기본구간의 서비스수준

서비스수준	밀도 (pcpkmpl)	설계속도 120 kph		설계속도 100 kph		설계속도 80 kph	
		교통량[3] (pcphpl)	v/c	교통량[3] (pcphpl)	v/c	교통량[3] (pcphpl)	v/c
A	≤ 6	≤ 700	≤0.30	≤600	≤0.27	≤500	≤0.25
B	≤ 10	≤1,150	≤0.50	≤1,000	≤0.45	≤800	≤0.40
C	≤ 14	≤1,500	≤0.65	≤1,350	≤0.61	≤1,150	≤0.58
D	≤ 19	≤1,900	≤0.83	≤1,750	≤0.80	≤1,500	≤0.75
E	≤ 28	≤2,300	≤1.00	≤2,200	≤1.00	≤2,000	≤1.00
F	> 28	-	-	-	-	-	-

주: (1) pcpkmpl(passenger car per km per lane) : 한 차로 1km당 승용차 대수
(2) pcphpl(passenger car per hour per lane) : 한 차로 한 시간당 승용차 대수
(3) 교통량은 이상적인 도로 및 교통조건일 때의 값임(최대서비스유율).

차로당 최대서비스유율(maximum service flow rate, MSF)은 이상적인 조건하에서 차로당 통과시킬 수 있는 용량에다 v/c비를 곱한 값이기 때문에 이 값도 이상적인 조건하에서의 값이다.

예를 들어 설계속도가 100 kph이며 이상적 조건이 아닌 통상적인 도로조건에서의 밀도가 차로당 19 대/km 또는 v/c비가 0.80이면 서비스수준은 D이다. 그러나 이때의 서비스유율은 표에서 얻을 수 있는 값인 1,750 pcphpl보다 적을 것이다. 따라서 이상적이 아닌 실제조건하에서 v/c비를 구할 때는 용량c도 이상적이 아닌 실제조건의 용량을 사용해야 한다. 특히 주의할 것은 [그림 6-1]은 이상적인 조건 때의 그림이므로 실제조건에서의 밀도나 속도를 구할 때는 이 그림을 사용해서는 안 된다.

[표 6-2]의 값은 '속도제한'의 영향을 포함하고 있다고 보아야 한다. 속도제한이 운전자에게 명확하게 알려져 있고 그 시행이 합리적으로 강요된다 하더라도 서비스수준이 높으면 평균통행속도가 제한속도보다 조금 높게 나타난다. 그러나 속도제한이 엄중히 단속되거나 이보다 더 낮게 제한이 되어 있으면 표에 표시된 속도보다도 낮은 통행속도를 보인다.

고속도로 기본구간에서 각 서비스수준에 대한 운행상태는 다음과 같다.

1) 서비스수준 A

교통수요가 적을 경우에는 차량 상호간의 간섭이나 영향은 거의 없고 운전자는 주로 도로조건에만 영향을 받는다. 즉 평면곡선과 종단곡선, 속도제한 및 운전자 개인의 선호에 따라 주행속도가 달라진다. 또 다른 차량 때문에 이동에 제약을 받는 일이 거의 없으며, 운전자는 자기가 원하는 속도를 낼 수 있으므로 다른 차량으로 인한 지체가 거의 일어나지 않는 자유류(free flow) 상태이다. 이때의 밀도는 대단히 적다.

따라서 운전자에게 육체적으로나 정신적으로 아주 쾌적한 상태를 제공한다. 가벼운 사고나 고장이 있을 때, 그 부근의 서비스수준은 떨어질지 모르나 속도가 느린 차는 차량 간의 긴 간격을 이용하여 흡수되므로 대기행렬은 발생치 않으며, 그 지점을 지나면 서비스수준은 다시 원상회복된다.

2) 서비스수준 B

안정류(stable flow) 상태에 있으면서, 주행속도는 교통조건 때문에 어느 정도 제약을 받기 시작한다. 운전자는 여전히 자기가 원하는 속도와 차로를 자유로이 선택할 수 있어 육체적으로나 정신적으로 상당한 수준의 쾌적감을 유지한다. 가벼운 사고나 고장의 경우 속도감소가 전혀 일어나지 않을 수는 없지만 혼잡은 쉽게 흡수된다.

3) 서비스수준 C

역시 안정류 상태에 있으나, 보다 많은 교통량 때문에 속도선택, 차로변경 및 추월을 자유롭게 할 수 없게 된다. 교통량이 조금만 증가해도 서비스의 질이 현저히 떨어진다. 가벼운 사고의 영향은 흡수될 수 있지만, 사고지점에서의 서비스수준은 현저히 떨어지며 대기행렬이 생길 수도 있다. 운전자는 안전운행을 하기 위해서 주의를 해야 하기 때문에 긴장이 상당히 커진다. 그러나 비교적 만족스러운 주행속도를 유지할 수 있으므로 우리나라에서 지방부 고속도로의 설계는 이 상태를 설계기준으로 삼는다.

4) 서비스수준 D

불안정류에 접근하면서, 운행조건의 변화에 크게 영향을 받지만 대체로 견딜만한 주행속도를 유지한다. 교통량의 순간적인 변동이나 일시적인 교통장애(차량고장 등)로 인해서 주행속도가 현저하게 감소하는 수도 있다. 운전자의 이동은 자유롭지 못하며 쾌적하고 편리한 느낌은 적으나 짧은 시간동안이므로 견딜만하다. 사소한 사고가 발생해도 그 영향을 흡수할 차간간격이 없기 때문에 상당히 긴 대기행렬을 형성하게 된다. 우리나라의 경우, 지방부 일반도로와 도시부의 모든 도로는 이 상태를 설계기준으로 삼는다.

5) 서비스수준 E

속도만으로는 설명이 곤란하나 서비스수준D보다는 낮은 주행속도에서 도착교통량이 도로의 용량에 거의 도달할 때이다. 전체 속도는 낮아져 비교적 일정한 속도로 운행된다. 교통류 내에서 이동의 자유도는 극히 적으며, 쾌적하고 편리한 느낌이 적어 운전자나 보행자의 욕구불만이 매우 높은 상태이다.

이 수준에서는 교통류 내에 차량 간의 여유간격이 없으므로 지극히 불안정한 상태이므로 교통량이 조금이라도 증가하거나 사고 등 사소한 내부혼란이 발생하여도 그 영향이 흡수되지 않아 긴 대기행렬을 발생시킨다. 예를 들어 연결로로부터 유입되는 차량이나 차로변경을 하는 차량은 통과교통류의 차간간격을 이용하여 파고드므로 이 지점의 상류부에 지체파를 전달한다.

이 서비스수준을 대표하는 교통량은 그 범위가 다른 수준에 비해서 좁으나, 서비스수준은 적은 교통량의 변화에도 아주 민감하다. 평균 차두간격은 약 36 m로서 최대밀도는 28 pc/km이며 이들 간격은 비교적 균일하고 안정된 흐름을 유지할 수 있는 최소간격이다. 도로조건이 이상적일 경우, 이 상태에서의 주행속도는 대략 70~80 kph 정도이다.

6) 서비스수준 F

저속에서의 강제류 상태를 말하며 도착교통량이 용량보다 클 때 발생한다. 이와 같은 상황은 통상 하류부에 있는 어떤 장애요인으로 인해 밀려있는 차량의 대기행렬 때문에 일어난다. 그러므로 이 지점은 첨두시간 내내 또는 첨두시간의 어느 기간 동안 차량대기소로서의 역할을 한다. 속도는 현저히 감소되며 잠시 또는 긴 시간 동안 정지상태가 계속될 수 있다. 극단적으로 속도와 교통량 모두가 0으로 떨어질 수도 있다. 밀도는 1 km당 28대 이상이며, 정지한 상태에는 130대를 넘을 때도 있다.

이와 같이 서비스수준 F는 대기행렬 또는 병목지점 상류부의 상태를 설명하는 데 사용된다. 병목지점 바로 아래 부분은 용량상태로 운영되며, 그보다 더 하류부는 운행상태가 매우 양호하다.

대기행렬의 길이와 이로 인한 지체량은 혼잡한 고속도로 분석에 매우 중요한 요소이다. 또 이들의 관계를 이용하여 도착과 출발 교통량을 알고 있는 병목지점에서 대기행렬의 길이와 지체량을 추정할 수도 있다. 또 교통류 내에 저속차량이 있으면 이것은 마치 병목시점이 이동하는 것과 같은 효과를 나타낸다.

6.2.3 용량 및 서비스수준 분석

고속도로 기본구간의 용량을 구하는 문제는 비교적 간단하다. 이 구간의 교통류는 근본적으로 한 방향의 연속교통류이다. 이 조건에서 용량상태란 자유속도에 따라 달라지지만 자유속도가 80 kph인 도로의 경우 2,000 pcph이며 120 kph 이상인 도로의 경우 2,300 pcph 이다. 이 값을 이상적 조건에서의 용량이라 말하며, 그것은 3.5 m 차로폭, 최소 1.5 m 우측 측방여유폭, 모두 승용차로 구성된 교통류, 유출입 지점이 없는 구간으로서 2% 이상의 종단구배 없는 평지부 도로의 용량을 말한다. 이 조건을 만족시키지 못하면 용량이 감소한다.

(1) 서비스 교통량 계산

[표 6-2]의 교통량은 이상적인 조건하에서 어떤 서비스수준을 유지하는 차로당 최대교통량 즉 최대서비스유율(MSF)을 의미하는 반면에, 서비스 교통량이란 이상적 조건이 아닌, 주어진 실제의 도로조건, 교통조건 및 교통운영 조건하에서 주어진 서비스수준을 유지할 수 있는 최대교통량을 말한다. 따라서 i 서비스수준에서의 최대서비스유율 MSF_i 와 서비스교통량 SF_i 는 다음과 같이 정의된다.

$$MSF_i = c_j \times (v/c)_i \qquad \text{(pcphpl)} \qquad (6.1)$$

$$SF_i = c_j \times (v/c)_i \times N \times f_w \times f_{HV} \qquad \text{(vph)} \qquad (6.2)$$

$$= c_j \times (v/c)_i \times f_w \qquad \text{(pcphpl)} \qquad (6.3)$$

여기서 MSF_i = 이상적인 조건하에서 서비스수준 i에서의 차로당 최대서비스유율(pcphpl)

c_j = 설계속도가 j 인 도로의 이상적인 조건하에서의 차로당 용량(pcphpl)

$c_{120} = 2,300$ pcphpl $c_{100} = 2,200$ pcphpl $c_{80} = 2,000$ pcphpl

SF_i = 실제의 도로 및 교통조건에서 한 방향 N 차로의 i 서비스수준의 서비스 교통량(vph) 또는 차로당 승용차환산 서비스교통량(pcphpl)

$(v/c)_i$ = 서비스수준 i 에서의 최대교통량 대 용량비. 그러므로 $(v/c)_E = 1.0$

N = 고속도로의 한 방향 차로수

f_w = 도로폭과 측방여유폭에 대한 보정계수

f_{HV} = 교통류 내의 중(重)차량에 대한 보정계수

[표 6-2]에 나타난 $(v/c)_i$ 값은 운전자가 느끼는 서비스수준에 따라 적절하게 정의된 값일 뿐, 어떤 정량적인 근거가 있는 것은 아니다. 그러므로 이상적인 조건하에서는 $(v/c)_i$가 MSF_i/c_j이며, 실제 조건하에서의 $(v/c)_i$는 SF_i를 그 조건하에서의 용량, 즉 서비스수준 에서의 서비스교통량 SF_E로 나눈 값을 말하며, 이 두 $(v/c)_i$ 값은 물론 동일하다.

그러나 이와 같이 실제의 도로 및 교통조건을 감안해서 얻은 서비스교통량도 기후 및 노면상태가 좋고 도로구간 내에 교통 장애요인이 없다고 가정했을 때의 값이므로, 실제 조건이 이들과 다를 때는 주어진 서비스수준에서의 서비스교통량은 더욱 적어짐에 유의해야 한다. 또 한 가지 유의해야 할 것은 SF_i의 단위이다. f_{HV}는 차량의 승용차 환산계수와 차종구성비를 이용하여 실제 차량대수를 구하기 위한 계수이므로 식 (6.2)을 이용해서 얻은 SF_i는 승용차환산대수(pcph)가 아니라 그만한 구성비로 중차량이 포함된 실제 차량대수(vph)이다. 그러나 식 (6.3)을 이용해서 SF_i를 구하면 차로당 승용차환산 서비스교통량(pcphpl)이 되어, 경우에 따라서는 이 값을 이용하는 것이 편리할 때가 있다. 물론 이때는 교통량도 차로당 승용차환산단위로 바꾸어 주어야 한다.

서비스교통량을 계산하기 위해서는 차로폭이 3.5 m보다 좁거나 도로변 또는 중앙분리대 안의 장애물이 차로 끝단에서부터 1.5 m 이내에 위치해 있을 때는 보정계수 f_w를 사용하여

최대서비스유율을 보정해야 한다.

1) 도로변 장애물의 영향 보정

보정에 앞서 우선 이러한 물체 또는 방호울타리가 장애물로서의 역할을 하는지를 판단해야 한다. 이러한 장애물은 옹벽처럼 연속적으로 설치되어 있거나 가로등 지주나 교량의 교대처럼 띄엄띄엄 설치되기도 한다. 만약 운전자들이 어떤 장애물에 익숙해진다면 그 장애물이 교통류에 미치는 영향은 무시해도 좋다. 예를 들어 보편적으로 사용되는 방호울타리(가드레일 등과 같은)는 차로로부터 1.5 m 이내에 설치되어 있어도 교통에 거의 영향을 주지 않는다. 이런 종류의 방호울타리에는 고속도로에 많이 사용되는 철근 콘크리트 방호벽이나 W 빔 방호울타리가 있다.

중앙분리대 시설들은 대부분 장애물로서의 영향을 주지 않는다. 그러나 이것이 평면곡선부에서 시거에 장애가 된다면 운행에 영향을 주는 요인이 된다. 보정계수 f_w는 차로폭, 장애물까지의 거리, 고속도로의 차로수, 장애물의 한쪽 또는 양쪽에 설치되어 있는가에 따라 정해진다[표 6-3].

표 6-3 고속도로 기본구간의 차로폭 및 측방여유폭 보정계수(f_w)

장애물까지의 거리(m)	한쪽에만 장애물이 있을 때				양쪽에 장애물이 있을 때*			
	차 로 폭 (m)							
	3.50 이상	3.25	3.00	2.75	3.50 이상	3.25	3.00	2.75
	4차로(편도 2차로)고속도로							
≥1.5	1.00	0.96	0.90	0.80	0.99	0.96	0.90	0.80
1.0	0.98	0.95	0.89	0.79	0.96	0.93	0.87	0.77
0.5	0.97	0.94	0.88	0.79	0.94	0.91	0.86	0.76
0.0	0.90	0.87	0.82	0.73	0.81	0.79	0.74	0.66
	6차로(편도 3차로 이상)인 고속도로							
≥1.5	1.00	0.95	0.88	0.77	0.99	0.95	0.88	0.77
1.0	0.98	0.94	0.87	0.76	0.97	0.93	0.86	0.76
0.5	0.97	0.93	0.87	0.76	0.96	0.92	0.85	0.75
0.0	0.94	0.91	0.85	0.74	0.91	0.87	0.81	0.70

* 양쪽에 장애물이 있는 경우, 장애물까지의 거리는 양쪽 장애물까지 거리의 평균값으로 함.

2) 중차량의 영향 보정

교통류 내에 포함된 중차량의 많고 적음은 교통조건을 크게 변화시키므로 승용차환산계수(passenger car equivalent, pce)를 사용하여 최대서비스유율을 보정해야 한다. 승용차환산계수란 실제의 도로 및 교통조건하에서 승용차 한대가 교통류에 미치는 영향을 1이라 했을 때 한 대의 버스 또는 트럭이 용량에 미치는 영향을 말하는 것으로 일반지형의 경우 이 값은 중차량의 종류와 지형에 따라 달라진다. f_{HV}는 다음과 같은 2단계를 통하여 구한다.

- 조사지역의 도로 및 교통조건에 적합한 중차량의 승용차환산계수 결정.(E_T, E_{HV})[표 6-4, 6-5].
- 이 값과 이들의 차량이 교통류에 포함된 비율(P_T, P_{HV})을 사용하여 중차량 보정계수 f_{HV}를 구한다.

이렇게 구한 보정계수를 교통량에 적용할 때는, 승용차환산대수로 나타낸 교통량에 곱하여 실제 교통량을 얻고, 실제 교통량을 이 값으로 나누어 승용차환산 교통량을 얻는 데 만 사용한다. 그러므로 다른 보정계수와는 그 개념이 다르다는 데 유의해야 한다.

이 책에서는 취급을 하지 않지만 특정한 경사구간의 용량을 분석할 때의 승용차 환산계수는 경사의 크기와 길이 및 중차량의 구성비에 따라서도 이 환산계수가 달라진다.

승용차환산계수는 차종구성뿐만 아니라 지형에도 큰 영향을 받으므로, 일반지형과 특정 경사구간으로 나누어 승용차환산계수를 정의한다. 일반지형은 다시 평지, 구릉지 및 산지로 구분하여 이 환산계수를 적용한다.

3) 지형의 영향

① 일반지형

상향경사, 하향경사, 수평구간을 포함한 긴 도로구간을 하나의 분석단위로 취급한다. 구간 전체에 운행에 심각한 영향을 주는 길거나 급한 경사가 없어야 한다. 일반적으로 한 구간의 종단경사가 3% 이상으로 500 m 이상 지속되는 구간이 포함되어서는 안 된다.

- 평지부(level terrain) : 중차량이 어떠한 경사나 평면선형과 종단선형의 조합에서도 승용차와 거의 같은 속도로 주행할 수 있는 지형으로, 일반적으로 경사가 있더라도 1~2% 정도의 경사를 가진 도로구간만을 포함한다.
- 구릉지(rolling terrain) : 이 지형에서는 중차량이 경사나 평면선형과 종단선형의 어떠한 조합에서 속도가 어느 정도 감소하지만, 상당히 긴 시간 동안 최대 오르막속도 (crawl speed)로 주행하게 되지는 않는다. 이 구간에는 일반적으로 2% 이상 5% 미만의 짧은 경사구간이 포함된다.

• 산지부(mountainous terrain) : 중차량이 경사나 평면선형과 종단선형의 어떠한 조합에서 상당히 긴 구간을 최대 오르막속도로 주행하게 되거나 또는 빈번히 그와 같은 낮은 속도로 주행하게 되는 지형이다. 이 구간에는 일반적으로 5% 이상의 짧은 경사구간이 포함된다.

② 특정경사구간

구간의 종단경사가 2% 이상 3% 미만이면서 경사길이가 1000 m를 넘는 구간과, 종단경사가 3% 이상으로 500 m 이상 되는 구간은 일반지형과는 달리 분석해야 한다. [그림 6-2]는 승용차환산계수를 적용하기 위한 지형 구분을 나타낸 것이다.

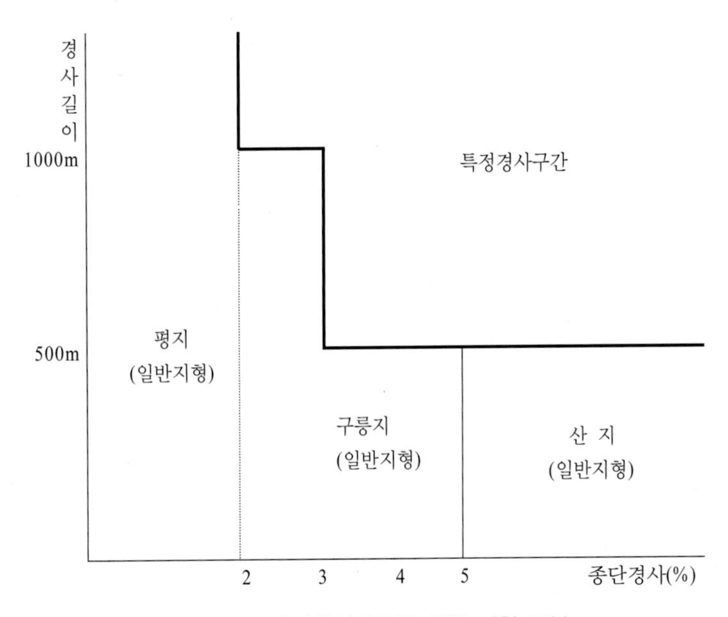

그림 6-2 승용차환산계수를 위한 지형 구분

표 6-4 고속도로 기본구간 중 일반지형의 중차량의 승용차환산계수(E_T)

중차량 종류	지 형		
	평지	구 릉 지	산지
소 형 (2.5톤 미만 트럭, 16인승 미만 승합차)	1.0	1.2	1.5
중 형 (2.5톤 이상 트럭, 16인승 이상 승합차)	1.5	3.0	5.0
대 형 (세미트레일러 또는 풀 트레일러)	2.0		

주: 1) E_{T1}, E_{T2}, E_{T3}= 소형, 중형, 대형 중차량의 승용차환산계수
2) E_{T23}= 중형, 대형 중차량의 통합 승용차 환산계수

표 6-5 고속도로 기본구간 중 특정경사구간의 중차량의 승용차환산계수(E_{HV})

경사 (%)	경사길이 (km)	중 차 량 구 성 비 (%) : P_{HV}					
		≤5	≤10	≤20	≤30	≤40	40 초과
< 2	모든 길이	1.5	1.5	1.5	1.5	1.5	1.5
≥2	≤ 1.5	1.5	1.5	1.5	1.5	1.5	1.5
	≤ 1.8	2.0	2.0	2.0	1.5	1.5	1.5
	≤ 2.5	2.5	2.0	2.0	2.0	2.0	2.0
	> 2.5	3.0	2.5	2.0	2.0	2.0	2.0
≥3	≤ 1.0	1.5	1.5	1.5	1.5	1.5	1.5
	≤ 1.2	2.0	2.0	2.0	1.5	1.5	1.5
	≤ 1.5	3.0	2.5	2.0	2.0	2.0	2.0
	≤ 1.8	3.5	3.0	2.0	2.0	2.0	2.0
	> 1.8	4.0	3.0	2.5	2.0	2.0	2.0
≥4	≤0.5	1.5	1.5	1.5	1.5	1.5	1.5
	≤ 0.8	2.0	2.0	2.0	1.5	1.5	1.5
	≤ 1.0	4.0	3.0	2.5	2.0	2.0	2.0
	≤ 1.5	5.0	4.0	3.0	3.0	2.5	2.0
	>1.5	5.5	4.0	3.5	3.0	3.0	2.5
≥5	≤0.4	1.5	1.5	1.5	1.5	1.5	1.5
	≤0.5	2.0	2.0	2.0	2.0	1.5	1.5
	≤ 0.8	4.0	3.0	2.5	2.0	2.0	2.0
	≤ 1.0	6.0	4.5	4.0	3.0	3.0	2.5
	≤1.5	6.5	5.0	4.0	4.0	3.0	3.0
	>1.5	7.0	5.0	4.5	4.0	3.5	3.0
≥6	≤0.4	2.0	2.0	1.5	1.5	1.5	1.5
	≤0.5	4.0	3.0	2.5	2.0	2.0	2.0
	≤ 0.8	6.0	4.5	4.0	3.0	2.5	2.5
	≤ 1.0	7.5	6.0	5.0	4.5	4.0	3.5
	≤1.5	8.0	6.0	5.5	5.0	4.0	3.5
	> 1.5	8.0	6.5	5.5	5.0	4.0	3.5
≥7	≤0.4	3.0	2.5	2.0	2.0	2.0	2.0
	≤0.5	6.0	5.0	4.0	3.0	2.5	2.0
	≤ 0.8	8.0	6.0	5.0	4.5	4.0	3.5
	≤ 1.0	9.0	7.5	6.5	6.0	5.0	4.0
	> 1.0	9.5	7.5	7.0	6.0	5.0	4.0
≥8	≤0.4	5.0	3.5	3.0	2.0	2.0	2.0
	≤0.5	8.0	6.0	5.5	4.0	4.0	3.5
	≤ 0.8	10.0	8.0	7.0	6.5	5.5	4.5
	≤ 1.0	10.5	9.0	8.0	7.0	5.5	4.5
	> 1.0	11.0	9.0	8.0	7.0	5.5	4.5

주: 1) 보간법 사용
2) 모든 중차량을 동일한 차종으로 간주

[표 6-4]는 고속도로 기본구간 중에서 일반지형의 승용차 환산계수를, [표 6-5]는 특정경사구간의 승용차 환산계수를 나타낸 것이다.

중차량의 구성비와 승용차 환산계수를 알면 다음 공식을 이용하여 중차량 보정계수 f_{HV}를 계산할 수 있다.

• 일반지형

$$f_{HV} = \frac{1}{1 + P_{T1}(E_{T1} - 1) + P_{T2}(E_{T2} - 1) + P_{T3}(E_{T3} - 1)} \quad \text{(평지)} \qquad (6.4)$$

$$f_{HV} = \frac{1}{1 + P_{T1}(E_{T1} - 1) + P_{T23}(E_{T23} - 1)} \quad \text{(구릉지, 산지)} \qquad (6.5)$$

여기서

$E_{T1}, E_{T2}, E_{T3} =$ 소형, 중형, 대형 중차량의 승용차환산계수[표 6-4]

$P_{T1}, P_{T2}, P_{T3} =$ 소형, 중형, 대형 중차량의 구성비

$E_{T23} =$ 중형, 대형 중차량의 통합 승용차환산계수[표 6-4]

$P_{T23} =$ 중형, 대형 중차량의 통합 구성비

• 특정경사구간

$$f_{HV} = \frac{1}{1 + P_{HV}(E_{HV} - 1)} \qquad (6.6)$$

여기서

$P_{HV} =$ 중차량 구성비

$E_{HV} =$ 중차량의 승용차환산계수[표 6-5]

주어진 고속도로의 기본구간을 분석할 때 일반지형으로 분석할 것인가 아니면 특정경사구간으로 취급할 것인가 하는 문제는 분석하는 사람의 판단에 달려 있다. 일반지형으로 분석하기 위해서는 그 구간 내에 전반적인 운행조건에 심하게 영향을 주는 경사구간이 없어야 한다. 그러므로 산지인 지형에서는 급경사 구간의 개별적인 분식은 할 필요가 없으나, 일반적으로 평지구간에서는 이러한 급경사는 개별적으로 분리하여 분석해야 한다.

승용차환산계수는 차량의 종류, 경사의 길이 및 %, 차종구성비에 따라 좌우된다는 것은 앞에서 설명한 바 있다. 중차량이 상향경사를 오를 때 차량속도가 감소함에 따라 그로 인한

영향은 점점 증가한다. 따라서 대부분의 분석에서는 경사구간의 마지막 지점에서의 환산계수를 사용한다. 그러나 경사구간 중간지점이 고려될 수도 있다.

(2) 운영분석

도로조건과 교통조건이 주어지고 서비스수준을 분석하거나 기타 다른 교통류 특성, 즉 밀도와 평균통행속도(고속도로의 경우는 평균주행속도와 같음)를 추정하는 것을 말한다.

이상적 조건이 아닌 상황의 밀도와 속도를 추정할 때는 앞에서 언급한 것과 같이 [그림 6-1]을 이용해서는 안 된다.

교통량이 주어지면 이 값을 첨두15분 교통량으로 환산하기 위하여 PHF로 나누어야 한다. 또 식 (6.3)과 함께 사용하기 위해서는 차로당 pcu로 환산해야 한다. 즉, 첨두15분 교통류율 v_p는

$$v_p = \frac{v}{PHF} \quad \text{(vph)} \tag{6.7}$$

$$= \frac{v}{PHF \times N \times f_{HV}} \quad \text{(pcphpl)} \tag{6.8}$$

이 값을 이용하여 서비스수준을 구하는 방법에는 두 가지가 있다.

① 용량상태의 서비스수준은E이며 $(v/c)_E$는 1.0이므로 식 (6.2) 또는 식 (6.3)을 이용하여 이 도로구간의 용량c 즉, SF_E를 구한다. v_p/c를 계산하여 이 값이 [표 6-2]에 있는 v/c값의 어느 범위 안에 있는지 찾는다. 큰 값을 갖는 서비스수준이 이 도로의 서비스수준이다.

② 식 (6.2) 또는 (6.3)을 이용하여 이 v_p값을 사이에 둔 두 개의 SF_i을 구하면, 큰 값을 갖는 서비스수준이 이 도로의 서비스수준이다.

(3) 종 합

기본구간의 서비스수준을 구하는 절차를 종합 요약하면 다음과 같다.

(1) 분석대상 도로의 도로조건과 교통조건을 명시한다

① 도로조건 : 설계속도, 차로폭, 측방여유폭, 차로수, 지형구분 또는 특정경사구간 등

② 교통조건 : 교통량, 차종 구성비, 첨두시간계수(PHF) 등

(2) 주어진 도로 및 교통조건에 관한 보정계수를 계산한다.

① f_w =차로폭 및 측방여유폭 보정계수[표 6-3]

② f_{HV} =중차량 보정계수

- 일반지형 :
  - 평지, 구릉지, 산지 : [표 6-4] 및 식(6.4), 식(6.5)
- 특정경사구간 : [표 6-5] 및 식(6.6)

(3) 현재 또는 장래 교통량(v)을 첨두15분 교통량(v_p)으로 환산한다.

$$v_p = \frac{v}{PHF} \qquad \text{(vph)}$$

여기서

v_p = 첨두 15분 교통류량

v = 시간당 교통량

PHF = 첨두시간계수(첨두15분 교통량을 한 시간 교통량으로 환산한 교통량에 대한 첨두 한 시간 교통량의 비율)

(4) 주어진 도로 및 교통조건에 대한 용량(c)을 산출한다.

$$c = c_j \times N \times f_w \times f_{HV} \qquad \text{(vph)}$$

$$= c_j \times f_w \qquad \text{(pcphpl)}$$

(5) 교통량 대 용량비(v_p/c)를 계산한다.

(6) [표 6-2]에서 v_p/c에 해당하는 서비스수준을 구한다.

만약 주행속도를 안다면 교통량을 속도로 나누어 밀도를 구할 수 있으나 이 때 교통량은 반드시 한 차로당 교통량이어야 한다.

예제 6.1 설계속도 100 kph인 한 방향 2차로 고속도로의 기본구간에서 한 방향의 첨두시간 교통량이 2,000 vph이고 첨두시간 계수는 0.95이며, 이 중에 소형트럭이 5%, 2.5톤 트럭 이상의 중차량이 20% 포함되어 있다. 차로폭은 3.5 m이며 중앙분리대가 있고 측대의 폭이 1.0 m이나 시거에 제약을 주며, 도로변 갓길의 폭은 2.5 m이다. 지형은 구릉지이고 경사가 4%되는 구간이 있기는 하나 길이가 그다지 길지 않는(500 m 이하) 2 km의 도로구간이다. 서비스수준을 구하고 이때의 밀도와 평균통행속도를 계산하라.

풀이 (1) 분석대상 도로

① 도로조건

- 설계속도 : 100 kph
- 지형 : 구릉지이며, 경사 4%이나 길이가 짧음. 즉 특정경사구간으로 분리해야 할 구간이 없으므로 일반지형으로 분석
- 차로수 : 각 방향 2개 차로
- 차로폭 : 3.5 m
- 장애물 : 시거에 영향을 주는 왼쪽 중앙분리대까지 거리 1.0m이므로 영향을 줌. 우측 갓길폭 2.5m이므로 우측은 장애물 없음.

② 교통조건

- 교통량 : 2,000 vph
- 차종구성 : 소형트럭 5%, 중차량 20%
- PHF : 0.95

(2) 보정계수

① 한쪽에만 장애물 있으며, 거리는 1.0m. 따라서 [표 6-3]에서 $f_w = 0.98$

② [표 6-4]에서 $E_{T1} = 1.2$, $E_{T23} = 3.0$이므로 식 (6.5)에서

$$f_{HV} = \frac{1}{1 + P_{T1}(E_{T1} - 1) + P_{T23}(E_{T23} - 1)}$$

$$= \frac{1}{1 + 0.05(1.2 - 1) + 0.2(3 - 1)} = 0.71$$

(3) 첨두15분 교통량(v_p)으로 환산

$$v_p = \frac{v}{PHF} = \frac{2,000}{0.95} = 2,105\,\text{vph}$$

(4) 용량(c) 계산 : 설계속도 100 kph 때의 $c_j = 2,200\,\text{pcphpl}$이므로

$$c = c_j \times N \times f_w \times f_{HV}$$

$$= 2,200 \times 2 \times 0.98 \times 0.71 = 3,062\,\text{vph}$$

(5) $v_p/c = 2,105/3,062 = 0.69$

(6) 서비스수준 판정 : [표 6-2]

$$(v/c)_C = 0.61 \quad < 0.69 < \quad (v/c)_D = 0.80$$

그러므로 서비스수준 D

(7) 밀도 및 속도 추정

- [표 6-2]를 이용 설계속도 100 kph 때의 $v/c = 0.69$에 해당되는 밀도를 보간법으로 계산하면, 밀도 $= 16.1$ 대/km
- 교통량 = 밀도 × 속도 관계식을 이용
  차로당 교통량 : $2,105/2 = 1,053$ vphpl
  차로당 승용차환산 교통량: $1,053/0.71 = 1,483$ pcphpl
  속도 $= 1,483/16.1 = 92$ kph

6.3 신호교차로의 용량과 서비스수준

신호교차로는 방향이 다른 두 개 이상의 도로가 만나는 곳으로서 교통시스템 중에서 가장 복잡한 지점이다. 따라서 여러 방향의 이동류가 한 지점을 안전하고 효율적으로 통과하기 위해서는 통행권을 순차적으로 할당하는 교통신호가 있어야 한다. 이와 같은 신호시간 운영은 교차로 접근로의 용량과 교차로의 용량, 나아가 교차로 전체의 운영에 많은 영향을 준다.

신호교차로의 용량 및 서비스수준의 분석은 주어지거나 또는 예상되는 조건하에서의 서비스수준을 찾는 데 초점을 맞춘다. 분석은 처음에 각 차로군의 용량과 교통량으로부터 지체를 구하고, 이를 종합하여 한 접근로에 대한 지체와 서비스수준을 구하며, 다시 이를 종합하여 교차로 전체의 지체와 서비스수준을 구한다.

교차로의 용량은 용량 그 자체가 사용되는 경우는 극히 드물며, 대신 v/c비를 계산하는 데 사용된다. 서비스수준을 결정하는 MOE는 차량당 제어지체를 기준으로 하고 있다. 제어지체는 교차로에서 신호운영으로 인한 총지체로서, 감속지체, 정지지체, 가속지체를 합한 접근지체에다 초기 대기행렬로 인한 추가지체를 합한 것이다. 이 초기 대기행렬은 분석기간 이전에 교차로를 다 통과하지 못한 차량들로서, 분석기간 동안 도착한 차량이 이들에 의해 받는 지체를 추가지체라 한다. 이 책에서는 추가지체는 고려하지 않는다.

6.3.1 분석방법

우리나라 도로용량편람에 있는 신호교차로의 분석방법은 미국의 편람과 마찬가지로 대단히 복잡하다. 이렇게 복잡한 이유는 우회전의 직진환산계수 산정과정과 차로군 분류방법이 복잡하기 때문이다.

특히 차로군 분류는 이론적인 접근방법을 택했기 때문에 가능한 모든 경우를 망라했으나, 현실적으로는 발생하기 어려운 경우까지 포함되어 있다. 예를 들어 직좌(直左) 동시신호에서 좌회전 교통량이 현저히 적어 좌회전 현시가 낭비되는 경우, 신호운영을 개선하면 이를 해결할 수 있는데도 불구하고 분석적 기법으로 이런 경우를 찾아내고 또 그에 따라 차로군을 분류하였다. 각 지자체마다 교통전문인들의 활동으로 인해 이러한 비현실적인 경우가 없거나 있더라도 신속히 개선된다고 가정하면 차로군 분류가 매우 쉽게 처리될 수 있다. 원래의 분석과정은 우리나라 도로용량편람을 참고하면 될 것이다.

(1) 분석의 종류 및 분석과정

신호교차로의 분석에 포함되는 요소는 교차로의 기하구조, 교통조건, 신호운영조건, 및 서비스수준이며, 분석의 종류는 운영분석, 설계분석, 계획분석이 있으나, 여기서는 기하구조, 교통조건, 교통운영조건이 주어졌을 때 지체의 크기 및 서비스수준이 어떠한지를 판단하는 운영분석만 다룬다.

분석의 가장 기본이 되는 운영분석은 다음의 5단계를 거친다.

① 입력자료 및 교통량 보정 : 교차로 모양, 교통량 및 교통조건, 신호기에 관한 자료를 정리한다. 교통량을 첨두15분 교통유율로 환산하고, 차로이용율 보정을 하고, 우회전 교통량 보정을 한다.

② 회전차로의 직진환산계수 산정 : 좌회전차로의 U턴, 곡선반경, 차로수에 대한 보정, 우회전 차로의 보행자 방해, 진출입 차량, 버스, 주차활동의 영향에 대한 보정

③ 차로군 분류 : 접근로 부근의 회전차로의 종류와 신호운영에 따라 차로군 편성

④ 포화교통량 산정 : 차로군 내의 회전교통량 비와 직진환산계수를 사용하여 좌·우회전 차로의 보정계수 산정. 차로폭, 경사, 중차량에 대한 보정

⑤ 서비스수준 결정 : 각 차로군의 용량, v/c비를 계산하고 지체를 계산. 연동에 대한 보정을 하고, 서비스수준을 결정. 전체 접근로를 분석하여 교차로 전체에 대하여 종합

[그림 6-3]은 이 과정을 나타낸 흐름도이다.

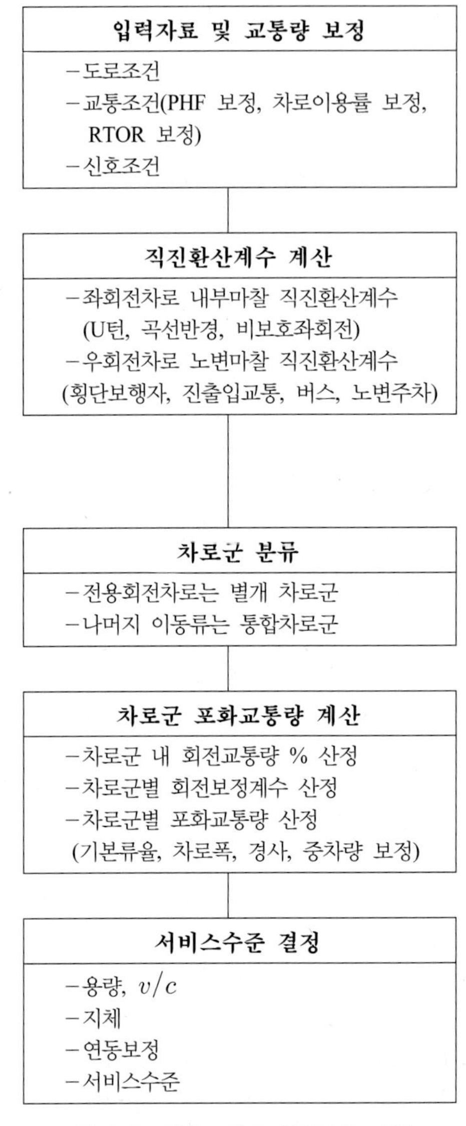

그림 6-3 신호교차로 운영분석 과정

(2) 서비스수준

신호교차로에서 서비스수준의 평가기준으로 사용되는 지체는 운전자의 욕구불만, 불쾌감 및 통행시간의 손실을 나타내는 대표적인 파라미터이다. 특히 이 서비스수준의 기준은 분석기간(보통 첨두15분) 동안의 차량당 평균제어지체로 나타낸다. 이 지체의 크기에 따라 서비스수준을 A, B, C, D, E, F, FF, FFF 등 8개의 등급으로 나타낸다.

차량당 평균제어지체란 분석기간에 도착한 차량들이 교차로에 진입하면서부터 교차로를 벗어나서 제 속도를 낼 때까지 걸린 추가적인 시간손실의 평균값을 말한다. 또 여기에는 분석기간 이전에 교차로를 모두 통과하지 못한 차량으로 인해서 분석기간 동안에 도착한 차량이 받는 추가지체도 포함된다.

평균제어지체는 각 차로군별로 계산되며, 이를 각 접근로별로 종합하고, 또 각 접근로별의 지체를 종합하여 교차로 전체에 대한 평균지체값을 계산한다. 지체는 주기길이, 녹색시간비, 연동형식 및 차로군의 v/c에 의해서 좌우된다.

[표 6-6]은 신호교차로에서 차량당 평균제어지체 값에 해당하는 서비스수준을 나타낸 것이다.

표 6-6 신호교차로의 서비스수준 기준

서비스수준	차량당 제어지체
A	≤ 15초
B	≤ 30초
C	≤ 50초
D	≤ 70초
E	≤ 100초
F	≤ 220초
FF	≤ 340초
FFF	> 340초

1) 서비스수준 A

지체가 15초 이하인 운행상태로서, 양호한 연속진행 신호시스템을 갖는 교차로에서 대부분의 차량들은 녹색시간 동안에 도착하므로 정지함이 없이 진행하게 된다. 이러한 상태는 교통량이 적을 때이므로 신호주기가 짧으면 지체를 줄이는 데 도움이 된다.

2) 서비스수준 B

일반적으로 연속진행 상태가 좋으나 서비스수준 A 때보다 지체가 좀 긴 15~30초의 상태이다. 신호주기도 비교적 짧다.

3) 서비스수준 C

비교적 좋은 연속진행 상태이며 신호주기는 비교적 길다. 이 수준에서는 녹색신호에 도착해도 정지해야 하는 경우가 상당히 많으며 심지어는 그 녹색신호 동안에 교차로를 통과하지 못하는 수도 있다. 지체는 차량당 평균 30~50초 정도이다.

4) 서비스수준 D

상당히 혼잡한 상태로서 부적절한 연속진행시스템, 지나치게 짧거나 긴 주기, 또는 높은 v/c비일 때 발생한다. 많은 차량들이 정지하게 되고, 정지하지 않고 교차로를 통과하는 차량의 비율은 매우 적다. 또 한 주기 이상 기다려도 통과 못하는 차량이 더욱 많아진다. 지체는 차량당 평균 50~70초 정도이다.

5) 서비스수준 E

차량당 평균 70~100초의 지체로 운영되는 상태를 말하며, 이 지체의 범위가 운전자로서 받아들일 수 있는 최대의 지체한계로 생각된다. 이와 같은 상태는 일반적으로 좋지 못한 연속진행상태, 높은 v/c비 및 불합리한 신호시간 때문에 발생하게 되며 한 주기 이상 기다려야 하는 경우가 빈번하다.

6) 서비스수준 F

대부분의 운전자들이 받아들일 수 없는 과도한 지체 상태로서 과포화상태, 즉 도착교통량이 용량을 초과할 때 주로 발생한다. 좋지 못한 연속진행과 불합리한 신호시간이 이러한 상태를 유발하는 주요 원인이 된다. 평균지체는 100~220초 정도이다.

7) 서비스수준 FF

심각한 과포화 상태이다. 교차로를 통과하는 데 평균적으로 2주기 이상 3주기 이내의 시간이 소요된다. 신호시간을 개선한다 하더라도 연속진행이 어려워 서비스수준 F 이상 좋아지기 힘들다. 교통수요를 줄이거나 회전을 금지하거나 교차로의 구조를 개선함으로써 이 상황을 호전시킬 수 있다.

8) 서비스수준 FFF

극도로 혼잡한 상황으로 교차로를 통과하는 데 3주기 이상 소요되는 상태이다. 평상시에는 이와 같은 상황이 거의 발생하지 않으나 상습 정체지역에서 돌발상황이 발생했거나 악천후시 관측될 수 있는 혼잡상황이다.

지체가 복합적인 평가기준이기 때문에 지체와 용량의 관계 또한 복잡하다. [표 6-6]의 서비스수준은 지체의 크기에 따라 운전자들이 느끼는 서비스수준이므로 이를 용량과 1 대 1로 대응시킬 수 있는 것은 아니다. 도로에서는 서비스수준 E상태가 용량 상태라고 정의하고 있으나, 신호교차로에서는 예를 들어 v/c비가 1.0보다 적은 값에서도 지체의 크기는 서비스수준 F를 초과하는 경우도 생길 수 있다.

주어진 어떤 교통량에 대한 지체는 포화교통량, 주기, 녹색시간비 및 연속진행 정도에 따라 좌우된다. 또 v/c비는 포화교통량과 녹색시간비에 의해 영향을 받으므로 v/c비는 지체와 밀접한 관계가 있다. 비록 녹색시간비가 일정하다 하더라도 주기의 길이에 따라 지체가 달라지지만, 흔히들 알고 있는 것처럼 주기가 길다고 해서 지체가 커지고 주기가 짧다고 해서 지체가 작은 것은 아니다. 어떤 교통량에서든지 지체가 최소가 되는 적정주기가 있으며, 이 적정주기는 교통량이나 교통량비(v/s)에 따라 그 크기가 달라진다. 즉 동일한 녹색시간비라 하더라도 주기의 길이가 너무 짧거나 길면 지체는 매우 커진다.

6.3.2 입력자료 및 교통량 보정

분석을 위한 도로, 교통 및 신호조건과 이상적인 조건 간의 차이로 인한 영향을 찾아내기 위해 자료를 정리한다. 신호교차로 접근로의 이상적인 조건이란 ① 평지이며, ② 3 m 이상의 차로폭을 가지며, ③ 모든 교통은 직진하는 승용차이며, ④ 정지선에서 75 m 이내에 버스 및 노상주차가 없으며, ⑤ 정지선에서 60 m 이내에 이면도로의 진출입 차량이 없으며, ⑥ 교차도로를 횡단하는 보행자가 없는 경우이다.

(1) 입력자료

교차로 조건, 교통량 및 신호조건에 관한 자료를 준비한다. 분석대상이 현재의 교차로이면 현장관측으로부터 자료를 얻을 수 있다. 장래의 조건하에서 분석한다면, 예측 또는 제안된 교통량 및 교차로 조건, 신호시간을 사용한다. 장래조건에 대한 분석을 할 때는 현장관측을 할 수가 없기 때문에 합리적인 예측 모형식을 이용해서 많은 변수들의 값을 결정한다. 접근로를 분석할 때에 제시되는 자료는 다음과 같은 종류가 있다.

1) 도로조건

분석하는 접근부의 모든 기하구조를 파악해야 한다. 자료에 포함되어야 항목은 차로수 N, 평균차로폭 w(m), 경사 g(%), 좌·우회전 전용차로 유무 및 차로수, 우회전 도류화 유무, 횡단보도 유무 등이다.

2) 교통조건

분석자료에 포함되어야 할 항목은 분석기간(시간), 이동류별 교통수요 v(vph), 기본포화교통유율 s_o(pcphgpl), 중차량 비율 P_T(%), 순행속도(kph), 횡단보행자수(인/시) 등이다.

조사시간은 분석의 대상이 되는 시간대의 첨두시간 교통량이다. 이때 분석대상이 반드시 첨두시간이 아닌 임의의 시간일 수도 있다. 중차량에 대한 보정은 전체 차로군에 동일하게 적용하며, 횡단보행자는 횡단신호와 함께 우회전을 방해하는 요소로 사용된다.

U턴 교통량(vph), 정지선 상류부 75 m 이내의 버스정차 대수 및 주차활동, 승하차 인원수, 버스베이 유무, 초기 대기차량 대수(대)를 조사한다. 과포화가 일어나는 경우는 각 접근로별, 각 이동류별 교통량을 조사해야 한다. 만약 v/c비가 약 0.9 이상인 경우가 발생하면, 제어지체는 분석기간의 길이에 따라 크게 달라진다. 이 경우, 만약 15분이 넘도록 비교적 일정한 교통유율을 나타내면 그 일정 유율의 시간을 분석기간으로 한다.

만약 분석기간의 v/c비가 1.0을 넘으면, 과포화 상태가 해소될 때까지 분석기간을 연장한다. 또, 이렇게 연장된 분석기간 내에 교통수요의 변동이 심하면, 이 기간을 15분보다 짧은 단위로 여러 개 나누어 각각에 대해서 분석을 한다.

3) 신호조건

분석자료에 포함되어야 항목은 주기 C(초), 차량녹색시간 G(초), 황색시간 Y(초), 좌회전 형태, 상류부 교차로와의 옵셋(초) 등이다.

운영분석에서는 이들의 값이 주어지며, 신호교차로에서 매우 중요한 것이 상류부 교차로와의 연동수준이다. 이 연동수준은 링크의 길이, 순행속도, 주기 및 녹색시간비에 좌우된다.

신호시간을 사용할 때 우리나라에서는 출발지연시간을 2.3초, 진행연장시간을 2.0초로 통일하여 사용하고 있다. 따라서 유효녹색시간은 녹색신호시간보다 0.3초 짧다.

(2) 교통량 보정

분석에 사용되는 교통량은 15분 교통류율이며, 이 교통량이 차로군에 균등하게 분포되지 않아 교통량이 많은 차로의 교통량을 기준으로 한다. 우회전 교통량은 실제 녹색신호를 이용하는 교통량만 고려한다.

1) PHF 보정

분석에 사용되는 교통량은 분석시간대의 교통류율(vph)을 말한다. 분석기간은 보통 첨두 15분이므로 교통량 조사도 15분 단위로 한다. 교통량 조사, 정확히 말하면 교통수요 조사시간은 주기의 배수가 되어야 하며, 이를 15분 교통량으로 환산한다. 예를 들어 주기가 110초일 경우의 교통량은 첨두현상을 보이는 9주기(990초) 동안 조사한 교통량에 900/990를 곱하여 첨두15분(900초)교통류율을 얻는다.

만약 첨두시간당 교통량(통상 첨두 15분이 포함됨)이 주어지는 경우에는 이 값을 첨두시간계수로 나누어 첨두15분 교통류율로 환산해서 사용한다. 즉

$$v_p = \frac{v_H}{PHF} \tag{6.9}$$

여기서 v_P = 첨두15분 교통류율(vph)

v_H = 첨두시간 교통량(vph)

PHF = 첨두시간계수

2) 차로이용률 보정

차로군에서 각 차로 간의 교통량 분포가 일정하지 않아 교통량이 많이 이용하는 차로를 기준으로 분석한다. 따라서 차로당 평균 교통량보다 큰 값을 갖도록 보정을 해 주어야 한다. 보정 교통량을 구하는 공식은 다음과 같으며, 보정계수는 [표 6-7]에 나와 있다.

$$v = v_P \times F_U \tag{6.10}$$

여기서 v =보정된 교통량(vph)

v_P =첨두시간 교통류율(vph)

F_U =차로 이용계수

표 6-7 차로 이용계수

직진의 전용차로수	차로당 평균교통량(vphpl)	
	800 이하	800 초과
1차로	1.00	1.00
2차로	1.02	1.00
3차로	1.10	1.05
4차로 이상	1.15	1.08

3) 우회전교통량 보정

분석의 대상이 되는 교통량은 녹색신호를 사용(소모)하는 것에 국한되므로 적색신호에서 우회전하는(right turn on red, RTOR) 교통량은 분석에서 제외시켜야 한다. 우측차로는 일반

적으로 다른 직진차로보다 넓기 때문에 녹색신호 때 직진 옆으로 우회전하여 빠져나가는 교통량은 분석에 포함되나 뒤에 설명되는 직진환산계수가 그 만큼 적어진다. 정지선 부근에 교통섬으로 도류화된 공용우회전 차로는 일반적으로 차로폭이 넓으므로 이러한 경우가 더 많다.

정지선 부근에 우회전 도류화 시설이 없는 공용 우회전 차로와 도류화된 공용 우회전 차로 및 전용 우회전 차로를 가진 교차로 접근로의 우회전 교통량 보정계수 (F_R)는 [표 6-8]에 나와 있다. 이 계수는 우회전 교통량 중에서 직진신호를 배타적으로 소모하면서(직진차량이 소모하지 않으면서) 우회전하는 교통량의 비율을 나타낸다. 주어진 전체 우회전 교통량에 이 보정계수를 곱하면 분석에 사용되는 우회전 교통량을 얻을 수 있다.

$$v_R = v_{RT} \times F_R \qquad (6.11)$$

여기서 $v_R = RTOR$에 대해서 보정된 우회전 교통량(vph)

v_{RT}=총 우회전 교통량(vph)

F_R=우회전 교통량 보정계수

표 6-8 우회전 교통량 보정계수(F_R)

우회전 차로 구분		$F_R(v_R/v_{RT})$
4갈래 교차로	도류화 안된 공용 우회전 차로 도류화된 공용 우회전 차로	0.5 0.4
3갈래 교차로	전용 우회전 차로 기타 우회전 차로	0.5

6.3.3 회전차로의 직진환산계수 산정

모든 회전차로 및 노변차로는 교통류 내부 및 외부마찰에 의해 이동효율이 감소한다. 내부마찰이란 차량 상호간의 간섭을 말하며, 이로 인해 포화차두시간이 증가하고 포화교통량이 감소하며, 증가된 차두시간을 직진 포화교통류의 차두시간과 비교한 것이 직진환산계수이다.

외부마찰이란 횡단보행자의 간섭, 도로변의 버스정차, 주차활동, 이면도로의 진출입차량으로 인한 포화차두시간의 증가를 말한다. 따라서 좌회전차로는 내부마찰이 거의 대부분이며, 우회전 차로는 내부마찰 및 외부마찰을 같이 받는다. 우회전이 없거나 금지된 접근로의 우측은 외부마찰만 받는다. 이외에 모든 이동류에 공통적으로 작용하는 내부마찰로는 차로폭, 경사 및 중차량에 의한 영향이 있다.

포화교통량은 포화차두시간(saturation headway)으로 나타낼 수도 있다. 따라서 어떤 교통류 또는 차량의 평균 포화차두시간을 기본 포화류율의 포화차두시간으로 나눈 값, 또는 기본 포화류율을 그 교통류의 포화류율로 나눈 값을 그 교통류 또는 그 차량의 평균 직진환산계수(through-car equivalent)라 한다. 예를 들어 도로폭, 경사 및 중차량의 영향을 제외한 내부마찰 및 노변마찰을 받는 어느 회전 이동류의 포화류율이 1,570 pcphgpl이라면, 이 교통류의 평균 직진환산계수는 2,200/1,570 = 1.4이다. 차로폭, 경사 및 중차량의 영향은 직진과 회전 이동류 모두에 공통적으로 적용되므로 이 환산계수에는 변화가 없다.

이 직진환산계수를 사용하면 각 이동류의 교통량을 포화차두시간의 누적으로 나타낼 수 있고, 이를 비교하여 차로군 분류를 할 수 있다.

(1) 좌회전 차로의 직진환산계수(E_L)

좌회전은 좌회전 그 자체의 효율감소 뿐만 아니라 곡선반경과 U턴에 의해 효율이 감소한다. [표 6-9]는 좌회전 자체의 직진환산계수(E_1)를 나타내며, [표 6-10]은 좌회전 곡선반경과 U회전이 좌회전 포화유율에 미치는 영향을 직진환산계수 E_{PU}로 나타내었다. 이 표는 '도로용량편람'의 [표 8-9, 10, 11]을 종합한 것이다.

표 6-9 좌회전 자체의 직진환산계수 (E_1)

좌회전 차로수	좌회전 형태	
	전용 좌회전	공용 좌회전
1	1.00	1.00
2	1.05	1.02

주: 왼쪽 차로가 좌회전 차로라 하더라도 오른쪽 차로가 공용이면 두 차로 모두 공용으로 간주

표 6-10 좌회전 차로의 직진환산계수(E_{PU})

N_L	U% \ 곡선반경	≤9	≤12	≤15	≤18	≤20	>20
1	0[3]	1.14	1.11	1.09	1.06	1.05	1.00
	10	1.38	1.34	1.32	1.28	1.27	1.21
	20	1.58	1.54	1.52	1.47	1.46	1.39
	30	1.87	1.82	1.79	1.74	1.72	1.64
	40	2.25	2.19	2.15	2.09	2.07	1.97
	50	2.91	2.83	2.78	2.70	2.68	2.55
2	0[3]	1.14	1.11	1.09	1.06	1.05	1.00
	10	1.33	1.30	1.28	1.24	1.23	1.17
	20	1.48	1.44	1.42	1.38	1.37	1.30
	30	1.69	1.64	1.61	1.57	1.55	1.48

주: 1) U턴 %는 U턴과 좌회전 교통량의 합에 대한 U턴 교통량으로 U%에 대해서는 보간법 적용
2) N_L은 좌회전 차로수
3) U턴 전용차로가 있는 경우는 U턴 %는 0

따라서 좌회전 차로의 종합직진환산계수는 다음과 같이 나타낼 수 있다.

$$E_L = E_1 \times E_{PU} \tag{6.12}$$

공용 좌회전차로가 둘 이상 일 때는 좌측의 차로는 전용좌회전차로일 수밖에 없다. 그러므로 이때도 공용좌회전으로 분류한다. 또 U턴 전용차로가 있는 접근로에서는 좌회전이 U턴의 영향을 받지 않는다. 여기서 유의할 것은 U턴은 다른 이동류와는 다른 신호에서 진행하고 또 그것이 신호시간에 영향을 주지는 않으며, 또 그것이 좌회전에 미치는 영향은 좌회전의 직진환산계수로 반영되었기 때문에 U턴 자체의 교통량은 분석에서 제외된다.

비보호좌회전의 직진환산계수는 이 책에서 취급하지 않는다.

(2) 우회전차로의 직진환산계수(E_R)

우회전차로를 이용하는 차량들은 우회전차량 자체에 의한 영향이나 교차도로를 횡단하는 보행자에 의한 방해 이외에도 버스에 의한 방해, 주차에 의한 방해, 진출입차량에 의한 방해를 받는다. 이들의 영향은 차두시간의 증가로 계산되고, 이를 합산(合算)하여 하나의 우회전 직진환산계수로 나타낸다.

이 차로를 이용하는 직진은 인접한 직진차로보다 여건이 좋거나 같아야 이 차로를 이용한다. 더욱이 그 구성비가 도로조건과 교통조건에 따라 수시로 변하므로 노변마찰의 영향을 우회전 또는 직진에 구분하여 적용하기 어렵다. 그러므로 이 노변마찰을 우회전 차량만 받는다고 가정하고, 이때의 영향을 직진환산계수 E_R로 나타낸다.

1) 우회전 자체의 직진환산계수

우회전차로가 이상적인 도로 및 교통조건을 가질 때, 포화된 우회전의 교통류율은 직진차량이 정지선을 벗어날 때와 마찬가지로 우회전차량이 우회전차로를 포화상태로 벗어날 때의 평균 최소차두시간을 측정함으로써 얻을 수 있다. 우회전의 포화교통유율은 우회전의 곡선반경에 따라 다소 차이가 있으나, 도시부 도로의 일반적인 교차로의 우회전 곡선반경에서 자유로운 우회전 상태의 기본 포화교통유율 s_{Ro}는 1,900 pcphgpl의 값을 갖는다. 따라서 우회전 자체의 내부마찰에 의한 직진환산계수는 2,200/1,900 =1.16으로 일정한 값을 갖는다.

2) 진출입 교통의 영향

교차로 정지선에서 60 m 이내의 이면도로에서의 진출입 차량은 지체를 유발하나, 그 영향은 다른 요인에 비해 크지 않다. 이 영향은 다음과 같은 수식으로 계산할 수 있다.

$$E_{dw} = 0.2 \times \frac{v_{dw}}{v_R} \tag{6.13}$$

여기서 v_{dw} = 이면도로 진출입 교통량(vph)의 합

v_R= 우회전 교통량

3) 버스 및 노상주차로 인한 영향

버스승하차 및 주차활동에 의한 영향을 고려한 직진환산계수는 [표 6-11] 및 [표 6-12]에 나타나 있다.

표 6-11 버스정차로 인한 노변마찰의 직진환산계수(E_b)

v_a / v_b / v_R	버스베이 없음												버스베이 있음			
	적 음				보 통				많 음							
	10	100	200	300	10	100	200	300	10	100	200	300	10	100	200	300
50	0.2	1.7	3.3	5.0	0.2	2.4	4.7	7.0	0.4	3.5	7.0	10.5	0	0.2	0.4	0.6
100	0.1	0.8	1.7	2.5	0.1	1.1	2.4	3.5	0.2	1.8	3.5	5.3	0	0.1	0.2	0.3
150	0.1	0.6	1.1	1.6	0.1	0.8	1.6	2.4	0.1	1.2	2.3	3.5	0	0.1	0.1	0.2
200	0	0.4	0.8	1.2	0.1	0.6	1.2	1.8	0.1	0.9	1.8	2.6	0	0.1	0.1	0.2
250	0	0.3	0.7	1.0	0	0.5	0.9	1.4	0.1	0.7	1.4	2.1	0	0	0.1	0.1
300	0	0.3	0.6	0.8	0	0.4	0.8	1.2	0.1	0.6	1.2	1.8	0	0	0.1	0.1

주: 보간법을 사용할 것

v_R : 우회전 교통량(vph)

v_b : 시간당 버스정차대수

v_a : 승하차 인원

적음: 버스이용객 적음. 일반적인 주택지역(승차 4인 이하, 하차 7인 이하)

보통: 버스이용객 중간. 일반적 업무지구, 상업지구, 전철역 주변(승차 5~8인, 하차 8~12인)

많음: 버스이용객 많음. 시장, 백화점, 버스터미널, 주요 전철역 환승지점(승차 9인 이상, 하차 15인 이상)

표 6-12 주차활동으로 인한 노변마찰의 직진환산계수(E_p)

우회전 교통량(vph) \ 주차활동	주차금지	시간당 주차대수(vph)				
		0	10	20	30	40
50	0	1.3	2.0	2.6	3.3	4.0
100		0.7	1.0	1.3	1.7	2.0
150		0.4	0.7	0.9	1.1	1.3
200		0.3	0.5	0.7	0.8	1.0
250		0.3	0.4	0.5	0.7	0.8
300		0.2	0.3	0.4	0.6	0.7

주: 보간법을 사용할 것

4) 횡단보행자로 인한 영향

도류화 되어 있지 않은 공용 우회전차로에서는 녹색신호 때 우회전차량이 회전한 후 교차도로의 보행자에 의해 진행이 차단되어 직진 및 우회전의 진행이 방해를 받는다. 이때 첫 우회선차량 앞에 도착한 직진은 녹색신호를 이용하므로, 횡단보행자로 인해 이 차로가 이용할 수 없는 시간은 실제 차단시간보다 짧다. 반면에 도류화된 공용 우회전차로의 경우, 횡단보도가 교통섬에 연결되어 있으면 우회전이 횡단보행자에 의해 거의 차단(遮斷)되지 않는다. 뿐만 아니라 녹색신호에서 직진은 정지선에서 우회전은 도류화된 경로(經路)로 동시에 진행이 가능하므로 직진환산계수가 줄어든다. 그러나 교차도로의 횡단보도가 교통섬을 지나 있으면 도류화가 되어 있지 않은 경우와 같다. 교차도로의 횡단보행자로 인한 노변마찰의 직진환산계수 E_c는 [표 6-13]에 나타나 있다.

표 6-13 교차도로의 횡단보행자로 인한 노변마찰의 직진환산계수(E_c)

우회전 교통량 (v_R)	횡단보행자 수(시간당 양방향)					
	0	500	1000	2000	3000	3000 이상
50	0	2.4	5.5	7.6	8.7	9.7
100	0	1.2	2.7	3.8	4.3	4.8
150	0	0.8	1.8	2.5	2.9	3.2
200	0	0.6	1.4	1.9	2.1	2.4
250	0	0.4	1.1	1.5	1.7	1.9
300	0	0.4	0.9	1.2	1.4	1.6

주: 보간법을 사용할 것

주: 이 책에서는 '도로용량편람'의 복잡한 방법과는 달리 표를 이용하여 우회전 직진환산계수를 구하는 방법을 제시하였다. 또 횡단보행자의 영향을 나타내는 '편람'의 [표 8-13]에서 계수 간의 간격이 크기 때문에 보간법을 사용하지 않으면 최종결과에서 20초 이상의 차이를 만들 수도 있다.

따라서 우회전차량의 직진환산계수 E_R은 다음과 같다. 이러한 직진환산계수는 교차로의 형태에 따라 선별적으로 적용할 수 있다. 예를 들어 교차로가 도류화되어 교차도로의 횡단보행자에 의한 영향이 없을 때는 E_c가 0이 된다. 버스정차나 주차활동도 마찬가지이다.

$$E_R = 1.16 + E_{dw} + E_b + E_p + E_c \quad \text{(도류화 안된 공용우회전 차로)} \quad (6.14)$$

$$= 1.16 + E_{dw} + E_b + E_p \quad \text{(도류화된 공용우회전 차로)} \quad (6.15)$$

여기서 E_{dw} = 정지선 뒤 60m 이내의 진출입 차량으로 인한 우회전의 직진환산계수
E_b = 정지선 뒤 75m 이내의 버스정차로 인한 우회전의 직진환산계수
E_p = 정지선 뒤 75m 이내의 주차활동으로 인한 우회전의 직진환산계수
E_c = 교차도로의 횡단보행자로 인한 우회전의 직진환산계수

6.3.4 차로군 분류

신호교차로 용량분석은 접근로별, 차로군(車路群, lane group)별로 구분해 실시한다. 전용좌회전차로가 있는 경우는 좌회전차로군과 직진차로군을 구분해서 분석하면 되지만, 공용좌회전의 경우는 분석을 위한 차로군 분류방법이 매우 복잡하다. 왜냐하면 좌회전의 교통량과 직진 교통량의 크기에 따라 분석방법이 달라지기 때문이다.

우회전에 대해서도 같은 원리를 적용한다.

(1) KHCM의 차로군 분류의 개념

공용좌회전 차로가 있으면 직·좌 동시신호이어야 한다. 이때 직진의 차로당 혼잡도가 좌회전의 차로당 혼잡도보다 크면 직진이 공용좌회전 차로를 이용하므로 혼잡도의 평형을 이룬다. 반대로 직진보다 공용좌회전차로의 혼잡도가 크면 좌회전이 직진차로를 이용할 수 없으므로 그 차로는 실질적 좌회전 전용차로군(de facto left turn lane group)이 되어 직진과 다른 혼잡도를 갖는 별도의 차로군을 이룬다. 여기서 혼잡도란 v/c 또는 v/s로 생각해도 좋다.

전용 좌회전차로의 유무에 상관없이 우회전의 경우도 마찬가지이다. 직진과 우회전차로가 통합되어 한 차로군이 되는 경우와, 우회전 교통량이 많아 실질적 전용 우회전차로가 되는 경우가 있으나 우회전 교통량이 많아 실질적 전용우회전이 되는 경우는 극히 드물다.

직·좌 공용차로 좌측에 좌회전 전용차로가 있는 경우는 두 차로 모두 공용 좌회전차로로

간주한다. 그 이유는, 좌회전이 가능한 두 차로가 직·좌 동시현시에 진행을 하며, 두 차로 간에 평형상태를 유지하려는 경향이 있기 때문이다. 즉 전용 좌회전차로에서처럼 일정한 좌회전 교통량만 이용하는 것이 아니라 직진 교통량의 많고 적음에 따라 이 두 차로를 이용하는 좌회전 교통량의 상대적 크기가 변하여 인접차로와 평형상태를 유지하려는 경향이 있기 때문이다.

우리나라 '도로용량편람'의 차로군 분류방법을 정리하면 다음과 같다. 이중에서도 ③, ④, ⑤과정은 수리적 계산으로 판별해야 하기 때문에 대단히 복잡하다.

① 좌회전 전용차로는 별개의 차로군으로 분석한다. 설사 동시신호로 운영된다 하더라도 이 차로의 혼잡도와 인접한 직진차로의 혼잡도가 같을 수가 없기 때문이다.
② 접근로 차로수(전용 좌회전차로 제외)가 1개이면 그 한 차로는 하나의 차로군을 이룬다.
③ 좌회전 공용차로가 1개 있는 경우, 직진과 공용차로가 평형상태인지, 아니면 좌회전 교통량이 많아(이 차로의 혼잡도가 직진차로의 그것보다 많아) 좌회전 전용차로처럼 운영되는지를 결정해야 한다.
④ 좌회전 전용차로가 공용차로와 함께 있는 경우는 공용차로로 간주한다. 이때는 좌회전 차로, 공용차로, 및 직진차로가 평형상태를 나타내는 경우와 두 개의 좌회전차로가 실질적 좌회전 전용차로가 되는 경우를 판별해야 한다.
⑤ 극히 드문 경우지만 우회전 전용차로가 있는 경우는 좌회전 전용차로의 경우와 같은 방법으로 해석을 하며, 직진과 우회전의 공용차로에서도 그 차로가 평형상태인지, 아니면 우회전 교통량이 많아 우회전 전용차로처럼 운영되는지를 결정해야 한다.

(2) 간편 분류법

공용좌회전차로가 있으면 신호는 직·좌 동시신호로 운영되어야 한다. 이때 좌회전교통량이 많으면 실질적 좌회전 전용차로군이 형성되지만 이런 경우는 신호운영의 비효율성 때문에 신호현시를 즉각적으로 개선해야 하는, 실제 현장에서는 보기 드문 교차로이다. 더욱이 분석기간 15분 내내 이런 상황으로 운영되는 교차로는 아마도 없을 것이다.

주: 공용좌회전차로를 가진 접근로에서 좌회전의 혼잡도(v/s)가 직진의 혼잡도보다 5% 이상 크지 않다면 간편분류법을 사용하더라도 '도로용량편람' 방법과 결과상의 차이를 보이지 않는다. 만약 인접한 직진차로군의 혼잡도보다 10% 정도 클 경우, 통합차로군으로 분석하면 지체값이 3% 정도 적게 계산된다. 이 10%의 차이는 신호운영에서 매우 큰 비효율을 의미하므로 현장에서 이러한 교차로는 발견할 수 없을 것이다. 우리나라 '도로용량편람'의 차로군분류 방법은 저자가 개발한 것으로서 이론적이지만 너무 비현실적인 조건까지 포함하고 있어 이 조건을 제거하면 분석방법이 매우 간편해지며, 최종적인 지체값도 거의 차이가 없다.

우회전도 마찬가지로 직진과 함께 통합차로군에 포함된다. 특히 우회전은 RTOR과 같이 분석 신호시간이 아닌 시간에 우회전 하는 차량이 많으므로 이런 교통량은 분석에서 제외시켜야 한다. 따라서 우회전이 직진보다 혼잡도가 높아 실질적 전용우회전차로군(de facto right turn lane group)을 만드는 경우는 거의 없다. 그러나 전용 우회전차로는 있을 수 있으므로 이때는 전용좌회전 차로와 같은 방법으로 다룬다.

그러므로 통상적인 조건을 고려하여 이 책에서 채택한 차로군 분류 방법은 다음과 같다.

"전용 좌회전 또는 전용 우회전차로는 각각 별도의 차로군을 이룬다. 또 공용좌회전 또는 공용우회전 이동류는 직진과 함께 통합차로군을 형성한다."

6.3.5 차로군 포화교통량 산정

차로군의 포화교통량은 기본포화교통량에 차로군별 회전보정계수(f_L, f_R, f_{LTR})를 곱하고, 차로폭과 경사 및 중차량 보정계수를 곱하여 얻는다.

(1) 차로군별 회전교통량 비율(P_L, P_R)

전용 좌회전차로가 있는 접근로는 좌회전 차로군과 직진과 우회전의 통합 차로군으로 구성되며, 공용 좌회전차로가 있는 접근로는 모든 이동류가 하나의 통합 차로군으로 묶인다. 드문 경우이지만, 전용 우회전차로가 있는 접근로는 우회전 차로군과 직진 및 좌회전 차로군으로 구성된다. 이러한 각 차로군에서 좌회전 교통량 비율을 P_L, 우회전 교통량 비율을 P_R로 나타낸다. 이를 종합하면

① 전용좌회전 차로가 있는 접근로 : $P_L = 1.0 \qquad P_R = \dfrac{v_R}{v_{Th} + v_R}$ (6.16)

② 공용좌회전 차로가 있는 접근로(통합차로군) : $P_L = \dfrac{v_L}{v_T} \qquad P_R = \dfrac{v_R}{v_T}$ (6.17)

③ 전용우회전 차로가 있는 접근로 : $P_L = \dfrac{v_L}{v_{Th} + v_L} \qquad P_R = 1.0$ (6.18)

여기서 P_L = 좌회전 교통량 비율

P_R = 우회전 교통량 비율

v_{Th} = 전체 직진교통량(vph)

v_L= 좌회전 교통량(vph)

v_R= 우회전 교통량(vph)

v_T= 직진·좌회전·우회전 통합차로군에서 접근로의 총 교통량(vph)

(2) 차로군별 회전 보정계수(f_L, f_R, f_{LTR})

기본 포화교통류율에 적용하는 최종적인 보정계수는 앞에서 언급한 회전교통량의 비율 P와 회전교통류의 직진환산계수 E를 이용하여 다음 기본식으로부터 얻을 수 있다.

$$f = \frac{1}{1 + P(E-1)} \tag{6.19}$$

① 전용좌회전 차로가 있는 접근로 : $f_L = \dfrac{1}{E_L}$ $f_R = \dfrac{1}{1+P_R(E_R-1)}$ (6.20)

② 공용좌회전 차로가 있는 접근로 : $f_{LTR} = \dfrac{1}{1+P_L(E_L-1)+P_R(E_R-1)}$ (6.21)

③ 전용우회전 차로가 있는 접근로 : $f_L = \dfrac{1}{1+P_L(E_L-1)}$ $f_R = \dfrac{1}{E_R}$ (6.22)

여기서 f_L=좌회전 보정계수

f_R=우회전 보정계수

f_{LTR}=좌·직진·우회전의 통합차로군 보정계수

E_L=좌회전의 직진환산계수

E_R=우회전의 직진환산계수

(3) 차로군 포화교통류율 산정

포화교통류율 또는 포화교통량은 차로군 또는 어떤 접근로가 유효녹색시간의 100%를 모두 사용한다는 가정하에서 통상적인 도로 및 교통조건하에서 어떤 접근로 또는 차로를 이용하는 최대교통량을 말한다. 따라서 포화교통량 s는 유효녹색 시간당 차량대수로 나타낸다.

포화교통류율은 조사지점마다 각각의 조건이 다르기 때문에 일정하지 않다. 따라서 분석에 사용할 포화교통류율을 직접 현장에서 조사하는 것이 바람직하지만, 이는 어디까지나 현재의 주어진 도로조건과 교통조건에서의 운영분석에서만 타당성을 갖는 것이다. 장래의 도로 및 교통조건에서의 운영분석 또는 설계분석 및 계획분석 등 많은 부분에서는 합리적인

절차에 따라 다음과 같은 공식을 이용하여 계산된 포화교통류율 값을 사용한다.

$$s_i = s_o \times N_i \times f_L \text{ (또는 } f_R,\ f_{LTR}) \times f_w \times f_g \times f_{HV} \qquad (6.23)$$

여기서 s_i= 차로군 i 의 포화교통류율(vphg)

s_o= 기본포화교통류율(2,200 pcphgpl)

N_i= i 차로군의 차로수

f_w= 차로폭 보정계수

f_g= 접근로 경사 보정계수

f_{HV}= 중차량 보정계수

1) 기본 포화교통류율(s_o)

기본 포화교통류율은 이상적인 조건을 갖는 지점에서의 포화교통류율로서, 다양한 조건에서의 포화교통류율의 기본이 되며 실제조건에 맞는 포화교통류은 이 기본 포화교통류율에 각종 제약 조건에 따른 감소계수, 즉 보정계수를 적용하여 얻는다.

이 값은 전국 어디서나 적용할 수 있는 공간적인 범용성을 가지며, 동일한 조건하에서 빈번히 도달되는 반복성을 갖는다. 따라서 어느 특정한 곳에서 특별한 시간대에 실제 현장관측치가 매우 높은 값을 나타낼 수도 있으나, 이 장에서는 이상적인 조건 하에서의 기본 포화교통류율로 2,200 pcphgpl(passenger car per hour of green per lane)의 값을 사용한다.

도로폭, 경사 및 중차량은 교통류의 차두시간을 증가시키는 내부마찰의 일종이다. 그러나 이들은 회전 이동류뿐만 아니라 직진 이동류에도 다 같이 적용되므로, 직진환산계수로 나타낼 필요가 없다. 다만 포화교통량 계산에만 사용된다.

2) 차로폭 보정계수(f_w)

이동류의 포화교통류율은 차로폭에 영향을 받는다. 즉, 차로의 폭이 좁을 경우 옆 차로 또는 옆 이동류에 의해 진행에 방해를 받거나 심리적인 위축감을 느끼게 되므로 포화교통류율이 줄어든다. 반대로 차로폭이 지나치게 넓어 정지선에서 두 개의 차로로 이용되는 경우 차량의 통과율이 커지지만 차량 상호 간의 상충이 증가하고 안전상의 문제가 발생할 수 있다.

이러한 차로폭에 의한 포화교통류율의 감소효과는 다음 [표 6-14]와 같다. 차로군 내의 차로폭이 서로 다를 때는 이들의 평균값을 사용한다.

표 6-14 차로폭 보정계수 (f_w)

차로폭(m)	≤2.6	≤2.9	≥3.0
f_w	0.88	0.94	1.00

3) 경사 보정계수(f_g)

신호교차로의 접근부의 경사도 포화교통류율에 영향을 미치는 것으로 알려져 있다. 접근부 정지선방향이 상향경사인 경우 포화교통류율이 감소하며, 하향경사인 경우는 평지와 변함이 없다. 교차로의 경사를 측정할 때는 접근부 근처에서 조사한 경사의 평균값을 사용한다. 경사에 따른 보정계수는 [표 6-15]와 같다.

표 6-15 경사 보정계수 (f_g)

경사(%)	≤0	+3	≥+6
f_g	1.00	0.96	0.93

주: 보간법을 사용할 것

4) 중차량 보정계수(f_{HV})

기본 포화교통류율은 소형차(승용차)를 기준으로 하지만 실제 교통류는 각종 차량이 혼합되어 있어 이를 중차량 보정계수로 보정하여 포화교통류율을 실 교통량과 같은 단위로 산정한다. 즉, 중차량 보정계수는 실교통량으로 조사된 교통량을 직접 이용하기 위하여 포화교통류율을 보정하는 보정계수이다.

각 이동류별로 이 값이 다를 수 있으나 차로군별로 분석을 하기 때문에 접근로 전체에 대하여 단일 보정계수를 사용한다. 이 보정계수는 승용차 이외의 모든 중차량의 혼입률을 고려한 평균 승용차환산계수 1.8을 사용하여 다음의 관계식에 의해 계산된다.

$$f_{HV} = \frac{1}{1 + P(E_{HV} - 1)} = \frac{1}{1 + 0.8P} \tag{6.24}$$

여기서 f_{HV}= 중차량 보정계수

P= 중차량의 실교통량에 대한 혼입비율

E_{HV}= 중차량 승용차환산계수(=1.8)

6.3.6 서비스수준 결정

신호교차로에서 접근로의 용량은 차로군별로 구한다. 이 용량은 각 차로군의 v/c비와 지체 및 서비스수준을 구하거나, 차로군의 지체를 교통량에 관해서 가중평균하여 그 접근로, 나아가 교차로 전체의 평균지체 및 서비스수준을 구하기 위해 사용된다. 따라서 한 접근로 내의 차로군별 용량을 합하여 그 접근로의 용량으로 생각하는 것은 서로 다른 이동류의 용량을 합하는 것이므로 의미가 없다.

어느 차로군에 대한 녹색신호시간과 용량, 포화교통류율 및 교통량비(v/s), 포화도(v/c) 등에 관한 관계는 제3장에 잘 설명되어있다.

(1) 차로군의 교통량비(v/s) 및 주차로군

각 차로군의 교통량비(v/s)는 교통량을 포화교통량으로 나눈 값을 말한다. 한 현시에 진행하는 몇개 차로군의 v/s중에서 이 값의 크기가 가장 큰 차로군을 그 현시의 주차로군(critical lane group)이라 한다. 각 현시의 주차로군의 v/s비의 합은 적정 신호주기를 계산하거나, 신호현시가 주어질 경우 교차로 전체의 v/c비 즉, 임계v/c비를 구하는 데 사용된다.

교통량비는 신호시간과는 무관하므로 이 값으로 어느 차로군의 혼잡 여부를 판단할 수는 없다. 제3장의 식(3.24)에서 보는 바와 같이 이 값을 유효녹색시간비(g/C)로 나누면, 다음에 설명하는 v/c비를 얻을 수 있으므로, g/C이 주어지면 혼잡도를 얻을 수 있다. 따라서 적정 신호시간을 설계할 경우, 각 현시의 주차로군 v/s비에 비례하여 녹색신호시간을 할당함으로써 모든 현시의 주차로군이 동일한 v/c를 갖도록 한다.

(2) 용량, 포화도(v/c) 및 임계v/c비

각 차로군의 용량은 포화교통량에 유효녹색시간비를 곱해서 구한다. 또 각 차로군의 포화도는 그 차로군의 실질적 혼잡도를 나타내는 것으로서, 교통량을 용량으로 나눈 값이다.

신호교차로에서는 주차로군이 중요하며, 이 차로군이 그 현시의 녹색시간 길이를 좌우한다. 이상적인 신호시간에서는 각 현시의 주차로군의 v/c비가 같다.

신호교차로 전체의 용량개념은 의미가 없으므로 사용하지 않는다. 대신 교차로 전체의 v/c비를 나타내기 위해서는 앞에서 언급한 임계v/c비란 개념을 사용한다. 이 값은 X_c로 나타내며 식 (6.25)와 같이 구한다. 이 값은 주기가 주어졌을 때 현시계획의 적절성을 나타내기도 하며, 이 값을 가장 적게 하는 현시계획이 가장 좋다.

$$X_c = \frac{C}{C-L} \times \sum_j (v/s)_j \tag{6.25}$$

여기서 X_c= 임계v/c비

$\sum_j (v/s)_j$=각 현시 주차로 군의 교통량비의 합

C= 신호주기(초)

L=매 주기당 총 손실시간(초)

이 값은 교차로 전체의 운영상태를 나타내는 것은 아니다. 예를 들어 임계v/c비가 1.0보다 적더라도 신호현시가 부적절하면 교차로의 운영상태가 매우 나쁠 수 있다.

(3) 지체 계산 및 연동계수 적용

여기서의 지체는 분석기간 동안에 도착한 차량에 대한 평균제어지체를 말하며, 여기에는 분석기간 이전의 해소되시 않은 잔여차량에 의해 야기되는 지체도 포함하여 접근부의 감속지체 및 정지지체, 출발 시의 가속지체를 모두 합한 접근지체를 말한다.

어느 차로군의 차량당 평균제어지체는 균일지체, 증분지체 및 추가지체로 구성되며, 이를 계산하는 방법은 다음과 같다. 즉

$$d = d_1(PF) + d_2 + d_3 \tag{6.26}$$

여기서 d=차량당 평균제어지체(초/대)

d_1=균일 제어지체(초/대)

PF=신호연동에 의한 연동계수

d_2=임의도착과 과포화를 나타내는 증분지체로서, 분석기간 바로 앞 주기 끝에 잔여차량이 없다고 가정(초/대)

d_3=분석기간 이전의 잔여 대기차량에 의해 분석기간에 도착하는 차량이 받는 추가지체(초/대)

그러나 이 책에서는 분석기간 이전의 대기차량은 없다고 가정하여 추가지체는 고려하지 않는다. 만약 이를 고려하고자 한다면 '도로용량편람'을 참고하면 될 것이다.

1) 균일지체(uniform delay)

앞에서 언급한 바와 같이 주어진 교통량이 교차로에 일정한 차두간격으로 도착하고 일

정한 유율로 방출된다고 가정할 때, 초기 대기차량이 없는 경우 차량당 평균지체는 대기행렬 이론에서 다음과 같은 확정모형으로 나타낼 수 있다.

$$d_1 = \frac{0.5C\left(1-\frac{g}{C}\right)^2}{1-\left[\min(1,X)\frac{g}{C}\right]} \tag{6.27}$$

여기서 C= 주기(초)

g=해당 차로군에 할당된 유효 녹색시간(초). 유효녹색시간은 녹색시간에서 0.3초를 뺀 값을 사용(3.3.2절 참조)

X=해당 차로군의 포화도

2) 증분지체(incremental delay)

증분지체는 임의도착(random arrival)하고 일정한 유율로 방출될 때 발생하는 임의지체(random delay)와 분석기간 내에서 몇몇 주기과포화현상(cycle failure)에 의한 과포화지체(overflow delay)를 포함한다. 그러나 분석기간 동안 해소가 되고 분석기간의 시작과 끝에는 잔여 대기행렬이 없는 상태이다. 증분지체는 대기행렬 이론으로도 구할 수 있으나, X가 1.0보다 큰 값을 가질 경우를 계산할 수 없어 미국 HCM에서 사용하는 아래 식을 사용한다. 이 식에 의하면 같은 v/c비라 할지라도 용량에 따라 증분지체가 크게 변한다.

$$d_2 = 900T\left[(X-1)+\sqrt{(X-1)^2+\frac{4X}{cT}}\right] \tag{6.28}$$

여기서 T= 분석기간 길이(시간)

X= 분석기간 중의 해당 차로군의 포화도

c= 분석기간 중의 해당 차로군의 용량(vph)

공용좌회전의 경우는 좌회전이 직진(전용)차로를 이용할 수 없고 직진은 좌회전차로를 이용할 수 있으므로 선택의 기회가 다르고 용량이 달라 같은 포화도라 할지라도 증분지체가 다르다. 따라서 이 둘을 분리해서 계산한다.

3) 연동계수(PF)

신호교차로에서의 지체는 연속적인 차량의 흐름이 어느 정도 원활한가에 의해 크게 좌우된다. 가령 도착교통량이 거의 용량에 도달할 정도로 많아도 교통류가 연속적으로 잘 진행하도록 신호의 연동이 잘 맞추어진 경우 개별차량이 느끼는 지체는 그다지 크지 않으며, 반대로 도착교통량이 용량에 훨씬 못 미치더라도 교차로 간의 신호연동이 좋지 않은 경우 개별차량이 받는 지체는 매우 클 수가 있다. 특히 연동효과는 앞에서 설명한 균일지체에 가장 크게 작용하므로 연동계수는 균일지체에만 적용된다.

정주기신호 시스템에서 연동방향의 접근로에서 발생하는 지체는 연동의 효율에 크게 영향을 받는다. 특히 연동효과는 앞에서 설명한 균일지체에 가장 크게 작용하므로 연동계수는 균일지체에만 적용된다.

이 연동계수는 연동의 효과를 나타내는 모든 차로군에 대해서 적용한다. 정확히 말하면, 연동의 주된 대상이 되는 차로군(주로 직진)과 동일한 신호현시에 진행하는 모든 차로군은 그것들이 같은 차로군이든 다른 차로군이든 상관없이 같은 연동계수가 적용된다. 따라서 동시신호의 경우 모든 차로군이 동시에 진행하므로 모두 같은 연동계수를 적용한다. 만약 직진교통을 연동시킬 때, 좌회전 신호가 직진과 다른 현시에서 움직인다면, 이 좌회전은 연동효과를 적용하지 않고 연동계수를 1.0으로 사용한다.

Y형 교차로와 같이 직진이 없는 경우도 마찬가지로 주차로군과 같은 현시에 진행하는 모든 차로군에 같은 연동계수를 적용한다.

정주기신호에서 연동계수는 옵셋 편의율 TVO과 유효녹색시간비(g/C)로부터 [표 6-16]을 이용해서 구한다. 이 표에서 옵셋 편의율 TVO는 다음과 같이 계산한다.

$$TVO = \frac{T_c - \text{offset}}{C} \tag{6.29}$$

여기서 TVO = 옵셋 편의율

C = 간선도로의 연동에 필요한 공통주기(초)

g = 연동방향 접근로의 유효녹색시간(초)

T_c = 상류부 교차로의 정지선에서부터 분석 교차로의 정지선까지의 구간길이를 순행속도로 나눈 값. 즉 상류부 링크의 순행시간(초)

offset = 상류부 교차로와 분석 교차로 간의 연속진행방향 녹색신호 시작시간의 차이(초). 주기보다 적은 값 사용

만약 TVO가 1.0보다 크거나 0보다 작으면, 적절한 값의 정수를 빼거나 더하여 TVO의

표 6-16 정주기신호 연동계수(PF)

TVO	g/C								
	0.1	0.2	0.3	0.4	0.5	0.6	0.7	0.8	0.9
0.0	1.04	0.86	0.76	0.71	0.71	0.73	0.78	0.86	1.06
0.1	0.62	0.56	0.54	0.55	0.58	0.64	0.72	0.81	0.92
0.2	1.04	0.81	0.59	0.55	0.58	0.64	0.72	0.81	0.92
0.3	1.04	1.11	0.98	0.77	0.58	0.64	0.72	0.81	0.92
0.4	1.04	1.11	1.20	1.14	0.94	0.73	0.72	0.81	0.92
0.5	1.04	1.11	1.20	1.31	1.30	1.09	0.83	0.81	0.92
0.6	1.04	1.11	1.20	1.31	1.43	1.47	1.22	0.81	0.92
0.7	1.04	1.11	1.20	1.31	1.43	1.56	1.63	1.27	0.92
0.8	1.04	1.11	1.20	1.31	1.43	1.47	1.58	1.76	1.00
0.9	1.04	1.11	1.15	1.08	1.06	1.09	1.17	1.32	1.59
1.0	1.03	1.01	0.89	0.80	0.74	0.71	0.71	0.81	1.08

주: 1) 주 차로군(주로 직진)과 동일한 현시에 진행하지 않는 차로군은 1.0 적용
2) 보간법 사용

값이 0～1.0 사이의 값을 갖도록 한다.

(4) 지체 종합 및 서비스수준 결정

신호교차로의 각 차로군의 차량당 제어지체가 결정되면, [표 6-6]을 이용하여 각 차로군별 서비스수준을 결정하고, 각 접근로의 제어지체는 차로군별 제어지체를 교통량에 관하여 가중평균하여 구하고 서비스수준을 구한다. 또 각 접근로의 제어지체를 교통량에 관하여 가중평균하여 교차로의 평균제어지체를 구하고 서비스수준을 결정한다. 이를 수식으로 표현하면 다음과 같다.

$$d_A = \frac{\sum d_i v_i}{\sum v_i} \tag{6.30}$$

$$d_I = \frac{\sum d_A v_A}{\sum v_A} \tag{6.31}$$

여기서 $d_A = A$ 접근로의 차량당 평균제어지체(초/대)

$d_i = A$ 접근로 i 차로군의 차량당 평균제어지체(초/대)

$v_i, v_A =$ i 차로군 또는 A 접근로의 보정교통량(vph)

$d_I =$ I 교차로의 차량당 평균제어지체(초/대)

이렇게 해서 얻은 교차로 전체의 평균지체 또는 서비스수준은 녹색시간 동안 교차로를 이용하는 모든 교통량에 관한 평균값인 반면, 앞 절에서 설명한 교차로 전체의 임계v/c비는 각 현시의 주차로군에 관한 것이므로 교차로의 교통상황을 나타내는 방법에서 차이가 나는 것에 유념해야 한다. 임계v/c비가 매우 큰데도 불구하고 평균지체의 값이 그다지 크지 않으면, 이 교차로의 주차로군과 그렇지 않는 차로군 간의 혼잡도의 차이가 많다는 의미이다. 이런 경우는 각 차로군에 적절한 신호현시와 신호시간으로 변경해 주면 임계v/c비를 줄일 수 있다.

6.3.7 예 제(운영분석)

운영분석은 교차로 구조, 교통조건 및 교통운영 조건이 주어지고 교차로의 서비스수준을 구하는 과정으로서, ① 입력자료 정리, ② 교통량 보정, ③ 직진환산계수 산정, ④ 차로군 분류, ⑤ 포화교통량 산정, ⑥ 용량계산, ⑦ 지체계산 및 서비스수준 결정의 단계를 거쳐 이루어진다.

(1) 입력자료

분석에 필요한 모든 도로조건, 교통조건 및 교통운영 조건을 기록한다. 교차로의 모든 접근로를 분석한다면 '도로용량편람'에 나와 있는 운영분석표를 사용하는 것이 편리하다. 이때 간단해진 차로군 분류방법 때문에 분류표도 단순해진다. 기존 교차로를 분석 할 경우 대부분의 자료는 현장에서 관측한다. 반면에 장래의 조건을 분석하고자 한다면, 예측된 교통량 자료를 사용하고 교차로 기하구조 및 신호조건은 주어진 값을 사용한다.

1) 교차로 조건

① 차로수 : 4개(공용좌회전 1, 직진 2, 공용우회전 1), 교차도로의 차로수 8개

② 교통섬 없음, 횡단보도 있음

③ 평균차로폭/경사/회전반경 : 3.3 m/ 0%/15 m

④ 버스베이 없음

⑤ 상류부의 링크 길이(m) : 400 m

⑥ 주변이 일반 업무 지구임

2) 교통조건

① 첨두시간 교통량, v_H : 좌회전 86 vph, 직진 1,710 vph, 우회전 190 vph

② 첨두시간계수(PHF) : 0.95

③ U턴 교통량(vph) : 29 vph

④ 정지선으로부터 60m 이내의 이면도로 진출입 차량대수 : 60 vph

⑤ 정지선으로부터 75 m 이내에 있는 버스정류장에서의 버스정차 대수(vph) : 11대

⑥ 정지선으로부터 75 m 이내에 있는 노상주차 시설 : 시간당 주차활동 대수, 10 vph

⑦ 우회전을 방해하는 교차도로의 양방향 횡단보행자수(인/시) : 500명/시간

⑧ 중차량 혼입률 : 5%

⑨ 초기 대기차량 : 없음

⑩ 상류부 링크의 순행속도(kph) : 50 kph(13.9 m/s)

3) 신호운영 조건

① 주기 : 120 초

② 신호시간(초) : 직좌 동시신호 45초, 황색 3초

③ 상류부 교차로와의 옵셋(초) : 10초

(2) 교통량 보정

① 분석기간 : 15분 단위(0.25 시간)

② 첨두15분 교통류율, v_p : 첨두시간 교통량을 PHF = 0.95로 나누어 구함.
따라서 좌회전: 90 vph, 직진: 1,800 vph, 우회전: 200 vph

③ 차로이용률 보정 : 직진만 이용하는 차로수가 2개이며 차로당 800 vph를 초과하므로 보정계수는 1.0[표 6-7]. 따라서 $1,800 \times 1.0 = 1,800\,\text{vph}$

④ 우회전교통량 보정 : 공용 우회전차로에서 녹색신호가 아닌 시간에 우회전하는 차량을 제외한다. 보정값은 [표 6-8]을 이용해서 구한다. 이 접근로는 도류화되지 않은 공용 우회전차로를 가지므로 이 계수는 0.5이다.
따라서 우회전 보정교통량, v(vph) : $v_R = 200 \times 0.5 = 100\,\text{vph}$

(3) 직진환산계수 산정

좌회전의 직진환산계수는 내부마찰, 즉 좌회전 자체의 비효율, 회전반경 및 U턴의 영향을 종합한다. 우회전은 내·외부마찰, 즉 우회전 자체의 비효율, 이면도로의 진출입 차량대수, 노변의 버스, 노상주차에 의한 영향을 종합하여 직진과 비교한 직진환산계수를 구한다.

① 차로수, N : 분석에서 사용되는 N값은 공용 좌회전차로가 있는 경우는 접근로 전체의 차로수, 전용 좌회전차로가 있는 경우는 접근로 전체차로 중에서 이 전용 좌회전차로를 제외한 차로수를 사용한다. 따라서 이 값은 4이다.

② 좌회전 차로의 직진환산계수 : U턴% = 29/(86+29) = 0.25, 공용좌회전, 좌회전 차로수 $N_L = 1$, [표 6-9]에서 $E_1 = 1.0$. 회전반경 15 m, [표 6-10]에서 $E_{PU} = 1.66$. 그러므로 식 (6.12)에서 $E_L = 1.66$.

③ 이면도로 진출입차로의 영향 : 식 (6.13)에서

$$E_{dw} = 0.2 \times \frac{60}{100} = 0.12$$

④ 버스 영향, E_b : 버스베이가 없이 주행차로에 정차를 하며, 주변이 일반 업무지구이므로 [표 6-11]에서 $E_b = 0.1$ 이다.

⑤ 노상주차의 영향, E_p : 노상주차가 허용되므로 [표 6-12]에서 $E_p = 1.0$이다.

⑥ 횡단보행자 영향, E_c : [표 6-13]에서 $E_c = 1.2$ 이다.

⑦ 우회전차로의 직진환산계수 : 식 (6.14)에서

$$E_R = 1.16 + 0.12 + 0.1 + 1.0 + 1.2 = 3.58$$

(4) 차로군 분류

전용회전차로가 없으므로 좌회전, 직진, 우회전의 통합 차로군을 이룬다.

(5) 포화교통량 계산

① 차로군의 회전 교통량비

$$v_T = 1,800 + 90 + 100 = 1,990 \text{ vph}$$

$$P_L = \frac{90}{1,990} = 0.045 \qquad P_R = \frac{100}{1,990} = 0.050$$

② 통합차로군의 회전보정계수 : 식 (6.21)에서

$$f_{LTR} = \frac{1}{1+0.045(1.66-1)+0.05(3.58-1)} = 0.863$$

③ 차로폭 보정계수, f_w : [표 6-14]에서 1.0

④ 경사 보정계수, f_g : [표 6-15]에서 1.0

⑤ 중차량 보정계수, f_{HV} : 식 (6.24)로부터

$$f_{HV} = \frac{1}{1+0.8 \times 0.05} = 0.96$$

⑥ 통합차로군의 포화교통량, s_i : 식 (6.23)에서

$$s_{LTR} = 2,200 \times 4 \times 0.863 \times 1.0 \times 1.0 \times 0.96 = 7,290\,\text{vphg}$$

(6) 용량계산

① 차로군의 교통량비, $(v/s) = y$: 차로군의 교통량을 포화교통량으로 나눈 값이다. 이 값은 포화도에 유효녹색시간비를 곱한 값과 같다. 그러나 계산 결과의 통일을 위해서 교통량을 포화교통량으로 나눈 값을 사용한다.

$$(v/s)_{LTR} = 1,990/7,290 = 0.273$$

② 차로군 유효녹색시간비, g/C : 차로군이 받는 녹색시간비이다. 유효녹색시간은 녹색신호시간에서 0.3초를 뺀 값을 사용한다.

$$g/C = (45-0.3)/120 = 0.373$$

③ 차로군 용량, $c = S(g/C)$: 차로군의 포화교통량에다 유효녹색시간비를 곱한 것이다.

$$c_{LTR} = 7,290 \times 0.373 = 2,720\,\text{vph}$$

④ 차로군의 포화도, $(v/c) = X$: 차로군의 교통량을 용량으로 나눈 값이다. 어떤 차로군에 대한 이 값이 1.0보다 크면 사실상 이 차로군은 매우 혼잡하다는 것을 의미한다. 그러나 이러한 바람직하지 못한 교통성과에도 불구하고 교차로 전체의 서비스수준이나 다음에 설명하는 임계v/c 비는 매우 좋게 나타나는 수가 있으므로 교차로 전체의

서비스수준이나 임계v/c 비를 절대적으로 신뢰해서는 안 된다.

$$X_{LTR} = 1,990/2,720 = 0.732$$

(7) 지체계산 및 서비스수준 결정

차로군별로 균일지체, 증분지체 및 추가지체를 계산하고 연동효과에 의한 지체를 보정하여 총 평균제어지체를 구한 다음 각 차로군의 서비스수준을 구한다.

1) 차로군 분석

① 초기대기차량 대수 0대 : 추가지체 없음.

② 균일지체, d_1 : 도착교통이 완전히 일정한 시간간격으로 도착한다고 가정할 때의 지체이며, 초기대기차량이 없으므로 식 (6.27)을 사용.

$$d_{LTR} = \frac{0.5 \times 120(1-0.373)^2}{1-0.732 \times 0.373} = 32.4\text{초/대}$$

③ 증분지체, d_2 : 도착교통의 무작위성, 과포화성으로 인한 증분지체이다. 식 (6.28)

$$c_L = \frac{v_L}{X} = \frac{90}{0.732} = 123 \qquad c_{TR} = \frac{v_{TR}}{X} = \frac{1,900}{0.732} = 2,596$$

$$d_{2L} = 900 \times 0.25\left[(0.732-1) + \sqrt{(0.732-1)^2 + \frac{4 \times 0.732}{123 \times 0.25}}\right] = 31.7$$

$$d_{2TR} = 900 \times 0.25\left[(0.732-1) + \sqrt{(0.732-1)^2 + \frac{4 \times 0.732}{2,596 \times 0.25}}\right] = 1.9$$

$$d_2 = \frac{31.7 \times 90 + 1.9 \times 1,900}{1,990} = 3.2\text{초/대}$$

④ 순행시간, T_c : 이 접근로 상류부 링크의 순행시간으로서, 링크의 길이는 400 m이고 순행속도는 50 kph이므로 순행시간은

$$T_c = 400\text{m} \div \frac{50 \times 10^3}{3600} = 28.8\text{초}$$

⑤ 옵셋 : 상류부의 직진과 이 접근로의 직·좌 공용차로군의 녹색신호가 켜지는 시간의 차이이며, 여기서는 10초라 가정했다.

⑥ 옵셋 편의율, TVO : 순행시간과 옵셋이 얼마나 잘 일치하는가를 나타내는 지표이다. 이 값이 − 값이나 1.0보다 큰 값을 갖는 경우는 정수값을 더해 주거나 빼 주어서, 이

값이 0~1.0 사이의 값이 되도록 만들어 준다. 식 (6.29)에서

$$TVO = \frac{T_c - \mathrm{offset}}{C} = \frac{28.8 - 10}{120} = 0.16$$

⑦ 연동계수, PF : 연동이동류가 직진이므로 직진현시에 같이 진행하는 모든 이동류에 적용한다. 이 연동계수는 옵셋 편의율 TVO과 녹색시간비 $g/C = 0.373$로부터 [표 6-16]을 이용해서 보간법으로 구한다.

$$PF = 0.56$$

⑧ 평균 제어지체, d : 균일지체에 연동계수를 곱하고 증분지체를 합한 값이다. 식 (6.26)에 의해서,

$$d_{LTR} = 32.4 \times 0.56 + 3.2 = 21.3 \text{ 초/대}$$

⑨ 차로군 서비스수준: 위에서 구한 차로군의 평균제어지체 값으로부터 [표 6-6]을 이용하여 구한다.

$$LOS_{LTR} = B$$

2) 접근로 분석

이 접근로는 통합차로군이므로 접근로의 서비스수준은 통합차로군의 서비스수준과 같은 B이다.

3) 교차로 분석

식 (6.31)을 이용하여 각 접근로의 평균지체를 교통량에 관해서 가중평균 하여 d_I를 구한 다음 [표 6-6]에서 서비스수준을 찾는다.

1. 대한교통학회, 도로용량편람, 2013.
2. TRB., *Highway Capacity Manual*, 2000.
3. 도철웅, USHCM 신호교차로 분석과정상의 문제점 및 새로운 기법 제안, 교통안전연구논집, 제19권, 2000.12, pp.17-27.
4. 도철웅. 신호교차로 우회전보정계수에 관한 이론적 연구, 대한토목학회 논문집, 제17권 제 III-4호, 대한토목학회, 1997.7. pp.315-321.
5. 도철웅, 좌회전 전용차로에서의 비보호좌회전 용량, 대한토목학회논문집, 제20권 제 III-1호, 2000.1.
6. Doh, Tcheol Woong, *Development of Lane Grouping Methodology for the Analysis of Signalized Intersections*, Journal of the EASTS, Vol.4 No.4, 2001.10.

1. 교통수요, 교통량, 용량의 차이를 설명하라. 시간당 2,000대의 차량이 지나가고 있는 도로에 공사구간이 생겨 시간당 1,200대밖에 지나가지 못한다. 이 공사구간의 교통수요와 용량 및 교통량은 각각 얼마인가?
2. 어느 4차로 고속도로 직선 구간의 왼쪽 측대폭이 0.8 m이며 중앙분리대 가드레일이 설치되어 있다. 측방여유폭 보정계수는 얼마인가?
3. 어느 지점의 교통량을 조사했을 때, 첨두15분의 교통류율로 나타낸 값과 첨두5분의 교통류율로 나타낸 값 중에서 어느 값이 더 큰가? 또 용량을 초과하는 시간을 줄이기 위해서는 어떤 교통류율을 사용해야 하는가? 이때 두 교통류율은 모두 시간당 교통류율을 말한다.
4. 교차로에서 접근로별로 서비스수준의 차이가 클 때, 그 교차로 전체의 서비스수준은 어떻게 판단하는 것이 좋은가?
5. 정주기 100초로 운영되는 어느 독립교차로의 한 접근로의 포화교통류율은 3,200 vphg이며, 녹색시간은 30초, v/c비는 0.9이다. 이 접근로의 서비스수준은 얼마인가? 추가 지체는 없다.

제7장

교통시설의 계획과 설계

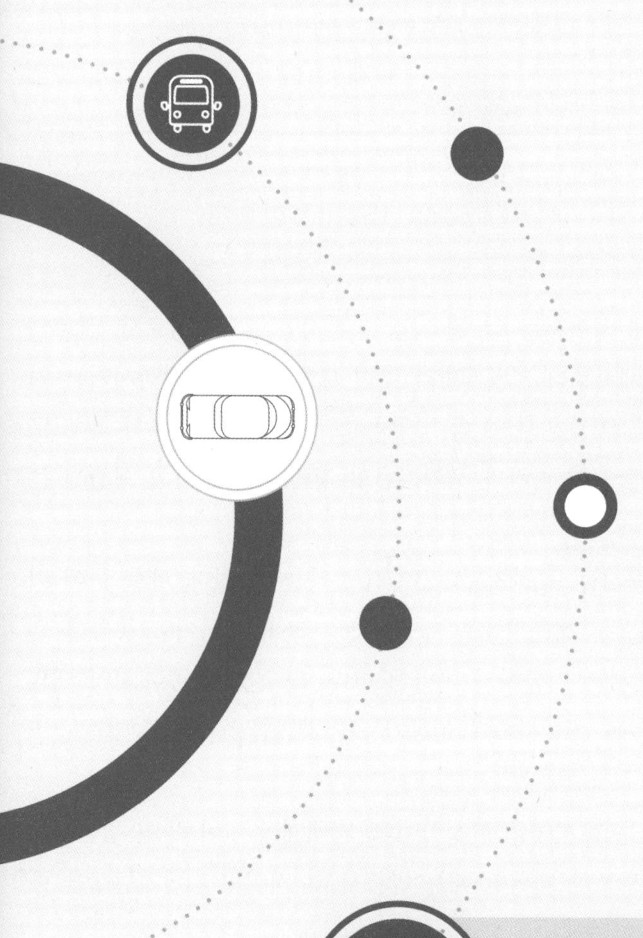

교통시스템의 물리적 요소인 교통시설의 위치를 선정하고 설계하는 일은 교통공학에서 아주 중요한 부분이다. 실제로 설계란 도로, 교량, 비행장, 철도 등과 같이 특정 분야에 관련된 전문가들에 의해서 수행된다. 그러나 일반 교통전문가도 설계과정에서 직접적인 간여를 하기 때문에 설계과정의 기본요소를 이해할 필요가 있다.

교통프로젝트가 수행되는 전체과정은 기술적이며 법적, 정치적인 요소가 포함된다. 프로젝트가 공공기관에서 수행한다면 그 시설의 이용자와 그 시설에 인접한 주민과 기타 일반 대중의 이해관계가 서로 균형을 이루어야 한다. 이러한 시설이 안전하고 경제적이며 환경친화적이라는 것이 보장되려면 법령이나 정책이 이를 뒷받침해야 한다.

7.1 개 설

7.1.1 도로의 역할과 기본 틀

도로는 물자나 사람을 수송하는 데 없어서는 안 될 가장 기본적인 공공시설로서, 국토의 기능을 증진시키는 전국 간선도로망에서부터 지역개발과 주변 토지이용을 활성화시키는 지역 내 도로망에 이르기까지 다양하다. 이들은 서로 유기적인 도로망 체계를 이루어 각 도로가 상호 기능을 보완해 가면서 국토발전의 기반과 생활기반의 정비, 생활환경의 개선에 큰 역할을 하고 있다.

도로의 기능은 크게 이동기능, 접근기능, 공간기능의 3가지로 나눌 수 있다. 예를 들어 이동기능을 중요시해야 할 고속도로에서는 접근기능을 제한(access control)하여 교통류를 원활히 소통시키며, 인터체인지 이외에서는 접근하지 못하게 한다. 그 반대로 주거지역 내의 국지도로(local road)에서는 접근기능을 중요시하여 이동기능을 제한함으로써 주행속도 또는 주행의 쾌적성이 감소하게 된다.

도로의 접근기능이 갖는 부수효과는 토지이용 활성화이다. 지역개발은 바로 이 접근기능의 부수효과에 의한 것이기 때문에 도로를 계획할 때는 반드시 그 지역의 개발가능성을 예측하여 여유있게 도로시설을 계획해야 한다.

공간기능은 제한된 공간을 갖는 도시부에서 특히 중요한 역할을 한다. 도시부에서의 도로는 방재도로, 화재 확산방지를 위한 차단공간, 채광, 통풍을 위한 공간을 제공할 뿐만 아니라 놀이터, 행사장 등 생활공간으로도 사용되며, 상하수도, 전력·전화선, 가스관, 맨홀, 지하도 등 도시시설 공간으로도 사용되기 때문에 도시부도로의 공간기능은 매우 크다.

국토구조의 골격인 고속도로에서부터 지역사회의 일상생활기반인 시·군도까지 포함하는 전체 도로망을 계획할 때 이들 각 도로가 분담해야 할 교통특성을 반드시 고려하여야 한다. 도로계획을 할 때는 이 도로망에 포함된 각 도로의 기능을 고려하여 도로의 규격 및 기본적인 구조를 결정해야 한다.

7.1.2 도로의 분류방법

도로는 필요에 따라 운영체계별, 기능별, 혹은 기하구조별로 분류된다. 특히 지방부도로와 도시부도로는 그 기능이 아주 다르므로 서로 다른 분류체계를 사용하고 있다.

도로를 고속도로와 일반도로로 분류하는 방법은 일본의 분류방법으로서 노선계획이나 설계과정에서 매우 편리한 분류방법이다. 왜냐하면 고속도로는 일반도로와 비교할 때 그 역할이 완전히 구별되고 설계수준이 훨씬 높기 때문이다.

노선번호에 의한 분류는 도로에 고유번호를 부여하는 방법으로서 도로행정 및 이용자를 위한 노선안내에 유용하다. 또 도로관리나 관할권을 나타내기 위해서는 고속국도, 일반국도, 지방도, 특별·광역시도, 시도, 군도 등으로 분류한다.

도로를 서비스 기능에 따라 분류하면 주간선도로, 보조간선도로, 집산도로, 국지도로로 나눈다. 고속도로는 기능적으로는 주간선도로이지만 설계수준이 다른 도로와는 현저히 다르기 때문에 도로계획이나 설계목적상 별도로 분류한다.

1) 고속도로

지역 간 또는 도시 간의 많은 통과교통을 신속히 이동시키는 도로로서 지방부에서는 안전성, 원활성, 쾌적성을 중요시하며 주위의 토지에 대한 접근은 통제된다(출입제한, access control). 도시부에서는 안전성, 원활성을 중요시하나 접근기능은 필요에 따라 허용하며 주행속도를 높은 수준으로 유지한다.

2) 주간선도로

고속도로와 보조간선도로를 연결하면서 지역 간 또는 도시 간의 통과교통을 처리하고 출입구를 적절히 통제한다면 인접토지에로의 직접 접근도 가능하다. 일반국도의 대부분이 여기에 해당된다.

지방부에서는 안전성, 원활성을 중요시하고 주행속도가 비교적 높고 보행자 및 자전거 이용자의 안전도 중요시하며, 또 도로주위의 환경도 고려해야 한다.

도시부 도로에서는 안전성, 원활성 및 접근성도 중요시하며 주행속도를 비교적 높은 수준으로 유지하며 보행자 및 자전거 이용자의 편리성, 안전성 및 도시공간 기능, 도로주변 환경을 충분히 고려해야 한다.

3) 보조간선도로

주간선도로와 집산도로를 연결하면서 군 간의 주요지점을 연결하는 도로로서 국도의 일부분과 지방도 대부분이 여기에 해당된다. 안전성이나 이동성은 주간선도로보다는 낮으나 여전히 접근성보다는 더 큰 중요성을 갖는다.

4) 집산도로

간선도로와 국지도로 사이의 교통을 처리하며 인접토지에 직접 접근을 하게 한다.

주행의 안전성과 접근기능, 보행자, 자전거 이용자의 편리성, 안전성을 중요시하고 주행속도는 높은 수준을 요구하지는 않지만 지방부도로에서는 도로부근의 환경을 많이 고려하되 차량주행의 쾌적성을 손상시켜서는 안 된다.

5) 국지도로

인접토지에 직접 접근하는 지구 내 교통을 처리하며, 보행자, 자전거 이용자의 편리성, 안전성 및 자동차의 안전성을 중요시하여 주행속도를 낮추는 것이 좋다. 도시부에서는 주구형성을 위한 도시공간기능을 확보해야 한다.

이와 같은 도로의 주된 기능은 이동성과 접근성을 제공하는 것으로서 이용자의 통행욕구, 접근의 필요성 및 도로시스템의 연속성에 따라 그 기능의 수준이 달라진다.

[표 7-1]은 도로분류에 따른 네트워크 특성 및 교통특성에 관한 기준을 나타낸 것이다.

도로의 기능이 결정되면 설계는 이들 기능을 충분히 발휘할 정도가 되어야 하며, 그렇다고 과다설계가 되어서는 안 된다. 다시 말하면 부여된 기능을 발휘함으로써 얻는 이득보다 더 큰 비용으로 건설해서는 안 된다. [표 7-2]는 일반적으로 사용되는 도로의 종류별 설계특성을 요약한 것이다.

표 7-1 기능별 도로의 특성 및 기준

구 분			주간선도로	보조간선도로	집산도로	국지도로
지방부	네트워크 특성	도로의 종류	국도(고속, 일반)	국도, 지방도	지방도, 군도	군도
		간격(동일시스템 간)	3 km	1.5 km	500 m	200 m
		간격(유출입지점 간)	700 m	500 m	300 m	100 m
		설계속도(kph)	80~60	70~50	60~40	50~40
		연결	도시 간, 지역 간	지역 간	지구 간	지구내
	교통 특성	교통량(ADT, 대)	10,000 이상	2,000~10,000	500~2,000	500 미만
		이동성	주기능	주기능	부기능	없음
		접근성	부기능	부기능	주기능	주기능
		통행거리	5 km 이상	5 km 미만	3 km 미만	1 km 미만
		통행속도(kph)	60	50	40	30
		버스	고속, 일반버스	일반버스	일반버스	없음
도시부	네트워크 특성	도시계획도로	광로, 대로	대로, 중로	중로	소로
		간격(동일시스템)	1.0 km	500 m	250 m	100 m
		연결	지역 간	지역 간	지구 간	지구 내
	교통 특성	교통량(ADT, 대)	20,000 이상	5,000~20,000	2,000~5,000	2,000 미만
		이동성	주기능	주기능	부기능	없음
		접근성	부기능	부기능	주기능	주기능
		통행거리	3 km 이상	3 km 미만	1 km 미만	500 m 미만
		통행속도(kph)	50	40	30	20

자료: 참고문헌(2), (8)

표 7-2 일반적인 도로종류별 설계특성

구 분	고속도로	고속화도로	간선도로	집산 및 국지도로
출입제한	완 전	완전 또는 부분적	통상 제한 없음	제한 없음
부교차도로	연결 안됨	연결 안됨	평면교차	평면교차
주교차도로	입체분리	경우에 따라 평면교차	평면교차	평면교차
교차로 통제	–	정지표지: 경우에 따라 신호등	정지표지 또는 신호등	없거나 경우에 따라 정지 또는 양보표지
사도 연결	불 가	불가하나 경우에 따라 극소수 허용	제한적이며 우회전만 연결	제한 없음
출입로 연결	램 프	도류화 또는 램프	정상연결 또는 확폭	정상연결
측 도	필요할 경우 설치	필요할 경우 설치	통상 설치하지 않음	없음
중앙분리대	설 치	설 치	타당한 경우 설치	없음
보행자횡단시설	분 리	분리 또는 횡단보도	횡단보도	횡단보도
노상주차	불 가	불 가	타당하면 금지	제한 없음

자료: 참고문헌(2), (9)

7.2 도로계획 및 설계과정

계획과 설계과정 사이에 명확한 구분은 없다. 이 과정에서 계획이란 더 일반적이고 추상적인 부분이고, 설계는 더 구체적이고 명확한 것이다. 설계과정은 자료수집, 분석 및 결정의 유기적 과정이다. 대부분의 경우 어느 해결책이 어떤 관점에서 다른 것보다 나을 수는 있으나 그것이 절대적인 해결책이라고 말할 수는 없다. 또 최종결정을 하기까지 여러 대안들이 반복해서 제안되고 평가된다.

교통시설 전반의 설계과정은 계획, 교통설계, 위치선정, 기하설계 및 건설 단계로 이루어지며, 각 단계의 세부 활동은 다음과 같다. 여기서 어떤 활동은 중복되기도 하고 또 어떤 활동은 재설계를 위해 반복되기도 한다. 비용추정과 설계평가처럼 전 설계과정을 통하여 계속적으로 수행되는 것도 있다.

1) 계획

① 시스템 또는 시설의 종류 결정: 도로, 대중교통 노선 또는 정류장, 공항 또는 전체 시스템의 결정. 이 단계는 계획과정의 일부분으로서 교통계획담당 공무원의 책임아래 있으나, 설계전문가가 반드시 참여해야 한다. 비용과 효과를 예측하는 능력에 따라 합리적인 결정이 내려지나, 비용과 효과 예측은 거꾸로 예비설계에 좌우된다. 대안시설에 대한 교통수요분석 역시 합리적 결정을 내리는 데 필수적인 자료이다.

② 수요분석: 그 시스템 또는 시설에 대한 수요를 분석한다. 교통수요분석은 특정 시설을 이용하는 통행의 종류와 그 크기를 될수록 정확하게 예측하고자 하는 것이다.

2) 교통분석 및 규모 결정

③ 교통상황 분석: 이 단계에서는 예상되는 수요와 그것을 수용할 수 있는 시설 또는 시스템 규모와의 관계를 정한다. 이 단계를 통상 용량분석 단계라고도 부르며, 이를 수행하기 위해서는 그 시스템의 물리적 특성을 고려할 필요가 있다. 시설이나 시스템의 위치와 규모가 결정된 다음에는 예비 교통상황분석을 다시 해야 할 필요성이 제기되는 것이 보통이다.

④ 시설의 규모 결정: 기대하는 서비스수준과 현재의 교통상황을 비교분석하여 시설의 크기를 결정한다. 예를 들어 도로의 위치에 따른 차로수를 결정하는 것이다.

3) 위치선정

⑤ 시스템 또는 시설의 위치를 결정: 이 단계는 통상 몇 개의 대안을 비교해야 한다. 이들을 비교하다 보면 예비설계, 비용추정, 환경영향분석을 더 해야 할 수도 있고, 공청회 등 다른 여론수렴 과정을 거쳐야 할 경우도 있다. 이 분석을 위해서는 항공사진 및 현장측정을 통하여 얻은 자료로 세부적인 지도를 작성해야 한다.

⑥ 시스템 또는 시설의 형태 결정: 버스노선의 형태 또는 도로의 인터체인지 형태를 선정한다.

4) 기하 설계

⑦ 설계기준 파악: 건설담당 기관의 정책적 사항이지만 설계자는 특정 상황에서 주어진 설계기준을 사용할 것인가 말 것인가를 판단해야 한다.

⑧ 기하설계: 차량의 운행특성과 설계기준 및 배수처리 등을 고려하면서 평면선형과 종단선형 및 횡단면을 설계한다.

⑨ 보조시스템 설계: 배수, 가로조명 및 교통제어 등과 같은 시스템 설계

⑩ 노면 설계: 포장설계 또는 노면교통시설의 궤도설계

⑪ 건설비용 및 효과 추정: 교통시설의 설계에서 주요 비용항목은 시설부지, 토공, 구조물 및 교통통제시설 등이다. 최종적인 비용 예측은 입찰 전에 이루어져야 한다. 그러나 설계자가 설계과정 동안 개략적인 비용을 추정하고 이를 바탕으로 설계수준을 결정하는 것이 바람직하다. 환경영향과 환경개선 비용을 알아내는 것 역시 중요하다.

⑫ 설계 평가: 설계과정 동안 계속적으로 설계가 평가되어져야 한다. 물리적 타당성, 경제성, 사회경제적 및 환경적인 영향과 같은 기준에 의해 평가가 이루어진다.

7.3 설계기준

도로는 이동성, 편의성, 운영의 경제성 및 안전성을 제공하고 바람직한 토지이용을 촉진할 수 있도록 설계되어야 한다. 설계수준이 높은 도로는 이와 같은 목적을 달성할 수 있으나 수준이 낮은 도로는 이들의 목적을 모두 충족시키지 못한다. 따라서 설계수준이 높으면 고급도로로서 건설비용이 많이 드므로 이러한 대규모 투자가 정당화되기 위해서는 도로의 목적달성으로 얻어지는 이득이 투자액보다 커야 한다.

도로의 노선계획이나 설계는 지형이나 주위의 구조물 또는 주위의 토지이용 등 환경적인 요인에 의해 지배를 받을 뿐만 아니라 교통량 및 교통구성, 설계차량, 설계속도, 운전자나 보행자특성 등과 같은 교통조건에 의한 지배를 받으며, 건설하고자 하는 도로의 설계 서비스수준이나 출입제한 여부에 따라서도 영향을 받는다. 이처럼 설계를 좌우하고 설계의 기준이 되는 요소를 설계기준(design criteria)이라 한다.

이들 요소는 각각의 항목별로 정식으로 설계계획서 내에 자세히 언급되어야 하며, 이 항목에는 현재의 AADT, 목표연도의 AADT, 목표연도의 K계수, 방향별 교통량분포(D계수), 대형차량의 구성비(T계수), 설계속도, 설계 서비스수준 등이 있으며, 근래에 와서는 여기에 추가하여 출입제한의 정도(완전 혹은 부분 출입제한 등)와 설계차량도 지정하고 있다.

대부분의 설계는 어떤 규정이나 기준에 의해 제약을 받는다. 이와 같은 규제는 최대소음 또는 환경오염수준, 구조물의 최대높이 등과 같이 시설을 차량과 인간의 특성에 적합시키기 위한 것이다. 이와 같은 최저 또는 기본요구조건 이외에 일반적으로 통용되는 설계표준(design standard)이 주어진다. 예를 들어 표준 곡선반경, 갓길의 표준폭, 표준 노면표시 및 표지 등이 그것이다.

설계표준이란 차량특성과 인간특성을 고려하여 탑승자가 쾌적성과 안전성을 느끼도록 설계한 교통시설의 크기를 말한다. 설계표준을 정하는 데 관계되는 중요한 인간특성은 시력, 청력, 반응시간, 간격수락 능력, 차량조작 능력 및 쾌적성에 대한 기준이며, 차량특성은 길이, 폭, 높이, 축거, 중량, 축하중, 가속 및 감속능력, 최고속도 등이다. 대부분의 경우 실제 설계표준값은 쾌적성과 관계가 된다. 예를 들어 평면곡선을 주행할 때 허용되는 원심가속도의 크기는 타이어와 노면의 마찰력보다도 탑승자의 몸쏠림 현상을 기준으로 한다. 마찬가지로 종단곡선에서 허용되는 종단가속도, 소위 up-down 가속도는 타이어와 노면의 접촉정도가 아니라 탑승자의 속울렁거림을 기준으로 한다. 또 운전자의 반응시간은 정지거리를 결정하는 데 있어서 결정적인 역할을 한다.

설계표준은 도로시스템 내의 통일성을 유지하게 하여 운전자로 하여금 곡선부나 합류 혹은 교차교통을 만날 때에 도로조건이 어떠하리라는 것을 신속하게 판단하게 한다. 이 표준은 공공의 기호나 취향이 바뀌고 가치관이 바뀌거나 또는 새로운 기술이 개발되면 당연히 바뀌어야 한다.

7.3.1 설계교통량

노선을 계획할 때는 계획목표연도에 있어서의 연평균일교통량(Annual Average Daily Traffic, AADT)을 기준으로 하며, 따라서 이를 계획교통량으로 삼는다. 그러나 설계목적으로 AADT를 사용할 수는 없다. 왜냐하면 AADT는 하루 중의 교통량 변화패턴, 특히 첨두특성을 나타내지 못한다. 뿐만 아니라 양방향을 합한 교통량이므로 중방향 교통량을 고려하지 못한다.

설계교통량은 추정된 AADT로부터 경제적 효율성을 고려하면서 과다설계를 방지하기 위한 30HV로부터 구한다. 또 설계목적의 교통량은 중방향교통량을 기준으로 해야 하며, 대형차량 혼입율이 높으면 이것도 고려해야 한다. 뿐만 아니라 한 시간 안에서도 교통량이 크게 변할 수 있으므로 첨두15분 교통량을 기준으로 한다.

(1) 30HV

계획, 설계 및 운영의 목적으로 사용되는 기준 교통량의 크기는 그 교통량을 기준으로 했을 때 얻을 수 있는 서비스수준과 경제적 효율성을 함께 고려하여 결정한다. 다시 말하면 기준이 되는 교통량을 크게 책정하면 과다설계가 되어 경제적 효율성이 떨어지고, 적게 책정하면 혼잡을 겪는 시간이 많아진다.

지방부 도로에서의 설계시간교통량으로는 연중 8,760시간 교통량 중에서 30번째 높은 시간당 교통량을 사용하며, 이를 30HV이라 한다.

1년 365일의 매시간 교통량을 측정하여 30HV를 얻기란 매우 어려운 일이다. 따라서 지방부 도로의 경우 매주의 주말 최대시간교통량을 구하여 이를 평균한 값을 30HV로 본다. 도시부 도로에서는 매주 평일 최대시간교통량을 52주간 구하여 이를 평균한 것을 30HV로 본다. 이 평균값은 일 년중 26번째 높은 교통량과 거의 같으며, 또 30번째 교통량과도 설계에 어떤 변화를 줄 정도로 큰 차이를 나타내지 않는다.

(2) K계수

30HV의 AADT에 대한 비율을 K값 또는 설계시간계수(Design Hour Factor; DHF)라 한다. 일반적으로 이 값은 AADT가 큰 도로에서는 비교적 낮고, 개발밀도가 증가하면 감소하며, 관광위락도로, 지방부 도로, 교외도로, 도시부 도로 순으로 점점 적어진다. 지방부 도로에서의 K값은 12~18% 범위 사이에 있으며, 도시부 도로에서는 이 값이 5~12% 사이에 있다.

어떤 도로의 정확한 설계시간교통량을 알기 위해서는 될수록 정확한 *K*값을 찾아내야 한다. 그러기 위해서는 그 도로와 유사한 교통량 변동 특성을 가지면서 상시조사나 보정조사를 하는 도로를 찾아 그 값을 사용하는 수밖에 없다. *K*값은 장기간에 걸쳐 조금씩 변한다고 알려지고 있으나 이에 관해서는 아직 명확하게 연구된 것이 없다.

(3) *D*계수

교통량의 방향별 분포는 도로설계에서 대단히 중요하다. 양방향도로에서 하루 동안 통과한 교통량은 각 방향별로 거의 같지만 첨두시간의 교통량은 방향별로 큰 차이를 보이는 경우가 많다.

양방향도로에서 양방향 왕복교통량에 대한(첨두 1시간 단위) 중방향 교통량이 차지하는 비율(%)을 *D*계수라 한다.

교통량의 방향별 분포는 다차로 도로를 설계할 때는 특히 중요하다. 즉, 양방향 왕복교통량을 기준으로 설계를 하면 중방향에 대해서는 서비스수준이 아주 낮은 도로가 되고 만다. 그렇다고 예를 들어 중방향은 3차로로 하고 그 반대방향은 2차로로 할 수도 없기 때문에 중방향 교통량을 한 방향의 설계교통량으로 삼는다.

한편 2차로 도로에서는 왕복합계 교통량을 기준으로 하기 때문에 이 경우에는 방향별 분포가 문제가 되지 않지만 주요 교차로의 설계, 특히 보조차로의 설치 등을 고려할 때에는 방향별 분포를 알아야만 한다. 따라서 *D*값은 다차로 도로에서만 필요한 것이 아니다.

도시에 인접해 있어 도시교통의 특성이 강한 도로의 첨두시간 *D*계수는 그 값이 적다. 그 이유는 통근교통 이외의 여러 가지 목적을 가진 교통이 많이 혼합되어 있기 때문이다.

(4) *T*계수

설계목적을 위해서는 차종구성을 알아야 하며, 특히 기하구조 설계에서 문제가 되는 것은 대형차(대형트럭 및 버스)이다. 대형차의 구성비는 특히 도로의 교통용량에 큰 영향을 미치므로 어떠한 도로를 설계하는 경우에도 이를 정확하게 파악해야 할 필요가 있다. 다시 말하면 대형차는 더 중량이 크고, 느리며 더 넓은 도로공간을 차지하므로 교통류 내에 대형차량 대수가 많으면 더 큰 교통부하가 걸리며 따라서 더 많은 도로용량을 필요로 한다. 바꾸어 말하면 실제 기하설계의 기준이 되는 설계시간교통량을 표시할 때 차량대수(vph)로 나타내면 대형차의 구성비가 크고 적음이 설계에 반영되지 않는다. 따라서 설계시간교통량은 대형차를 승용차로 환산한 값(pcu, pcph)으로 나타내어야만 동일한 단위를 갖게 된다.

대형차의 구성비(T계수)도 도로의 특성이나 지역에 따라 상당한 변화를 보이는데 일반적으로는 시가지에서는 낮고 지방부에서는 높으며, 또 간선도로의 성격이 클수록 높은 값을 나타낸다.

설계목표연도의 AADT 추정치, 설계시간교통량, 방향별 분포 및 차종구성 등에 관한 자료는 교통계획 단계에서 수행하는 통행조사로부터 얻어지며 이러한 자료는 도로설계에서 없어서는 안될 기본적인 것이다.

(5) 첨두시간계수 (PHF)

도시부 도로에서는 첨두시간 내의 첨두교통류율을 설계기준으로 삼는다. 통상 첨두교통유율은 첨두시간의 시간당 평균교통류율보다 크다. 이와 같은 첨두현상은 도시의 크기에 따라 다르다. 예를 들어 인구 100만의 도시에서 첨두 15분 교통류율은 첨두시간의 평균 15분 교통류율보다 약 10% 정도 크다. 이 퍼센트는 도시의 크기가 클수록 적어진다. 그러므로 도시부 도로설계에는 첨두시간 내에 일어나는 첨두15분 교통량을 4배한 값을 기준으로 한다. 첨두시간 교통량과 첨두15분 교통량을 4배한 값의 비를 첨두시간계수(PHF, Peak Hour Factor)라 한다.

첨두시간 설계교통량은 AADT 및 K계수와 D계수를 이용하여 다음식으로부터 얻을 수 있다.

$$PDDHV = AADT \times K \times D / PHF \qquad (7.1)$$

여기서 $PDDHV =$ 첨두시간 설계교통량(대/시)
$AADT =$ 연평균 일교통량(대/일)
$K =$ 첨두시간 교통량(30HV)의 $AADT$에 대한 비율
$D =$ 첨두시간 중방향 교통량의 양방향 교통량에 대한 비율

7.3.2 설계차량

그 도로를 이용할 것이라 예상되는 모든 차량의 종류를 파악하고 분류하여 각 부류별로 대표적인 차량크기를 결정하여 설계에 이용할 필요가 있다. 설계차량이란 이와 같이 대표적으로 선정된 차량으로서 그것의 중량, 크기 및 운행특성은 그 부류의 차량에 적합한 도로를 설계하는 데 이용되는 설계기준 차량이다. 설계차량은 중량과 크기 외에 그 부류의 모든 차

량보다도 큰 최소회전반경을 갖는다. 고속도로는 거의 모든 부류의 설계차량에 적합하도록 설계하여야 한다. 그러나 곡선반경이 적은 교차로와 연석이 있는 노폭이 좁은 도시도로에서는 어떤 차량이 설계를 지배하는지를 잘 판단해야 한다.

소요 차로수를 결정하는 데는 차량을 승용차와 트럭의 두 가지 부류로 나누면 충분하지만 도로의 세부설계를 위해서는 더욱 자세한 차량특성을 알 필요가 있다. 차량의 폭은 차로폭을 결정하고, 차량길이는 곡선반경 및 확폭에 영향을 미치며 차량높이는 지하차도와 같은 입체분리구조물(grade separation structure)의 통과높이(clearance)에 영향을 미친다.

7.3.3 설계속도

속도는 도로이용자가 노선이나 교통수단을 선택하는 데 있어서 가장 중요한 요소일 뿐만 아니라 도로설계에서도 아주 중요하다. 설계속도란 어떤 특정구간에서 모든 조건이 만족스럽고 속도가 단지 그 도로의 물리적 조건에 의해서만 좌우되는 최대안전속도를 말한다. 그러므로 설계속도가 정해지면 평면 및 종단선형, 시거, 편경사, 갓길 및 차로폭, 건축여유폭 등 설계요소는 이 속도에 맞추어 설계된다. 이들 설계속도의 허용한계값은 자유류 상태의 교통량과 예상되는 도로조건에서 충분히 안전성을 가질 수 있도록 하는 값이다.

설계속도의 선택은 주로 도로의 기능에 기초를 둔다. 예를 들어 지역 간의 많은 교통을 처리해야 하는 지방부의 어느 도로라면 국지교통을 처리하는 도시간선도로보다 높은 설계속도를 가져야 할 것이다. 또 설계속도의 선택은 평균통행길이를 고려해야 하며 긴 통행을 처리하는 도로는 높은 설계속도를 가진다. 설계에서 포함되는 모든 요소는 그 설계속도에 맞추어 일관성을 유지하면서 서로 균형을 맞추어야 한다. 운전자는 도로와 교통의 특성에 맞추어 그들의 속도를 선택하는 것이지 그 도로의 등급이나 기능에 따라 속도를 선택하는 것이 아니다.

설계속도는 통상 10 kph의 배수로 나타낸다. 설계속도는 최저설계기준을 수립하기 위해서 사용되어진다는 사실이 중요하다. 설계속도에 적합한 최소설계기준보다 높은 기준을 사용하는 경우는, 이로 말미암은 추가비용 부담이 없을 때에 한한다.

상당히 긴 도로구간을 설계할 때는 일관성을 가진 설계속도를 갖도록 하는 것이 무엇보다 중요하다. 한 도로상에서 설계속도가 바뀌는 경우는 지형이나 물리적인 조건이 큰 변화를 보일 때이다. 이때의 속도변화는 긴 구간에 걸쳐서 점진적으로 이루어지게 하여 설계속도 변화지점에 이르기 전에 운전자로 하여금 운행속도를 안전하게 조정할 수 있도록 해야 한다.

구릉지(丘陵地)나 산지와 같은 전반적으로 설계속도가 낮은 도로에서 직선구간이나 완만한 곡선구간이 많이 있거나 이런 구간이 길면 운전자는 속도를 높이는 경향이 있으므로 이러한 구간은 설계속도를 운전자의 성향에 맞게 높여서 건설하는 것이 안전하다.

교통과 도로조건이 운전자가 속도를 마음대로 선택할 수 있을 정도라면 그 속도의 변화범위는 대단히 넓다. 설계속도는 이러한 속도분포를 많이 수용할 수 있는 값이면 좋다. 다시 말하면 교통량이 적고, 조건이 허락한다면 설계속도보다 높은 속도로 달리는 운전자가 어느 정도는 있다는 사실을 인정해야 한다. 최저설계속도를 설계기준으로 사용한다면 교통량이 적을 때는 속도제한을 해야 한다. 바람직한 최저설계속도는 [표 7-3]에 나타나 있다. 안전성이 보장되고 건설비용이 허락하면 표에 나타난 최저 값보다는 높은 설계속도를 사용하도록 해야 한다.

표 7-3 도로종류별 최저설계속도

도 로 구 분		최저설계속도(kph)		
		지 방 지 역		도 시 지 역
		평 지	산 지	
고 속 도 로		120	100	100
일반도로	주 간선도로	80	60	80
	보조 간선도로	70	50	60
	집산도로	60	40	50
	국지도로	50	40	40

7.3.4 용량 및 서비스수준

용량은 교통계획에서 도로의 필요성을 평가하는 데 사용되며, 교통운영분석과 또 하나의 설계지배 요소로서 도로설계에도 사용된다.

설계교통량은 계획연도에 그 도로를 이용할 것이라고 예측하는 교통량이며, 설계용량은 설계교통량이 그 도로를 이용할 때 정해진 서비스수준(설계 서비스수준)에 도달하도록 설계된 도로가 통과시킬 수 있는 최대 가능교통량을 말한다. 우리나라 도로의 설계 서비스수준은 [표 7-4]에 나타나 있다. 이 수준이 높으면 고급도로라 할 수 있지만 비용이 많이 든다. 미국은 우리나라보다 한 단계 정도 더 높다.

도로의 운영상태, 즉 서비스수준은 교통조건인 교통량 및 교통구성에 따라 크게 달라지며 같은 조건하에서는 도로조건, 즉 차로수, 차로폭, 경사 등에 따라 변한다. 따라서 주어진 설

표 7-4 설계 서비스수준의 기준

구 분	지 방 부	도 시 부
자동차 전용도로	*C*	*D*
일 반 도 로	*D*	*D*

계교통량에 대해서 주어진 서비스수준을 나타내기 위해서는 적절한 용량을 갖도록 설계해야 한다. 그러기 위해서는 설계 서비스수준이 정해져야 설계용량을 계산할 수 있고 이에 따라 도로조건을 설계할 수 있다.

도로의 서비스수준은 혼잡도를 나타내며 도로 이용자의 관점에서 볼 때 혼잡도를 가장 잘 나타낼 수 있는 지표는 통행속도이다. 이 속도는 어느 구간을 주행하는 차량들의 평균통행속도(average travel speed)로서 쉽게 측정 및 계산된다. 교차로에서와 같은 단속교통류에서는 대기시간이 혼잡도의 기준이 된다.

도로의 운영상태를 서비스수준 *A*에서 *F*까지 등급을 매겨 평가한 것은 미국의 도로용량편람(Highway Capacity Manual)이 처음으로 시도한 것이며 오늘날에 와서 이 방법이 널리 사용되고 있다.

각 서비스수준을 나타내는 지표는 앞에서 말한 대로 밀도 또는 운행속도나 평균통행속도, 또는 교통량 대 용량의 비(v/c비)이며, 교차로의 경우는 평균정지지체시간 등으로 나타낸다. 각 교통시설별로 서비스수준을 측정하는 효과척도(Measures of Effectiveness, MOE)와 이들 MOE값에 해당되는 서비스수준은 제6장에서 설명한바 있다.

설계교통량이 도로를 이용할 때, 주어진 설계 서비스수준에 도달하기 위해서는 좀 더 큰 값의 용량을 가지는 도로를 설계하는 것이 바람직한 설계 개념이다. 이때 이 용량을 설계용량(design capacity)이라 한다.

7.4 설계요소

[표 7-5]는 도시부에서 여러 가지 도로종류에 따른 최소설계표준을 종합한 것이다. 이 표준은 최소치이기 때문에 가능한 한 이보다 높은 수준의 값을 택할 필요가 있음에 유의해야 한다. 다음에 언급되는 사항은 설계에 적용되는 일반적인 원칙과 이에 따른 설계표준과의 관계를 설명한다.

표 7-5 최소설계표준

설 계 요 소	고속 또는 고속화도로	간선도로	집 산 도 로		국 지 도 로	
			주거지역	기타	주거지역	기타
차로수	4 이상	4~6	2	4	2	2~4
차로폭(m)	3.5	3~3.5	3~3.3	3.3	2.7~3.3	3.3
도로변주차로 폭(m)	3	3	2.1~2.4	3	2.1~2.4	3
노변지역 폭(m)	4.8	3.6	3	2.4	1.5~3	2.4
중앙분리대폭(m)	6	4.2~6	–	4.2~6	–	–
도로부지 폭(m)	36 이상	24~39	18	24	15~18	18~21
설계 속도(kph)	80~120	50~100	50	50~65	40	40~50
정지시거(m)	165	105	60	75	48	60
곡선반경(m)	225	150	80	80	–	–
경사(%)	3	4	8	8	12	12

자료: 참고문헌(2) p.23

7.4.1 시 거

차량을 안전하게 운행하기 위해서는 항상 적당한 거리 앞을 바라볼 수 있어야만 필요한 정보를 미리 검지하여 적절한 행동을 취할 수 있다. 안전운행을 위해서는 진행경로상의 위험요소를 발견하고 급정차하는 데 필요한 최소거리보다 항상 더 멀리 볼 수 있어야 한다. 그러나 효율적인 운행을 위해서는 위험요소를 발견하고 앞에서처럼 정지함이 없이 여유있게 행동을 판단하고 이를 피할 수 있게끔 더 멀리 볼 수 있어야 한다. 뿐만 아니라 양방향 2차로 도로에서 저속차량을 추월하기 위해서는 맞은편에서 오는 차가 있는지 없는지를 확인하기 위해서 추월에 필요한 거리만큼 앞을 볼 수 있어야 한다.

다음에는 이들 세 시거, 즉 정지에 필요한 거리로서 모든 도로에 적용되는 정지시거(stopping sight distance)와 복잡한 장소에서 정지하지 않고 행동을 판단하고 반응하는 데 필요한 거리인 피주시거(decision sight distance), 그리고 추월하는 데 필요한 거리로서 양방향 2차로 도로에만 적응되는 추월시거(passing sight distance)에 관해서 자세히 설명하기로 한다.

(1) 정지시거

안전정지거리란 운전자가 설계속도 혹은 그와 가까운 속도로 운행하는 동안 운행경로상의 어떤 물체를 발견하고 그 이전에 정지하기 위해서 볼 수 있어야 하는 최소거리를 말한다.

정지시거는 물체를 본 시간부터 브레이크를 밟아 브레이크가 작동하기까지 달린 거리와 브레이크가 작동되고부터 정지할 때까지의 미끄러진 거리로 이루어진다. 첫 번째의 거리는 인지반응시간 동안 달린 거리로서 이는 차량의 속도와 운전자의 능력에 따라 달라지나 설계목적으로 통상 2.5초를 사용한다. 이 중에서 1.5초는 반사시간으로서 지각, 식별, 행동판단 시간이며 1.0초는 근육반응 및 브레이크 반응시간으로 본다.

제동거리를 계산하는 공식은 2장의 가속, 감속에서 자세히 언급한 바와 같이 타이어-노면의 마찰계수와 속도 및 도로의 경사에 좌우된다. 마찰계수는 노면상태, 타이어 마모정도, 차량종류, 기후조건 및 속도에 따라 달라진다. 설계에 사용되는 마찰계수는 이와 같은 여러 가지 영향에 의한 마찰계수의 평균값보다는 이러한 조건들을 포함하는 적은 값이어야 한다. [표 7-6]은 이러한 조건들을 고려하여 설계목적으로 계산된 최소정지시거를 나타낸 것이다. 여기에 나타낸 값은 평지에서 젖은 노면에 대한 값이다. 이 표는 또 비교의 목적으로 건조한 노면에 대한 마찰계수와 이에 따른 정지시거를 함께 나타내었다. 오르막길에서의 정지시거는 짧아지며 내리막길에서의 정지거리는 길어진다.

표 7-6 최소정지시거

(젖은 노면)

설계속도 (kph)	예상속도 (kph)	PIEV과정		마찰계수	평지에서의 제동거리(m)	정지시거	
		시간(초)	거리(m)			계산치(m)	설계기준(m)
30	30	2.5	20.9	0.40	8.9	29.8	30
40	38~40	2.5	26.4~27.8	0.38	15.0~16.6	41.4~44.4	45
50	46~50	2.5	32.0~34.8	0.35	23.8~28.1	55.8~62.9	65
60	54~60	2.5	37.5~41.7	0.33	34.8~42.9	72.3~84.6	85
70	62~70	2.5	43.1~48.7	0.31	18.8~62.2	91.9－110.9	110
80	70~80	2.5	48.7~55.6	0.30	64.3~84.0	113.0~139.6	140
90	78~90	2.5	54.2~62.6	0.29	82.6~110.0	136.8~172.6	170
100	86~100	2.5	59.8~69.5	0.29	100.4~135.8	160.2~205.3	200
110	94~110	2.5	65.3~76.5	0.28	124.2~170.1	189.5~246.6	250
120	102~120	2.5	70.9~83.4	0.28	146.3~202.5	217.2~285.9	280

(건조 노면)

설계속도 (kph)	예상속도 (kph)	시간(초)	거리(m)	마찰계수	평지에서의 제동거리(m)	계산치(m)	설계기준(m)
30	30	2.5	20.8	0.66	5.4	26.2	30
40	40	2.5	27.8	0.64	9.8	37.6	40
50	50	2.5	34.7	0.62	15.9	50.6	55
60	60	2.5	41.7	0.61	23.2	64.9	65
70	70	2.5	48.6	0.59	32.7	81.3	85
80	80	2.5	55.6	0.58	43.4	99.0	100
90	90	2.5	62.5	0.57	55.9	118.4	120
100	100	2.5	69.4	0.56	70.3	139.7	140
110	110	2.5	76.4	0.55	86.6	163.0	165
120	120	2.5	83.3	0.54	105.0	188.3	190

설계목적으로 시거를 계산할 때 젖은 노면상태를 기준으로 하면서도 속도를 줄이지 않고 그대로 사용하는 이유는 관찰 결과 젖은 노면이라 하더라도 운행속도에 별다른 변화를 보이지 않기 때문이다.

이 표에 나타난 정지시거의 범위는 각 해당 속도에 대해서 바람직한 값이나 설계를 위한 기준으로는 그 범위의 상한값보다 커야만 젖은 노면에서 설계속도로 운행하는 운전자의 안전성에 여유를 줄 수 있다.

정지시거를 측정하기 위한 기준으로서 운전자의 눈높이를 1.0 m로 하며 노면 위의 위험물체의 높이를 15 cm로 한다.

(2) 추월시거

대부분의 지방도로는 양방향 2차로 도로이기 때문에 천천히 달리는 앞차를 추월하기 위해서는 중앙선을 넘어야 할 경우가 있다. 이때 안전하게 추월하기 위해서는 추월하기에 필요한 거리 내에 맞은편에서 오는 차가 없어야 하며, 또 맞은편에서 오는 차의 유무를 알기 위해선 그만한 거리 앞을 볼 수 있어야만 추월할 것인가 말 것인가를 판단할 수 있다. 이때 추월하는 데 필요한 최소거리로서 추월가능성을 판단하기 위해서 앞을 바라볼 수 있어야 하는 거리를 추월시거라 한다. 다시 말하면 이 거리는 추월차량이 중앙선을 넘어 앞차를 추월하여 다시 본 차로로 돌아올 동안 맞은편에서 오는 차량과 충돌을 피할 수 있는 거리이다.

[그림 7-1]에서 보는 바와 같이 최소추월시거는 아래의 네 요소를 합한 값이다.

d_1 = 추월가능성을 판단하기 위하여 맞은편 차로를 보는 순간부터 추월가능성을 판단하고 추월을 결심하며 가속하여 중앙선을 넘기까지 달린 거리

d_2 = 추월차량이 좌측차로를 조금이라도 걸치거나 넘어서 달린 거리

d_3 = 추월차량이 본 차로에 복귀했을 때 맞은편 차량과의 안전여유거리

d_4 = 추월차량이 좌측차로를 차지한 시간의 2/3 동안 맞은편 차량이 달린 거리. 추월차량이 $(1/3)d_2$ 내에 있는 동안에는 위험하다면 다시 본 차로로 복귀할 수 있으나 $(2/3)d_2$ 내에 있을 동안에는 복귀가 곤란하므로 맞은편 차량의 속도가 추월차량과 같다고 할 때 $d_4 = (2/3)d_2$

사실상 추월시거는 추월차량이 d_1, d_2를 달리는 동안에 맞은편 차량이 달린 모든 거리가 포함되어야 하나($2/3d_2$만이 아니라) 그렇게 되면 추월시거가 너무 길어져 추월을 위한 건설

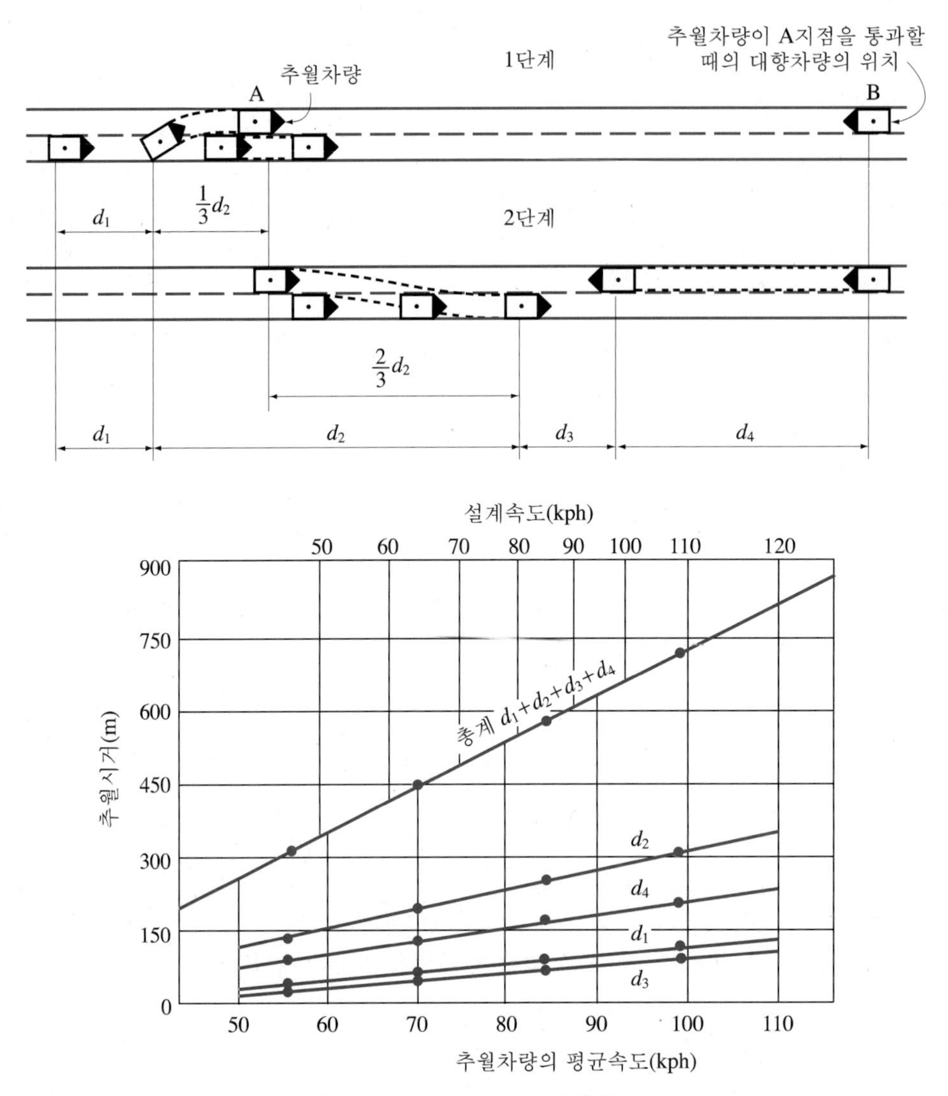

그림 7-1 2차로 도로에서의 추월시거

비가 많아지므로 경제성을 잃게 된다. 따라서 추월차량이 추월행동을 하다가도 이를 포기하고 원래 차로로 안전하게 복귀하는 것을 허용한다면 추월시거는 훨씬 짧아진다. 다시 말하면 추월행동의 최종판단을 d_1의 시작점이 아니라 A지점에서 하게 함으로써 추월시거를 줄이는 대신 추월행동을 취했다가 포기하고 본 차로로 복귀하는 경우를 허용하게 된다. [표 7-7]은 실제 설계에서 기준으로 사용되는 최소추월시거를 나타낸다.

추월구간은 되도록 길며 전 노선에 걸쳐 많이 있을수록 좋다. 특히 교통량이 많은 2차로 도로에서는 길고 잦은 추월구간이 필수적이다. 반면에 교통량이 적은 도로에서는 추월구간

표 7-7 2차로 도로설계에서의 최소추월시거 기준

설계속도 (kph)	가정 속도		d_1			d_2		d_3 (m)	d_4 (m)	최소추월시거(m)	
	피추월차량 (kph)	추월차량 (kph)	α (m/s^2)	t_1 (초)	d_1 (m)	t_2 (초)	d_2 (m)			계산값	설계기준
30	25	40	0.6	2.9	20	8.5	94	20	63	198	200
40	35	50	0.61	3.1	33	8.8	122	35	82	276	280
50	45	60	0.62	3.4	46	9.2	153	40	102	342	350
60	50	65	0.63	3.7	56	9.6	173	50	116	395	400
70	60	75	0.64	4.0	72	10.0	208	60	139	479	480
80	65	80	0.65	4.3	84	10.4	231	70	154	539	540

이 그다지 길고 잦을 필요가 없다. 예를 들어 평균도로속도(average highway speed)가 100 kph인 고급 2차로 도로에서 평균운행속도(average operating speed)가 80 kph일 때, 추월시거의 제한이 없으면 차로당 서비스교통량이 990 vph이던 것이 추월구간의 길이가 전 노선 길이의 40%가 되면 680 vph로 줄어들며 만약 설계속도가 110 kph보다도 적어지면 이와 같은 감소효과는 더욱 커진다.

가파른 산지부의 2차로 도로에서는 추월시거를 확보하기 위하여 경사를 낮추는 데에 돈을 들이는 것보다도 정지시거만 확보된 4차로도로 구간을 간헐적으로 건설하는 것이 훨씬 경제적일 수 있다.

추월시거를 측정하기 위한 기준으로서 운전자의 눈높이를 1.0 m로 하며 맞은편에서 오는 차량의 높이를 1.2 m로 한다.

(3) 피주시거

정지시거는 유능한 운전자가 보편적인 주변환경에서 급정거하는 데 필요한 거리이다. 그러나 복잡한 도로조건 및 교통환경에서 예측하지 못한 행동을 해야 할 경우에는 이 거리로써는 부족하며, 또 이 거리로서는 정지를 하지 않아도 될 정도의 어떤 행동반응을 취하기에는 부족하다.

피주시거란 운전자가 진행로 상에 산재해 있는 예측하지 못한 위험요소를 발견하고 그 위험가능성을 판단하며, 적절한 속도와 진행방향을 선택하여 필요한 안전조치를 효과적으로 취하는 데 필요한 거리이다. 피주시거는 운전자의 판단착오를 시정할 여유를 주고 정지하는 대신 동일한 속도로, 또는 감속을 하면서 안전한 행동을 취할 수 있게 하기 때문에 이 길이는 정지시거보다 훨씬 큰 값을 갖는다.

피주시거는 운전 중 어떤 정보를 받아들이고 행동판단을 하는 데 있어서 착오가 일어날 가능성이 있는 곳에서는 꼭 필요하다. 특히 인터체인지와 교차로, 예측하기 곤란하거나 유다른 행동이 요구되는 지점, 톨게이트 또는 차로수가 변하는 지점 또는 도로표지, 교통통제시설 및 광고 등이 한데 몰려 있어 시각적인 혼란이 일어나기 쉬운 곳에는 반드시 피주시거가 확보되어야 한다. 이와 같은 중요지점에 사용되는 피주시거의 설계기준은 [표 7-8]과 같다. 이 표에서 볼 수 있는 바와 같이 주행 중 어떤 위험한 물체를 속도를 줄이지 않고 회피하기 위해서는 10-14초 이전에 그 물체가 있다는 것을 인지해야 한다.

표 7-8 피주시거

설계속도 (kph)	총 반응시간(초)				피주시거(m)	
	지각 및 식별	행동판단 및 반응	반응행동	계	계산치	설계치
50	1.5~3.0	4.2~6.5	4.5	10.2~14.0	135~185	135~185
60	1.5~3.0	4.2~6.5	4.5	10.2~14.0	169~232	170~230
70	1.5~3.0	4.2~6.5	4.5	10.2~14.0	195~267	195~265
80	1.5~3.0	4.2~6.5	4.5	10.2~14.0	224~308	225~310
90	1.8~3.0	4.5~6.8	4.5	10.8~14.3	274~350	275~350
100	2.0~3.0	4.7~7.0	4.5	11.2~14.5	308~395	310~395
110	2.0~3.0	4.7~7.0	4.0	10.7~14.0	392~430	330~430

만약 평면 및 종단곡선부로 인해 이 피주시거 확보가 여의치 못하면 이와 같은 조건으로 인해 일어날 수 있는 위험요소를 미리 알려주는 표지판을 설치해 주어야 한다.

피주시거를 측정하거나 계산하기 위한 기준으로서 정지시거와 같은 기준인 눈높이 1.0 m, 물체높이 15 cm를 사용한다.

7.4.2 평면선형

도로의 평면선형은 곡선과 직선으로 이루어진다. 차량이 곡선을 따라 움직일 때 원심력이 작용하여 바깥쪽으로 밀리거나 쏠리게 되므로 이에 대항하기 위하여 곡선부분의 바깥쪽에 편경사(superelevation)를 만들어 준다. 또 직선구간에서 곡선구간으로 진행될 때 완만한 변화를 만들어 주기 위하여 완화곡선(easement curve 또는 transition curve)을 사용한다.

평면선형은 일반적인 여건 하에서 예상되는 속도로 계속적인 운행이 가능하게끔 균형을 이루는 것이 중요하다. 예를 들어 긴 직선구간에 급커브구간이 연결된다면 직선구간을 고속으로 달리던 차량이 급커브에서도 고속으로 달릴 우려가 있다. 운전자는 도로조건의 합리적인 변화에는 잘 순응하지만 갑작스런 변화에는 즉각적인 반응을 하기가 어렵다.

도로 곡선부의 설계에서 설계속도, 곡선반경 및 편경사는 서로 밀접한 관계가 있음은 앞에서도 설명한 바 있다. 이들의 관계는 역학법칙에서 도출될 수 있지만 실제 설계에 사용되는 값은 경험에 의해서 어느 정도 알려진 설계지배 요소들에 좌우된다.

(1) 편경사

편경사는 차량이 곡선부를 돌 때 원심력에 의해서 바깥쪽으로 미끄러지거나 전도되는 것을 방지하기 위하여 곡선부 바깥쪽을 높여 경사를 지워주는 것을 말한다. 원심력은 차량의 중심에 작용하여 바깥쪽 바퀴와 노면의 접촉점을 중심으로 한 전도모멘트를 유발하며, 반대로 차량의 중량이 중심을 향해 아래로 작용함으로 인해서 차량을 곡선의 안쪽으로 전도시키려 하는 반대방향의 안정모멘트가 발생한다. 만약 전도모멘트가 안정모멘트보다 크면 바깥쪽으로 전도가 일어날 수 있지만 일반차량의 경우 중심이 낮게 설계되어 있어 그런 예는 극히 드물며, 더욱이 일반적인 도로조건에서 안정모멘트가 전도모멘트보다 클 정도의 편경사를 두는 예는 없으므로 곡선부 안쪽으로 전도도 생각할 수 없다. 따라서 곡선부에서의 차량은 전도의 위험보다는 바깥쪽으로 미끄러지는 경우가 더 많이 생긴다. 그러나 대형트럭의 경우는 중심이 높기 때문에 미끄러지기 전에 전도가 발생하는 경우를 종종 볼 수 있다.

곡선부의 노면이 수평이면 차량에 작용하는 원심력에 대항하는 힘은 단지 노면과 타이어 간의 횡방향 마찰력뿐이다. 그래서 편경사를 만들어 줌으로써 원심력에 의한 노면에 평행한 방향으로 작용하는 힘을 줄이고 아울러 차량의 무게에 의한 원심력과 반대되는 방향의 힘을 얻을 수 있다. 여기서 노면과 타이어 간의 마찰계수는 정지시거 등에 사용하는 종방향이 아닌 횡방향 마찰계수를 말한다.

[그림 7-2]는 편경사가 설치된 곡선부를 지나는 차량에 작용하는 힘들을 나타낸다.

편경사 노면에 수직인 힘들의 평형상태는

$$W\cos\beta + \frac{W \cdot v^2}{g \cdot R}\sin\beta = \mathrm{N}$$

노면에 수평인 힘들의 평형상태는

$$W\sin\beta + F = \frac{W \cdot v^2}{g \cdot R}\cos\beta$$

이다. 여기서 노면과 타이어의 횡방향 마찰력 F는 $f \cdot N$이므로,

$$W\sin\beta + f\left(W\cos\beta + \frac{W \cdot v^2}{g \cdot R}\sin\beta\right) = \frac{W \cdot v^2}{g \cdot R}\cos\beta$$

이들의 양변을 $W\cos\beta$로 나누면,

$$\tan\beta + f + \frac{v^2}{g \cdot R} \cdot f \cdot \tan\beta = \frac{v^2}{g \cdot R}$$

여기서 $\tan\beta$는 편경사 e와 같으므로,

$$e + f = \frac{v^2}{g \cdot R}(1 - f \cdot e)$$

이며, $f \cdot e$는 대단히 적은 값이라 이를 무시하면,

$$e + f = \frac{v^2}{g \cdot R} \tag{7.2}$$

이다. 속도 v의 단위를 kph, R을 m, g를 9.8m/sec^2, e와 f는 소수로 나타낸다면 위의 식은 다음과 같이 표시된다.

$$e + f = \frac{v^2}{127R} \tag{7.3}$$

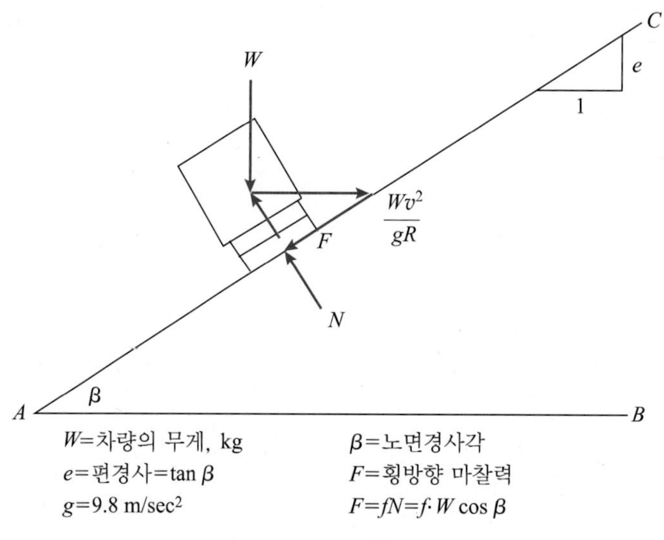

그림 7-2 편경사 이론

그러므로 주어진 설계속도에 대한 최소곡선반경 R은 최대편경사와 최대허용마찰계수로부터 구할 수 있다. 즉,

$$R = \frac{v^2}{127(e+f)} \tag{7.4}$$

이론적으로 주어진 설계속도에 대하여 e와 f를 매우 크게 하여 R을 작게 할 수 있다 또 자동차 경주 트랙에서처럼 실제로 그렇게 하기도 한다. 그러나 편경사값을 너무 크게 하면 제동 시 곡선부 내측으로 쏠리는 힘을 받고, 노면 결빙 시 정지하거나 설계속도보다 낮은 속도로 주행할 때는 차량이 곡선부 안쪽으로 미끄러져 내려오게 되므로, 편경사는 지방부도로의 경우 0.08 이하, 도시부도로에는 0.06 이하로 하는 것이 적당하다. 특별히 강설량이 많거나 상습적인 결빙지역이면 이보다 낮은 값의 최대편경사를 사용해야 한다. 교차로의 회전차로에서는 편경사를 사용하지 않는다.

최대편경사 상태에서 타이어－노면의 횡방향 마찰계수가 최대마찰계수(0.7 정도)에 도달하게끔 곡선반경을 줄일 수도 있다. 그러나 설계표준으로 사용되는 최대허용 마찰계수는 이보다 훨씬 적은 값을 사용한다. 그 이유는 운전자가 곡선부에서 안전하고 쾌적하게(곡선부 외측으로 몸쏠림이 너무 일어나지 않게) 차량을 통제할 수 있는 횡방향 원심가속도(v^2/R)의 한계가 $0.3g \fallingdotseq 3\,\text{m/sec}^2$ 정도이기 때문이다. 식 (7.2)에서 원심가속도는 $(e+f)g$와 같으므로 결국 운전자가 곡선부에서 원심력에 대항해서 차량을 적절히 통제할 수 있는 $(e+f)$값은 0.3범위 이내에 있어야 한다.

[표 7-9]는 지방부도로나 도시고속도로의 최대편경사에 따른 최대허용마찰계수와 최소곡선반경을 나타낸 것이다. 일반 도시부도로의 최대편경사에 따른 최대허용마찰계수 및 최소곡선반경은 [표 7-10]에 나타나 있다.

(2) 완화곡선(easement curve)

완화곡선은 직선부와 곡선부를 원활하게 연결시켜 주기 위한 것이다. 직선구간에서는 편경사가 필요 없으나 원곡선(circular curve)에서는 완전한 편경사가 필요하기 때문에 고속에서 차량의 안전과 승객의 안정감을 유지하기 위해서는 직선부와 원곡선 사이에 완화곡선(주로 나선곡선 또는 clothoid 곡선)을 넣고 편경사를 점진적으로 변화시켜 준다. 나선형 완화곡선은 직선부의 무한대 곡선반경에서부터 점차적으로 곡선반경이 감소되어 일정한 곡선반

표 7-9 지방부 및 도시고속도로의 e, f에 따른 최소곡선반경

설계속도 (kph)	최소 평면곡선반경(m)		
	적용 최대편경사		
	6%	7%	8%
120	710	670	630
110	600	560	530
100	460	440	420
90	380	360	340
80	280	265	250
70	200	190	180
60	140	135	130
50	90	85	80
40	60	55	50
30	30	30	30

표 7-10 저속 도시부도로의 e, f에 따른 최소곡선반경

설계속도 (kph)	최대 e	최대허용(설계) f	합계 $(e+f)$	최소곡선반경 (m)
30	0.06	0.300	0.360	20
40	0.06	0.252	0.312	40
50	0.06	0.215	0.275	72
60	0.06	0.188	0.248	115
30	0	0.300	0.300	24
40	0	0.252	0.252	50
50	0	0.215	0.215	92
60	0	0.188	0.188	151

자료: 참고문헌(3)

경을 갖는 원곡선부에 이르는 경과구간으로서, 원심력 또한 점차적으로 증가하므로 편경사도 이에 따라 점진적으로 증가하도록 해준다.

편경사는 통상 직선구간에서부터 변하기 시작하여 완화곡선을 거치는 동안 일정한 비율로 변하고 원곡선의 시점에서 완성된다. 이때 편경사가 변하기 시작하여 바깥쪽 노면경사가 수평이 되는 지점(T.S 또는 S.T)까지를 tangent runout이라 부르고, 그 점에서부터 편경사가 완성되는 점(S.C 또는 C.S)까지를 편경사 변화구간(superelevation runoff) 또는 완화구간이라 부른다. 통상 전자는 직선구간에 놓이며 후자, 즉 편경사 변화구간은 완화곡선 구간에 놓인다[그림 7-3].

원칙적으로 완화곡선은 생략하지 않는 것이 바람직하지만 주어진 설계속도에 대해서 곡

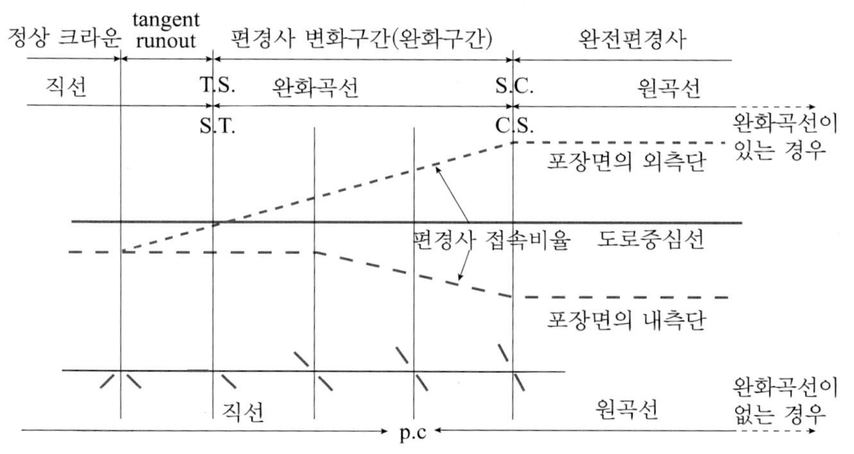

(가) 중심선에 대한 노면의 회전

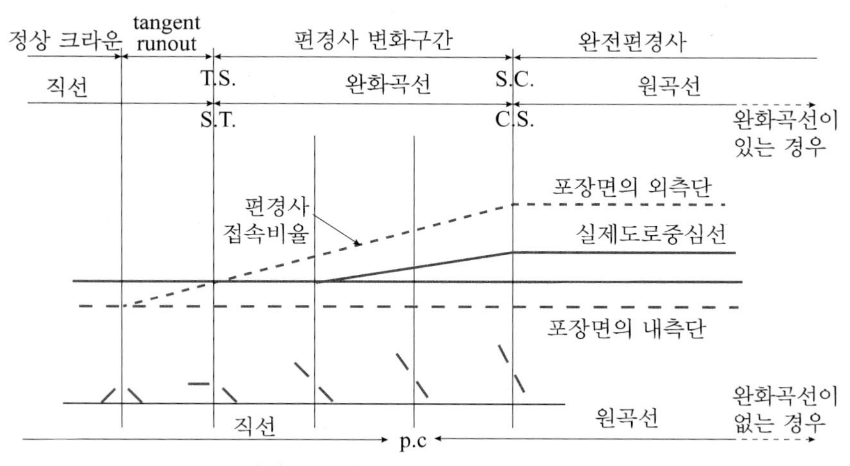

(나) 내측단에 대한 노면의 회전

주: T.S. = tangent to spiral, S.C. = sprial to curve
S.T. = spiral to tangent, C.S. = curve to spiral
P.C. = point of curve

그림 7-3 편경사 설치방법

선반경이 매우 크면 완화곡선을 생략해도 무방하다. 완화곡선을 사용하지 않을 경우의 편경사 변화구간(완화구간)은 직선부에 60~80% 정도, 나머지를 원곡선 부분에 설치하는 것이 원칙이다.

편경사 변화구간의 길이는 소요 편경사, 설계속도, 곡선반경 및 도로폭에 따라 다르나, 일반적으로 소요되는 편경사가 완전히 이루어졌을 때 노면중심선에서 노면 끝단까지의 수직 높이의 50~200배로 한다. 그러나 소요 편경사가 적을 경우에는 이에 따른 완화곡선의 길이가 대단히 짧을 수가 있다. 따라서 완화곡선의 길이는 운전자가 편경사의 변화를 느끼면서 최소한 2초 동안 주행할 수 있는 거리가 되어야 한다.

편경사는 노면을, ① 중앙선, ② 포장면의 내측단, ③ 포장면의 외측단을 중심으로 회전시켜서 얻는다. [그림 7-3]은 포장면의 중앙과 내측단을 중심으로 하여 회전한 두 경우의 편경사 변화를 나타낸 것이다. 중앙분리대가 있는 다차로도로인 경우에는 양쪽 차도별로 각각 회전시키거나, 혹은 중앙분리대가 좁거나 또는 곡선부 안쪽에 넓힐 수 있는 공간이 있으면 중앙분리대를 중심으로 회전시킨다.

(3) 평면곡선의 시거

평면곡선의 내측으로 바라보는 시거는 앞에서 설명한 종단시거와 마찬가지로 중요하다. 벽이나 절토(切土)경사, 건물, 가드레일 등과 같은 시계장애물이 곡선부 안쪽에 있으면서 그것을 제거할 수 없는 경우에는 선형을 변화시키거나 정상적인 도로 단면을 조정해 줌으로써 적절한 시거를 확보할 수 있다. 만약 설계속도에 따른 최소정지시거가 사용된 곳이라면, 실제조건에 맞는 적절한 시거를 얻기 위해서 필요한 조치를 취해야 한다.

평면곡선의 설계에 일반적으로 사용되는 시계는 곡선의 현(弦) 방향이나, 적용되는 정지시거는 곡선부 내측차로의 중심선을 따라 측정한 거리이다. [그림 7-4]는 여러 가지 곡선에서 안전 정지시거를 위한 시계를 확보하기 위해 필요한 중앙종거 m, 즉 곡선부 내측차로의 중심선에서부터 시계장애물까지의 최단거리를 나타내었다.

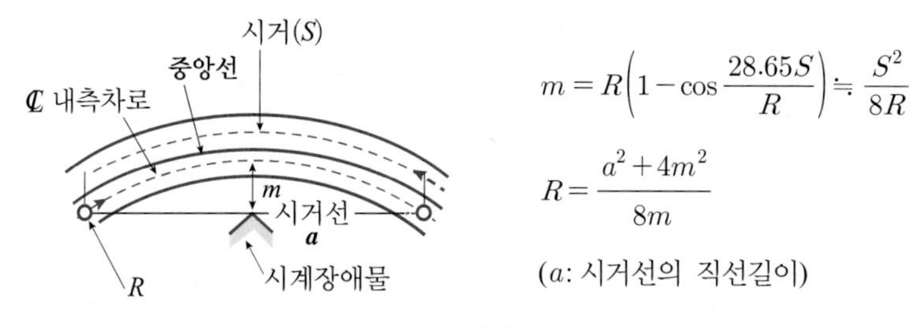

그림 7-4 평면곡선의 시계

7.4.3 종단선형

종단선형은 경사면과 종단곡선으로 이루어진다. 종단면도에서 볼 수 있는 바와 같이 종단선형은 도로중앙선의 높이의 변화를 나타내도록 직선과 종단포물선으로 연결되어 있다. 가장 바람직한 설계는 가능한 한 경사선을 지형을 그대로 따르되 좋은 승차감과 넓은 시계를 확보하고 토공량을 줄일 수 있도록 긴 종단곡선을 사용하는 것이다.

(1) 종단경사

종단경사는 속도와 용량 및 운행비용에 영향을 준다. 경사의 크기에 따라 차량의 운행특성은 크게 변하지만 근래의 승용차는 10% 이내의 긴 경사라도 속도의 감소없이 오를 수 있는 힘을 가지고 있다. 10%가 넘는 종단경사는 잘 사용하지 않으므로 경사가 속도에 미치는 영향은 트럭에 대해서만 고려한다. [표 7-11]은 우리나라 도로의 설계속도에 따른 최대종단경사를 나타낸다. 지형 등 부득이한 경우 지방부도로 및 도시고속도로에서는 경사를 3% 정도 증가하고, 도시부 일반도로에서는 2% 증가를 시켜도 좋으나 가능하다면 5%가 넘은 경사는 사용하지 않는 것이 좋고, 특히 눈이 많이 오는 지역은 5%를 넘어서는 안 된다.

표 7-11 설계속도와 최대종단경사

설계속도(kph)	종 단 경 사 (%)	
	표 준	부득이한 경우
120	3	4
110	3	5
100	3	5
90	4	6
80	4	6
70	5	7
60	5	8
50	5	8
40	6	9

퍼센트로 나타낸 경사의 크기뿐만 아니라 '경사의 최대길이'는 화물을 적재한 트럭이 현저한 속도감소 없이 오를 수 있는 최대길이를 말한다. 이때의 현저한 속도감소란 오르막구간의 진입속도보다 20 kph 낮은 속도를 말한다. 오르막구간의 진입속도가 설계속도와 같다고 할 때 감소된 속도에 도달하는 경사의 길이를 제한길이라 하며 경사길이는 그 값보다 짧아야 한다.

경사의 길이가 그 경사에 해당되는 '최대길이'보다 길면 경사가 적어지도록 선형을 바꾸거나 혹은 그 구간에 오르막차로를 설치하는 것이 바람직하다. 일반적으로 트럭이 많으면 그 도로의 용량과 서비스수준이 떨어지므로 이 오르막차로를 설치하기 위한 부가비용이 오르막차로를 설치함으로 인해 그 도로를 이용하는 다른 교통이 얻을 수 있는 이득보다 적어야만 그 차로의 설치는 타당성을 갖는다.

경사의 크기를 검토하는 데 고려해야 할 또 하나의 요소는 차량의 운행비용이다. 가장 바람직한 것은 경사를 줄이는 데 필요한 부가비용 및 운행비용과 경사를 감소시키지 않은 채 운행할 때의 운행비용을 비교하여 균형을 맞추는 것이다.

(2) 종단곡선

오르막 경사 다음에 내리막경사가 연결된 곡선을 볼록곡선(crest)이라 하고, 내리막경사 다음에 오르막 경사가 연결되는 곡선을 오목곡선(sag)이라 한다. 종단곡선은 안전하고 쾌적한 운행과 배수를 고려해서 설계해야 하며 종단곡선의 길이는 곡선부분에서의 시거와 토공량을 고려해서 선택한다.

직선종단경사를 연결하는 곡선은 포물선이 주로 사용된다. 이 곡선은 도로뿐만 아니라 철도의 종단곡선에서도 많이 사용되는 것으로서 수직 옵셋을 수식으로 계산하기가 용이하다는 장점이 있다.

종단곡선의 길이는 소요시거에 따라 결정된다. 운전자는 곡선상에 있는 물체를 소요시거보다 더 멀리서 볼 수 있어야 안선거리를 확보할 수 있다. 종단곡선의 길이를 구하기 위해서는 시거가 종단곡선보다 긴 경우와, 종단곡선보다 짧은 경우로 나누어 생각해야 한다. 이때 운전자의 눈높이를 1.0 m로 가정하고, 정지시거를 위해서는 도로상의 물체의 높이를 0.15 m로 가정하고, 추월시거를 위해서는 맞은 편에서 오는 차량의 높이를 1.2 m로 가정해서 종단곡선의 길이를 계산한다.

추월시거는 정지시거의 4배 이상이므로 당연히 추월시거를 위한 곡선의 길이는 정지시거를 위한 것보다 길다. 그러므로 만약 험한 지형에서 추월을 많이 해야 할 경우, 추월시거를 기준으로 한 2차로 도로보다 정지시거를 기준으로 한 4차로 도로의 건설비용이 더 적을 수 있다.

오목곡선의 길이를 결정하는 데 고려해야 할 사항은 전조등 시거, 승차감, 배수(排水) 등이며, 이 중에서 특히 전조등 시거가 가장 중요하다. 차량이 밤에 오목곡선을 운행할 때 운전자가 볼 수 있는 범위는 전조등이 밝히는 범위에 국한된다. 우리나라 오목곡선 설계기준이 되는 전조등의 높이는 0.6 m이며, 조명각은 윗 방향으로 1°이다.

종단곡선에서의 승차감의 변화는 오목곡선인 경우 중력과 원심력이 같은 방향으로 작용하 므로 볼록곡선에서 느끼는 것보다 크다. 따라서 쾌적한 승차감을 유지하기 위한 오목곡선의 길이도 곡선의 경사와 접근속도에 따라 결정된다

지하차도의 오목 종단곡선에서는 상부구조물에 의해서 시계가 차단되고 시거가 어느 정도 짧아진다. 이와 같은 조건에서 적절한 시거와 건축한계에 필요한 오목곡선의 길이도 구할 수 있다.

(3) 평면곡선과 종단경사의 조합

곡선부에서의 시계는 안전운행에 큰 영향을 미친다. 만약 평면선형과 종단선형이 따로 설계되거나 적절히 조화를 이루지 못하면 아주 부적절한 꼴이 되어 운전자에게 미치는 역효과가 크다.

평면선형과 종단경사의 결합은 도로의 주요 구간에서뿐만 아니라 연결로(ramp)나 교차로 등 방향전환을 하는 곳에서도 균형과 조화를 이루어야 한다. 속도를 줄일 필요가 있으면서 평면곡선과 종단곡선이 연결되는 곳에는 이 평면곡선부를 오르막길에 설치하는 것이 좋다. 어떤 경우이든 충분한 시거가 확보되어야 하며, 특히 곡선부가 시작되는 부분을 멀리서 잘 볼 수 있도록 하는 것이 안전면에서 대단히 중요하다. 연결로의 끝 부분에 곡선부가 설치된다면 이러한 모양이 눈에 잘 띄어야 되며 또 적절한 감속거리가 반드시 필요하다. 급한 평면곡선이 볼록곡선의 정상부근이나 오목곡선의 하단부에 설치되면 매우 위험하다.

적절한 배수를 위하여 배수로 경사와 배수공 등을 포함한 배수의 흐름을 충분히 검토해야 한다. 인터체인지와 같은 다소 복잡한 곳에서는 도로구간 전체에 대한 등고선을 그려 적절한 배수시설을 설계하는 것이 좋다. 연석이 설치된 도로에 편경사를 설치할 경우 노면배수를 반드시 고려해야 한다. 특히 연석으로 된 중앙분리대가 연속으로 설치되어 있으면 배수문제는 더욱 까다롭다.

7.4.4 횡단면 설계

도로 횡단면의 설계요소의 모양이나 크기는 그 도로의 용도에 따라 다르다. 높은 설계교통량을 가진 도로는 당연히 많은 차로를 필요로 하거나 넓은 갓길이나 중앙분리대 또는 출입제한을 필요로 할 것이다.

도로 횡단면의 설계요소는 크게 다음 세 가지로 나누어진다.

① 차도 : 차량이 통행하는 부분
② 노변지역 : 갓길, 배수시설, 기타 도로변 시설
③ 교통분리시설 : 중앙분리대, 측도

각 요소의 크기는 설계 서비스수준과 교통특성에 따라 달라진다. [그림 7-5]는 두 개의 전형적인 도시부도로의 횡단면과 지방부도로의 횡단면을 나타낸 것이다.

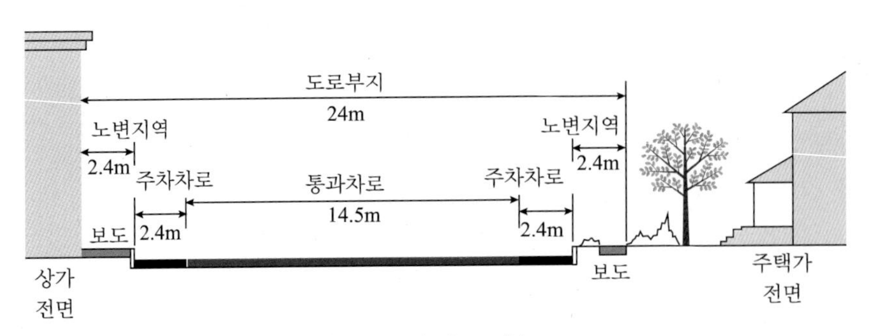

(가) 주차차로가 있는 도시부도로

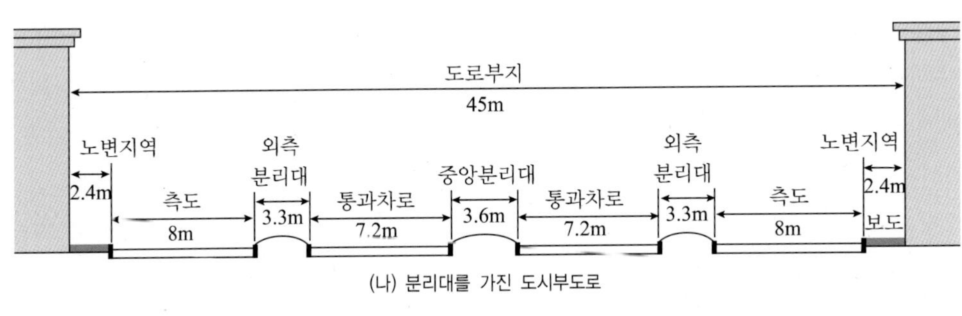

(나) 분리대를 가진 도시부도로

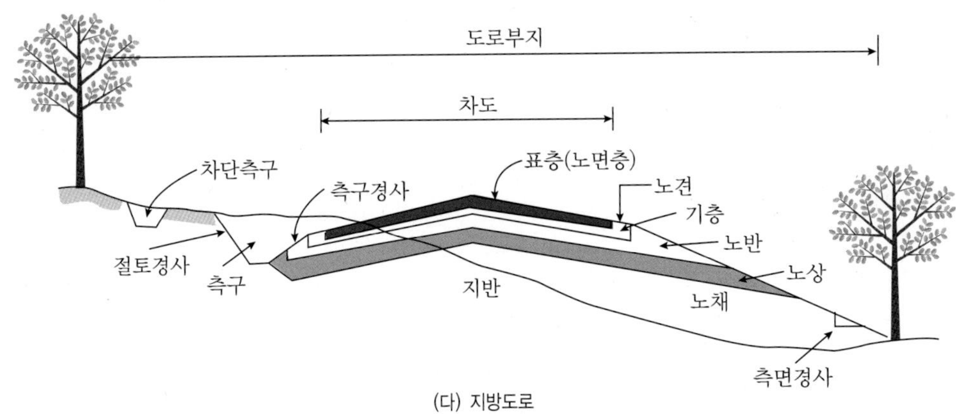

(다) 지방도로

그림 7-5 전형적인 도로의 횡단면

(1) 차 도

1) 차로수

도시부도로의 차로수는 설계교통량, 회전교통처리 및 출입의 필요성에 따라 좌우된다. 통상 주택지역에서는 차로분할이 그리 중요하지 않다. 주요 간선도로는 6차로까지가 바람직하며 그 이상이 필요한 경우에는 고속도로나 고속화도로 건설을 고려해야 한다. 집산도로는 통상 4차로이면 충분하나 경우에 따라서는 6차로도 가능하다. 상업지구나 공업지구에서는 하물적재와 국지교통을 함께 처리하기 위해 역시 6차로까지도 필요할 때가 있다.

지방부도로는 2차로 이상으로서 설계교통량에 따라 차로수가 결정된다. 고속도로는 4차로가 기준이며 장래 확장을 고려하여 당분간 2차로로 운용하는 수도 있고 또 특별한 경우 5차로 또는 6차로로 건설하는 수도 있다. 한 방향에 4차로 이상이 필요한 경우는 별도의 도로를 건설하는 것이 좋다.

2) 차로폭

차로폭에 대한 외국의 설계기준은 대부분 3.6 m 이하로 규정하고 있으며, 또 이에 따라 모든 차량의 크기도 여기에 준하여 제작되고 있다. 우리나라에서는 현재 3.5 m의 차로폭이 일반적으로 받아들여지고 있다. 3.5 m 이하의 차로는 용량을 감소시킬 뿐만 아니라 안전에도 바람직하지 못한 영향을 미치므로 고속도로나 교통량이 많은 도로에서는 잘 사용하지 않는다. 그러나 도로부지에 제한을 받는 곳이거나 도심지에서는 3.0 m 또는 3.25 m의 차로도 가능하다.

고속의 지방부 2차로 도로에서는 4.0 m 또는 4.2 m 정도의 차로도 있으나 그 이상의 넓이는 운전자가 이를 다차로로 사용할 염려가 있으므로 바람직하지 않다. 주차차로나 교차로 부근의 보조차로는 다른 차로폭 만큼은 넓어야 하며 3.0 m 이하가 되어서는 안 된다.

우리나라의 표준차로폭은 [표 7-12]와 같다.

표 7-12 차로폭의 표준치

설 계 속 도	차로폭의 표준치
80 kph 이상	3.50 m
60 kph	3.25 m
60 kph 이하	3.00 m

주: 회전차로의 차로폭은 2.75 m이다.

3) 주차차로의 폭

연석에 평행하게 주차하기 위해서는 2.4 m의 폭이 필요하나 운전자의 운신과 연석으로부터의 거리를 고려하여 3.7 m의 주차차로가 필요하다. 이 정도면 주차하거나 빠져나올 때 주차차로에 인접한 차로의 오른쪽 반만 이용하게 되므로 다른 차로의 교통을 크게 방해하지 않는다.

각도주차의 경우는 뒤에 다시 설명한다. 주요 간선도로는 인접 토지에 접근을 허용하지 않을 경우가 많으므로 주차차로를 마련하지 않는다.

4) 노면경사

노면의 횡단경사는 도로 중심선에서부터 노면 끝단까지의 횡단면 경사로서 배수의 목적으로 사용된다. 운전자의 핸들조작에 지장을 주지 않는 범위에서 배수를 고려한 바람직한 경사는 최대 4%까지이다. 보통 고급포장도로(콘크리트 또는 아스팔트콘크리트)의 경사는 1~2%이다. 저급도로일수록 포장 또는 비포장을 막론하고 경사를 급하게 해야 하며 그 범위는 1.5~4% 사이이다.

3차로 이상의 다차로도로의 경우 바깥 차로가 안쪽 차로보다 한 차로당 0.5% 정도씩 증가시켜 설치한다. 장차 차로수를 증가시킬 예정인 도로에서는 최초설계 시에 미리 이에 대비해 놓아야 한다.

(2) 도로변 설계

1) 갓 길

갓길의 역할은 다양하지만 그 중에서 특히 차도부분을 보호하고 고장차량의 대피소를 제공해 주기 때문에 모든 도로에 연해서 계속적으로 설치되는 것이 좋다. 경험적으로 볼 때 갓길은 안전을 위해서 뿐만 아니라 포장면의 바깥쪽이 구조적으로 파괴되는 것을 감소시키는 역할을 한다. 고급도로의 경우 갓길의 폭이 3 m는 되어야 하며, 저급도로 또는 긴 교량이나 터널에서는 1.2~1.8 m 정도이면 만족스럽다. 중앙분리대가 설치된 도시간선도로에서는 도로중앙선 쪽에 왼쪽 갓길(이를 측대라고 한다)을 설치해야 하며 도시고속도로는 최소 1.2 m의 왼쪽 갓길을 설치해야 한다.

갓길은 일반적으로 차도부보다 경사가 급해야 하며 포장된 갓길의 경사는 3~5%, 비포장의 경우는 4~6%, 잔디갓길은 8%가 적당하다.

대개의 경우 갓길을 포장하는 것이 장기적으로 볼 때 경제적이다. 포장이 안된 갓길은 설치하는 데 드는 초기비용은 적으나 유지하기 어렵고 또 비용이 많이 든다. 갓길의 색깔이나 질감은 차도와 적절한 대비를 이루도록 하는 것이 좋다. 고장난 차가 갓길을 많이 이용하기 때문에 구조적으로 튼튼히 설치하여 유지관리의 필요성이 적어지도록 해야 한다. 갓길에 대한 구조적인 기준을 차도와 같게 함으로써 사고, 고장수리, 도로의 용량초과 등으로 인해 필요한 경우 차로로 이용할 수 있도록 하는 것도 좋다.

2) 측면경사(side slope)

완만한 측면경사와 원형의 배수구는 안전과 유지관리 측면에서 경제성을 고려할 때 좋다.

4 : 1(수평 대 수직)보다 급한 경사는 차량이 차도를 이탈할 때 극히 위험할 뿐만 아니라 풀베기 등과 같이 유지관리하기도 어렵다.

경사면이 접하는 부분은 둥글게 처리해야 하며, 갑작스런 경사변화는 피해야 한다. 배면경사(back slope)가 절토부인 경우 최대 4 : 1을 초과해서는 안되나 절토부가 바위이거나 다른 안전시설이 부수되어 있다면 이보다 급한 경사를 사용해도 좋다.

3) 배수구(ditch)

배수구의 깊이는 도로중심선 높이로부터 최소 60 cm 이상은 되어야 하며 기층(base course)의 배수를 돕기 위하여 노반보다 최소 15 cm 이상 낮아야 한다. 배수구의 단면적은 그 지역의 배수량에 따라 결정되어야 한다.

4) 연석(curb)

연석은 배수를 유도하고 차도의 경계를 명확히 하며 차량의 차도이탈을 방지하는 역할을 하는 것으로 주로 도시부도로에 설치한다.

연석에는 방책형(barrier)과 등책형(mountable curb)이 있다. 방책형은 비교적 높고 가파른 면을 가진 것으로서 차량의 차도이탈을 방지하기 위한 것인 반면, 등책형은 비교적 높은 속도에서도 별무리 없이 쉽게 넘을 수 있도록 되어 있다. 등책형 연석은 일반적으로 약 15 cm 정도의 높이로 완만한 경사를 가지며 주로 주거지역의 도로에 많이 사용한다.

방책형 연석의 높이는 차도 이탈방지의 중요성에 따라 15 cm에서 50 cm까지 사용되며, 모양은 수직 또는 급경사로서 설계속도가 80 kph 이상인 도로에서는 사용되지 않는다. 또 보행자를 보호하기 위한 보도와의 경계선에 사용한다. 이 연석은 교량이나 터널 또는 교각 주위나 벽을 따라 설치함으로써 차량이 교량을 벗어나거나 구조물에 충돌하는 것을 방지한다. 15 cm 이상의 연석은 차량이 정지해야 하는 장소 부근에 설치되어서는 안 된다.

연속적인 방책형 연석은 차도 끝단에서부터 30 cm 정도 떨어지게 설치되어야 하며, 연속적으로 설치되지 않은 곳에서는 차도 끝단으로부터 60~90 cm 떨어져 설치되어야 한다.

지방부에서 연석을 설치할 경우, 포장된 갓길의 외측단에 연하여 설치하되 등책형이어야 한다. 그 외에 등책형 연석은 중앙분리대 양쪽 또는 도류화(導流化, channelization) 시설의 외곽에 연하여 설치하면 좋다.

지하 배수로는 연석과 차도 사이에 위치하며 그 폭은 통상 30~90 cm 넓이이다. 연석에 시인성을 높이기 위하여 페인트칠을 하거나 반사물질을 사용하기도 하는데 이는 비가 오거나 안개가 많이 낄 때 매우 효과가 있다.

5) 구조물의 폭

도시부도로에서 구조물의 폭은 차도폭과 보도폭을 합한 것과 같으며 지하차도에서도 같은 넓이의 폭이 필요하다. 만약 보도가 없다면 차도끝단과 교대 또는 지하차도인 경우 기둥까지의 수평거리가 최소한 1.8 m는 되어야 한다.

(3) 교통분리시설

1) 중앙분리대(median)

중앙분리대는 진행방향과 반대방향에서 오는 교통의 통행로를 분리시키는 부분을 말한다. 이것은 통행로 왼쪽 윤곽을 분명히 나타내면서 반대편 차로로 침범하는 것을 막아주고 위험한 경우 왼쪽 차로 밖에서 벗어날 공간을 제공한다. 중앙분리대의 명확한 기능은 그 도로의 출입제한의 정도에 따라 달라진다. 즉 좌회전 혹은 횡단하는 차량을 보호하거나 제한하고 보행자에게 대피공간을 제공하며 또 고장난 차량의 대피소 역할도 한다.

기후나 지형에 따라 차로수가 허락한다면 중앙분리대는 배수나 세실작업을 위한 공간으로도 그 중요성이 크다. 눈이 많이 오는 지방에서 중앙분리대가 좁으면 치운 눈을 왼쪽 차로에다 쌓아 둘 수밖에 없다.

맞은편에서 오는 차량의 전조등 불빛 효과를 감소시키기 위한 목적으로 중앙분리대를 설치하고자 한다면 도로의 선형, 속도, 조경 또는 다른 조명시설에 의한 효과를 고려해야 한다.

중앙분리대의 또 다른 개념은 장차 차로를 추가하거나 또는 버스전용차로 및 대중교통수단 등과 같은 다른 교통수단을 설치할 공간을 제공할 수 있다는 것이다. 때에 따라서는 도로시설물이나 속도변화차로 또는 연결로 등을 추가로 설치할 장소를 제공한다.

중앙분리대는 크게 횡단형, 억제형, 방책형으로 나뉜다. 횡단형은 페인트로 칠한 노면표시나 표지병 또는 주행차로와 대비되는 색상 또는 질감을 가진 재료를 사용하거나 잔디를 이용한다. 억제형은 횡단형에다 소규모의 등책형 연석을 설치하거나 주름철판을 사용하여 경우에 따라서는 횡단이 가능하도록 하는 것이다. 방책형은 가드레일이나 관목 또는 벽을 설치하여 차량의 진입 또는 횡난을 금지시키기 위한 것이다.

사용할 중앙분리대의 종류를 선택할 때 재료가 충격을 받아 옆으로 휘어지는 성질을 고려해야 한다. 최대의 휘어짐은 중앙분리대의 반을 넘어서는 안된다. 그래서 반대편 차로를 침범하지 않아야 하며 또한 충돌한 차량이 진행하는 방향으로 되돌아오도록 설계되어야 한다. 뿐만 아니라 미관상으로도 보기 흉하지 않은 것을 설치해야 한다.

교통량이 많으면서 분리대 폭이 좁을 경우에는 급경사면을 가진 콘크리트 방책이 유리하다. 이와 같은 방책은 차량이 충격할 때 충격각과 반사각이 같으며, 보기도 좋을 뿐만 아니라 무엇보다 유지관리가 쉽다. 특히 좁은 중앙분리대를 유지관리하기 위한 작업을 하자면 고속의 주행차로를 침범해야 하므로, 중앙분리대를 선택할 때 유지관리 측면을 가장 중요하게 고려해야 한다.

2) 측 도

고속도로나 주요 간선도로에 평행하게 붙어 있는 국지도로를 측도(frontage road)라 한다. 이 도로의 기능은 주요 도로에로의 출입을 제한시키고 주요도로에서 인접지역으로의 접근성을 제공하며, 또 주요 도로의 양쪽에 교통순환을 시켜 원활한 도로체계를 유지하게 한다. 측도에서 주요 도로로의 진입은 특별히 정해진 곳에서만 허용된다. 도시부에서의 측도는 주로 일방통행으로 운영된다. 그러나 지방부에서는 주요도로와 교차하는 도로의 간격이 너무나 멀기 때문에 측도는 양방통행을 사용한다.

측도를 고속도로의 보조시설로 사용한다면 고속도로운영을 크게 개선시킬 수 있다. 도시고속도로의 건설기간 동안에 측도가 이 교통량을 처리함으로써 고속도로의 단계적 건설을 가능하게 한다.

연속적인 측도시스템은 고속도로에 인접한 토지에 대한 최대한의 교통서비스를 제공하게 된다. 또 인터체인지의 기능을 다양화시키는 데 크게 기여함으로써 전체 도로체계의 중요한 일부분을 이룬다. 미국의 몇 개 주에서는 출입제한(access control)을 하는 모든 도로는 반드시 측도를 설치하도록 규정하고 있다

그러나 부분적인 출입제한을 하면서 운행속도가 비교적 높고 평면교차하는 도로에서는 측도가 바람직하지 못하다. 예를 들어 측도를 가진 주요간선도로가 교차도로와 평면교차 할 때 위험성이 제기되므로, 측도의 설치에 따른 용량증대나 안전측면에서의 잇점이 상쇄된다. 또 이러한 지점에는 2, 3개의 교차점이 생기므로 설계상 문제점이 발생하고 또 교통통제가 대단히 복잡해진다.

7.4.5 기타 설계요소

기하설계에 포함되는 것 중에서 비교적 중요성이 적은 것도 있다. 수직 및 측방여유폭(lateral clearance)은 이 중의 하나로서 구조적인 여건에 따라 그 값이 고정되므로 이에 대

해서 분석할 필요는 없다. 또 다른 하나는 방호울타리(guardrail)로서 이를 사용함으로써 성토의 기울기를 가파르게 하여 건설비용을 줄이고 안전성을 높인다. 많은 사람들이 안전성을 제고하기 위한 여러 가지 방호책의 모양이나 구조적인 설계에 창의력을 경주하고 있다.

도로에 대한 진일보한 개념은 도로의 미관을 크게 중요시한다. 도로의 기하구조나 구조물 또는 도로변의 경관이 도로이용자에게 뿐만 아니라 도로주변의 사람들에게 미적 감각을 만족시킬 수 있어야 한다. 도로의 외관을 개선하기 위해서는 마지막 세부설계 때는 물론이고 최초의 위치 선정단계에서부터 이 점에 관심을 가져야 한다. 시각적으로 특별히 매력적으로 보이는 도로를 건설하기 위해서는 통상 도로부지의 확보나 평면 및 종단선형설계 또는 도로구조물 설계에서 최소 기준 값보다 높은 기준치를 사용해야 할 것이다. 그러기 위해서는 설계자의 미적 감각을 개발시키거나 또는 조경이나 건축가의 참여를 필요로 한다.

기타 설계에 고려되는 요소는 배수시설, 옹벽 및 축대, 편의시설, 도로미관 시설, 소음방지 시설, 차도, 휴게소, 교통통제시설, 보행자 횡단시설 등이며, 이들에 대한 자세한 내용은 참고문헌(3)에 잘 언급되어 있다.

7.4.6 조 명

도로나 주차장시설에서의 조명은 교통전문가가 특히 관심을 가져야 할 분야이다. 우리나라 교통사고로 인한 사망자의 70% 정도가 야간에 일어난 사고에 의한 것이며, 사고 위험도가 주간의 2배가 넘는다는 사실과 우리나라의 가로조명이 외국에 비해 대단히 부적절하다는 사실과 관련시켜 볼 때 가로조명이 갖는 중요성을 쉽게 이해할 수 있다.

가로조명 기준에 미달된 교통시설이라면 아직 완전한 교통시설이라고 볼 수 없다. 가로조명설계는 매우 복잡하기 때문에 조명계획을 발전시키기 위해서는 과학적인 원리를 이용하여 공학적인 해결책을 제시해야 한다.

가로조명의 목적은 운전자나 보행자가 안전하게, 그리고 안심하고 운전하거나 걷기 위하여 도로 주위환경을 잘 볼 수 있도록 적절한 조명을 제공하는 것이다. 운전자는 다음과 같은 몇 가지 방법으로 물체를 식별한다. 즉 ① 그 물체가 어두우면서 주위환경과 대비되는 곳에서는 그림자(silhouette)로, ② 물체가 배경보다 밝은 곳에서는 역 실루엣으로, ③ 물체표면의 색깔이나 밝기의 변화를 알아냄으로써, ④ 물체로부터 거울처럼 반사되는 효과로부터, 그리고 ⑤ 물체배경의 실루엣 형태로부터, 물체를 식별하게 된다.

그러므로 어떤 물체가 보이는 정도는 그 물체의 밝기와 그 배경의 밝기의 대비에 크게 좌우된다. 물체의 크기, 모양, 질감뿐만 아니라 보는 시간도 그 물체를 식별하는 데 도움을 준다.

조명에 문제점을 야기시키는 것은 눈부심이다. 이것은 보는 능력을 감소시키거나 불편하게 하며, 광원의 크기, 시선방향과 광원의 위치, 눈의 적응력, 노출시간, 주위의 밝기 등과 같은 요소에 의해서 영향을 받는다. 또 빛의 질을 좌우하는 성질은 조명의 균일성, 눈부심 효과 억제, 차도의 윤곽을 밝히는 정도 등이다.

완전한 조명시설 설계는 눈을 자극하는 빛의 크기, 즉 밝기와 관계가 된다. 밝기란 물론 대상물체와 배경의 반사능력뿐만 아니라 광원의 특성에 좌우된다. 대상물체의 반사가 근본적으로 일정하다고 보고 그 물체에 필요로 하는 조도를 제공토록 하는 것이 종래의 조명설계 방법이다.

필요한 조도를 얻기 위해서는 ① 광원의 에너지를 변화시키고, ② 조명방향을 렌즈로 조정하며, ③ 광원의 높이와 위치를 변경시켜 물체가 받는 광량을 조절한다. 사용되는 등화는 2,500루멘에서부터 50,000루멘까지 아주 다양하다. 렌즈는 빛을 다양한 패턴으로 변화시키기 위해서 사용된다.

조명의 이점은 ① 교차로, 인터체인지, 엇갈림지역의 운영을 개선하고, ② 도로의 윤곽이나 의사결정지점을 명확히 나타내며, ③ 악천후에 안심하고 운전할 수 있게 하며, ④ 범죄를 예방하여, ⑤ 용량을 어느 정도 증대시키며, ⑥ 도로의 야간이용을 증가시키고, ⑦ 상가지역을 활성화시킨다.

보행자가 많고 도로변의 혼잡이 심한 도시부나 도시외곽지역에서 고정광원에 의한 조명시설은 야간사고를 현저히 감소시킨다(영국의 경험으로 10~40% 감소). 지방부도로의 조명은 바람직하기는 하나 도시부에서처럼 큰 필요성이 있는 것은 아니다. 그러므로 지방부도로의 인터체인지나 교차로, 철길 건널목, 좁거나 긴 교량, 터널, 급커브 및 혼잡한 도로변을 제외하고는 가로조명이 필요 없다. 또 보행자가 없고 평면교차점이 없으며 도로부지가 비교적 넓은 고속도로도 가로조명시설이 필요 없다.

지방부의 평면교차로에 조명시설의 설치여부는 그 교차로의 모양이나 교통량에 따라 결정된다. 도류화가 필요 없는 교차로는 가로조명을 하지 않아도 좋다. 반면에 대규모 도류화시설을 갖는 교차로는 조명시설이 바람직하다. 급커브에 교차로가 있으면 전조등이 이를 비추지 못하고, 또 맞은편에서 오는 차의 전조등은 시계를 방해하기 때문에 가로조명시설을 해 주어야 한다.

입체교차시설의 연석, 교각 및 옹벽 등은 반드시 조명시설을 해 주어야 한다. 교차로에서 교통량 특히 회전교통량이 많으면 많을수록 가로조명의 필요성은 커진다. 주요 간선도로 주위의 개발지역에서 출입하는 회전교통량이 많으면 역시 조명시설을 고려해야 한다. 터널은 항상 조명시설이 필요하고 도시부나 교외의 긴 교량에도 조명시설이 필요하나 교통이 비교적 한산한 지방부의 긴 교량에 조명시설을 설치할 필요는 없다.

가로등의 눈부심 효과를 줄이고 경제적인 조명을 하기 위해서는 가로등의 높이가 적어도 9 m 이상은 되어야 하나 노면에 균일하게 조명이 되기 위해서는 10 m 또는 15 m 높이가 바람직하다. 특히 출입제한을 하는 큰 도로의 인터체인지와 그 부근을 밝히기 위해서는 30 m 이상의 아주 높은 마스트에 대형 가로등을 설치하는 수도 있다.

7.5 교차로 및 인터체인지 설계

교차로는 서로 합쳐지거나 교차하는 두 개 또는 그 이상의 도로가 만나는 공간 및 그 내부의 교통시설을 말한다. 교차로는 도로의 중요한 일부분으로서 도로의 효율성이나 안전성, 속도, 운영비용 및 용량은 교차로의 설계에 좌우된다.

운영면에서 본 교차로의 주요기능은 통행노선을 자유롭게 변경하는 것이며, 또 이와 같은 차량의 움직임은 교차로의 형태에 따라 여러 가지 방법으로 처리된다. 이 때문에 운전자는 여기서 다른 교통류와의 상충을 고려하면서 원하는 진행방향을 선택해야 하는 복잡한 의사결정을 해야 한다. 그러므로 교차로를 설계할 때 운전자가 봉착할지도 모를 문제점을 인식하고 좋은 설계를 통하여 가능한 한 쉽고 안전하게 운전하도록 해야 한다.

7.5.1 교차로에서의 상충

교차로는 의사결정 지점인 동시에 교통류 간에 많은 상충이 생길 가능성이 있는 지점이다. 어떤 차량의 움직임은 같은 방향의 다른 차량과 상충할 수 있으며, 또 교차하는 차량, 반대편 차량 및 횡단보도의 보행자와도 상충된다. 교차로에 대한 공학적 분석은 기본적으로 이와 같은 모든 상충문제에 관한 연구이다. 훌륭한 교차로 설계는 상충의 횟수와 정도를 최소화하고, 운전자의 노선 선정을 단순화하기 위한 것이다.

상충에는 교차(crossing), 합류(merging), 분류(diverging)상충이 있다. 그밖에 엇갈림(weav-

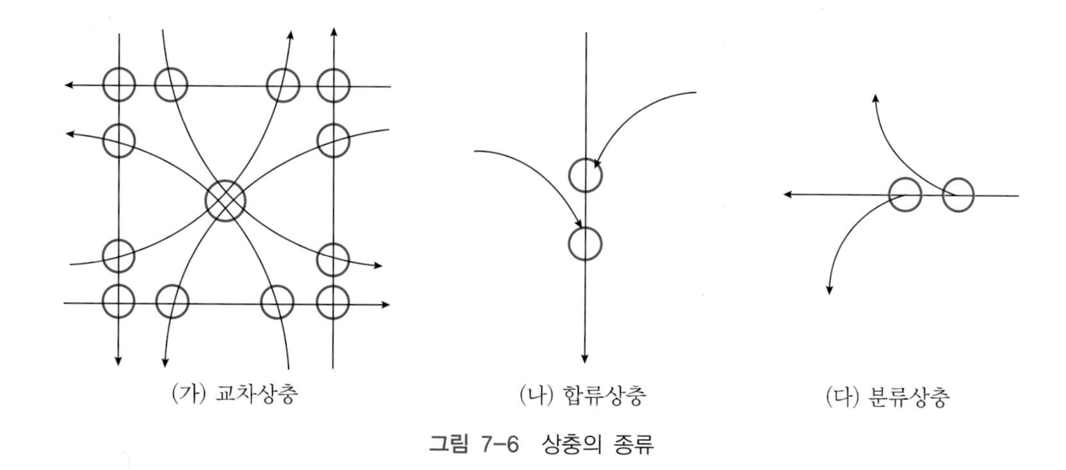

(가) 교차상충 (나) 합류상충 (다) 분류상충

그림 7-6 상충의 종류

ing)도 있으나 이것은 근본적으로 교차상충의 일종으로 볼 수 있다. [그림 7-6]은 4개의 접근로를 가진 교차로에서 일어날 수 있는 상충의 종류와 수를 나타낸다.

교차로 분석에서 상충의 중요성은 상충의 형태, 상충류의 교통량, 상충점에 도착하는 차량 간의 시간간격 및 차량의 속도에 따라 달라진다.

상충 교차류의 상대속도 역시 상충의 중요성을 좌우하는 요소이다. 교차로에 접근하는 상충하는 두 차량은 각기 상대방 차량에 대한 상대속도를 가지며, 이것은 이들 두 차량의 속도벡터의 차이를 말한다.

상대속도를 줄이면 세 가지 이점이 있다. 첫째, 합류 및 분류 시 상충이 서서히 일어나므로 운전자의 판단시간이 길어지고, 둘째는 충돌 시 흡수되는 상대에너지를 줄임으로써 피해를 감소시킨다. 또 상대속도가 낮으면 연속해서 주행하는 차량 간의 차간시간이 짧더라도 합류 및 교차하는 교통이 그 사이를 잘 이용할 수 있으므로 용량을 증대시킨다.

7.5.2 교차로의 종류 및 설계원리

교차로는 교차상충을 처리하는 구조적 특성에 따라 평면교차로와 연결로(ramp)가 없는 입체교차로, 인터체인지로 나누어진다.

평면교차로는 교차되는 도로의 접근로 수와 교차각 및 교차장소에 따라 3갈래 교차로(T형 또는 Y형), 4갈래 교차로, 5갈래 이상 교차로, 로터리식 교차로로 분류된다. 일반적으로 두 도로가 만나서 이루어지는 교차로는 4갈래 교차로이며, 그보다 많은 접근로를 가진 교차로는 바람직하지 않다.

교차로 설계의 기본목표는 사람이나 차량이 교차로를 편리하고 쉽게 편안히 이용하게 하면서 차량이나 자전거, 보행자 또는 교통수단 간의 충돌 가능성을 최소화시키는 것이다. 될수록 이용자의 운행특성과 일상적인 진로에 부합되도록 하는 것이 좋다. 교차로 설계 시 고려해야 할 10가지 기본 원리는 다음과 같다.

1) 상충수를 줄일 것

교통로에 진입하는 접근로의 수가 증가하면 상충지점의 수는 현저하게 증가한다. 예를 들어 양방향의 4갈래 교차로는 32개의 상충지점을 가지나 양방향 6갈래 교차로는 상충지점의 수가 172개이다. 그러므로 4갈래보다 많은 접근로를 가진 교차로는 가능한 한 피하는 것이 좋다.

2) 상대속도를 줄일 것

교차되는 차량 간의 상대속도가 비교적 낮으며(0~25 kph) 합류차량의 합류각이 적을 때(30° 이하) 교차차량은 정시함이 없이 연속적으로 진행할 수 있다. 교차 또는 합류할 때의 상대속도를 낮추려면 교차로 설계를 통하여 접근하는 차량의 속도차이를 줄이고 합류각을 줄여야 한다. 그러나 높은 상대속도의 교통류가 교차할 때는 가능한 한 90°에 가까울수록 좋다.

3) 설계와 교통통제를 조화시킬 것

낮은 상대속도를 유지하는 교차로는 많은 교통통제시설이 필요 없다. 반면에 높은 상대속도를 갖는 교차로에서의 차량움직임은 정지표시나 신호등과 같은 교통통제시설이 없다면 상당히 위험하다. 그렇지 않다면 설계를 통하여 위험한 방향으로 진행하는 차량의 경로를 전환시키거나 차단해야 한다. 따라서 교차로 설계는 교통통제계획과 병행하여 이루어져야 한다.

4) 가장 타당한 교차방법을 사용할 것

교차방법에는 ① 통제되지 않는 평면교차, ② 교통표지 또는 신호등으로 통제되는 평면교차, ③ 엇갈림, ④ 입체분리가 있다. 일반적으로 운영상의 효율이나 건설비용은 위의 순서에 따라 커진다. 사용되는 교차방법은 그 교차로를 사용하는 차량의 종류와 교통량에 부합되는 것이어야 한다.

5) 회전교통 경로를 마련할 것

회전교통을 처리하는 방법은 여러 가지가 있을 수 있다. 회전 전용차로나 전용도로를 좌회전 또는 우회전차량에 대해 마련해 줌으로써 교차로 지역에서의 상충을 많이 줄일 수 있다. 예를 들어 교차로에서 많은 우회전교통량을 처리하기 위해서 직결형 우회전 연결로를 설치할 수 있다.

6) 복잡한 합류와 분류를 피할 것

복잡한 합류 또는 분류는 운전자에게 복잡한 의사결정을 요구하며 또한 추가적인 상충을 야기한다.

7) 연속된 상충점을 격리시킬 것

교차로 내의 상충지점이 너무 가까이 있거나 중복이 되면 위험성 및 지체가 증가한다. 이와 같은 상충지점을 분리시켜서 운전자가 충분한 시간이나 거리를 가지고 교통상황에 알맞은 행동을 연속적으로 할 수 있도록 해야 한다.

8) 교통량이 많고 빠른 교통류에 우선권을 줄 것

교차로 설계에서 교통량이 많고 빠른 교통류에게 우선권을 줌으로써 위험성과 지체를 줄일 수 있다.

9) 상충면적을 줄일 것

지나치게 넓은 면적을 가진 교차로는 운전자에게 혼돈을 일으키게 하며 비효율적이다. 도로가 비스듬히 만나는 교차로나 접근로가 많은 교차로에서는 상충면적이 비교적 넓어지며 일반적으로 상충면적이 넓으면 도류화 기법을 사용해야 한다.

10) 이질(異質) 교통류를 분리시킬 것

일반차량의 속도와 차이가 나는 차량의 교통량이 현저히 많은 교차로에서는 전용차로를 마련하는 것이 좋다. 예를 들어 회전교통량이 많으면 전용 회전차로를 만들어 주어야 한다. 넓은 도로를 횡단하는 보행자가 많으면 도로 중앙에 안전지대를 설치하여 3차로보다 많은 차로를 동시에 횡단하지 않도록 해야 한다.

7.5.3 인터체인지

인터체인지는 연결로(ramp)의 패턴에 따라서 구분되며, 그 일반적인 형태는 다이아몬드형(diamond), 클로버잎형(clover leaf) 및 직결형(directional)이 있다[그림 7-7].

실제 인터체인지의 형상은 교통류의 진행방향과 교통통제 및 운영방식과 같은 교통상의 필요성과 지형, 인접지역의 토지이용 및 도로부지와 같은 물리적인 제약조건을 함께 고려하

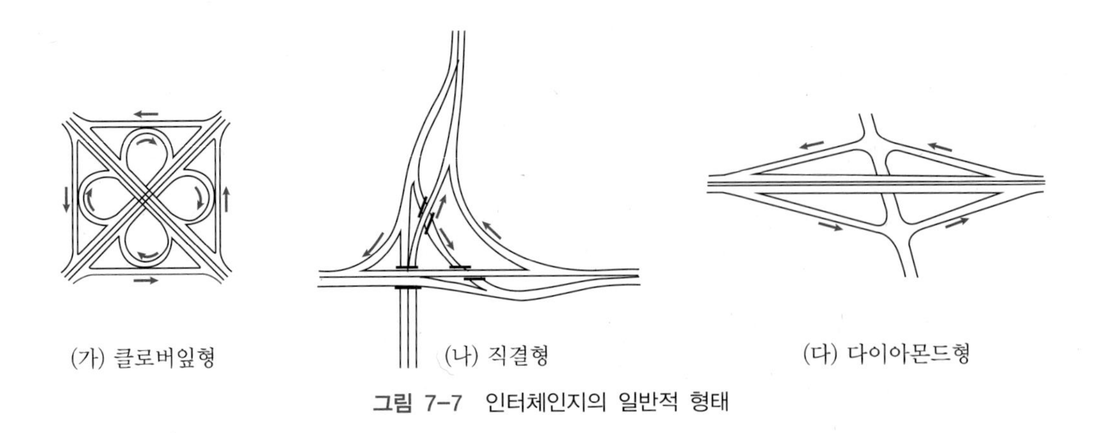

그림 7-7 인터체인지의 일반적 형태

여 경제적으로 설계한다. 다시 말하면 앞에서 말한 3가지의 대표적인 인터체인지 이외에도 도로 및 교통조건에 맞추어 직접연결, 반 직접연결 또는 루프연결로를 여러 가지 방법으로 조합하여 인터체인지를 만들 수도 있다. 이때 일반적으로 이용되는 조합패턴의 수는 한정되어 있으며, 패턴을 결정할 때는 인터체인지가 차지하는 면적을 적게 하고 복잡한 구조물을 최소화하며, 내부 엇갈림을 최대로 줄이면서 지형과 교통조건에 알맞도록 해야 한다.

인터체인지가 설치 운영되면 거의 예외 없이 인터체인지 부근의 고속도로 교통류에 혼란이 생기며, 이 혼란은 차량이 하류로 흐르면서 변화된 조건에 적응할 수 있을 때까지 지속이 된다. 이와 같은 적응에 필요한 거리는 인터체인지에서의 교통의 움직임이 복잡할수록 길어진다. 따라서 인터체인지 간의 거리는 가까울수록 좋지 않으며 적어도 1.5 km 이상은 떨어져 있어야 한다. 또 연속되어 있는 인터체인지의 운행방식이 비슷해야 한다. 예를 들어 출구 시작의 위치가 교차도로를 지나서 있는가, 교차도로 지나기 이전에 있는가 하는 것은 운전자에게 매우 중요한 관심사항이다. 따라서 한 도로상에 있는 연속된 인터체인지의 출구 위치는 일관성을 가져야 한다.

(1) 다이아몬드형 인터체인지

다이아몬드형 인터체인지는 두 도로의 교차점이 분리된 인터체인지 중에서 가장 간단한 형태이다. 통과교통과 교차교통 간의 상충은 교차점을 교량구조물로 설치하여 입체화시키므로 제거되며, 교차하는 두 도로 중에서 주도로(상대적으로 큰 도로)에서의 좌회전은 연결로를 통하여 부도로(상대적으로 작은 도로)로 끌어들여 좌회전시킴으로써 상충의 위험성을 줄인다. 그러므로 모든 좌회전은 부도로상의 연결로 끝단에서 일어나되 부도로의 직진과 교차상충이 발생한다. 또 모든 연결로의 입구와 출구에서 합류와 분류상충이 일어난다.

다이아몬드형 인터체인지는 점유면적이 다른 인터체인지에 비해 가장 적으며, 건설비용이 싸다. 뿐만 아니라 통과거리가 가장 짧으므로 차량운행비용이 다른 인터체인지에 비해 가장 적게 들어 경제적이며, 주도로부터의 분기점이 하나이므로 표지설치의 문제가 간단해진다. 이와 같은 이점 때문에 다이아몬드형은 가장 이상적인 인터체인지라 할 수 있다. 그러나 연결로 끝에서의 충돌위험이 많기 때문에 연결로 교통량이 많은 경우에는 주도로에서 빠져 나와 부도로로 좌회전하는 연결로 끝에 신호등 또는 '정지' 표지를 설치하는 등 별도의 대책을 고려해야 한다. 이때 부도로에서 신호등시간에 문제가 생길 수 있으며 따라서 어떤 진행방향에 대한 용량이 부적절하게 될 수도 있다.

(2) 클로버잎형 인터체인지

클로버잎형 인터체인지는 엇갈림 구간을 사용하여 모든 방향의 교차상충을 제거한다. 교차상충은 이 엇갈림구간 내에서 합류상충으로 바뀌고 얼마의 거리를 지난 다음에는 분류상충으로 변한다. 각 직진도로는 인터체인지 지역 내에서 두 개의 입구와 두 개의 출구를 갖는다. 첫 출구는 교차점 이전 300~600 m 사이에 위치하여 우회전 교통을 처리한다. 두 번째 출구는 교차점 바로 지나서 설치되어 좌회전 교통을 한 바퀴 돌려서 처리한다. 두 번째 출구는 교차점 바로 지나서 설치되어 좌회전 교통을 한 바퀴 돌려서 처리한다. 교차도로의 좌회전 교통이 돌아서 유입되는 입구는 교차점 직전에 있으며, 교차도로의 우회전 교통이 유입되는 입구는 교차점을 지나 300~600 m 이내에 있다. 엇갈림 구간은 교차점 직전의 출구와 직후의 입구 사이에 생기며, 이 구간이 클로버잎형 인터체인지 설계에서 가장 중요한 부분이 된다. 이 구간은 합류와 분류를 원만히 처리할 만한 정도의 충분한 길이와 용량을 가져야 한다.

비록 클로버잎형 인터체인지가 다이아몬드형 인터체인지에서 보는 좌회전 교차를 제거시킬 수는 있지만, 운행거리 및 운행비용이 커지고, 엇갈림 구간의 처리가 어렵다. 또한 연결로속도를 유지하기 위해서는 큰 곡선반경이 필요하여 넓은 인터체인지 부지가 요구되는 단점이 있다. 경우에 따라서는 완전한 클로버잎형 인터체인지 대신 부분적 클로버잎형이 더욱 바람직할 수도 있다. 부분적 클로버잎형은 다이아몬드형의 요소에다 클로버잎형의 루프를 추가함으로써 중요한 회전상충만을 제거하기 위한 것이다.

클로버잎형의 변형 중에서 또 하나는 집산로를 가진 것이다. 이것은 주도로 외측에 집산로를 설치하여 엇갈림 교통만을 처리하게 하고 통과 교통은 주도로상을 이용하도록 분리시킴으로써 주도로는 각각 하나의 출구와 입구를 갖는다. 이렇게 함으로써 상대속도가 큰 교통을 분리시켜 엇갈림 구간의 문제점을 감소시킨다. 그러나 이와 같이 인터체인지가 클로버잎형의 운영상의 문제점을 어느 정도 감소시킬 수는 있으나 긴 통행거리와 넓은 인터체인지 부지를 필요로 하기는 마찬가지이다. 이 인터체인지는 고속도로와 고속화도로, 또는 다이아몬드형 인터체인지로는 교통수요를 충분히 처리할 수는 없는 도로와 고속도로가 만나는 곳에 설치하면 좋다.

(3) 직결형 인터체인지

직결형 인터체인지는 좌회전교통을 처리하기 위한 하나 혹은 둘 이상의 직접 혹은 반 직접연결로를 가지고 있다. 두 개의 고속도로가 만나는 인터체인지나 또는 대단히 교통량이 많은 하나 혹은 둘 이상의 회전교통을 가진 인터체인지에는 직접연결로를 설치하는 것이 좋으며, 그렇게 함으로써 루프연결로에 비해서 용량이 증대되고 고속을 유지할 수 있다. 그러나 이 인터체인지는 다이아몬드형이나 클로버잎형에 비해서 더 많은 구조물과 도로부지를 필요로 하며, 또 좌회전교통을 위한 전용출입구가 요구되므로 교통운영상의 문제점을 야기시킬 수도 있다.

7.5.4 교차로 설계요소

앞에서 설명한 바 있는 도로의 설계요소인 속도, 용량, 평면 및 종단곡선, 시거, 횡단면, 편경사 등은 교차로 설계에서도 그대로 적용된다. 그러나 교차로 설계는 교차하는 두 도로의 교통류를 동시에 고려해야 하고, 또 두 도로의 설계요소를 함께 고려해야 하므로 상당히 복잡하다.

(1) 시 거

정지시거에 대하여 설계된 도로는 신호교차로에 대해서는 만족스러운 시거를 갖게 되나, 통제되지 않거나 또는 '정지' 표지 또는 '양보' 표지를 갖는 교차로에서는 교차도로에 접근하는 다른 차량에 대해서 명확한 시계를 확보해야만 한다. 이와 같은 곳에서의 시거는 두 접근로에 의해서 생기는 삼각형 내의 장애물에 의해서 제한을 받는다. 즉, 시거삼각형 안에는 시계 장애물이 없어야 한다.

[그림 7-8]은 간단한 시거삼각형의 예를 보인 것이다. 여기서 장애물이라 함은 A, B, C의 포장면 높이에 의해서 형성되는 평면위로 1.1 m 이상 돌출된 물체를 말한다.

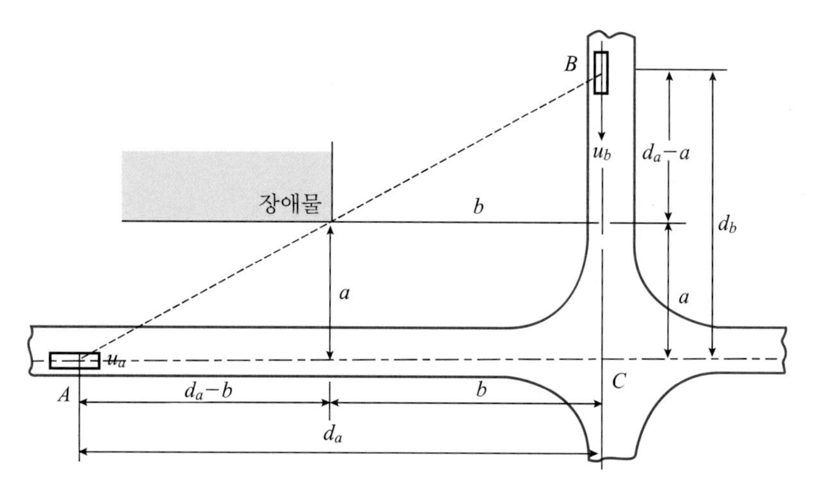

그림 7-8 통제되지 않는 교차로에서의 시거

통제되지 않는 교차로, 즉 신호기나 표지판이 없는 교차로에 접근하는 운전자는 정지, 감속, 또는 속도의 변화 없이 그대로 진행할 것인가를 판단하기 위한 시간을 가질 수 있을 정도의 시거가 필요하다. 이 중에서 정지여부를 판단할 필요성이 있는 상황에서 가장 긴 시거가 소요된다. 따라서 그림에서 시거삼각형의 각 변의 길이 d_a 및 d_b는 차량속도가 각각 u_a 및 u_b일 때의 안전 정지시거에다 여유거리 4.5 m를 합한 값과 같다.

교차로가 '정지' 표지나 '양보' 표지에 의해서 통제가 되면 그 접근로의 차량은 반드시 정지를 하거나 또는 속도를 줄여야 하므로 시거삼각형의 면적은 이보다 훨씬 작아진다. 예를 들어 '정지' 표지에서 정지했다가 출발하기 위해서는 교차도로에서 접근하는 차량들의 간격을 판단하고 안전하게 횡단하는 데 필요한 시간 동안 교차도로상의 차량이 달릴 수 있는 거리가 안전시거이다. 이와 같은 경우는 교차로뿐만 아니라 다이아몬드형 인터체인지의 연결로 끝에서 교차도로(부도로)로 좌회전하기 위한 '정지' 표지에서도 일어난다. [표 7-13]은 연결로 끝의 '정지' 표지에서 부도로로 좌회전하는 차량에 대한 소요시거를 나타낸 것이다. 만약 부도로가 주도로 위로 지나가는 입체교차인 경우에서처럼 부도로가 종단곡선을 이루면 이때의 시거는 더욱 길어지게 된다.

여기서 주의할 것은 부도로상을 직진하는 차량은 통행우선권을 가지고 진행을 하지만, 연결로 끝에서 자기의 진로를 가로질러 좌회전하는 차량을 볼 수 있는 충분한 정지시거를 확보하는 것도 중요하다.

부도로가 주도로 아래로 입체교차하는 경우 연결로 끝의 시거는 입체구조물의 교대나 교각에 의해서 제한을 받을 수 있으므로 이들을 뒤로 물리거나 연결로 끝의 위치를 구조물로

표 7-13 인터체인지 연결로 끝에서 도로 방향의 소요시거

부도로 설계속도 (kph)	평탄한 부도로로 좌회전 시 소요시거(m)			종단곡선 부도로로 좌회전 시 소요시거*(m)	
	연결로 차량			연결로 차량	
	승용차	화물차	연결화물차	승용차	화물차
50	100	140	190	95	110
60	120	170	230	120	135
70	140	200	270	130	160
80	160	230	310	160	180
90	180	255	345	200	220
100	200	285	385	235	265

* 부도로 교통의 정지시거는 충분하다고 가정
자료: 참고문헌(1), p.798

부터 멀리함으로써 필요한 시거를 확보하도록 해야 한다. 만약 이와 같은 고려를 할 수 없는 경우에는 신호등을 설치하는 것이 좋다.

(2) 회전반경

도시 평면교차로 설계에서 두 가지 중요한 고려사항은 교차로 면적의 최소화와 보행자로 하여금 안전하고 편리하게 도로를 횡단하게 하는 것이다. 때문에 도시 평면교차로의 설계에서는 가능한 한 최소 연석회전반경을 사용한다. 최소 연석회전반경은 회전속도와 차종 및 회전교통량, 회전 시의 쾌적감, 회전차량이 다른 차로를 침범하는 허용정도에 따라 좌우된다.

도시 평면교차로의 연석회전반경은 15 kph의 속도로 우회전하는 차량을 기준으로 하며 그 값은 1.5 m에서 15 m 범위에 있고, 그 중 대부분은 3~4.5 m 사이에 있다. 아주 낮은 속도로 3 m 폭의 차로를 우회전하는 승용차는 4.5 m 연석회전반경으로도 다른 차로를 침범하지 않고 우회전을 할 수 있다. 그러나 회전속도가 증가하거나, 낮은 속도이지만 차량의 크기가 커지면 인접차로를 많이 침범하게 된다. 두 교차도로변에 도로변 주차(駐車)차로가 설치되어 있고 교차로 모서리의 일정거리를 주차금지시키는 경우에는, 이 주차차로가 없는 경우보다 짧아도 지장이 없다.

연석회전반경이 커지면 모서리의 인도가 좁아지며 보행자의 횡단거리가 길어지게 된다. 예를 들어 연석회전반경이 12 m이면 대형화물차도 인접차로를 침범하지 않고 회전할 수 있으나 4.5 m 반경에 비해 보행자 횡단시간이 5초 정도 증가된다. 그러나 교통량이 많은 간선도로에서의 효율적인 교통운영을 위해서는 승용차를 위해서 4.5~7.5 m의 연석반경을, 화물차와 버스를 빠른 속도로 회전시키기 위해서는 9~15 m의 연석반경이 이상적이다. 대형트레

일러 화물차가 많은 교차로에서는 이보다 더 큰 회전반경이 필요하며 주거지역의 가로는 4.5~7.5 m의 반경이면 충분하다.

지방부도로의 평면교차로에서는 교차로 부지 및 보행자의 횡단문제는 그리 중요하지 않다. 다만 회전교통량이 많거나 회전교통의 중요성이 증가하고 설계기준이 높아지면 경제성을 고려하여 회전반경을 증가시킨다. 교차로에 접근하는 속도와 같은 속도로 회전할 수 있게 교차로 회전반경을 만들어 주는 것이 좋긴 하지만 이와 같은 설계는 일반적으로 비경제적이다. 더군다나 그와 같은 설계는 안전이란 측면에서 볼 때도 바람직하지 않다. 인터체인지 연결로 또는 지방부 평면교차로에서 여러 가지 회전속도에 따른 적절한 설계값이 [표 7-14]에 나타나 있다.

표 7-14 교차로 곡선의 최소회전반경

회전설계속도(kph)	20	30	40	50	60
횡마찰계수(f)	0.35	0.28	0.23	0.20	0.17
최소편경사(e)	0.00	0.02	0.04	0.06	0.08
최소회전반경(m)	10	24	46	76	111
적정 회전반경(m)	11	25	45	75	111
평균주행속도(kph)	12	27	35	43	51

자료: 참고문헌(1), p.220

(3) 보조차로

보조차로란 주차, 속도변환, 회전, 회전대기, 엇갈림, 화물차등판 및 기타 통과교통류의 이동을 도울 목적으로 주행선에 붙여서 추가로 설치된 차로를 말한다. 이 차로의 폭은 통과차로의 폭과 같아야 한다.

두 인터체인지가 가까이 있을 경우(한 인터체인지 출구의 테이퍼 끝으로부터 다른 인터체인지 입구의 테이퍼 끝까지의 거리가 450 m 이내)에는 두 출입구 단 사이에 보조차로를 계속적으로 연결시켜 준다.

보조차로가 시작되거나 끝나는 곳에는 테이퍼(taper)를 설치하여 차로폭이 서서히 증가하거나 감소하게 한다. 고속도로의 인터체인지 유출입을 위한 보조차로의 길이는 그 차로의 기능과 경사에 따라 좌우되나 최소 750 m(테이퍼 길이 포함)되게 한다. 교차로에서는 대형화물차가 많이 다니거나 승용차가 25 kph 이상의 속도로 회전하게 하기 위해서는 보조차로를 설치함으로써 교차로의 운영상태가 개선되거나 용량 및 안전성을 증대시킬 수 있다. 보조차로는 원래의 접근로 폭에 추가되는 좌회전, 우회전 또는 직진차로를 말한다.

교차로 보조차로의 근본적인 목적은 회전차량을 모아두기 위한 것이며 부차적인 목적은 회전차량이 정상적인 접근속도에서부터 교차로를 벗어나기 전에 정지하는 지점까지(정지할 필요가 없을 경우에는 안전하게 회전하는 데 필요한 속도까지) 감속하는 데 필요한 공간을 제공하는 것이다. 뿐만 아니라 버스정류장이나 승용차 이용객이 승·하차하는 곳에도 보조차로를 설치할 수 있다.

보조차로의 폭은 적어도 3 m 이상은 되어야 하며 3.5 m 정도면 만족스럽다. 회전을 위한 보조차로의 길이는 3가지로 구성된다. 즉,

- 감속길이
- 대기차로 길이
- 진입테이퍼 길이이다.

총 길이는 이들 3가지 길이의 합이지만, 중간정도의 속도의 도시 간선도로에서는 대기차로 길이와 테이퍼 길이만 있으면 된다.

교차로에서 평균주행속도 30, 50, 65, 80 kph에 대한 보조차로의 길이는 각각 50, 75, 110, 150 m 정도로 하면 된다.

대기차로 길이는 신호교차로의 경우 1주기 동안 도착하는 회전차량대수의 2배를 수용할 만한 길이어야 하며, 신호등이 없는 교차로에서는 2분 동안 도착하는 회전차량 대수를 기준으로 한다.

보조차로는 직진교통류로부터 우회전교통류를 분리시키는 역할을 한다. 도시도로의 경우 연석차로는 교차로에서부터 일정길이에 주차를 금지시킴으로써 우회전차로로 이용되기도 한다. 우회전 보조차로를 설치한다면 25 kph 이상의 회전속도를 낼 수 있게끔 연석회전반경을 증가시키는 결과가 된다. 이 경우 그 차로는 일반적으로 교통섬에 의해서 분리되며 이 교통섬은 횡단보행자 대피소 역할을 할 수 있다.

좌회전 전용차로는 지체와 추돌사고 및 회전사고를 감소시키며 교차로의 용량을 증대시키는 역할을 한다. 또, 좌회전 전용차로를 마련함으로써 교차상충이나 분류상충의 위험을 줄인다.

중앙분리대가 있는 도로에서의 좌회전차로는 교차로 가까이의 일부를 철거하고 좌회전차로를 만들 수 있다. 좌회전차로를 설치할 수 있는 중앙분리대폭은 4.2 m 이상이면 된다. 좌회전차로 설치를 위한 중앙분리대 철거 길이는 분리대의 개구부 길이와 회전교통량에 따라 좌우되나 인접교차로와 비슷하게 하는 것이 좋다. 중앙분리대가 없는 지방부도로에서는

중앙선을 약간 왼쪽으로 물림으로써 좌회전 전용차로를 만들 수 있다.

좌회전 전용차로의 맞은편은 중앙분리대 혹은 같은 좌회전 전용차로이어야 하며, 절대로 직진차로이어서는 안 된다. 좌회전차로의 길이가 충분치 못하면 뒤에 도착한 좌회전차량이 직진차로를 침범하게 되어 직진교통용량을 감소시킨다. 반대로 직진대기행렬이 좌회전 전용차로의 길이보다 길면, 좌회전차량이 전용차로에 진입할 수 없게 되어 좌회전 신호의 효율이 감소되는 수가 있다. 그러나 좌회전 신호시간이 좌회전 교통수요에 적합하고, 좌회전 전용차로의 길이가 앞에서 말한 1.5~2주기 동안의 좌회전 도착교통량을 대기시킬 수 있는 길이라면 이 문제는 해결된다. 또, 한 가지 유의할 것은 좌회전 전용차로가 설치되어 있으나 이에 인접한 직진차로가 직진이 아니면 좌회전차량의 후미가 직진차량과 충돌할 위험성이 많으므로 특히 조심해야 한다.

테이퍼는 교차로에서보다도 고속도로의 인터체인지 연결로에서 더욱 중요하다. 다시 말하면 이는 가속 및 감속차로의 시작 및 끝부분에 설치하여 접근속도를 크게 변화시키지 않으면서 차량을 서서히 횡방향으로 이동시켜 합류 및 분류를 원활하게 하는 경과구간이다. 고속도로의 테이퍼 길이는 횡방향의 이동률과 속도에 따라 다르나 일반적인 설계기준으로는 안전하고 쾌적한 횡이동률을 1.0 m/sec로 본다. 예를 들어 가속차로를 완전히 벗어나 80 kph 속도의 주행선에 합류하는 경우 가속차로의 폭을 3.5 m라 하면 이를 벗어나는 데 걸리는 시간은 3.5초이며, 따라서 테이퍼의 길이는 $3.5 \times 80 \times 1{,}000/3600 = 78\,\mathrm{m}$ 이다.

그러나 일반적인 기준으로는, 교차로에서 테이퍼를 직선으로 설치할 경우 그 변화율은 접근속도가 50 kph까지는 8 : 1, 그 이상에서는 이 비율이 증가하며 속도가 80 kph일 때는 15 : 1을 사용한다.

(4) 보행자 시설

보행자를 보호하기 위한 시설은 도시교차로 설계에서 매우 중요한 비중을 차지한다. 특히, 보행자 횡단은 주로 교차로에서 일어나므로 설계에서는 이를 고려하여 가능한 한 안전하게 횡단할 수 있도록 해야 한다.

보행자 시설은 보행자 수와 차량 교통량, 횡단 차로수 및 교차로에서의 회전교통량에 의해 좌우된다. 보행자는 육교나 터널 등 입체분리시설을 이용한 횡단을 별로 달가워하지 않으므로 될수록 노면횡단시설을 하는 것이 좋다. 그러나 보행자와 차량의 교통량이 아주 많거나 차량의 속도가 높아 횡단에 위험이 따르면 보행자용 육교나 터널을 설치해야 한다.

등급이 낮은 도로, 특히 회전교통이 적은 도로와 교차하는 도로에서는 보행자 문제를 해결하기 위한 가장 보편적인 방법은 노면횡단보도를 설치하는 것이다. 이때 필요하다면 가로등이나 안전지대 및 방호책 또는 신호등 시설이 함께 따르는 것이 좋다. 중요한 간선도로, 예를 들어 차량교통량이 많은 4~8차로 도로에서는 차량교통과 보행자의 평면교차는 대단히 위험하다. 특히, 이와 같은 도로가 CBD를 통과하거나 또는 다른 중요도로와 만나는 교차로인 경우는 더욱 심각하다. 이럴 때는 보행자용 입체분리시설만이 유일한 해결책이라 할 수 있다.

교통량이 많은 도로를 횡단하는 보행자 수는 될수록 최소화해야 한다. 그러나 CBD 부근이나 그 안에 있는 모든 교차로에는 횡단보도를 설치할 필요가 있다. 교차로에서 다른 횡단시설이 없으면서 보행자 횡단이 금지되었을 때 이를 단속하기란 매우 어렵다. 보행자의 불편보다도 안전이나 교통운영상의 이득이 더 클 경우에 한해서만 횡단금지가 정당화된다. 보행자 횡단을 불합리하게 금지시키면 불법횡단이 야기되어 더욱 위험성이 높아진다. 때문에 적절하고 합리적인 횡단시설 설계가 무엇보다 중요하다.

측도를 갖는 넓은 간선도로에 보행자 신호등을 설치하면 외곽분리대가 보행자 안전지대로 활용되므로 매우 효과적이다. 아주 넓은 도로의 보행자 신호등은 길 건너편에는 물론이고 중앙분리대에도 설치하는 것이 좋다.

좌회전 또는 우회전차로가 있거나 직각으로 교차하지 않는 다차로 교차로에서는 접근로의 폭이 보행자 횡단에 어떤 영향을 미치는가를 분석해야 한다. 보행자의 속도는 통상 1.2 m/sec이므로 한 차로가 증가하면 횡단시간은 약 3초 정도 증가한다.

(5) 도류화

도류화는 차량과 보행자를 안전하고 질서있게 이동시킬 목적으로 교통섬이나 노면표시를 이용하여 상충하는 교통류를 분리시키거나 규제하여 명확한 통행경로를 지시해 주는 것을 말한다. 적절한 도류화는 용량을 증대시키며, 안전성을 제고하고, 최대의 편의성을 제공하며 운전자에게 확신을 심어준다. 부적절한 도류화는 이와 반대되는 효과를 나타내며 때로는 그것을 설치하지 아니함만도 못할 경우도 있다. 지나친 도류화는 혼동을 일으키기가 쉽고 운영상태가 나빠지므로 될수록 피하는 것이 좋다. 도류화를 이용하면 사고를 현저히 줄일 수 있다. 이런 경우의 대부분은 좌회전 이동류를 위한 도류화이다. 교차로에서 도류화를 이용하여 좌회전 전용차로를 설치하면 후미추돌사고를 감소시키고 원활한 좌회전이 이루어진다.

교차로를 도류화시킬 때는 어떤 원칙을 따라야 하나 그렇다고 다른 여건을 감안한 전체적인 설계특성을 무시하면서 이를 적용시켜서는 안 된다. 또 독특한 조건하에 설계원칙이 적용될 때는 이를 수정할 수도 있으나 그때는 이에 따른 결과를 충분히 예상할 수 있어야 한다. 이와 같은 설계원칙을 무시하면 위험성을 내포한 설계가 되기 쉽다.

평면교차로에서의 도류화를 위한 일반적인 설계원칙은 다음과 같다.

① 운전자는 한 번에 한 가지 이상의 의사결정을 하지 않도록 해야 한다. 상충면적을 줄여 교차로에 진입하는 운전자의 판단시간을 줄인다. 대체로 넓은 교차로는 차량과 보행자의 이동에 위험성이 높다.

② 30° 이상 회전하거나 급격한 배향곡선(reverse curve) 등의 부자연스런 경로를 피해야 한다.

③ 교통류가 교차할 때 될수록 직각으로 교차하도록 함으로써 예상되는 상충면적을 줄이고, 교차시간을 줄이며, 운전자로 하여금 교차 교통류의 상대속도와 상대위치에 대한 판단을 쉽게 하도록 한다.

④ 합류각도를 줄인다. 합류각이 10~15° 정도이면 두 합류 교통류의 속도차이가 거의 없어지므로 함께 흐르게 된다. 또 주 교통류에 합류되는 차량은 비교적 짧은 차간시간을 이용할 수 있다.

⑤ 교통섬은 운행경로를 편리하고 자연스럽게 만들 수 있도록 배치해야 한다. 금지된 방향의 진로는 막아주고, 동일한 이동류는 한 경로를 이용하게 함으로써 상충을 줄이고, 운전자의 판단을 쉽게 한다. 다현시 신호에서는 여러 이동류를 분리시키기 위해 도류화가 바람직하다.

⑥ 운전자가 적절한 시인성 및 시계를 가지도록 해야 한다. 숨은 장애물이 없어야 하며 교통섬은 눈에 잘 띄도록 해야 한다. 따라서 교통섬의 외곽 연석의 종류에 따라 적절한 조명시설을 설치해야 한다. 특히 회전차량의 대기장소는 직진교통으로부터 잘 보이는 곳에 위치해야 한다.

⑦ 교차 또는 상충점을 분리시켜야 하는가 혹은 설계를 단순화하고 운전자의 혼돈을 막기 위해서 밀집되어야 하는가를 결정하기 위해서 엄밀히 분석해야 한다. 필요 이상의 교통섬을 설치하는 것은 피해야 하며, 원칙적으로 도류화가 필요하다 하더라도 좁은 면적에서는 이를 피해야 한다. 교통섬의 최소 면적은 적어도 4.5 m^2 이상은 되어야 한다.

⑧ 교통섬은 정상적인 통행로의 끝단으로부터 최소한 뒤로 60 cm 정도 물려서 설치해야 한다. 필수적인 교통통제시설의 위치는 도류화의 일부분으로 생각하여 교통섬을 설계해야 한다.

⑨ 곡선부는 적절한 곡선반경과 폭을 가져야 한다. 속도와 경로를 점진적으로 변화시킬 수 있도록 접근로 끝의 처리를 잘해야 한다.

⑩ 교차로에 진입하는 교통류의 진로를 구부림으로써 속도를 줄일 수 있다. 이때 주 교통류의 진로는 되도록 구부리지 않는 것이 좋다. 또, 교통류의 경로를 깔때기 모양의 좁은 통로로 만들어 줌으로써 속도를 줄인다.

⑪ 교차 또는 회전하는 차량이 보호되도록 한다. 2개 이상의 상충교통류를 횡단해야 할 때는 대피지역을 이용하여 한 번에 한 교통류만 횡단하게 할 수 있다. 이때 교통섬이 대피지역 역할을 한다.

무엇보다도 교차로에서는 운전자에게 자연스런 통행경로를 인도해 줌으로써 운전조작 행위를 단순화시키는 것이 도류화의 근본 목적이다. 또 운전자가 어떤 교차로의 도류화에 잘 적응하기 위해서는 연석이나 노면표시로 도류화를 실시하기 전에, 교통콘(traffic cone)이나 모레주머니로 임시 교통섬을 설치하는 것이 바람직하다.

두 교차로에서의 여러 가지 조건이 꼭 같은 경우는 드물다. 어떤 교차로에서는 꼭 어떤 형태의 도류화만이 적합하다는 것은 아니며 최종설계는 운전자, 차량 및 도로여건에 따라 결정되어야 한다.

1. 일본교통공학연구회, 교통공학핸드북, 1983.
2. National Committee on Urban Transportation, *Standards for Street Facilities and Services*, Public Administration Service, 1958.
3. AASHTO., *A Policy on Geometric Design of Highway and Streets*, 1984.
4. ITE., *Guidelines for Urban Major Street Design*, 1984.
5. ITE., *Recommended Guidelines for Subdivision Streets*, 1984.
6. ITE., *Planning Urban Arterial and Freeway Systems*, 1985.
7. TRB., *Highway Capacity Manual, 2000*, 2001.
8. ITE., *System Considerations for Urban Arterial Streets : an Informational Report*, 10. 1969.

9. W.S. Homburger, *Fundamentals of Traffic Engineering*, 1981.
10. Road and Transportation Association of Canada, Geometric Design Standards for Canada Roads and Streets, 1976.
11. 건설교통부, 도로의 구조·시설 기준에 관한 규칙, 1999.
12. Matson, T. M., W.S. Smith, and F.W.Hurd, Traffic Engineering, McGraw-Hill Book Co., 1955.
13. Jack E. Leisch, Adaptability of Interchange Types on Interstate System, ASCE Proc. Vol. 84, 1958.
14. R.H.Burrage, D. A. Gorman, S.T.Hichcock, and D.R.Levin, Parking Guide for Cities, 1956.
15. E.C.Carter and W.S.Homburger, Introduction to Transportation Engineering, ITE., 1978
16. R.E.Whiteside, Parking Garage Operation, Eno Foundation, 1961.
17. E.R.Ricker, Traffic Design of Parking Garages, Eno Foundation, 1957.
18. E.A.Seelye, Design-Data Book for Civil Engineers, John Wiley and Sons, Vol. 1, 1960.
19. Recommended Yard and Dock Standards, Transportation and Distribution Management, Oct., 1966.
20. R.H.Burrage and E.G.Mogren, Parking, Eno Foundation, 1967.

1. 앞의 예제에서 이 도로구간의 AADT는 36,630이었다. 또 이 도로구간과 유사한 교통패턴을 갖는 어느 상시조사지점의 자료로부터 K값(30 HV/AADT)이 14%이고 PHF가 0.95임을 알았다. 조사지점에서의 중방향 교통량비율(D계수)과 대형차 구성비(T계수)가 각각 60%와 15%로 관측되었을 때; (1) 이 도로구간의 첨두시간 설계교통량을 구하라. (2) 대형차의 승용차 환산계수(pce)가 1.8이라 가정할 때 이 첨두시간 설계교통량을 승용차 단위로 나타내라.
2. 최소정지시거는 지방부 도로에서는 젖은 노면, 도시부 도로는 건조한 노면을 기준으로 한다. 그 이유는 무엇인가?
3. 설계속도 100 kph의 도로에서 −3.5% 경사된 도로구간에서의 정지시거를 구하라.
4. 주택가에 통제가 되지 않는 네 갈래 교차로가 있다. A 도로에서의 접근속도가 50 kph이

고 교차도로인 B도로에서의 접근속도는 40 kph일 때, 시거삼각형을 설계하라. 단 교차로에서의 임계감속도는 5.5 m/sec², 반응시간은 2초이다.

5. 식 (7.4)와 관련하여 편경사를 크게 하면 곡선반경이 줄어들고 따라서 도로건설 비용이 절감된다. 그러나 편경사를 어느 수준 이상 높이지 않는 이유는 무엇인가? 특히 고속도로 설계 시 높은 설계속도에서 $e+f$ 값을 낮게 책정하는 이유를 설명하라. 이때 원심력에 의한 노면과 차륜 간의 거동과 운전자 무게중심의 거동이 다름에 유의하여 설명하라.

제8장

교통통제

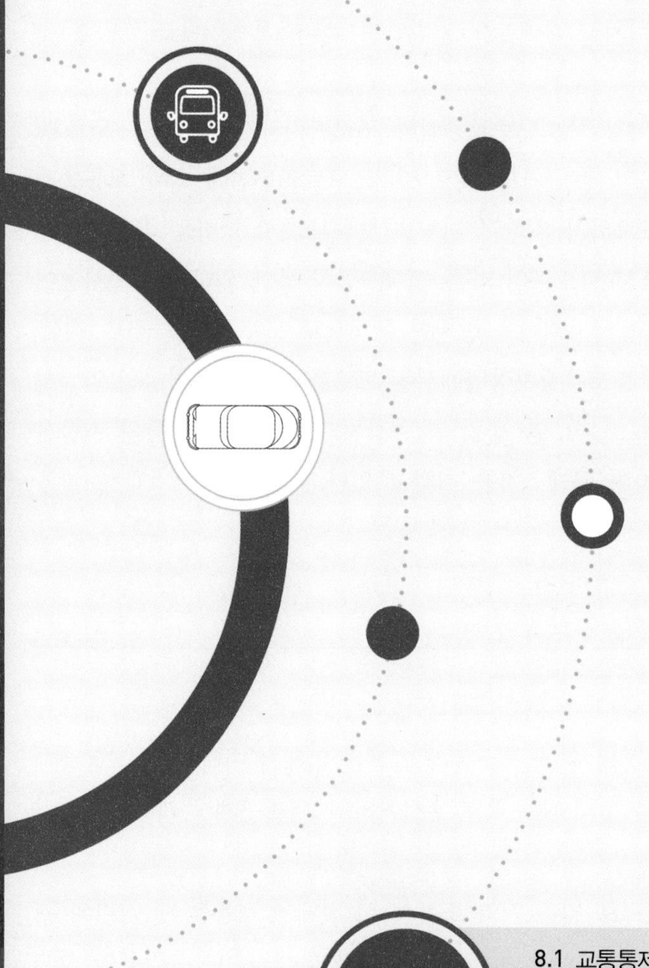

도로나 차량이 잘 설계되고 운전자가 유능하다고만 해서 교통이 이루어지는 것은 아니다. 차량은 다른 차와 충돌을 피해야 하며, 다양한 도로조건으로부터 사고가 일어나지 않도록 해야 하고, 또 교통소통이 원활히 이루어지도록 해야 한다. 뿐만 아니라 정상적인 상태로 흐르는 교통류의 운행패턴을 변화시키기 위해서는 전방의 도로상황을 미리 예고해 주어야 한다. 이와 같이 잠재적인 위험성을 사전에 예고하고 효율적인 교통류를 유지하기 위해서는 신호등, 표지, 노면표시 등과 같은 교통통제시설(traffic control devices)이 필요하고, 이들을 이용하여 교통을 규제하고 지시, 안내하며, 주의를 환기시키고 어떤 행동을 권장하며, 신호를 제어하는 것을 교통통제(traffic control)라 한다. 이는 교통운영기법을 구성하는 가장 중요한 요소이다. 특별히 신호기로 운영되는 교통통제는 일반적으로 신호제어라는 용어를 사용한다.

넓은 의미의 교통통제는 경찰이 담당하는 도로교통법과 도로관리자가 담당하는 도로법, 운수관리자가 담당하는 도로운송차량법에 근거를 두고 있다. 도로교통법에 의한 교통통제는 교통의 안전과 원활한 소통을 도모하기 위하여 차량통행에 대해서 행하는 금지, 제한, 지시, 지정, 안내를 말하며, 도로법에서는 도로의 파손, 붕괴, 공사 등에 의하여 도로사용이 위험한 경우, 도로의 구조를 보전하고 사고위험을 방지할 목적으로 도로통행을 금지, 제한, 지시, 안내할 수 있게 되어 있다. 또, 도로운송차량법에서는 도로를 이용하는 차량의 안전성을 확보하기 위하여 차량의 길이, 폭, 높이, 총 중량, 제동장치, 등화, 경음기 등의 기준을 정하고, 차량의 구조 및 장치에 대하여 규제조치를 취하고 있다.

8.1 교통통제 및 교통운영

교통운영(traffic operation)이란 교통의 원활한 소통과 안전을 위해서 여러 가지 교통통제기법을 적용하는 것뿐만 아니라 예를 들어 대중교통 우선처리, 시차출근제 등과 같은 전략적인 대책도 포함한다.

여러 가지 교통운영기법을 개별적으로 넓은 지역 또는 도시 전체에 적용할 때 각각의 기법 하나로는 충분히 그 효과를 나타낼 수 없으며, 또 그 효과가 상쇄되거나 부작용이 상승효과를 일으킬 수 있다. 따라서 서로 보완효과를 낼 수 있는 몇 개의 대책을 복합적으로 사용하면 좋다.

8.1.1 교통통제시설의 기본 요구조건

교통통제시설이란 교통을 규제하고 지시하며, 주변의 위해 사항을 예고 또는 경고하며, 진행로 또는 목적지를 안내하기 위해서 국가기관에서 설치한 시설이다. 최근의 교통통제기법은 차량 사고만을 줄이기 위한 목적이 아니다. 도로는 그 주위환경과 불가분의 관계가 있으므로 주위환경을 보호하거나 주위의 토지이용자를 위한 여러 가지 기법, 예를 들어 속도제한이나 주차제한 등의 기법을 이용하여야 한다.

도로망이 복잡할 경우 운전자가 목적지에 이르는 길을 찾는 데 갈피를 잡지 못하면 심각한 문제가 아닐 수 없다. 그래서 노선번호체계, 도로표지 및 도로정보표지를 국가에서 관장해서 설치하고 있다. 이와 같은 종류의 교통표지는 교통상황을 나타내는 것이 아니고 도로시스템의 효율적인 운영을 촉진시키는 교통통제시설이다. 그러나 이와 같은 시설을 설계, 적용 및 위치를 선정함에 있어서 통일성을 견지하는 것이 무엇보다 중요하다.

교통통제시설의 일반적인 기준은 도로교통법 및 교통안전표지, 노면표시, 신호기 설치·관리메뉴얼(경찰청)에 자세히 수록되어 있다. 교통통제시설은 도로상에서 도로를 이용하는 운전자 및 보행자에게 그들이 지켜야 할 교통법규를 현현시키는 것이므로 다음과 같은 기본요구조건을 갖추어야 한다.

- 필요성에 부응해야 함
- 주의를 끌 수 있어야 함
- 간단명료한 의미를 전달할 수 있어야 함
- 도로 이용자에게 존중될 수 있어야 함
- 반응을 위한 시간적인 여유를 가질 수 있는 곳에 설치되어야 함
- 교통을 통제 또는 규제, 지시할 경우는 법적인 근거가 있어야 함

위의 기본요구조건을 충족시키기 위해서는 일관성 있게 운영되어야 하며, 규칙적인 관리가 필요하다. 특히 동일한 상황에서는 동일한 통제시설을 사용함으로써 이용자의 신뢰를 얻어야 한다. 국제적인 왕래가 빈번한 오늘날에는 교통통제시설의 통일성이 그 어느 때보다도 절실히 필요하다. 통일성은 그 시설에 대한 운전자의 식별 및 이해 시간을 줄이므로 운전에 큰 도움을 준다.

표지나 노면표시와 비슷하게 사용되는 기타 교통통제시설에는 다음과 같은 것들이 있다.

① 장애물 표시: 노면에 설치하지는 않지만 교각, 임시 바리케이드, 배수구 입구 등 도로 주변에 있는 중요한 장애물에 표시를 하거나 또는 그러한 장애물이 있다는 것을 나타내는 표지
② 반사체, 차로유도표 등 기타표시: 교통을 규제, 지시, 안내, 주의시키는 교통표지 이외에 도로변에 세워서 교통을 유도하거나 교통안전을 도모하기 위한 시설로서 차로유도표가 있다. 또 노면표시 중에서 페인트표시 대신에 사용하는 볼록 튀어나온 반사체의 표지병도 이 부류에 속한다.
③ 방호울타리(baricade): 공사 또는 정비유지 작업을 운전자에게 알리기 위해 사용되는 임시 시설
④ 교통콘(traffic cone): 위해물 주위나 혹은 이를 지나치는 차량에게 안전한 주행선을 안내하는 일종의 이동차로 표시
⑤ 방호울타리 경고등: 방호울타리 위에 설치하는 경고등
⑥ 노면요철(rumble strips): 노면을 갈구리로 긁은 것처럼 작은 요철을 만들어 운전자에게 전방의 상황 변화를 예고하는 데 사용
⑦ 이정표: 잘 알려진 지점을 기준으로 하여 어떤 지점의 정확한 위치를 나타내는 표지

8.1.2 도로상의 수칙

'도로상의 수칙'은 교통행태에 관해 널리 적용되는 일반적인 수칙(守則)을 말한다. 이 수칙에는 교통법규준수, 차량우측통행, 교통통제시설의 의미 이해 및 준수, 추월요령, 출발, 정지 및 회전요령, 교차로에서의 통행우선권 이행, 속도제한준수 등이 있다. 이러한 것들은 너무나 기본적인 것이기 때문에 교통안전이나 통일성의 관점에서 볼 때 중앙행정부서의 책임하에 이루어지는 것이 좋다. 주차, 자전거, 도시가로의 '정지' 표지 등 지역단위에서 주로 일어나는 교통문제를 해결하기 위한 수칙은 지방행정부서에서 관장을 한다.

속도통제는 어느 지역에서나 쉽게 볼 수 있다. 운전자는 현재의 도로상태에 적합한 합리적인 속도를 유지하려고 한다. 속도가 교통사고의 피해정도와 큰 관계가 있으므로 이들 관계로부터 속도통제의 기준이 마련된다. 지방행정부서는 교통상황이나 공학적인 근거에 의해서 속도제한과 속도제한구간을 설치하지만 그렇다고 교외지역인데도 아주 낮은 제한속도를 두거나, 또한 도로상에서 제한속도를 너무 자주 바꾸어서는 안 된다. 속도제한을 실시하면 차량들 간의 속도가 서로 비슷해지며 따라서 교통사고도 적어진다.

도로교통법에는 보행자의 권리와 의무를 규정해 놓고 있다. 이 법에 따르면 보행자나 차량운전자 모두가 교통신호를 지켜야 한다. 운전자는 횡단보도의 보행자에게 통행우선권을 양보해야 하며, 만약 횡단보도가 없거나 횡단보도의 보행자신호등이 적색이면 보행자는 차량에게 통행우선권을 양보해야 한다. 그러나 어떠한 경우이든 운전자는 보행자를 보호하기 위해서 적절한 주의를 기울여야 한다. 보행자는 보도를 사용하여야 하나 만약 보도가 없다면 마주 오는 차량을 볼 수 있게끔 도로의 좌측으로 통행하여야 한다.

교통법규는 자전거와 2륜차(오토바이)에 관한 규정도 포함한다. 이들 규정에는 자전거나 2륜차에 적용되는 '도로상의 수칙' 뿐만 아니라 면허, 등록, 자전거 등화, 승차인원, 제동장치에 관한 것들이 있다.

8.2 교통표지

8.2.1 표지의 종류

교통표지는 그 수행기능으로 보아 도로상의 결함이나 위해사항을 예고하는 주의표지(warning sign), 교통상의 금지 또는 제한사항을 나타내는 규제표지(prohibitory sign), 필요한 사항이나 행동을 지시하는 지시표지(indicatory sign), 도로의 노선이나 저명한 지점 혹은 장소를 안내하는 안내표지(guide sign)로 대별되며 그 외에 이들과 함께 사용되면서 제한적이거나 구체적인 의미를 추가로 나타내는 보조표지(supplementary sign)가 있다(미국을 위시하여 유럽의 많은 나라에서는 prohibitory sign과 indicatory sign을 합하여 regulatory sign이라고 부른다).

이들 4가지 표지 중에서도 특히 학교 앞이나 공사구간에 사용되는 표지는 중요하므로 통상 별도로 취급한다. 이들 표지의 설계 및 적용에 관한 세부적인 사항은 경찰청의 '교통안전시설 설치, 관리 매뉴얼'을 참고로 하는 것이 좋다. 그러나 이 매뉴얼에서는 안내표지와 노면표시의 안내 기능이 누락되어 있다. 그 이유는 안내표지 및 그 기능이 국토부 소관이기 때문이다. 교통시설 간 또는 주의, 규제, 지시, 안내 기능 간에는 서로 떼어 놓을 수 없는 관계가 있음에도 불구하고 업무가 융합되지 않는 것은 큰 문제라 할 수 있다.

(1) 주의표지

주의표지는 도로상 또는 그 인접한 곳에 있는 현재 또는 잠재적인 위해요소를 경고할 필요가 있을 때 사용하는 표지이다. 여기에는 적극적인 의미(어떤 행동을 취할 것을 권고하는)를 가진 것과 소극적인 의미(단순히 어떤 상태를 예고하는)를 가진 것이 있다. 후자의 경우에는 운전자 본인이 스스로 행동을 판단해야 하므로 판단시간이 전자보다 많이 소요되기 때문에 될 수 있으면 적극적인 의미의 표지를 사용하는 것이 좋다. 예를 들어 급커브 길에 설치되는 표지는 '위험' 표지보다는 '급커브' 표지가 좋고, 이보다 더 좋은 것은 '급커브' 표지에 '안전속도 ○○'의 보조표지를 함께 사용하는 것이 좋다.

주의표지는 일반적으로 삼각형 모양으로 황색바탕에 적색 테두리이며 문자 및 부호는 흑색이다. 이 모양과 색상은 도로이용자에게 특히 강하고 명확한 경고의 의미를 전달한다.

주의표지는 반드시 적절한 반사재료를 사용해야 한다. 이 표지는 그 중요성을 인정받으면서도 운전자로부터 그에 합당한 주의를 받지 못하는 수가 종종 있다. 표지는 항상 최대의 효과를 유지할 수 있도록 해야 하며, 또 운전자가 이 표지에 충분히 잘 반응한다고 판단되는 경우에는 이 표지를 지나치게 많이 설치하는 것은 피해야 한다. 표지를 불필요하게 많이 사용하면 운전자가 다른 모든 표지에 대해서도 경시하는 경향을 갖게 된다.

이 표지는 주로 도로이용자뿐만 아니라 다른 운전자나 보행자를 위하여 안전한 운행이나 감속을 요구한다. 적절한 주의표지는 교통을 안전하고 질서 있게 신속히 소통시키는 데 큰 도움을 준다.

(2) 규제표지

규제표지는 도로이용자에게 직접적인 영향을 주며 또 강제적인 것이기 때문에 이에 대한 설계와 적응은 대단히 중요한 의미를 갖는다. 또 이 표지의 내용을 위반하는 경우에는 단속 및 제재조치가 뒤따르기 때문에 어떤 형태의 전문적인 입법 및 사법기관에서 이 표지를 관장하게 된다.

규제표지는 몇 개의 예외를 제외하고는 대부분 원형이며 흰색바탕에 테두리와 금지를 나타내는 횡선은 적색이며 문자 및 부호는 흑색이다. 그러나 이 표지 중에서 특히 중요한 '정지' 표지는 8각형, '양보' 및 '천천히' 표지는 역삼각형을 사용하여 더 많은 주의를 끌도록 하고 있다. 또 '보행자횡단금지' 표지는 5각형이며, '진입금지', '주차금지', '주정차 금지' 표지는 원형이지만 색상을 달리함으로써 그 의미를 더욱 강조한다.

(3) 지시표지

지시표지는 안내표지와 매우 비슷한 의미를 가지나 안내표지가 노선이나 지점을 안내하는 데 반해 지시표지는 운행 중에 운전자가 꼭 알아야 할 사항, 즉 진행방향, 주차장, 전용도로 등을 알려주거나 보행자에게 횡단보도 등을 알려주는 역할을 하는 것이 다르다. 따라서 지시표지는 대부분 강제성을 띠지 않는다.

뒤에 언급되는 노면표시는 이 지시표지를 보완하는 역할을 많이 한다. 특히 진행 방향을 나타내는 표지 중 일부는 노면에도 이를 표시하여 운전자로 하여금 미리 차로를 확보하도록 도와준다. 진행방향을 나타내는 표지는 진행해서는 안될 다른 방향에 대한 진행금지 표지인 규제표지를 사용해도 좋으나 두 가지 중에서 될수록 간단하고 시인성이 좋은 것을 사용한다

지시표지는 규제표지와 같이 대부분 원형이며 청색바탕에 백색부호를 사용한다. 그러나 보행자와 관계되는 표지는 5각형이다. 지시표지는 항상 그 표지의 의미가 적용되는 대상이 운전자인가 혹은 보행자인가에 따라 표지의 종류와 설치방향에 차이가 나므로 이에 특히 유의해야 한다. 예를 들어 보행자 전용도로의 경우 보행자를 위해서는 '보행자전용도로' 표지를, 운전자를 위해서는 '진입금지' 표지를 설치해야 한다.

(4) 안내표지

안내표지란 운전자를 안내하는 데 필수적인 것으로서, 교차되는 도로를 알려주고, 도시나 다른 중요한 지점을 가르쳐 주며, 부근의 강이나 공원 및 역사적 유적지를 알려주는 등 간단하고 직접적인 방법으로 운전자를 도울 수 있는 정보를 제공한다.

안내 또는 방향표지는 다른 표지처럼 안전에 직접적인 관련이 있지는 않지만 대단히 중요하다. 고속도로상에서의 노선선택은 속도가 낮은 도로상에서보다 훨씬 신속히 결정되어져야 하므로 결국 고속도로의 안내표지가 더욱 절실하다고 볼 수 있다.

고속도로는 다른 도로에 비해 규격이 더 크고 더 단순한 내용을 가진 안내표지를 사용할 필요가 있다. 이 표지의 모양은 사각형으로서 청색이나 녹색바탕에 흰색 부호나 문자를 사용한다. 일반적으로 녹색바탕은 방향안내에 사용되며, 청색바탕은 노선표시나 서비스 시설(휴게소, 주유소, 주차장 등)을 나타내는 데 사용된다.

방향안내표지는 단순히 분기점에서 분기되는 방향만을 화살표로 나타내었으나 근래에는 분기점 주위의 진행경로를 도식적으로 표시함으로써 인터체인지의 개략적인 모양을 운전자에게 알려주는 표시방법을 사용하기도 한다. 두 방법의 장단점은 있으나 복잡하거나 예측하

기 어려운 교차로나 인터체인지의 개략적인 모양을 운전자에게 알려줌으로써 운전자의 혼동을 방지하는 측면에서 본다면 후자가 좋다. 그러나 그렇더라도 아주 복잡한 교차로나 인터체인지는 단순화시켜 나타내어야 그 효과를 기대할 수 있다.

안내표지의 근본원리는 그곳 지리에 익숙하지 못한 운전자가 순조롭게 노선변경을 할 수 있도록 분명하고 이해하기 쉬운 방향정보를 표시하는 것이다. 그렇게 함으로써 길을 잘못 들어서 파생될지도 모를 교통사고를 예방할 수 있을 것이다.

교통량이 많고 고속이며 인터체인지 램프가 가까이 있는 도로에서는 안내표지가 특히 중요하다. 고속도로의 표지는 도로시설의 일부분으로 간주하여 도로의 위치선정이나 기하설계시 반드시 이 표지를 동시에 계획해야 한다. 이 표지의 계획은 예비설계 단계에서 분석되어져야 하며 세부적인 사항은 최종설계가 마무리될 때 함께 이루어져야 한다.

도시도로의 표지를 설계하고 설치할 때는 노선번호와 가로이름을 일관되게 사용해야 하며, 중요한 비행장, 병원, 운동장과 같은 시설은 낯선 운전자들이 주로 이용하기 때문에 안내표지로 안내해야 한다. 또 안내표지의 판독성은 매우 중요하므로 문자의 설계에 특히 유의해야 한다.

(5) 보조표지

보조표지는 주의, 규제, 지시, 안내표지에 나타내지 못하는 세부 통제사항을 본 표지 아래에 부착하여 나타낸다. 보조표지의 종류에는 거리, 구간, 특정시간, 특정차종, 방향, 기타 주의표지에 포함되지 않는 정보를 나타내는 것이 있다. 이 외에도 필요할 때에 임의로 만들어 사용할 수 있으나 그 의미가 명확해야 하며, 본 표지의 의미와 중복되지 않고 상충되지도 않으며 구체적이어야 하고 글자수는 10자를 넘어서는 안 된다. 한 표지에 두 개 이상의 보조표지를 사용하지 않는 것이 좋으며 3개 이상은 절대 사용해서는 안 된다.

특성 구역이나 구간지정은 클랙슨 금지나 주·정차금지 또는 허용, 추월금지 등이 시행되는 구역, 구간을 나타내는 데 주로 사용된다. 특정시간 및 요일은 학교 앞 어린이 보호, 주·정차금지 또는 허용 등이 시행되는 시간 및 요일을 구체적으로 나타내는 데 사용된다.

터널의 길이나 교량의 폭 또는 교량의 통과하중 등과 같은 중요한 교통시설물이나 교통제한요소 등을 나타내는 데도 보조표지를 사용한다.

기타 주의 및 규제표지를 구체적으로 설명하거나 운전자의 바람직한 행동을 권고할 때도 이 표지를 사용하며, 주차표지와 함께 사용하여 주차장 방향안내표지로도 사용된다. 무엇보다 중요한 것은 규정된 주의표지의 종류가 한정되어 있기 때문에 주의표지로 나타낼 수 없는 종류의 위해사항을 '위험' 표지와 함께 이를 설명하는 보조표지로 나타낸다. 이와 같은 종류의 보조표지에는 '안개지역' 같은 것이 있다.

(6) 학교앞 표지

학교주위의 교통문제는 대단히 예민한 당면문제이다. 만약 학생들의 부모가 요구하는 것을 모두 들어주려면 더 많은 교통경찰과 교통안내원, 더 많은 교통신호, 표지 및 노면표시가 필요할 것이다. 그러나 그와 같은 요구는 반드시 합리성이나 실제수요에 근거를 둔 것이라 보기는 어렵다.

학교 앞 보행자 안전을 위한 표지는 주의표지인 '어린이보호' 표지와 지시표지인 '어린이보호' 표지를 함께 사용하고 있다.

학교앞 표지는 '천천히' 또는 '최고속도제한' 표지와 같은 규제표지에다 보조표지를 부착하여 사용할 수도 있다. 이때 이용되는 보조표지는 규제시간을 지정하는 것이거나 '학교앞'을 표시하는 것 등이다.

(7) 공사표지

공사구간은 특별한 안전대책이 필요하며 이때는 규제표지, 지시표지, 주의표지 및 안내표지 모두가 사용된다. 주의, 규제 및 지시표지는 앞에서 설명한 바와 같으며, 주의표지는 진한 황색바탕에 흑색테두리와 문자를 사용한다. 표지에 사용되는 문자는 공사의 종류에 따라 다양하다.

공사구간에는 바리케이드가 진행로를 차단하면서 주의 및 안내표지의 기능을 수행한다. 공사기간 동안에는 표지의 유지관리에 특별히 주의를 기울여야 한다. 공사의 종류가 단계별로 진척될 때는 그에 따른 적절한 표지로 바꾸어야 하며, 중요하다고 생각되어지는 경우에는 신호수를 배치하여야 한다.

8.2.2 표지의 설계

표지가 규제와 주의의 목적으로 사용될 때는 그 적용방법 및 근거에 있어서 일관성이 있어야 한다. 표지를 도로설계의 결함을 보완하는 수단정도로 생각해서는 안 되며 총체적인 도로설계의 일부분으로 인식되어야 한다.

운전자가 표지의 내용을 판독하기 이전의 먼 거리에서는 표지의 규격, 모양 및 색깔만으로라도 운전자의 주의를 끌 수 있다. 운전자에게 어떤 의미를 전달하는 데 있어서 모양과 색상은 전달 의미를 나타내는 문자만큼 중요하다. 색상과 모양의 조합을 적절히 한다면 운전자가 그 표지내용을 판독하기 이전에라도 주의를 끄는 데 상당한 역할을 한다.

교통표지를 표준화시키는 일은 자동차의 대중화와 국제화 추세에 비추어 볼 때 대단히 중요하다. 표지는 각 나라에서 계속적으로 개발되고 있으며 또 그 가치를 인정받으면 전 세계적으로 통용된다. UN에서는 이를 위해서 비정기적으로 국제회의가 개최된다.

표준국제도로표지는 일반적으로 3각형을 주의표지, 원형은 규제 및 지시표지, 4각형은 안내 및 정보표지로 사용하고 있다. 8각형의 '정지' 표지나 사다리꼴과 같은 독특한 모양의 표지는 특별한 위해물이나 규제를 나타내는 데 사용된다.

표지의 색상도 표지의 모양에 못지않게 운전자의 주의를 끄는 데 중요한 역할을 한다. 시각효과는 표지의 명도와 다른 색상 간의 대비 및 표지판과 그 주위 배경과의 대비에 따라 달라진다. 또 색맹운전자의 비율도 색상 선택 시에 고려해야 할 사항이다. 보통 남자 중에서 적색과 녹색을 구별하지 못하는 색맹은 약 8%에 이른다. 따라서 교통신호의 녹색과 적색등화는 약간 청색과 주황색을 띄는 것이 좋다.

표준교통통제시설에 사용되는 색상은 보통 8가지, 즉 흑색, 황색, 백색, 녹색, 적색, 청색, 갈색 및 오렌지색이다. 이들 색상의 일반적인 의미는 다음과 같다.

① 적색: 주의표지와 규제표지판의 테두리 색깔, '정지' 표지와 '진입금지' 표지의 바탕색깔, 그리고 주차금지 등과 같은 금지를 나타내는 사선색깔
② 황색: 주의표지의 바탕색깔
③ 흑색: 백색이나 황색바탕 위의 문자 또는 부호의 색깔
④ 백색: '정지' 표지, '진입금지' 표지, '주차, 주정차금지' 표지를 제외한 규제표지의 바탕색깔, 녹색, 청색 및 적색바탕 위의 문자 및 부호색깔
⑤ 녹색: 안내표지의 바탕색깔
⑥ 청색: 지시표시, '주차, 주정차금지' 표지의 바탕색깔, 운전자에게 어떤 서비스 정보를 알려주는 안내표지의 바탕색깔
⑦ 오렌지색: 공사 및 유지보수 작업을 나타내는 표지의 바탕색깔로만 사용(문자 및 부호는 흑색)
⑧ 갈색: 위락 및 문화활동의 장소를 안내하는 안내표지의 바탕색깔(문자 및 부호는 백색)

표지의 모양과 색상은 표지의 일반적인 의미를 효과적으로 전달하며 바탕색깔과 대비되

어 표지의 기능을 강화시킨다. 또 이것은 표지판에 쓰인 내용을 알아볼 수 있을 정도로 가까이 가기 전에 운전자에게 개략적인 교통통제정보를 제공해 준다. 그러나 표지가 효과적으로 운영되기 위해서는 운전자가 표지의 구체적인 의미를 이해한 후 적절히 반응할 수 있는 충분한 시간을 가져야 한다. 표지의 크기는 그 의미가 차량속도에 따른 접근거리 이내에서 쉽게 판독될 수 있도록 충분히 커야 한다.

표지의 의미는 문자나 혹은 부호에 의해서 전달된다. 문자로 나타내기에는 긴 내용을 간단한 부호로 표시하면 판독성을 높일 수 있으므로 좋다. 또 잘 선택된 묘사적인 부호는 추상적인 부호보다 좋다. 그러나 묘사적인 부호로 나타내기 힘든 경우가 많으므로 결국 모든 운전자는 묘사적인 부호뿐만 아니라 외우기 어려운 추상적인 부호를 많이 숙지해야 한다.

주차통제의 경우 복잡한 제한사항(시간제주차, 주차금지 길이 등)을 문자로 일일이 나타내기는 매우 어려우나 이때 색깔을 사용하면 아주 간단해진다. 방향표시에 사용되는 내용은 중요한 것을 왼쪽 상단에 두고 책을 읽을 때의 순서와 같이 나열하는 것이 좋다. 또 목적지가 여러 개일 때는 한 표지판에 여러 개의 목적지를 다 표시하는 것보다 각각의 표지판을 사용하는 것이 좋다.

(1) 판독성

주간에 있어서의 표지의 판독성은 배경과 문자 또는 부호의 색깔 대비와 문자, 부호의 형태, 크기, 글자간격, 보는 사람의 시력, 움직이는 속도, 시각, 날씨, 기후 및 교통조건 등에 좌우된다.

문자 또는 부호가 이해될 수 있는 거리를 순수판독거리(pure legibility distance)라 부른다. 또 문자 또는 부호를 짧은 시간동안 언뜻 보아서도 판독할 수 있는 거리를 순간판독거리(glance legibility distance)라 하며, 이는 눈동자의 움직임과 초점 맞추는 시간에 좌우된다. 동적판독거리(dynamic legibility distance)는 보는 사람의 움직임을 고려한 판독거리로서 움직이지 않을 때의 판독거리보다 짧다. 즉 동적시력은 정적시력보다 낮다.

순간 판독거리를 고려한다면 문자로 된 전달 내용은 되도록 짧아야 한다. 운전자는 30 m 정도의 거리에서 직경 1.5 m 정도의 순간 판독면적을 가진다. 움직이는 차량에서는 표지의 전달 내용을 자세히 볼 시간이 없다. 따라서 그 내용은 짧은 순간에 얼른 보아서 판독이 가능해야 하므로 생소한 단어나 부호를 사용해서는 안 된다.

글씨체는 될수록 간단해야 한다. 둥근 글씨체는 각진 글씨체보다 판독성이 좋으며, 영문자인 경우 대문자보다는 소문자가 좋다. 글씨체는 글자의 높이와 폭의 비와 획의 굵기에 따라 구별된다. 폭이 넓은 글씨가 일반적으로 더 좋지만 공간을 많이 차지한다. 통상 글자의 높이 대 폭의 비가 8 : 4인 경우, 획의 굵기는 1이며 이때 글자 높이 10 cm당 판독거리는 50 m 정도이다. 반면 글자높이 대 폭의 비가 8 : 5인 경우, 획의 굵기는 1.2이며 글자 높이 10 cm 당 판독거리는 60 m이다.

글자 사이의 간격 역시 판독성에 영향을 미친다. 최근의 경향은 획의 굵기가 굵고 글자 간의 간격이 넓어지고 있다. 단어와 단어 사이 줄(行)과 줄 사이도 충분한 간격을 두어야 하지만 표지판 전체에 꽉 차서도 안 된다. 표지 가장자리에 여유를 둠으로써 표지의 윤곽을 마련하고 읽기 쉽게 해준다. 화살표 등과 같은 부호도 간단하면서도 뚜렷한 모양을 나타내어야 한다.

같은 종류의 표지라 하더라도 고속이거나 위험성이 높은 도로에서는 큰 규격의 표지를 사용한다. 여러 개의 표지가 동시에 있을 경우는 중요한 표지의 규격을 더 크게 해 준다.

고속도로나 기타 출입제한이 있는 도로에서는 표지와 주행차량의 횡간격이 넓으므로 규격이 큰 표지가 사용된다. 실제 고속도로에서는 문형표지(overhead sign)가 주로 사용되는데 이것의 크기는 도로변에 설치하는 것보다 조금 더 크다. 도시 고속도로는 첨두시간 동안에 혼잡이 심하므로 전방에서 일어나는 비정상적인 교통상황을 알릴 수 있도록 가변정보표지를 사용하는 것이 좋다.

(2) 표지조명 및 재료

모든 도로의 표지는 야간에도 읽혀져야 하므로 반드시 표지반사 및 재료의 조명을 해야 한다. 도시지역에서는 주차에 관한 표지를 제외한 모든 규제, 지시, 주의표지와 지방부도로에서는 안내표지가 야간에도 읽혀지도록 반사 및 조명시설을 해야 한다. 아무리 조명시설이 좋다하더라도 일광보다는 못하므로 표지규격을 결정할 때는 이 점을 고려해야 한다. 뿐만 아니라 야간에는 다른 차량의 전조등이나 다른 불빛 때문에 운전자의 시력이 장애를 받는다. 그러나 최근에는 반사재료의 획기적인 발달로 이와 같은 야간의 시인성 문제가 극복되고 있다. 하지만 반사재료가 아무리 좋다 하더라도 야간표지의 시인성을 완벽하게 확보할 수는 없으며 또 가격이 비싸므로 꼭 필요할 경우를 제외하고는 조명시설을 사용해야 한다. 한 가지 주의할 것은 반사재료의 사용이나 조명시설 때문에 표지의 색깔이 낮과 다르게 보여서는 절대로 안 된다.

표지를 반사시키는 데는 두 가지 기본적인 방법, 즉 반사버튼(reflector button)과 반사재 코팅(reflective coating)이 있다. 반사버튼이란 문자 또는 부호와 표지의 둘레를 나타내기 위해서 빛을 반사하는 성질을 가진 버튼을 박아 넣은 것을 말한다. 이 버튼은 유리 또는 플라스틱으로 만들어졌으며 빛을 반사시키는 렌즈의 역할을 한다.

반사재코팅은 표지판 전면에 사용하여 문자나 부호뿐만 아니라 색상과 모양도 그대로 나타낸다. 코팅재료는 플라스틱이나 혹은 페인트 칠한 표면에 유리구슬가루를 발랐거나 투명한 접착제 안에 유리구슬가루를 넣은 것으로서, 후자는 물이나 먼지가 유리구슬가루에 묻지 않으므로 반사효과가 좋다. 유리구슬가루는 입사광을 굴절시켜 뒤에 있는 반사면에서 반사되도록 한다.

도로표지에 가장 널리 사용되는 재료는 알루미늄, 강철, 합판 또는 열처리한 섬유판 등이다. 최근에는 충돌했을 때 차량에 크게 손상을 주지 않으면서 부서질 수 있고 풍하중을 감소시킬 수 있는 새로운 표지가 개발되고 있다.

(3) 설치 및 관리

규제 및 지시표지는 규제와 지시가 시작되거나 또는 끝나는 지점에 설치한다. 끝나는 지점에 설치하는 표지는 속도표지와 주차제한 표지이다. 나머지 표지들은 상당한 거리에 걸쳐서 규제가 이루어지는 것이 보통이다. 주의표지는 항상 위해지역의 입구나 혹은 위해지점 이전에 설치해야 한다. 안내표지는 확실한 안내를 위해서 교차로 이전에 설치를 하고 또 교차로에도 설치해 준다.

표지는 통상 도로변을 따라 이용자에 가까이 설치한다. 그러나 요사이는 표지의 반사기술이 발달되었기 때문에 지나다니는 차량에 의한 먼지나 오물이 표지를 더럽히는 것을 막기 위해서 될수록 도로에서 멀리 떨어져 설치하려는 경향이 있다.

차로지시를 하기 위해서 문형표지를 사용한다면 해당되는 차로 바로 위에 이를 설치해야 한다. 또 이 표지는 도로변이 개발 중이거나 주차한 차량으로 도로변 표지가 잘 보이지 않을 때 사용한다. 이 표지는 모든 통과차량의 높이보다 높은 통과높이를 가져야 한다.

표지와 도로변까지의 횡거는 지방부도로의 경우 1.8 m에서 3.6 m 사이에 있으며, 또 표지 하단의 높이는 지면에서 적어도 1.5 m 이상은 되어야 한다. 도시부도로의 경우 도로변표지는 주차한 차량에 가려 보이지 않는 일이 없도록 높아야 하며, 또 보행자에게 장애물이 되어서는 안 된다. 그렇다고 판독거리에서 운전자가 눈을 들어 올려다 볼 정도가 되거나 도로변에서 너무 떨어져 있어 정상적인 운행 중의 시계에서 벗어나서는 안 된다.

가능하면 각 표지는 별도의 지주에 부착하여 다른 표지의 내용과 혼동되지 않도록 해야 한다. 주행속도가 높은 도로에서는 표지와 충돌 시 차량에 큰 손상을 주지 않게끔 부러지기 쉬운 지주를 사용해야 한다. 문형표지를 부착하는 대단히 큰 구조물의 지주 주위에는 방호책을 설치하여 차량이 지주에 직접 충돌하는 것을 막아줄 필요가 있다.

고속도로에서 안내표지를 이용하여 인터체인지를 사전에 적절히 예고해 주면 장거리 여행자에게 큰 도움이 되어 교통류의 분열이나 운전자의 혼동이 줄어든다. 주요 도시가로에서는 간선도로와의 교차점 이전에 큰 글자로 교차되는 가로명 표지를 설치하여 운전자의 길안내를 도운다.

표지가 효과적으로 운영되기 위해서는 파손되거나 불필요한 표지는 즉시 대체시키거나 없애야 하며 모든 표지를 주기적으로 청소해야 한다.

8.3 노면표시

노면표시는 차량의 횡적인 위치를 안내 및 규제하면서 표지판을 보완하는 역할을 한다. 또 교통류를 유도하며 반대방향의 교통류를 분리시켜 주고 추월금지구간이나 교차로에서의 회전차로를 나타내 준다. 마찬가지로 교차로를 횡단하는 보행자 횡단보도를 표시해 준다.

외국에서처럼 노면표시는 지시기능보다 안내기능이 중요한데도 불구하고 우리나라에서는 이 기능이 약하다. 예를 들어 유턴과 좌회전이 분리된 대형 교차로에서 회전 포켓에 도달하기 훨씬 이전에 유턴과 좌회전이 가능하다는 안내표시를 해야 한다. 이때 대부분의 경우 그 차로가 직진도 가능하므로 좌회전, 유턴표시와 함께 직진표시도 있어야 교차로 부근에서의 위험한 차로변경을 방지할 수 있다.

다른 교통통제에서처럼 이 표시의 설계와 기능은 통일성을 가져야 한다. 노면표시는 다음과 같은 종류가 있다.

① 종방향 표시(통상 10 cm 및 15 cm의 폭): 도로중앙선, 차로, 노측선, 주 · 정차금지선, 추월금지선, 교차로 간의 특별회전차로표시, 교통섬 앞의 도류화선, 차로가 없어지거나 합류되는 곳의 경괴표시, 교각과 같은 도로상 장애물에 대한 접근표시, 그리고 교차로에서의 회전차로 등이 있으며 차로의 색깔은 중앙선과 주·정차금지선만 황색이고 나머지는 모두 흰색이다.

② 횡방향 표시(통상 30 cm에서 60 cm의 폭): 횡단보도와 정지선

③ 전달내용 표시: 글자나 화살표를 포함한 부호 등

④ 기타 표시: 주·정차금지를 나타내는 녹색표시, 주차면 표시 등

노면표시에 사용되는 재료는 매우 다양하다. 이와 같은 재료는 내구성이 있어야 하며 빨리 건조되는 것이어야 한다. 주로 사용되는 재료는 페인트, 가열가소성 페인트, 조립식 테이프, 표지병 등이 있다.

8.4 교통신호기

교통통제시설 중에서도 가장 중요한 것은 교통신호이다. 입체교차로가 교통류를 공간적으로 분리시킨다면 교통신호는 시간적으로 분리시킨다. 즉 교통신호란 상충하는 방향의 교통류들에게 적절한 시간간격으로 통행우선권을 할당하는 통제시설이다. 이와 같은 교통신호는 전기식 또는 전자식으로 작동되며 그 종류에는 교차로신호등, 점멸등, 차로지시등, 램프 유입조절신호등, 보행자신호등, 철길건널목신호등과 같은 것이 있다.

신호교차로에 설치된 신호기기는 신호등두(signal head), 신호제어기(signal controler) 및 검지기(detector)이다. 신호등두(頭)란 여러 개의 접근로에서 볼 수 있는 신호등면(signal face)으로 구성되며, 신호등면은 한 접근방향에서 볼 수 있는 3~4개의 신호등화(signal lens)로 이루어진다.

8.4.1 교통신호의 기본개념

교통신호를 이해하기 위해서는 등화의 의미와 현시방법 및 설치위치와 등화배열 순서 등을 이해할 필요가 있다.

(1) 용 어

주기(cycle)란 신호등의 등화가 완전히 한 번 바뀌는 것, 또는 그 시간의 길이를 말한다. 신호표시(signal indication 또는 signal display)는 교통류의 통행권을 지시하는 신호등화의 표시를 말하며, 주기 중에서 신호표시가 변하지 않는 시간구간을 신호간격(signal interval)이라하고, 또 한 주기를 이러한 구간으로 분할하는 것을 시간분할(split)이라 한다.

신호현시(signal phase)란 동시에 통행권을 받는 하나 또는 몇 개의 차로군에 할당된 시간

구간을 말하며, 하나 이상의 신호간격으로 이루어진다. 따라서 중첩현시(overlap phase)에서는 한 신호표시가 두 현시에 걸쳐서 계속될 수도 있다. 그러나 신호현시라는 용어는 매우 막연하게 사용되어서 때로는 신호간격을 의미하기도 하고, 어떤 경우는 어느 특정 차로군에 할당된 시간을 의미하기도 한다

신호제어기(signal controller)는 신호현시를 나타내는 시간조절기로서 전기기계식, 전자식 및 solid-state식으로 운영된다. 제어기의 종류에는 크게 정주기제어기(pretimed 또는 fixed-time controller)와 교통감응제어기(traffic-actuated controller)가 있다.

점멸신호(flashing)는 정지할 것인가 혹은 주의해서 진행할 것인가를 나타내는 것으로 적색 혹은 황색의 등화가 깜박거리는 것이다.

(2) 등화의 의미

등화의 의미는 우리나라 '교통안전시설 실무편람'에 자세히 언급되어 있으며, 이를 요약하면 다음과 같다.

① 녹색 표시는 교통류를 합법적인 방향으로 진행시키고자 할 때 사용된다. 특히 녹색 화살표시는 회전 차로군을 보호하기 위해 사용된다.

② 황색표시는 녹색표시에서 적색표시로 바뀌는 경과시간에 사용된다. 황색표시 때 이미 교차로에 진입해 있거나 교차로의 정지선에 정지하기가 불가능할 때는 그대로 진행한다.

③ 적색표시에서는 진행해서는 안 된다. 그러나 우회전은 횡단보행자나 교차도로의 진행 차량을 방해하지 않는 범위에서 우회전을 할 수 있다.

(3) 신호등화의 배열순서 및 등화원칙

신호등 렌즈의 순서는 왼쪽에서부터(또는 위에서부터) 적색, 황색, 녹색화살표, 녹색순으로 배열하는 것이 원칙이다. 또 빠른 속도로 진행하는 차량 운전자의 식별 및 판단시간을 줄이고 혼동을 방지하기 위해서 다음과 같은 원칙이 국제적으로 적용되고 있다.

① 한 접근로에서 다음과 같은 신호는 동시에 표시되어서는 안 된다.

- 2렌즈의 경우 2색 등화
- 3렌즈의 경우 2색 등화
- 4렌즈의 경우 3색 등화
- 녹색과 적색(적색은 녹색 화살표와는 동시에 켜질 수 있다.)

② 어떠한 경우에도 적색 다음에 황색이 오거나, 적색 다음에 적색+황색이 동시에 켜져서는 안 된다. 우리나라에서 선행 양방 좌회전이 끝나고 양방 직진신호가 올 때 그 사이에 적색과 황색신호를 같이 켜주는 경우가 있으나, 이때는 황색신호 하나만으로 족하다. 어떤 경우이든 녹색 예비신호는 필요가 없다.

(4) 시인성

신호등의 시인성은 등화의 색깔, 명도, 렌즈의 크기 및 신호등면의 개수에 따라 좌우된다. 신호등화의 색깔은 세계 어느 나라나 공통이지만 색상에는 약간의 차이가 있다. 특히 황색(yellow) 대신에 주황색(amber)을 사용하는 나라도 많으며 녹색 대신에 청색을 사용하는 나라도 있다. 색깔의 물리적인 특성으로 보아 주황색과 녹색이 시인성이 좋으나 색맹인 운전자를 위해서는 녹색 대신에 청색을 쓰는 것이 좋다.

신호등 렌즈의 크기와 전구는 대부분의 나라가 20~30 cm, 135와트인 표준규격품을 사용하고 있으며, 우리나라에서도 보행자 신호등(20 cm) 외에는 모두 직경 30 cm인 렌즈를 사용하고 있다. 30 cm 직경의 신호등 렌즈가 녹색등화를 표시할 때 정상적인 기후조건하에서 보통시력을 가진 사람의 눈으로는 최대 600 m 밖에서도 볼 수 있다. 그러나 기후 조건이 나쁘거나 시력이 약한 경우는 물론이고 신호등 주위의 복잡한 가로 시설물 때문에 시인성은 크게 감소된다.

시인성을 증가시키는 또 하나의 방법은 신호등 챙(visor)을 적절히 설치하는 것이다. 신호등 챙을 설치하는 목적은 햇빛을 차단하여 등화가 잘 보이게 하고, 다른 진행방향을 위한 신호등화가 보이지 않게끔 하는 것이다. 특히 불규칙한 교차로에서는 원하는 진행방향에 해당되는 신호를 판별할 수 없어 머뭇거리거나 잘못 진행하다 사고를 내는 경우가 있다. 그러므로 신호등의 설치방향과 교차로의 구조를 고려하여 적절한 크기의 챙을 설치하는 것이 필수적이다.

(5) 설치위치

신호등이 효율적으로 운영되기 위해서는 운전자가 자기방향의 신호등만을 계속적으로 확연히 볼 수 있는 위치에 설치되어야 한다. 그렇게 해야만 교차로에 접근하면서 분명하고도 착오없는 통행권을 지시 받을 수 있다.

신호등 설치위치를 결정하기 위한 가장 중요한 요소는 신호등면을 향한 운전자 시선의 수직 및 수평각도 범위이다. 이때 물론 운전자의 눈높이, 도로의 경사 및 평면선형 등이 고려되어야 한다.

신호등면의 개수와 설치위치에 관해서 우리나라 '교통안전시설 실무편람'의 권장사항을 요약하면 아래와 같다.

① 각 접근방향별로 교차로건너편에 설치되어 접근차량이 계속적으로 볼 수 있어야 한다. 이때 정지선 이전에서 신호등을 볼 수 있어야 하는 가시거리는 다음 표의 값 이상이어야 한다. 여기서의 속도는 85% 접근속도이다.

85백분위 접근속도(kph)	30	40	50	60	70	80	90	100
최소가시거리	35	50	75	110	145	165	180	210

② 신호등면은 정지선으로부터 전방 10~40 m 이내에 위치해야 한다.
③ 교차로 건너편의 신호등이 정지선에서 40 m 이상 떨어져 있는 경우, 교차로 건너기 이전의 위치에 신호등을 추가로 설치해야 한다.
④ 신호등면은 진행방향으로부터 좌우 각각 20° 범위 내에 위치해야 한다.
⑤ 한 접근로상의 두 개 이상의 신호등면은 2.4 m 이상 서로 떨어져 있어야 한다.
⑥ 다음과 같은 이유로 신호등이 계속적으로 보이지 않을 경우에는 교차로에 도달되기 전에 적절한 주의표지, 경보등 또는 추가적인 신호등을 설치해야 한다.
  - 정상적으로 설치된 신호등의 시인성 확보가 어려운 곳(예를 들어 교차로 구조가 특이하거나 건물 등에 가려서)
  - 운전자의 판단을 흐리게 하는 곳
  - 대형차량 혼입률이 높은 곳

⑦ 신호등의 높이는 신호등면의 하단)이 노면으로부터 4.5~5.0 m 범위에 있어야 한다.

위의 기준에 의거하면, 대형차량에 의한 시인장애와 전구 등의 고장으로 혼란을 줄이기 위해 접근로 전면에 2~5개 면을 설치하되, 정지선에서 운전자가 고개를 움직이지 아니하고 볼 수 있는 시계 내에 설치한다.

1) 신호등의 수평적 위치

신호등 설치위치에 관한 중요한 기준은 보편적인 운전자가 운전대를 잡고 앞을 바라볼 때 머리를 돌리지 않고 비교적 명확하게 볼 수 있는 범위 내에 신호등이 설치되어야 한다는 것이다. 보편적인 운전자의 이러한 전방 가시범위는 보통 좌우 각각 25° 이내에 있다.

2) 신호등의 높이

신호등의 높이는 운전자의 시각특성, 차량의 높이, 교차로 횡단거리 및 건축한계 등을 고려하여 결정한다. 신호등은 도로를 이용하는 차량의 높이보다 높아야 하며, 이 높이는 도로의 구조시설에 관한 규칙에서 규정한 도로시설물의 건축한계(clearance)인 4.5 m를 기준으로 삼는다.

따라서 신호등 높이는 노면에서부터 4.5 m보다 높아야 하며 운전자의 시각특성을 고려하여 앙각이 15° 이내의 범위에 들면 된다. 예를 들어 교차로의 횡단거리가 15 m이고 신호등의 높이가 4.5 m이면 노면에서부터 운전자 눈높이를 1.0 m로 가정할 때 앙각은 13°이므로 합리적인 범위 안에 들게 된다. 대형트럭이나 버스의 경우처럼 운전자의 눈높이가 높아지면 이 각도는 줄어들고, 또 교차로 횡단거리가 길어지면 마찬가지로 이 각도가 줄어들므로 신호등 높이를 우리나라의 규정대로 4.5~5.0 m 범위에 들게 하면 합당하다.

(6) 교통신호 운영의 장단점

신호등이 적절히 설치 운영된다면 교통안전이나 제어의 측면에서 볼 때 큰 잇점을 갖는다. 반면에 신호 설치로 인한 단점도 있다.

1) 신호운영의 장점

- 질서있게 교통류를 이동시킨다.
- 직각충돌 및 보행자충돌과 같은 종류의 사고가 감소한다.
- 교차로의 용량이 증대된다.
- 교통량이 많은 도로를 횡단해야 하는 차량이나 보행자를 횡단시킬 수 있다.
- 인접교차로를 연동시켜 일정한 속도로 긴 구간을 연속 진행시킬 수 있다.
- 수동식 교차로제어보다 경제적이다.
- 통행우선권을 부여받으므로 안심하고 교차로를 통과할 수 있다.

2) 신호운영의 단점

- 첨두시간이 아닌 경우 교차로지체와 연료소모가 필요 이상으로 커질 수 있다.
- 추돌사고와 같은 유형의 사고가 증가한다.
- 부적절한 곳에 설치되었을 경우, 불필요한 지체가 생기며 이로 인해 신호등을 기피하게 된다.

• 부적절한 시간으로 운영될 때, 운전자를 짜증스럽게 한다.

모든 제어시설의 정비유지는 대단히 중요하나 특히 그 중에서도 신호등은 교통사고와 밀접한 관계가 있으므로 유지관리는 특히 중요하다. 신호등이 고장나거나 적절히 운영되지 못함으로써 야기되는 위험성은 다른 교통통제시설이 부적절한 것보다 훨씬 더 크다. 왜냐하면 신호등은 수동적인 내용뿐만 아니라 능동적인 내용을 나타내기 때문이다. 예를 들어 교차로에서 직각으로 교차하는 두 접근로의 신호가 고장에 의해서 동시에 녹색이 나타났다면 매우 심각한 사고를 유발할 것이다. 이와 같은 경우는 '정지' 표지가 부러져 나갔거나 혹은 표지판이 무엇에 가려져 있는 경우와는 비교가 안 될 정도로 위험할 것이다. 왜냐하면 녹색신호에서 교차로에 진입하는 운전자는 신호가 고장났으리라고 의심할 이유가 없으므로 통행우선권을 가진 것처럼 안심하고 진행할 것이기 때문이다.

또, 주기적으로 렌즈를 닦고 전구가 고장 나기 전에 갈아 끼우는 것도 대단히 중요하다. 교통신호등이나 점멸등의 정비계획을 체계분석적 접근법을 이용하여 수립한다면 적절한 전구교환주기, 예방정비를 위한 최단순회경로, 정비원의 적정 사용 등을 결정할 수 있다. 예방정비계획은 경제적이며 또 신호등 고장확률을 줄여줌으로써 안전에 크게 기여한다. 또 신호등 정비를 위한 경제적이며 효율적인 계획을 수립하기 위해서는 적절한 정비기록제도를 의무화해야 한다.

8.4.2 신호기의 설치 타당성 기준

교통신호는 상충하는 차로군에 통행우선권을 체계적으로 할당하기 때문에 교차로에 접근하는 모든 차량들에게 상당한 지체를 유발시킨다. 그렇기 때문에 교통신호의 설치는 여러 조건을 감안하여 정당화되는 것이 매우 중요하다.

만약 이 기준에 미달된 조건에서 신호등을 운영하면 앞의 "신호등 운영의 장단점"에서 언급한 바와 같이 신호등이 없는 것보다 못한 결과를 나타낸다. 이 기준은 또 지역 주민들의 부당한 설치 요구를 거부할 수 있는 근거를 제공해 준다.

(1) 신호기 설치기준

우리나라의 신호등 설치기준은 5개의 항목으로 되어 있다. 미국의 신호기 설치기준은 이보다 까다로워 첨두4시간 교통량과 첨두시간 교통량을 고려하고 연속진행(連續進行)을 유지하도록 하는 조건도 기준에 포함된다.

1) 차량교통량

평일의 교통량이 아래 기준을 초과하는 시간이 8시간 이상일 때(연속적 8시간이 아니라도 가능함) 신호기를 설치해야 한다.

차량교통량

접근로 차로 수		주도로 교통량(양방향) (vph)	부도로 교통량(교통량이 많은 쪽) (vph)
주도로	부도로		
1	1	500	150
2 이상	1	600	150
2 이상	2 이상	600	200
1	2 이상	500	200

2) 보행자 교통량

평일의 교통량이 아래 기준을 초과하는 시간이 8시간 이상일 때 신호기를 설치해야 한다.

보행자 교통량

차량 교통량(양방향) (vph)	횡단보행자(1시간, 양방향, 자전거 포함) (인/시간)
600	150

3) 통학로

어린이 보호구역 내 초등학교 또는 유치원의 주 출입문에서 300 m 이내에 신호등이 없고 자동차 통행시간 간격이 1분 이내인 경우에 설치하며, 기타의 경우 주출입문과 가장 가까운 거리에 위치한 횡단보도에 설치한다.

그러나 여기서 '자동차 통행시간 간격이 1분 이내'란 말은 무작위로 도착하는 교통류에 적합하지 않는 말이며, '평균 1분'이란 의미라면 시간당 60대의 교통량을 의미한다. 이 기준은 미국의 기준 "1분당 횡단기회가 평균 1개 이하"란 말을 60 vph로 잘못 이해한 결과라 생각된다.

횡단할 수 있는 기회는 횡단하는 데 필요한 시간과 밀접한 관계가 있다. 미국의 기준을 음지수분포(이 책 3.1.2절)를 적용해서 계산하면 다음 표와 같은 기준을 보인다. 예를 들어 어린이가 도로를 횡단하는 데 필요한 시간이 18초라 가정하면, 차량 교통량이 양방향 시간당 350대이면 18초보다 큰 차간시간은 시간당 60개 이다. 따라서 350대 이상이면 18초 이상 되는 횡단기회가 1분당 평균 1개보다 적어 신호설치가 필요하다는 의미이다.

통학로

소요 횡단시간(초)	양방향 교통량(vph)
10	1,000 이상
12	750 이상
15	500 이상
18	350 이상
20	250 이상

4) 사고기록

신호기 설치예정 장소로부터 50 m 이내의 구간에서 교통사고가 연간 5회 이상 발생하여 신호등의 설치로 사고를 방지할 수 있다고 인정되는 경우에 신호기를 설치한다.

5) 비보호좌회전

- 교통량 기준: 첨두시의 대향직진 교통량과 좌회전 교통량을 곱한 값이 다음 표에 나타난 값보다 적고 첨두시 좌회전 교통량이 90 vph보다 적을 때는 비보호(非保護)좌회전, 클 때는 보호(保護)좌회전으로 운영할 수 있다.

비보호좌회전 기준

차로수	첨두시 대향직진과 좌회전 교통량의 곱	첨두시 좌회전교통량
1개 차로 2개 차로 3개 차로	50,000 $(vph)^2$ 100,000 $(vph)^2$ 150,000 $(vph)^2$	최대 90 vph

- 교통사고 건수기준: 좌회전 사고가 연간 4건 이하일 때 비보호좌회전, 5건 이상이면 보호좌회전

비보호좌회전은 제9장 비보호좌회전 제어방식에서 다시 설명된다. 여기서 언급한 이 기준은 신호기설치 기준이 아니고 신호운영 방법에 관한 기준이기 때문에 다른 여러 가지 운영 방법, 예를 들어 보호좌회전 및 좌회전 금지 기준 등과 함께 언급되는 것이 옳다.

(2) 교통조사

신호등 설치의 필요성을 결정하거나 신호시간의 적절한 설계와 운영을 위한 충분한 자료를 확보하기 위해서는 그 지점의 도로 및 교통조건에 관한 종합적인 조사가 이루어져야 한

다. 교통량 자료는 평일의 연속적인 16시간 동안 각 접근로로 진입하는 매 시간당 교통량과 각 접근로별, 각 진행방향별, 각 차종별(승용차, 버스, 트럭) 교통량을 오전, 오후 첨두 2시간(각각) 동안, 15분 간격으로 조사하여 사용한다. 보행자 교통량은 앞의 조사기간 동안의 보행자 교통량과 보행자가 가장 많을 때의 보행자 교통량을 조사한다.

첨두시간 동안 각 접근로별 평균차량 지체를 조사하고, 부도로에서 횡단하기 어려운 주도로 교통류의 차간시간(gap) 분포와 교차로에 도달하기 전의 차량 접근속도(85% 속도)를 조사한다.

교차로 구조나 경사, 시거, 버스정류장, 버스노선, 주차여건, 노면표시, 가로등, 주행선, 인접 철길 건널목, 인접 신호등 위치, 전신주, 공중전화 부스, 주변의 토지이용 상황 등과 같이 교차로의 기하특성을 나타내는 현황도(condition diagram)를 작성하고, 최소한 과거 일년간 그 지점에서 일어난 교통사고의 일시, 요일, 시각, 기후, 사고종류, 진행방향, 사고의 피해정도를 나타내는 충돌도(collision diagram)를 만든다.

만약 보행자 교통량을 알 수 없으면 첨두시간 동안의 보행자 교통량이 많은가 적은가의 정도만 알아도 된다. 지체와 차간시간 분포 자료는 세부 교통분석을 할 때만 필요하다.

신호등의 설치는 다른 교통통제시설의 설치보다도 많은 비용이 소요되므로, 설치 이전에 반드시 신호등 설치 이외의 다른 대안이 없는지 검토해 보아야 한다. 예를 들어 도심지 교차로에서 접근로 주위의 주차금지 구역을 연장하거나 교통방해 요소를 제거하면 교차로에서의 지체를 현저히 줄이고 신호등 설치의 필요성을 제거할 수 있다.

8.4.3 신호제어의 종류

신호제어는 정주기식(pretimed 또는 fixed-time)과 교통감응식(traffic-actuated)으로 운영된다. 이들 각 방식은 설치되는 현장조건에 따라 성능이나 비용면에서 많은 차이가 있다. 더욱이 신호기의 발전 속도가 워낙 빠르므로 어떤 제어방식이 좋은지 단정적으로 말할 수는 없다. 그러나 지금까지 알려진 각 제어방식의 특성과 적용성은 다음과 같다.

(1) 정주기신호

정주기신호란 미리 정해진 신호등 시간계획에 따라 미리 정해진 주기와 현시의 길이가 규칙적으로 바뀌는 것을 말한다. 이 신호시간계획은 현재의 교통량이 아니라 과거의 교통량 자료를 기초로 하여 만든 것이므로 교차로 교통량의 순간적인 변동에 적응하지 못한다. 한

시간계획으로부터 다른 시간계획으로의 변동은 교통량의 변화에 따른 것이 아니라 제어기 안에 있는 시계에 의해 정해진 시간이 되면 바뀐다. 이를 시간제 방식(Time of Day Mode, TOD)이라 한다. 따라서 정주기신호는 교통량의 시간별 변동을 예측할 수 있거나 포화상태가 빈번히 일어나는 교차로에 사용하면 좋다.

정주기 신호제어기는 전자기계식 또는 전자식 및 solid-state식으로 작동된다. 초기의 신호제어기는 전자기계식이었으나 지금은 마이크로프로세서 제어기가 대부분이다. 전자기계식 제어기의 주기는 보통 30~120초 내에서 5초 단위로 나타내고, 현시길이는 주기의 백분율로 표시되지만, 마이크로프로세서 제어기는 현시길이가 초단위로 표현되고, 주기는 반드시 5초의 배수가 되지 않아도 된다.

(2) 교통감응신호

교차로 접근로에 설치된 검지기로부터 얻은 실시간 교통량에 따라 주기 및 녹색시간 길이와 현시순서가 끊임없이 조정되며, 경우에 따라서는 교통수요가 없는 현시는 생략되기도 하는 신호시스템을 말하며, 독립교차로 또는 매우 인접한 몇 개의 교차로에 사용한다.

교통감응 신호제어기에는 적색신호 동안 검지기와 정지선 사이에서 기다리고 있던 차량들을 교차로에 진입시키는 데 필요한 최소시간, 즉 초기녹색시간(initial portion 또는 initial interval)과, 초기녹색시간 직후에 한 대의 차량이 검지기로부터 정지선에 도달하는 데 필요한 시간, 즉 단위연장시간(單位延長時間, unit extension 또는 vehicle interval)이 설정되어 있다. 한 접근로에서 검지기가 차량을 검지하면 그 접근로에 녹색이 켜져 초기녹색시간 동안 지속된다. 만약 초기녹색 동안 추가 검지가 있으면 녹색이 연장된다. 연속적으로 검지된다면 미리 정해진 최대녹색시간까지만 연장된다. 만약 첫 단위연장시간 내에 후속되는 차량의 검지가 없으면, 녹색신호는 황색신호로 바뀐 후에 신호요청이 있는 다른 접근로에 녹색신호가 돌아간다.

만약 어느 한 차량이 첫 번째 단위연장 중에 검지기를 통과했다면 그 단위연장시간의 남은 부분은 취소되고 새로운 단위연장시간이 그 순간부터 시작된다. 차량들이 단위연장시간 안에 검지기를 통과하는 한, 즉 차량 간의 시간간격이 단위연장시간보다 짧은 한, 교차도로에서 차량검지가 생길 때까지는 계속해서 감응현시에 녹색신호가 나타난다.

감응현시에서 단위연장시간이 계속될 정도로 교통수요가 많다 하더라도 교차도로의 차량이 한없이 기다릴 수는 없기 때문에 교차도로 차량검지 이후 정해진 시간(최대대기시간)이 지난 후에 교차도로로 녹색신호가 돌아온다.

교통감응신호기에는 반감응신호기(semi-actuated signal), 완전감응신호기(full-actuated signal) 및 교통량-밀도신호기(volume-density signal)가 있다.

1) 반감응신호기(semi-actuated signal)

반감응신호기는 검지기를 부도로 접근로에만 설치하여 운영한다. 이와 같은 제어방식은 부도로의 교통이 주도로의 교통을 신호등 없이는 안전하게 횡단할 수 없는 경우에 사용하면 매우 좋다. 이때 부도로의 교통은 통상 신호등 설치 기준에 미달하는 경우가 많다. 일반적으로 부도로 교통량이 주도로의 20%보다 적을 때 사용한다.

반감응신호에서는 부도로에 최대녹색시간이 있고, 주도로에는 최대녹색이 없고 최소녹색시간만 있다. 부도로의 첨두시간에는 부도로가 최대녹색시간에 도달하고, 또 주도로는 최소녹색기간을 가지므로 결국 이때는 정주기신호기와 다를 바 없이 운용된다. 이 경우 최대 혹은 최소녹색시간은 부도로와 주도로의 도착교통량과 서비스 수준을 고려하여 신중히 결정해야 한다. 뿐만 아니라 주도로를 이용하는 차량군의 길이와 속도도 고려해야 한다. 주도로의 최소녹색시간이 너무 짧아 이와 같은 차량군의 이동을 방해해서는 안 된다.

이 제어방식은 교통량이 너무 많고 고속의 간선도로와 그 반대의 특성을 가진 도로가 만나는 교차로에 주로 사용한다. 따라서 교통량이 적은 부도로 교통이 신호등 없이는 주도로 교통을 횡단할 수 없는 교차로에 설치하면 아주 좋다. 부도로 교통이 산발적으로 도착함에도 불구하고 주도로의 교통류를 정주기신호를 이용하여 규칙적으로 단절시킨다면 효과가 적을 것은 당연하다. 주도로와 부도로의 교통량이 모두 변동이 심하면 반감응식을 사용해서는 안 된다.

2) 완전감응신호기(full-actuated signal)

두 교차도로의 교통량이 적으면서 상대적인 교통량 변동이 하루 종일 심하게 일어나는 교차로에는 완전감응신호기를 사용하면 아주 좋다. 또 블록중간과 T형 교차로의 횡단보도에 사용하면 효과적이다. 두 도로의 교통량 변화가 크더라도 시간별 변동패턴이 비슷하면 별다른 효과가 없고 차라리 정주기신호가 더욱 효과적이다.

이 감응신호기의 효과는 초기녹색시간과 단위연장시간에 따라 크게 달라진다. 특히 단위연장시간의 영향이 더 크다.

첨두시간의 교통감응신호기는 두 교차도로에서의 검지횟수가 매우 많기 때문에 정주기신호기와 대단히 유사하게 운영될 것이므로 두 도로에 할당되는 녹색시간은 연장한계를 설정하는 데 사용될 수 있다. 즉, 첨두시간에는 두 도로의 녹색시간 요청이 동시에 매우 크기 때문에 어느 한 도로에 무한정 녹색시간을 할당할 수 없고 다만 두 도로의 교통량에 비례해서 분배해 주어야 한다.

완전감응신호시간의 계산방법은 반감응신호 때와 거의 같다. 첨두시간 교통량을 사용하여 연장한계를 계산할 때 보행자 교통은 고려하지 않는다. 만약 보행자를 고려하려면 보행자 작동신호로서 차량에서와 같은 원리로 녹색시간을 요청해야 한다.

이 방식은 교차로의 모든 접근로에서 접근하는 차량을 같은 비중으로 처리한다. 근본적으로 이 신호기는 접근교통량이 비교적 작고 크기가 비슷하나 짧은 시간 동안에 교통량의 변동이 심하며 접근로 간의 교통량의 분포가 크게 변하는 독립교차로에 적용하면 좋다. 교통량이 큰 경우에 사용하면 마치 정주기신호기와 거의 비슷하게 운영되기 때문에 감응신호기로서의 효과가 없다.

이와 같은 운영특성상 다른 신호기와 연동시키더라도 효과가 없다. 뿐만 아니라 이 신호기의 효과를 최대로 발휘하기 위해서는 도착교통 패턴에 영향을 미치는 인접신호등과는 최소 1.5 km 이상 떨어져 있어야 한다.

3) **교통량-밀도 신호기**(volume-density signal)

독립교차로에 대한 교통감응신호기 중에서 가장 이상적이며 복잡한 제어기로서 녹색시간은 각 접근로의 교통량에 비례해서 할당된다. 다른 감응식 제어기와는 달리 미리 정해진 방식에 따라 감응하지 않고 교통량, 대기행렬 길이 및 지체시간에 관한 정보를 수집 기억하였다가 이를 이용하여 현시와 주기를 수시로 수정한다.

이 제어기는 단위연장시간이 다른 현시의 누적지체와 대기행렬의 길이에 따라 변한다. 한 현시의 초기녹색신호가 끝나면 한 단위의 연장시간이 추가되고, 또 그 사이에 추가 도착교통이 있으면 계속 연장시간이 추가된다. 그러나 이 추가 연장시간은 다른 모든 접근로의 누적지체와 대기행렬이 커짐에 따라 점점 감소한다. 연장시간은 이 현시 동안 녹색시간에 진행하는 차량밀도가 감소할 때도 마찬가지로 감소한다.

따라서 이 제어기는 매우 예측하기 힘든 교통량 변동을 가진 주요 교통류가 서로 만나는 교차로에 사용되며, 검지기는 모든 접근로에 설치하되 교차로에서 멀리 떨어진 곳에 설치하여 대기행렬이 이 검지기와 정지선 사이에 들어오도록 한다.

이 제어기는 또 감응차량대수를 기억하고, 이에 따라 초기녹색시간이 변하는 가변 초기녹색시간(variable initial interval)을 갖는다.

여기에 사용되는 검지기는 모든 접근로의 딜레마 구간 상류에 설치되며 따라서 후퇴거리가 완전감응신호기에 비해 훨씬 길다. 접근속도가 고속이며, 교통량이 많고 변화도 심한 독립 교차로에 사용하면 매우 효과적이다.

(3) 정주기신호기와 교통감응신호기 비교

정주기신호는 일관되고 규칙적인 신호지시 순서가 반복되는 것이다. 여기에다 보조장치나 원거리 통제장비를 붙이면 훨씬 더 큰 기능을 발휘할 수 있다. 정주기 신호기는 교통패턴이 비교적 안정되고, 또 교통류 변동이 이 신호기의 신호시간계획으로 무난히 처리될 수 있는 교차로에 설치하면 좋다. 또 정주기신호는 특히 인접교차로의 신호등과 연동할 필요가 있을 때 사용하면 바람직하다. 반면에 정주기 신호제어기의 단점은 짧은 시간 동안의 교통량 변동에 적응할 수 없으며, 첨두시간이 아닐 때는 불필요한 지체를 유발하게 된다.

교통감응신호는 신호시간이 고정되어 있지 않고 검지기에서 검지되는 교통류의 변화에 의해서 결정되는 것이 정주기신호와 근본적으로 다른 점이다. 주기의 길이나 신호순서는 사용되는 제어기나 보조장치에 따라 다르나 매주기마다 변할 수도 있다. 경우에 따라 도착교통이 없는 현시는 생략될 수도 있다.

1) 정주기신호의 장점

① 일정한 신호시간으로 운영되기 때문에 인접신호등과 연동시키기 편리하며, 교통감응신호를 연동시키는 것보다 더 정확한 연동이 가능하다. 연속된 교차로에 대한 차량당 평균지체는 교통감응신호를 사용할 때보다 적다.

② 교통감응신호기에서는 검지기를 지난 후 정지한 차량이나 도로공사 등과 같이 정상적인 흐름을 방해하는 조건에 영향을 받으나 정주기신호기는 그와 같은 영향을 받지 않는다.

③ 보행자 교통량이 일정하면서 많은 곳이나 보행자작동 신호운영에 혼동이 일어나기 쉬운 곳에는 교통감응신호보다 정주기신호가 좋다.

④ 일반적으로 설치비용이 교통감응신호기에 비해 절반 정도밖에 되지 않으면서 장비의 구조가 간단하고 정비수리가 용이하다. 또 신호시간을 현장에서 쉽게 조정할 수 있다.

2) 교통감응신호의 장점

① 교통변동의 예측이 불가능하여 정주기신호로 처리하기 어려운 교차로에 사용하면 최대의 효율을 발휘할 수 있다. 그러나 교차로 간격이 연속진행에 적합하다면 정주기신호가 더 좋다.

② 복잡한 교차로에 적합하다.
③ 주도로와 부도로가 교차하는 곳에서, 부도로 교통에 꼭 필요할 때에만 교통량이 큰 주도로 교통을 차단시킬 목적으로 사용하면 좋다.
④ 정주기신호로 연동시키기에는 간격이나 위치가 적합치 않은 교차로에 사용하면 좋다.
⑤ 주도로교통에 불필요한 지체를 주지 않게 부도로에서 적색 점멸등으로 계속적인 <정지-진행>의 운영을 할 수 있다. 반면 독립교차로의 정주기신호에서는 교통량이 적을 경우에 점멸등 운영을 한다.
⑥ 하루 중에서 잠시 동안만 신호설치의 기준에 도달하는 곳에 사용하면 좋다.
⑦ 일반적으로 독립교차로에서 특히 교통량의 시간별 변동이 심할 때 사용하면 지체를 최소화한다.

8.5 신호시간

정주기신호시간 계획은 주기와 현시방법 및 그 길이를 계산하는 것이다. [표 8-1]은 정주기신호에서 교차로의 한 도로 양방향 접근로가 받는 신호현시조합의 이름을 나타낸 것이다.

표 8-1 신호현시의 종류

현시번호	현시 형태	명 칭	미국 명칭
1	↓↑	직진 (비보호좌회전 허용 포함)	Through
2	↲↱ ↓↑	선행 양방좌회전	Lead Dual Left
3	↓↑ ↲↱	후행 양방좌회전	Lag Dual Left
4	↰ ↓↑	선행 좌회전	Lead Left
5	↓↑ ↰	후행 좌회전	Lag Left
6	↰ ↳	양방 동시신호	Directional Separation
7	↲↱ ↰ ↓↑	중첩 선행좌회전	Lead Both Left Turns with Overlap
8	↓↑ ↰ ↲↱	중첩 후행좌회전	Lag Both Left Turns with Overlap
9	↰ ↓↑ ↳	직진중첩 동시신호	Lead and Lag Left Turns
10	↰ ↲↱ ↳	좌회전중첩 동시신호	Directional Separation and Both Left Turns

8.5.1 교통량 추정

신호기를 신설, 개선하거나 현재의 신호시간을 검토하기 위해서는 그 교차로의 교통량을 알아야 한다. 교통량의 측정은 주 중 어느 날의 12시간을 관측하는 것이 바람직하며, 각 접근로의 방향별 차량교통량과 횡단 보행자수를 15분 단위로 조사하여 4배를 한다. 가능하면 첨두시간의 차종별 조사도 함께 하여 차종구성비를 정확히 파악하여 포화교통량을 구할 때 사용한다.

시간제(TOD mode)로 운영되는 경우를 위하여 교통량의 변동이 심하지 않는 어느 시간대별 교통량을 그 시간대별 설계교통량으로 한다. 보통 일주일을 주기로하여 평일의 몇 개 시간대와 토요일, 일요일 또는 공휴일의 시간대를 합하여 7~10개의 설계교통량을 설정하는 것이 좋다. 여기서 주의해야 할 것은 이 설계교통량은 교통수요를 의미하므로 교차로를 통과하는 차량대수를 말하는 것이 아니라 도착 교통량을 뜻한다. 또 이 교통량은 진행방향별, 차종별로 측정하여 첨두시간교통량으로 보정하고, 차로이용율 보정을 해야 한다. 특히 우회전은 신호에 관계없이 우회전 하는 교통량을 분석에서 제외한다.

8.5.2 차로군 분류 및 포화교통량, 소요 현시율 산정

1) 차로군 분류

신호교차로의 모든 분석은 차로군 단위로 이루어진다. 따라서 분석대상 접근로의 모든 이동류를 하나 또는 몇 개의 차로군으로 묶는다. 차로군 분류 방법은 우리나라 도로용량편람에 자세히 설명되어 있으며, 이 책의 6장 용량 및 서비스수준의 신호교차로 부분에서는 차로군 분류 과정을 단순화하는 방법을 소개하였다.

2) 포화교통량 산정

차로군이 분류되면 각 차로군 별로 포화교통량을 산정한다. 우리나라에서는 이상적인 조건에서의 포화교통량으로 2,200 pcphgpl 값을 사용한다는 것은 앞에서 언급한 바 있다. 그러나 도로 및 교통조건이 이상적이 아닌 실제 현장의 조건에서는 포화교통량이 이 값보다 적으므로(따라서 포화차두시간은 길어짐), 현장에서 최소 방출차두시간(最小放出車頭時間, minimum departure headway), 즉 포화차두시간(saturation headway)을 직접측정을 하여 3,600에서 이 값을 나누어 포화교통량을 계산하거나, 아니면 도로용량편람이나 '제6장 신호교차로의 용량 및 서비스 수준 분석'에서 설명한 방법으로 수리모형을 이용해서 구할 수도 있다. 이 보정과정에는 대형차량에 대한 보정은 물론이고, 좌회전 및 우회전의 직진과 비교한 영향도 포함된다.

3) 소요 현시율 계산

차로군별 포화교통량이 구해지면 각 차로군에 대한 소요 현시율을 구한다. 소요 현시율은 설계시간 동안의 실제도착교통량(설계교통량)을 포화교통량으로 나눈 값이다. 이와 같은 값들을 각 차로군에 대한 교통량비(交通量比, flow ratio)라 하며 v/s로 나타낸다.

8.5.3 황색시간 결정

황색시간은 신호의 가장 중요한 파라미터로서 그 길이는 신호운영의 효율 및 교통사고와 직접적인 관계가 있다. 적정 황색시간의 길이는 교차로 횡단거리, 접근속도, 운전자의 일반적인 반응시간 및 감속성향을 고려하여 합리적으로 결정되어야 한다.

(1) 임계감속도

녹색신호 다음에 필수적으로 나타나는 황색신호의 목적은 녹색신호가 끝나고 곧 정지신호가 온다는 것을 예고하는 것이다. 이 시간은 교차도로의 차량이 움직이기 이전에 진행하고 있는 차량들이 정지하거나 교차로를 완전히 벗어나가는 데 필요한 시간이어야 한다.

교차로에 접근하는 차량이 황색신호를 본 위치가 정지선에서 멀다면 낮은 감속도로 감속하여 여유있게 정지한다. 그러나 정지선 가까이 와서 황색신호를 만나 정지하기 위해서는 어느 수준 이상의 높은 감속도가 요구된다고 판단되면 접근속도를 그대로 유지하며 교차로를 횡단한다. 이때 의사결정의 기준이 되는 어떤 수준의 감속도를 임계감속도 또는 최대수락감속도(最大受諾減速度)라 하며 사람에 따라 또는 교차로 크기 및 노면상태에 따라 그 값이 다르다.

운전을 할 때 노면이 미끄러우면 임계감속도가 작아지는 것을 경험하겠지만 식(2.3)에서도 알 수가 있다. 따라서 노면이 미끄러우면 더 긴 황색시간이 요구되지만 도시부도로는 건조한 노면을 기준으로 설계와 운영을 한다. 미국은 임계감속도 값으로 3.0m/sec^2을 사용하여 황색시간을 구하고, 우리나라는 $5.0 \sim 5.5\text{m/sec}^2$ 값을 사용한다.

(2) 황색시간의 길이

이론적으로 황색시간의 길이는, 정상적인 속도로 접근하는 차량이 임계감속도로 정지선에 정지하는 거리(임계정지거리)와 교차도로의 폭을 합한 거리를 정상적인 속도로 주행하는 시간이다. 따라서 황색신호 길이를 계산하는 공식은 다음과 같다.

$$Y = t + \frac{v}{2a} + \frac{(w+l)}{v} \tag{8.1}$$

여기서 Y =황색시간(초)
t =지각－반응시간(보통 1.0초)
v =교차로 진입차량의 접근속도(m/sec)
a =진입차량의 임계감속도(보통 5.0 m/sec²)
w =교차로 횡단길이(m)
l =차량의 길이(보통 5m)

만약 황색시간이 너무 길면 운전자는 이 중의 일부분을 녹색신호시간처럼 사용할 우려가 있어 본래의 목적을 상실하며, 또 너무 짧아도 추돌사고를 증가시키는 위험이 따른다. 우리나라의 경우 일반적인 도시도로의 황색시간은 4초 이상이지만 현재 이보다 짧은 3초를 사용하는 곳이 많다.

매우 넓고 복잡한 교차로에서는 6초 이상의 황색신호가 필요한 경우도 있으나 그렇게 되면 교차도로에서 신호변화를 기다리는 운전자가 짜증스러워 녹색신호가 나오기 전에 출발하는 경향이 있다. 이와 같은 경우에는 4～5초 정도의 황색신호를 준 후에 1～2초 정도의 전적색(全赤色) 신호를 주어 교차도로의 교통이 출발하기 전에 교차로 내의 차량을 효과적으로 완전히 정리한다.

황색신호에 대해서 운전자가 취해야 할 행동은 도로교통법에 "황색신호에서는 횡단보도 또는 교차로의 직전에 정지하여야 하며 이미 교차로에 진입하고 있는 경우에는 신속히 교차로 밖으로 진행하여야 한다."(시행규칙 6조)로 정해져 있으나 사실상 교차로 직전에서 황색신호를 만난 경우에는 교차로 직전에서 정지하기가 불가능하다. 이로 인해서 교통단속 경찰과 운전자 간에 언쟁이 발생하는 경우가 종종 있다. 따라서 차량의 운행특성을 고려한 황색신호의 의미를 앞에서 언급한 바와 같이 적용하고 또 그렇게 결정을 하면 이와 같은 문제는 해결된다. 뿐만 아니라 그렇게 함으로써 교통단속의 기준도 명확하여 적색신호가 시작되는 순간에 교차로를 다 통과하지 못한 차량을 교차로 건너편에서 쉽게 적발할 수 있다.

(3) 딜레마 구간과 옵션 구간

실제 황색시간이 위에서 설명한 적정 황색시간보다 짧으면 교차로의 정지선 이전에 딜레마 구간(dilemma zone)이 생긴다. 딜레마 구간이란 황색신호가 시작되는 것을 보았지만 임계감속도로 정지선에 정지하기가 불가능하여 계속 진행할 때, 황색신호 이내에 교차로를 완전히 통과하지 못하게 되는 경우가 생기는 구간이다. 바꾸어 말하면 이 구간에서 황색신호를 만날 경우 정지선에 정지하자면 임계감속도보다 더 큰 감속도가 요구되고, 그대로 진행하자면 실제 황색신호 동안 교차로를 다 건너지 못하게 되는 구간이다.

실제 황색시간이 이상적인 황색시간보다 길면 반대로 옵션 구간(option zone)이 생긴다. 황색신호가 켜지는 순간에 이 구간 안에 있는 운전자는 그대로 진행을 하더라도 황색신호 동안에 교차로를 횡단할 수 있고, 또 정지를 하더라도 임계감속도 이내에서 정지선에 어려움이 없이 정지할 수 있다.

우리나라의 초보운전자는 교차로에서 황색신호를 두려워하는 경향이 있다. 그 이유는 두 가지이다. 첫째, 황색시간이 적정값보다 짧아 딜레마 존이 발생하는 경우와, 둘째, 황색시간이 충분하더라도 정지할 것인가 말 것인가를 판단하는 기준을 교차로 횡단이 가능한가 가능하지 않은가에 두기 때문이다. 우리나라의 교차로는 대체로 넓기 때문에 황색시간이 길어야 하나 용량 관계상 황색신호가 짧고 따라서 딜레마 구간이 생기는 교차로가 많다. 특히 교차로가 클 경우는 횡단 가능 여부를 판단하기가 매우 어려워 신호위반 가능성 때문에 두려워하는 경향이 있다.

교차로에서의 이러한 성향은 외국과는 큰 차이가 있다. 외국에서는 황색신호를 만나면 합리적인 감속도(임계감속도 이내)로 정지선에 정지할 수 있느냐 없느냐가 기준이 되고, 임계감속도 이내로 정지할 수 없다고 판단되어 그대로 진행을 하면 황색시간 내에 충분히 교차로를 횡단할 수 있으며, 운전교육 프로그램에도 이런 내용이 포함되어 있다.

8.5.4 현시결정

가장 기본적인 현시는 두 개로서, 교차하는 두 도로에 교대로 통행우선권을 부여하는 것이다. 좌회전 교통량이 많거나 보행자 교통량이 많은 교차로 혹은 접근로가 4개보다 많은 교차로는 차량 간 또는 차량과 보행자 간의 상충을 줄이기 위해 3개 이상의 현시를 사용한다. 현시는 수가 많아지면 주기가 길어져 지체가 커지고 손실시간이 많아지므로 바람직하지 않다.

상충되지 않는 교통류를 순서대로 진행시킬 때 한 현시 내에서 현시율이 가장 큰 차로군의 현시율의 합이 가장 적은 것이 좋다. 다시 말하면 현시율, 즉 교통량비의 합이 가장 적으면 모든 차로군을 한 번씩 진행시키는 데 소요되는 시간, 즉 주기가 가장 짧아진다.

그러므로 최적 현시방법을 찾기 위해서는 접근로의 좌회전 전용차로 설치 여부와 함께 [표 8-1]에서 제시한 여러 가지 현시방법을 비교해야 한다. 좌회전 전용차로가 있는 경우의 좌회전 통제방식은 어떤 방법을 사용해도 무방하다. 그러나 직진과 좌회전의 공용차로가 있는 경우에는 동시신호, 비보호좌회전 및 좌회전금지 방식 중에서 하나를 선택해야 한다.

(1) 중첩현시와 단순현시

상충차로군은 동시에 녹색신호를 받을 수 없다. 예를 들어 동서도로의 모든 차로군은 남북도로의 모든 차로군과 상충된다. 또 좌회전 차로군은 대향 직진 차로군과도 상충이 된다. 반면 한 접근로의 좌회전과 직진은 서로 다른 현시에 진행할 수 있지만 같은 현시에 진행할 수도 있다. 예를 들어 [표 8-1]의 현시번호 2와 같은 좌회전이 대향 좌회전과 한 쌍을 이루다가 끝나고 다시 직진이 대향직진과 한 쌍을 이루는 경우가 있지만 경우에 따라서는 현시번호 7과 같이 좌회전이 처음에는 대향 좌회전과 한 쌍을 이루다가 그 다음에는 같은 접근로의 직진과 쌍을 이루고 곧 이어 직진과 대향 직진이 한 쌍을 이루는 경우도 있다. 이런 현시를 중첩현시(dual ring)라 한다.

현시결정에 사용되는 파라미터는 차로군의 v/s비이다. 여기서 v/s비는 소요 녹색시간과 직접적인 관계가 있으므로 동일한 교통량을 처리하는데 이 값이 적을수록 좋은 현시조합이라 할 수 있다. 일반적으로 단순현시(2현시) 대신 중첩현시를 사용하면 v/s의 합을 줄일 수 있어 주기 길이를 현저히 줄일 수 있다.

다음 그림은 이해를 돕기 위해 예시한 각 차로군의 v/s비이다.

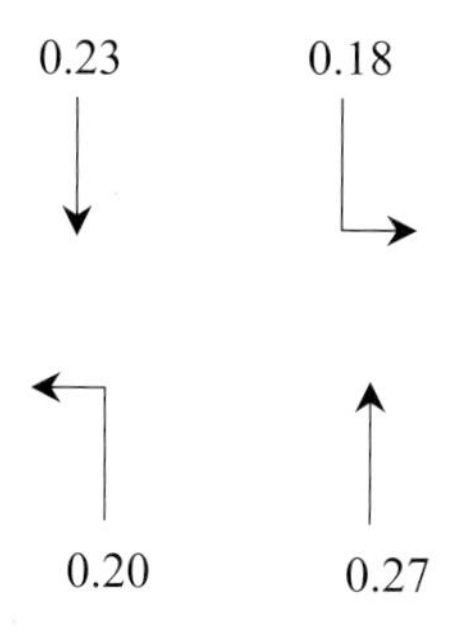

여기서 남(좌)=0.20, 북(좌)=0.18, 남(직)=0.27, 북(직)=0.23이라 가정하면 두 접근로의 주차로군의 v/s비의 합은 상충되는 현시의 v/s비의 합중에서 가장 큰 값이다. 즉

$$\sum(v/s) = \max(\text{남}(\text{좌}) + \text{북}(\text{직}), \text{북}(\text{좌}) + \text{남}(\text{직}))$$
$$= \max(0.20 + 0.23, 0.18 + 0.27) = 0.45$$

이를 중첩현시로 나타내면 [표 8-1]의 현시번호 7, 8, 9와 같이 나타낼 수 있으며 이때의 v/s비의 합은 모두 0.45가 된다. 그중에서도 마지막 현시에 직진이 포함된 7, 9현시가 좋다. 마지막 현시는 일반적으로 어떤 이동류에 잔여시간이 부여되므로 통상 차로수가 많은 직진이 포함되면 유리하다.

여기서 현시번호 7을 예시하면 다음과 같다. 좋은 현시조합을 선택하는 요령은 <교통공학원론>(상)의 '신호교차로 운영'편을 참고하는 것이 좋다.

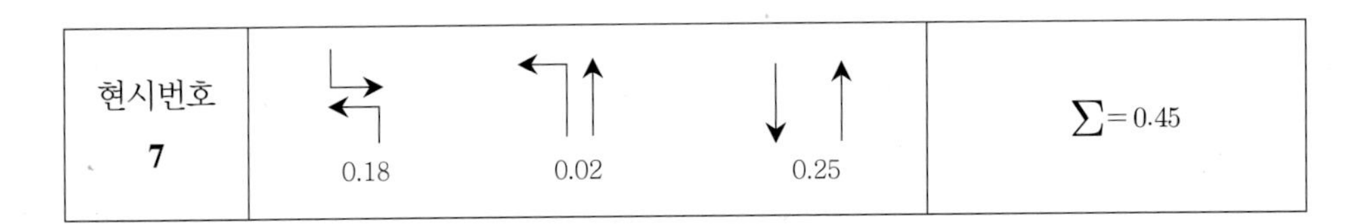

만약 남북도로의 교통량을 중첩현시가 아닌 단순현시(2현시)로 처리하고자 한다면 다음과 같은 현시번호 2번과 6번을 사용할 수 있다. 여기서 보듯이 현시번호 2번의 v/s비의 합이 0.47로서 중첩현시 때의 0.45보다 커서 같은 교통량을 처리하는 데 더 긴 녹색시간을 필요로 하므로 좋지가 않으며, 현시번호 6번은 v/s비의 합이 0.5이므로 2번보다 더 좋지가 않다.

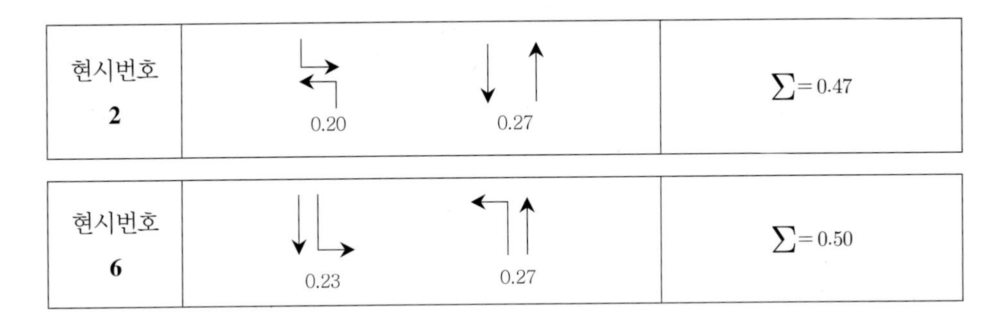

단순현시와 중첩현시가 같은 v/s비 값을 가질 수도 있다 이때는 등화변화가 단순한 단순현시가 더 좋을 것이다.

(2) 최적의 단순현시 찾는 법

단순현시는, 그 중에서도 현시번호 2번(또는 3번)과 6번은 교차로운영에서 가장 많이 사용되는 현시방법이다. 각 차로군에 대한 v/s비가 주어졌을 때, 2번(또는 3번)으로 할 것인가 6번으로 할 것인가를 결정하는 문제는 그 교차로의 교통혼잡을 좌우하는 매우 중요한 결정사항이다. 앞의 예제에서는 두 현시조합의 v/s비 합을 각각 계산해서 비교했으나 그렇게 하지 않고 단순현시 중에서 가장 좋은 현시를 간단히 찾아내는 방법을 아래에 소개한다. 이 방법은 저자가 고안한 판별법으로서, 접근로의 직진과 좌회전의 v/s비를 비교하여 적정 현시방법을 찾아내는 데 사용된다.

먼저 마주보는 두 접근로의 4개 차로군(각 접근로의 직진과 좌회전)의 v/s비를 비교해서 그 중 가장 큰 값과 두 번째로 큰 값을 갖는 차로군이(순서에 상관없이),

① 두 접근로의 직진이거나 또는 두 접근로의 좌회전이면 현시번호 2번 또는 3번이 좋다.
② 어느 한 접근로의 직진과 좌회전이면 동시신호(현시번호 6)가 좋다.
③ 직진과 대향 좌회전이면 현시번호 2, 3, 6번 중 어느 것을 사용해도 좋다.

앞의 예에서 남북도로의 두 접근로 네 차로군의 v/s비 중에서 가장 큰 값과 두 번째 큰 값은 0.27과 0.23이며 이들은 모두 두 접근로의 직진의 v/s비이다. 따라서 ①의 경우에 해당되므로, 현시는 양방좌회전(현시번호 2번 또는 3번)을 사용하면 좋다. 이때 두 현시의 주 차로군의 현시는 0.20과 0.27이므로 v/s비의 합은 $\sum y_i = 0.47$이다. 이 값은 중첩현시 때의 0.45보다 크므로, 중첩현시보다 못하다는 것을 알 수 있다. 그러나 동시신호(현시번호 6번)의 현시율의 합 0.5보다는 낫다.

더욱 간편하게 현시계획을 수립하려면, v/s비 대신 각 차로군의 교통량을 해당 차로군의 차로수로 나누고, 그 중 가장 큰 값과 두 번째 큰 값을 갖는 차로군을 찾아 v/s비와 같은 방법으로 현시방법을 결정한다. 이 방법은 직진과 좌회전의 차로당 포화교통류율이 비슷할 때 매우 잘 맞는다.

8.5.5 주기 결정

일반적으로 짧은 주기는 정지해 있는 차량의 지체를 감소시키므로 더 좋다고 할 수 있다. 그러나 교통량이 커질수록 주기는 길어야 한다. 따라서 교통량에 따라 적정주기가 결정이 되나, 어떤 주어진 교통량에서 적정주기보다 짧은 주기는 긴 주기 때보다 더 큰 지체를 유발한다. 주기는 보통 30 ~ 120초 사이에 있으며 교통량이 매우 많은 경우에는 140초까지 사용하기도 한다. 교통량이 매우 적고 직각으로 교차하는 두 도로폭이 9 ~ 12 m 정도일 때의 주기는 35 ~ 50초이면 충분하다. 교차도로의 폭이 넓어 보행자 횡단시간이 길거나 교통량이 매우 크고 회진교통량이 많으나 2현시로 처리될 수 있으면 45~60초 정도의 주기가 필요하다. 교차하는 도로의 숫자가 많거나 현시수가 증가하면 적정주기는 길어진다.

교통량이 크면 이를 처리하기 위한 녹색시간이 길어지므로 주기가 길어진다. 긴 주기는 단위시간당 황색시간으로 인한 손실시간이 적어지기 때문에 이용 가능한 녹색시간의 비율이 커지므로 용량이 커진다.

주기의 길이는 90초 이하에서 5초 단위로, 90초 이상의 주기에서는 10초 단위로 나타내며 통상 120초보다 큰 주기는 잘 사용하지 않는다.

최적주기란 지체를 최소화시키는 주기를 말한다. 녹색신호 때 통과시켜야 할 차량 대수는 적색신호에서 기다리는 차량뿐만 아니라 녹색 및 황색시간 때에 도착하는 차량도 통과시켜야 한다. 다시 말하면 한 주기 동안에 도착하는 모든 차량대수를 녹색시간에 통과시켜야 한다. 그러므로 녹색신호 때 통과시켜야 할 차량대수를 결정하기 위해서는 주기의 길이를 알아야 한다.

주기를 계산하는 방법은 몇 가지가 있으나 여기서는 두 가지만 설명을 한다. 두 방법 모두 각 현시의 주(임계)차로군 또는 주차로군의 교통량비(flow ratio), 즉 교통량 대 포화교통량비(v/s)를 사용하여 다음에 설명하는 방법으로 주기를 구한다음, 이 주차로군의 v/s에 비례해서 각 현시의 녹색시간을 할당한다. 왜냐하면 주차로군은 그 현시에서 녹색시간을 가장 많이 필요로 하는 차로군이기 때문이다. 여기서 주차로군(critical lane group)을 임계차로군라고 하는 것은 적절한 표현이 아니다.

(1) 주차로군(critical lane group) 방법

Greenshields의 방법으로 관측한 정지선 방출 차두시간을 이용하여, 각 현시에서 한 주기 동안 도착하는 교통량을 방출하는 데 필요한 최소 녹색시간을 합하여 신호주기를 계산하는 방법이다. i현시의 주차로군의 차로당 교통량을 v_i라 하면, 이를 처리하기 위한 i현시의 유효녹색시간은 다음과 같다. 이때 각 차로군의 차두시간은 같다고 가정한다.

$$(g_e)_i = \frac{v_i}{\frac{3600}{C}} \times h$$

여기서 $(g_e)_i = i$현시의 유효녹색시간(초)

$v_i = i$현시의 주차로군의 교통량(vphpl)

$C=$ 주기길이(초)

$h=$차두시간(3600/포화교통량)(초)

그러므로 주기당 총 유효녹색시간과 주기는 다음과 같이 쓸 수 있다.

$$G_e = \sum \left(\frac{v_i}{\frac{3600}{C}} \right) \times h$$

$$C = G_e + L$$

여기서 L은 모든 현시의 황색시간을 포함한 총 손실시간(초)이다.

이를 C에 관해서 풀면

$$C\left(1 - \frac{h}{3600} \Sigma v_i\right) = L$$

$s = \frac{3600}{h}$이므로

$$C = \frac{L}{1 - \Sigma(v_i/s_i)}$$

이렇게 해서 구한 주기는 도착교통량을 처리할 수 있는 최소주기이다. 또 교차로 전체의 포화도 즉 임계v/c를 1.0으로 하는 주기이므로 적은 교통량의 증가에도 큰 혼잡이 일어나기 쉬우므로 잘 사용하지 않는다.

따라서 임계v/c비를 바람직한 기준값으로 미리 정해놓고 거기에 적합한 주기를 구하는 것이 좋다. 즉 식 (6.25)를 C에 관해서 다시 쓰면,

$$C = \frac{LX_c}{X_c - \Sigma(v_i/s_i)} \tag{8.2}$$

여기서 임계v/c비 X_c를 0.75~0.95 사이에 놓이도록 하는 C를 구한다.

(2) Webster 방법

Webster는 지체를 최소로 하는 주기를 구하기 위하여 다음과 같은 공식을 만들었다.

$$C_o = \frac{1.5L+5}{1-\sum_{i=1}^{n} y_i} \tag{8.3}$$

여기서, C_o =지체를 최소로 하는 최적주기(초)

L=주기당 총 손실시간으로서 주기에서 총 유효녹색시간을 뺀 값이다.

y_i= i 현시 때 주차로군의 교통량비(flow ratio), 즉 교통수요/포화교통량(v/s)

이 방법은 임계v/c비(교차로 전체의 v/c비)가 0.85~0.95인 경우에 해당된다. 만약 임계 v/c비가 1.0이면 논리적으로 $C_o = \frac{L}{1-\sum y_i}$ 로서 식 (6.25)와 같다.

Webster의 지체분석은 시뮬레이션 기법을 사용한 매우 종합적인 것이다. 이 분석결과는 대단히 중요한 사실을 나타낸다. 즉 최적주기 부근인 $0.75C_o \sim 1.5C_o$ 정도의 범위에서는 지체가 그다지 크게 증가되지 않는다.

주기를 구하는 이들 두 가지 방법은 근본적으로 교차로의 운영효율을 어떤 기준으로 파악하느냐에 차이가 있다. 첫 번째 방법은 도착교통량을 모두 수용하는 주기, 즉 용량에 관점을 둔 것이며, 반면 Webster 방법은 도착교통량의 처리여부에 관계없이 차량의 총지체를 최소화하기 위한 방법이다. 이 두 가지 방법으로 구한 주기는 통상 같은 값을 갖지 않는다.

8.5.6 시간분할

(1) 최소녹색시간

신호시간의 일반적인 원칙으로 차량을 위한 녹색신호는 적색신호에서 기다리고 있던 보행자군이 안전하게 횡단하는 데 필요한 시간보다 짧아서는 안 된다는 것이다. 여기서 보행녹색신호 시작부터 보행자군의 후미가 모두 차도로 내려서기까지의 시간은 횡단보행자가 주기 당 10명 이상이면 최소 7초, 그보다 적으면 최소 4초를 사용한다. 보행자군의 후미그룹이 안전하게 횡단하려면, 후미그룹이 횡단을 시작하고부터 횡단을 금지하기 위한 녹색점멸이 필요하므로 $L/1.2$초의 녹색점멸 시간이 더 필요하다. 여기서 L은 횡단길이(m), 1.2는 보행자 속도(m/sec)이다.

여기서 중요한 것은 녹색점멸시간이 차량용 신호에서 황색시간과 같은 역할을 한다는 것이다. 다시 말해서 녹색점멸이 시작되면 뒤 따르는 보행자가 새로이 횡단을 개시해서는 안

되고, 점멸시작 때 횡단한 마지막 보행자가 횡단을 끝낼 때 점멸이 끝나고 적색신호가 들어온다.

그러나 실제 녹색점멸시간은 이 값에서 차량의 황색시간을 뺀 값을 사용하는 것이 일반적이다. 즉 차량의 황색신호가 켜질 때 보행자신호는 적색이 켜지도록 하여 차량의 황색신호가 끝날 때는 후미의 보행자가 횡단을 완료하게 한다.

예를 들어 보행자 신호등이 있는 교차로에서 보행자 횡단시간이 14초이고 차량의 황색신호가 3초이면, 보행자 횡단방향과 같은 방향의 차량의 최소녹색시간은 $7+14-3=18$초이다. 또 보행자의 신호는 점멸시간이 $14-3=11$초, 초기녹색시간이 7초이다.

만약 차량용 신호가 이와 평행한 보행자의 소요 횡단신호보다 길 경우, 남는 보행자 시간을 점멸시간에 할당해서는 안되고 초기녹색시간에 할당해야 한다. 이는 마치 차량신호에서 황색신호를 길게 해서는 안되는 것과 같은 이치이다. 앞의 예에서 횡단보도와 평행한 방향의 차량용 녹색 신호시간이 32초, 황색시간이 4초라면, 보행자 횡단점멸시간은 $14-4=10$초, 초기녹색신호는 $32-10=22$초이다.

어떤 경우이든 최소녹색시간은 15초보다 적어서는 안 된다.

(2) 주기의 분할

주기의 시간분할(split)은 각 현시의 주차로군의 교통량에 비례해서 분할해서는 안 된다. 예를 들어 어느 현시의 주차로군 교통량이 다른 현시의 주차로군 교통량에 비해서 훨씬 크다 하더라도 그 차로군이 이용하는 차로수가 다른 차로군의 차로수에 비해 훨씬 많다면 긴 녹색시간이 필요 없다. 따라서 주기 내에서의 각 현시당 녹색시간은 주차로군의 현시율에 비례해서 할당하면 된다. 이와 같은 개념은 각 현시의 주차로군이 동등한 서비스 수준을 갖도록하는 데 근거를 둔 것이다.

녹색시간을 할당할 때 교통량이나 도착교통패턴 이외에도 보행자 횡단이나 교차로의 구조적 제약사항 등을 함께 고려해야 할 필요가 있다.

예제 8.1 어느 교차로 각 차로군의 교통량비(v/s)가 다음과 같다. Webster방법으로 적정주기를 구하고 주기를 분할하라. 손실시간은 황색시간뿐이며 각 현시당 3초이며, 최소녹색시간은 15초이다.

차로군	남(좌)	북(좌)	남(직)	북(직)	서(직)	동(직)
교통량 비	0.18	0.27	0.28	0.33	0.27	0.29

풀이 1. 주교통량비 결정

남(좌) + 북(직) = 0.18+0.33 = 0.51

북(좌) + 남(직) = 0.27+0.28 = 0.55 v/s비 합의 최대값

서(직) = 0.27

동(직) = 0.29 주차로군

2. 현시결정

(1) 남북도로

• 중첩현시 방법

1현시: 남(좌) + 북(좌) = 0.18

중첩현시: 북(좌) + 북(직) = 0.09

2현시: 북(직) + 남(직) = 0.28

계 0.55

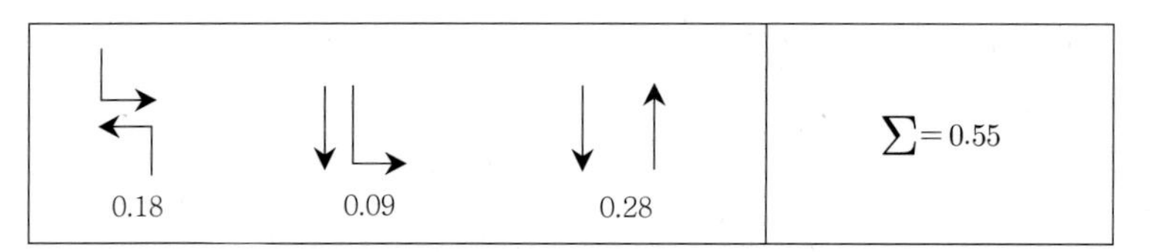

• 단순현시 방법

1현시: 북(좌) + 남(좌) = 0.27

2현시: 북(직) + 남(직) = 0.33

계 0.60

0.55 < 0.60이므로 중첩현시 사용

(2) 동서도로

직진현시: 0.29

총 현시율 = 0.55+0.29 = 0.84

3. 주기길이(Webster 방법) 및 총 유효녹색시간

$$C = \frac{1.5L+5}{1-\Sigma(v/s)_i} = \frac{1.5(3\times3)+5}{1-(0.55+0.29)} = 115.6 \approx 120\text{초}$$

유효녹색시간 $120-(3\times3)=111$초

4. 주기 분할

(1) 남북도로

1현시: $111\times\frac{0.18}{0.84}=23.8$초

중첩현시: $111\times\frac{0.09}{0.84}=11.9$초

2현시: $111\times\frac{0.28}{0.84}=37.0$초

(2) 동서도로

$111\times\frac{0.29}{0.84}=38.3$초

황색시간 3(3)=9초

계 120초

5. 녹색시간

남(좌) = 23.8초

북(좌) = 23.8+11.9 = 35.7초

남(직) = 37.0초

북(직) = 11.9+37= 48.9초

최소녹색시간 15초보다 짧은 녹색신호는 없다. 중첩현시는 앞뒤 현시와 연결되므로 모두 15초를 초과한다.

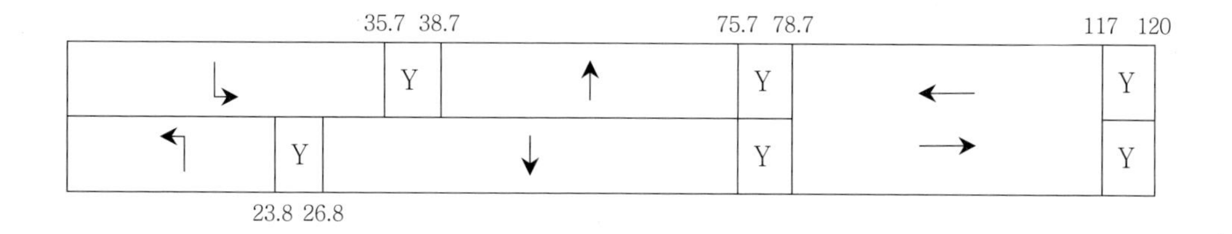

8.6 신호 연동

지금까지 설명한 것은 독립교차로의 신호기의 주기와 녹색시간 분할에 관한 것이었다. 그

러나 간선도로상이나 도로망 내에 있는 여러 개의 교차로를 유선이나 무선으로 연결하여 인접 교차로와 상관관계를 유지하도록 하면 시스템 전체의 교통효율을 높일 수가 있다. 이를 신호연동(signal coordination)이라 하며, 한 교차로에서 적색신호에 대기하고 있던 차량들이 차량군을 이루어 녹색신호를 통과하므로 이들이 분산되거나 정지하지 않고 연속적으로 하류부의 여러 교차로를 통과하도록 하는 것이다.

간선도로의 신호연동 패턴에는 동시시스템, 교호시스템, 연속진행 시스템이 있다.

1) **동시시스템**(simultaneous system)

시스템 내 모든 교차로의 신호가 동시에 같은 신호표시를 나타낸다. 따라서 각 교차로의 시간분할은 같다. 이 시스템은 교통량이 많고, 교차로 간격이 짧으면서 길이가 비슷한 간선도로에서 비교적 긴 주기로 사용하면 효과적이다.

2) **교호시스템**(alternate system)

인접교차로의 신호가 정반대로 켜지는 시스템이다. 교차로 간격이 동일해야만 효과가 있으며, 양방향 모두 연속진행을 시키자면 녹·적색 시간분할이 50 : 50이어야 한다. 그러나 시간분할이 50 : 50이므로 교차하는 부도로의 교통량이 적을 경우 그 쪽에 너무 많은 녹색시간을 할당하는 꼴이 된다.

두 개의 인접한 교차로가 한 그룹이 되어 같은 신호로 움직이며, 인접한 교차로 그룹과는 교호시스템을 갖는 것을 2중 교호시스템(double alternate system)이라 한다. 그러나 일반적으로 동시시스템이나 교호시스템의 적용조건이 우리나라의 도로 및 교통조건에 적합하지 않아 잘 사용되지 않는다.

3) **연속진행시스템**(progression system)

이 시스템에서는 어떤 신호등의 녹색표시 직후에 그 교차로를 연속진행방향으로 출발한 차량이 그 다음 교차로에 도착할 때에 맞추어 그 교차로의 신호가 녹색으로 바뀐다. 따라서 진행방향에서 볼 때 어느 두 교차로 간의 녹색신호가 켜지는 시간차이(옵셋)은 두 교차로 간의 거리를 희망하는 연속진행 속도로 나눈 값과 같다.

앞에서 설명한 연동시스템과는 달리 이 시스템에서는 몇 개의 교차로가 각기 독립적인 시간분할 값을 가져도 좋다. 그러나 주도로의 최소 녹색시간이 연속진행 방향의 진행대폭을 결정하게 된다.

[그림 8-1]은 이상적인 조건을 가진 양방향 도로에서의 시공도(time-space diagram)를 나타낸 것이다.

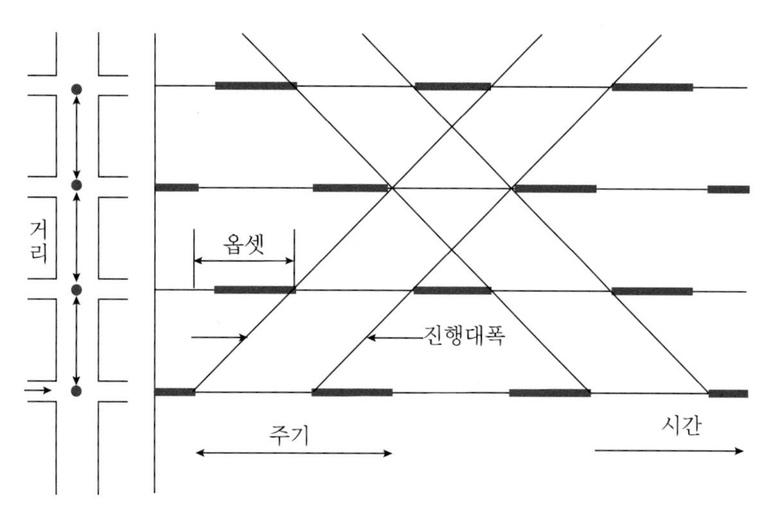

그림 8-1 이상적인 조건의 시공도

이 그림에서 진행대(through band)란 실제 연속진행 할 수 있는 첫 차량과 맨 끝 차량간의 시간대를 말하며, 시간(초)로 나타낸 이 폭을 진행대폭(band width)이라 한다. 또 이 기울기를 연속진행 속도(progression speed)라 한다.

연속진행 시스템은 통상 동시시스템이나 교호시스템보다 훨씬 더 효과적이긴 하나 오전·오후 첨두시간에 교통량의 방향별 변동에 충분히 탄력적으로 대응하지 못한다는 결점이 있다.

근자의 교통신호시스템은 이와 같은 탄력성을 가장 중요시하므로, 시간에 따라 연동신호시간을 변화시켜 준다.

연속진행시스템의 장점은 다음과 같다.

- 전체 차량이 계획된 속도에서 최소의 지체로 계속적인 주행을 하게 한다.
- 각 교차로의 교통조건에 알맞게 시간분할을 할 수 있다.
- 계획된 속도보다 높은 속도로 주행을 하면 연속진행신호에 맞지 않아 자주 정지하게 되므로 높은 속도를 내는 것을 억제시킨다.

주요 도시가로에서의 연속진행시스템은 일반적으로 30~50 kph의 진행속도에 맞추며, 도시 외곽도로는 계획속도가 이보다는 높은 것이 좋다. 일반적으로 교통량과 부근 지역의 개발정도, 혼합교통, 보행자 및 횡단교통이 증가함에 따라 혹은 차로폭이 감소함에 따라 계획속도를 낮게 잡아준다.

8.7 고속도로관리 시스템

고속도로의 교통관리의 목적은 고속도로의 소통을 원활히 하고 안전성을 제고하기 위함이다. 고속도로의 소통이 원활하지 못하면 통행속도의 감소, 정지·출발의 반복, 일정치 않는 통행시간, 높은 운행비용, 사고율 증가, 연료 낭비, 대기오염, 운전자 욕구불만 등이 야기된다.

고속도로 교통관리의 종류에는 본선 제어, 램프(연결로) 제어, 교통축 제어, 돌발상황 관리, 다승객차량 우대, 도로상에서 곤경에 처한 운전자 지원, 다른 도로와의 연동, 운전자 정보시스템 운영은 물론이고 유지보수 공사나 특별행사 또는 악천후 시의 교통혼잡을 처리하는 등 광범위한 교통제어 개념을 포함한다. 여기서는 연결로 진입조절, 본선제어, 돌발상황관리 및 HOV 우선통제만 다룬다.

8.7.1 혼잡 및 제어의 개념

혼잡이란 수요가 용량 초과하거나 용량이 수요 이하로 감소하여 병목현상이 발생하는 것이다. 혼잡은 그 발생 장소와 시간을 예측할 수 있는 반복(recurrent)혼잡과 교통사고와 같은 돌발상황이나 운동경기, 대규모 집회, 또는 유지보수 공사 등 특별행사 때 발생하는 비반복(non-recurrent)혼잡으로 나눌 수 있다. 따라서 반복혼잡은 운전자가 이를 예상하고 필요한 대응을 할 수 있다.

혼잡은 도로조건의 결함이나, 교통조건, 돌발상황, 유지보수 공사, 또는 악천후 때문에 발생한다.

① 도로조건: 용량감소의 원인이 되는 기하구조는 차로수, 평면선형, 종단선형, 차로폭, 측방여유폭, 램프(연결로) 설계, 노면상태 등이다.

② 교통조건: 교통수요가 용량을 초과하는 곳에는 언제나 혼잡이 발생하며 이러한 지점을 병목지점이라 한다. 이럴 경우 수요의 일부분은 노선전환 또는 수단전환을 하거나 통행시간을 변경하므로 현재의 교통량은 항상 교통수요보다 적다. 또 혼잡상태는 항상 병목지점의 상류부에 생긴다.

본선 교통량과 램프진입 교통량을 합한 것이 본선 용량을 초과할 경우, 유입램프에서 진입조절(ramp metering)을 하지 않으면 본선뿐만 아니라 램프에서도 혼잡과 대기행렬이 발생한다. 램프유출 교통량이 많거나, 램프의 저류용량이 적거나, 유출램프와 연결된 도시간선도로가 혼잡하면 유출램프 상에 대기행렬이 생기고 이것이 본선에 혼잡을 야기한다.

8.7.2 연결로 진입조절

연결로 진입조절(ramp metering)이란 램프상의 차량을 본선으로 진입시킬 때, 본선의 용량을 초과하지 않도록 교통신호로 조절하여 본선의 혼잡을 감소시키고 안전성을 확보하게 하는 것을 말한다. 이때 램프에서 기다리는 대신 다른 도로를 이용하거나, 다른 램프를 이용하거나 혹은 다른 시간대, 다른 수단을 이용하는 차량도 있을 것이다.

(1) 진입율 결정

진입조절의 목적이 본선 혼잡을 감소시키는 것인지 아니면 안전한 진입을 하기 위한 것인지에 따라 진입율이 달라진다.

1) 본선 혼잡 감소 목적

본선의 혼잡을 감소하기 위해서는 본선을 용량 이하로 유지해야 한다. 만약 상류부 교통수요와 램프 진입수요를 합한 값이 합류부의 하류 어느 지점의 용량보다 적거나 같으면 진입조절을 할 필요가 없다. 또 상류부 교통수요가 하류부 용량보다 크다면 진입조절로는 혼잡을 해소할 수 없으며 최소진입율을 사용하여 혼잡을 최소화하거나 진입조절 대신 램프를 폐쇄한다. 그러나 상류부 교통수요와 램프 진입수요의 합이 하류부 용량보다 크다면 진입조절이 필요하다.

2) 안전한 진입 목적

합류 때 가장 큰 문제점은 램프상의 차량군이 본선의 차간간격을 서로 먼저 확보하려고 하기 때문에 추돌사고나 차로변경 접촉사고가 많이 일어난다. 진입조절은 이러한 차량군 형태의 진입을 방지하고 한 번에 한 대씩 진입하게 하여 합류를 원활하게 한다. 안전한 진입을 위한 최대 진입율은 900 vph/ramp lane이다.

(2) 진입조절 전략

ramp metering 전략은 현재 또는 장래의 교통수요 및 용량 상태와 실시간 교통측정을 통하여 수립된다. 이때 교통량, 밀도, 속도와의 관계를 나타내는 교통류 모형을 이용한다. 이

모형은 도로구간별로 다르며 같은 구간이라 하더라도 교통조건에 따라 다를 수 있다.

ramp metering의 기본전략은 고속도로 및 진입 ramp의 교통변수, 예를 들어 교통류율과 점유율을 실시간 측정하여 고속도로의 운영상태를 판단하고, 비혼잡상태를 유지하기 위한 최대 진입율을 결정하는 것이다. 진입율을 결정하는 방법에는 수요-용량 방법과 상류부 점유율 방법이 있다.

1) 수요-용량 방법

상류부 교통량과 하류부 용량을 실시간으로 비교하여 진입율을 결정한다. 이때 하류부 용량은 과거 자료를 이용하여 미리 정해진 값을 사용하는 방법과 하류부의 교통조건을 실시간으로 측정하여 계산한 실시간 용량을 사용하는 방법이 있다. 그러나 전자는 악천후 또는 돌발상황에 따른 용량의 변화를 반영하지 못한다. 실시간으로 진입율을 결정할 때의 시간 간격은 보통 1분이다. 만약 상류부 교통량이 하류부의 용량을 초과하면 미리 정해진 최소진입율을 사용한다.

2) 상류부 점유율 방법

상류부의 점유율을 실시간으로 측정해서 이에 적합한 진입율을 결정하는 방법으로써 현재 1분 동안의 점유율을 측정하여 여기에 적합한 진입율을 구하여 다음 1분 동안 진입시킨다. 이때 진입율은 교통량-점유율 모형을 이용하여 상류부 점유율에 따라 미리 정해진다. 예를 들어 본선 차로점유율이 14%이면 12대/분의 진입율을 사용한다.

이 교통량-점유율 모형에서 상류부 점유율에 해당되는 교통량이 용량보다 크면 최소진입율을 사용한다. 진입조절은 신호제어시스템과 같이 실시간으로 운영되는 교통대응식과 정주기식이 있다. 정주기식은 첨두시간 때와 비첨두시간의 돌발상황 또는 공사 때만 진입조절을 하는 방식이다.

(3) 운영의 종류

연결로 운영의 종류에는 연결로 하나만을 취급하는 단일미터링과 도로구간 내에 있는 인접한 여러 개의 연결로를 함께 고려하는 시스템미터링이 있다.

1) 단일미터링

안전한 진입을 목적으로 하는 곳이나 하류부에서 반복혼잡이 일어날 때, 또는 어느 연결로에서 진입조절이 타당하지가 않아 시스템진입조절이 어려울 때 사용하는 방법이다. 이 방법에는 정주기식 전략과 교통대응식 전략을 사용한다.

- 정주기식 전략: 본선 교통류율이 연결로의 하류부 용량보다 적게끔 수요-용량 방법으로 진입량을 조절한다.
- 교통대응식 전략: 실시간 측정자료에 의해 상류부 점유율 방법으로 진입율을 결정한다.

2) 시스템미터링

고속도로 주요구간을 제어하기 위한 것으로써, 통합 교통관리계획의 한 요소이며 단일미터링과 마찬가지로 정주기식과 교통대응식이 있다.

- 정주기식 전략: 각 연결로의 진입율은 ① 그 연결로 주위의 교통량-용량과, ② 다른 연결로의 교통량-용량 제약에 좌우된다. 진입조절을 몇 개의 상류부 연결로로 분산시켜 줌으로써 제어수준을 높이는 것도 있다.
- 교통대응식 전략: 도로구간 내에 있는 각 연결로의 진입율을 결정할 때, 각 연결로는 물론이고 도로구간 전체의 수요-용량 상황을 고려하여 결정한다. 예를 들어 어느 지점에서 수요가 용량을 초과하여 병목이 발생하면 그 초과분만큼의 교통량을 그 지점 상류부에 있는 여러 연결로에서 나누어 진입율을 줄인다.

(4) 연결로 설계

유입 연결로 대기차량이 간선도로 교통에 지장을 주지 않기 위해서나 유출 연결로 대기차량이 고속도로 본선 교통에 지장을 주지 않기 위해서는 연결로의 저류공간이 필요하다. 그러기 위해서는 다음과 같은 방법을 사용한다.

- 연결로에 대기행렬 검지기를 설치하여 다른 도로 차단을 방지
- 대기행렬이 검지되면 진입율을 증가시키거나 간선도로에서의 진입을 억제
- 연결로를 2차로로 확장

저류공간의 크기를 좌우하는 것은 ① 연결로의 교통수요와 진입율, ② 연결로로 진입하는 교통류의 패턴(이 차량군을 이루면 큰 저류공간이 필요), ③ 간선도로상의 저류 여유, ④ 대기행렬 제어의 정확도(진입율 조정이 신속하면 저류공간이 적어도 됨)이다.

저류공간의 기준으로 사용되는 한 예로 ① 저류공간의 용량이 시간당 연결로 수요의 1.1배 이상이면 미터링을 하고, ② 1.05~1.1배 이상이면 차로를 추가로 설치하거나 대기행렬

검지기 사용을 검토하며, ③ 1.05배 이하이면 미터링이 부적절하다.

유입 연결로의 합류부에는 충분한 길이의 가속차로를 설치해야 하며, 버스나 다인승차량을 우대하여 승용차보다 먼저 합류시키는 방법을 고려하는 것이 좋다.

(5) 연결로 폐쇄

연결로 폐쇄는 진입률이 0으로써 미터링의 극단적인 방법이다. 이때는 유입구에 우회도로를 명시해야 할 필요가 있다. 연결로 폐쇄가 도로혼잡을 완화시키기는 하지만 부적절하게 사용할 경우 고속도로의 이용을 지나치게 줄이거나 주변의 다른 도로에 과부하를 줄 수도 있다. 연결로 폐쇄에 사용되는 시설에는 일시적인 폐쇄인가 장기적 폐쇄인가에 따라 달라지나 수동 또는 자동 방책 설치, 표지, 가변표지, 신호가 있다.

(6) 유출 연결로 제어

유출 연결로 제어는 고속도로의 안전과 효율성에 역행할 가능성이 있기 때문에 잘 사용되지 않는 방법이지만, 인접한 간선도로의 혼잡을 완화시키거나, 인접한 두 연결로로 인한 엇갈림의 위험을 감소시키기 위해 이 방법을 사용하기도 한다. 그러나 이 방법을 사용한다면 반드시 다른 출구를 미리 잘 안내해야 하며, 운전자의 혼란을 방지하기 위해 계획된 시간과 장소에서 시행하되 충분히 홍보를 한 후에 실시해야 한다. 유출 연결로의 제어방법은 미터링을 하거나, 폐쇄하는 것이다.

8.7.3 본선 제어

고속도로 본선의 교통을 주의, 규제, 지시, 안내하는 것을 말하며 다음과 같은 목적으로 시행된다.

- 교통류의 균일성과 안전성을 확보하고 혼잡을 사전 예방
- 혼잡시 추돌사고의 가능성을 감소
- 돌발상황을 관리하여 혼잡을 신속히 완화
- 교통축의 용량을 효과적으로 이용하기 위해 우회도로로 유도
- 가변차로제 시행으로 방향별 용량 증대

본선 제어의 방법에는 다음과 같은 것이 있다.

① 운전자 정보시스템: 운전자에게 고속도로 전방의 교통상황을 알려준다. 실시간 정보를 제공하여 운전자가 더욱 안전하게 운전하고 필요할 경우 대체노선을 선택하게 한다.
② 가변속도규제 표지: 기후 또는 공사 등으로 인한 안전속도를 알려준다. 돌발상황 관리 때도 사용한다.
③ 차로폐쇄 및 차로통제: 한 두 개의 본선차로를 폐쇄함으로써 그 전방에 있는 차로차단에 미리 대비하게 하거나, 유입 연결로의 합류를 원활히 하며, 또는 터널의 교통을 통제할 수 있다. 또 차로통제 방법을 사용하여 가변차로통제와 HOV 우대처리를 한다.
④ 돌발상황 관리: 뒤에서 별도로 설명한다.
⑤ 본선 미터링: 고속도로 병목지역의 사용을 억제하여 병목지점을 원활히 통과하게 하고, 연결로에서 진입하는 차량과 동등한 지체를 감수하게 하며, 혼잡으로 인한 배기가스를 최소화하는 전략으로 사용된다. 본선 미터링은 본선에서 대기행렬을 야기할 수 있으므로 이용자들의 큰 반발을 불러올 수 있다. 요금징수소도 일종의 본선 미터링 역할을 한다. 미터링으로 합류부에서 교통이 잘 처리됨으로써 그 지점의 용량이 증대된다.
⑥ 가변차로 제어: 가변차로는 첨두방향 교통수요를 처리하기 위해 고속도로의 방향별 용량을 변화시킨다. 따라서 이 방법은 첨두 시 방향별 교통량의 불균형이 매우 클 때 타당성을 가진다. 가변차로에 대한 것은 제13장에서 설명된다.

8.7.4 돌발상황 관리

돌발상황이란 용량의 감소 또는 비정상적인 수요 증가를 일으키는 비반복적인 사건으로써, 고속도로의 돌발상황은 교통사고, 적재화물의 떨어짐, 차량고장(연료부족, 타이어 파손, 기계고장 등) 등의 원인으로 인한 도로상의 정차를 말한다. 만약 이러한 상황이 첨두시간에 발생한다면 이로 인한 지체가 상당한 시간 동안 지속된다.

돌발상황 관리란 돌발상황을 검지, 대응, 조치하는 모든 활동을 말한다. 더 자세히 말하면, 돌발상황이 발생했을 때 미리 계획되고 협조체제를 갖춘 인력 및 기술력을 동원하여 소통능력을 극대화하도록 노력하며, 운전자에게는 돌발상황이 완전히 해소될 때까지 교통상황과 대체노선에 관한 정보를 제공하는 것을 말한다.

(1) 돌발상황의 문제점

대부분의 돌발상황은 용량을 현저히 감소시킨다. 고속도로의 돌발상황은 매우 자주 발생한다. 미국의 경우 차로가 차단되는 돌발상황의 빈도는 1일 km당 약 0.2~0.5건 정도로 알려지고 있다. 이로 인한 지체는 그 상황이 다 처리될 때까지 기하학적으로 증가한다. 돌발상황은 또 운행비용 증가는 물론이고 예측하지 못한 정지 및 감속 때문에 2차 사고를 유발하며, 관련 운전자, 경찰 및 대응인력들이 위험에 노출된다. 돌발상황으로 인한 지체량은 돌발상황 및 그 처리시간 동안 도착한 교통수요와 그때의 용량을 이용하여 계산할 수 있다.

(2) 해결책

돌발상황 관리의 목표는 돌발상황의 검지시간과 확인시간, 처리하는 인원 및 장비 동원시간, 조치 및 회복시간을 단축하고, 돌발상황 동안 도착하는 교통량을 감축하고 용량을 증대시키는 것이다.

1) 돌발상황 검지 및 확인

돌발상황의 지속시간을 단축하기 위해서는 신속한 검지가 필수적이며, 또 현장에서 적절한 조치를 취하기 위해서는 상황의 종류와 정확한 위치를 파악하고 이를 관련기관에 전달해야 한다. 검지 및 확인을 위해서 운전자, 순찰차, 정비차량, 고정 감시자, 공중감시, 또는 전자 모니터링 시스템을 이용하는 방법이 있으나 이들의 장단점과 비용을 고려하여 적절한 방법을 선택한다.

- 검지기: 도로상에 설치한 검지기에서 관측한 교통류 변수의 급격한 변화로부터 돌발상황 여부를 판정한다. 오래 전부터 본선 검지기 자료로부터 돌발상황을 식별하는 몇 개의 알고리즘이 개발되어 왔다. 이들의 검지능력은 검지율, 오보율 및 검지시간으로 판단하나 이 지표들은 서로 절충(trade-off)관계에 있기 때문에 어느 한 지표의 성능을 향상시키면 다른 지표의 성능이 떨어지는 경향을 보인다. 이들 알고리즘은 돌발상황 상·하류부 검지기간의 점유율 및 속도 차이를 이용하여 상류부가 혼잡하고 하류부가 혼잡하지 않으면 돌발상황이라 판정한다.
- CCTV: CCTV 모니터링은 돌발상황을 검지하고 확인하는 가장 빠르고 확실한 방법이다. 고속도로의 종단 및 평면선형에 따라 다르나 1~1.5 km 간격으로 설치한 TV 카메라의 영상으로 돌발상황을 판정하고 적절한 대응책을 결정한다. 고속도로 전 구간을 볼 수 있고, 관제센터의 운영자는 각 카메라를 신속하고 정확하게 계속적으로 모니터링할 수 있어야 한다. 그러나 카메라 설치비용이 많이 들고, 밤이나 기상조건이 나쁠 때는 좋은 영상을 얻기 어려우며, TV 화면을 모니터링하기가 귀찮고, 자질이 있는 운영자를 구

하기가 어렵고 비싸다.

- 공중감시: 경찰이나 화물차 라디오방송국에서 전반적인 교통상태를 알기 위해 경비행기나 헬리콥터를 이용하여 돌발상황을 파악하고 라디오 방송국으로 그 정보를 보낸다. 정보를 파악하고 전달하는 데 시간이 지체되며 비용이 많이 드는 단점이 있다.
- 운전자 통보: 운전자가 도로변에 있는 비상전화를 이용하여 돌발상황을 알려준다. 운전자의 요구사항을 같이 알려주는 것은 좋으나 운전자가 이를 알려주기까지는 상당한 시간이 걸리며, 또 잘못된 정보전달이 많다.
- 고속도로 순찰: 경찰의 순찰차를 사용하여 왕복 순찰하면서 연료, 냉각수, 오일 및 간단한 수리 서비스를 제공하기도 한다. 돌발상황의 검지와 조치를 동시에 할 수 있으나 넓은 지역을 순찰하려면 비용이 많이 든다.

2) 대응 및 조치

대응이란 돌발상황이 발생했다는 합리적인 판정이 나는 즉시 적절한 인원, 장비, 통신선로 및 운전자 통신수단을 편성 가동하는 협동적인 관리활동을 말한다. 신속한 대응은 상황지속 시간을 줄임으로 지체를 현저히 줄인다.

대응계획은 초기에 관련 기관 간의 협조가 긴요하다. 일단 그 계획이 수립되고 시행되면 각 기관이 일체가 되어 일상적인 과업처럼 계획이 전개되어야 하며, 기관 간의 업무관계는 과업의 성공에 초점을 맞추어야 한다. 가장 좋은 방법은 예상되는 돌발상황 시나리오를 작성하고, 각 시나리오에 적합한 대응 및 조치계획을 사전에 수립해 두고 이에 따른 동원자원 및 협조관계를 프로그램으로 만들어두는 것이다.

3) 교통관리

돌발상황을 조치할 때 가장 시급한 일은 가능하면 빨리 도로를 원상복구시키는 것이다. 물론 여기에 인명피해가 있으면 응급처치를 하고 병원으로 보내야 한다. 이때 가능하면 빨리 경찰에 알려야 한다. 도로관리청은 차로이용을 통제하거나 갓길을 이용하게 하고, 교통을 우회시킬 경우도 있다. 돌발상황 지역에서의 교통관리 대책에는 차로의 폐쇄 또는 개방, 대체노선 설정 및 운영, 긴급차량의 주차, 사상자 및 구급인력의 안전확보 등이 있다.

고속도로 옆에 사고조사 지점을 설치하여 부상당하지 않은 사고당사자나 사고목격자로부터 사고조사에 필요한 정보를 얻는다. 위험물이 엎질러졌으면 부근의 소방서나 그 물질의 생산과 수송을 담당하는 사람을 불러 특수한 조치를 취해야 한다.

4) 운전자 정보시스템

고속도로 돌발상황이 발생하면 운전자는 돌발상황 발생시의 교통상황과 정상적인 통행패턴으로 복귀하는 데 필요한 정보를 원한다. 그러므로 운전자 정보시스템은 운전자들에게 우회로를 알려주거나 최소한 그 혼잡의 원인이 무엇인지를 알려주어야 하며, 이러한 정보는 정확하고 시의적절해야 한다.

8.7.5 HOV 우선제어

고속도로에서 다승객차량에 대한 우대는 승객이 적은 차량에 비해 버스나 다승객 차량에게 통행시간상의 이익이나 정시성을 부여함으로써, 다승객차량으로 개인통행을 유도하여 고속도로를 더욱 효율적으로 사용하고, 대기오염을 저감시키고 연료소모를 줄이는 효과를 가진다.

1) 분리시설

HOV를 다른 차량과 분리시키는 시설을 설치하면 비용은 많이 들지만 단속의 필요성이 적어지고 안전성도 좋아진다. 이러한 시설에는 완충차로를 마련하여 경계를 지우는 방법이 있고 물리적인 경계시설을 설치하는 것도 있다. 일반적으로 이 통제구간의 끝 부분과 중간 출입부를 통제하고 모니터링하기 위해서는 CCTV와 가변정보판을 설치해야 할 필요가 있다.

2) 전용차로

HOV용 차로는 기본적으로 두 개의 형태가 있다. 첨두 교통류의 방향과 같은 방향의 중앙분리대 쪽에 전용차로가 있는 동일방향 차로와 첨두 교통류의 중앙분리대 넘어 반대편에 맞은편에서 오는 교통류를 거슬러 가는 역류방향 차로가 있다. 전자는 단속의 어려움이 있어 특별한 단속계획이 있어야 하며, 후자의 경우는 교통량의 방향별 불균형이 크고 혼잡이 극심할 때 사용되는 것으로써, 안전성에 문제가 많다.

3) 연결로 미터링 생략

연결로에 일반차량용과는 별도로 HOV 차로를 설치하여 연결로 미터링지점에서 대기하지 않고 그대로 통과하게 하는 방법이다.

4) HOV 전용 연결로

HOV 전용 연결로를 만들어 HOV 차로 또는 일반차로와 버스터미널과의 연결, HOV 차로와 도시가로와의 연결, HOV 차로와 환승주차장과의 연결을 편리하게 한다.

1. 경찰청, 교통안전표지, 노면표시, 신호기 설치·관리 매뉴얼, 2012. 11.
2. FHWA., *Manual in Uniform Traffic Control Devices*, 1978.
3. ITE., *Manual of Traffic Signal Design*, 1982.
4. W.S.Homburger and J.H.Kell, *Fundamentals of Traffic Engineering*, 10th Ed., 1981.
5. ITE., *Transportation and Traffic Engineering Handbook*, 1982.
6. FHWA., *Traffic Control Systems Handbook*, June, 1976.

1. 교통통제시설의 기본요구조건이 무엇이며, 이시설이 도로이용자에게 존중되어야 하는 이유는 무엇이며, 또 존중받기 위해서는 어떤 조건을 갖추어야 하는가?
2. 어느 독립교차로에서 각 차로군의 교통류비(v/s)가 다음과 같을 때 Webster 방법을 이용하여 적정주기를 구하고 현시분할을 하라. 손실시간은 각 현시 3초인 전체 황색시간과 같다. 각 현시의 최소녹색시간이 15초일 때 신호현시를 계산하라.

차로군	남(좌)	남(직)	북(좌)	북(직)	서(직)	동(직)
교통량비	0.17	0.34	0.15	0.31	0.27	0.31

3. 문제 2를 단순현시의 신호로 해결하라.
4. 어느 독립교차로에서 각 차로군의 교통류비(v/s)가 다음과 같을 때 주차로군 방법을 이용하여 임계v/c비가 0.9일 때의 적정주기를 구하고 현시분할을 하라. 손실시간은

각 현시 3초인 전체 황색시간과 같다. 각 현시의 최소녹색시간이 15초일 때 신호현시를 계산하라.

차로군	남(좌)	남(직)	북(좌)	북(직)	서(직)	동(직)
교통량비	0.13	0.26	0.12	0.28	0.24	0.22

5. 문제 4를 단순현시의 신호로 해결하라.

제9장

교통운영 및 교통체계관리

교통운영(transportation operation)이란 교통의 원활한 소통과 안전을 위해서 신호제어 및 교통통제(traffic control) 등 교통공학적인 기법을 적용하면서 교통상황 개선에 도움이 될 수 있는 교통수요와 공급조절, 대중교통 운영개선, 정보안내 및 교통요금에 관한 대책들을 함께 사용하는 것을 말한다. 그러나 일반적으로 교통통제와 교통운영을 같은 뜻으로 사용해도 무방하지만 교통운영이 좀 더 포괄적인 의미를 가진다고 할 수 있다.

교통관리(traffic management)란 교통대책들의 운영(operation)과 중간점검(monitoring) 및 수정(maintenance), 평가(evaluation), 개선(improvement)의 연속적인 순환활동을 통하여 소통과 안전뿐만 아니라 환경 및 에너지 등의 관점에서 교통의 목적을 달성하는 활동을 말한다.

교통관리 중에서 특히 도시 전체 또는 넓은 지역 내에 있는 보행자를 포함한 모든 교통수단과 도로 및 철도 등 수송망 전체를 하나의 시스템으로 보고 이들의 소통, 안전, 환경 및 에너지 측면의 효율을 증진시키기 위한 대책들을 적용하는 것을 교통체계관리(Transportation System Management, TSM)라 한다. 교통체계관리 기법의 요체는 소규모 예산의 개선사업을 포함하여 기존의 교통시설을 최대한 효율적으로 활용하면서 교통운영 및 관리대책들을 조합하여 대책묶음을 만들고 이를 적용하는 것을 말한다.

9.1 개 설

9.1.1 교통통제의 필요성

교통수요의 증가는 급격한 차량대수의 증가를 의미할 뿐만 아니라 통행길이의 증가도 포함된다. 자동차의 종류 및 차체의 크기도 다양해지고 있으며 여기에 보행자까지 증가함으로써 노면교통을 더욱 복잡하게 하고 있다. 한편 교통소통을 원활히하기 위하여 만들어지는 도로시설은 그 방대한 투자규모 때문에 교통의 증가율에 미치지 못하고 있다. 따라서 대도시의 정체현상은 갈수록 심각해지고 있다.

통제가 없이도 안전하고 능률적으로 통행할 수 있는 도로야말로 이상적인 도로라 할 수 있으나, 그렇지 못한 현실에 대처하는 응급조치로서, 기존시설을 최대한 효율적으로 활용하게 하기 위한 교통통제가 필수불가결하며, 또 교통이 더욱 복잡해짐에 따라 이 통제가 점점 더 강화되는 것도 필연적이다.

도로는 그 구조(선형, 경사, 폭, 노면상태)와 교통상태에 따라 가능한 한 안전하고 효율적으로 사용할 수 있는 방법이 있을 것이며, 이 방법을 합리적으로 찾아내고 이를 실행에 옮기는 수단을 교통통제라 할 수 있을 것이다.

9.1.2 교통통제의 종류 및 실시요건

교통운영에서 교통통제의 대표적인 방법이라 할 수 있는 속도통제, 회전통제, 차로운영, 주차통제 등은 기존도로를 최대한 효율적으로 활용한다는 측면뿐 아니라 교통사고를 줄인다는 측면에서 볼 때 매우 효과적인 방법으로 알려지고 있다. 외국의 예에서 보더라도 대부분의 대도시에서는 이와 같은 교통통제를 점점 강화해가고 있다.

교통통제는 도로교통에 대한 금지 · 제한 · 지시 · 지정 · 안내 · 권장을 뜻하며, 도로교통법에 의하여 행하는 조치이고 신호기, 표지(규제표지, 지시표지, 안내표지 등)와 노면표시에 의해 그 법적 효과가 담보된다. 교통통제는 항상 이와 같은 법령에 근거를 둔 것만으로 법적인 효력을 갖는다는 데 유의해야 한다. 우리나라의 도로교통법에 명시된 교통통제의 내용은 제1장 총칙, 제2장 보행자의 통행방법, 제3장 차마의 통행방법, 제4장 2항의 고속도로 등에 있어서의 특례에서 상세히 취급되고 있다.

교통통제가 법적인 효력을 갖기 위해서는 도로교통법에 근거한 교통통제 대책을 구체적으로 어떻게, 어느 장소에, 어느 시간대에 실시하겠다는 행정부서의 의지가 문서로 작성되고, 이것이 도로현장에 정해진 규격의 표지판 혹은 노면표시로 설치되면 적법성은 확보된다. 이 말을 바꾸어 말한다면, 이와 같은 요건이 갖추어지지 않은 교통통제는 적법성을 상실한다. 뿐만 아니라 개인이나 단체가 임의로 제작하여 임의의 장소에 사용하는 표지 또는 노면표시는 적법성이 없는 것은 당연하다.

종래의 교통통제는 주로 교통사고를 방지한다는 측면에서 검토되었고, 통제의 규모도 적은 편이었다. 그러나 최근처럼 교통사정이 악화된 경우에는 종전의 교통통제에서 한 걸음 더 나아가 좀 더 기술적이며 적극적인 통제대책을 개발하고 이를 확대 실시해야 할 필요성이 있을 것이다. 이와 같은 교통통제 기술의 개발과 그 효과 분석에는 컴퓨터 시뮬레이션기법과 같은 상당히 고도화된 교통공학 기법을 사용해야 된다.

9.2 속도 통제

교통의 이동을 안전하고 효율적으로 하기 위해서 속도를 통제하는 것은 대단히 중요하다. 어느 지점에서의 최대안전속도는 교통조건, 도로조건, 날씨, 조명, 기타 다른 중요한 조건이 달라짐에 따라 변한다. 속도통제는 운전자가 그 당시의 상황에 적절한 안전속도를 선택하는 데 도움을 준다.

어떤 상황에 비추어 보아서 너무 빠른 속도는 심각한 교통사고를 유발시키는 주원인이 된다. 또 고속에서 발생하는 교통사고는 저속에서의 사고보다 훨씬 더 심각하다.

지금까지 지방부의 2차로 및 4차로 주요 도로에서 속도와 교통사고와의 관계에 대한 연구결과를 정리하면 다음과 같다.

- 어느 차량의 주행속도가 교통류의 평균속도와의 차이가 크면 클수록 사고율은 높다. 다시 말하면 평균속도보다 너무 낮거나 또는 너무 높으면 사고율이 높다. 따라서 속도통제의 목적은 교통류를 구성하는 모든 차량이 될수록 균일한 속도를 유지하도록 하는 것이다.
- 속도가 증가할수록 사고의 심각도는 커지며, 특히 100 kph 이상의 속도에서의 사고는 대단히 위험하다.
- 사망률은 매우 높은 속도에서 최대가 되며, 교통류의 평균속도에서 최소가 된다.
- 속도분포가 비정규분포이면 사고율은 크게 증가하며, 정규분포이면 감소한다.
- 속도제한구간 설정 여부를 판단하는 기준으로서 이와 같은 속도분포를 이용할 수 있으나 그 기준 하나만으로는 불충분하다.

속도통제는 통상 교통공학적인 조사를 기초로 하여 수립되며, 이를 수정하는 일은 법규에 정해진 기본제한속도를 수정하는 형식을 밟아서 이루어진다. 이처럼 특정 장소에 속도규제를 실시하는 것을 속도제한구간설정(speed zoning)이라 부른다.

속도통제의 두 가지 기본적인 형태는 ① 법적인 효력을 가지며 단속이 가능한 규제통제(regulatory control)와 ② 단속할 기준은 아니지만 운전자에게 특정 장소와 특정 조건하에서의 최대안전속도를 권고하는 역할을 하는 권장통제(advisory control)가 있다.

그리고 규제속도 통제는 ① 입법기관에서 입법화하여 전국 또는 지방에 일반적으로 적용될 수 있는 속도규정과 ② 공학적인 조사를 근거로 하여 행정력에 의하여 특정 장소에만 적용하는 속도규정(속도제한구간 설정) 두 가지로 나누어진다.

권장속도통제는 주의표지판에 권장안전속도를 표시한 보조표지를 부착하여 사용한다. 대부분의 경우 표시된 권장안전속도보다 높은 속도로 운전하여 사고가 날 경우에는 그 운전자는 난폭운전을 한 것으로 간주된다.

9.2.1 속도제한구간 설정 및 제한속도 결정

일반적으로 속도가 적절하지 않는 어떤 구역이나 도로구간을 정하여, 안전하고 합리적인 속도제한을 하는 것이 필요할 경우가 있다. 이와 같은 속도제한이 실시되는 곳은 일반적으로 다음과 같은 곳이다.

① 지방부에서 도시부로 연결되는 도로 부분
② 비정상적인 도로조건, 예를 들어 도로의 굴곡부, 급커브, 급한 내리막길, 시거에 제약을 받는 부분, 좁은 측방여유폭을 가진 부분, 노면상태가 극히 나쁜 곳, 기타 위험한 부분 등
③ 교차로 접근로, 특히 시계에 장애를 받는 부분
④ 부근의 다른 도로보다 설계기준이 아주 높거나 낮은 도로
⑤ 도로공사구간 또는 학교 앞과 같은 곳

그러나 도로나 그 주위환경을 개선하여 위험요소를 제거할 수만 있다면, 그렇게 하는 것이 속도제한을 하는 것보다 훨씬 좋은 방법이다.

속도제한구간과 이에 적합한 최고속도를 설정하는 데 있어서 반드시 고려해야 할 사항은 다음과 같다.

1) 현장속도

속도제한구간을 설정하는 데 있어서 실제의 현장속도는 아주 중요한 역할을 한다. 속도제한이 효과를 거두기 위해서는 그 제한속도가 운전자가 안전하고 적절하다고 느끼는 속도와 일반적으로 일치되어야 한다. 그러기 위해서는 지점속도조사를 실시하여 평균속도, 중위속도, 15백분위 속도, 85백분위 속도, 또는 최빈 10 kph 속도(pace speed)를 구해야 한다. 속도조사로부터 어떤 최고속도 한계를 결정하는데 가장 많이 사용되는 기준은 85백분위 속도이다. 최빈 10 kph 속도는 여러 차량의 속도 중에서 가장 많은 빈도를 갖는 10 kph 범위(예를 들어 55~65 kph)의 속도를 말하며, 이것도 제한속도를 결정하는데 많이 사용된다.

2) 도로의 기하구조

속도제한구간의 설치여부와 그 제한속도 값을 결정하는 데는 도로의 기하구조를 반드시 고려해야 한다. 속도계를 부착하여 시험주행을 함으로써 곡선부 등의 최고 쾌적속도를 얻을 수 있다. 곡선반경이 매우 짧은 단일곡선부에는 일반적으로 권장 안전속도표지(규제속도가 아닌)를 사용한다.

교차로가 많은 도로, 즉 교차로 간의 거리가 짧은 도로는 상충수가 많기 때문에 제한속도가 낮아야 한다. 외국에서는 교차로간의 거리와 도로변의 상점의 숫자가 제한속도 설정에 관계가 되나 우리나라에서는 이 기준을 적용하기가 어렵다.

노면상태와 그 특성은 최대안전속도에 영향을 주므로, 추천된 제한속도의 적합성 여부를 결정할 때 이를 참고로 하여야 한다. 최대안전속도에 영향을 주는 노면상태와 그 특성은 노면의 매끄러움, 거친 정도, 요철의 유무와 그 상태, 중앙분리대의 유무와 그 폭 등을 말한다.

3) 사고 기록

사고의 빈도, 종류, 원인 및 심각도 등을 검토해야 한다. 제한속도를 낮추면 차량의 속도가 반드시 낮아지거나 교통사고가 적어지는 것은 아니다. 충돌빈도와 사고율은 오히려, 현실적인 수준으로 제한속도 값을 올림으로써 줄어드는 경우도 종종 있다. 그러므로 속도제한이 불합리하여 사고를 유발하거나 심각성을 높이는 사고에 특별히 유의해야 한다.

4) 교통특성과 통제상황

추천된 제한속도가 적절한지 아니한지를 판단할 때 교통특성이나 교통통제 상황을 고려해야만 한다. 여기에는 첨두시간과 비첨두시간의 교통량, 주차 및 승하차, 교통류 내의 화물차 비율, 회전교통 및 이의 통제, 교통신호 및 기타 교통통제시설, 차량-보행자 상충 등이 있다. 차량 간의 속도 차이는 교통량이 적은 도로에서는 별반 문제가 되지 않으나 교통량이 많으면 사고의 위험성이 더욱 크다.

5) 제한속도의 변경표시

300 m 이내에서 제한속도를 변경해서는 안 된다. 속도제한의 최소길이는 속도가 증가함에 따라 커진다. 최종적인 제한속도 값은 현장에서 실제 속도특성을 조사하고 측정하여 이를 근거로 결정한다.

85백분위 속도와 최빈 10 kph 속도는 지점속도조사를 통하여 구할 수 있다. 또 이 조사에서 구한 속도값들을 검증하는 과정에서 평균 시험 주행속도를 구해야 한다. 이 속도값은 속도계를 부착한 승용차를 타고 주행하면서 100 m 간격으로 속도를 기록하여 간단히 구할 수 있다. 시험주행은 교통조건 때문이 아니라 도로조건과 그 주변의 환경에 의해 영향을 받는 차량속도를 얻기 위해서 교통량이 적은 상태에서 행하여진다. 각 방향별로 두 번의 시험 주행을 하면 대체로 충분하다.

85백분위 속도와 최빈 10 kph 속도를 근거로 하여 얻은 최고제한속도는 일반적으로 합리적이다. 최빈 10 kph 속도의 상한 값이 보통 85백분위 속도와 비슷하다. 중요한 것은 선택된 최고제한속도는 최빈 10 kph 속도의 상한 값과 85백분위 속도 중 낮은 것과 비교하여 5 kph 보다 더 낮아서는 안 된다.

9.2.2 구역제한속도

개별적인 도로에 대해서 속도제한을 하는 것 이외에 어떤 넓은 구역에 대하여 속도제한을 실시하는 경우도 많다. 다시 말하면 어떤 특정구역 내의 모든 도로에 특정한 값의 속도제한을 실시한다. 이와 같은 특정구역이란 통상 다음과 같은 것들이다.

- 상업 및 업무지구
- 주거지구
- 산업지구
- 큰 학교 및 공공기관이 있는 지역
- 공원 및 위락시설 지구
- 주위의 다른 지역에 비해 개발정도가 매우 큰 지구

차량의 운전자가 위와 같은 지역을 통행할 때는 속도에 관한 제약이 더 크리라 예상을 하고 또 이를 받아들일 것이다. 지역단위로 속도제한을 할 때 고려해야 할 사항은 개별적인 속도제한을 할 때와 거의 동일하다. 그러나 이와 같은 지역 기준의 속도제한 때문에 그 지역 내에 있는 어느 도로에 부과된 제한속도를 바꿀 필요는 없다.

속도제한을 할 지구의 위치나 지역성을 고려하여 속도제한을 하고자 할 때, 그 규제가 항상 필요한 것인가 아니면 특정 시간이나 특정한 계절에만 효과가 있는가를 판단하여 이를 고려하여야 한다.

9.2.3 제한속도 표시 및 속도통제 신호

법적인 속도를 표시하는 표지는 행정구역의 입구나 도시부의 경계에 설치되어야 한다. 한 노선에서 제한속도가 다르면 속도제한을 받는 구간의 시작점과 적당한 중간지점에 속도제한 표지를 설치한다. 그와 같은 구간의 끝에는 그 다음의 제한속도를 표시해야 한다. 지방부에서는 속도제한구간의 시작점으로부터 90~300 m 이전에 표지판을 설치해야 한다.

속도제한 표지의 설치간격은 도로의 종류나 그 위치에 따라 다르다. 도시부도로에서 제한속도가 60 kph 이하이면 속도표지의 설치간격은 800 m를 넘어서는 안 된다. 고속도로나 지방부도로에서의 속도표지 간격은 1.5~8.0 km 사이에 있는 것이 보통이다.

고속의 차량이 어떤 문제점을 야기할 가능성이 있는 지점에서는 속도통제 신호등을 사용하는 것이 매우 효과적이다.

1) 비교차로

비교차로 신호는 도로의 곡선부, 교량 또는 학교 앞 등에서 차량의 속도를 통제한다. 신호표시는 적색으로 있다가 신호등 이전에 설치된 검지기로부터 접근하는 차량이 검지되면 신호가 작동된다. 즉 접근하는 차량이 최고 허용속도 이하로 그 지점을 통과하게끔, 녹색신호가 켜지는 시간을 지연시켜준다.

2) 교차로

접근로에 접근하는 속도가 특히 위험성을 내포할 때 사용되는 교차로 통제신호이다. 완전감응식 통제방식으로서, 접근하는 차량이 없으면 신호는 적색으로 남아 있다. 교차로로 접근하면서 검지기를 통과하는 한 대의 차량이 교차로에 거의 도착할 때쯤 녹색신호로 바뀐다. 만약 그 차량이 지정된 안전속도보다 낮은 속도로 주행한다면, 녹색신호는 그 차량이 정지함이 없이 교차로를 통과할 수 있게끔 켜진다.

차량속도를 효과적으로 조절하기 위해 교통신호를 사용하는 방법에는 연동식 신호 체계가 있다. 운전자가 일련의 교차로를 정지함이 없이 통과하고자 한다면 신호체계의 시간계획에 맞는 속도로 주행하게 될 것이기 때문이다.

9.2.4 제한속도 계산

(1) 평면곡선

평면곡선에서의 최대안전속도는 곡선반경, 편경사 및 타이어-노면의 횡방향 안전 마찰계수로 구할 수 있으며 이들의 관계는 다음과 같다.

$$V^2 = 127R(e+f) \tag{9.1}$$

여기서 V = 속도(kph)
R = 곡선의 반경(m)
e = 편경사(m/m)
f = 횡방향 안전마찰계수

(2) 비통제 교차로의 시거삼각형

비통제 교차로 또는 어느 한 도로에 '양보' 표지로 운영되는 교차로에서, 동시에 접근하는 차량의 운전자가 교차점에서의 충돌을 방지하기 위해서는 제 때에 서로 상대방을 볼 수 있는 충분한 거리를 확보해야 한다. 만약 그렇지 못하고 시거에 제약을 받는다면 접근속도를 줄여야 안전하다.

시계장애가 있는 교차로에서 차량의 안전한 접근속도를 계산하는 방법에는 여러 가지가 있다. 이들 각 방법은 운전자나 차량의 형태에 관해서 각기 조금씩 다른 가정을 사용하고 있으나 모두 [그림 9-1]과 같은 시거삼각형을 사용하여 접근속도를 계산한다. 그림에서 a와 b는 차량 A, B로부터 장애물까지의 지거(支距, offset)로서 주어진 값이다. 삼각형 1, 2, 3은 삼각형 4, 5, 1과 닮은꼴이므로 D_b는 다음과 같이 나타낼 수 있다.

$$\frac{D_b}{D_a} = \frac{a}{D_a - b} \quad \text{즉} \quad D_b = \frac{aD_a}{D_a - b} \tag{9.2}$$

여기서 D_a는 주 도로에서의 시거로서 제7장에서 설명한 바와 같이 주 도로의 속도로부터 안전정지거리를 구하여 얻는다. 주 도로의 속도는 법적인 속도, 설계속도, 또는 85백분위 속도 등을 사용할 수 있다.

(3) 안전접근속도 계산

주어진 속도 혹은 실제현장속도를 갖는 차량의 D_a는 이 차량의 안전정지거리와 충돌점

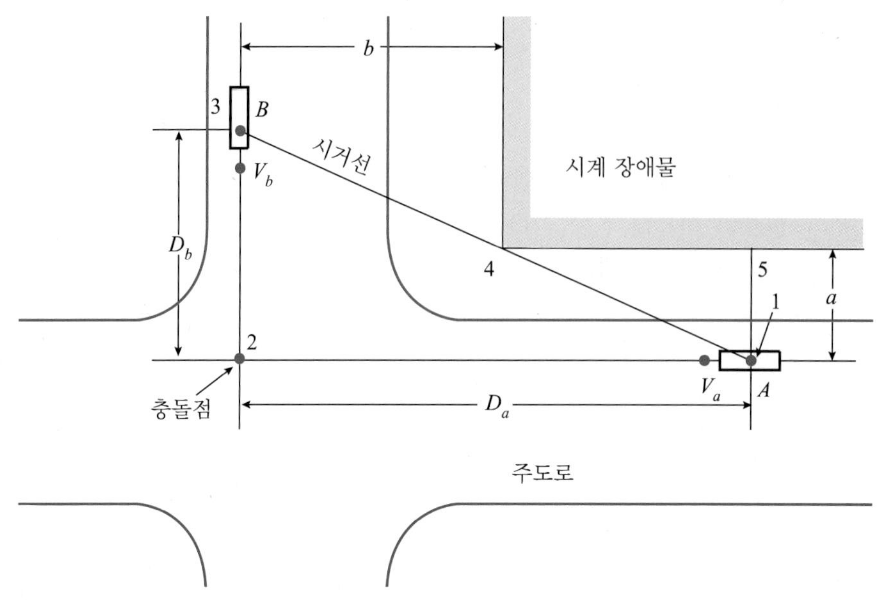

그림 9-1 시거삼각형(비통제 또는 '양보' 표지 통제 교차로)

까지의 여유거리 4.5 m를 합한 값이다. 안전정지거리는 임계감속도 5.5 m/sec^2, 지각-반응시간 2.0초를 기준으로 계산된다. 사실상 임계감속도와 지각(知覺)반응시간은 속도나 노면상태에 따라 변하지만 여기서는 일정한 값을 갖는다고 가정을 한다. 따라서 식 (2.4)로부터

$$D_a = 0.007\,V_a^2 + 0.55\,V_a + 4.5 \tag{9.3}$$

여기서 V_a는 법적인 제한속도(kph), 또는 85백분위 실제현장 속도로 가정한다. 차량 B의 속도는 B점에서부터 예상 충돌점까지의 거리로부터 구할 수 있으며, 이 거리는 B차량의 안전정지거리와 예상 충돌점까지의 여유거리 4.5 m를 합한 값이다. 따라서

$$D_b = \frac{aD_a}{D_a - b} = 0.007\,V_b^2 + 0.55\,V_b + 4.5 \tag{9.4}$$

그러므로

$$V_b = -40 + 12\sqrt{D_b + 6.5} \tag{9.5}$$

그러나 이 방법은 직각교차로에서만 유효하다. 시거삼각형을 구성할 때 유의해야 할 것은 시거삼각형의 크기를 가능한 한 작게 해야만 더 안전한 결과를 얻을 수 있다는 것이다. 즉

고려되는 접근로의 왼쪽에서(오른쪽이 아닌) 접근하는 교통류와의 충돌을 고려해야 하며, 고려하는 차량의 위치도 a와 b를 짧게 하는 위치여야 한다. 즉 고려되는 접근로의 차량은 중앙선 부근에 있다고 가정하고, 교차접근로의 차량은 연석차로에서 접근한다고 가정해야 가장 작은 시거삼각형을 구성할 수 있다.

이 문제와는 반대로 정해진 속도에 대한 시거를 계산하고 지거나 장애물의 setback을 결정하는 교차로설계 방법은 제7장 7.5.4절에 설명되어 있다.

비통제 교차로에서의 속도계산은 다음과 같은 곳에 이용된다.

- 현장 실제속도에 대하여 시계장애물이 존재하는지 여부 결정
- 제한속도에 맞추어 장애물을 옮겨야 할 정도를 결정
- 도로변에 주차된 차량에 의해 시계장애가 생길 경우 노상주차의 범위를 결정
- '양보' 또는 '정지' 표지를 설치함에 필요한 충분한 시계가 확보되는지를 확인
- 새로운 도로의 설계나 기존도로 개선시 시계장애를 없애기 위한 기준 수립

예제 9.1 [그림 9-1]과 같은 비통제 교차로에서 주도로의 제한속도는 60 kph이며 $a = 15\text{m}$, $b = 18\text{m}$ 이다. 이때 교차도로의 제한속도는 얼마로 하면 좋은가?

풀이 $D_a = 0.007(60)^2 + 0.55(60) + 4.5 = 62.7\,\text{m}$

$$D_b = \frac{aD_a}{D_a - b} = \frac{15 \times 62.7}{62.7 - 18} = 21.0\,\text{m}$$

$$V_b = -40 + 12\sqrt{D_b + 6.5}$$

$$= -40 + 12\sqrt{21.0 + 6.5}$$

$$= 22.9\text{ kph} \rightarrow 20\text{ kph}$$

9.3 교차로 회전통제

교차로의 회전통제방법은 보호 회전신호를 사용하는 방법, 회전을 금지시키는 방법, 비보호 회전방법이 있다. 이와 같은 회전통제방법은 주로 좌회전교통에 대한 것으로서 그 통제의 목적은 교차로에서 차량-차량, 또는 차량-사람간의 상충을 줄이고 사고 위험성을 감소시

키며, 차량의 지체를 줄이고 교차로 용량을 증대시키는 데 있다.

이와 같은 목적을 달성하기 위해서 어느 한 교차로에서 채택된 통제 방법이 반드시 다 좋은 것은 아니다. 예를 들어 어떤 교차로에서 좌회전을 금지시키면 좌회전해야 할 차량이 다른 곳을 이용하여 돌아가야 하므로 결국 다른 교차로에 그 영향을 전가시키기 때문이다. 따라서 통제방식의 선택은 그로 인한 전반적인 영향을 면밀히 조사해서 결정해야 한다. 특정 시간대의 회전금지 방식은 교통수요에 대한 탄력성 있는 대책으로서 이론적으로는 매우 좋으나 대다수 이용자들은 이것을 바람직하지 않는 방법이라고 생각하고 있다.

우리나라 교차로에서의 회전통제 방식은 미국을 비롯한 다른 나라와는 근본적으로 문제점 인식의 출발이 다르다.

외국은 역사적으로 비보호좌회전, 즉 직진신호 때 좌회전이 허용되는 통제방식으로부터 출발하였기 때문에 이 방식이 주종을 이루고 있다. 따라서 교통량이 많아지면 좌회전을 금지시키거나 혹은 좌회전 전용신호를 사용하는 방식을 검토한다. 그러나 우리나라의 경우는 보호좌회전 신호방식이 주종을 이루고 있다가 근래에 와서야 이 신호가 불합리하다고 판단되는 곳에 비보호좌회전 방식을 고려하고 있다.

9.3.1 통제방식과 현시

교차로 좌회전통제 방식의 결정은 결국 현시방법의 문제로 귀착된다. 예를 들어 4갈래 교차로에서 비보호좌회전 및 좌회전 금지방식은 2현시이며 보호좌회전 방식은 4현시 또는 그 이상이다. 사용되는 현시 수에는 제한이 없지만 될수록 적은 것이 좋다(특히 정주기신호에서). 3현시 이상은 주기와 지체가 길어진다. 왜냐하면 다른 현시의 가용 녹색시간이 감소되기 때문이다. 또 출발지연과 황색시간이 증가되고 긴 주기 등에 의해 교차로 효율이 감소된다. 적절한 시간계획으로 운영되는 다현시 교통감응신호를 사용하면 이와 같은 바람직하지 못한 영향을 제거할 수 있다.

현시 수를 결정함에 있어서 안전성을 증대하는 것과 용량을 증대하는 것은 서로 상충되는 수가 많다. 예를 들어 많은 경우 보호좌회전은 비보호좌회전에 비해 안전하기는 하나 현시 수의 증가로 인해 주기가 길어지며 신호체계상의 연속진행을 방해하고 지체 및 정지수가 증가한다. 이와 같은 효과는 다시 교통성과나 지체 및 연료소모에 영향을 미치며 결과적으로 모든 교통의 안전성을 감소시킬 수도 있다. 일반적으로 좌회전과 대향직진 교통량이 증가하면 좌회전이 회전하기 위한 대향직진 내의 수락간격을 발견할 수 없는 시점에 도달한다. 따라서 좌회전 차량의 대기행렬이 생기므로 같은 접근로를 이용하는 직진교통의 효율을 저하시킨다.

좌회전 전용차로를 설치하면 수락간격을 기다리는 차량이 대기하는 공간이 있으므로 이 문제는 해결되나 그렇더라도 이 시점에 이르면 보호좌회전 신호방식을 검토해야 한다. 또 다른 해결책으로는 좌회전을 전면 금지하거나 교차로 구조를 개선하는 방법을 생각해 볼 수 있다. 좌회전 금지는 편리한 우회도로가 있을 때만 가능하다. 예를 들어 교차로 간격이 균일한 주요 간선도로에서 신호등을 하나 건너씩 설치하여 비보호좌회전 또는 좌회전을 금지시키는 방법이다. 이때 비신호 교차로에서의 좌회전은 대향직진 교통의 차량군 사이를 이용한다. 이 기법은 주 간선도로와 교차하는 도로가 교통량이 적은 국지도로의 역할을 할 경우에만 효과적일 수 있다.

복잡한 도시지역에서 좌회전교통 처리방법은 안전성을 고려하기보다는 좌회전 교통수요를 처리하는 데 주안점을 두고 결정된다. 교차로 전체의 용량은 보호좌회전 때문에 줄어들지 않을 수 없다.

좌회전 통제방식을 결정하기 위한 일반적인 기준은 아직 없을 뿐만 아니라 여기에 대한 연구도 별반 없는 실정이다. 그러나 일반적이며 개략적인 기준으로, 좌회전 교통량이 많으면 보호좌회전, 직진에 비해 좌회전 교통량이 매우 적으면 좌회전 금지, 직진과 좌회전이 모두 적으면 비보호좌회전 방식을 사용한다.

9.3.2 비보호좌회전 통제방식

비보호좌회전은 교통량이 비교적 적은 교차로에서 사용되는 방법이다. 두 도로가 만나는 교차로인 경우 2현시로 운영되므로 주기가 짧고 지체가 적어 효과적이다. 교통량이 증가하여 좌회전이 반대편의 직진 간격을 이용하여 회전하기가 어려우면 좌회전에 대한 별도의 통제대책, 즉 좌회전을 금지하거나 별도의 신호를 사용하는 등의 방법을 강구해야 한다. 비보호좌회전 통제방식에 대한 기준은 연구된 바가 없지만 뒤에 설명되는 보호좌회전의 기준을 사용할 수 있다.

비보호좌회전을 더욱 효율적으로 운영하기 위해서는 좌회전 전용차로를 설치한다. 이 전용차로는 좌회전 교통량이 많거나 또는 대향 직진 교통량이 많아 좌회전 대기행렬이 크게 발생하는 곳에 설치해 줌으로써, 같은 접근로의 직진교통이 방해를 받지 않게 된다. 좌회전 전용차로를 설치하려면 교차로 접근로의 폭을 그 만큼 증가시켜야 할 필요성이 제기되나, 양방향 직진차로의 폭을 줄여서 1개 차로를 더 확보할 수 있다.

비보호좌회전의 허용에 관해서 일반적으로 통용되는 기준은 없지만 우리나라 도로용량편람을 이용하여 보호좌회전과 비보호좌회전의 서비스수준을 분석한 결과에 따르면 [표 9-1]과 같다. 이 표에서 좌회전의 교통수요가 표에 나타난 값보다 크면 보호좌회전이 더 효율적이고 좌회전 교통수요가 그 값보다 적으면 비보호좌회전이 좋다. 이 표의 결과를 제8장에서 설명된 우리나라 신호설치 기준 및 다음에 설명되는 보호좌회전의 기준과 비교할 수 있다.

표 9-1 비보호좌회전의 임계교통량(vph)

대향 직진교통량 (vph)	임계 좌회전교통량(vph)[주)]	
	2차로 도로	3차로 도로
200	220	180
300	200	150
400	180	120
500	175	100
600	170	80
700	165	70
800	160	60
900	145	50
1000	130	40
1100	95	37
1200	60	35

주: 좌회전 교통수요가 이 값보다 크면 보호좌회전이 좋고, 이 값보다 작으면 비보호좌회전이 좋다.

9.3.3 회전금지 통제방식

좌회전금지는 교통량이 많은 주요 도로상의 교차로에 많이 사용되는 통제방법이다. 한 교차로에서 좌회전을 금지하려면 그로 인한 영향이 부근의 다른 교차로로 파급된다는 것을 고려해야 한다. 또 금지되는 좌회전 교통이 대신 이용할 수 있는 대체노선이 있어야 하며, 그와 같은 노선을 검토하기 위해서는 주위의 교통량과 교통류 패턴을 조사할 필요가 있다.

좌회전 교통량이 많다고 좌회전을 금지해서는 안 되며, 적극적으로 이 좌회전 교통을 처리하기 위한 모든 가능한 방법을 찾도록 노력해야 한다. 통상 전반적인 교통량이 많으면서도 좌회전 교통량의 비율이 높으면 좌회전 전용신호를 사용하여 처리한다.

우회전 금지는 통상 보행자와 차량의 상충이 아주 심한 곳에 사용되는 통제방법이다. 우회전 교통이나 또는 직진교통이 사고위험성이나 지체 또는 혼잡을 일으킬 가능성이 높을 때 우회전 금지를 할 수도 있다. 그러나 우회전 전용신호나 또는 제한정도가 적은 대책을 강구함으로써 가능하면 우회전 금지방법을 사용하지 않는 것이 좋다.

9.3.4 보호좌회전 통제방식

전반적인 교통량이 많으면서 좌회전 교통량도 많으면 보호좌회전(protected left turn) 통제방식을 사용한다. 이 방법을 사용하면 주기가 길어지므로 다른 차량이나 보행자의 지체가 증가하지만 회전금지 방식보다는 좋은 통제방식이다.

보호좌회전은 양방좌회전 또는 동시신호를 직진현시와 조합하여 사용한다. 그러나 이때는 좌회전 전용차로가 필요하다. 좌회전 전용차로가 없으면서 이와 같은 통제방식을 사용하고 있는 곳이 더러 있으나 이는 바람직하지 않다.

보호좌회전 다음에 직진현시가 오는 경우는 선행 양방좌회전 또는 선행 좌회전이다. 또 직진현시 다음에 보호좌회전이 오는 경우는 후행 양방좌회전 또는 후행 좌회전이다.

교통감응신호에서는 좌회전 교통수요가 없을 경우에는 대향직진 신호가 켜지게 되므로 선행 좌회전 통제방식을 사용하면 순서가 이와 잘 맞는다. 선행 좌회전과 후행 좌회전의 장단점은 [표 9-2]와 같다.

보호좌회전에 대한 통일된 기준은 아직 없으나 미국의 여러 도시에서는 교통량, 지체 및 교통사고를 기준으로 하여 다음과 같은 기준을 사용하고 있다.

표 9-2 선행 및 후행 좌회전 비교

	장 점	단 점
선행 좌회전	• 전용 좌회전차로가 없는 좁은 접근로의 용량증대 (비보호좌회전에 비해서) • 좌회전을 먼저 처리하므로 대향직진과 좌회전의 상충감소 • 후행 좌회전에 비해 운전자의 반응이 빠름	• 선행 녹색 시작 때 대향직진이 잘못 알고 출발우려 • 선행 녹색이 끝날 때 출발을 시작하는 보행자와 상충 우려
후행 좌회전	• 양방향 직진이 동시에 출발 • 후행 녹색 시작 때 보행자 횡단은 거의 끝난 상태이므로 보행자와 상충감소 • 연동신호에서 직진차량군의 후미 부분만 절단	• 후행 녹색신호 시작 때 대향좌회전도 좌회전할 우려 • 전용 좌회전차로가 없을 때 후행 녹색 이전에 좌회전 대기차량이 직진 방해 • 정주기신호 혹은 T형 교차로의 교통감응신호에 사용하면 위험

자료: 참고문헌(9)

1) 교통량 기준

• 좌회전 교통량과 이에 상충하는 직진 교통량의 곱이 첨두시간에 100,000대를 넘을 때

- 첨두시간 좌회전 교통량이 100대를 넘을 때
- 비보호좌회전에서 녹색신호가 끝난 후 한 접근로, 한 주기당 2대 이상의 좌회전 차량이 남아있을 때(정주기신호에서)
- 직진교통의 속도가 70 kph를 넘고 첨두시간의 좌회전 교통량이 50 vph 이상일 때

2) 지체기준

- 좌회전 차량의 지체가 2주기보다 클 때
- 1시간 동안 1주기 이상 지체하는 좌회전차량이 1대 이상일 때

3) 교통사고 기준

- 연간 좌회전 교통사고가 5건 이상일 때

교차로 신호현시 방법은 좌회전 전용차로 유무, 접근로 폭, 방향별 교통량의 크기에 따라 탄력적으로 선택할 필요가 있다. 예를 들어 좌회전 전용차로가 없을 경우에는 좌회전 전용신호를 사용해서는 안 되며, 접근로 폭이 좁으면 동시신호를 사용하면 효과적이다.

9.3.5 우회전 통제

우리나라에서는 현재 보행자 신호기 옆에 우회전용 보조신호기를 사용하고 있는 곳이 많다. 이 신호는 그 접근로를 횡단하는 보행자신호가 녹색일 때만 적색이며 그 나머지 시간은 모두 우회전 신호지시를 나타낸다. 우회전한 연후에 교차 접근로의 횡단보도 신호가 녹색신호를 나타내는 경우에는 정지했다가 보행자 간의 간격을 이용하여 우회전을 완료한다. 따라서 이 우회전 신호는 우회전 전용신호가 아니라 우회전 허용신호라 볼 수 있다

우리나라에서는 흔히 보행자 횡단보도신호가 차량용 신호로도 사용되는 경우가 흔하다. 예를 들어 우회전 차량이 우회전할 때 횡단보도의 신호가 녹색이면 반드시 정지해서 그 신호가 적색으로 바뀔 때까지 기다려야 한다. 이것은 보행자용 신호가 차량 규제까지 담당하게 되는 것으로서, 신호등에 관한 가장 초보적인 개념의 혼동에서 온 것이라 할 수 있다. 다행히 근래에 와서는 보행자신호에 상관없이 차량이 횡단보도 앞에서 일단 정지한 후에 보행자간의 간격을 이용하여 우회전을 하도록 허용함으로써 외국의 RTOR(Right-Turn-On-Red) 방식과 유사하게 운영되고 있다.

RTOR 방식은 차량의 적색신호(횡단보도는 녹색 또는 적색신호) 때 우회전 차량이 횡단보도 앞에서 일단 정지한 후 보행자의 간격을 이용하여 우회전하는 방식을 말한다. 우리나

라에서도 우회전 보조신호가 없는 경우에는 RTOR 방식과 같은 방법으로 우회전이 인정이 되나, 우회전 보조신호가 있으면 이와는 다르게 통제된다. 즉, 우회전 보조신호가 적색이면 (교차도로의 차량이 직진녹색이며 따라서 횡단보도의 보행자신호가 녹색) 횡단보도의 보행자가 있든 없든 횡단보도 앞에서 대기해야 하므로 RTOR 방식과는 다르다. 또 이 보조신호가 우회전 화살표라 하더라도 경우에 따라서는 우회전한 후 교차도로의 횡단보도 신호가 녹색인 경우에는 그 횡단보도 앞에서 일단 정지해야 하므로 그 보조신호가 회전전용신호라고 할 수는 없다. 따라서 우리나라의 우회전 보조신호 운영방식이 경제적 측면뿐만 아니라 교통소통 측면에서 보더라도 외국의 RTOR 방식보다 좋지 않음을 알 수 있다. 그러나 접근하는 우회전 차량에게 횡단보도를 그대로 진행할 것인가 정지할 것인가를 보조신호등을 이용하여 알려줌으로써, 횡단보도 앞에서 정지해야 함에도 이를 지키지 않는 운전자가 일으킬 수 있는 사고 가능성을 감소시켜 준다.

교차로의 기하구조가 우회전한 차량이 직진교통과 합류하기 어렵게 되어 있으면 사고의 위험성이 커진다. 이와 같은 경우 또는 우회전 교통량이 많을 경우에는 우회전 보조신호와 우회전 전용차로를 설치하여 우회전교통을 원활히 처리할 수 있다

9.4 차로이용 통제

교통류의 장애는 회전이동류 간의 상충, 보행자 차량 간의 상충, 노상주차와 통과교통 간의 상충 및 차종 간(트럭, 승용차, 버스 등)의 상충 때문에 발생한다. 이와 같은 상충을 기존의 통제수법으로 해결할 수 없다고 판단되면, 좀 더 적극적으로 이 상충을 방지하거나 제거하는 방안을 강구해야 한다. 이와 같은 방안은 상충을 최소화함으로써 교통류의 효율을 높일 뿐만 아니라 도로 공간을 더욱 효율적으로 이용하도록(도로의 용량증대) 하기 위함이다.

이처럼 교통류를 적극적으로 통제하는 방안에는 다음과 같은 것들이 있다.

① 통상적인 일방통행도로(oneway street): 항상 한 방향으로만 통행할 수 있다.

② 가변 일방통행도로(reversible oneway street): 일방통행도로이지만 다른 시간대에는 그 방향이 반대로 될 수 있다.

③ 부분 가변 일방통행도로(partial reversible oneway street): 첨두시간에는 첨두방향으로 일방통행, 기타 시간대에는 양방통행이 가능하다.

④ 불균형 통행도로(unbalanced flow street): 양방향 도로에서 방향별 차로수가 교통수요에 따라, 오전 첨두, 오후 첨두 및 기타 시간대별로 바뀌는 것이다(가변차로제).

⑤ 일방우선도로(oneway preference street): 양방향 도로에서 항상 어느 한 쪽 방향에만 우대를 하는 것이다.

⑥ 버스 전용차로(reserved bus lanes): 도로의 어느 한 차로를 버스만 사용하게 하는 것이다.

⑦ 양방좌회전차로 또는 능률차로(two-way left turn lane): 중앙의 한 개 차로를 양방향의 좌회전만 이용할 수 있도록 하는 것이다.

9.4.1 일방통행

(1) 일방통행의 장점

1) 용량 증대

일방통행도로는 이동이 자유롭기 때문에 통상 평행한 인접도로로부터 교통이 유입된다. 또 교차로에서의 상충이 줄어들고 교통신호시간이 일방통행 교통에 편리하므로 양방통행으로 운영될 때보다 더 많은 교통량을 처리할 수 있다.

양방통행에 비해 일방통행이 갖는 장점은 양방통행일 때의 방향별 교통량의 분포, 회전교통량, 도로폭 및 주차조건에 따라 달라진다. 아침·저녁 첨두시간에 각기 다른 방향으로 일방통행을 하고 기타 시간에는 양방통행을 하면서 도로 한 쪽만 주차를 하는 도로에 대해서 분석한 결과 일방통행 때가 양방통행에 비해서 용량이 월등히 크다. 그러나 그보다는 양방통행을 하면서 주차를 금지하는 것이 효과가 더욱 크다. 뿐만 아니라 주도로가 양방통행일 때보다 일방통행일 때, 교차도로의 용량은(일방이든 양방통행이든 관계없이) 더욱 커진다. 이것은 주로 회전교통이 감소되기 때문에 생기는 결과라고 판단된다.

2) 안전성 향상

일방통행의 특성은 회전이동류의 수가 감소하므로 차량들 간 또는 보행자와 차량간의 예상되는 상충수가 훨씬 적어져 교통안전에 큰 기여를 한다. [표 9-3]은 일방통행으로 인한 상충수의 감소효과를 나타낸 것이다. 여기에는 분류상충이 고려되지 않았다.

즉 대향교통이 없기 때문에 정면충돌이나 측면접촉사고는 현저히 줄어들고 전조등 불빛에 의한 눈부심 현상도 줄어든다. 또 보행자가 주의해야 할 이동류 수가 적기 때문에 보행

표 9-3 상충이동류의 수(분류상충 제외)

A 도로	B 도로	기본이동류	상충수
2차로, 양방통행	2차로, 양방통행	12	24
2차로, 일방통행	2차로, 양방통행	7	11
2차로, 일방통행	2차로, 일방통행	4	6

자·차량간의 사고도 적다. 교차하는 두 도로의 어느 하나 또는 모두가 일방통행이면 교차로의 회전교통이 매우 적어지므로 횡단보도를 이용하는 보행자와의 상충이 적어진다. 교통안전에 관한 종합적인 연구결과에 의하면, 교통사고를 줄이는 가장 효과적인 대책은 잘 계획되고 통합된 일방통행 도로체계를 만드는 것이다.

3) 신호시간 조절이 쉬움

한 쌍의 일방통행도로에서 두 방향의 교통류에게 완전한 연속진행을 하도록 신호시간을 계획할 수 있다. 연속진행 신호시간은 일방통행 때 매우 간단하다. 그러나 양방통행일 때는 같은 도로에서 각 방향에 적합한 연속진행식 시간을 구하기란 대단히 어렵다.

효과적인 연속진행 시스템 내에 있는 원활한 교통류에서는 교통사고가 없다. 갑작스런 정지도 없으므로 연속진행 신호시간은 속도를 통제하는 효과적인 방도가 될 수도 있다.

4) 주차조건의 개선

노상주차가 도로 주위의 사람들에게 꼭 필요하다면, 일방통행을 하여 노상주차를 하도록 하는 것이 좋다. 양방통행으로부터 일방통행으로 바꾸면 도로 한 쪽 변에 주차시킬 수 있으나 양방통행에서는 이것이 불가능하다. 좁은 도로라 하더라도 한 쪽 변에 주차를 하면서 일방통행을 시킬 수 있다. 그러나 만약 양쪽에 주차를 못하게 하고 양방통행으로 운영하면 전반적으로 효율이 훨씬 떨어진다.

5) 평균 통행속도 증가

대향 교통류가 없고, 신호시간 조절이 더욱 효율적이며, 상충이 없으므로 이로 인한 지체와 혼잡이 줄어들게 되어, 일방 통행하는 차량의 평균 통행속도가 증가된다.

6) 교통운영의 개선

일방통행 운영을 하면 서행하는 차를 추월하기가 쉬우나 양방통행인 경우는 그렇지 못하다. 또 일방통행 운영은 통행속도의 증가와 지체 및 교통사고의 감소로 경제적인 이득을 가져온다. 또 차로수가 홀수인 도로를 잘 이용할 수 있으며, 버스전용차로 확보가 용이하다.

7) 도로변 상업지역의 활성화

일반적으로 도로주변에 있는 사람은 일방통행으로 전환되는 것을 달가워하지 않는다. 그러나 그들의 반대 주장은 대부분의 경우 타당성이 희박하다. 그와 같은 반대는 얼마가 지나면 대개 사라진다. 불확실한 효과에 대한 공포 때문에 통상 그들은 최초에 반대를 한다. 이는 이해할 수 있는 반응으로서, 여러 가지 복합적인 요인으로 몇 년이 지난 후에는 오히려 사업상의 이득을 나타낼 수도 있다. 단지 현상을 뒤바꾸는 시도가 두렵기 때문이다. 따라서 일반 대중이나 사업하는 사람들에게 일방통행으로 전환하는 목적을 잘 알려주고 이로부터 파생되는 여러 가지 이득을 설명해야 한다. 일반 대중은 일반적으로 일방통행제를 적극 지지한다. 사업하는 사람들은 일반 대중의 반응에 아주 예민하기 때문에 그들도 쉽게 일방통행에 더 이상 반대하지 않을 것이다.

일방통행은 반드시 도로주변의 사업을 활성화시키며, 따라서 재산가치도 올라간다. 이 이득은 근본적으로 상업지구로의 접근성이 좋아지고 혼잡이 줄어들기 때문이다. 여기는 비단 승용차뿐만 아니라 화물차, 택시 및 버스의 이용도 좋아진다. 특히 많은 사람을 실어 나를 수 있는 버스는 혼잡이 줄고 통행시간이 짧아지므로 운행시간을 규칙적으로 유지할 수 있다. 또 양방통행에서는 마땅히 없어져야 할 노상주차가 일방통행에서는 그대로 존속시킬 수 있다.

일방통행을 실시함으로써 주차장이나 식료품점, 음식점, 주유소 등과 같이 특정한 방향에서 오는 사람을 상대로 하는 사업은 손해를 볼 수도 있다. 이와 같은 점포들이 중심업무지구로 향하는 일방통행 도로상에 있지 않고 중심업무지구로부터 나오는 일방통행도로 상에 있다면 판매량은 일시적으로 줄어들 수도 있다.

(2) 일방통행의 단점

1) 통행거리의 증가

운전자는 자기의 목적지에 도착하기 위해서는 돌아가야 한다. 이때 돌아가는 거리는 일방통행도로의 수와 블럭의 길이에 비례한다. 또 지리에 익숙하지 못한 운전자는 혼동을 하며, 특히 일방통행이 불필요할 정도로 교통량이 적은 시간대에는 운전자를 짜증스럽게 한다. 예를 들어 일방통행 운영이 첨두 4시간 동안은 좋을지 모르나 나머지 20시간 동안은 바람직하지 못할 수도 있다.

2) 버스 용량의 감소

버스는 승객의 승하차를 위해 자주 정거해야 하므로 일반적으로 한 차로로 운영된다. 예를 들어 남북방향으로 8개의 도로가 있으면 이들을 양방통행으로 운영할 경우, 각 방향당 8개의 차로가 있다. 그러나 일방통행으로 운영할 경우에는 각 방향당 4개의 차로밖에 이용하지 못한다. 만약 이때 양방통행으로 8개의 차로가 용량에 도달된 상태에서 운영된다면, 일방통행으로는 그 승객을 다 처리하지 못하게 될 것이다.

버스를 타기 위해서 또는 갈아타기 위해서 걷는 거리도 길어진다. 만약 한 쌍의 일방통행 도로 사이의 블럭 길이가 지나치게 길면 승객들이 걷는 길이가 길어져 문제가 된다. 또 일방통행제 실시로 버스노선이 갑자기 변하면 이용자는 적합한 노선이나 방향을 파악하는 데 매우 곤혹스러울 것이다. 그러나 이와 같은 혼동은 단지 일시적일 뿐이며, 만약 일방통행제를 실시하기 전에 충분히 홍보하여 알리면 이와 같은 혼동은 최소로 줄일 수 있다.

3) 도로변 영업에 악영향

앞에서 언급한 바와 같이 어떤 종류의 영업은 일방통제로 인해 이용자가 접근하기가 불편해지므로 손해를 볼 수도 있다. 시내 중심지로 향하는 이용자를 상대로 하는 사업은 만약 일방통행이 그 반대방향으로 되어 있다면 심각한 타격을 받을 것이며, 그 반대의 경우도 마찬가지다. 손해를 보는 사업의 대표적인 예는 버스정류장에 위치하여 버스 이용자를 상대로 하는 사업이다. 만약 버스정류장이 옮겨지면 그 사업은 심각한 손해를 볼 것이다. 이 경우는 일방통행제로 바뀜에 따라 버스노선이 바뀌지므로 인해 이용자가 버스노선에 접근하기에 매우 어려울 때 발생한다.

4) 회전용량의 감소

격자형의 도로망에서의 일방통행제는 양방통행제에 비해 좌·우회전 기회가 25% 감소한다. 그러므로 회전교통량이 많으면 지체가 크게 증가한다. 이러한 문제점을 해소하기 위한 방안으로는 우측 두 차로에서 우회전을 할 수 있게 하는 것이다. 즉 맨 우측차로는 우회전 전용으로 하고, 그 옆의 한 차로는 우회전과 직진을 동시에 사용할 수 있도록 하는 방법이다. 만약 우회전 교통량이 적으면 맨 우측차로만 우회전 전용차로로 해도 상관없다. 일방통행도로의 끝 부분에서는 왼쪽에 있는 두 개의 인접한 차로를 이용하여 좌회전을 하게 해야 할 경우도 있다.

일방통행제에서는 순환교통량이 증가하므로 양방통행제에 비해 항상 회전교통량이 많아지는 것은 당연하다.

5) 교통통제시설의 증가

모든 교차로에 '일방통행' 표지를 설치해야 하며, 뿐만 아니라 회전금지 표지, 진입금지

표지들이 추가로 설치되어야 한다. 또 두 개의 차로를 이용하여 좌회전 또는 우회전을 허용할 경우에는 차로통제 표지도 설치해야 한다.

6) 넓은 도로에서 보행자 횡단곤란

넓은 도로에(4차로 이상) 일방통행제를 실시하면 보행자 대피섬을 도로 중앙에 설치할 수가 없다. 또 보행자는 길을 건널 때 왼쪽을 먼저 확인한 후 오른쪽을 확인하는 습관에 젖어 있기 때문에 일방통행제에서는 이 습관을 깨어야 하므로 사고 가능성이 증가한다.

(3) 일방통행도로 시스템의 기준

일방통행 도로체계를 구축함에 있어서 이들의 모든 장점과 단점을 주의 깊게 검토해야 한다. 이용자에게 불편을 주는 대책은 부득이한 경우를 제외하고는 사용하지 않아야 한다.

일방통행제를 채택해야 할 상황은 여러 가지가 있다. 예를 들어 상충을 감소시키는 데 일방통행제보다 더 좋은 방법이 없을 때 이 방법을 사용한다. 일방통행제가 필요한 또 다른 경우로는 고속도로의 측도 및 연결로, 로터리, 그리고 양방통행으로는 위험한 좁은 도로와 같은 경우이다.

평행한 두 도로를 각각 한 쌍의 일방통행도로로 운영하기 위해서는 주의 깊은 검토가 필요하다. 한 쌍을 이루는 두 도로는 대략 비슷한 기종점을 가져야 하고, 서로 비슷한 용량을 가져야 하며, 일방통행에서 양방통행으로 변환되기 위한 편리한 말단부분이 있어야 한다. 효과적인 일방통행제가 이루어지려면, 격자형 도로가 서로 비슷한 특성을 가져야 한다.

중요성이 덜한 일방통행도로는 복잡한 교차로 통제를 단순화시키는 데 사용될 수 있다. 예를 들어 양방통행의 5갈래 교차로는 최소 3현시가 필요하다(비보호 좌회전인 경우). 그러나 만약 이 중에서 중요성이 적은 어느 한 접근로를 교차로에서 유출되는 방향으로 일방통행을 실시한다면 2현시를 사용해도 된다.

(4) 일방통행 시스템의 설치 및 효과

일방통행제가 충분한 효과를 거두려면 한꺼번에 완전한 시스템으로 구축되는 것이 바람직하다. 그러나 이 제도가 만약 반대에 부딪치면 단계적인 설치계획을 수립하면서 아울러 일방통행제의 장점을 가능한 한 빨리 홍보를 해야 한다.

일방통행 제도의 필요성이나 그 효과에 대한 이견이 있다면 시험기간을 두는 것도 좋다. 일방통행제에 대한 효과를 입증하거나 반증을 하려면 최소한 3개월, 또는 그 이상의 기간이 필요하다. 이 기간 동안에 일방통행제의 효과를 파악하기 위한 여러 가지 교통분석이 수행되어야 한다.

일방통행제 실시로 인한 통행속도, 안전성 및 운행조건의 개선정도는 이 제도가 실시되기 이전의 상황에 따라 다르다. 일반적으로 통행시간은 10~50% 정도 감소되며, 교통량이 조금 증가는 하지만 교통사고도 10~40% 정도 감소한다.

일방통행제를 실시하기 위해서는 그 취지, 이유 및 전반적인 계획을 일반대중, 운전자, 보행자들에게 충분히 홍보를 해야 한다. 또 가능한 한 많은 관심 있는 민간단체들에게 신문이나 라디오, TV 등을 통해서 대화를 나누어야 한다. 뿐만 아니라 일방통행 시스템을 종합적으로 설치하기에 앞서 정책이나 민간단체들과 연관된 교육프로그램을 개발하여 몇 달 간 지속적으로 운용해야 한다.

시스템을 채택한 후에는 이 제도의 효과를 측정하기 위해 적절한 연구가 수행되어야 하며, 여기에는 도로용량, 속도와 지체, 신호시간, 교통사고, 일반대중의 반응, 그리고 도로 주위의 사업체나 대중교통에 미치는 영향들을 포함한다.

9.4.2 가변 일방통행 및 부분가변 일방통행

이와 같은 두 가지 종류의 운영방법은 교통량이 많으며, 시간대에 따라 그 교통량의 방향별 변동이 심하고, 또 그 교통을 처리할 수 있는 도로가 하나뿐인 경우에만 사용된다. 보통 부분가변 일방통행방식은 오전 첨두시간에는 시내쪽으로 일방통행, 오후 첨두시간에는 교외쪽으로 일방통행, 기타 시간에는 두 방향의 교통량이 비슷할 때 양방통행으로 처리한다. 이와 같은 통제방식은 오전엔 유입교통, 오후엔 유출교통이 많은 CBD에 이르는 간선도로에 주로 사용된다.

가변 일방통행제는 시간대에 따라 일방통행의 방향이 바뀌는 방식이다. 가변 일방통행제는 양방통행으로는 첨두시간의 중방향 교통을 도저히 처리할 수가 없고, 일방통행제로 할 경우 짝을 이룰 평행한 다른 도로가 없을 때에 한해서만 이 방법을 사용한다. 그러나 반대방향에서 오는 적은 교통을 처리할 평행도로가 인접한 곳에 있어야 함은 물론이다.

정상적인 일방통행제가 운전자나 보행자의 통행길이를 증가시키기 때문에, 가능하다면 이보다는 오히려 가변 일방통행제를 사용하고 싶어 할지 모른다. 또 일방통행제는 첨두 4시간 동안의 문제를 해결하기 위하여 24시간 내내 같은 방식으로 운영해야 한다는 비판이 있을 수 있다. 그러나 가능하다면 정상적인 일방통행제 대신 가변 일방통행제를 사용하는 것을 삼가야 한다. 가변 일방통행제의 단점은 다음과 같다.

- 교통규제를 실시하기 위한 교통통제시설을 설치하기가 어렵다.
- 지리에 생소한 운전자가 교통규제를 이해하고 이를 지키기가 어렵다. 따라서 일방통행의 반대방향으로 진입하는 것과 같은 우발적 교통위반의 소지를 만든다.
- 규제가 철저히 단속되지 않으면 사고의 위험성이 높아진다.

가변 일방통행을 통제하기 위한 교통통제시설은 아직 표준화된 것이 없다. 단지 화살표지와 규제의 시간을 표시한 것이 보통 사용되는 것의 전부이다. 가능하다면 차로이용 제어신호와 회전규제 보조표지를 사용하는 것이 좋다. 가장 좋은 것은 이와 같은 방식을 채택할 때 집중적인 교육홍보 프로그램이 수행되어야 한다.

9.4.3 불균형 통행도로(가변차로제)

이 기법의 목적은 양방통행에서 어느 한 방향의 교통량이 다른 방향에 비해 월등히 많을 때 기존도로의 효율성을 높이기 위한 것이다. 다시 말하면 양방 통행도로에서 첨두시간에 한 쪽 방향에 교통이 몰리고 그 반대방향은 용량에 비해 교통량이 현저하게 적을 때 도로 이용상의 비능률을 없애기 위해 가변차로제가 적용된다. 이때의 각 방향별 차로수는 방향별 교통량에 비례해서 할당된다. 예를 들면 6차로 도로에서 아침 첨두시간에는 도심진입방향의 4개 차로가, 저녁 첨두시간에는 외곽유출방향의 4개 차로가 중방향 교통을 처리하는 데 사용된다. 그 외의 시간대에는 각 방향으로 3개 차로씩 사용된다.

(1) 장 점

- 필요한 방향에 추가적인 용량제공
- 일방통행 때에 생기는 운전자 및 보행자의 통행거리가 길어지는 것을 방지
- 적절한 평행도로가 없더라도 일방통행제와 같은 장점을 살릴 수 있다.
- 대중교통의 노선을 재조정할 필요가 없다.

(2) 단 점

- 교통량이 적은 쪽에 대한 용량이 부족할 경우가 있다.
- 교통량이 적은 쪽에 버스정류장이나 좌회전을 금지해야만 할 경우가 있다.
- 교통통제시설의 설치에 비용이 많이 든다.
- 교통사고의 빈도나 심각성이 높아질 수 있다.

(3) 기 준

이 방식은 한쪽 방향으로 교통량이 집중되는 교량이나 터널 등에 사용하면 좋다. 또 정기적으로 교통혼잡이 발생하고 정상적인 일방통행제 실시가 불가능하거나 타당하지 못한 간선도로 역시 가변차로제를 실시하기에 적격이다.

가변차로제의 필요성을 판단하기 위해서는 깊은 연구가 필요하다. 이 방식은 큰 규제가 불필요할 수도 있다. 첨두시간의 주차금지, 회전제한, 하역제한, 신호개선, 노면표시 개선 등을 주의 깊게 고려해야 한다.

도로의 폭에 연속성이 없거나 3~4개 차로의 좁은 도로에는 가변차로제가 실용적이 못되나, 속도와 밀도가 낮고 교통량이 적은 쪽의 차로상 정차를 금지하면 가변차로제가 가능하다. 차로폭이 충분히 넓으면 4차로 혹은 6차로 도로를 5차로 혹은 7차로로 만들어 2 : 3 혹은 3 : 4로 가변차로제를 실시할 수 있다.

(4) 통제방법

차로이용을 표시하는 데 사용되는 교통통제시설에는 여러 가지가 있으며 그 선택은 경제성을 판단하여 결정한다. 가변차로제를 위한 세 가지 기본적인 통제방법은 다음과 같다.

- 차로경계 시설물
- 차로지시 신호등
- 표지

이들은 서로 독립적인 것이 아니고 서로 보완하면서 혼용되고 있다. 그러나 이들은 통제면에서의 융통성과 설치 및 운영면에서의 경제성에 차이가 있다.

1) 경계시설

영구 및 임시 경계시설, 또는 차로표시 등을 말한다. 영구시설로는 등책형 연석(mountable curb)을 주로 사용한다. 예를 들어 8차로 도로인 경우 가운데 두 차로의 양변에 등책형 연석을 설치하여 전체 차로를 3-2-3으로 분할한다. 만약 교통량이 평형을 이루면 4 : 4로 하고, 불균형을 이루는 첨두시간에는 5 : 3의 비율로 차로를 이용하게 한다. 실시되는 도로구간의 양쪽 끝단에서는 교통콘(traffic cone)같은 것을 설치하여 차로유도를 한다.

또 다른 영구시설로는 가동식 판을 차로에 설치하여 유압식으로 20 cm 정도 올렸다 내렸다 하며 차로변경을 한다. 이렇게 하면 각 방향의 차로를 2개, 4개, 또는 6개로 이용할 수가 있다. 가변차로 도로에 진입하기 위해서는 비교적 긴 길이가 필요하다. 영구시설은 초기 투자비용이 큰 반면 유지관리비가 적게 든다.

교통콘, 바리케이드, 이동식 표지판 같은 임시시설은 차로분리 효과가 적고 관리인원이 많이 필요한 단점이 있는 반면 초기 투자비용이 적은 장점이 있다.

차로의 폭이나 색깔을 달리하여 가변차로를 표시하는 방법도 사용된다.

2) 차로지시등(燈)

가변차로제에서 가장 많이 사용되는 방법으로서, 차로 지시신호를 공중에 문형식(overhead type)으로 설치하면 시인성이 좋고 노상장애물이 없게 된다. 자동 또는 수동으로 작동될 수 있으며, 초기비용이 많이 들기는 하나 유지관리비용이 적게 든다.

3) 표 지

차로이용을 통제하는 표지로서는 도로변에 세운 측주식과 머리 위를 가로지르는 문형식이 있다. 도로변의 표지는 통제의 효과가 적으므로, 국지교통이 주로 이용하는 도로에만 설치해서 이용자가 가변차로제에 빨리 익숙해지도록 해야 한다. 일반표지판과 구분하기 위해서는 이 표지의 용도에 따라 각기 다른 색깔을 사용하는 것이 바람직하다. 이 제도를 실시하는 초기에는 반드시 강력한 단속을 병행해야 한다.

문형식 표지는 차로 사용요령을 표시하는 데 널리 이용된다. 일반적으로 차로지시 신호등에 관한 보충설명도 문형식 표지를 이용한다. 문형식 표지의 설치간격은 300 m가 적당하다.

9.4.4 일방우선도로

이 방식은 양방통행도로에서 교통량이 많은 어느 한 쪽 교통에만 항상 차로수를 많이 할당함으로써 일방통행과 양방통행의 장점을 취함과 동시에 두 방식의 단점을 제거할 수 있다.

일방우선도로는 가변차로제에서 야기되는 문제점과 그에 따르는 운영경비를 절감할 수 있다. 통행차로의 표시가 영구적이므로 부가적인 경비는 들지 않는다. 또 차로수를 홀수로 만들 수 있는 넓은 도로라면 이를 아주 효과적으로 사용할 수 있다. 일방우선도로는 또 양방통행에서 일방통행으로 전환하는 동안의 중간단계로 활용하면 좋다.

9.4.5 버스전용차로

버스전용차로란 버스가 주행을 하거나 승객을 승하차시키거나 또는 신호등에서 정지하는 데 이용되는 전용차로를 말한다. 다른 차량들은 허용되는 경우에 한해서만 이 차로를 진출입하거나 횡단할 수 있고 어떠한 경우에도 이 차로 내에 있는 버스를 현저하게 방해해서는 안 된다. 또 버스는 전용차로가 있는 도로라 할지라도 다른 차로를 이용할 수는 있으나, 어떤 경우라도 전용차로 밖에서 승객의 승하차를 위한 정차는 할 수 없다.

전용차로의 목적은 버스를 다른 일반차량으로부터 분리시킴으로써 서로 간에 장애가 되지 않게 하기 위함이다. 교통류 내에서 서로 다른 종류의 차량들 간의 마찰을 줄이기 위해서 사용하는 방법은 앞에서 언급한 일방통행제, 가변차로제뿐만 아니라 회전전용차로도 있다. [그림 9-2]는 이러한 버스전용차로를 운영하는 예를 보인 것이다.

도시내의 고속도로 또는 준고속도로에서도 전용차로제를 실시할 수 있다. 한 차로에서 승용차는 시간당 3,000명을 수송할 수 있는 데 반해, 이를 버스전용차로로 이용하면 이론적으로는 60,000명을 실어 나를 수 있다. 그러나 그렇게 하려면 시간당 1,200대의 버스가 소요되므로 짧은 거리일 때는 좋지만 장거리인 경우에는 1,200명의 운전기사가 필요하게 되어 이 방법은 비현실적이다. 이와 같은 대량수송은 직행고속버스(rapid transit)에서는 타당할 수도 있다. 그렇지만 이보다 적은 승객수라 할지라도 고속도로의 전용차로로 수송하는 문제는 여러 가지 면에서 연구할 가치가 있다.

전용차로제의 장점은 다음과 같다.

- 버스와 다른 차량 간의 마찰방지
- 버스의 통행시간 단축
- 일반차량의 지체 감소에 따른 도로용량 증대(버스가 전용차로 이외의 차로를 방해하지 않으므로)
- 사고율 감소

전용차로제의 단점은 다음과 같다.

- 전용차로가 도로변 차로인 경우, 승용차의 도로 우측으로의 접근 방해
- 회전이동류와 상충
- 전용차로가 도로 중앙차로인 경우 별도의 승하차 교통섬 필요
- 교통통제시설 추가 소요

(1) 도로변 전용차로의 운영기준

① 일반차량의 회전이 버스의 운행을 방해해서는 안 된다. 교차도로의 교통순환의 필요성

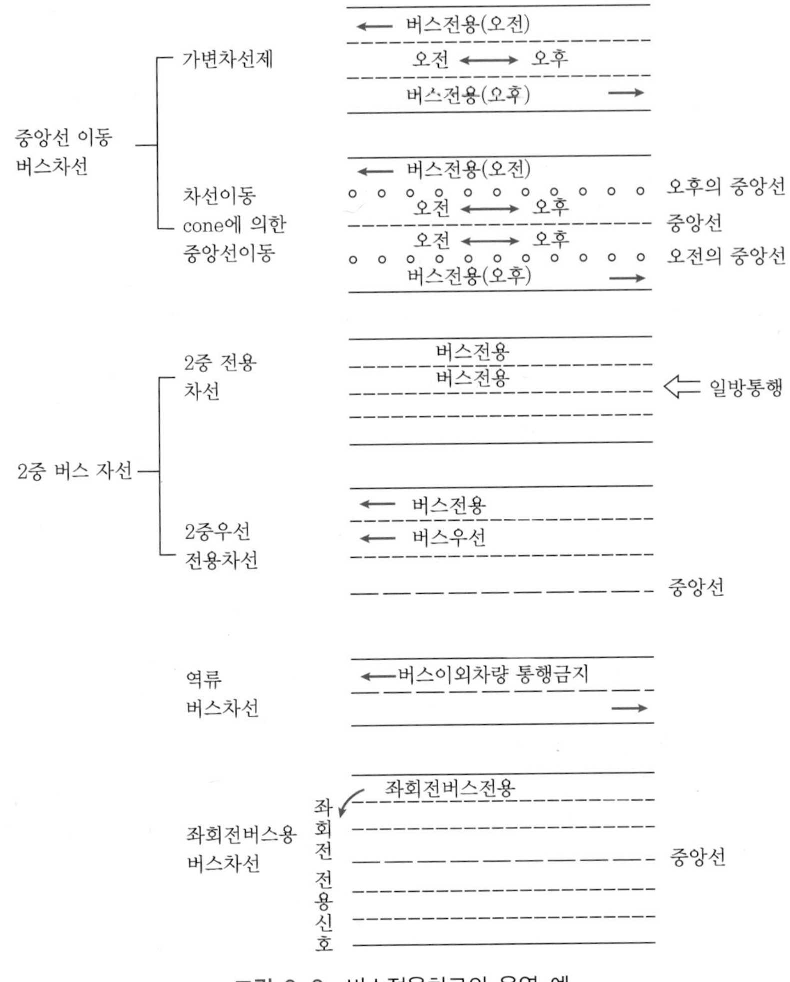

그림 9-2 버스전용차로의 운영 예

에 따라 버스 이외의 다른 차량이 우회전할 수도 있다.

② 전용차로가 효과적으로 잘 사용되기 위해서는 회전하는 차량이나 승하차시키는 택시를 제외하고는 다른 어떤 차량도 이 차로에 들어와서 버스의 운행을 방해해서는 안 된다.

③ 버스정류장은 교차로를 지나거나, 또는 블럭 중간에 두어 전용차로에서 다른 차량의 우회전이 가능하도록 해야 한다.

④ 버스는 회전시나 고장난 차를 추월하는 것과 같은 특별한 경우가 아니고는 전용차로를 이탈하지 못하게 해야 한다.

⑤ 양방통행에서 양쪽 모두 전용차로를 설치해서는 안 된다. 만약 양쪽에 도로변 전용차로를 설치해도 지장이 없을 정도로 넓은 도로라면 중앙전용차로를 설치하는 것이 더

바람직하다.

⑥ 원활한 주행을 보장하기 위해서는 적절한 단속을 해야 한다.

(2) 중앙전용차로의 운영기준

① 일방통행도로에서 일반차량이 교차로 안이나 교차로를 통과한 후, 중앙전용차로를 비스듬히 가로지를 수 있다. 이와 같은 행동은 전용차로의 운행을 방해하지 않는 경우에 한 한다.

② 양방통행의 중앙전용차로가 있으면 적절한 경우를 제외하고는 다른 차량의 좌회전이 금지되어야 한다.

③ 버스정류장은 반드시 근측(近側)정류장(near-side stop)이어야 하며, 승객의 승하차를 위한 안전섬이 마련되어야 한다. 이 안전섬에 접근하려면 교차로 이전의 횡단보도를 이용하도록 해야 한다.

④ 버스는 회전시나 고장 난 차를 추월하는 것과 같은 특별한 경우가 아니고는 전용차로를 이탈해서는 안 된다.

⑤ 전용차로가 일부 시간대에만 운용되는 경우, 첨두시간이 아닐 때에는 그 차로를 다른 차량과 같이 사용하지만 승하차는 정해진 안전섬에서 해야 한다.

전용차로제는 도로의 일부를 다른 차량이 사용하지 못하게 하고, 도로변의 접근을 막을 뿐 아니라 회전을 못하게 하므로, 도로전체의 이용효율이 커진다는 보장이 있을 때에 한해서 이 방식을 사용해야 한다.

이 밖에 버스우선차로는 버스전용차로에 비해 다른 일반차량의 방해를 다소 받는다. 버스전용도로는 버스 이외의 차량통행이 금지되는 도로이다. 예를 들어 교외의 주요 철도역으로 통하는 폭이 좁은 도로의 짧은 구간에 이것이 설치될 수 있다. 또는 혼잡한 교통애로구간이 있을 경우 이를 우회하는 버스전용도로를 설치하면 효과적이다.

9.4.6 양방좌회전차로

일반적으로 교차로가 도로용량을 좌우하지만 블록중간 구간 역시 진출입하고 엇갈리는 이동류들 때문에 많은 교통마찰을 야기한다. 양방 좌회전차로제(two-way left turn lane)란 중앙의 한 개 차로를 양방향의 좌회전만 이용할 수 있도록 하는 기법으로서 능률차로제란 이름으로 불리기도 하며, 도로주변이 고밀도로 개발된 지구의 도로에 사용되지만 우리나라에서는 잘 사용되지 않는다.

사실상 이 중앙차로는 좌회전하는 차량의 감속 및 대기공간이 된다. 이 기법은 전체 교통류의 지체와 혼잡을 감소시키며, 첨두시간에는 가변차로로 사용될 수도 있고 버스 및 다승객차량만 사용하게 할 수도 있다.

예를 들어 15~18 m의 4차로 도로는 5개 차로로 만들어, 가운데 차로를 양방향에서 좌회전하는 데만 사용하는 차로로 만들면 이 도로의 용량을 크게 증가시킬 수 있다. 이때 중앙차로의 노면표시는 바깥쪽은 황색실선, 안쪽은 황색파선으로 한다.

9.5 노상주차 통제

9.5.1 노상주차 제한

도로변의 주차가능 공간이 주차수요를 감당하지 못할 때, 도시지역에서의 주차난은 CBD에서 먼저 두드러지게 나타난다. 이와 같은 상황 하에서는 교통혼잡이 불가피하다. 특히 CBD는 밀집되고 제한된 규모의 토지이용 특성이 복합적으로 작용하여 이와 같은 상황이 가속화된다.

교통혼잡이 심각한 지경에 이르게 되면 도로변 주차제한이 어떤 형태로든 필요하게 된다. 이때에 고려해야 할 사항은 다음과 같다.

(1) 교통소통과 주차

교통수요가 교통시설의 공급보다 커지면 항상 우선순위를 정해야만 한다. 통행을 주목적으로 하는 도로는 자유로운 이동이 필요하게 되며, 따라서 그 도로에서는 주차를 못하게 해야 할 것이다. 그러나 교통수요가 심각해지기 이전에는 쓸데없는 주차금지는 지양(止揚)되어야 하며, 가능한 한 긴 시간 동안 어디서든지 어느 정도 통제는 받더라도 주차는 허용되어야 한다. 교통소통이나 주차문제는 공공의 이익에 관계되는 문제이므로 어떤 집단이나 개인이 부당하게 이득을 보도록 해서는 안 된다.

(2) 도로용량

도심지역에서의 도로용량은 도로변주차에 크게 영향을 받는다. 양방통행도로 양변에 주차금지를 하는 신호교차로의 용량은 주차금지가 안 된 도로보다 약 2배가 크다. 마찬가지로 일방통행도로 양변에 주차금지를 하는 신호교차로의 용량은 주차가 허용된 도로의 용량보다 2.5배 정도가 크다.

(3) 교통사고

노상주차는 교통사고의 주요 원인이다. 도로변주차를 위해 출입하는 차량들, 비정상적이거나 불법 주차한 차량들, 그리고 주차한 차량들 사이로 도로에 진입하는 보행자들이 일반적으로 심각한 사고 원인이 된다. 1960년에 뉴욕에서 발생한 노상사고로 인한 사망자 중 10%와 부상자 중 25%가 주차한 차량 뒤로 갑자기 튀어나온 보행자들이었다.

미국의 한 연구에 의하면 모든 사고의 18.3%가 노상주차에 의한 것이며, 이 중 90%가 직접적인 관계가 있고 나머지 10%는 주차된 차량 뒤에서 도로로 뛰어든 경우처럼 간접적으로 관계된 것이었다.

(4) 도심지 업무에의 영향

사업을 하는 사람에게서 사업의 손실은 부분적으로 교통혼잡과 주차공간의 부족에도 그 원인이 있다. 몇 가지 연구에서 보면 대도시 지역의 총 판매액 중에서 도심지역의 기존사업체는 외곽지역의 쇼핑센터에 밀려서 사업기반을 상대적으로 상실(喪失)해가고 있을 뿐만 아니라 절대적인 사업실적 면에서도 뒤지고 있는 실정이다. 도심지역 사업가에게는 더 나은 주차시설이 필요하나 외곽지역의 쇼핑센터와는 경쟁이 되지 않는다. 많은 경우에 있어서 노상주차허용이 도심지역 주차난 해소에 큰 도움이 되어 왔다.

(5) 긴급차량 이용공간

경찰관서와 소방서는 도로변 주차상태에 대해 아주 중요하게 생각하고 있다. 왜냐하면 도로변주차가 그들의 임무수행에 방해가 될 소지가 있기 때문이다. 도로변주차로 인해 소화시설을 가로막게 되면 더 큰 화재피해를 당할 우려가 있다. 소방서나 소화전 근처의 주차금지, 공공차량 운행에 필요한 충분한 차로폭, 소화호스 작동에 필요한 공간 등은 노상주차규제 문제를 다룰 때 반드시 고려하여야 할 주민 안전문제에 관한 필수요건이다.

(6) 승하차 및 하역구역

버스, 화물차, 택시 등에게 필요한 도로변 승하차 및 하역구역에 대한 규정이 마련되어야 한다.

1) 버스 승하차 구역

버스가 쉽게 도로를 출입하거나 도로변과 평행하게 주차할 수 있도록 하기 위해 [표 9-4]와 같은 버스의 최소 승하차공간을 생각해 볼 수 있다. 도로변의 버스승하차 공간의 최소크기에 대한 ITE의 추천값은 [표 9-5]에 나타나 있다.

버스정류장은 일반적으로 교차로에 위치한다. 이위치는 4방향으로부터 쉽게 접근할 수 있고 버스노선이 교차하는 경우 갈아타는 거리가 최소로 줄어들어 버스이용자에게 편리하다. 더군다나 이위치는 도로용량의 측면에서 볼 때 가장 효율적이다.

표 9-4 최소 노상 버스승하차 구역 길이

버스 좌석수	버스 길이(m)	1대 정차(단위: m)			2대 정차(단위: m)		
		근측	원측	블럭중간	근측	원측	블럭중간
30이하	7.5	27	20	38	36	27	45
35	9.0	28	21	39	39	30	48
40~45	10.5	30	23	40	42	33	51
51	12.0	32	24	42	54	36	54

자료: 참고문헌(20)

표 9-5 버스 1대의 승하차구역 길이*(m)

근측정류장	원측정류장†	블럭중간정류장
32	24	42

* 한 대 추가당 14 m 연장
† 우회전 후에 원측에 정차하는 경우는 42 m
자료: 참고문헌(21)

2) 화물차 하역구역(하역 Bay)

CBD 도로의 기본목적은 이 지역의 업무가 가능하도록 접근성을 제공하는 것이다. 이는 CBD 안팎으로 상품을 이동시키고 또 이들을 승하차시키는 데 필요하다. 대부분의 경우 하역 작업은 도로변에서 하게 된다. 화물을 취급하는 트럭은 목적지에 가장 가까이 주차하지 않을 수 없기 때문에 이중주차를 하여 교통류를 방해하는 데 큰 몫을 한다. 그래서 트럭운전자는 더 심한 주차위반을 하게 된다. 화물차의 하역구역의 필요성 여부는 주차조건, 노외 또는 골목길에 있는 하역공간의 가용여부, 집배의 빈도, 화물의 크기, 차종, 그리고 서비스를 받는 인접 사업장의 수에 따라 결정된다. 구역의 길이는 최소 10 m, 또는 그 길이의 배수가 되는 것이 좋다.

트럭의 도로변 하역구역 설치를 위한 기준은 다음과 같다.

- 하역을 위한 골목길 또는 노외공간이 없을 때
- 도로나 골목길을 건너지 않고는 30 m 이내에 다른 도로변 하역공간이 없을 때, 그러나 하역활동이 심한 구역에는 이와 같은 제한에 구애를 받지 않는다.
- 집배를 위해서 하루에 최소한 10~15회 이상 그 하역구역을 사용해야 할 필요성이 있을 때
- 취급되는 화물의 무게, 수량 및 필요한 작업시간 때문에 하역구역의 필요성이 있을 때

3) 택시의 승하차 구역

택시승객을 위해서는 도로변에 택시정차구역이 마련되어야 한다. 이와 같은 정차구역의 수와 구역의 길이는 평균 승차인원과 이용자의 수에 따라 결정된다.

9.5.2 노상주차의 종류

노상주차의 방법에는 평행주차와 각도주차 두 가지가 있다. 각도주차는 평행주차보다 도로변 길이당 더 많은 차량을 주차시킬 수 있다. 각도가 커질수록 주차시킬 수 있는 대수가 많아지며 90°에서는 평행주차보다 거의 2.5배 정도 많이 주차시킬 수 있다. 또 각도가 커질수록 주차를 위한 도로폭을 많이 차지하며 게다가 이 구역을 진출입하는 데도 추가적인 도로폭이 소요된다. 보통 60°가 가장 실용적이긴 하나 45°가 일반적으로 가장 좋은 결과를 나타낸다. 각도주차는 차도폭이 적어도 20 m 이상인 도로에서만 고려되어야 한다.

각도주차는 쉽고 빠르게 주차시킬 수가 있다. 하지만 이 주차방법에서는 주차면에서 차가 빠져나올 때, 평행주차방식에서 보다 더 위험하다. 사전·사후조사에서 밝혀진 바에 의하면, 도로변에서의 각도주차가 사고의 주요원인이 되며, 평행주차로 바꾸었을 경우 사고율이 현저히 감소한다.

주차면의 표시는 노면에 분명히 표시해야 한다. 한 주차면의 크기는 통상 2.5 × 6.5 m 정도이다.

평행주차를 허용하는 도로의 최소폭은 [표 9-6]과 같다.

표 9-6 평행주차를 위한 최소 도로폭(m)

도로구분	화물차 주차 15% 이하		화물차 주차 15% 이상	
	양변주차	한변주차	양변주차	한변주차
양방통행	11	8.5	11.5	9
일방통행	8	5.5	8.5	6

자료: 참고문헌(22)

9.5.3 주차금지 및 시간제한

소화전, 횡단보도, 차도, 교차로, 갱도 등과 같은 곳에서는 안진의 측면에서 주차가 금지된다. 또 버스정류장, 승하차 구역 및 통과교통 등을 위해 주차금지 표지를 세운다.

주차에 관한 정의는 우리나라 도로교통법 제2조에 다음과 같이 나와 있다. '주차라 함은 제차가 승객을 기다리거나 화물을 싣거나 고장 기타의 사유로 계속적으로 정지하는 것, 또는 해당 제차의 운전자가 그 차로부터 떠나서 즉시 운전할 수 없는 상태를 말한다' 반면에 정차란 '제차가 정지하는 것으로서 5분을 초과하지 아니하는 주차 이외의 것을 말한다.' 다시 말하면 운전자가 즉시 운전할 수 있는 상태로 5분 이내 정지해 있는 것을 정차라 하며, 그 외의 것을 주차라 한다.

주차금지는 정해진 일정시간 동안 행해져야 한다. 이 시간제한은 주차공간이 충분한 적은 도시에서는 아예 없을 수도 있고, 첨두시간에 모든 도로변주차를 금지해야 할 정도의 대도시에서는 주차금지시간이 아주 길어야 할 경우도 있다.

주차시간제한은 현재 또는 장래의 교통량 패턴에 따른 주차특성을 분석하여 결정한다. 대부분의 도시에서, 주차가 허용되는 경우 다음과 같은 시간제한을 하면 좋다.

- 1시간 제한 : 도심부에서 사용되며 대부분의 운전자는 1시간 정도의 주차에 만족한다.
- 2시간 제한 : 중심부 주변지역에 실시를 한다. 이 시간제한은 최종 목적지까지 걷는 거리가 멀지만, 오래 주차하기를 원하는 사람들이 이용하기 편리하다.
- 15분~30분 제한 : 우체국, 은행 및 공공건물 주위에 실시를 하며, 이곳을 찾는 운전자는 이 시간 동안 충분히 용무를 끝낼 수 있다.

9.5.4 주차단속

주차규제나 제한은 표지판이나 노면표시로 표시해 주어야 하며, 또 엄격히 단속되어야 한다. 도로변 주차는 경쟁이 치열하기 때문에 주차량을 극대화하고 교통흐름을 원활히 하기 위해서는 시간제한이 엄격히 지켜져야 한다. 항시 주차가 금지되는 곳도 물론 엄한 단속을 해야 도로용량을 극대화할 수 있다.

주차위반을 단속하는 데는 많은 인원과 장비가 필요하다. 단속을 하는 데는 여러 가지 방법이 알려져 있으나, 대부분의 나라에서 단속에 어려움을 겪고 있다. 도로변 주차단속은 경찰업무 중에서도 큰 비중을 차지하나 가장 인기가 없는 업무이기도 하다. 예를 들어 뉴욕 같은 대도시에서 일 년 동안 발부하는 주차위반 티켓은 백만 장이 넘는다. 주차단속 방법에서는 도보순찰, 차량순찰, 고정배치 경찰 및 불법주차차량의 견인 등이 있다.

9.6 교통체계관리

교통은 출발지와 목적지가 서로 다른 교통수단이 도로망 내에서 서로 다른 속도로 혼합되는 현상이다. 지금까지 교통문제의 접근방법은 이러한 여러 가지 교통수단과 교통행태를 종합적이며 유기적인 것으로 보지 않고 개개의 단일요소에만 관심을 두어왔기 때문에 교통체계 전반에 걸친 효율은 매우 저조하였다. 따라서 각 도시교통시스템의 구성요소를 함께 고려하여 시스템 전체의 생산성, 즉 에너지를 절감하고 환경의 질을 높이며 도시생활의 질을 향상시키기 위한 단기 교통개선계획과 운영과정을 교통체계관리(Transportation system management, TSM)라 한다.

TSM의 특징은 개별적이거나 독립적인 대책을 사용하는 것이 아니라 이미 잘 알려진 독립적인 여러 대책을 밀접히 결합하여 어떤 특정 목표를 달성하는 것이다. 따라서 TSM은 기존시설을 최대한 이용하면서 여러 가지 교통운영기법, 예를 들어 버스 및 다승객 차량 우대, 신호운영 개선, 주차통제 및 관리, 통행수요 관리, 대중교통관리 개선 등과 같은 기법을 사용한다. 물론 이러한 기법을 시행할 때는 도로 및 교차로의 개선을 위한 소규모의 투자사업은 불가피하다.

그런 관점에서 볼 때 TSM은 계획이라기보다 관리(管理)의 분야이다. 따라서 일반적인 시스템의 관리(management) 개념처럼 TSM도 운영(operation), 유지보수(maintenance), 평가(evaluation), 시스템 개선(system improvement)의 단계를 반복적으로 거쳐야 한다.

9.6.1 TSM의 배경

미국 연방정부는 1967년 모든 도시로 하여금 ‘도로용량과 안전성 향상을 위한 교통운영계획(Traffic Operations Program to Increase Capacity and Safety, TOPICS)’이라는 교통공학적인 대책수립을 지시하고, 이의 시행을 지원하였다. 이것이 발전하여 1975년에는 ‘교통체계관리법(Transportation Systems Management Act)’을 제정하여, 향후 교통시설을 확장하거나 신설할 때는 이를 계획하기 전에 우선 기존 시설을 최대한 활용할 방도가 없는가에 관한 검토보고서를 요구하게 되었다. 뿐만 아니라 도시교통계획과정에 중·소규모 투자의 TSM 사업을 포함하게 하였다. 도시교통 문제의 해결을 위해 이와 같은 교통체계관리로 관심이 이전된 배경은 다음과 같다.

① 교통시설의 건설비 증가: 건설비는 매년 계속 증가하고 있으며 더욱이 도로가 오래되어 가용예산 중에서 유지관리비가 차지하는 비율이 점차 증가하고 있다. 반면에 대중교통의 노임과 에너지비용이 증가하여 많은 부문에서 서비스가 축소되고 있다.
② 예산의 제약: 교통부문과 다른 사회 및 경제부문 간의 예산경쟁이 치열하며, 교통부문 내에서도 경쟁이 심하다. 신규 예산배정은 거의 기대할 수 없으며, 인플레이션으로 인해 정부가 공공사업을 하는 데 위협을 받으므로 교통예산은 제약을 받을 뿐만 아니라 사용에 철저한 감시를 받는다. 이와 같은 제약은 모든 신규 교통사업에 부담이 되고 있다.
③ 시설의 효율성 제고: 통상적으로 교통문제는 하루 중 첨두시간에 가장 심각하며 그 해결책 또한 이 짧은 시간에 대해 모색된다. 이로 인하여 이 시간대의 수요를 충족시키는 대부분의 교통시설은 나머지 많은 시간 동안은 유휴시설이 되어버리므로 경제적으로 편익/비용비가 극히 낮아진다. 뿐만 아니라 첨두시간의 교통문제를 위해서 상당한 투자를 한다 하더라도 교통수요와 공급시설의 적절한 관리를 하지 않는다면 거기서 얻을 수 있는 한계이득(marginal benefit)은 극히 미미할 따름이다. 그러므로 제한된 자원으로 도시교통문제를 해결하기 위한 미래의 교통개선책은 교통수요와 공급시설의 적절한 관리를 통하여 가장 시급한 어느 특정분야의 교통문제에 초점이 집중되어야 하며, 아울러 특정한 통행목적 또는 통행패턴을 장려하거나 혹은 억제하도록 해야 한다.
④ 인구 및 토지이용의 변화: 지방자치제의 시행으로 대도시뿐만 아니라 중소도시의 자그마한 일상 교통문제가 더욱 크게 부각되고 관심의 초점이 될 것이다.
⑤ 효율과 형평성 검토: 대규모 도시교통투자의 비용효과가 앞으로는 공개되어 많은 사람들의 논란의 대상이 될 것이다. 기존의 대중교통 효과가 재평가되고 있으며, 고소득층, 저소득층 또는 도시 간, 교외 간의 교통서비스의 형평성이 문제가 된다. 수십년 동안 어렵게 발전시킨 도로설계기준도 비용효과 측면에서 다시 검토될 것이다.
⑥ 신규건설에 대한 주민들의 거부감: 대규모 예산을 투입한 교통시설이 단기 혹은 장기적으로 볼 때 사회적, 경제적, 환경적으로 역효과를 나타내는 경우가 많기 때문에 직

접적인 이해 당사자는 이에 대한 큰 거부감을 갖는다. 이와 같이 비교통적인 목표가 더욱 중요할 경우에는 어떠한 특정한 교통수단은 선별적으로 관리되어야 한다. 예를 들어 도시 내에서 신속한 이동성이 제약을 받는 한이 있더라도 맑은 공기, 연료절감, 경제성 제고와 같은 사회적으로 바람직한 비교통적인 목표를 지향할 수가 있다.

⑦ 융통성 있는 교통시스템의 필요성: 교통정책이란 항상 변화무쌍하면서도 불확실한 요인, 예를 들어 유류수급 사정이나 인플레이션에 따라 변할 수가 있다. 그러므로 오늘날의 교통문제해결을 위해서는 현재의 교통정책뿐만 아니라 미래의 어떤 위기에 대처할 수 있는 교통시설을 개발하는 것이 바람직하다. 그래서 신규 교통시설은 앞으로 교통관리의 대상이 된다고 생각하고 설계해야 한다. 뿐만 아니라 교통통제나 운영방식도 기존 교통시설을 더욱 융통성 있게 이용할 수 있도록 설계되어야 한다.

9.6.2 TSM의 기본요건 및 특징

TSM은 분명히 종래의 교통운영기법과 비교해 볼 때 근본적으로 큰 차이가 없다. 특히 도시계획이나 교통계획을 하는 사람들 또는 운수사업을 하는 사람들의 관점에서 볼 때는 새롭거나 값비싼 계획이 아닌 지엽적인 문제로 치부되는 경향이 있다. 뿐만 아니라 도시행정에 관련되는 일상적인 업무와 혼동을 초래한다고 TSM 자체에 거부감을 갖는 사람도 많다. 그러나 이들은 TSM의 본질이 새로운 교통시대에 적절히 대응하는 특출한 교통개선책을 수립하기 위한 것이라는 사실을 모르거나 외면하고 있다. 새로운 교통시대에 효과적으로 적응할 수 있는 도시교통 개선전략의 특성이나 기본요건은 다음과 같다.

- 투자 및 운영비용이 저렴할 것
- 기존시설을 최대한 이용하고 관리용 기반시설에 한해서만 신규투자를 할 것
- 계획과 시행이 단기적이며 효과측정이 용이할 것
- 장려 또는 억제책, 사용자 정보시스템 등을 이용하여 기존의 공급에 맞추어 수요를 효율적으로 관리, 조화시키는 데 중점을 둘 것
- 특정 계층, 특정 교통수단, 특정 시간대, 특정 지역별로 구분하여 특별한 서비스를 제공하거나 접근을 제한할 것
- 장기적인 고투자사업을 보완할 것
- TSM 대책의 부정적인 영향과 시스템의 비효율을 감소시키기 위해서 뿐만 아니라 형평

의 원칙상 비용과 편익을 시스템 구성요소에 고루 할당할 것
- 경쟁적인 교통수단을 서로 조화시킴으로써, 차량보다는 사람과 화물을 동등하게 우선적으로 취급할 것
- 이동성, 비교통목표(에너지, 대기오염 절감 등), 절충이나 차선책을 요구하는 제약조건에 즉각 대응할 수 있을 것

TSM은 3~5년의 단기 교통관리기법으로서 장기교통계획과는 큰 차이가 있다. 장기교통계획은 대규모 투자사업에 관한 것으로서 사회전반에 대하여 규범적이며, 종합적인 특성을 가지며 장기적인 목표를 향한 것이다. 반면 TSM은 소규모 투지사업이며, 특정 시설이나 작은 지역을 대상으로 특정 문제점을 해결하고자 하는 것으로서 계획과 시행이 단기적이다. 이처럼 TSM과 장기교통계획 간에 여러 측면의 차이를 종합한 것이 [표 9-7]이다.

표 9-7 TSM과 장기교통계획과의 차이

구 분	TSM	장기교통계획
문제점	명확히 정의되고 관측 가능함	성장시나리오와 통행예측에 의존
범 위	국부적, 소구역, 노선축	교통축 또는 광역
목 표	문제점과 관련된 목표	광범위하고 정책에 관련된 목표
대 안	극소수의 구체적 대책	여러 개의 수단, 도로망, 선형대안
분석절차	유추해석 또는 간단한 관계식 이용	통행 및 도로망 모형에 근거
반응시간	빠른 반응이 나타나야 함	그다지 중요치 않음
결 과	시행을 위한 설계	추가조사, 세부설계를 위한 좋은 대안

TSM의 여러 대책들이나 장기교통계획 가운데 3~5년에 걸쳐 시행할 과업을 우선순위별로 정리한 것을 교통개선계획(Transportation Improvement Program, TIP)이라 하며, 미국에서는 지방정부가 연방정부의 예산지원을 받기 위해 이 계획서를 제출해야 한다.

9.6.3 TSM 대책

TSM 대책은 새로운 것이 아니라 지금까지 알려진 여러 가지 교통운영상의 기법들이다. 이 기법들을 그 목적에 맞게 체계적으로 조합하고 정리한 것을 대책묶음(action package)이라 한다. 대책을 묶을 때는 각 대책들 간에 서로 효과를 상쇄시키는 것은 없는지를 파악해서 적용해야 한다. 이 기법들을 실무적이며 기술적인 내용과 적용 목적을 고려해서 종합하

면 다음과 같이 나눌 수 있다.

- 교통류 개선
- 다승객차량 우대
- 첨두교통수요 감축
- 주차관리
- 승용차 이용억제
- 버스 및 비정규대중교통
- 고속도로 운영관리

(1) 교통류 개선 대책

모든 TSM 대책의 주된 목표는 교차로나 도로 또는 교통축 및 전체 교통시스템 내의 차량 흐름을 개선하는 것이다. 이와 같은 대책은 비용이 적게 들고 시행가능성 및 효율성을 갖도록 함으로써 도로확장의 필요성을 줄인다. 이러한 대책은 대부분 교통운영 기법들로서 신호개선, 회전통제, 노상주차금지, 도류화, 조업주차장 위치조정, 버스정류장 위치조정, 차로이용 통제 등이 있다.

도시고속도로의 진입조절(ramp metering) 역시 도시고속도로의 교통류 개선뿐만 아니라 램프와 연결된 도시간선도로의 교통류에도 크게 영향을 미친다. 고속도로와 관련된 교통류 개선 대책은 뒤에 고속도로 운영관리에서 별도로 다룬다.

1) 신호 개선

교통신호기의 설치장소가 신호설치기준에 적합하지 못하면 교통운영이 비효율적으로 된다. 따라서 기준에 적합하지 못한 곳에 설치된 신호는 제거해야 한다. 또 각 교차로의 신호시간을 최적화하거나 간선도로의 연속진행을 위한 연동시스템을 구축하면 간선도로의 교통운영 효율이 매우 좋아진다.

교통감응신호기는 주로 독립교차로에 사용하나, 간선도로 연동시스템의 한 부분으로도 이 교통감응신호기를 사용할 수 있다. 그러기 위해서는 컴퓨터 신호시스템을 구축해야 하며, 이 시스템을 운영 및 유지관리 하는 데는 많은 전문 인력이 필요하다. 자세하고 기술적인 내용은 제8장에서 설명한 바 있다.

2) 회전통제

교차로에서의 회전, 특히 좌회전 이동류의 처리는 교차로의 효율, 나아가 간선도로 전체의 효율에 큰 영향을 준다. 좌회전을 통제하는 방법은 보호좌회전시키는 방법, 좌회전을 금지시키는 방법, 비보호좌회전시키는 방법이 있으나 그 운영기준은 교차로의 구조와 교통량에 따라 달라진다.

3) 노상주차금지

대부분의 TSM 사업은 간선도로 주변에서 이루어지므로 노상주차를 금지하면 도로용량과 안전성이 증가하고 통행속도가 향상된다. 만약 노상주차가 필요할 때는 주행차로의 폭을 확보하고 안전을 고려하여 사각주차보다 평행주차 방식을 택하는 것이 좋다. 도로가 넓고 주차수요가 많은 곳에서는 첨두시간에만 노상주차를 금지하고 기타 시간에는 허용하는 것이 좋다.

노상주차를 금지함으로써 좌·우회전 전용차로를 설치할 여유를 확보할 수 있고, 버스정류장의 운영이 원활하며, 자전거 전용도로 설치가 가능하다. 뿐만 아니라 승용차 이용자를 대중교통으로 유도할 수 있다. 반면에 도로변의 상점의 영업에 지장을 주며, 노외주차공간의 증설이 필요하다.

일반적으로 일방통행제를 실시하면 노상주차를 허용할 여유가 생긴다.

4) 도류화

도로용량은 언제나 교차로의 용량에 따라 결정된다. 따라서 도류화 기법은 교차로의 운영효율과 간선도로의 용량을 증대시킨다. 도류화 기법의 장단점 및 적용효과는 제7장에 언급되었다.

5) 조업주차장 위치조정

노상 조업주차를 방지함으로써 본선 교통류에 미치는 영향을 줄이고, 도로의 용량을 증대시킨다. 그러나 도시화물의 운반을 위해서는 노외 조업주차장이 필요하나 비용이 많이 들기 때문에 이를 확보하는 데 많은 어려움을 겪고 있다. 외국에서는 상업지역 내에 건물의 상면적에 비례하여 노외 조업주차시설의 확보를 요구하고 있다. 이에 대한 절충안으로 첨두시간에만 노상 조업주차를 금지하는 방법도 있다.

6) 버스정류장 위치조정

버스정류장의 위치는 근측정류장(near-side stop), 원측정류장(far-side stop), 블록중간 정류장(mid-block stop)이 있다. 이 중에서 근측정류장은 원측정류장으로의 환승을 쉽게 하는 반면, 교차로에서 운전자의 시야를 차단하고 도로변 차로의 직진이동을 방해하며, 다른 운전자들이 버스를 우회하게끔 유도하여 교통사고 위험이 있다. 원측정류장은 회전차량의 회전을 용이하게 하며, 더 많은 RTOR 기회를 제공하며, 교차로(특히 비신호교차로)에서의 시거를 증대시킨다. 블록중간정류장은 도로변의 마찰을 최소화하는 반면 다른 노선으로 환승 시 이동거리가 길어진다. 버스베이를 설치하면 노변마찰을 현저히 줄일 수 있다.

7) 차로이용 통제

두 개의 양방통행 좁은 도로를 한쌍의 일방통행도로 운영하거나, 어느 정도 넓은 도로를 가변차로로 운영하거나 홀수의 차로로 만들어 양방 좌회전차로로 운영하는 방법이 많이 사용된다. 또 시간에 따라 방향의 변화를 주는 방법도 있다. 여러 가지의 차로이용통제 방법에 관한 내용은 이 장 4절에 상세히 언급되어 있다. 이 중에서 특히 많이 사용되는 방법은 일방통행과 가변차로제이다.

- 일방통행: 두 개의 양방통행로를 한 쌍의 일방통행로로 전환하는 것은 가장 효과적인 TSM 대책 중의 하나이다. 이런 변환은 차로 재조정, 신호수정 및 표지판을 다시 설치하는 데 드는 비용 외에는 추가비용이 없다. 경우에 따라서는 일방통행이 끝나는 부분에 도로폭을 확장해야 할 필요가 있을 수 있다.
- 가변차로제: 양방향 교통량의 불균형에 따라 이용하는 차로수를 달리하는 것을 말한다. 이 기법은 도로를 확장하지 않으면서 도로의 용량을 증대시키는 효과가 있다.

(2) 다승객차량 우대

대중교통, car pool, vanpool 등을 장려하는 방법은 다승객차량(HOV)을 우대하는 것이다. 여기에 해당되는 TSM 대책에는 도시간선도로에 HOV 전용 또는 우선차로 설치, 버스우선신호, 통행료 우대 등과 같은 것이 있다.

고속도로에 HOV 전용차로 및 전용진출입로를 설치하여 다승객차량을 우대하는 대책은 뒤에 나오는 고속도로 운영관리에서 별도로 다룬다.

1) 도시간선도로 다승객 전용 또는 우선차로

도시 간선도로에서도 HOV 우대를 하면 고속도로에서와 같이 대중교통 이용률 및 차량당 승차인원이 증가한다. HOV 차로로 노변차로 또는 중앙차로를 많이 이용하나 역류차로를 사용할 수도 있다.

노변차로를 HOV 차로로 사용하면 편리하나 우회전하는 다른 차량과 상충이 일어나므로 차로 위반율이 높다. 중앙 HOV 차로는 도로변 마찰이 적은 반면 보행자의 안전이 문제가 되며 버스가 좌회전 차량을 방해한다.

2) 버스우선 신호

버스우선 신호시스템은 버스의 통행시간을 줄이고 지체를 최소화하여 승객은 물론이고 버스회사의 운영조건을 개선한다. 이 시스템은 버스가 교차로에 접근할 때 버스에 장착된 센서와 신호등의 검지기가 상호 작동하여 녹색시간을 연장하거나 적색시간을 단축함으로써 버스의 지체를 줄일 수 있다.

3) 통행료 우대

통행료 징수소에서 HOV는 정지하지 않고 통과하거나 낮은 통행료를 받는다. 이 대책은 ITS 사업에 포함되어 시행되어야 한다.

(3) 첨두 교통수요 감축

교통문제, 특히 첨두시간의 교통문제를 해결하는 가장 근본적인 방안은 수요를 줄이거나, 이 수요를 시간적 공간적으로 분산시키는 것이다. 이 대책에는 출퇴근 시차제, 근무일수 단축, 혼잡통행료 징수, 트럭의 통행시간 및 통행경로 제한 등이 있다.

1) 출퇴근 시차제

근무시간의 길이는 같으나 출근 및 퇴근시간에 융통성을 두는 방법으로서, 종업원들은 지각에 대한 두려움이 없고 출퇴근 중의 혼잡이 줄어들어 이 방법을 선호한다. 근무시간이 무제한적으로 자유로운 것이 아니라 어떤 범위를 두어 모든 사람이 반드시 동시에 근무하는 시간대가 있다. 이 대책의 장점은 언제든지 실행이 가능하며, 도로뿐만 아니라 엘리베이터, 대중교통의 역, 화장실 및 식당 등의 혼잡도 분산되어 출퇴근 및 근무환경을 쾌적하게 한다. 단점은 이 대책은 승용차 함께 타기와 같은 대책과 상충이 되며, 혼잡감소로 개인 승용차의 이용을 조장할 수 있어 다른 대책에 미치는 영향을 함께 고려해야 한다.

이 대책은 종업원 수가 75명보다 많거나, 교대제 근무를 하지 않는 회사나, 종업원 상호간 또는 고객과의 접촉이 적은 직장에 실시해야 효과적이다.

2) 근무일수 단축

하루의 근무시간을 늘이는 대신 근무일수를 줄이는 방법이다. 이 대책을 사용하면 업무통행이 통상적인 첨두시간의 30분~1시간 정도 앞·뒤에서 발생하며, 근무일수가 4일인 경우 통행수가 약 20% 줄어든다고 알려지고 있다. 이 대책의 장점은 고용주나 종업원 모두가 선호하며, 결근이 감소하고 초과근무 요구가 줄어들고, 여가시간이 늘어난다. 단점으로는 출퇴근 횟수가 줄어들어 직주거리가 늘어나 통행길이가 길어지고, 대중교통 이용률 및 승용차 합승 효과는 크게 지장을 받는다. 또 주중에 위락통행량이 증가하며, 종업원은 피로를 느끼고, 회사측은 근무시간계획에 어려움이 있다.

3) 혼잡통행료 징수

첨두시의 이용자에게 통행료를 징수함으로써 교통수요를 다른 시간대로 분산시키거나 다른 교통수단을 이용하도록 유도하는 대책이다. 이 방법은 첨두시간 교통량을 줄이기 위해 이들에게 더 높은 통행료를 물리며, 대중교통이나 합승으로 유도하기 위해 탑승인원이 적은 차량에게 더 높은 통행료를 부과한다. 또 대중교통에서 비첨두시간 동안의 운행비용 부담을 덜기 위해 첨두시간 이용자에게 높은 요금을 부담시키거나, 승용차 대신 대중교통수단 이용을 권장하기 위해 장기주차 차량에게 높은 주차요금을 매긴다.

어느 혼잡지역에 들어오는 차량은 돈을 주고 산 통행허가증이 있어야만 그 지역에 진입할 수 있게 하여 혼잡통행료를 징수하는 지역진입 허가제(supplemental License Scheme)도 있다. 이 방법은 싱가폴에서 성공적으로 시행되고 있으나 아직도 사회적, 기술적으로 극복해야 할 문제점이 많다.

4) 트럭의 통행시간·통행경로 제한

CBD 내의 트럭이 간선도로나 좁은 도로를 통행할 때나 화물 하역을 위해 주차해 있을 때 교통혼잡의 원인이 된다. 따라서 첨두시 고속도로 및 도시 간선도로에서 트럭운행을 제한하는 것은 좋은 TSM 대책이 된다. 트럭 교통량이나 도로용량을 검토하여 고속도로에서 통행을 제한하는 대신 간선도로에서는 통행을 허용하는 경우도 있다.

첨두시간에 하역하는 것을 피하고, 노외 하역시설이 없을 경우 도로변 하역공간을 마련하는 것이 가장 효과적인 방법이다. 아무튼 트럭이 차로를 점유하여 교통을 방해하는 시간과 기회를 줄이는 것이 가장 효과적인 방법이다.

(4) 주차관리

주차관리와 통제는 TSM 대책 중에서 매우 중요한 요소이다. 어떤 교통운영대책도 적절한 주차시설 공급보다 더 큰 영향을 주는 것은 없다. 주차관리 대책에는 주차장 운영개선, 주차규제, 환승주차장 설치 등이다.

1) 주차장 운영개선

주차관리에서 우선적으로 결정해야 할 요소는 ① 주차가 허용될 장소, ② 노상 및 노외주차장에 할당되는 주차면수, ③ 주차요금 구조, ④ 주차가 허용되는 시간길이이다.

노상주차는 주행차량과의 상충으로 도로의 용량을 감소시키며 사고를 유발하는 반면 노외주차는 그 반대이다. 운전자는 주차장이 최종목적지와 가까이 있기를 원한다. 단기주차(2시간 이하) 운전자는 그들의 도보거리가 200 m 이상이면 안 된다고 생각한다. CBD 또는 주차수요가 많은 지역에서의 장기주차 운전자는 600 m 정도까지도 도보거리로 인정을 한다.

주차요금은 일반적으로 수요와 공급에 근거해서 결정된다. 주차수요가 공급을 초과하면 주차요금은 매우 높은 반면 공급이 수요보다 많으면 주차요금은 낮아진다. 매우 높은 주차요금은 수요에 상관없이 주차장의 이용을 억제할 것이다.

주차장의 공급규모는 인접지역의 토지이용 및 개발가능성에 좌우된다. 주차장의 크기는 언제나 약 10~15%의 여유를 갖도록 하는 것이 좋다.

노외주차장과 건물부설 주차장은 일반적으로 시간제한이 없으나, 노상주차장은 주차수요가 많기 때문에 여러 사람이 골고루 이용하게 하기 위해서 보통 30분~2시간 정도로 시간제한을 한다.

2) 주차규제

혼잡지역에 진입하는 차량의 수와 차종을 통제할 필요가 있을 때 주차규제를 한다. 이 대책은 HOV를 우선처리하는 방법과 같은 개념이다. 주차요금은 어느 지역 내의 차량수를 통제하고자 할 때 혼잡료를 부과하는 형태로 이루어진다. 주차요금이 높으면 승용차 이용이 줄고 대중교통 이용률이 높으며, 대기오염을 줄이는 데도 큰 역할을 한다.

주차요금 인상은 넓은 지역에 걸쳐 시행되어야 한다. 그렇지 않으면 주차요금이 싼 그 부근 지역에 주차할 것이다. 또 단기주차에 유리하게 함으로써 장기주차를 줄이도록 주차요금이 책정되어야 한다. 주차요금 인상으로 도로혼잡이 크게 개선되지 않으므로 이 대책은 대중교통수단 이용을 권장하는 방법으로 사용되어야 한다.

단기주차의 요금을 내리고 장기주차의 요금을 인상하면 출퇴근용 주차수요가 줄고 다른 단기 주차수요가 늘어난다. 또 정부가 기업주로 하여금 '나홀로 차량'에 대한 주차요금을 추가로 받을 수 있게 한다면 합승이나 대중교통 이용률이 높아질 수 있다.

주차공간이 줄어들면 비슷한 비율로 대중교통 이용자가 증가한다는 것이 외국의 예이나, 이 경우는 불법주차가 언제나 단속되기 때문에 가능한 결과이다.

3) 환승(park-and-ride)주차장 설치

환승주차장은 대중교통 이용자, 카풀 이용자, 또는 이들의 복합 이용자를 위해 마련된다. 예를 들어 도시외곽의 고속도로 시작점에 설치하여 도시외곽에서 도시로 들어오는 차량을 차단하기 위해 많이 사용된다. 이것은 또 교회나 쇼핑센터 등 출퇴근 시간과 무관한 시설의 주차장과 연계하여 운영되기도 한다. 환승주차장의 설계와 운영은 대중교통시설과 직접 연결하면 매우 효과적이다. 고속도로가 이 주차장 가까이 있다면 HOV 전용차로로 직접 연결될 수 있도록 설계되어야 한다. 일반적인 환승주차장 계획지침은 다음과 같다.

- 차량 순환과 보행자 안전을 위해 충분히 넓어야 한다.
- 가능하면 CBD와 가까워야 하나 2 km 이상 7 km 이내가 좋다.
- 고밀도 개발지구와 연결되는 교통축선상 또는 고속도로와 가까우면서 고속도로에 의한 혼잡을 벗어난 곳이 좋다.
- 가능하면 기존 주차장을 이용하면 좋다.
- 다른 대중교통과 경쟁을 하지 않는 곳이 좋다.
- 지역 교통순환 및 환경에 영향을 주지 않는 곳이 좋다.
- 버스와 승용차의 접근이 쉽도록 한다.
- 첨두시간에는 5분 간격, 다른 시간에는 최소 버스 한 대 꼴로 운영하도록 한다.
- 가능하면 무료주차를 하도록 한다.

환승주차장의 크기는 보행거리와 연계되는 대중교통의 운행간격에 따라 달라진다. 이상적인 최대 보행거리는 주차장으로부터 대중교통의 역까지 150 m이나 보통 200~300 m인 경우가 많다. 버스 또는 지하철의 배차간격은 5~10분이 이상적이다. 이 주차장으로 접근하기가 어려우면 이용차량이 줄어든다. 또 지하철 및 버스 배차간격이 길면(20분 이상) 주차장의 크기를 줄여도 좋다.

환승주차장은 최소한 두 개의 출입구가 있어야 한다. 이 출입구는 간선도로나 고속도로가 아니라 집산로 또는 국지도로 쪽에 설치하여 교차로 및 고속도로 운영을 방해하지 않도록 해야 한다. 또 주차장의 위치는 가능하면 도심 진입차량을 위해 도로 오른 편에 두는 것이 좋다. 버스의 진출입구는 분리하는 것이 좋다.

(5) 승용차 이용 억제

승용차 함께 타기, 자전거 및 보행자 우선대책, 자동차 제한구역 설정은 기존 교통시스템의 효율을 높일 수 있는 좋은 TSM 대책이다. 이 대책은 첨두시 혼잡지역에서 이동성을 훼손시키지 않고 통행량(Vehicle-Kilometers of Travel, VKT)을 줄이므로 연료소모와 대기오염을 감소시킨다.

1) 승용차 함께 타기

비정규 대중교통의 한 형태인 '승용차 함께 타기'는 주로 출퇴근에 사용되며, 위락 또는 쇼핑통행에도 이용된다. 참가자는 자신의 차량들을 교대로 운전을 하며 금전 거래는 없다. 고용주는 종업원들에게 무료 또는 할인주차와 같은 방법으로 이 카풀제를 권장한다. 밴풀은 일반적으로 10~12명을 태우고 15 km 이상을 가는 편도통행에 이용된다. 밴은 승객 중의 한 사람이거나 고용주 또는 비정규 대중교통 회사의 소유이며 이용자는 요금을 지불한다.

이 대책은 다른 대책, 예를 들어 HOV 우선차로 이용, 통행료 및 주차요금 감면, 시차출퇴근제 및 환승주차장 건설과 같은 대책과 함께 사용하면 효과가 있다.

2) 자전거 및 보행자 우선대책

TSM 대책으로서의 자전거 및 보행자 시설은 운동과 건강 또는 도시환경을 보전하기 위해서나 교통혼잡을 줄이기 위한 것이다. 자전거 시설은 ① 도시공원 주변이나 간선도로에 평행하게 설치된 자전거 전용도로, ② 노변차로 또는 넓은 보도의 일부분에 설치된 자전거 전용 또는 반전용 차로, ③ 차로상에 표지나 노면표시로 지정한 자전거와 차량의 공용차로가 있다. 이 중에서 두 번째가 가장 많이 사용된다. 자전거도로 시스템은 통행발생원으로부터 접근이 쉬워야 하며, 주거지역으로부터 통행목적지까지 연속된 노선체계를 이루고 분명한 표시가 되어야 하며, 편리하고 안전한 보관시설을 갖추어야 한다.

자전거도로 이용을 기피하는 이유는 굴곡노선이며, 너무 많은 정지표지가 있고, 유지보수가 잘 되어 있지 않고, 차량통행과 주차된 차량이 많고, 자전거노선을 잘 알지 못하며, 노선의 연속성이 없기 때문이다. 버스나 지하철역 주변에 안전한 자전거 보관소를 설치하면 대중교통을 많이 이용하게 된다. 자전거 이용자는 교차로에서 다른 차량들과 상충을 일으킨다. 특히 회전하는 차량이나 주차된 차량과의 상충은 사고의 위험성이 크다. 따라서 각 경우에 대해서 통행우선권이 누구에게 있는지를 교통법규에 명시해야 한다.

보행자 시설은 보행자와 다른 교통수단 간의 충돌을 감소시키는 수단으로서, 육교, 지하도, 보행자 몰 및 스카이 워크(sky walk)가 있다. 이 시설들은 차량의 흐름으로부터 보행자를 분리시켜 보행자 안전을 도모하고 혼잡을 해소한다. 뿐만 아니라 기후가 좋지 않을 때 대피소를 제공하기도 한다.

3) 자동차 금지구역

자동차 금지구역은 보행자 몰의 개념과 유사한 것으로서 CBD 내의 어느 구역을 지정하여 자동차 통행을 금지시킨다. 금지구역 주변에 주차장을 마련하여 주차하게 하고, 대중교통은 그 구역 안으로 들어올 수 있다. 이 대책은 그 구역의 경제를 활성화하는 데 기여를 한다.

유럽에서는 차량진입을 제한하는 데 교통 셀(cell)을 사용한다. 이 방법은 환상의 간선도로로 둘러싸인 도심부 상업지역 내의 주요도로를 보행자 전용도로로 만들어 몇 개의 셀로 나누고 셀 간의 차량이동을 금지한다. 각 셀은 환상도로로 둘러싸이며, 이 도로의 지정된 지점에서만 진출입할 수 있다. 셀 내부의 도로는 좁은 도로로서 일방통행으로 운영된다. [그림 9-3]은 교통셀의 대표적인 모양을 나타낸 것이다.

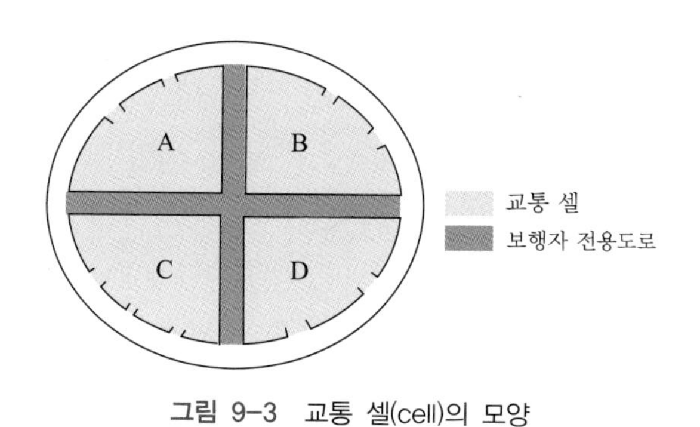

그림 9-3 교통 셀(cell)의 모양

(6) 버스 및 비정규 대중교통 관리

대중교통서비스의 질을 높이면 대중교통 이용률이 증가한다. 또 대중교통의 이용자가 늘어나면 차량통행수요와 통행량(VKT)이 줄어들어 교통혼잡이 감소한다. 이러한 TSM 대책에는 대중교통 이용 홍보, 대중교통 안전대책 확보, 버스정류장 및 터미널 정비, 요금정책 및 징수방법 개선, 버스의 비정규 운행, 대중교통 도착안내시스템 등이 있다.

1) 대중교통 이용 홍보

대중교통 시스템에 대해 호감을 갖도록 하고, 서비스 내용을 홍보하며, 이용률을 높이기 위해 대중교통시스템 운영을 모니터링하고 평가한다. 이러한 홍보대책에는 노인 및 학생요금 할인, 이용객이 적은 요일 혹은 주말의 특별요금, CBD 내 무료서비스, 티셔츠에 '지하철을 이용합시다'라는 선전 문구를 넣고 그 옷을 입은 사람은 무료 탑승시키는 방법이 있다. 그 외에 백화점, 쇼핑몰, 정부건물 및 은행과 같은 곳에 노선도, 운행시간표, 소식지, 신문 등을 비치하여 잠재적인 대중교통 이용자에게 홍보할 수 있다.

2) 안전대책 확보

승용차 이용자를 대중교통으로 전환시키기 위해서는 대중교통의 서비스 향상, 비용 및 시간절감이 필요한 것은 물론이고 차내 혹은 정류장에서 범죄로부터 안전해야 한다. 대중교통의 운행빈도가 높고 정시성이 있을 때 범죄에 대한 노출은 줄어든다. 정류장과 대피소를 이용자의 눈에 잘 띄도록 설계하면 진입하고 있는 차량을 잘 볼 수 있고, 또 언제 나타날지 모를 치한으로부터 안전감을 가질 수 있다. 밝은 조명은 범죄예방에 큰 역할을 한다. 기타 안전대책으로는 경찰 및 안전 순찰요원, 경찰견, 민간감시원, 감시카메라, 경보 및 신호, 차량모니터링 장치, 송수신 라디오 등이 있다.

3) 버스정류장 및 터미널 정비

버스정류장에 대피소가 있어 눈·비가 올 때 이용객이 피할 수 있으면 대중교통 이용을 촉진한다. 정류장이나 터미널에 의자를 비치하는 것도 마찬가지이다. 그 외에 대피소에 공중전화, 쓰레기통, 자판기 및 조명시설이 있으면 더 좋다. 터미널은 CBD 가운데 있거나 외곽의 환승시설 안에 있으면서 승객이 모이고 탑승하며 환승하는 곳이다. 터미널의 장점은 많은 버스와 이용객을 동시에 취급할 수 있으며, 노외 승하차 때문에 다른 교통을 방해하지 않으며, 교외 터미널은 CBD를 향하는 교통량을 줄인다.

4) 요금정책 및 징수방법 개선

첨두시간대에 높은 요금을 부과하면 비첨두시 이용이 증가하며, 비첨두시 운영비용을 충당할 수 있다. 비첨두시 낮은 요금은 비첨두 이용률을 높인다. 대중교통 요금정책은 탑승거리에 관계없이 일정요금을 내는 방법과 탑승거리가 길수록 요금을 많이 내는 방법이 있다.

요금징수 방법은 현금, 선불 및 후불제가 있다. 현금징수는 주로 정액제이며, 선불방식은 철도나 항공기 이용시 사용되며 티켓, 토큰, 펀치카드 및 패스나 허가증 형태로 발행된다. 후불방식은 신용카드를 사용하는 것으로써 월 청구금액이 승객에게 전달된다.

5) 버스의 비정규 운행

대중교통 서비스는 좁은 지역에서 많은 사람을 실어 나를 때 가장 효율적이다. 따라서 인구밀도가 줄어들면 대중교통 서비스의 효율은 떨어진다. 인구밀도가 낮은 지역에서 대중교통의 대체수단으로, 또는 대중교통에 연계시키는 수단으로 비정규 대중교통수단을 사용한다.

비정규 대중교통은 주로 대중교통수단이 없는 적은 도시에서 운영되거나, 개인적으로 door-to-door 서비스가 필요한 소수의 노약자를 위해 제공된다. 비정규 대중교통은 노선이

유동적이며, 승객이 편리하고 쾌적감을 느끼고, 프라이버시가 보장되므로 저밀도지역에 있는 소수의 교통수요에 적합하다.

비정규 대중교통은 ① 사전에 협의된 공동탑승 방식이나 ② 수요대응 방식으로 운영된다. 전자에 속하는 것으로는 car pool, vanpool 및 예약버스가 있다. 예약버스는 대형 vanpool로서 장거리 출퇴근을 위해 여러 사람이 함께 버스회사와 계약하여 이용한다. 수요대응(demand responsive) 운행방식에는 콜차량(Dial-a-Ride 또는 Dial-a-Bus), 합승택시, 소형 합승버스(Jitney)가 있다.

콜차량 서비스는 이용객이 전화로 서비스 요청을 하는 즉시 또는 조금 후에 승용차, 밴 또는 미니버스를 보내온다. 이 서비스는 콜택시와 유사하나 몇 사람이 함께 이용하므로, 자기가 원하는 시간과 노선으로 운행되지 않을 수도 있다.

합승택시의 서비스 방식은 콜차량과 유사하나 사용되는 차량은 콜차량과는 달리 일반택시 서비스에 사용되는 차량과 같다.

소형 합승버스는 매우 다양한 차량(소형버스, 밴, 특수제작 택시)을 이용한다. 정해진 노선을 운행하나 운행시간은 불규칙하다. 노선은 필요에 따라 변경될 수도 있다. 승객을 태우는 지점이 정해져 있으나 그 외 다른 곳에서도 승객이 부르면 태울 수 있다.

비정규 대중교통의 장점은 다음과 같다.

- 대중교통의 지선(支線) 역할
- 첨두시간에 용량 추가 제공
- 인구 저밀도지역에 서비스 제공
- CBD 내에 단거리 서비스 제공
- 비첨두시간대에 서비스 제공
- 교외지역 자가용통행의 대체 수단
- 교통 약자에 서비스 제공

(7) 고속도로 운영관리

고속도로가 이동성과 안전성을 향상시키지만 도시고속도로는 출퇴근 교통수요를 처리하는 데 역부족이며 혼잡은 여전하다. 고속도로 혼잡의 원인은 고속도로 그 자체에 있다. 도로건설은 토지이용을 엄청나게 변화시켰으며, 고속도로로 인해 고속으로 출퇴근이 가능하고 접근성이 더욱 좋아지기 때문에 고속도로 교통축 내에 상업 및 주거지 개발이 더욱 활발해 진다. 그 교통축 내의 개발을 통제하고 통행발생을 정확히 예측하기가 어렵기 때문에 도시고속도로의 성공률이 비교적 낮은 편이다.

도시고속도로 시스템은 어느 정도 구축이 되었고, 또 신규 건설을 한다 하더라도 천문학적인 건설비용 때문에 기존 시설을 효율적으로 운영하는 데 초점을 맞추지 않을 수 없다.

고속도로 운영효율을 극대화시키기 위하여 많은 고속도로 관리기법이 개발되었다. 이들 기법에는 연결로 진입조절(ramp metering) 또는 폐쇄, 다인승 차량 우대, 운전자 정보시스템, 돌발상황 관리, 모니터링 등이 있다.

1) 연결로 진입조절(ramp metering)

진입램프 통제는 고속도로 수요관리에서 가장 많이 사용되는 방법으로서, 고속도로의 진입차량 수를 조절하여 본선 교통을 원하는 최적교통상태로 유지되도록 하는 것이다. 연결로 진입조절(ramp metering)은 본선의 혼잡을 감소시키거나 본선으로 안전하게 진입시키기 위해 고속도로와 연결로의 교차점에 신호를 설치하여 진입을 조절한다. 기본적인 개념은 고속도로로 진입하는 차량의 수를 통제하여 고속도로의 교통류질을 원하는 수준(용량 이하)으로 유지하도록 하고, 본선의 차두시간이 적절할 때만 진입을 시켜 안전하고 원활한 본선 교통류를 유지하도록 한다는 것이다.

극단적인 램프진입 조절방법은 짧은 시간 동안 또는 장기간 램프를 폐쇄하는 것이다. 이때는 반드시 우회도로를 명시해야 한다. 폐쇄를 위한 시설에는 수동 또는 자동 barrier, 표지, 가변표지 및 신호기 등이 있다.

교통축 통제는 고속도로 및 그 측도와 간선도로를 포함하는 고속도로 축의 교통수요와 용량 간의 균형을 유지하기 위한 기법으로서 주로 진입조절 방법을 사용한다. 이 대책이 성공하려면 시·도, 건교부, 도로공사, 경찰 등 관련 부서의 상호협조가 필수적이다. 미국의 몇 개 도시에서는 고속도로 교통축선상의 교통통제, 운영 및 안전에 관련되는 기관들로 구성된 교통축 관리팀을 구성하여 원활한 협조체제하에 성공적인 임무를 수행하고 있다.

2) 고속도로 다승객 전용차로 및 전용진출입로

첨두시간의 수요를 처리하기 위해서 도시고속도로 시설의 확장이 필요하나, 단지 차로를 증설하는 것만으로는 부족하다. 이를 위해 대부분의 도시에서는 버스나 봉고 또는 다승객 승용차를 위한 HOV 우선차로를 설치한다. 이러한 본선 교통통제를 위한 HOV우대 방법은 ① 전용램프를 가진 전용도로, ② HOV 전용차로, ③ HOV 역류차로가 있다.

3) 운전자 정보시스템

운전자 정보시스템은 고속도로 이용자에게 현재의 고속도로 운영조건을 알려줌으로써 운전자가 어떤 대비를 하거나 필요한 행동을 취하게 한다. 이때 사용되는 시설은 표지나 라디오 방송이다. 표지에는 HOV를 위한 차로이용 지시표지나 우회전전용차로 표지와 같은 고정표지와 진입조절(ramp metering) 및 진입폐쇄(ramp closed) 상태를 나타내거나 가변속도 표지와 같이 메시지 내용이 변하는 가변표지(variable message sign)가 있다.

가변정보표지는 운전자에게 전방의 혼잡발생 지점과 예상 지속시간을 알려줌으로써 운전자의 당혹감을 해소하고 편안하고 안전하게 운전하도록 한다. 가변속도표지는 교통류율이 최대가 되도록 하면서(고속도로의 경우 설계속도에 따라 다르나 70~80 kph) 차량간의 속도 차이를 줄여주어 안전하고 효율적인 교통류를 만들어 준다.

4) 돌발상황 관리

돌발상황으로 인해 용량이 감소하면 상당히 긴 시간 동안 혼잡을 겪게 된다. 따라서 돌발상황이 발생했을 때 이를 검지하고 대응하며 조치하는 모든 활동은 신속히 이루어져야 한다. 그러기 위해서는 돌발상황의 발생 여부를 계속 감시하고 확인하는 시스템이 있어야 하며, 돌발상황이 검지되고 확인되었을 때는 미리 계획되고 협조체제를 갖춘 인력 및 기술력을 동원하여 그 곳의 소통능력을 극대화하도록 노력해야 한다. 또 운전자에게는 돌발상황이 완전히 해소될 때까지 교통상황과 대체노선에 관한 정보를 제공해야 한다.

돌발상황을 조치할 때 가장 중요한 것은 여기에 관련되는 기관이나 인원은 평소에 각자 맡은 실행계획을 분명히 이해하고, 상황발생시 신속하게 행동할 수 있어야 한다. 그러기 위해서 미국의 경우처럼 고속도로가 있는 도시는 고속도로 돌발상황 관리 체계(Freeway Incident Management System, FIMS)를 구축하는 것이 좋다.

9.6.4 TSM 대책묶음

문제점을 해결하기 위한 기본적이고 타당성 있는 접근방법을 정한다. 예를 들어 교통류 개선 전략을 위한 대책은 교차로의 좌회전 전용차로를 건설하는 것일 수 있다. [표 9-8]은 각 전략에 따른 대책 대안들을 종합한 것으로서 이것을 이용하여 대책을 선정하면 편리하다. 이들 대안들이 합리적이고 타당성과 실행가능성이 있는지를 검토하여 취사선택한다. 선택된 대책이 여러 개인 경우가 많다. 이때는 가능한 몇 개의 대책을 조합하여 몇 개의 대책묶음(action package)을 만든다. 유의할 것은 여기에 포함된 대책들의 효과가 서로 상충이

표 9-8 TSM 전략과 대책의 종류

전략		대책
교통운영	교차통제	-버스우선신호 시스템 -신호시간 최적화 -신호설치 -육교 건설 -컴퓨터제어 신호시스템
	진입통제	-일방통행제 -가변도로 -회전제한 -자동차 금지구역 -연결로 metering -우선진입 연결로 -진입연결로 폐쇄
	차로이용 통제	-가변차로제 -다승객 우선차로 -차로이용 및 회전금지 -교차로 도류화 -차전거 차로 설치
	차로변 통제	-주차제한 -버스정류장 재배치 -하역구간 설치 -보도 확장 -화물차 제한
	속도통제	-속도제한(최고 및 최저)
	주차통제	-다승객 우대주차 -주차시간 길이 제한 -불법주차 단속 강화
대중교통운영개선	버스운영 개선	-버스노선 조정 -버스 스케줄 조정 -승객 승하차시간 단축 -요금징수 단순화 -특정시간대에 수요대응 서비스 대체(고정노선 및 고정스케줄 대신)
	수단 전환	-버스정류장 재배치 -주차환승 시설 -정류장 환경개선 -환승 단순화 -지선, 분산노선 개선
	관리의 효율성 제고	-기술상의 협력(일반교통과 대중교통) -마켓팅 개선 -프로그래밍 개선 -회계 개선 -유지관리 개선 -점검 및 감독 -안전성 제고
사용료 징수	도로사용료 징수	-시설 이용료 -지역 통행세 -차량 보유세 -차량 사용세(연료세) -혼잡세 -차등 통행료
	주차요금 징수	-주차장 사용료 -주차장 보조금 삭감
	주차요금 징수(계속)	-다승객 차량에 대한 차등주차요금 -주차세

전략		대책
사용료 징수	대중교통 및 준대중교통 요금	-요금 할인 -첨두·비첨두 차등 요금 -대중교통요금 무료 -노임 및 학생요금 할인 -정기 통근자 승차권 할인
공급 확충	대중교통	-순환버스 서비스 -직행버스 서비스 -예약버스 서비스
	도로	-도로 및 교차로의 선별적 확장 -다승객차량 전용 차로 -고속도로 연결로 추가 -버스베이 -고속버스 정류장
	보행자, 자전거	-보행자 몰 -자전거 도로 -보도 확장
	주차	-주차장 공급 억제 -CBD 외곽주차 -교외 주차환승시설
	화물	-터미널 밀집화 -화물차 부지 확장 -노외 적하시설
	준대중교통 운영	-합승 유도책 -합승 중개 -택시 관계규정 개정 -소형 합승버스 운영 -수요-대응 버스 -사원 승용차 합승제(기업주)
수요 조정	수요의 시간적 분포	-시차제 출퇴근 -근무일수 단축 -쇼핑 및 서비스 시설의 저녁시간 연장 -쇼핑 및 서비스 시설의 주말 영업 시간 연장
	수요의 빈도 조정	-화물 및 서비스의 택배 장려 -교통 대신 통신수단 이용 -우편 및 전신이용 장려
	수요의 공간적 위치조정	-토지이용 변경
사용자 정보 안내	교육	-운전자 교육확대 -어린이 교통안전 교육
	통행 전 정보	-통행 전 교통상황 안내 -합승 공개 모집 -화물차노선 및 운행스케줄 최적화 -대중교통 노선 및 운행스케줄 안내 -준 대중교통 서비스 안내
	운행 중 안내	-시스템상황 방송 -교통류상황 표지 -연동속도 권장 표지 -노선 권장 표지 -돌발상황 검지 및 관리

되지 않아야 한다.

마지막으로 각 대책묶음의 효과를 종합적으로 분석하고 비교하기 위한 계획을 세운다. 이때의 비교기준은 안전성, 서비스수준, 용량, 비용, 현 여건에서의 적용성 등이다.

9.6.5 TSM 사업의 효과척도

대책 대안들이 선택되고 몇 개의 대책묶음 조합이 구성되면 이들 간에 교통측면의 효율을 비교하는 과정이 필요하다. 또 개선비용 혹은 효율과 직접적인 관련은 없지만 TSM 대책을 선택할 때 정치적, 환경적, 법적인 요소가 미치는 부수적(附隨的)인 영향을 고려해야 한다. 이러한 부수적인 영향은 여론 혹은 그 지역사회의 수용여부, 제도적, 또는 법적인 문제, 사회적, 환경적, 경제적인 관심사 등이다. 이때 사용되는 효과척도(MOE)는 그 TSM 사업의 목표를 가장 잘 나타내는 지표이어야 하며, 일반적으로 다음과 같은 범주에 속한다.

- 서비스의 질(통행속도 또는 시간)
- 용량(차량 및 인원 수송률)
- 교통량 또는 이용도(교통량, 버스 이용률, 승차인원)
- 안전성(사고 또는 교통상충)
- 비용(자본, 운영 및 유지관리 비용)

MOE는 상황이나 대책에 따라 다르나 다음과 같은 구비요건을 만족시켜야 한다.

① **계량적이어야 한다:** 비계량적인 목표에 대해서는 간혹 간접적인 대리 MOE를 사용하여 계량화한다. 어떤 목표에 대해서는 복합 MOE를 사용하여 효과를 나타낸다. 혼잡을 예로 들면, 이것을 직접 측정할 수 없으므로 통행시간, 지체, 정지수 등과 같이 간접적이고 구체적인 MOE로 나타낸다.

② **시뮬레이션이 가능하고 현장측정이 가능해야 한다:** 교통류와 도로와 관계되는 MOE는 지체, 속도, 정지수, 교통량 등과 같은 교통류 모형의 변수로부터 유도될 수 있어야 한다. 통행발생, 통행빈도 등에 관계되는 MOE는 한 도로의 교통량 또는 두 지점 간의 통행시간 등과 같이 수요모형으로부터 얻을 수 있어야 한다.

③ **현장에서 성과를 점검할 수 있어야 한다:** MOE는 현장에서 직접 측정되거나 다른 현장자료로부터 구할 수 있어야 한다. 현장자료를 측정할 수 없는 경우에는 간단한 주요

표 9-9 TSM의 목표와 효과척도

목 표	효 과 척 도
통행서비스 수준의 개선	- 개인의 총 통행시간(인·시간) - 개인의 가중평균속도 - 개인의 총 지체시간(인·시간) - 개인의 총 정지수
통행의 신뢰도 개선	- 두 지점 간의 개인통행시간의 분산(하루 중) - 개인통행횟수의 분산(하루 중)
자가용 이용 억제책 마련	- 총 승객수 - 수단분담(%) - 차량통행당 평균승차인원 - 차량·km당 평균승차인원 - 운행중인 대중교통의 좌석·km수 - 집과 직장이 대중교통의 서비스를 받을 수 있는 거리내(보행거리)에 있는 인구(%) - 승용차 통행시간보다 짧은 대중교통 통행 시간을 갖는 사람·통행의 %
교통 약자에 교통 서비스 제공	- 특수계층 중에서 특수교통 서비스 이용이 가능한 % - 이들 특수계층이 교통에 지출하는 가처 분소득의 % - 승용차 통행시간과 이들 특수교통수단 통행시간과의 차이
보행자, 자전거 이용시설 개선	- 자전거, 보행자 도로의 총 연장 - 자전거, 보행자 총 통행량(인·km) - 집에서부터 쇼핑장소까지 계속해서 보행 또는 자전거를 이용할 수 있는 인구의 % - 집에서부터 학교까지 계속해서 보행 또는 자전거를 이용할 수 있는 학생의 %
교통사고의 감소	- 자동차 사고건수 - 1억대·km당 사고건수 - 진입차량 100만 대당 사고건수
교통사고로 인한 사상자 감소	- 부상자 수, 사망자 수 - 1억대·km당 부상자 수, 사망자 수 - 100인·km당 부상자 수, 사망자 수
교통사고로 인한 사상자 감소(계속)	- 진입차량 100만대당 부상자 수, 사망자 수 - 보행자, 자전거 이용자의 부상자 수, 사망자 수
차량 배기가스 감소	- 배출가스(CO, HC, NOx)의 양 - 대·km당 배출가스 양 - 인·km당 배출가스 양 - 각 지점에서의 배출가스 농도 - 광역 대기오염 농도지수
소음 및 진동 감소	- 교통시설로부터 거리에 따른 소음수준 - 허용치 이상의 소음에 시달리는 주민의 % - 교통시설로부터 거리에 따른 진동빈도, 크기 - 허용치 이상의 진동에 시달리는 주민의 %
연료 절감	- 소비된 휘발류 및 디젤량 - 리터당 차량·km의 증가 - 리터당 사람·km의 증가
기존시설의 용량 증대	- 시설의 중요지점에서의 차량용량 (pcu/hr) - 시설의 주요지점에서의 승객용량(인/hr) - 특정 서비스 수준에서 어떤 시설구간의 서비스율(인·km/hr) - 특정 서비스 수준에서 도로망의 서비스율 (인·km/hr)
도시통행의 개인비용 감소	- 한 사람당 연간 사용자 비용 - 연간 사용자 총 비용 - 인·km당 통행비용 - 인·통행당 통행비용 - 도시교통에 지출되는 가처분소득의 %
도시교통체계의 공공비용 감소	- 수단별 교통시설의 소유, 운영에 필요한 연간 순비용 (총비용-요금, 통행수입, 주차비) - 한 사람당 연간 순비용

MOE 몇 개만 사용해도 좋다.

④ **민감한 것이어야 한다:** 매우 민감한 척도로서는 MOE를 조합한 것일 수도 있다. 예를 들어 속도나 지체 MOE 없이 교통량 MOE 하나만으로는 불충분하다.

⑤ **통계적으로 나타낼 수 있어야 한다:** MOE 측정에서 어떤 수준의 정밀도를 얻기 위해서는 얼마나 많은 표본이 필요하냐 하는 문제는 비용과 관계가 되므로 이를 고려해야 한다.

⑥ **중복되는 것을 피해야 한다:** 목표가 여러 개라 할지라도 될수록 공통된 MOE를 사용함으로써 MOE의 숫자를 줄이는 것이 좋다. 예를 들어 통행시간과 통행속도는 근본적으로 같은 MOE이므로 두 개 모두 사용할 필요가 없다.

MOE는 각각의 목표에 대해서 개발되어야 하며, 그 중에서도 가장 강력하고 분명한 것을 찾아야 한다. [표 9-9]는 교통상황 개선 목표와 이에 적합한 MOE를 나타낸 것이다

1. ITE., *An Informational Report on Speed Zoning*, TE., 6, 1961.
2. FHWA., *Manual on Uniform Traffic Control Devices,* 1971.
3. National Committee on Uniform Traffic Laws and Ordinances, *Uniform Vehicle Code and Model Traffic Ordinance*, 1972.
4. Bruce, *Improved Street Utilization through Traffic Engineering*, HRB., Special Report 93, 1967.
5. Duff, *Traffic Management, Conference on Engineering for Traffic*, 1963.
6. Moran and Reagan, *Reserved Lanes for Buses and Car Pools*, TE., 7, 1969.
7. *Highway Capacity Manual*, TRB., Special Report 209, 1985.
8. *Zoning Applied to Parking*, Eno, 1967.
9. ITE., *Proper Location of Bus Stops*, Recommended Practice, 1967.
10. 도철웅, 조원범, 도로용량편람에 근거한 비보호좌회전 준거에 관한 연구, 대한교통학회지, 제20권 제7호, 2002.12.
11. Texas A&M University, *A Short Course on Transportation System Management,* 1988.

12. TRB., *Simplified Procedures For Evaluating Low−Cost TSM., Projects−User's Manual*, NCHRP Report, 263, 1983.

1. 교통통제와 교통운영의 차이는 무엇이며, 교통통제시설이 운전자나 보행자에게 행하는 중요한 기능은 무엇인가?
2. 교통통제의 대표적인 것은 무엇인가?
3. 속도제한을 실시하는 곳은 어떤 곳인가?
4. 일방통행의 장단점을 말하라.
5. 효과척도(MOE)의 구비요건은 무엇인가?

제10장

교통계획

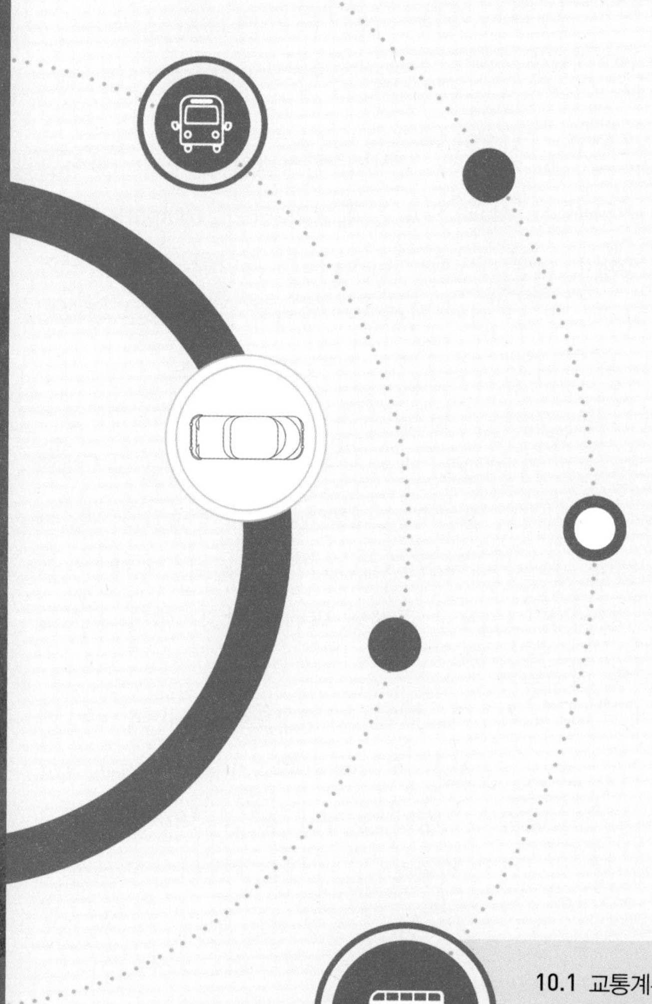

계획이란 앞을 내다보고 장래에 대비하는 과정이다. 교통계획은 사람이나 화물을 안전하고, 효율적이며, 경제적이고, 질서 있게 이동시키기 위하여 교통시설을 개선하고 교통망을 체계적으로 구상하여, 현재와 장래에 그 시설의 적절성을 검토하며, 장래의 건설을 계획하는 과정이다. 그러기 위해서는 교통시스템의 이력, 상태, 사용빈도, 효과, 비용 및 필요성 등에 관한 자료를 계속적으로 수집하고 분석하여 효율적이며 효과적인 교통시스템을 개발하도록 해야 한다. 교통계획은 끝이 없이 반복되는 과정이다.

10.1 교통계획의 개요

교통계획의 기능은 그 지역 사회의 구성원이 경제적, 사회적, 환경적인 대가를 지불하면서 요망하는 수준 이상의 서비스를 보장받도록 하는 것이다. 계획의 산출물(output), 즉 계획안(plan)은 교통에 대한 요구가 무엇이며, 어떤 대안을 사용하며, 이 대안이 그 지역 사회의 욕구를 얼마나 충족시키며, 그 계획안을 만족스럽게 시행하기 위해서 궁극적으로 행해야 할 활동이 무엇인지를 제시하는 것이다.

교통계획을 그 계획기간에 따라 분류하면 단기 및 중기계획과 장기계획이 있다. 이 중에서 단기 및 중기계획은 건설이 간단하고, 또 큰 예산을 필요로 하지 않기 때문에 장기계획에 비해 간단하다. 대체로 단기계획은 기존시설의 용량을 극대화하거나 운영방법을 개선하는 것이 고작이다. 또 해결책을 제시함에 있어서 대안의 수도 몇 개 안 되며, 그 대안들은 교통에 할당된 예산범위 내에 있는 것들이다. 그러므로 문제의 범위가 한정적이며, 분석과 평가도 소수의 기준을 사용하기 때문에 간단하다.

반면에 장기 또는 종합적 교통계획은 20~25년 앞을 내다보는 계획으로서 대단히 복잡하다. 이것은 대규모의 예산을 필요로 하고, 또 경제, 사회, 환경에 영향을 미칠 수 있는 대규모의 건설계획을 수반한다. 더욱이 요망되는 해결책은 정부 및 해당 행정부서의 정책결정을 통하여 수립된다. 이처럼 복잡한 문제점은 지금까지 체계적 접근방법을 사용하여 비교적 성공적으로 해결할 수 있었다.

10.1.1 교통계획의 정의

국민의 생활수준이 급격히 향상되고 인구의 도시집중 현상으로 말미암아 도시부나 지방부를 막론하고 효율적인 경제 및 사회생활을 유지하기 위하여 교통수요가 급증하게 되었다. 이로 인해 절대적으로 부족한 교통시설을 정비하고 확충하는 일이 시급한 문제로 대두되었으나, 예산의 제약이나 환경문제, 안전성 문제로 인해 교통시설의 정비 및 확충에 많은 제약을 받고 있다. 이러한 경향은 도시부에서 특히 현저히 나타났고, 그 결과 사람들의 생활패턴에 큰 변화가 일어나고 있어 교통계획에 대한 관심이 더욱 고조되고 있다.

교통계획이란 사람이나 화물을 효율적으로 이동하기 위하여 여러 가지 기법을 조직적으로 구성하는 계획 또는 교통시설의 배치와 기능에 대한 계획이다. 다시 말하면 국토계획 및 지역계획의 입장에서 그 지역에 적합한 교통수단과 노선을 어떻게 배치하고, 또 이들의 기능을 어떻게 발휘하게 할 것인가를 계획하는 것이다.

교통계획에 있어서의 중요한 당면과제로는 도시교통, 종합교통시스템, 화물교통의 합리화, 환경 및 안전문제를 들 수 있다. 이와 같은 과제들은 이 장에서는 물론이고 다음의 여러 장에서 다루어진다. 장기적이며 종합적인 교통계획의 틀은 계획대상지역 내의 각종 교통수단을 그 특성이나 기능에 따라 유기적으로 결합시켜, 현재 및 장래에 그 지역 내의 전체교통수요에 부응할 수 있도록 공간적으로 배치하고 기능적으로 분담을 시키는 것이다. 이렇게 함으로써 단일수단(도로 또는 철도 등 한 가지만)에 대한 계획에 비해 효율적인 투자를 할 수 있고, 국토 및 도시공간의 효율적인 이용이 가능하며, 환경보전 및 안전성을 기대할 수 있을 뿐만 아니라 교통개선 및 교통시설에 대한 투자우선순위를 결정할 수 있다.

이러한 정의에 입각하여 계획을 진행하는 순서대로 다시 설명하면 다음과 같다.

① 교통계획은 독립적인 계획이 아니다. 교통계획은 국통종합개발계획, 지역계획, 도시계획 등의 일부분이며, 이들 상위계획의 목적 및 목표에 따라 교통계획의 목적을 정하고 이 목적을 달성할 수 있도록 목표를 세워야 한다.

② 교통계획의 목표가 수립되면 이 목표를 달성하는 데 필요한 각종 조사 및 자료수집의 범위를 정한다.

③ 수집한 자료 및 조사결과로부터 교통현황을 분석하고 장래의 교통수요를 예측한다.

④ 예측된 장래의 교통수요와 현 교통시설의 용량을 비교·검토하여 교통계획을 수립한다.

⑤ 수립된 교통계획이 상위계획의 목표에 부응하는가 혹은 같은 수준의 다른 계획과 저촉되는 점이 없는가를 검토한다.

⑥ 교통계획의 경제적 타당성을 평가하고, 계획시행에 필요한 재정계획을 수립한다.

10.1.2 교통계획의 분류

교통계획이란 용어는 정적계획인 plan과 동적계획인 planning이란 두 가지 의미로 사용된다. plan이란 의사결정 과정인 planning의 결과를 의미하므로 여기서는 계획안이라 부른다. 이 계획안에는 계획의 목적을 달성하기 위한 수단, 방법, 순서 등이 구체적으로 나열되어 있다. 따라서 이 장에서 말하는 교통계획이란 대부분 계획안을 만드는 과정을 의미한다.

교통계획은 그 대상지역에 따라 전국교통계획, 지역교통계획, 도시교통계획, 지구교통계획으로 나눈다. 또 계획기간에 따라 장기교통계획, 중기교통계획, 단기교통계획으로 나눈다. 계획대상이 되는 교통시설에 따라 분류하면, 도로계획, 철도계획, 항만계획, 공항계획, 파이프라인계획, 주차장계획, 화물터미널계획 등이 있다. 또 계획의 목적에 따라 도로, 철도, 항만, 공항, 파이프라인 등의 신설, 개선, 보수, 복구 등의 계획이 있다.

교통계획은 종적으로 위계를 가진다. 지역계획이 국토종합개발계획의 하위계획인 것처럼 지역계획의 일부분인 지역교통계획은 국토종합개발계획의 일부분인 전국교통계획의 하위계획이다. 또 도시계획의 일부분인 도시교통계획의 하위계획은 도시가로망계획이며 그보다 더 하위계획은 도로계획이다.

횡적계획은 동위계획이다. 도시종합교통계획은 토지이용계획과 횡적인 동위계획이며, 또 도시종합교통계획의 하위계획인 도로망계획과 지하철망계획은 서로 동위계획이다. 종적인 계획에서는 상·하위계획 간에, 또 횡적인 계획에서는 동위계획 간에 밀접한 관계가 있으므로 이들은 서로 유기적으로 연관되어야 한다.

동적계획(planning)이란 계획을 하는 사람이 어떤 의사결정 과정을 거쳐 결과를 도출하는 계획활동으로서, 계획 형성과정과 사고과정이 있다.[표 10-1]

(1) 계획의 형성과정

계획의 형성과정은 구상, 대안개발, 최적안 선정, 실행계획 수립의 단계가 있다.

구상이란 계획대상의 문제점을 명확하게 하고, 충족해야 할 요망사항을 명확히 제시하고, 계획의 목적을 설정하는 것이다. 매우 창조적인 식견이 요구되며, 자원에 제약을 고려하지

표 10-1 계획의 형성과 사고과정

형성과정 / 사고과정	구 상	대안개발	최적안 선정	실행계획 수립
방향설정	거시적 현상분석	구상안 중에서 대안으로 채택하기 위한 방향설정	최적안 선정의 방향결정	실행계획 수립의 방향결정
문제점 파악	명확한 목적수립 목적달성 방안 구상	미시적 현상분석 대안의 목표 대안의 골격	대안평가에 대한 문제점	계획과 실행 간의 조정
문제점 분석	창조적인 여러 구상안 제시	대안의 문제점 조사·분석	평가기준 적용	계획의 구체화·분석계획의 평가
결 정	각 구상안을 평가하고 결정	실행 가능한 대안을 확정	최적안 선정	최종계획안 마련

않는다.

대도시의 교통에서 앞으로의 도시규모와 교통수요를 현재의 교통시설로 감당할 수 있는가? 없다면 어떤 도시종합교통시스템을 수립해야 하는가? 도로, 철도와 도시고속도로, 도로와 지하철 등 여러 가지의 안을 구상할 수 있다.

대안개발이란 구상단계에서 나온 구상안 중에서 사고과정을 거쳐 몇 가지의 실행 가능한 계획안을 만드는 과정을 말한다. 구상단계의 조사·분석으로는 실행 가능성 여부를 판단하거나 우열을 가리지 못한 여러 개의 계획안에 대하여 보다 상세한 조사·분석을 하여, 그래도 우열을 가리기 힘든 몇 개의 실행 가능한 계획안을 만들어 내는 단계이다. 이때의 조사·분석은 주로 각 안에 대해서 개별적으로 행하며 다른 안과 비교하는 것이 아니다. 여기서 선정된 몇 개의 대안은 상호배타적인 성질을 가지고 있다. 즉 한 안이 최종적으로 선정되면 (그 다음 단계에서) 나머지 안은 폐기된다.

최적안 선정은 여러 대안 가운데 하나를 최적안으로 선정하는 과정이다. 이 선정은 의사결정자가 하는 것이지 계획하는 사람이 하는 것이 아니다. 계획하는 사람은 의사결정자가 최적안을 선정하는 데 필요한 각종 계획결과로부터 얻은 자료를 정리해서 제공하기만 한다. 각 계획대안의 평가는 주로 경제적 효과를 기준으로 하며, 정량적으로 그 효과를 나타낼 수 없는 항목에 대해서는 그 장단점을 열거한다.

최적안이 선정되면 그것의 실행계획을 수립한다. 예를 들어 도로와 지하철을 같이 건설하는 안이 선택되었으면, 기존가로망을 어떻게 정비하며, 가로와 지하철을 기능적으로 어떻게 유기적으로 연관시킬 것인가에 대한 계획을 수립한다. 지금까지 조사·분석한 것을 세부적으로 더 보완해서 지하철계획, 가로계획을 할 수 있도록 하는 것이 이 단계이다.

(2) 계획의 사고과정

계획하는 사람이 계획 형성과정의 각 단계에서 계획을 어떻게 구체화시켜 나가느냐에 대한 정신활동을 사고과정이라 한다. 여기에는 방향설정, 문제점 파악, 문제점 분석, 결정 등의 단계가 있다.

방향설정이란 형성과정의 각 단계에서 계획을 어떤 방향으로 이끌어 가느냐 하는 방향을 결정하는 것을 말한다. 도시종합교통계획의 구상단계에서 교통시스템을 도로, 도로와 도시고속도로, 도로와 지하철, 도로와 도시고속도로와 지하철 등 네 가지로 구상했을 때, 이들 각 안에 대하여 어떻게 조사·분석·비교할 것인가에 대한 방향을 결정한다. 조사의 방향은 주로 통계자료를 이용해서 현 교통시설의 교통용량과 장래의 교통수요를 개략적으로 추정하는 것이다.

문제점 파악단계는 계획에 있어서의 종적관계 및 횡적관계에서 생기는 모순과 현재 및 장래에 예상되는 문제점을 파악하는 과정이다. 문제점의 파악도 계획의 형성과정에 따라 그 대상이 다르다. 구상단계에서의 문제점 파악이란, 계획의 목적을 명확하게 하고, 계획환경 중에서 문제점이 생기는 요인의 파악과 그 성격 및 상관관계를 명확하게 하는 과정이라 할 수 있다.

도시종합교통계획의 구상단계에서 방향을 결정하고, 이에 따라 도시현황, 도시계획에 의한 도시의 성격 및 장래의 도시규모, 현 교통시설 및 용량, 현재의 교통량과 장래의 교통수요 등의 자료를 사용하여 문제점을 파악한다. 특히 교통량과 관계되는 요인은 어떤 것인지를 알아내고 그 상관모형 등을 파악한다.

문제점 분석단계는 두 가지로 나눌 수 있다. 그 하나는, 예를 들어 도로만 사용하든가 도로와 지하철을 같이 사용하는 두 구상안 가운데 어느 것을 택하느냐 하는 기능적 대안 즉 무엇을 하느냐(what to do)를 결정하기 위한 분석이며, 다른 하나는 활동의 대안, 즉 지하철과 도로를 어느 정도의 서비스 수준과 용량을 갖도록 건설하느냐(how to do)를 결정하기 위한 것이다.

대도시의 종합교통계획은 여러 분야에서 많은 조사·분석·예측의 과정을 거치게 되나 결론적으로 말하면 장래의 교통수요를 안전·신속·저렴·쾌적하게 감당할 수 있는 교통시설을 그 도시의 재정상태에 맞게 결정하는 것이다. 각 구상안에 대하여 장래의 교통수요를 감당하려면 어느 정도의 시설을 해야 하고, 그 투자액은 얼마이며, 시민들의 편익은 얼마인가를 분석하여 각 형성과정을 종결시키는 자료를 만든다.

결정과정은 각 형성과정을 종결시키는 의사결정단계이다. 이 결정은 의사결정자가 하는 것이 원칙이나 그다지 중요하지 않는 과정에서는 계획을 하는 사람이 결정한다. 계획대안 중에서 최적안을 선정하든가 실행계획을 최종적으로 확정하는 결정은 주로 의사결정자가 한다.

의사결정에 있어서 우선 각 계획대안을 비교·평가할 수 있는 평가기준을 마련해야 하며, 계획대안의 성과(편익 및 비용, 영향 등)를 정량화할 수 없으면 그들의 장단점을 기술한다.

대도시 종합교통계획 구상단계에서의 의사결정은 앞에서 설명한 여러 가지 구상안에 대해 사고과정을 거쳐 비교·평가하고 정리하여 우열을 가릴 수 없는 몇 개의 구상안을 채택하는 것이다. 구상단계의 조사·분석 정도로 우열을 가릴 수 없으면, 이것을 대안개발단계로 넘겨 보다 광범위하고 정도 높은 조사·분석을 한다.

10.1.3 종합교통시스템의 의의

교통수요는 생활수준의 향상으로 점차 증대되고 다양화하고 있으며 더 높은 수준의 서비스를 요구하고 있다. 이러한 수요에 부응하기 위해서는 각 교통수단의 특성을 종합적으로 평가하여 투자효율이 큰 교통시설을 정비함과 동시에 기존의 교통시설을 효율적으로 사용하는 대책을 세워야 한다.

종합교통시스템이란 이용자의 기호와 각 교통수단이 가지는 신속성, 대량성, 편리성, 정확성, 안전성, 경제성 등의 특성을 고려하고 사회적인 제약조건을 감안하여 현재뿐만 아니라 장래에도 적합한 교통수단 분담관계와 그들 간의 협력 및 보완관계를 확립하는 데 의의가 있다. 종합교통시스템의 과제는 다음과 같은 것이다.

- 교통수단 및 바람직한 분담률 설정
- 교통수요의 조정
- 국토계획, 도시계획 및 다른 사회자본과 조화된 교통시설 정비
- 경제성 및 이용상 적절하고 효율적인 교통시스템의 실현
- 안전성 확보 및 환경보전
- 합리적인 비용분담관계 또는 운임, 요금체계의 확립

국가적인 차원에서 볼 때 교통수단의 특성을 고려하여 중복 투자를 피하고, 수단 상호 간에 조화를 이루면서 발전하기 위해서는 종합적인 관점에서 국내의 교통정책을 수립할 필요가 있다. 또한 대도시로 집중되는 인구와 산업을 억제하고, 지방부를 발전시켜 과밀·과소 문제를 해결하면서 국토이용의 균형을 유지하고, 쾌적한 주거환경을 형성하기 위하여 종합교통시스템의 확립이 긴요하다.

10.1.4 도시계획과 교통계획

앞에서 언급한 교통계획의 수준은 교통계획 대상지역의 단위에 따라 구분한 것이다. 그러나 교통계획이 지역계획이나 도시계획의 근간이기 때문에 각 계획수준에서 교통계획이 차지하는 위상을 파악하는 것도 대단히 중요하다.

교통계획은 앞에서도 설명한 바와 같이 정부와 지역사회 간의 상호작용을 나타내는 지속적인 과정이다. 또 계획활동은 여러 가지 계획수준에 따른 위계를 가진다. 지금까지 수행된 도시교통시스템을 계획할 때의 중요한 결함은 이 계획수준을 다른 계획수준과 제대로 연관시키지 못한 데 있었다.

교통시스템의 계획과정에서 확정된 계획안의 일부 또는 전부가 투자계획(capital programming) 수준에서 거부될 수도 있다. 그 이유는 지역사회의 태도가 바뀌었거나 또는 경험으로 비추어보아 그 시설이 지역사회에 나쁜 영향을 미친다는 것을 인지했기 때문이다. 이러한 교통시스템 계획안이 거부되면 반대로 도시개발계획을 전면 수정하거나 또는 거부될 수도 있다.

한편 도시교통계획은 행정구역의 범위를 넘어 광역도시권 전체를 계획대상으로 삼아야 하지만, 동시에 도심지구, 주거지구 등과 같이 지구단위의 교통계획도 도시교통계획의 중요한 지주가 된다. 즉 도시교통계획은 광역도시권 수준 - 도시수준 - 지구수준 등 3단계의 계획수준이 있으며, 이들이 상호 체계화된 계획을 이루어야 한다.

다음으로 도시교통은 도시구조 및 토지이용 패턴과 밀접한 관계를 가지고 있고, 특히 도시교통의 형태, 즉 O-D 패턴은 토지이용 패턴에 크게 좌우된다. 따라서 도시교통계획에서는 도시구조, 토지이용 등과 교통상황과의 관계를 분석하고 장래의 도시구조, 토지이용을 예측하여 계획을 수립할 필요가 있다.

정부와 지역사회의 상호작용을 유지시키고, 각 계획수준의 활동을 유기적으로 만드는 데 사용되는 좋은 방법은 다음 절에서 설명되는 체계분석적 접근법이다.

10.2 교통계획의 체계분석적 접근

오늘날의 교통계획은 하나하나의 독립적인 시설에 대한 것이 아니라 총체적인 시스템에 주안점을 둔다. 즉 국가나 지역 또는 도시에 대해서 경제적으로 타당한 모든 교통수단을 고려할 뿐만 아니라 모든 종류의 개선, 즉 효율적인 신호시스템, 교차로의 도류화, 표지개선 또는 노외주차시설 등과 같은 교통공학적인 개선과 도로확장과 같은 기존시설의 재건설은 물론이고, 새로운 도로 및 대중교통시설을 건설하는 것까지 포함한다.

그러므로 교통계획을 한다는 것은 결코 쉬운 일이 아니다. 그 가장 큰 이유는 교통에 관련되는 여러 가지 요소들이 서로 독자성을 가지는 것이 아니기 때문이다. 예를 들어 도시교통 해결책은 여러 개의 작은 교통공학적인 해결책을 합한 것이다. 또 도시교통시스템은 전국 및 지역의 교통기반시설 중에서 작은 일부분에 지나지 않기 때문이다.

전반적인 교통계획을 세우는 데는 여러 수준에서 문제점을 검토할 필요가 있다. 왜냐하면 어느 한 수준에서의 정책결정의 결과는 제안된 그 계획안에 심각한 영향을 미칠 수 있기 때문이다. 즉 교통계획에서 가장 큰 문제는 공학적 해결과는 달리 교통계획안이 시행되었을 때 그 자신의 환경에 영향을 미친다는 사실이다. 이와 같은 환경의 변화는 그 교통시스템의 수요를 변화시킴으로써 처음 그 계획수립에 사용되었던 기준이나 입력자료가 쓸모없게 된다. 교통시설과 토지이용 간의 상호작용은 [그림 10-1]에 보인다.

토지이용은 통행발생의 가장 중요한 요인이다. 통행발생 활동의 수준과 해당지역 내에서의 통행방향은 교통시설의 필요성을 결정한다. 이들 시설이 건설되면 그 토지의 접근성은 변화되고 이로 말미암아 지가가 변하게 된다. 지가는 토지이용의 주요 결정요인이므로 결국 이 순환과정 내에서 어느 한 요소가 변화되면 나머지 모든 요소가 변하는 순환을 계속한다.

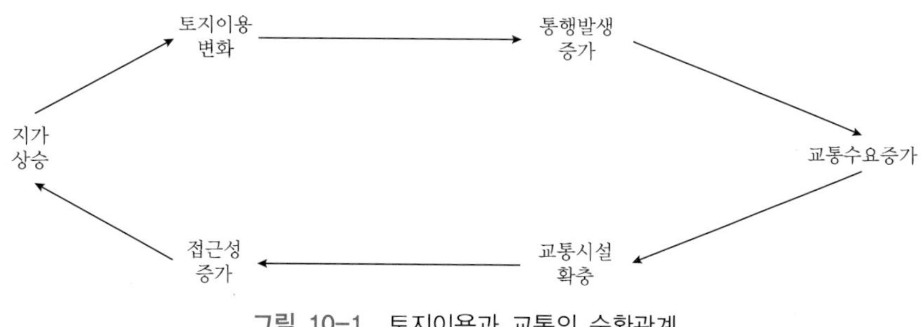

그림 10-1 토지이용과 교통의 순환관계

10.2.1 체계분석의 원리 및 현실성

체계(system)란 고정 또는 이동 가능한 요소(시설, 인원, 장비, 전략 등)들의 집합 또는 이들 사이에 존재하는 모든 상관관계를 말한다. 모든 시스템은 상위시스템을 가짐과 동시에 상위시스템의 구성요소(element)이기도 하다. 예를 들어 간선도로는 도로망, 즉 도로시스템의 일부분이다. 교통시스템에는 도로시스템, 철도시스템, 항공시스템, 해운시스템이 그 구성요소이며, 또 도로시스템은 그 구성요소로서 승용차, 버스, 트럭, 자전거 등의 교통수단을 가진다. 체계분석(system analysis)이란 어떤 공통된 목적이나 목표와 관련된 개별적인 시스템 구성요소들이 무엇인지를 알아내고, 이들의 상관관계를 파악하여 현 시스템에 영향을 주는 외적 환경요소와 함께 총체적으로 이들을 고찰하는 것을 말한다.

(1) 체계분석의 원리

교통문제의 해결책을 도출하는 과정을 살펴볼 때 체계분석적 접근법을 사용하면 매우 편리하다는 것을 쉽게 알 수 있다. 특히 컴퓨터의 발달로 말미암아 교통수요의 예측과 경제성 분석을 손쉽게 할 수 있었기 때문에, 1960년대에 와서는 도시교통계획 대안을 평가하는 데 체계분석 방법을 더욱 쉽게 사용할 수 있게 되었다. 특히 장기적인 문제점을 해결하는 데 있어서 단기적인 해결책을 적용하는 것을 피하기 위해서는 체계분석방법이 필수적일 수밖에 없다.

(2) 체계분석가의 요건

시스템은 서로 다른 여러 요소로 구성되어 있어 해당분야의 전문지식이 요구되므로 체계분석가는 우선 개별 요소들의 전문성을 구분해야 하고, 개인적 관계나 출판된 정보에 의해 각 분야가 갖추어야 할 지식이나 기술을 잘 결합하고 각 팀의 다양한 활동을 조정하여 원하는 결과를 얻을 수 있어야 한다.

조정자로서의 체계분석가는 각 계획단계마다 프로젝트 전체에 대한 전반적인 식견을 가져야 하며, 특정요소의 세부적인 해석이나 설계에 지나치게 편중하는 것을 피해야 한다. 그렇지만 시스템의 어떤 요소가 전체시스템의 비용이나 역할수행에 영향을 줄 때에는 해당요소에 대한 상세한 연구를 수행해야 한다.

체계분석가는 시스템의 전체적인 기능과 시스템 내부의 개별요소 간의 관계에 주의를 집중해야 한다. 이와 같은 이유 때문에 체계분석가에게는 수학적인 지식이 요구된다. 어떤 현상을 수학적인 접근방법을 통해 수리모형으로 나타내듯이 어떤 프로젝트의 분석으로부터 비용과 편익을 객관적으로 측정할 수가 있다. 특히 사람의 행위가 연관되는 경우에는 불확실성이 주는 영향을 확률모형으로 나타낼 수가 있다. 많은 수학적 시뮬레이션이 컴퓨터를 사용하여 이루어지므로 체계분석가는 수학적인 기본소양과 함께 수치해석과 컴퓨터프로그래밍의 지식을 어느 정도 갖추는 것이 바람직하다.

시뮬레이션에 대한 지식이 우선적으로 중요한 것이기는 하지만 체계분석가는 수학자이기보다는 오히려 공학자이어야 한다. 시스템설계의 전체적인 과정은 본질적으로 실제성에 바탕을 두므로 비록 OR(Operations Research)이라는 현대적 기법을 쓰긴 하지만, 어떤 절충안을 선택하고자 할 때에는 공학적인 상식에 비추어 보아야 할 경우가 종종 있다. 실행 가능성에 대한 제약조건이 기술적이거나 경제적일 뿐만 아니라 사회적, 정치적, 또는 법적인 문제를 포함할 때에는 많은 대안으로부터 최적안을 선택하는 과정을 과학이라기보다는 일종의 기교로 볼 수 있다. 대규모 시스템의 경우 여러 전문분야가 함께 관여하는 만큼 체계분석가는 다양한 분야에 대한 최소한의 기본지식은 갖추어야 한다.

체계분석에 종사하는 팀이나 그 구성원은 서로 유기적인 관계를 유지해야 하며, 문제점에 접근할 때에는 원칙적인 측면뿐만 아니라 문제점의 모든 측면을 고려해야 한다. 또 이때 이용되는 방법은 과학적인 방법이어야 한다. 이는 이론이 관측된 사실을 비교적 정확하게 나타낼 수 있어야 한다는 뜻이다. 그 이론이 알려진 사실을 올바르게 설명하고 있느냐의 여부를 판단하고, 또 예측의 신뢰성을 판단하기 위해서는 그 이론의 효율성을 검증할 필요가 있다.

복잡한 문제를 해결하고자 할 때, 체계분석법과 같이 조직적이며 반복적인 방법을 사용한다면 다른 사람이 이 문제에 접근하더라도 매우 유사한 결론에 도달할 수 있는 장점이 있다. 따라서 의사결정자는 그 결론에 대한 확신을 가질 수 있다.

(3) 체계분석방법의 현실성

체계분석방법은 복잡한 문제를 푸는 데 도움을 주지만, 현실적으로 볼 때 이 방법은 제도적인 틀에 얽매이게 된다. 예를 들어, 다수단(multi-mode)교통을 계획하고 운영한다는 것이 여러 가지 관점에서 볼 때 매우 이상적이라고 생각될지 모르지만, 각 교통수단이 오랜 세월 동안 서로 다른 여건에서 분리되어 발전하여 왔고, 또 앞으로도 그와 같은 경향을 지속할 것이라는 것이 제도적인 현실이다. 대부분의 경우 실현가능한 것은 다수단 통합보다는 다수단 협동일 수 있다. 왜냐하면 계획하는 사람이나 설계하는 사람 또는 운영하는 사람의 훈련,

경험, 또는 이익은 전통적으로 각 수단별로 형성되어 왔으며, 또 각 수단들은 서로 다른 행정부서에서 관장(管掌)을 하거나 재정지원을 받는 경우가 대부분이었다.

1960년대 후반 미국에서는 PPBS(Planning, Programming, Budgeting, Scheduling) 기법을 사용하여 중앙정부에서 총체적 교통운영을 위하여 체계적 접근방법을 적용하려고 시도했으나, 관할행정부서의 중복과 많은 행정 운영부서를 다시 만들어야 하는 이유 때문에 이 시도는 실패(失敗)로 끝이 났다. 따라서 교통계획에서 과학적인 의사결정을 하는 데 전반적인 체계분석적 접근법을 사용하는 것은 좋으나 현실에 적용하는 데 상당한 주의를 필요로 한다.

10.2.2 체계분석적 교통계획의 특성

앞에서 언급한 바와 같이 체계분석적 계획이란 계획의 목표나 범위와 관련되는 구성요소들과 그 요소들의 상관성 또는 문제점을 파악하고, 이들을 체계적으로 조직화(組織化)하여 객관성을 가진 계획대안을 찾아낼 수 있는 조직적이고 합리적인 계획입안과정 또는 접근방법을 말한다. 교통계획에서 이 체계적 접근방법의 구체적인 활동은 기존의 도로망 상태와 현재의 요구조건 및 장래수요를 비교하여 교통시스템의 필요성을 파악하고, 소요자원을 공급할 수 있는 재원(財源)을 판단하며, 교통시스템 중에서 필요성이 가장 큰 부분의 개선에 예산과 인력을 할당하는 것이다.

이러한 계획활동으로 그 시스템의 적절성, 사용도, 필요성, 비용 및 자금조달에 관한 정보를 얻을 수 있다. 기타 행정적인 실무 및 규정에 관한 연구도 이러한 계획과정에서 수행(遂行)된다.

체계분석적인 교통계획의 특성을 요약하면 다음과 같다.

① 계획은 향후 15~20년의 계획기간에 걸쳐 발생하는 교통의 필요성을 예측한다.

② 계획은 다음과 같은 사항을 포함하는 종합적(comprehensive)인 것이다.
- 경제, 인구 및 토지이용 등이 충분히 고려되어야 한다.
- 사람과 화물의 모든 이동에 대한 장래수요를 예측해야 한다.
- 터미널 시설 및 교통통제시스템도 계획에 포함되어야 한다.
- 현재뿐만 아니라 예측기간 동안에 개발이 예상되는 전 지역을 포함해야 한다.

③ 계획은 관련 부처 간 협조(cooperative)가 잘 이루어져야 한다.

④ 계획은 정기적으로 재평가하고 계속적(continuous)으로 수정하는 것이어야 한다.

⑤ 계획은 의사결정을 뜻하는 것이지 결론이나 최종적인 해답을 의미하는 것이 아니다.

종합교통계획이 성공하려면 교통계획과 종합계획의 상호작용을 잘 인식해야 한다. 예를 들어, 도로의 건설이 환경에 미치는 나쁜 영향을 과소평가했다든가, 저소득계층의 교통수요를 제대로 반영하지 않았다든가, 혹은 과도한 예산을 투입했다든가 하는 이유로 해서 교통계획이 실패로 끝난 예가 허다하다.

교통시스템을 분석할 때 그 시스템의 적합성에 대해서 서로 다른 견해를 가지는 세 종류의 계층, 즉 운영자, 사용자 및 비사용자(non-user)를 생각할 수 있다. 운영자는 자본비용, 운영비용, 운영수익 및 정부의 규제 등에 대해서 관심을 가지며, 사용자는 요금이나 운임, 통행시간, 안전성, 신뢰성, 편리성, 쾌적성 등에 관심을 가진다. 비사용자는 대기, 수질, 또는 쓰레기, 소음, 시계, 안전성, 토지이용 변화, 주거지 이전 및 경제적인 효과에 관심을 가진다. 성공적인 교통계획이란 비사용자에 미치는 편익 및 불편익과 운영자, 사용자의 욕구 사이에 균형을 이루는 계획이다.

10.3 도시교통계획

도시교통계획은 현재 또는 장래의 토지이용에 이바지하는 도로나 대중교통시설을 평가 또는 선정하는 것을 의미한다. 예를 들어, 새로 건설하는 쇼핑센터나 공항, 대회의장, 또는 주거단지나 산업단지 등은 새로운 교통을 발생시킴으로써 도로나 대중교통 서비스가 신설되거나 확장될 필요가 있다.

도시교통계획에는 장기계획과 단기계획이 있다. 장기계획은 20년 이상의 장기적인 교통수요를 처리하는 데 필요한 교통시설 및 서비스를 계획하는 것으로서 새로운 도로구간 건설, 버스노선이나 고속도로 확장, 고속대중교통 확장, 공항이나 쇼핑센터의 접근로 개선 등과 같은 것이 있다. 반면에 단기계획은 1~3년 이내에 시행될 수 있는 프로젝트를 선정하는 것으로서 신호개선, 차량합승제, 환승주차장 건설, 대중교통 개선 등 주로 기존시설을 효율적으로 관리하는 대책을 결정하는 것이다.

도시교통은 사람이나 화물의 이동으로 구성되어 있으며 이들은 각기 다른 교통행태를 가지며 다른 교통수단을 선택하는 경향이 있다. 사람의 이동은 여러 가지 교통목적을 가지는 통행으로 구성되어 있으며, 교통목적에 따라 O-D 패턴, 통행길이, 시간에 따른 변동 등 교통특성이 크게 다르다.

또, 도시교통은 여러 개의 교통수단으로 구성되기 때문에 교통계획을 할 때에는 이 수단들 간의 합리적인 분담을 고려하여 종합적인 교통시스템을 실현할 수 있도록 해야 한다. 이 경우 특히 대중교통수단과 승용차에 대해서 각자의 특성을 살린 합리적인 분담을 검토하는 것이 도시교통계획의 요체이다. 모든 교통수단을 하나의 교통시스템으로 통합할 때에는 각 수단을 연결할 수 있는 교통결절점(역전광장, 환승주차시설 등)의 계획에도 유의해야 한다.

한편, 도시교통에서는 교통시설의 계획뿐만 아니라 각 시설을 효율적으로 이용하기 위한 대책 및 교통운영대책의 계획도 필수적이기 때문에 도시교통시설계획과 함께 도시종합교통운영(관리)계획도 수립할 필요가 있다.

10.3.1 개 요

사람이나 화물을 수송할 때 교통개선을 통하여 수송시간을 단축시키면 화물과 서비스의 비용을 절감시킬 수 있으며, 그로 인해 한정된 가용자원이 절감되면 그것을 다른 목적에 사용할 수 있다. 또 교통개선은 화물, 서비스 및 활동들을 다양화시킴으로써 사회적인 편익을 발생시킨다.

사람은 거주지와 직장, 쇼핑장소들을 자유로이 선택할 수 있으며, 더욱 폭넓은 교육, 문화 및 위락 활동을 추구할 수 있다. 사람과 조직은 이러한 교통편익을 얻는 쪽으로 그들의 활동을 만든다. 그래서 교통은 도시발전의 형태와 도시민의 생활방식에 영향을 미친다. 교통시스템을 계획하고 시행하는 사람은 장래의 발전양상이 보다 더 바람직한 형태로 나아가도록 영향력을 행사할 수 있다.

종합도시계획은 도시발전에 관련된 어떤 목적을 달성하기 위한 대책을 모색해 내는 것이다. 이것이 이상적으로 이루어진다면 종합계획은 공익을 위하여 학교, 공원, 병원, 편의시설 및 교통시스템 등과 같은 모든 공공시설의 위치선정에 길잡이 역할을 할 것이며, 산업, 기업, 주거 등과 같은 개인의 위치선정에도 영향을 미칠 것이다.

도시교통계획은 종합도시계획의 한 요소로서 교통시스템의 목적에 따라 그 성격과 규모가 결정된다. 도시교통계획은 모든 교통수단이 서로 균형을 이루고 최적수준을 유지함으로써 도시의 목적을 달성하기 위한 대책을 개발하는 계속적인 과정이다.

도시교통계획은 처음에 일반적인 문제점이 파악되고 목적이 수립되며, 과정이 진행됨에 따라 문제점이 더욱 상세히 나열되고, 목적이 다시 검토된다. 그 다음에 계획에 참여하는 사람을 조직하고, 필요한 자료를 수집하기 위하여 현황조사를 실시하며, 통행량과 통행목적 간의 상관관계를 나타내는 모형을 설정한다. 이모형들은 장래의 교통수요를 예측하는 데 사용된다. 예측된 통행을 이용해서 교통계획안을 만들고 그것이 목적을 어느 정도 만족시키는가를 분석한다. 이때 목적은 대안을 개발하고 분석하는 과정에서 변경될 수도 있다. 그 다음 적합하다고 여겨지는 대안들을 비교·평가하여 최적안을 선택하고 이를 더욱 구체화시킨다. 선택된 교통계획안은 노선선정, 설계, 건설 및 운영 과정을 거친다.

계획의 연속성을 유지하고, 시행을 편하게 하고, 또 계획을 항상 최신의 상태로 유지하기 위하여 전 기간에 걸쳐 이 과정을 반복하므로 이를 '계속적인 과정'이라 한다.

10.3.2 문제점 정의

도시교통계획은 올바른 의문에서부터 출발해야 한다. 즉 해결하고자 하는 문제점을 명확히 정의하는 것으로부터 시작된다.

도시지역(urban region)이란 무엇인가? 도시지역은 광역도시권(metropolitan region)에서 개발 정도의 차이가 현저히 나는 인구밀도가 비교적 높은 지역을 말한다. 그러나 계획목적상 그 지역의 경계선은 계획기간 동안(20~30년)에 개발이 예상되는 주변지역까지 포함해야 한다. 도시지역은 하나 이상의 CBD를 가지고 있으며 도시지역개발의 경계선은 행정적인 경계선과 무관한 경우가 많다. 미국의 경우는 도심인구가 5만 명 이상인 지역을 도시지역이라 부른다.

도시교통시스템이란 무엇인가? 도시교통시스템은 사람과 화물의 이동을 위하여 도시지역까지, 도시지역 내, 또는 도시지역을 통과하는 육상, 해상, 항공의 모든 공공 또는 개인 교통수단을 말한다. 오늘날 도시지역에서 사용되고 있는 교통수단은 도로, 철도, 항공, 수로 및 보행자도로이다.

교통개선이 필요한가? 지역의 성장과 그 역사 및 경향을 종합하면 중요한 문제점, 즉 생활공간, 개인통행 및 화물이동에 대한 수요가 계속적으로 증가하면서도 서비스수준은 만족할 만한 정도에 이르지 못하고 있다는 것을 알 수 있다. 도시인구가 급격히 증가하면 개인통행 및 화물이동이 증가하며, 이러한 교통수요를 만족시키는 수준이나 방법은 바로 개인이나 가정 또는 사회의 기본적인 욕구충족을 가늠하는 척도가 된다.

도시가로 시스템이란 무엇인가? 도시가로 시스템은 도시교통시스템 중에서 사람이나 화물을 차량으로 이동시키는 부분을 말한다. 차량이란 승용차, 버스, 화물차 등을 일컬으며,

그 소유와 운영이 개인에게 있든 공공기관에 있든 상관이 없다. 여기서 '도로'란 자동차가 통행하는 모든 종류의 도시시설을 광범위하게 말할 때 쓰인다.

도로개선은 필요한가? 도로는 오늘날 도시교통시스템의 주요 구성요소이며 앞으로도 상당한 기간 동안 그러리라 예상된다. 앞으로 자동차 이외의 교통수단이 출현할지라도 도로는 도시교통의 중요 수단으로 남아 도시 이동성의 대부분을 담당하게 되리라 예상된다. 도시지역에 따라 중요성이 서로 다른 여러 개의 도시교통수단이 공존하고 있으면, 각 도시지역의 특성에 따라 이들 교통수단을 계획해야 한다.

10.3.3 목적 파악

모든 계획활동에서 문제점을 이해하기 전에 취해야 할 첫 번째 단계는 목적을 파악하는 것이다. 교통의 목적은 항상 명확하거나 공통된 것이 아니므로 추상적이기 쉬운 목적을 명료하게 기술하는 것이 교통계획에서 매우 중요하다. 국가적인 목적에 추가하여 교통계획에 영향을 주는 도시목적(urban goal)에는 지역개발목적(regional development goal)과 국지적 목적(local goal)이 있다.

지역개발목적은 그 지역 전반의 주거환경에 관한 지역적 욕구를 나타낸다. 예를 들어, 토지이용(주거, 산업, 공지 등)에 관한 목적, 연결시스템(교통, 편의시설 등)에 관한 목적, 기타 서비스(학교, 병원 등) 및 환경적인 고려사항(미관, 대기질 및 수질 등)에 관한 목적이다. 지역교통목적은 지역개발목적의 일부분이다. 예를 들어 여기에는 접근성, 안전성, 선택성, 쾌적성, 토지이용에의 영향, 경제성장, 시스템효율성 및 경제성, 기타 지역환경의 다른 부분에 미치는 영향에 관한 목적들이다.

국지적 목적은 교통시설이 그 지역 내의 주민에게 미치는 구체적인 효과를 감안하여 그 주민들의 욕구를 나타낸다. 예를 들어 주거지 이전, 지역사업에 미치는 영향, 미관, 국지도로 패턴과의 조화와 같은 주민의 사회·경제·환경 등에 관한 목적이 그것이다. 대부분의 국지적 목적은 지역목적과 본질적으로는 같으나 적용의 범위나 그 주안점이 다르다.

지역개발목적은 그 지역의 행정부서가 수립하고, 이해관계가 있는 여러 집단의 참여를 통하여 충분히 달성될 수 있다.

효과적인 교통계획을 계속적으로 하기 위해서는 교통계획 기능이 종합도시계획을 수행하는 기구에 들어가야 하며, 도시의 규모가 클수록 이의 필요성이 더 커진다. 만약 이와 같은 기구가 없다면 교통계획을 위해서라도 그와 같은 기구를 창설할 필요가 있다.

10.3.4 현황조사 및 분석

도시교통계획 과정을 밟아가는 데에는 교통조사 및 분석(transportation studies)이라는 기술적인 노력을 통하여 여러 가지 대안의 성과를 분석하게 된다. 여기에는 현황조사, 현재상황 분석, 예측기법의 개발, 장래교통수요의 예측, 장래상태 분석 및 결함파악 등 5개의 과정이 있다. 이 절에서는 현황조사와 분석을 설명하고 그 후의 것은 10.5절 및 11장에서 다룬다.

현황조사는 어떤 지역의 장래상황을 예측하는 기준이 되는 현재상황을 파악하기 위해서 행해진다. 대부분의 자료는 가구단위, 분석존(zone) 및 도로 또는 대중교통구간과 같이 작은 단위로 수집된다. 이 자료수집의 목적은 그 지역 내의 활동의 분포와 교통시스템 및 이에 수반되는 통행수요 간의 상관관계를 파악하기 위함이다. 이때 수집되는 자료로는 통행 자료, 교통시설 자료, 토지이용 자료, 인구 및 경제관련 자료, 법령관련 자료, 지역사회가치 자료, 투자재원 자료 등이다.

(1) 통행 자료

통행 조사의 일차적인 목적은 뒤에서 언급되는 통행모형을 개발하고 calibration하는 데 필요한 자료를 얻기 위함이다. 이러한 조사는 대부분 표본의 크기를 달리하는 체계적 표본추출(systematic sampling) 방법을 사용한다.

조사에 드는 비용과 노력뿐만 아니라 과거로부터 현재까지의 많은 자료 때문에 요즈음의 추세는 새로운 대규모의 조사를 될수록 피하고 있다. 이 조사는 기존자료로부터 통행모형을 calibration하고, 그것을 개선·보완하기 위해서 소규모의 표본조사를 하고, 이들 모형의 정확도를 여러 가지 방법으로 점검하는 것을 포함한다.

다음에 설명하는 것은 표본의 크기와 자료의 이용에 큰 차이가 있기는 하지만 일반적으로 전수조사나 소규모의 표본조사에 모두 적용된다.

- **가구면접조사**: 이 조사의 목적은 어떤 가구에 속한 사람이 어떤 통행을 만드는가, 즉 기종점, 통행목적, 통행시간 및 통행수단이 무엇인가를 파악하기 위한 것이다. 또 그 가구의 구성원의 특성, 예를 들어 연령, 성별, 직업, 자동차 보유대수, 통행단이 가정이 아닌 통행(비가정기반통행)에 관한 자료 등과 통행발생원인을 파악할 목적으로 조사된다.
- **화물차 및 택시 조사**: 이 조사는 직접 운수사업자와 접촉하거나 운전자면접을 통해 이루어진다. 이것도 마찬가지로 그 통행이 언제, 어디서, 어디로, 왜 발생했는지를 파악하는 것이다. 이 통행의 원인은 운전자나 회사에 있는 것이 아니고 교통서비스가 요청되

는 토지이용에 있는 것인 만큼 운전자나 회사의 특성에 관한 자료는 필요 없다. 그러나 다른 목적으로 이 자료가 사용될 때도 있다.

- **외부 경계선 조사**: 조사지역을 출입하는 차량을 정지시켜(표본으로 추출하여) 그 승객을 면접한다. 조사사항은 그 사람의 통행 기종점, 목적, 거주지 등이다.
- **교통량 조사**: 조사지역을 가로지르는 물리적인 경계선 혹은 가상선을 지나는 차량의 종류를 조사한다. 이를 검사선 조사(screen line counts)라 하며, 통행 조사로부터 추정된 통행 결과를 검증하거나 조정하는 데 사용된다. 그 지역 전체의 다른 시설에 대한 조사도 필요하다. 이 조사는 통행 조사의 정확도를 점검하기 위해서 뿐만 아니라 뒤에 설명되는 교통배분 모형의 결과를 검증하는 데 사용된다. 대중교통 승객수 조사도 여기에 해당된다.
- **주차 조사**: 이 조사의 목적은 주차수요를 파악하기 위한 것이며 주로 도심지역에 국한된다(공급측면의 현황조사는 뒤의 터미널 및 환승시설에서 취급된다). 주차수요는 운전자면접을 통해서, 또는 기종점자료 및 위에서 언급한 다른 통행 조사 자료로부터 유도해낼 수 있다. 주차이용도는 주차수요보다 적으며 차량번호 조사나 항공사진을 사용하여 얻을 수 있다.

(2) 교통시설 자료

- **통행시설**: 도로 및 가로, 주요 교통통제시설, 주차시설, 철도, 환승시설, 각종 터미널(트럭, 버스, 철도, 항공) 및 대중교통 운행특성 등을 조사한다. 시스템의 모든 구간의 용량을 계산하고 그 서비스수준을 파악하기 위하여 전 교통노선의 물리적 특성과 운행특성에 관한 자료를 상세히 조사한다. 대중교통에 관한 자료는 요금, 배차간격, 정류장 위치, 노선, 용량, 속도, 부하계수 등이다. 도로와 가로는 기능별로 분류되어야 한다.
- **도로의 분류**: 도로의 기하특성에 따른 설계형태별 분류(고속도로, 일반도로)는 노선계획이나 설계목적으로 유용하며, 노선번호별 분류(국도 5번, 지방도 745번 등)는 교통운영에 도움이 되고, 행정적 분류(국도, 지방도, 시도, 군도 등)는 그 시설의 건설과 관리책임을 나타내는 데 사용된다. 교통계획을 위해서는 도로를 기능별로 분류하는 것이 좋다. 모든 도로는 그 도로가 가지는 기능에 따라 주간선, 보조간선, 집산, 국지도로로 나눌 수 있다. 각 기능별 도로가 가지는 특성은 〈교통공학원론〉(상)의 7장 2절에 자세히 설명되어 있다.
- **터미널 및 환승시설**: 앞에서 설명한 주차조사는 주차수요를 조사하기 위함이다. 그러나 터미널 및 환승시설 조사에서는 대중교통이나 트럭터미널과 같은 시설과 주차장의 공

급에 관한 자료를 수집한다.

(3) 토지이용 자료

토지이용 조사를 완전하게 하자면 조사지역 내의 모든 상점, 집, 또는 모든 건물의 이용 상태를 100% 조사해야 한다. 그러나 규모가 매우 큰 조사라 하더라도 모든 토지이용을 다 조사할 수는 없고 CBD 안과 주요 상업중심지에 있는 건물에 대해서만 그 안에 있는 회사 또는 상점의 목록을 작성하는 데 그친다. 이와 같은 자료는 도시의 자료나 전화번호부, 회사목록, 또는 개발된 지역의 토지이용 상황을 알 수 있는 자료로부터 간접적으로 얻는 수가 더 많다. 현장조사는 단지 이 간접적인 자료를 보완하고 점검하는 데 사용된다.

중요한 교통조사의 대부분은 항공사진을 이용하여 이미 개발된 지역의 윤곽을 찾아내고, 미개발된 토지의 적합성을 분류하며, 주거지역을 직접 분류한다. 토지이용을 분류한 후에 각 용도별 이용면적을 지도나 항공사진을 이용해서 구하고, 특히 고밀도로 개발된 지역은 건물의 상면적도 구한다. 또 상하수도와 같은 서비스와, 기존의 용도지구 또는 지역에 대한 현황조사도 필요하다. 이러한 자료의 이용은 뒤에 설명된다.

(4) 인구 및 경제지표 자료

인구 및 경제에 대한 자료는 연구방법에 따라 다르나 대부분이 현장조사보다는 기존의 자료로부터 얻을 수 있으며, 소규모 지구 단위별로 구한다. 이러한 자료로는 인구(연령, 성별, 가구인원, 가구의 소득 수준별), 자동차 보유대수, 직업별 고용자수, 가구수, 학생수, 상점수(종류별)가 있다.

여기에 추가해서 그 지역 전체의 경제적 여건을 평가(경제기반 조사)하여 장차 그 지역의 성장을 예측하는 데 기초로 사용한다. 이 자료는 앞에서 말한 토지이용 자료와 함께 여러 가지 목적으로 다양하게 사용되며, 그 중 가장 중요한 용도는 다음과 같다.

- 지역의 토지이용계획안을 수립하고 인구와 고용기회를 분포시키는 기초자료로 사용
- 통행 조사에 나타난 통행발생의 설명변수로 사용
- 가구면접조사 표본을 분석지구 전체에 대해 전수화시키는 데 총량지표로 사용
- 다른 현황조사의 정확도를 점검하기 위한 독립적인 추정치로 사용

(5) 법령조사 자료

그 지역의 교통과 토지이용에 영향을 주는 법령(法令)을 검토한다. 이 법령은 현재까지의

토지이용 추세(趨勢)를 분석하고 장래의 토지이용을 예측하는 데 필요한 자료를 제공한다.

(6) 지역사회의 가치조사 자료

목적의 기저를 이루는 그 지역사회의 가치관을 파악하기 위한 것으로서 계획과정에 일반 대중의 가치를 반영시켜 이를 지침화 한다는 것은 바람직한 일이다. 예를 들어, TV나 라디오 또는 공청회를 이용하여 일반의 성향(性向)을 조사하는 방법이 있다.

(7) 투자재원 조사 자료

이 지역의 교통에 관련된 수입과 지출이 지금까지 어떻게 이루어져 왔고, 또 앞으로의 전망이 어떤지를 알 필요가 있다. 국가 또는 지방정부의 세금구조와 예산할당규정 등을 분석하고, 아울러 지방정부의 부채와 수입 및 지출을 조사한다. 그 지역이 사용할 수 있는 모든 재원을 장기적으로 예측하기는 대단히 어렵지만 지금까지의 추세가 그대로 지속된다는 가정 하에 이를 추정한다. 이러한 예측에는 그 지역의 장래 교통발전에 쓰일 재정자금뿐만 아니라 사용자부담금, 통행료 등과 같이 그 지역을 통행하거나 그 지역에 사는 사람으로부터 거두어들이는 재원까지를 포함한다.

투자재원 조사의 목적은 계획기간 동안에 교통시설에 사용될 자금을 추정하고, 그 계획이 행정단위(정부, 시, 도 등)의 예산능력 범위 내에 있는지를 확인하는 것이다.

(8) 기타 현황조사 자료

교통계획 조사분석에서는 그 지역의 필요성에 따라 다음과 같은 자료도 조사된다.

- 화물이동
- 교통사고 잦은 지점 및 사고율
- 시스템내의 속도 및 지체
- 특별 통행발생원(공항, 운동장 등)

10.3.5 모형 및 예측

교통계획에 사용되는 모형은 사회·경제지표, 토지이용, 교통시스템 변수 및 이에 따른 통행패턴 간의 관계를 알아내기 위한 수식이나 절차를 말한다. 물론 그와 같은 모든 관계를 모두 수식으로 나타낼 수 있는 것은 아니다. 예컨대, 토지이용 예측기법은 대부분 경험과 지식에 기초를 둔 순차적인 절차이지 수식이 아니다.

모형의 개발과 검증을 할 때에는 그 모형에 기존변수를 사용하여 현재의 통행패턴을 재현시키는 방법을 쓴다. 즉 교통배분의 결과와 실제 교통량을 비교하여 그 모형의 유효성을 나타낸다. 만약 모형변수 간의 기본관계가 상당한 기간 동안 지속된다고 가정한다면, 장래의 토지이용과 교통시스템 대안을 검증하는 데 그 모형의 결과를 사용할 수 있다. 그런 다음, 목표에 비추어 이들 대안을 비교·평가하여 가장 좋은 대안을 선정한다.

예측에 사용되는 연한은 보통 20년으로 하며, 평균적인 평일 하루를 기준으로 한다. 그 이유는 기준연도의 평균적인 평일 통행조사 자료로부터 모형이 개발되기 때문이다. 통행수요를 예측하는 단계에 사용되는 모형은 다음과 같으며, 자세한 내용은 10장에서 다룬다.

- **토지이용 모형** : 통행을 구성하는 활동범위가 그 지역의 어디에 위치하는가를 구함
- **통행발생 모형** : 이 활동범위에서 얼마나 많은 통행이 시작되고 끝이 나는가를 구함
- **통행분포 모형** : 이 지역 내의 여러 존간에 얼마나 많은 통행이 이루어지는가를 구함
- **수단분담 모형** : 어떤 교통수단에 의해 얼마의 통행이 이루어지는가를 구함
- **통행배분 모형** : 이들 통행이 수단별로 어느 노선을 이용해서 이루어지는가를 구함

(1) 토지이용 모형

토지이용 모형은 분석존별로 장래의 개발을 예측하는 절차를 나타낸다. 이 예측은 토지이용뿐만 아니라 통행발생 모형에서 사용되는 사회·경제변수(인구, 가구수, 자동차 보유대수, 소득 수준, 고용 수준, 상점수 등)의 예측도 포함한다.

이 과정은 일반적으로 그 지역에 대한 사회·경제 및 토지이용 변수의 장래 총량예측치를 구하고, 이를 토지의 적합성, 접근성, 용도지구 분할, 상하수도 계획 및 기타 여건과 정책에 근거하여 각 분석존에 할당하는 과정이다. 장래의 접근성을 중요한 요인으로 고려해야 하므로 교통발전에 대한 어떤 가정을 해야 한다. 이 가정은 최종적인 교통계획이 완성될 때 필요하다면 재검토되고 변경될 필요성이 있을 것이다. 그래서 토지이용·교통계획은 다른 교통계획대안이 개발되고 검증될 때에는 이를 토지이용에 feedback시킬 필요가 있는 반복과정이라 할 수 있다.

실제로 장래의 토지이용분포와 사회·경제 특성은 계획과 예측의 혼합이라 볼 수 있다. 즉 계획이란 장래에 바람직한 패턴을 얻기 위해서 도시개발에 어떤 통제를 가하는 것을 뜻하며, 예측은 발전의 경향(傾向)을 확장시키는 것을 의미한다. 예상되는 통제로 인해 발전경

향이 수정되어 바람직한 장래의 개발패턴에 도달하기 위해서는 계획과 예측을 조심스럽게 혼합해야 할 필요가 있다.

(2) 통행발생 모형

이 모형은 분석존에서 시작하거나 끝나는 통행의 수를 추정하는 데 사용되며 일반적으로 통행목적별로 구한다. 통행발생은 토지이용 및 인구의 함수로서 이 변수에는 인구, 가구수, 자동차 보유수, 소득 수준, 고용 수준, 상점수 등이 있다. 통행발생과 이들 변수와의 상관관계는 통행 조사의 결과와 토지이용, 인구 및 경제현황조사로부터 구해진다. 이 관계는 몇 개의 독립변수를 가진 수식으로 표시되거나, 또는 특성에 따라 각 존을 분류하고 그 존에 기종점을 둔(통행단을 둔) 통행수를 표시하는 표로 나타낸다.

토지이용 모형에서 나온 결과를 이 관계에 적용하여 각 존에 통행단을 둔 장래의 통행수를 추정한다. 이 통행발생 모형은 통행의 기종점을 나타내는 것이 아니고 다만 분석존에 기종점을 둔 통행수를 나타낸다.

(3) 통행분포 모형

통행분포 모형은 앞에서 구한 각 존별, 통행목적별 통행수가 어느 존으로부터 몇 통행이 오고, 어느 존으로 몇 통행이 갈 것인가를 구하기 위한 것이다. 이것은 여러 가지 교통시스템대안 중에서 어느 하나에 대한 것으로서 이 값은 교통시스템대안이 바뀌면 토지이용 모형이 받는 영향보다 더 예민하게 영향을 받는다.

여기서 중요한 사실은 교통시스템대안이 달라지면 통행연결이 바뀌고, 따라서 장래의 토지이용 패턴과 통행수요가 변한다는 것이다. 그러므로 적합한 교통시스템을 결정해야 할 때 고정된 값의 장래 통행수요를 기준으로 하는 개념은 엄밀히 말해서 옳지 않다. 여기에 대해서는 뒤에 다시 설명이 된다.

(4) 수단분담 모형

수단분담 모형은 앞에서 예측한 통행량(일반적으로 사람통행)이 이용 가능한 여러 교통수단을 어느 정도로 이용하는가를 추정하는 것이다. 이모형은 통행 조사, 토지이용 조사 및 교통시스템 현황조사로부터 얻은 자료를 이용하여 구한다.

수단분담 모형은 보통 여러 개의 변수를 가진 수식이나 표(통행의 종류와 통행자의 특성에 따라 분류한)와 곡선(여러 수단의 통행시간, 비용 등을 대비하여 나타낸)으로 나타난다.

수단은 보통 자가용과 대중교통 두 가지로 나누어진다. 그러나 운행특성이 매우 다른 대중교통이 또 있다면 대중교통을 다시 세분해서 분석할 필요가 있다.

이 모형이 개발되고 적용되는 시점에 따라 두 가지로 나누어진다. 즉 수단분담모형이 통행분포 이전에 사용되어 각 존내의 통행발생량을 각 수단별로 분할하는 것을 '통행단 모형(trip end model)'이라 하며, 통행분포 이후에 적용하여 존간의 분포통행량(사람통행)을 이용 가능한 교통수단에 분담시키는 것을 '통행교차 모형(trip interchange model)'이라 한다. 어떤 경우에는 대중교통통행과 자가용통행을 통행발생 단계에서부터 분리시키는 방법을 사용하기도 하는데, 이를 '직접발생 모형(direct generation model)'이라 한다.

적합한 교통시스템을 결정해야 할 때, 고정된 값의 장래 자가용통행수요를 기준으로 하면 옳지 않은 이유는 이 수단분담 때문이다. 왜냐하면 고정된 값의 수단분담률을 기준으로 하여 교통시스템 중의 도로부분을 계획하거나 대중교통을 변환시키면 이것이 다시 feedback 되어 수단분담이 변하기 때문이다.

(5) 통행배분 모형

모든 교통시스템대안에 대해서 수단별 분담을 구한 다음, 통행배분 모형에서는 그 통행이 시스템을 어떻게 이용하는가를 구하는 것이다. 이 과정에서는 통행목적별로 세분하지 않아도 좋다.

이 모형은 통행 조사 자료와 시스템 현황조사 자료로부터 구한다. 이러한 모형의 기본가정은 어떤 수단을 선택한 통행이 기점에서 종점으로 움직일 때 최소저항(시간, 거리, 비용 등)의 노선을 선택한다는 것이다. 이것을 '자유배분' 가정이라 한다. '용량제약배분'에서는 어떤 시설의 교통량이 변함에 따라 그 저항이 계속적으로 변화된다. '전환배분'에서는 같은 기종점을 가진 모든 통행이 반드시 같은 최소저항노선을 이용하는 것은 아니고, 대부분은 최소저항노선을 이용하지만 일부분은 차로의 노선을 이용하며, 그보다 더 작은 부분은 그보다 조금 못한 노선을 이용한다고 본다.

이 모형의 결과는 교통시스템 대안을 시험하고 평가하는 데 매우 유용하며, 계획과 설계를 연결하는 역할을 한다. 이모형의 결과를 이용하고 해석하는 문제는 뒤에 시스템 대안을 개발하고 평가하는 과정에서 다시 자세히 설명된다.

(6) 설계와의 연결 과정

교통계획의 마지막 교통배분 단계에서 얻은 교통량 즉, 계획교통량은 양방향 교통량인 연평균일교통량(Annual Average Daily Traffic, AADT)으로 나타낸 것이다. 전통적인 도로설계 과정에서는 이 AADT로부터 첨두시간의 중방향(heavy direction) 교통량을 구하여 설계시간교통량으로 사용한다. 이 교통량이 그 도로를 이용할 때 요구하는 서비스수준을 나타내기 위해 필요한 차로수를 구하는 문제는 그다지 어렵지 않다.

장래 교통량이 예측치와 정확히 일치할 수는 없고, 또 그 예측의 정확도를 사전에 알 수 있는 방법이 없다. 그러나 한 가지 분명한 것은 이러한 계획과정에서 예측을 한다는 것이 아무것도 하지 않고 가만히 있거나 혹은 교통혼잡이 걷잡을 수 없게 된 후에야 해결책을 찾으려고 애쓰는 것보다도 훨씬 더 합리적이라는 사실이다.

새로운 시설이 계획되고 설계·건설되었을 때 목표연도에 도달하기도 전에 혼잡이 생기는 이유는 인구, 경제, 토지이용을 예측할 때 도시지역의 성장을 과소평가했거나 사용된 모형의 오차 때문이다. 또 간과할 수 없는 이유 중 하나는 최종적으로 선정된 시스템계획안이 승용차와 대중교통 모두를 위한 시설이기 때문이다. 만약 단계적으로 그 시설의 일부분만 건설되고 나머지가 지연된다면, 건설된 부분은 앞으로 건설되어야 할 부분을 이용할 통행도 함께 이용을 하게 된다. 이러한 상황은 예상되는 토지이용 패턴을 왜곡시켜, 건설된 부분의 교통축이 기대했던 것보다 더 많이 개발되고, 그로 인해 문제를 더욱 악화시킨다. 도시지역에서 어떤 시설을 이용하는 통행이 얼마가 될 것인가를 추정할 때, 관련되는 노선(사실상 대단히 많을 것이다)의 상황을 고려하지 않고는 그 추정이 불가능하다는 것은 자명한 사실이다.

10.3.6 교통시스템 대안의 개발과 분석

현황조사와 예측모형을 이용하여 각 교통시스템 대안에 대한 수단별 장래통행을 예측하는 데에 필요한 자료를 얻을 수 있다. 앞에서 설명한 바와 같이 목적을 분명히 명시하여 좋은 교통시스템으로부터 기대하는 것이 무엇인지를 더욱 명확하게 기술할 수 있도록 해야 한다.

이 절에서는 일반적인 목적을 종합하여 교통시스템을 판단하는 데 도움이 되게 기술하는 방법과, 시스템대안을 개발하는 방법과, 목적을 달성하는 데 좋은 대안이 무엇인지를 찾기 위해 이들 대안을 분석하는 방법을 설명한다.

(1) 목적기술

지역교통의 목표는 지역개발의 목표로부터 나온다. 어떤 지역은 뚜렷한 지역개발 목표가 없거나 또는 교통계획에 그다지 도움이 되지 않는 목표를 가진 경우도 있다. 대부분의 경우, 지역개발 목표는 교통계획에서 필요로 하는 수준만큼 자세하게 되어 있지 않다. 그러므로 필요한 목적을 잘 기술하고 이에 대한 정책승인을 얻는 것은 교통계획을 하는 사람들의 임무이다.

목적기술을 하는 데 사용되는 특수한 용어를 정의하면 다음과 같다.

- **가치(values)**: 어떤 사회의 활동이나 행위를 지배하는 우선시스템, 즉 인간의 행태를 지배하는 기본적인 사회의 흐름이다. 여기에는 생존욕구, 소유욕구, 질서욕구, 안전욕구 등이 있다.
- **목적(goals)**: 가치체계 내에 있는 열망 또는 추구하는 결과, 즉 가치극대화에 유리한 환경과 같은 것으로서 달성되어야 할 조건을 나타낸다. 이 성취도는 명확히 나타낼 수는 없지만 말로써 표현할 수 있다. '기회균등'은 안전 및 소유라는 가치에 기초를 둔 목적이다.
- **목표(objectives)**: 목적의 구성요소 또는 목적을 달성하는 데 필요한 발판 및 수단으로서 구체적이며 도달할 수 있고 측정가능하다. 기회균등의 목적과 관련된 교통목표는 '그 도시 내의 위치에 관계없이 모든 시민의 동일한 대중교통 비용'이다.
- **평가기준(evaluation criteria)**: 어떤 계획의 목표달성 효과를 평가하는 척도. 예를 들어, 개인소득에 대한 버스요금의 비는 앞의 교통비용 균등의 목표달성 여부를 판단하는 기준이다.
- **표준(standards)**: 성과수준의 어떤 정해진 값보다 적거나, 같거나, 혹은 클 것을 요구하는 제약조건이다. 앞의 예에서 '버스 서비스는 모든 주거지역의 400 m 이내에서 가능할 것'이 표준이 될 수 있다.

평가기준은 다음과 같은 세 가지로 분류할 수 있다.

- **금전화 가능 기준**: 건설비용, 교통사고, 차량비용, 부지비용 등과 같이 척도와 표준이 명확히 금액으로 나타낼 수 있는 평가요소
- **정량화 가능 기준**: 통행시간, v/c비, 이전된 가구수 등과 같이 금전화시킬 수는 없으나 다른 단위를 사용하여 측정할 수 있는 평가요소
- **정성화 가능 기준**: 사회적 영향, 미관 등과 같이 금액으로나 정량적으로 나타낼 수 없고 주관적인 판단에 의해 나타낼 수 있는 평가요소

목적기술에 관해서 일반적으로 사용되는 예는 아래와 같으나 시스템을 완전하게 평가하기 위해서는 이외에도 많은 다른 목적, 목표, 평가기준 및 표준이 필요할 수 있다.

예 1

- **목적**: 효율적이며 경제적인 교통서비스를 제공
- **목표**: 혼잡을 최소화
- **평가기준**: 첨두시간의 교통량
- **표준**: v/c비가 0.75를 초과하지 않도록

예 2

- **목적**: 안전한 교통시스템을 제공
- **목표**: 사고건수와 사망자 수를 최소화
- **평가기준**: 각 시설별 MVK(million vehicle kilometers)당 현재의 사고율과 사망자를 기준으로 하여 추정한 목표연도의 사고건수와 사망자수
- **표준**: 사고율과 치사율이 기준연도에 비해 증가되어서는 안 됨

예 3

- **목적**: 환경오염 감소
- **목표**: 차량의 배출가스 최소화
- **평가기준**: 속도, 차량 배출가스의 방출규제표준 및 운행조건에 따른 차량대·km당 배출가스 방출률(放出率)을 기준으로 하여 추정한 목표연도의 배출가스량(kg으로 나타낸 HC, CO, NOx의 양)
- **표준**: 목표연도의 총 배출가스 방출량이 현재의 총 방출량보다 적어야 함

어떤 평가기준은 순전히 주관적인 정성적인 판단에 따르고, 또 표준이 없는 경우도 있다. 이와는 달리 측정이 가능한 기준이라 하더라도 표준을 정하기에 적합하지 않을 수도 있다. 그러나 가장 중요한 통행서비스에 대한 목표(혼잡을 최소화하는 등)는 측정 가능한 평가기준과 표준을 가지는 경우가 많다.

이 목적기술은 바로 그 지역의 교통정책에 관한 기술이 되고, 또 정식 승인을 필요로 한다는 사실을 알아야 한다. 시스템 대안의 개발과 분석이 진행되는 동안 정해진 목적기술이

비실용적(非實用的)이거나 불완전하다고 여겨질 수도 있으며, 다른 이유로 해서 수정될 필요성이 있을 수 있다.

(2) 초기대안 개발 및 분석

사실상 교통시스템 대안의 개발 및 분석은 개발에서 분석으로, 분석에서 다시 개발로 feedback되는 순환의 연속이다. 시스템의 개발은 교통시스템 대안을 분명하고 조직적으로 나타내는 것을 말하며, 대안의 분석은 어떤 한 대안이 최소한 받아들일 수 있는 해결책인지를 결정하는 것을 말한다. 분석을 하자면 어떤 한 시스템이 표준을 만족시키는지 알기 위해서 측정을 해야 하고, 또 표준이 없는 기준을 사용하는 경우 이 시스템이 그 기준에 대해서 적합한지를 주관적으로 판단해야 한다. 여기서 받아들여질 수 있다고 여겨지는 시스템은 평가과정으로 넘어간다.

대안개발은 전적으로 개인의 창의력에 달려있지만, 그러기 위해서는 다음과 같은 대안개발의 목표에 따라 분석을 하면 좋다.

1) 혼잡 최소화

대안개발의 단계는 일반적으로 기존 시스템에다 이미 내정된 교통시설의 일부분을 추가하는 것으로 시작된다. 내정된 시설이란 건설되지는 않았지만 계획, 노선선정, 설계 및 때에 따라서는 부지확보까지 진행된, 즉 현재의 연구결과에 의한 계획결정과는 상관없이 앞으로 건설한다는 정책결정이 이미 내려진 시설을 말한다. 이러한 시설들이 기존 교통망에 추가된다.

분석단계의 시작은 첫 번째 도로망 대안으로서, 기존 + 내정시스템 대안의 목표연도 교통수요를 구하는 것이다. 목표연도의 존별 토지이용분포를 추정한 다음 이를 이용하여 존별 통행발생량을 추정한다. 이 첫 교통망 대안에서 통행분포 모형의 입력자료는 존별 통행발생량이다. 이 통행량을 수단별로 세분하거나(수단분담 모형) 또는 이 첫 대안에 대해서는 수단분담을 무시할 수도 있다. 이 지역의 대중교통 분담률이 현저히 많으면 일반적으로 수단분담 모형을 사용하지 않고 현재의 분담률을 목표연도에 적용한다. 이렇게 해서 얻은 결과가 기존 + 내정시스템 대안에 대한 목표연도의 통행수요 예측(수단별 또는 총량)이다. 이 통행을 도로망에 자유배분하면 분석단계의 모형적용이 끝난다.

분석단계의 다음 순서는 이 시스템이 평가기준에 비추어 볼 때 최소한 받아들일 수 있는 것인가를 결정하는 것이다. 이 시스템의 결함을 파악하기 위해서는 가장 기본적인 통행서비스 형태의 평가기준(첨두시간의 v/c 등)을 기존 + 내정시스템 대안에 적용만 하면 된다. 이때 만약 그 기준값이 표준에 미치지 못한다면 이 시스템을 다른 평가기준으로 검토할 필요 없이 새로운 시스템 대안을 개발하는 단계로 되돌아가야 한다.

새로운 시스템 대안을 개발하기 위해서는 혼잡한 그 시설을 개선하거나 부근의 다른 시설을 개선하면 된다고 생각할지 모르나, 얼핏 보아서 분명한 해결책이라 할지라도 그것이 반드시 옳은 해결책이 아닐 수도 있다. 예를 들어, 혼잡한 노선과 가까이 있지 않은 지역에 완전히 새로운 도로 또는 대중교통노선을 건설하거나, 서비스(속도 또는 비용)를 변경시키는 것이 혼잡한 시설 자체를 개선하는 것보다 더 나은 해결책이 될 수도 있다. 새로운 우회도로를 건설하는 것이 이와 같은 이유 때문이다.

2) 통행 필요성에 부응

통행의 기종점, 길이 및 기타 특성을 그림으로 나타내면 문제점의 해결책을 구상하는 데 큰 도움이 된다. 이와 같은 방법은 다음과 같은 것이 있다.

① **특정링크 분석**: 혼잡한 노선의 한 구간을 선정하여 컴퓨터를 이용하여 그 구간을 이용하는 모든 통행의 기종점을 파악한다. 이 결과를 존의 중심점을 연결하는 선의 굵기로 나타낸다. 이 그림으로부터 이 노선을 이용하는 사람들의 통행수요를 만족시킬 수 있는 다른 개선책을 고안해 낼 수 있다.

② **거미줄망 배분**: 거미줄망은 모든 도로가 같은 속도를 가진다고 가정하여 도로망을 만든 것으로서, 해당 지역에 조밀한 거미줄망을 만든다. 이러한 가상도로망에 배분된 통행은 기존 + 내정시스템에 배분된 통행보다 통행욕구를 더 잘 나타낸다[그림 10-2]. 왜냐하면 이 거미줄망은 기존 노선에 의한 제약을 받지 않기 때문이다. 그래서 이 분

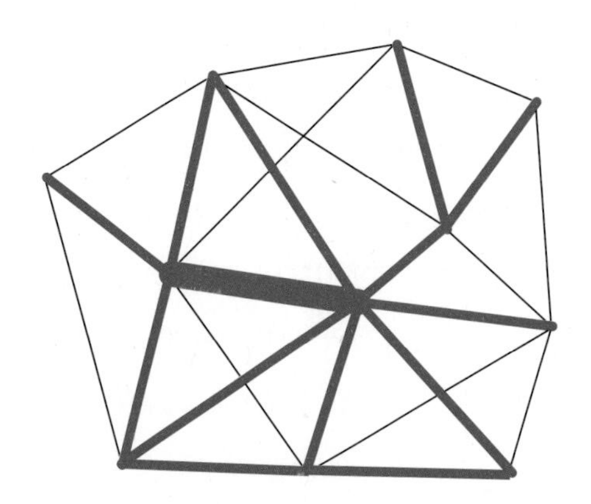

그림 10-2 거미줄망 배분

석은 통행의 기종점을 나타내지는 않지만 링크에 누적된 통행욕구를 잘 나타낸다.

③ **특정 통행교차 표시**: 특정 지역간의 모든 통행을 나타내기 위한 것이다. 예컨대, 도심지에 종점을 둔 모든 통행의 기점을 알 필요가 있거나(대중교통개선책을 수립하는 데 도움이 됨), 또는 CBD로부터 공항까지의 통행량을 알고 싶거나, 도심지를 통과하는 통행이 얼마인지를 알고 싶을 때(우회도로의 가능성을 검토하기 위해) 사용한다. 이 방법은 교통시스템을 개발하는 데 큰 도움이 된다.

④ **통행길이와 통행목적별 배분**: 통행길이와 통행목적을 분석하는 데 사용된다. 예컨대, 출퇴근통행만을 배분한 것을 가지고 대중교통개선책을 개발하는 데 사용하면 좋다. 또 통행길이별로 통행배분한 것을 가지고 고속도로를 건설할 것인가(긴 통행에 대한) 혹은 간선도로를 개선할 것인가(짧은 통행에 대한)를 결정하는 데 사용하면 좋다.

그 외에도 대안개발에 따른 문제점을 해결하는 방법은 여러 가지가 있다. 예를 들어, 도로의 적절한 간격을 지침(spacing guidelines)으로 정하고 이에 따르는 방법, 통행의 주발생원에 접근하는 행태를 분석하는 방법, 저소득층 위주의 접근방법, 기능별 분류 및 도로의 연속성에 의한 방법, 일반화된 토지이용 패턴에 대한 서비스 방법, 시스템 배치지침 방법 등이 그것이다.

3) 토지이용 접근성 제공

시스템 대안은 기존 및 장래 토지이용에 대한 계획에서 파악된 접근성의 욕구를 충족시키기 위해 개발된다. 이 접근방법으로 도시형태와 도시발전의 모양을 만들게 되는 다수단 교통시스템을 구축기 쉽다.

현재 또는 장래 통행발생원이 필요로 하는 접근성을 고려하고, 다양한 계층, 특히 자가용을 갖지 않은 시민들의 접근성 요구를 고려해야 한다.

4) 시스템의 연속성 제공

이론적으로는, 그 지역에 적용할 수 있는 교통시스템의 배치나 패턴은 무한정 많다. 그러나 이것은 결국 연속통행의 필요성과 건설 및 운영조건에 제약을 받기 때문에 기본적인 골격은 격자형, 방사순환형 및 불규칙형으로 대별된다[그림 10-3].

지형적 또는 환경적인 조건 때문에 교통망이 균형 있게 배치되지 못하거나 그 일부의 배치가 불가능할 때도 있다. 도시의 규모가 적어질수록 지역간 도로시스템이 그 도시도로의 패턴에 미치는 영향은 커진다.

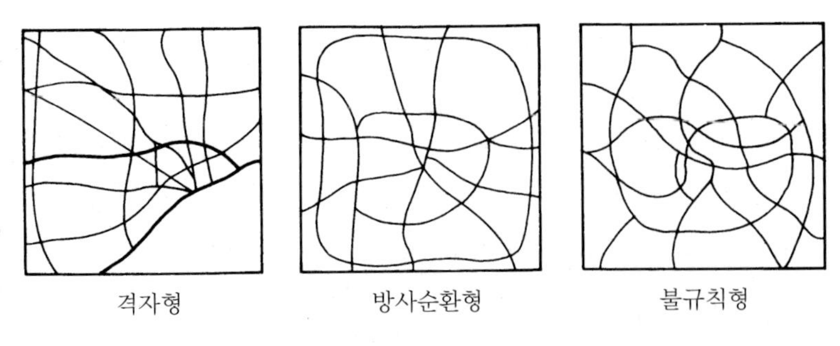

그림 10-3 기본적인 교통망 패턴

대부분의 도시지역에서 방사순환형 고속도로시스템은 수요에 비례해서 용량을 균등하게 분포시키는 결과가 되나(수요가 많은 곳에 도로밀도가 높다) 중앙으로 몰리게 되어 용량과 주차문제가 발생하게 된다. 이 고속도로시스템은 또 방사형 이동서비스를 하는 대량 대중교통수단과 경쟁관계에 놓일 수 있다.

격자형 고속도로시스템은 중앙으로 집중되는 문제점은 없으나 차로수나 도로간격을 달리하지 않고는 그 지역 내의 다양한 수요밀도를 충족시킬 수가 없다. 이 두 기본형을 조합하면 인터체인지에서 기하설계상의 어려움이 따른다.

배치계획을 세우는 데 있어서의 중요한 원칙은 도시고속도로시스템이 중앙에 집중되지 않도록 설계하는 것이다. 방사형 시스템이 환상 또는 통과노선을 설치하지 않은 채 도시중심으로 집중되어서는 안 된다. 이 원칙은 큰 도시지역에서 방사형보다는 격자형 간선도로시스템이 전반적으로 더 바람직하다는 것을 의미한다.

고속도로는 노선 및 용량상의 연속성을 반드시 확보해야 한다. 고속도로가 짧게 끝이 나서는 안 되며, 교외지역으로 연장될 때에는 지역간 고속도로시스템과 연속성을 유지해야 한다. 그러한 연속이 불가능한 곳이나, 수요가 적어 더 이상 고속도로가 필요 없는 지점은 그 노선의 연속성에 적합한 다른 도로에 직접 연결해야 한다. 고속도로가 도시지역 안에서 일시적으로나 영구히 끝나야 할 필요성이 있는 곳에서는 고속도로용량을 수용할 수 있는 충분한 용량의 간선도로와 직접 연결해야 한다.

지형적으로 어려움이 있거나 특별한 상황이 아니고는 인터체인지는 모든 방향으로 연결되어야 한다. 이 경우는 두 개의 고속도로가 만나는 인터체인지에서는 특히 그러하다. 고속도로가 T형으로 만나는 경우는 되도록 피하는 것이 좋다.

5) 시설간격의 최적화

고속도로의 크기와 간격에 어떤 제한을 두면 대안개발의 융통성이 줄어든다. 그러나 객관적인 시스템 배치계획을 수립하기 위해서는 규모와 간격에 대한 원칙이 필요하다.

고속도로시스템의 크기와 간격은 통행밀도와 통행길이를 이용하여 구한다. 고속도로시스템의 크기와 간격을 구하는 한 가지 기법은 모든 통행이 평균통행길이 만큼 고속도로를 이용하고, 용량과 통행수요 사이에 평형을 이룬다고 가정을 한다. 이 가정에 의하면 간격은 인구밀도와 고속도로용량에 따라 변한다[표 10-2].

표 10-2 고속도로 간격

인구밀도 (인/km^2)	도로 간격 (km)		
	4차로	6차로	8차로
1,500	8.0	12.0	16.0
3,000	4.0	6.0	8.0
4,500	3.0	4.0	5.5

또 다른 기법은 지역사회의 교통비용을 최소화하도록 간격을 결정하는 방법이다. 이 기법에서는 어떤 간격을 가지는 교통시스템의 건설비용과 통행비용의 합이 다른 간격에서의 비용보다 적을 때 그 간격이 최적이라고 가정한다.

어떤 기법을 사용하든 고속도로의 간격이 12 km보다 크거나 1.5 km보다 작은 경우는 드물다. 고속도로의 간격을 결정하는 세 가지 변수는 통행밀도, 통행특성 및 그 지역의 물리적 특성이며, 이 특성은 도시지역 내에서는 물론이고 도시지역 간에도 서로 다르다.

통행밀도, 즉 평방 km당 차량의 통행발생은 토지이용의 종류와 강도, 인구밀도 및 차량보유대수, 그리고 대중교통의 비중과 직접 관계가 있다. 이러한 특성을 이용하여 지역계획의 목적을 수립하고 기초예측자료를 마련한 후에 고속도로시스템의 크기와 간격을 검토해야 한다.

통행특성 역시 도시에 따라 다르다. 도시의 크기에 따라 통행길이의 분포가 다르므로 총통행량 중에서 어떤 간격의 고속도로시스템을 이용할 수 있는 통행의 비율이 도시마다 다르다. 또 평균일교통량 중에서 첨두시간 교통량의 비율과 첨두시간의 지속시간도 달라진다. 일교통량에 대한 첨두시간 교통량의 비가 다른 지역보다 크면 평균일교통량이 같다고 하더라고 간격을 좁힐 필요가 있다. 마찬가지로 첨두교통량의 방향별 분포특성도 지역마다 다르며, 또 이에 따라 간격을 달리한다.

고속도로시스템의 간격을 결정하는 또 하나의 요소는 설계 및 물리적 특성이다. 예를 들어, 개발지역을 제외하고는 간선도로의 간격을 바꾸기가 어렵기 때문에 이 간격이 고속도로

시스템의 간격에 영향을 미치는 수도 있다. 또 고속도로시스템이 그 지역의 물리적(지형적) 특성과 변경시킬 수 없는 기존의 도로패턴에 영향을 받는다는 것은 명확한 사실이다. 그렇지만 더욱 중요한 것은 고속도로간격이 고속도로시스템과 그 하위 도로시스템 간의 서비스 수준의 차이에 따라 영향을 받는다는 것이다. 두 도로시스템 간의 속도 차이가 클수록 간격은 좁아지고, 또 용량이나 건설비용의 차이가 작을수록 간격이 좁아진다.

따라서 도시지역간의 통행밀도나 교통특성 또는 물리적인 특성이 서로 다르기 때문에 고속도로간격을 표준화할 수는 없고 여기서 언급한 기법은 다만 고속도로시스템 계획대안을 개발하는 데 필요한 기초를 제공한 것이다.

지금까지의 간격 결정요인은 모두 정량적인 것이었으나 계량이 어려운 안전, 위락욕구, 대기오염, 소음 및 경제적 여건 등 그 지역의 환경적 목적에 대한 요인도 함께 고려해야 한다. 그러나 앞에서 말한 정량적 요인을 기초로 하여 광범위한 교통시스템 계획을 먼저 한 다음에, 노선선정 단계에서 환경적인 요인을 자세히 고려한다.

(3) 최종대안 개발 및 분석

일단 기존 및 내정된 도로시스템 외에 다른 몇 개의 대안이 개발되면, 분석단계로 되돌아가서 성과를 분석할 필요가 있다. 첫 시스템 대안에 대하여 교통예측 모형을 사용했으므로, 새로운 대안에 대해서도 여기서 예측된 교통수요가 적합한지를 검토할 필요가 있다. 두 대안 간의 토지이용분포가 꼭 같지는 않을 것이므로 통행발생이 변하게 된다. 통행분포는 새로운 대안을 사용하여 다시 구해야 할 것이고 이는 다시 교통수요를 변화시킨다. 따라서 수단분담도 다시 구해야 할 필요가 있으며, 새로운 교통배분도 필요하다.

이와 같이 모든 모형을 사용하는 데에는 많은 시간과 비용이 소모되므로 새로운 대안이 그 이전 대안과 얼마나 차이가 나는가를 판단하여 차이가 별로 없으면 모형을 다시 사용하지 않아도 결과는 큰 차이가 없다. 어떤 대안이 최종적으로 선택되려면 그 모형을 다시 한 번 컴퓨터를 이용하여 돌려야 하기 때문에 위의 판단에 잘못이 있다 하더라도 나중에 발견이 되므로 문제가 없다.

최소한 교통배분 모형은 자유배분 방법을 사용하여 새로운 대안에 적용시켜 본다. 여기서 혼잡이 가장 우선적인 기준이 된다. 즉 기존의 혼잡이 해소되었는가? 또 새로운 혼잡이 생기지 않았는가를 검토한다.

대안개발과 분석의 순환과정은 대안이 개발될 때마다 계속된다. 대안이 혼잡기준치를 만족시킨다면 다른 통행서비스 기준(통행시간, 통행거리, 안전, 주차, 사용자비용, 혼잡한 업무

지역의 통과교통, 저소득층 지역의 접근성 등)의 관점에서 더 자세히 평가한다. 이렇게 해서 다듬어진 대안은 대기오염, 소음, 이전되는 가구와 사업체, 교통시설의 미관 또는 조경, 국지도로의 연속성 등의 기준에 미치는 영향을 알기 위해서 분석된다. 이처럼 자세한 분석을 하자면 용량제약배분, VKT 종합, 운행비용 결정, 노선선정 및 설계 가능성의 예비조사, 소규모 지역의 토지이용계획에 대한 세밀한 조사 등과 같은 광범위한 조사를 해야 한다.

개발한 대안들이 받아들일만한 대안이 되지 못하면 표준을 완화하거나 기준을 변경시키도록 정책부서에 건의하는 것이 이 과정의 어느 시점에서 필요하게 된다. 만약 너무 많은 대안이 통과되면 반대로 표준을 높게 하거나 기준을 확대하는 것이 좋다. 개발과 분석은 취급 가능한 몇 개의 대안을 얻을 때까지 계속되며, 이들은 모든 평가기준 내에서 측정되고 판단되고 받아들일 수 있다고 여겨진 것이다. 이러한 대안들은 다음의 평가단계로 넘어간다.

10.3.7 평 가

수용 가능한 몇 개의 대안들을 서로 비교하여 최적안을 선정하는 과정이다. 재원조사에서 나타난 예산상의 제약도 이 과정에서 고려할 수 있다. 평가에 가장 널리 사용되는 방법은 각 대안을 평가기준에 대해서 검토하고, 정책기관이 판단하여 가장 좋은 대안을 선정할 수 있게끔 이것을 정책기관에 제출하는 것이다. 이 방법은 정책기관에 의한 일련의 절충과정(trade-offs)을 필요로 한다(예컨대, 우회도로 건설로 X분이 단축되는 대신 Y채의 주택이 철거되는 것). 정책결정자가 이러한 절충을 하는 데 도움을 주는 방법은 크게 나누어 금전적 방법과 종합적 방법이 있다.

(1) 금전적 방법

금전적 방법에서는 어떤 대안을 평가할 때 금액으로 나타낼 수 있는 기준만 적용하고, 정량적 및 정성적인 요소는 단지 정책결정자의 주관적인 판단에 의존한다.

금전적 평가기준에는 다음과 같은 것이 있다.

① 사용자비용 발생 또는 절감
- 차량운행, 대중교통승객 요금, 통행료
- 주차, 통행시간, 교통사고

② 교통시스템 비용 발생 또는 절감
- 기술적 측면, 건설, 부지

- 유지관리, 운영

또, 금전적인 절충을 나타내는 데 사용되는 가장 흔한 방법은 노선계획에 사용되는 방법과 유사한 것으로 다음과 같은 것이 있다.

- 연간비용 방법
- 현재가치 방법
- 편익/비용비방법
- 수익률 방법

교통시스템 평가에 이 방법을 사용하는 요령은 노선선정 분석에서와 아주 비슷하다. 이러한 방법을 사용하기 위해서는 시간의 가치를 금액으로 나타낼 필요가 있다. 또 경제적 측면에서 봤을 때, 평가기간 동안 언제 비용이 발생하고 또는 절감이 일어나는지를 추정할 필요가 있다. 노선계획 평가에서는 이 추정이 비교적 쉽지만, 교통시스템 계획을 평가할 때는 여러 가지 교통수단을 고려해야 하고 20년 정도의 긴 기간을 생각해야 하기 때문에 통행의 크기와 패턴이 계속 변하므로, 비용발생과 절감이 일어나는 시기를 추정하는 데 주의를 기울여야 한다.

완전한 도시교통시스템의 성격과 그 중요성은 한 노선구간의 성격이나 중요성과는 완전히 다르다. 한 시스템의 경제성 평가에서 금전적인 평가기준은 그 시스템의 어떤 지역 안에 있는 사람과 그 생활에 미치는 영향의 일부분만을 나타낼 뿐이다. 그래서 최적 시스템 대안을 선정할 때에는 이러한 금전적 기준에 너무 큰 비중을 두지 않도록 해야 한다.

(2) 종합적 방법

이 방법은 금전적 기준, 정량적 기준, 정성적 기준을 모두 고려하는 평가방법이다. 앞에서도 언급한 것처럼 분석하는 사람이 가장 많이 사용하면서도 간단한 방법은 모든 대안들을 평가기준으로 나타내고, 또 최적안을 결정하는 데 있어서 절충이 가능해야 한다. 그러나 금전적 기준 간의 절충만으로는 불완전한 평가가 되기 쉽다.

종합적인 평가를 하는 데 사용되는 방법은 여러 가지가 있으나 그들의 일반적인 개념은 다음과 같다.

① 각 평가기준의 중요성에 따라 가중치를 부여한다. 정책기관이 각 기준의 순위를 정하거나(ranking), 평점을 매겨(rating) 정량화함으로써 정책결정자의 주관적인 절충을 배

제한다.

② 각 기준에 관한 모든 대안의 상대적인 성과를 평점한다. 금전적 또는 정량적인 기준은 객관적인 평점을 할 수 있지만 정성적 기준은 주관적인 평점을 할 수 밖에 없다.

③ 각 대안의 평점을 그 기준의 가중치로 곱하여 모든 대안에 대하여 합산한다.

④ 사용된 기준이 모두 금전적인 기준이라면 앞에서 합산한 점수가 가장 큰 것이 가장 좋은 대안이다. 그러나 정성적 기준도 포함된다면 이들을 따로 구분하여 금전적 기준에 의한 '비용'과 정성적 기준에 의한 '효과'를 절충하여 최적안을 선정한다.

실제로는 이와 같은 종합적 방법을 사용하는 경우에 숫자로 나타난 결과에만 전적으로 의존하는 것이 아니라 정책기관에서 고려하는 정치적 또는 기타 관심사항에 따라 최적안이 선정된다. 그렇더라도 정책결정자가 올바른 결정을 내리는 데 도움을 주는 종합적인 자료를 준비하는 것은 분석하는 사람의 의무이다.

선정된 최적안은 어떤 지역전체의 교통축 시스템이거나 혹은 각 교통축에 대하여 구체화된 개선책이다. 앞에서도 언급한 바와 같이 분석단계를 거치는 동안 각 교통축 내에서의 위치선정 및 설계 가능성을 사전에 검토할 수 있다.

10.3.8 시 행

선정된 계획안을 시행하는 것은 계획과정에 포함되지 않는다. 계획의 존재 이유는 목적달성을 위해서 어떤 기간에 걸쳐 시행해야 할 대책을 세우는 데 지침을 제공하는 것이다. 지금까지 설명한 여러 가지 활동들은 이러한 지침을 마련하기 위한 것이며, 그러기 위해서는 계획하는 기구를 만들고 정책결정자를 참여시키는 것이 대단히 중요하다. 뿐만 아니라 계획평가와 최적안 선정단계에서 효율적인 절차를 밟고, 계획과정에서의 현황조사나 위원회, 공청회 등을 통하여 일반시민을 참여시키는 일은 시행과정에서 중요한 의미를 가진다.

또 계획하는 사람과 계획을 시행하는 사람 간의 비공식적인 교류도 중요하다. 계획의 시행은 변화되는 상황과 미지의 상황에 적응시켜 나가는 계속적인 과정이다. 국지적인 교통의 목적이나 목표도 변할 수 있다. 계획하는 사람은 계획을 시행하는 사람에게 끊임없이 국지적인 목표를 이해시켜야 한다.

계획은 시행을 책임지고 있는 사람에게 필요한 자료나 조언을 제공해야 한다. 여기에는 토지이용자료, 교통자료(인터체인지의 회전 및 엇갈림 교통량, 단지계획검토 등 계획 각 부분의 세부적인 분석에 필요한), 지도 등이 포함된다. 교통축 내에 있는 교통시설의 위치선정 및 설계를 위한 기초자료도 제공해야 한다.

계획과정 후 노선계획, 설계, 부지확보, 건설 등의 시행과정에서는 국지적인 교통목적 달성에 더욱 초점을 맞추어야 한다. 교통축 내의 결정사항이 그 지역 교통의 결정사항에 영향을 미치게 될 때에는(예컨대, 교통축 내에 터널구간 건설이 결정되었다면, 이에 따른 추가비용은 그 지역의 결정사항에 큰 영향을 주며 이는 다시 도로망 대안의 평가단계에 feedback 될 필요가 있다) 계속적인 계획과정을 통하여 필요한 자료를 제공해 줌으로써 계획이 시행과정에 참여하게 되는 작용을 한다. 물론 계획은 시간이 경과함에 따라 변하고, 따라서 새로운 계획을 수립하려면 계획과정이 새로이 반복된다.

10.3.9 감독 및 재평가

도시지역은 놀랄 만큼 빠르게 변한다. 불과 몇 년 전에 실시한 20년 교통계획이 오늘날 거의 쓸모가 없을 수도 있다. 이와 같은 현상의 중요한 원인은 예기치 않은 토지이용의 변화와 이에 따른 교통수요의 변화이다. 이러한 결과는 토지이용에 대한 통제가 적을수록 커진다. 또 다른 중요한 원인은 목적의 변화, 목적 내에서 중점의 변화, 투자재원의 변화, 행정상의 변화 및 교통계획을 하는 절차나 수단의 개선 등이다.

따라서 계획의 '유지관리'라 부를 수 있는 어떤 대책이 필요하다. 여기에는 여러 변화를 중간 점검하고, 그것이 계획의 유효성에 미치는 효과를 추정하고, 필요할 경우 그 계획을 변경시키고, 시일이 경과함에 따라 목표연도를 연장하기도 한다. 또 계획에서부터 시행까지 정보의 흐름을 유지하고 계획과정 자체를 새롭게 변경시킬 필요도 있다. 간단히 말해서 계획과정 자체를 변화에 맞추어 계속적으로 만들어 줄 필요가 있다.

감독은 토지이용과 교통시스템 특성에 관련된 기존 토지이용 및 사회·경제자료의 유지관리를 필요로 한다. 이러한 자료들은 예측되고 계획된 개발이 이루어지고 있는지, 개발된 모형이 통행예측에 여전히 유효한지를 결정하는 데 기초가 된다. 더 구체적으로 말하면, 감독은 존별 인구 및 고용성장을 중간 점검하고, 교통량을 조사하며, 시스템의 물리적 또는 특성상의 변화에 유의하며, 용도지역지구에 관한 법령과 그 변화를 기록하는 활동이다.

재평가는 시간이 경과함에 따라 변화가 일어날 때, 이전에 이루어진 계획과정과 선정된 계획안이 여전히 만족스러운가를 판단하는 데 필요한 각종 연구조사를 말한다. 앞의 감독단계에서 얻은 자료는 이런 판단을 할 근거를 제공한다.

이 지역에서 일어난 변화를 감독한 결과, 이 변화가 예상한 것보다 크게 다르다면 통행예측과 교통계획안이 여전히 타당한가를 판단해야 한다. 이와 같이 통행예측과 교통계획안을 점검할 경우, 교통모형을 완전히 다시 컴퓨터로 돌릴 필요는 없고, 그 지역의 몇 개 부분에 몇 개의 모형을 적용시켜 간단한 점검을 하면 된다. 이 점검 결과에 따라 그 지역 전체에 모든 모형을 모두 적용시킬 것인가를 판단하고, 적용시킨다면 새로운 통행자료를 구하고 계획안을 수정한다.

설사 개발이 예상대로 이루어지더라도 예측을 다시하고, 모형을 돌리고 주기적으로(예를 들어 매 5년마다) 계획목표연도를 연장하는 것이 바람직하다. 이것은 시간이 경과함에 따라 장기계획을 유지하는 데 필요하다. 또 가끔 모형의 유효성을 종합적으로 점검하기 위해서도 필요하다. 결과에 따라서는 몇 개의 모형을 다시 개발해야 할 경우도 있을 수 있다.

더 긴 간격(예컨대 매 10년마다)으로 재평가하는 경우 계획과정과 모든 예측 및 모형, 그리고 계획안을 완전히 다시 검토할 필요가 있다. 이 경우는 거의 최초의 계획과 맞먹는 노력을 필요로 한다.

10.4 교통계획조사

교통계획조사는 교통계획에 필요한 자료를 수집하고, 분석하며, 예측하고, 결함을 파악하는 과정을 말한다. 이때 특히 교통과 토지이용과의 관계에 유의를 한다. 구체적으로 각종의 토지이용에 따른 통행발생률을 구하기 위한 O-D를 조사하고, 교통시설 각 부분의 용량을 평가하며, 기존 교통시설의 결함을 파악하는 것으로부터 장래 교통수요 예측과 이에 따른 장래 교통시설의 결함을 파악하는 것까지 포함한다. 장래 교통수요 예측과 이를 위한 교통예측 모형개발에 대해서는 11장에서 별도로 취급을 하고 여기서는 현재의 공급조사(도로와 대중교통 조사)와 수요조사(O-D 조사)에 관해서만 언급을 한다.

교통조사 및 분석은 교통계획에 필요한 교통계획조사(Transportation Planning Studies)와 시설의 건설 또는 개선이나 운영개선을 위한 교통공학조사(Traffic Engineering Studies)로 나누어지나 엄밀한 의미에서 어떤 조사들은 이 둘 중 어디에 속한다고 명확히 구분지을 수 없는 경우가 많다. 이 장에서 취급되는 조사 중에서 교통공학적인 조사에 대해서는 제5장을 참조하면 좋다.

10.4.1 교통조사의 개요

지금까지 대부분의 도시교통시설계획은 각 교통수단별로 수송실적을 조사하고 장래예측을 하여 계획을 입안해 왔다. 그러나 도시교통시설을 종합적이며 효과적으로 계획하기 위해서는 각 교통수단을 개별적으로 취급하지 않고 종합적인 교통시스템으로 취급해야 한다. 더욱이 종합교통시스템계획은 토지이용계획과 조화를 이루고 도시활동에 적합해야 한다. 수단별 또는 시설별로 개별적인 조사를 하여 이를 기초로 하여 분석 및 예측을 하면 도시교통 전체를 파악할 수가 없기 때문에 각 교통수단 상호간의 관련성이 충분히 반영되지 않을 뿐만 아니라 예측결과도 부정확할 수밖에 없다. 따라서 통근, 통학, 업무, 유통 등의 도시 통행수요를 충족시키기 위한 모든 시설을 망라한 종합적인 교통계획수립을 위해서는 종합적인 현황조사가 필요하게 되었다.

도시활동에 있어서 사람이나 물자는 어떤 목적에 따라 그 공간적 위치가 변경되기 때문에 교통이 발생하며, 교통수단은 이를 위한 수단에 지나지 않는다. 따라서 교통수단의 통행량 또는 사람이나 물자의 수송량을 조사하는 것은 교통수요를 파악하는 것이 아니라 교통 이용현황을 파악하는 것이 된다.

도시교통수요를 파악하기 위해서는 통행발생의 원인이 되는 사람과 물자에 대한 이동요인과 그 양을 조사해야 한다.

개인통행조사(person trip survey)는 어떤 지역에 있어서 사람의 이동을 통행목적, 수단, 시간, 출발지, 목적지, 토지이용 등의 관점에서 조사한 다음, 분석을 하여 교통현상을 본질적으로 파악하기 위해 실시한다.

사람은 어떤 활동의 목적과 사회 · 경제적 조건(직업, 산업, 연령, 소득 수준 등)에 따라 통행의 성질(목적, 출발·도착시간, 장소 등), 교통수단의 특성(이용시간, 비용, 쾌적성 등)에 맞는 교통수단을 선택하기 때문에 결과적으로 각 교통수단에 교통수요가 배분된다.

일반적으로 개인통행조사는 가구면접조사(조사구역 내), 경계선 조사(조사대상구역 밖에서 안으로 진입하는 통행), 공공교통수단 이용자 조사, 영업차 조사 등이 있으며, 역 외에 거주하는 사람이 역내에서 만드는 업무상의 이동이 파악되지 않을 우려가 있기 때문에 조사대상구역을 일일생활권(통근권) 정도의 크기로 정하는 것이 가장 좋으나 조사비용이 많이 드는 단점이 있다. 중소도시에서는 통근권을 비교적 쉽게 결정할 수 있으나 대도시에서는 어려우므로 일반적으로 도시 중심으로의 통근 인구가 행정구역 인구의 5% 이상인 지역을 조사권에 포함시킨다.

Zoning을 할 때에는 교차로, 철도역 등의 교통시설 배치현황, 존내의 토지이용 균일성, 존내의 인구 및 통행량의 균일성 등을 고려해야 하며, 가능하면 행정단위(시, 구, 동, 통, 반)를 존과 일치시키는 것이 모집단을 파악하고 자료수집을 하기가 쉽다.

개인을 조사대상으로 하여 표본추출을 하는 경우 모집단으로 주민등록대장, 선거인명부, 취업자와 그 가족, 건물단위의 거주자 등이 사용된다. 표본추출은 개인단위보다 세대단위로 하는 것이 표본수를 적게 할 수 있어 시간과 비용을 절약할 수 있다. 그러나 이 경우에는 추출된 표본의 연령구성비와 모집단의 연령구성비를 비교·검토할 필요가 있다.

표본추출의 방법으로는 무작위추출법(random sampling), 집락추출법(cluster sampling : 통, 반 단위로 전부 또는 일부를 집중적으로 조사하는 방법), Mesh법 등이 있으며, 지역특성이나 교통조건이 불분명할 경우에는 무작위추출법을 사용하는 것이 좋다.

10.4.2 조사대상지역과 지구분할(zoning)

도시교통계획 또는 도로계획을 위한 교통조사가 필요하다면 그 계획대상지역에 적합한 조사대상지역을 정해야 한다. 조사대상지역은 계획하는 교통시설이 영향을 미치는 범위, 즉 도시세력권으로 한다. 그러나 세력권이란 편의상 정하는 범위로서 그 경계선이 명확히 있는 것이 아니다.

설정된 세력권의 안쪽을 조사대상지역으로 하고, 그 범위를 나타내는 선을 경계선(cordon line)이라 부른다. 경계선을 설정할 때 고려해야 할 사항은 다음과 같다.

- 경계선을 횡단하는 도로는 가능한 적어야 한다. 이 때문에 가능한 한 하천이나 철도 또는 산의 능선을 경계선으로 이용한다.
- 행정구역의 경계선과 가능한 한 일치시킨다. 왜냐하면 그렇게 하면 각종 자료를 이용하기가 쉽다.
- 매우 큰 규모의 주거지역이 경계선 바깥에 있으면 이를 될수록 경계선 안에 포함시킨다.

이와 같이 해서 조사대상지역이 정해지면 이를 다시 작게 분할을 한다. 이때 가능한 한 여러 개의 존으로 나누는 것이 바람직하지만 사실상 기술적으로나 경제적으로 많은 제약을 받는다.

Zoning의 원칙은 다음과 같다.

- 존의 모양은 원형에 가까워야 한다.

- 존 내부의 사회·경제적 특성이 균일해야 한다.
- 존 내부의 통행이 적어야 한다(존 내부에 하나의 중심만 가지도록 한다).
- 가능한 한 지형적이거나 행정적인 경계선을 사용해야 한다.
- 존내에 다른 존이 포함되지 않아야 한다.
- 각 존의 가구수, 인구 및 통행량이 비슷한 것이 좋다.

도시권을 대상으로 한 zoning 방법의 예를 [그림 10-4]에 나타내었으며, 이때 지역의 분할순서는 다음과 같다.

① 대상지역(area)
② 대(大)존(sector)
③ 중(中)존(district)
④ 소(小)존(zone)
⑤ 세(細)존(subzone)

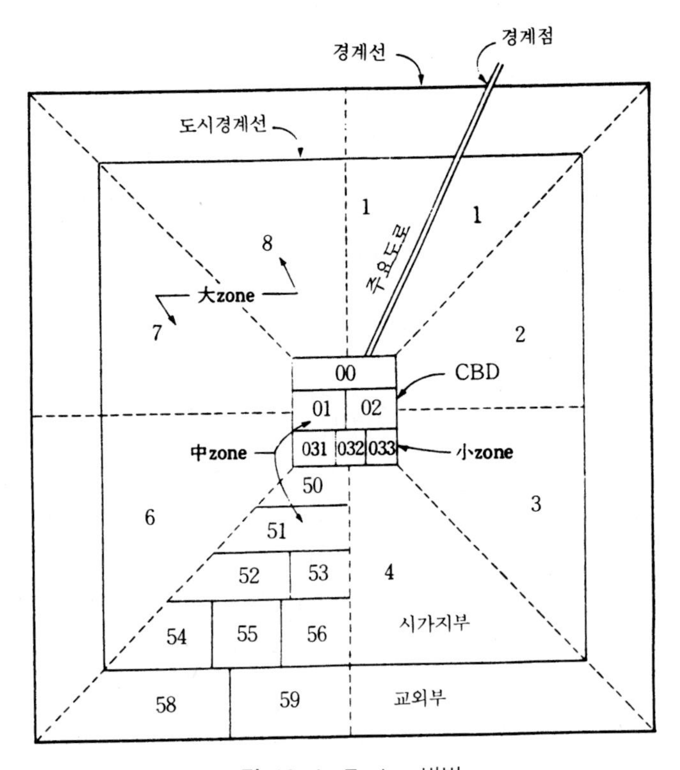

그림 10-4 Zoning 방법

대존을 1차 존이라고도 하며, 대상지역을 9개로 나누어 도심을 0, 그 주변을 시계방향으로 1~8번까지의 번호를 부여한다. 중존은 2차 존이라고도 하며, 대존을 10개로 분할하여 대존 번호 다음에 0~9까지의 번호를 붙여서 두 자리 숫자의 존 번호를 부여한다. 소존은 3차 존이라고도 하며, 중존을 10개 이내로 나누어 중존 번호 다음에 0~9까지의 번호를 붙여 3자리 숫자의 존 번호를 부여한다. 또 소존내의 특이한 성질을 가진 시설이 있거나 도시활동이 복잡하여 더 작은 존 단위로 조사분석을 해야 할 경우에는 소존을 다시 세분하여 세존을 만든다.

이와 같은 zoning 방법으로는 역(域) 외의 zoning은 할 수가 없다. 그래서 경계선과 주요도로의 교점을 경계점(cordon station)이라 하고 이를 하나의 역외(域外)존으로 취급한다. 역외존의 수는 경계선을 통과하는 교통량의 95% 이상을 파악할 수 있는 정도로 많아야 하며, 각 역외존에 대해서는 900번부터의 존 번호를 붙여준다. 역외존은 총 통행유출량(trip production)과 통행유입량(trip attraction)의 균형을 유지하기 위하여 설정을 하며 이를 가상(假想)존(dummy zone)이라 한다.

10.4.3 교통공급 현황조사

기존의 도로 및 대중교통시설과 도시지역 내 통행행태에 대한 현황은 현장조사와 여러 부서에서 사용하는 자료를 종합하여 얻을 수 있다. 과거의 경제 및 인구성장경향은 뒤에서 언급되는 O-D조사, 토지이용조사 및 다른 자료를 수집하여 얻는다.

(1) 도로분류 및 교통량도

이 조사의 목적은 모든 도로에 대해서 현재 이용되고 있는 교통량과 그 기능을 파악하기 위한 것이다.

도시지역내의 모든 도로는 잠정적으로 고속도로, 주간선도로, 보조간선도로, 집산도로 및 국지도로로 분류된다. 지방부 도로는 국도 및 지방도(특별시, 시, 군도 포함)의 위계에 따라 기능별 및 설계수준별(2차로 도로, 다차로 도로, 고속도로 등)로 분류된다. 이와 같이 잠정적으로 분류하여 각 도로구간별 교통량을 나타내는 교통량도(圖)를 만든다.

(2) 교통서비스 현황조사

현재의 교통수요에 대해서 기존 시설이 제공하는 교통서비스의 현황을 조사하는 것으로서 교통량조사, 통행시간 조사, 용량조사, 사고조사, 주차조사, 교통통제시설 조사 등이 있다.

1) 교통량조사

교통량조사의 종류에는 특정지점의 교통량조사, 광역교통량조사, 경계선(cordon line) 교통량조사, 검사선(screen line) 교통량조사가 있다. 경계선 교통량조사는 CBD 또는 전체 도시지역으로 출입하는 교통량을 조사하거나 O-D 조사에서 역내, 역외 통행의 정확성을 체크하기 위하여 O-D 조사 또는 주차조사 등과 병행해서 실시하는 경우가 많다. 이 조사에서는 조사지역을 둘러싼 경계선과 이와 교차하는 도로와의 교점, 즉 경계점(cordon station)을 조사지점으로 하여 출입교통량을 측정한다.

검사선 교통량조사는 강, 철도, 도로 등과 같은 자연적이거나 인공적인 경계선 또는 임의로 설정한 가상선을 통과하는 교통량을 조사하는 것이다. 이 검사선은 조사지역을 크게 분할을 하기 때문에 이 선을 통과하는 O-D 자료와 교통배분자료를 체크할 수 있다. 또 토지이용이나 통행패턴이 크게 변함으로써 야기되는 교통량 및 교통이동방향의 변화를 장기적으로 파악하는 데 사용된다.

2) 통행시간조사

주요 도로시스템에서의 통행시간을 측정하면 기존 도로망을 구성하고 있는 여러 도로구간에서의 서비스수준을 비교할 수 있다. 또 이 조사를 하루 중 서로 다른 시간대에 실시하여(첨두시간과 비첨두시간) 서로 비교할 수 있다. 이 조사는 평균속도방법(average speed method) 또는 교통류 적응방법(floating car method)을 사용하여 운전자가 시험차량을 운전하고 관측자가 측정하는 방법을 쓴다. 이 조사방법에 관해서는 제5장에서 설명한 바 있다.

3) 용량조사

주요 도로의 모든 구간에 대한 용량은 그 도로의 기하구조, 교통통제의 형태 및 교통류내의 차종구성에 근거를 두고 계산된다. 이 계산방법은 일반적으로 각 나라마다 독자적으로 가지고 있는 '도로용량편람'에 자세히 설명되어 있다. 우리나라의 도로용량편람 중에서 몇 가지의 교통시설에 대한 용량계산 방법은 6장에 비교적 상세하게 기술되어 있다.

4) 사고조사

승용차 및 트럭 사고에 대한 자료를 수집하고 지방 행정부서와 경찰서의 자료철 등에 수집되어 있는 기존자료들과 종합한다. 사고자료는 도로시스템의 안전성을 나타내는 척도가 될 뿐만 아니라 안전성은 또 혼잡 및 편리성과 함께 서비스수준을 결정하는 또다른 기준이 된다.

5) 주차조사

모든 교통계획에는 승용차와 트럭터미널에서 적절한 주차시설을 마련하는 대책이 포함되어 있기 때문에 주차조사는 현황조사에 매우 중요한 사항이다. 주차조사에는 지금까지 두 가지의 기법, 즉 종합적 주차조사와 제한적 주차조사가 사용되었다.

종합적 주차조사는 CBD 및 기타 중요한 지역에서 승용차의 주차시설의 문제점을 전반적으로 분석할 필요성이 있을 때 실시하는 것으로, 현재 주차시설의 현황, 현재 주차관련법규의 적절성 검토, 행정적인 책임의 한계 분석, 기존 주차시설의 이용패턴(주차시간길이 및 보행거리 포함), 현재의 주차수요 패턴, 가능한 재원조달 방법, 교통류 특성. 주차특성, 대규모 교통발생원의 영향 등을 조사한다.

제한적 주차조사는 종합적 주차조사보다 그 범위가 훨씬 좁으며, 주차공급, 주차이용도, 주차시간길이, 주차미터 수입을 조사한다.

6) 교통통제시설 조사

교통통제시설이 도로망의 용량에 미치는 효과가 너무나 크기 때문에 다음과 같은 사항을 파악하기 위해 종합적인 조사가 필요하다.

- 중요한 모든 교통통제설비의 위치, 종류 및 기능적인 특성
- 도로구간별 주차규제 내용
- 대중교통노선 및 대중교통 승하차 구역

(3) 대중교통 현황조사

대중교통이 승객의 서비스 수요를 얼마나 잘 충족시키는가를 알기 위해서는 현재의 대중교통 서비스수준과 수요를 종합적으로 파악할 필요가 있다. 이를 위한 조사에는 노선 및 서비스 범위조사, 대중교통노선의 현황조사, 서비스 빈도, 규칙성 및 주행시간 조사, 재차인원조사, 대중교통속도 및 지체조사, 기타 전반적인 운행상황 조사, 승차습관, O-D 및 그들의 경제적·사회적 지위 등에 대한 자료를 표본조사 한다.

(4) 도로시스템의 물리적 현황조사

도로시스템의 현재와 장래의 용량을 구하기 위해서 도로폭, 블록길이, 포장상태, 기하설계, 노면배수 및 우수거(雨水渠)등과 같은 물리적 현황조사를 실시할 필요가 있다.

10.4.4 수요현황조사(O-D조사)

(1) O-D 조사의 종류

아마도 가장 중요하고, 많은 시간과 경비가 소요되는 계획 조사는 O-D조사일 것이다. 이 조사는 개인통행이 언제, 어디서 시작되고 끝나며, 통행인의 사회·경제적 특성과 통행의 목적, 통행의 수단 및 통행 기종점의 토지이용 형태가 무엇인지를 파악하는 것이다. 화물유동에 대해서는 하주 및 적하서비스의 여러 가지 특성과 화물의 종류를 파악한다.

O-D 조사는 그 지역 내에서 평일에 일어나는 모든 이동의 표본적인 양상을 조사하는 것이다. 이 양상은 그 조사가 수행되는 시기에 그 시스템의 평균통행수요를 대표하는 것이어야 한다. 이 수요와 그 지역의 특성 및 인구와의 상관관계를 파악함으로써 장래의 경제발전 및 인구증가를 예측한 것을 가지고 장래의 통행수요를 구할 수 있다. 그러므로 O-D 조사는 교통조사에서 가장 근본적이며 중요한 자료를 제공한다.

도시의 크기가 커질수록 도시를 통과하거나 도시 안에서 일어나는 통행발생의 양상은 변한다. [표 10-3]은 도시의 크기가 커질 때 도시지역으로 들어오는 교통의 특성이 변하는 것을 보인다. 도시를 통과하는 교통의 비율을 볼 때 인구 5,000명 이하인 도시에서는 50% 정도이던 것이 인구 50만이 넘으면 8%로 현저하게 감소한다. 이러한 차이에 따라 통행패턴을 설정하기 위해서 행하는 O-D 조사의 종류가 달라진다. O-D 조사의 종류에는 다음과 같은 것들이 있다.

표 10-3 도시유입 교통의 목적지별 구성비(%)

도시인구(천 명)	CBD	도시내 기타지점	도시 밖의 지점
5 이하	29	22	49
5~10	29	29	42
10~25	28	37	35
25~50	26	49	25
5~100	24	57	19
100~250	21	62	17
250~500	18	70	12
500~1000	15	77	8

1) 외부 경계선 조사

보통 역외교통이 주종을 이루는 인구 5,000명 이하의 도시에서 수행된다. 표본의 크기는 교통량이 많은 도로에서 20%로부터 교통량이 적은 도로에서는 100%의 범위를 가지도록 하면 좋다.

2) 내부-외부 경계선 조사

인구 5,000에서 50,000의 도시에 적용하면 좋다. 두 경계선에서 직접면접 조사방법을 쓴다. 외부 경계선은 도시지역의 외곽에 설치되며, 내부 경계선은 CBD의 가장자리에 설치된다. 이 조사로 완전한 통행패턴을 구할 수 있으며, 표본의 크기는 약 20%이면 충분하다.

3) 외부 경계선-주차 조사

대중교통이 잘 발달되어 있지 않고 도심에 문제점이 많은 인구 5,000에서 50,000 사이의 도시에 적용하면 좋다. 외부 경계선 조사는 앞에서 언급한 바와 같은 방법으로 실시되며, 주차조사는 현재 주차공간의 현황조사, 노상 및 노외주차장에서 모든 주차차량 운전자를 면접하여 통행의 기종점, 통행목적, 주차시간길이 등을 도심을 진출입하는 교통량과 함께 조사(경계선에서)한다.

4) 외부 경계선-가구면접조사

모든 크기의 도시에 적용할 수 있는 종합적인 조사이다. 외부 경계선 조사는 경계선을 지나는 모든 차량의 20%를 표본으로 하여 앞에서와 같은 방법으로 수행한다. 뿐만 아니라 경계선 내에서는 표본을 추출하여 가구면접조사가 실시된다. 이때 표본의 크기는 그 지역의 인구와 인구밀도에 따라 달라진다. 인구 5만 이하의 지역에서는 전체 가구수의 20%를 표본으로 하며 100만을 넘는 지역에서 4% 정도를 표본으로 한다.

표본의 크기는 허용오차와 신뢰수준 및 통행량에 따라 변한다. 조사자는 모든 표본가구를 방문하여 그 가구의 인원수와 나이 및 직업, 자동차 보유대수 등을 조사하고 가구구성원 개개인의 그 전날에 대한 통행수, 통행목적, 기종점, 통행수단, 통행시작 시간과 끝나는 시간을 조사한다.

가구면접조사를 실시할 때 “트럭 및 택시 조사”를 실시할 필요가 있다. 이때 만약 이 조사를 하지 않으면 외부 경계선을 가로지르지 않는 트럭 및 택시의 자료를 얻을 방법이 없다. 이러한 조사를 하기 위해서는 트럭 및 택시소유자로부터 일일보고서를 분석하여 통행패턴을 파악하는 것이 관례이다. 이때 표본의 수는 가구면접조사의 표본율보다 높아야 한다. 또 트럭소유자의 표본율은 택시소유자의 표본율보다 두 배 정도가 되는 것이 일반적이다.

5) 대중교통조사

대중교통 이용패턴을 파악하기 위해 사용되는 조사과정은 두 가지가 있다.

- 대중교통 터미널승객조사

버스나 지하철을 타기 위해 기다리는 승객에게 설문지를 나누어 주고 이것을 작성한 후에 반송우편으로 보내게 한다. 이 방법의 변형으로 조사자가 대중교통에 탑승하여 설문지를 나누어 주기도 한다.

• 대중교통 노선승객조사

버스에 탄 두 사람의 조사자가 승객들에게 설문지를 나누어 주고, 버스 안에서 작성한 후 승객이 내리면서 제출하게 하는 방법으로서 우편으로 회답을 받는 앞의 방법보다 회수율이 높다. 그러나 이 방법은 앞의 방법보다 비용이 많이 든다. 대중교통수단의 분담률이 전반적으로 낮은 곳에서는 터미널승객조사와 노선승객조사를 같이 한다. 이러한 방법은 신속히 설문지를 작성해야 하기 때문에 가구면접조사보다 덜 상세할 뿐만 아니라 신뢰성도 떨어진다.

(2) 표본조사와 표본수

O-D 조사는 설문지를 이용하여 조사하는 것으로서 조사자가 알고 싶은 사항을 조사표에 인쇄하여 여러 조사대상자에게 배포한 다음 그들로부터 동일한 질문에 대한 답을 얻어 이를 집계하여 결과를 얻는 방법이다. 이 조사방법은 인문사회적 현상을 수량적으로 파악할 수 있으며, 주관적인 개인의 관찰이나 청취로부터 얻을 수 있는 방법보다 객관적이고 균일한 조사를 할 수가 있다.

이 조사방법에는 보고식과 면접식이 있다. 보고식은 조사대상자에게 설문지를 나누어 주고 이를 기록한 후에 현장에서 회수하거나 우편으로 반송하게 하는 방법으로 많은 사람으로부터 동시에 회답을 얻을 수 있는 반면에 복잡한 내용의 조사를 할 수가 없다. 질문내용에 대한 이해가 쉽도록 해야 하고, 질문문항이 많으면 회수율이 나빠지므로 6개항을 초과하지 않도록 설문지를 작성해야 한다. 면접식은 조사원이 조사대상자를 직접대면하여 조사사항을 청취한 후에 설문지에 기입하는 방법으로서 개인통행조사 등 상당히 복잡한 내용을 조사할 수 있으나 많은 인력과 비용이 들고 방대한 조사조직이 요구되는 단점이 있다.

설문의 문항이 작성되면 많은 사람들의 의견을 들은 후, 소수의 피조사자를 대상으로 예비조사를 실시하여 질문사항이 적합한지, 조사목적을 달성할 수 있는지를 검토한 후에 본조사를 시작하는 것이 바람직하다.

설문지를 배포하는 방법에는 조사대상자 전체에게 나누어 주어 조사하는 전수조사법(complete enumeration 또는 census 조사)과 조사대상자의 일부를 선별하여 조사하는 표본조사법(sampling method)이 있다. 소규모의 도시나 도시 내의 좁은 범위 또는 특정한 소수를 조사대상으로 하는 경우에는 전수조사가 필요하겠지만, 일반적으로 도시 전체의 조사에는 조사인원, 조사비용, 조사시간 등을 고려하여 표본조사를 실시한다.

표본을 선별하는 방법에는 조사대상 가운데서 대표적인 것을 추출하는 대표표본법(representative sampling)과 조사대상자의 직업이나 연령 등의 구성비에 비례하여 표본을 추출하는 층화표본법(stratified sampling) 등이 있으며, 그 중에서 후자가 더 좋은 결과를 가져올 수 있다.

설문지를 배포하는 방법으로는 학교, 정부기관 등에 배포를 의뢰하는 의뢰법과 우편을 이용하는 우편법, 조사원이 직접 방문하여 나누어 주는 직접법이 있다. 의뢰법은 회수율과 비용면에서 가장 유리하나 표본이 편향되는 단점이 있다.

1) 표본의 크기

O-D 조사에 사용되는 표본의 크기를 결정함에 있어서 먼저 표본선정과정에서 반드시 있게 마련인 정확도를 평가해야 한다. 의도적으로 계획된 기준에 의해 피조사자가 표본으로 선정되는 모든 조사에서는 그 표본선정과정에서 생기는 통계적인 변동량은 알려진 어떤 편차에 따라 좌우된다.

표본의 크기가 증가하면 정확도는 증가하면서, 또 그 증가율이 점차 줄어든다. 예를 들어, 경계선 조사에서 총 통행량이 10,000통행일 때 표본의 크기가 1%에서 2%로 증가한다면 67% 신뢰구간은 ±10%에서부터 ±7%로 줄어들어 오차의 범위가 줄어들지만, 표본의 크기가 9%에서 10%로 증가한다면 추정의 정확도는 거의 개선되지 않는다.

반면에 통행량이 적은 경우에 표본선정을 할 때 표본수를 증가시키면 통행량이 많을 때보다 67% 신뢰구간은 큰 폭으로 감소한다(오차의 범위가 줄어든다).

일반적인 교통계획을 수립하는 데 있어서 표본율은 [표 10-4]에 나타난 최소값보다 적어

표 10-4 표본추출의 비율(표본율)

도시인구	최소표본율(%)	BPR추천 표본율(%)
50,000 이하	10	20
50,000~150,000	5	12.5
150,000~300,000	3	10
300,000~500,000	2	6.7
500,000~100만	1.5	5
100만 이상	1	4

주 : BRP추천 표본율은 가구면접조사 때에도 이 값을 사용한다.

자료 : 참고문헌(9)

서는 안 된다.

2) 조사의 빈도

교통패턴의 변화를 파악하기 위해서는 O-D 조사를 주기적으로 실시해야 할 필요가 있다. 이러한 변화는 경제적인 여건이나 토지이용 패턴의 변화 때문에 일어나는 것이므로 단기간에 일어나지는 않는다.

통행패턴의 변화경향을 보면 매 10년에 한 번씩 종합적인 조사를 할 필요가 있다. 그러나 이외에 각 지역은 O-D 자료를 수시로 개정하는 것이 바람직하다. 그러기 위해서는 구체적인 절차가 없더라도 토지이용과 교통량을 계속적으로 조사하는 제도가 마련되어야 한다.

1. R.J. Paquette, N.J. Ashford, P.H. Wright, *Transportation Engineering-planning and design-*, 2nd ed., 1982.
2. E.C. Carter, *Regional Transportation Planning*, University of Maryland, Lecture Note, 1973.
3. A. Whittick, *Encyclopedia of Urban Planning*, 1974.
4. P.R. Stopher and A.H. Meyburg, *Urban Transportation Modeling and Planning,* 1975.
5. B.G. Hutchinson, *Principles of Urban Transport Systems Planning*, 1974.
6. C. Hamburg, *Data Requirements for Metropolitan Transportation Planning*, NCHRP Report 120, HRB., 1971.
7. Bureau of Public Roads, *Guidelines for Trip Generation Analysis*, USDOT., FHWA., BPR., 1967.
8. Bureau of Public Roads, *Policy and Procedure Memorandum* 50-9 : *Urban Transportation Planning*, USDOT., FHWA., BPR., 1969.
9. TRB., *Issues in Statewide Transportation Planning*, Special Report 146, TRB., 1974.
10. B.G. Hutchinson, *Principles of Urban Transport System Planning*, McGraw-Hill Book Co., 1974.
11. E.L. Grant, W.G. Ireson, *Principles of Engineering Economy*, 6th ed., Ronald Press, 1975.
12. NCHPR., *Evaluating Options in Statewide Transportation Planning/Programming,*

Techniques and Application, NCHRP. Report 199, Mar. 1979.
13. TRB., *Issues in Statewide Transportation Planning*, Special Report 146, 1974.
14. A. Whittick, *Encyclopedia of Urban Planning*, McGraw-Hill Book, Co., 1974.
15. ITE., *Manual of Traffic Engineering Studies*, 4th ed., ITE., 1976.
16. L.J. Pignataro, *Traffic Engineering-theory and practice-*, Prentice-Hall, Inc., 1973.
17. F.S. Chaplin and E.J. Kaiser, *Urban Land Use Planning*, Univ. of Illinois Press, 1979.

1. 도시교통계획이 전국교통계획의 일부분으로 취급되지 않는 이유는 무엇인가?
2. 대도시 지역에서 도시고속도로가 도시중앙으로 집중되지 않아야 하는 이유는 무엇인가?
3. 고속도로가 도시지역 안에서 끝나야 할 경우 다른 도로와의 연결시 가장 먼저 고려해야 할 사항은 무엇인가?
4. 고속도로시스템의 크기와 간격을 결정할 때 가장 중요한 고려요소는 무엇인가?
5. 교통계획에서 교통조사의 중요성이 무엇인지 설명하라.

제11장

교통수요 분석

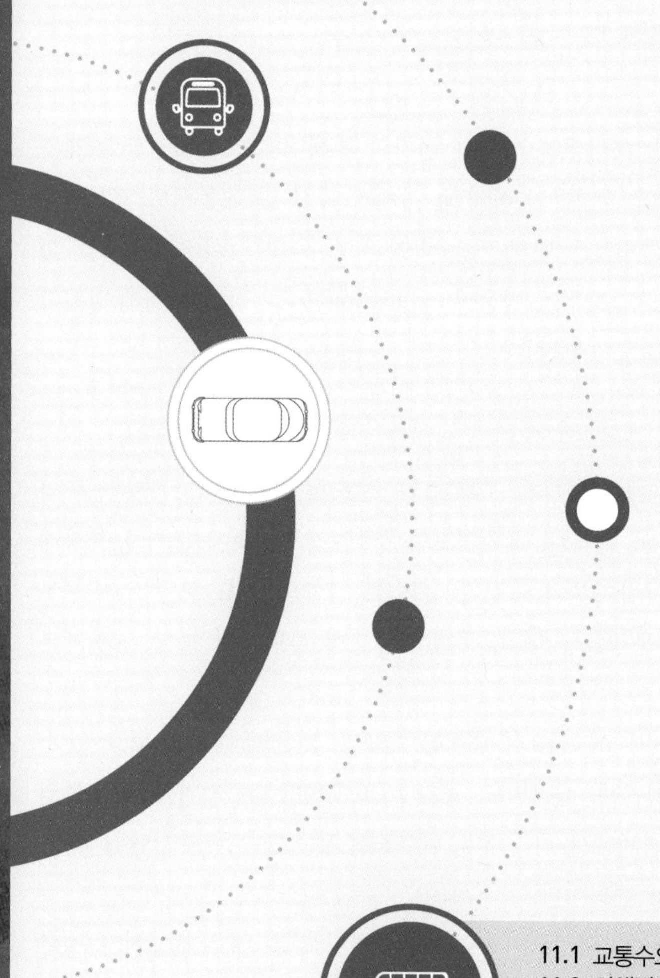

11.1 교통수요 예측과정
11.2 외생변수의 예측
11.3 통행발생의 예측
11.4 통행분포의 예측
11.5 교통수단 분담의 예측
11.6 교통배분의 예측
11.7 수요예측의 예제

교통계획을 하기 위해서는 대상지역의 장래 교통수요를 알아야 한다. 교통수요 분석은 인간의 통행행태에 따른 수요의 현상을 분석하고, 그 기초 위에서 수요의 크기를 예측하는 과정으로 나누어진다. 비교적 간단한 장래계획은 직관적인 판단으로도 가능하나 거대하고 복잡한 계획은 체계적이고 종합적이며 과학적인 방법으로 수요를 예측해야만 한다. 교통수요 예측방법은 대상지역의 면적, 교통시설의 종류 및 계획의 목적에 따라 달라지지만 이 장에서는 도시교통계획에서의 교통수요 예측을 주로 취급한다.

11.1 교통수요 예측과정

교통수요는 도시구조 및 토지이용 패턴뿐만 아니라 인간의 통행행태와도 밀접한 관계를 가지고 있다. 이러한 통행행태는 지역 주민들의 사회적, 경제적 특성 및 교통서비스의 양과 질에 따라 크게 달라진다. 교통수요 예측은 현재 또는 과거의 인구 및 사회.경제지표를 사용하여 토지이용 모형 및 교통수요 예측모형을 만들고 calibration한 후, 장래의 사회.경제지표를 사용하여 토지이용 및 교통수요를 예측한다.

(1) 토지이용과 교통모형

토지이용모형과 교통모형은 두 단계로 명확히 구분된다. 즉 모형을 구축하고 기준연도의 자료로부터 이를 검증하는 calibration 단계와, 계획연도의 사회·경제예측에 근거하여 장래 교통수요를 예측하는 예측단계이다. 장기계획 과정에 사용되는 7개의 주요 모형은 인구모형, 경제활동 모형, 토지이용 모형, 통행발생 모형, 통행분포 모형, 수단분담 모형, 교통배분 모형이다.

토지이용에 관한 모형은 많이 개발되어 있으나 대부분 아직도 논란의 대상이 되고 있다. 이모형은 토지이용과; 직장까지의 접근성, 개발밀도, 공지 비율, 고용인구, 지가, 대중교통의 접근성 등과 같은 독립변수와의 상관관계를 나타내며, 예측되는 종속변수는 주거단위, 상업용 또는 산업용, 근린시설용 토지의 변화이다.

지금까지 여러 가지 많은 모형이 개발되었으며 이 중에서 어떤 것은 매우 정교하고 정확한 것도 있다. 이모형들은 모두 교통시설과 도시성장 간의 상호작용에 기초를 두고 있다.

그러나 교통계획을 하는 사람에게는 토지이용계획이 주어지는데, 이것은 모형의 결과로부터 얻는 것이 아니라 이미 정해진 토지이용의 형태와 밀도를 사용하는 것이다.

나머지 네 가지 모형, 즉 통행발생, 분포, 수단분담 및 교통배분 모형은 전략적 교통계획에서 매우 중요한 것이다. 계획대상지역은 여러 개의 비교적 균일한 교통발생존으로 나눈다. 모든 교통은 각 존의 중심에서 발생하여 주요 교통망을 이용하여 존 간 혹은 존내를 이동하는 것으로 보고 전체교통을 모형화한다. 전통적으로 이 모형화는 순차적으로 진행된다.

(2) 교통수요 예측과정

현재 교통계획을 위한 교통수요 예측기법으로 가장 널리 사용되고 있는 방법은 수요예측과정을 통행발생(trip generation), 통행분포(trip distribution), 수단분담(modal split), 교통배분(traffic assignment)의 4단계로 나누어 각각의 모형을 만들고 이들을 순차적으로 연결해 나아가는 4단계의 수요예측 모형기법이다.

통행발생의 예측은 대상지역에 관계되는 총 통행발생량(T) 및 존별 유출량(P_i), 유입량(A_j)을 예측하는 단계이며, 통행분포 예측은 통행유출량과 통행유입량을 기초로 하여 존 간의 통행량(T_{ij})을 예측하는 것이며, 수단분담 예측은 존 간의 통행량을 각 교통수단별(m) 수요로 나누고($_pT_{ijm}$), 이를 평균승차인원을 고려한 차량대수로 환산한다. 교통배분(traffic assignment) 단계에서는 이것을 링크 (l)와 노드로 나타낸 교통망에 할당하여 각 링크의 교통량 (V_l)을 예측하는 단계이다. [그림 11-1]은 발생된 통행량이 통행예측의 각 단

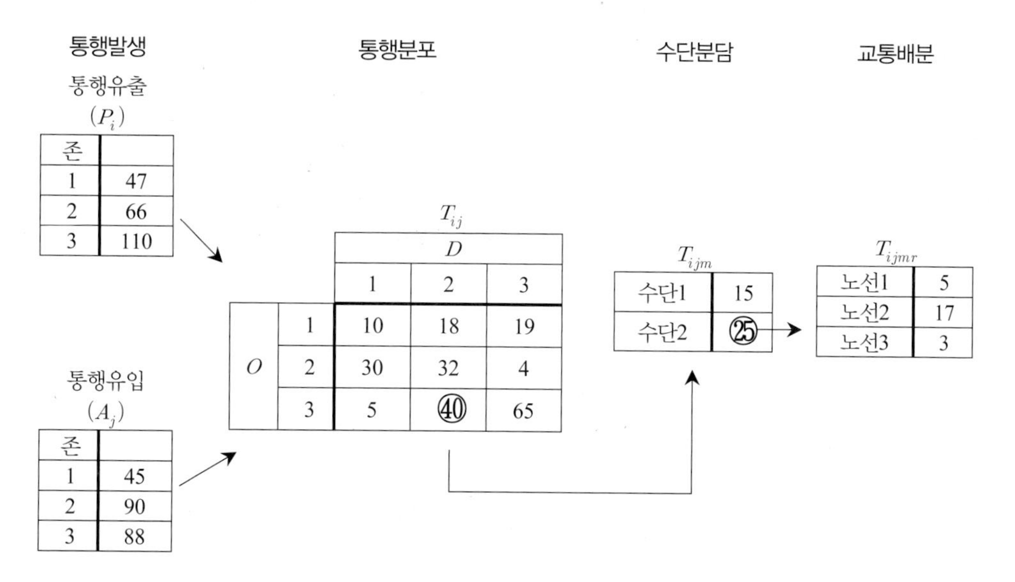

그림 11-1 통행수요 예측과정의 예

계를 거쳐 통행발생의 기점과 종점, 교통수단, 노선 또는 경로에 따라 세분화되는 과정을 나타낸 것이다.

최근에는 각 단계의 모형을 개량하여 개인통행을 모형화 한다든가, 통행의 발생, 목적지, 이용수단, 노선 등을 동시에 모형화하는 접근방법이 개발되고 있다.

교통예측을 할 경우 기초가 되는 조사자료를 어느 것으로 하느냐에 따라 이와 같은 과정이 달라질 수 있다. 즉 차량 O-D를 기초로 할 경우 앞에서 말한 수단분담 예측은 불필요하며, 개인통행 자료를 기초로 할 경우에는 수단분담은 개인통행으로 추정할 수가 있기 때문에 이것을 차량통행량으로 변환시키는 단계가 필요하게 된다.

11.2 외생변수의 예측

11.2.1 교통수요 예측을 위한 외생변수

교통은 도시지역이든 전국적 혹은 소규모지역이든 간에 교통만으로 독립해 있는 것이 아니라 다른 여러 가지 지역활동을 위해서 파생되는 종속적인 것이다. 따라서 교통계획을 할 때에는 이러한 여러 가지 지역활동을 고려해야 한다. 특히 교통계획은 토지이용계획과 밀접하게 연관시킬 필요가 있다. 현재까지 교통수요 예측에 사용되는 외생변수는 인구, 토지이용 및 기타 사회경제지표로 대별된다. 그 중에서도 가장 많이 사용되는 변수는 상주인구, 취업인구, 고용인구, 공장 출하액, 상품판매액, 자동차 보유대수, 용도별 토지면적 또는 상면적이다. 이들에 대한 기본적인 자료는 시, 구, 동별로 얻을 수 있다.

외생변수를 예측하기 위한 기본개념을 다음과 같다.

(1) 개발계획

교통계획을 할 때 계획대상지역의 개발계획은 독자적으로 예측하기도 하지만 다른 상위계획과 연관시켜 생각해야 하기 때문에 각종 상위계획에 나타나 있는 지표의 예측 값을 참고로 하여 결정하는 경우가 많다. 상위계획으로는 전국계획(예를 들어 국토종합개발계획), 시·도 계획, 광역계획(예를 들어 수도권 정비계획) 등이 있다. 이들 상위계획들은 반드시 서로 모순 없이 잘 들어맞는 것이 아니기 때문에 그 가운데서 중심이 되는 상위계획을 선정해야만 한다.

대상지역의 개발계획은 전국 또는 시·도와 대비시켜 그 경향을 예측하는 수가 많다.

(2) 존별 예측

존별로 예측을 할 때에는 그 예측에 영향을 주는 대상지역 내의 여러 가지 계획행위를 고려해야 한다. 그 중에는 주택단지계획, 신도시계획, 공업단지계획, 유통센터계획, 매립지계획 등 대규모적인 것이 포함되어 있다. 이것들은 어느 것이나 인구, 공산품 출하액, 상품판매액 예측에 영향을 미치게 하는 것이지만 이 계획들이 이들 지표에 대한 계획수치를 명시하지 않을 경우에는 이것을 예측해야 한다. 그러기 위해서는 토지면적당 거주인구밀도, 취업인구밀도, 공산품 출하액 당 취업인구밀도 등과 같은 원단위를 사용해야 한다.

11.2.2 인구 및 사회경제지표 예측

인구 및 경제활동 예측은 일반적으로 교통계획의 범위 밖에서 인구 및 경제전문가에 의해 이루어진다. 이 영역들은 통상적인 장기교통계획안을 작성할 때 교통전문가에 의해 세부적인 검토를 필요로 하지 않는 것이 보통이므로 이 부분에 대해서는 자세하게 언급하지 않기로 한다.

(1) 인구 예측

교통수요를 예측하기 위해서는 도시인구의 증가를 반드시 고려해야 하며, 이때 그 증가율은 도시 내에서도 일정하지 않다. 인구예측의 가장 간단한 방법은 인구통계를 기초로 하여 인구표를 작성하고 과거의 연도별 인구변화를 이용하여 장래 도시인구를 예측한다. 도심부의 인구증가 경향은 매우 완만하지만 주변부의 증가 경향은 매우 급속한 것이 일반적이다.

취업인구는 상주인구에 취업률을 곱해서 예측할 수 있다. 반대로 취업인구에 부양률(취업률의 역수)을 곱함으로써 상주인구를 구하는 방법도 있다. 고용인구는 계획적 배치인구를 이용해서 시계열분석 모형으로 예측하거나 한꺼번에 예측하지 않고 1, 2, 3차 산업별로 분류하여 예측하는 수도 있다.

(2) 경제활동 예측

경제활동은 도시의 부를 증대시키는 기본이 되며, 교통발생을 예측하는 데 기초가 된다. 경제활동의 분석은 산업의 생산성, 생산구조의 변화 등과 같이 고용에 대한 것과 소비구조, 소득구조의 변화 등과 같은 개인소득에 대한 것이 있다.

고용분석 방법에는 고용률을 파악하거나 고용인구의 변화경향을 파악하는 방법이 있는데, 제조업은 도시경제 중에서 가장 활동적인 부문으로서 제조업 고용인구의 변화경향을 조사하고 전체고용자에 대한 비율이 일정하다고 가정하여 장래 고용자수를 예측한다. 그 밖에 물자의 투입·산출에 대해서 도시내외부의 관계를 규명하고 그 가운데서 생산·고용을 결정해 가는 산업연관분석이 있다.

경제발전은 실질임금을 상승시키므로 가계 중에서 필수지출비용의 비중이 줄어들고, 가구, 주거, 옷, 교육, 위락, 교통 등 임의지출비용의 비중이 커지는 소비패턴을 보인다고 알려져 있다.

(3) 자동차 보유대수의 예측

자동차 보유상황은 차종에 따라 다르기 때문에 승용차, 트럭, 버스 등으로 구분하여 생각한다. 승용차에는 개인용, 영업용, 업무용, 관용 등이 있으며 예측방법으로는 가구소득분석법과 시계열분석법이 있다. 승용차 보유율은 소득수준과 깊은 관계가 있기 때문에 소득분포를 알고 소득수준과 보유율과의 관계를 알면 승용차 보유대수를 구할 수 있다. 또 승용차 보유율은 1인당 연평균소득액과 관계가 밀접하므로 연평균소득액에 대한 시계열분석을 통하여 승용차 보유대수를 구할 수 있다.

가구소득분석에 승용차 보유율과 소득수준과의 관계는 장래에도 변하지 않는다고 가정하면 소득분포의 변화가 바로 보유율의 변화에 같게 되나 실제로는 보유율과 소득수준의 관계는 시간적으로 변하는 경향이 있기 때문에 과소 예측되기 쉽다. 그러므로 가구소득-보유율 곡선을 시계열적으로 이동시켜 사용하는 방법을 쓴다.

도시내의 트럭이나 버스대수의 증가는 과거의 자료를 이용한 시계열분석법으로 구한다. 도시의 경제활동이 증가함에 따라 화물수송수요가 증가하므로 트럭대수를 광공업생산지수와 비교하여 예측할 수 있다.

각 존의 자동차 보유는 승용차의 경우 현재 존별 보유율을 알면 각 존의 가구소득의 증가에 따른 장래 보유율을 구하여 보유대수를 계산할 수 있다. 존별 자동차 보유대수를 구할 때는 모든 존을 포함한 전 지역의 자동차 보유대수를 조정총량(control total)으로 사용해야 한다. 존별 예측에서 상주인구와 고용인구를 변수로 한 다중회귀모형을 사용할 수도 있다.

트럭의 경우에는 장래 토지이용 상황을 이용하여 각 존별 보유율을 구할 수 있다.

11.2.3 토지이용의 예측

토지이용과 교통시설은 서로 밀접한 관계를 가지고 교통수요에 영향을 미치고 있다. 따라서 교통계획의 기초가 되는 장래 교통수요를 예측하기 위해서는 장래의 토지이용을 정확히 예측할 필요가 있다. 그러나 토지이용을 좌우하는 요인은 매우 광범위하고, 또 복잡하게 얽혀 있기 때문에 현실적으로 토지이용을 정확하게 예측하기란 불가능하다고 볼 수 있다.

토지이용의 분석은 도시에 집중한 인구가 도시 내에서 어떻게 분산되어 있고 시민들의 직장이 어디에 위치해 있는가를 연구하는 것이다. 토지의 개발패턴은 지형, 인구, 건축비용, 교통의 편리성에 좌우된다. 일반적으로 토지의 인구밀도는 교통비용과 지가 및 건축비용 등이 균형을 이루는 상태에서 결정된다. 즉 교통이 편리한 곳은 지가가 높고 인구밀도도 높게 된다. 교통이 편리한 곳이란 어느 토지에서 다른 토지로 갈 때의 교통저항(traffic impedance), 즉 접근도(accessibility)로 표시된다.

기존 도시의 토지이용 변화는 주로 도시재개발에 의해서 이루어진다. 이러한 토지이용의 변화를 제외하고는 기존도시의 토지이용은 큰 변화가 없다. 그러므로 중요한 것은 앞으로 도시화하는 지역의 토지이용이다. 현재는 공지인 미개발지역의 토지이용을 예측하기 위해서는 거기서 발생하는 활동, 이용밀도, 지역 내의 공지면적 등을 고려해야 한다. 일반적으로 지형적으로 우수하다든가, 기존의 지역사회가 인접해 있다든가, 주요 도로의 교차점에 근접해 있다든가 하는 좋은 입지조건을 가진 지역이 먼저 개발된다. 그러므로 장래의 토지이용 대상지역은 공공적으로 개방된 지역, 비행장, 병원, 공용청사, 대학 등과 같은 특별지역, 지방의 상업중심지역, 가로, 공업지역, 주거지역 및 상점가, 학교, 교회, 광장, 소방시설 등과 같은 주거지역내의 공공시설지역 등이다.

토지이용의 예측방법에는 도시의 구조변화 등을 고려한 감각적 방법이 있다. 이 방법은 도시 내에 있는 각 존에 대한 토지이용 현황 및 계획을 세밀히 조사하고 이를 기초로 하여 장래 토지이용을 판단하는 방법으로 상위계획에서 토지이용의 골격이 주어졌을 때 하위계획으로서 비용 상의 제약이 있는 경우에 사용하는 간략법이다.

11.3 통행발생의 예측

통행발생 모형의 근본목적은 통행과 토지이용 및 그 지역의 사회·경제적 특성 간의 기능적인 상관관계를 밝히기 위한 것이다. 어떤 지역의 통행발생률은 근본적으로 상주인구 및 취업인구의 사회·경제적 특성과 함께 교통시스템 수요와 관련되는 토지이용에 좌우된다. 궁극적으로 통행발생분석의 기능은 토지이용과 통행발생활동 간의 상관관계를 구명하여 장차 토지이용의 변화에 따른 교통수요의 변화를 예측하는 것이다.

통행발생 모형과 밀접한 관계가 있다고 여겨지는 토지이용의 세 가지 특성은 토지이용활동의 강도와 특성 및 그 위치이다. 토지이용강도는 보통 $1\,km^2$당 주거단위, $1\,km^2$당 고용자수, 건물상면적 $1{,}000\,m^2$당 고용인수로 표시된다. 토지이용의 특성은 토지이용자의 사회·경제적 구조와 관계를 가지는 것으로서 평균가구수입 및 1인당 자동차 보유대수, 가구원수, 가구생애주기(family life cycle) 내에서의 단계 등으로 나타낸다. 토지이용의 위치는 주차의 용이도, 가로혼잡지표 등과 같은 요인의 종합효과를 나타낼 수 있는 변수라 볼 수 있다.

이 통행발생 모형은 통행의 기종점이 어디인지는 상관없고 다만 분석존에 기종점을 둔 통행수를 구하는 모형이다. 통행발생의 예측을 설명하기 전에 먼저 통행수요 예측에 나오는 통행의 정의 및 통행표에 대해서 설명한다.

11.3.1 통행의 정의 및 통행표

한 개인으로 볼 때 통행(trip)이란 어떤 목적(p)을 가지고 어떤 교통수단(m)을 이용하여 어떤 노선(r)상의 한 출발지점(i)에서 한 목적지점(j)까지 가는 이동(movement)의 단위 $({}_pT_{ijmr})$를 말한다. 같은 통행이란 말로 사용되는 travel은 이들 모든 종류의 통행(trip)의 집합이다.

통행은 또 어떤 목적을 가진 통행을 하나의 단위통행으로 보는 목적통행(linked trip)과 한 교통수단을 이용한 통행을 하나의 단위통행으로 보는 수단통행(unlinked trip)이 있다. 한 목적을 위한 통행일지라도 여러 개의 교통수단을 환승하여 이용할 수도 있으므로 수단통행이 목적통행보다도 그 값이 크다.

통행발생(trip generation) 예측이란 하루 동안에 어떤 존에서 유출(produced)되거나 또는 유입(attracted)되는 통행의 수를 예측하는 과정을 말한다. 통행자가 가정에서 출발하거나 귀가하는 통행을 그 통행자의 가정이 있는 존의 통행유출(trip production)이라 하며, 다른 존의 거주자가 어떤 존에 들어오거나 그 사람의 거주지로 귀가하는 통행을 그 존의 통행유입(trip attraction)이라 한다. 한 통행은 두 개의 단(end), 즉 기점과 종점을 가지므로 이 점들을 통행단(trip end)이라 한다.

만약 어떤 사람이 하루에 출근과 퇴근 두 통행을 만들면, 그 사람의 가정은 출발지도 되고 목적지도 되며, 직장도 마찬가지로 목적지도 되고 출발지도 된다. 이때 그 사람의 주거지 존은 2개의 유출통행을 발생시키고, 직장은 2개의 유입통행을 발생시킨다. 또 다른 말로 표현하면 주거지 존은 2개의 통행유출단을 가지고, 직장 존은 2개의 유입통행단을 가진다.

통행유출과 통행유입이란 말은 그 통행의 기점 또는 종점의 토지이용 및 사회 · 경제적 특성을 나타내고 있다. 통행유출은 통행이 유출되는 존의 특성, 즉 존 내에 거주하는 사람들의 소득 수준, 자동차 보유대수 등과 같은 요인에 좌우되며, 통행유입은 통행을 유입하는 존의 특성, 즉 비주거상면적, 고용인수 등과 같은 요인에 영향을 받는다. 따라서 어떤 존의 토지이용이 주거지역이면 그 존의 발생통행은 유출통행이 대부분이고 유입통행은 거의 없을 것이다. 반대로 어떤 존의 토지이용이 상업지역이면 그 존의 유출통행은 없고 유입통행만 있을 것이다. 같은 이유로 어느 시간대에 존 i에서 존 j로 향하는 통행수 T_{ij}와 존 j에서 존 i로 향하는 통행수 T_{ji}는 그 값이 다르다.

통행발생은 통행목적별로 구분하여 분석을 한다(그 다음 단계의 통행분포 및 수단분담에서도 마찬가지이다). 그 이유는 통행의 목적에 따라 통행발생 패턴은 물론이고 통행분포 및 수단선택이 크게 달라지기 때문이다. 통행목적은 크게 가정기반통행(home-based trip)과 비가정기반통행(non-home-based trip)으로 나누어진다. 가정기반통행이란 통행의 기점과 종점 중에서 어느 하나를 가정에 기반을 두는 통행을 말하며, 여기에는 출퇴근통행, 등하교통행, 쇼핑통행 등이 있다. 또 비가정기반통행에는 퇴근길에 쇼핑을 가거나 직장에서 업무차 다른 직장으로 가거나 또는 이들로부터 다시 원래 출발지로 돌아오는 통행을 말한다. 이 경우에는 통행의 출발지가 통행유출단이 되고 도착지가 통행유입단이 된다.

주: Journey란 용어는 travel과 같은 뜻으로 영국이나 캐나다 등지에서 사용되고 있으며, 우리말로는 종종 '여행'이라 번역되고 있으나 장거리통행으로 오해될 소지가 있어 이 말은 되도록 피하고 꼭 같이 통행이란 말을 사용하는 것이 좋다. 미국 교통부에서 발간한 교통용어사전에 의하면 journey는 교통수단을 이용하는 이용자통행에 사용된다. 예를 들어 journey time은 이용자 총 통행시간으로서, 이것은 차량탑승시간(in-vehicle travel time)과 추가시간(excess travel time), 즉 교통수단에 접근하는 시간, 대기시간, 하차 후 목적지까지 걸어가는 시간을 합한 것을 말한다. 여기서 차량탑승시간을 'trip time'으로, 여기에 대기시간만 합한 것을 'travel time'으로 사용할 것을 권장하고 있다.

가정기반통행의 경우는 그 속에 귀가목적의 통행이 포함되어 있다. 그 이유는 모든 가정기반통행은 대부분 가정에서 출발하여 다시 가정으로 돌아오기 때문이다(장거리 여행인 경우나 직장에서 숙직을 하는 경우는 예외). 더욱이 일반적으로 집으로 돌아올 때는 아침에 집을 나갈 때 이용한 교통수단과 노선을 동일하게 이용하는 경우가 대부분이므로 통행예측에 사용되는 모든 통행수나 차량대수는 양방향을 합한 것으로 봐도 무방하다.

그러므로 앞에서 언급한 통행유출의 정의대로라면 어떤 존의 통행유출량은 가정기반통행만을 의미하게 된다. 그러나 실제 그 존의 통행유출과 통행유입에는 다른 존에 거주하는 사람들의 비가정기반통행도 포함된다. 다시 말하면 A존에 거주하는 사람이 B존에 와서 C존으로 가는 통행은 B존의 통행유출이 되며, A존의 거주자가 C존에서 B존으로 오는 통행은 B존의 통행유입이 되어 B존의 통행유출과 통행유입은 원래의 정의와 다른 값을 가진다. 이 때문에 어떤 존의 통행발생을 예측할 경우 이 값을 첨가하기가 매우 어려우나, 이 통행의 비중이 그다지 크지 않고(전체통행수의 10~20%), 또 비교적 합리적으로 예측하는 방법(각 존의 거주자에 의해 유출된 비가정기반통행을 다른 존의 그 값에 비례하여 교차 분포시키는 방법)이 있으므로 큰 문제가 되지는 않는다.

종합적으로 통행유출과 통행유입에 관한 정확한 정의는 대한교통학회의 교통용어집에 나와 있다. 여기서 통행유출은 가정기반통행의 가정단(端) 존을 유출입하는 통행과, 비가정기반통행의 기점(起點) 존의 유출통행을 말하며, 통행유입은 가정기반통행의 비가정단 존의 유출입 통행과 비가정기반통행의 목적지 존 유입통행을 말한다.

이와 같이 어떤 목적의 통행유출 또는 통행유입이 귀가목적통행까지 포함하는 개념은 미국을 위시한 유럽에서 많이 쓰는 방법이다. 그러나 일본에서는 귀가목적통행을 하나의 목적통행으로 분리해서 사용하므로 개념상 혼동이 생기는 경우가 있어 조심해야 한다.

어떤 지역 내에 있는 모든 존의 하루 동안의 내부 통행유출량을 합한 것은 내부 통행유입량을 합한 것과 같음은 당연하다. 이 값을 그 지역 내에 있는 모든 존의 총 통행발생량이라 한다. 그러나 어떤 한 존의 어느 목적통행에 대한 통행유출량(P_i)과 통행유입량(A_i)은 서로 다를 뿐만 아니라 하루 동안의 모든 목적통행을 합해도 그 값은 서로 다르다. 따라서 주거지 존의 통행유출량은 통행유입량에 비해 훨씬 클 것이다.

예를 들어 아침에 A 존에 있는 가정에서 B 존으로 100 통행이 출근해서 저녁에 80 통행이 A 존으로 귀가하고, 20 통행은 C 존을 거쳐 A 존으로 귀가했다면, 통행유출과 유입의 정의에 따라 존 간의 통행수는 [표 11-1]과 같이 나타낼 수 있다. 이처럼 통행유출 존과 통행유입 존 간의 교차(交叉)통행수를 나타낸 것을 P-A 통행표라 한다. 이 통행표는 차량통행

표 11-1 통행표

P \ A	A	B	C	P_i
A	–	180	20	200
B	0	–	20	20
C	0	0	–	0
A_j	0	180	40	220

이든 개인통행이든 간에 통행목적별로 별도로 작성된다.

장래 통행분포 예측이 끝나면 이 통행량은 수단분담 모형을 사용하여 각 존 간의 차량대수나 사람통행수로 나타내 진다. 이때 택시, 트럭 및 외부통행(조사지역 외부로부터의 통행)을 합하여 총 차량 P-A표를 얻는다. 이후 차량교통량을 도로망에 배분하여 각 링크상의 교통량을 예측한다.

11.3.2 총 통행발생량 예측

통행발생 예측은 일반적으로 2단계를 거친다. 그 첫째 단계는 대상지역 전체에서 발생하는 총 통행발생량을 사람이나 자동차통행특성으로부터 예측한다. 두 번째 단계는 대상지역 내에 있는 각 존별 유출·유입통행량을 예측하는 것이다. 첫째 단계에서 얻은 예측 값은 조정총량(調整總量, control total)으로서, 두 번째 단계에서 구한 각 존의 유출량의 합 ΣP_i과 유입량의 합 ΣA_j과 비교하여 3개의 값이 일치되도록 예측모형을 수정하거나 모형의 파라미터를 조정해야 한다.

총 통행발생량은 개인통행의 경우 1인당 혹은 가구당 발생시키는 통행수를 원단위로 하여 여기에 장래 대상지역내의 인구나 가구수를 곱하여 예측한다. 그러나 총 교통수요를 예측하기 위해서는 그 지역 밖에 있는 사람이 그 지역으로 출입하는 통행도 있을 것이므로 이 값을 보정해 주어야 한다. 총 통행발생량에 영향을 주는 요인은 다음과 같은 것이 있다.

- 직업 및 연령 구성
- 자동차 보유대수
- 출근율 및 등교율
- 가구소득

- 근무시간 및 여가시간
- 기타

자동차통행의 경우에는 개인통행과 마찬가지로 자동차 1대당 통행수를 원단위로 하여 여기에다 장래의 자동차 보유대수를 곱하여 예측을 한다. 또 다른 방법으로는 자동차통행에 대한 자료를 시계열분석으로 얻을 수 있기 때문에 인구, 공산품 출하액, 상품판매액, 자동차 보유대수 등을 설명변수로 한 회귀식을 만들어 장래 예측을 하는 경우도 있다.

예측된 총 통행발생량과 다음에 설명되는 각 존별 예측치를 합한 값을 비교·검토하여 이들을 조정할 필요가 있다. 총 통행발생량의 값은 예측치이긴 하지만 계획의 골격을 형성하는 값이므로 계획자의 판단에 따라 이 값을 조정해도 좋다. 앞에서 언급한 통행에 대한 총 통행발생량에 영향을 주는 요인은 그 자체로서도 조정총량값을 가진다. 예를 들어 그 지역의 가구당 자동차 보유대수를 합한 값은 그 지역의 인구와 차량 증가추세로부터 얻어지는 운전면허 소지자수보다 많아서는 안 된다.

11.3.3 존별 통행발생의 예측

존별 통행발생은 여러 가지 방법으로 예측이 가능하다. 이러한 예측모형 가운데는 원단위법과 교차분류분석법(Cross Classification Analysis 또는 Category Analysis : 카테고리 분석법이라고도 함) 및 회귀분석법이 있으나 회귀분석법이 가장 많이 사용된다. 그 외에 신장률법이나 시계열분석법도 있다. 모든 통행발생 예측은 통행목적별로 구분하여 시행한다.

(1) 원단위법

통행목적별로 용도별 토지면적 또는 용도별 상면적당 통행유출 및 통행유입량을 단위로 하여 장래의 토지이용면적 또는 상면적을 여기에 곱하여 예측하는 방법이다.

이 원단위법은 그 원단위의 기준을 토지면적이나 상면적에 국한시킬 필요는 없지만 이 방법을 사용함에 있어서 가장 중요한 것은 원단위가 안정된 값을 가져야 한다는 것이다. 용도별 유출·유입 통행량 또는 상면적이 전체 가운데서 차지하는 구성비가 크다면 그 값은 비교적 안정하다고 판정할 수 있다. 이 방법을 사용하는 데 있어서의 문제점은 통행 양단의 토지이용 또는 건물의 용도를 알아야 하기 때문에 조사가 복잡하다는 것과 각 존에 대한 용도별 토지면적 또는 상면적을 조사하는 일이 인구를 조사하는 것처럼 쉽지 않다는 것이다. 반면에 토지이용계획과 교통계획의 균형을 유지하는 것을 고려한다면 비교적 작은 존의 예측에도 잘 맞는다는 이점이 있다.

(2) 카테고리 분석법(Category Analysis)

카테고리 분석법은 일명 교차분류(交叉分類) 분석법(Cross Classification Analysis Technique)이라고도 하며 토지이용 및 사회경제변수가 변함에 따른 통행량의 변화를 측정하는 통행발생 예측기법이다. 이 기법으로 통행유출을 예측하기 위해서는 맨 처음 가구의 평균수입, 자동차 보유대수, 가구생애 중의 단계 및 가족수와 같은 기본적인 특성을 소득자료와 O-D 조사로부터 얻는다. 이러한 자료를 근거로 하여 가구들을 각 특성별로 몇 개의 카테고리로 분류를 한 다음, 이 매트릭스의 각 cell에 대한 평균 통행발생률을 계산하여 이를 장래 상황에 적용시킨다.

통행유입을 예측하기 위해서는 활동의 종류와 강도에 따라 통행유입원을 몇 개의 카테고리로 분류하여 분석한다. 통행유출 모형은 O-D 조사 자료를 이용하여 개발한 4개의 순차적인 하부 모형으로 구성된다. 이때 O-D 조사에 포함되는 내용 중 대표적인 것은 존별 및 표본가구별 소득, 자동차 보유대수, 목적별 통행수이다. 4개의 하부 모형은 다음과 같으며, 이들은 모두 곡선으로 나타내진다.

① 소득수준 모형: 어떤 평균 소득수준을 가진 존 내에서 고소득, 중소득, 저소득 가구의 분포를 %로 나타낸다.

② 자동차 보유대수 모형: 어떤 소득을 가진 가구들 중에서 0대, 1대, 2대 이상의 자동차를 가진 가구의 비율을 %로 나타낸다.

③ 통행발생 모형: 어떤 소득과 어떤 특성(예를 들어 자동차 보유대수)을 가진 가구가 만드는 평균통행수를 나타낸다.

④ 통행목적 모형: 어떤 소득을 가진 가구가 만드는 통행 중에서 통행목적별 구성 비율을 나타낸다.

이와 같은 곡선을 만들기 위해서는 곡선상의 한 점이 적어도 25개 이상의 표본이 있어야만 평균값(cell 값)의 정밀도를 통계적으로 보장할 수 있다. 조사자료로부터 이와 같은 곡선이 작성되면 이를 이용해서 통행유출을 예측할 수가 있다.

(3) 회귀분석법(Regression Analysis)

가장 많이 사용되는 모형으로서 다중회귀분석에 의한 모형식을 사용한다. 이 모형식의 종속변수는 통행목적별 통행유출과 통행유입량이다. 통행유출을 예측하기 위한 이 모형의 설명변수는 가구원수, 가구소득, 승용차 보유대수, 가구원의 직업, 주거밀도 및 CBD로부터의 거리 또는 그 지역 이외의 곳으로의 접근성 등과 같은 위치변수이다. 통행유입을 예측하는 데 사용되는 설명변수는 산업별 고용자수, 공산업상면적, 상품판매액 등이며 귀가목적의 유출통행도 이와 유사한 설명변수를 사용한다.

설명변수를 선정할 때 가장 중요한 것은 설명변수와 종속변수 간에 인과관계(causal relationship)가 있어야 하며, 설명변수 상호 간에는 독립성이 있어야 한다. 뿐만 아니라 변수 그 자체를 예측할 수 있어야만 변수로서의 의미가 있다. 또 결정계수가 높다는 이유만으로 모형을 선택해서는 안 되고, 통계적인 검토나 자료수집의 가능성, 모형의 인과관계, 모형의 편이성 등을 종합적으로 판단해야 한다.

회귀분석방법은 완전히 수학적인 것이기 때문에 유도된 상관관계의 유의성을 통계적으로 쉽게 검증할 수가 있다. 회귀분석은 변수에 대한 다음과 같은 몇 개의 가정에서 출발한다.

- 모든 변수들 간에는 선형관계가 있다. 이 말은 설명변수와 종속변수 간에도 마찬가지이다.
- 회귀선에 기준한 종속변수의 값(오차량)은 설명변수의 모든 값에 대하여 정규분포를 가지는 확률변수(random variable)이며, 그 분산은 동일하고 다른 오차항과는 상관관계가 없다.
- 설명변수는 오차 없이 측정이 가능하며, 또 서로 독립적이다.

회귀분석법의 가장 큰 장점은 설명변수와 종속변수 간의 상관관계를 쉽게 파악할 수 있다는 것이고, 또 회귀모형식의 정도(precision)를 명확히 알 수 있다는 것이다. 분석에서 사용되는 가장 일반적인 척도(measure)에는 다음과 같은 것이 있다.

1) **결정계수**(coefficient of determination : R^2)

종속변수의 총 변동(total variation: SST) 중에서 회귀모형식에 의하여 설명되는 변동량(SSR)의 비율을 나타내는 것으로서 그 값은 0~1.0 사이의 값을 가진다. 관측 값이 회귀식에서 얻는 값과 정확히 일치하면(단, 회귀방정식의 모든 변수의 회귀계수(regression coefficient 또는 parameter)가 0이 아닐 때, 즉 설명변수의 변화에 따라 종속변수가 변할 때에 한해서) 이 값은 1.0이 되어 완전한 모형이라 할 수 있다. 관측값이 회귀식과 정확하게 일치하지 않으면서, 설명변수의 변화에도 불구하고 일정한 종속변수값을 가지면(회귀식이 상수항만 있는 경우) 이 계수의 값은 0이다. 결국 R^2값은 관측점이 회귀식 주위에 분포되어 있는 정도

(회귀식으로 설명되지 않는 변동 : SSE)와 설명변수의 변화에 따른 종속변수의 변화 정도(회귀식으로 설명되는 변동(SSR)으로서 단순회귀식의 경우 회귀식의 기울기가 크면 이 값이 커짐)에 좌우된다고 할 수 있다. 따라서 관측점이 회귀선 주위에 분포되어 있는 정도가 같다 하더라도 설명변수의 변화에 따른 종속변수의 변화가 둔하면(단순회귀식의 경우 기울기가 작으면) 이 값은 작아진다. 그러므로 표본의 모집단이 서로 다른 관측점들에 대한 회귀식들의 정도(예를 들어 출근통행과 등교통행)는 이 값으로 비교할 수 없다. 다시 말하면 출근통행에 대한 회귀분석의 R^2값이 등교통행에 대한 R^2값보다 크다고 해서 출근통행의 회귀모형식이 더 큰 정도를 가진다고 할 수는 없다. 그러나 같은 출근목적통행의 회귀분석에 참가하는 설명변수의 종류나 개수에 따라 R^2의 값이 달라지는데 이때에는 이 값이 클수록 정도가 높다고 할 수 있다.

2) 추정의 표준오차(standard error of estimate : Se)

표본의 표준편차이며, 관측된 값의 회귀식에서 예측된 값에 대한 평균분산(MSE)을 제곱근한 값으로서 관측값이 회귀모형 형식 주위에 어떻게 분포되어 있는가를 나타낸다. 회귀식에서 얻은 값이 관측값과 정확히 일치하면 이 값은 0이 되어 이모형은 완전한 모형이라 할 수 있다. 이 값을 종속변수의 평균값으로 나누어 비교함으로써 모집단이 서로 다른 회귀식들의 정도를 비교할 수 있다.

다중회귀모형은 컴퓨터를 이용하여 얻을 수 있으므로 특별히 어렵지 않으며, 따라서 다음에 설명되는 카테고리 분석법보다 편리하다. 그러나 이 방법을 잘못 이해하면 잘못된 결론에 도달할 수 있으니 특히 조심해야 한다. 통행발생 예측모형을 단계별 회귀방법(stepwise regression method)으로 구할 때 일반적으로 자주 범하는 오류는 ① 모형식의 통계적 유효성을 따지는 기준으로 R^2 하나만을 사용하는 것과 ② 서로 독립적이 아닌 설명변수들을 함께 사용하는 경우이다.

변수를 선정할 때의 판정기준은 R^2으로 하는 경우가 많으나, R^2값이 크다고 해서 반드시 좋은 회귀식이라 할 수는 없다. 왜냐하면 R^2의 값은 설명변수가 많이 포함될수록 그 값이 커지는 반면에 Se도 커지는 경우가 생기기 때문이다. 그 이유는 실제의 실험이나 사회현상을 회귀분석할 때에는 회귀분석 본래의 기본적인 가정(앞에서 설명한 변수들 간의 선형성, 독립성, 정규분포 등)에 어긋나는 요인들이 포함되는 것이 불가피하기 때문이다. 변수가 많이 포함될수록 변수들 간에 상호작용(interaction)이 일어나 불합리한 모형식이 되는 경우가 많고, 모형의 유효성(validity)이 감소한다. 뿐만 아니라 변수가 많아지면 자료수집에 따른 노력이 추가되는 반면 R^2의 증가는 극히 적으므로 효율성도 적어진다. 따라서 회귀모형식에 포함되어야 할 적절한 설명변수의 종류와 개수를 결정하기 위해서는 R^2, Se 등을 함께 비교하고, F, t 검증을 하여 모형의 합리성을 검토해야만 한다. 대부분의 회귀식에서는 보통 3개 정도의 변수를 사용하면 충분하다. 실제로 포함되는 설명변수가 많아지면 R^2은 계속 증가하나 Se는 어느 정도 감소하다가 다시 증가한다. 따라서 모형식을 결정하는 일차적인 기준으로서 Se가 최소가 될 때를 기준으로 하는 것이 더 합리적이다. 여기에 대한 예는 뒤에 다시 설명되며, 좀 더 자세한 내용을 알기 위해서는 참고문헌 (9)와 (10)을 참고로 하면 좋다.

설명변수들이 서로 독립적이 아니면 공선성(collinearity)이 있다고 한다. 공선성이 큰 설명변수들이 함께 회귀식에 포함되면 회귀식이 잘못 작성된다. 이 말은 기준연도의 관측값을 나타내는 모형으로는 적절할지 모르나 이 회귀식으로 장래의 통행발생을 예측하는 데에는 오차가 생긴다는 뜻이다. 공선성을 가지는 두 개의 설명변수를 함께 사용하면 같은 변수를 두 번 사용하는 것과 같은 결과를 가져오기 때문에 예측을 위한 모형으로는 쓸모가 없다. 공선성은 설명변수들 간의 상관계수로 나타내어지며 이것을 검토하여 공선성을 제거할 수 있다. 만약 두 개의 설명변수가 한 회귀식 내에서 큰 상관관계를 나타내면 이들은 공선성이 있는 것으로서 한 변수는 제거되어야 한다. 예를 들어, 교통계획 조사에서 다음과 같은 회귀모형식을 선정했다고 가정을 한다. 즉,

$$\text{출퇴근목적 통행유출} = 0.32(\text{존 내의 가구수}) + 0.56(\text{존 거주인구})$$

이 모형식은 다른 모형식에 비해서 R^2의 값이 크다고 해서 선정되었다. 이 회귀분석의 상관계수 매트릭스를 검토해 본 결과 두 설명변수, 즉 존내의 가구수와 존 거주인구 간의 상관관계가 0.998임을 알았다. 이 사실은 두 변수가 공선성을 가지고 있다는 것과 한 변수는 다른 한 변수를 선형변환하여 구할 수 있음을 뜻한다. 즉 어떤 존의 가구수와 인구는 같은 변수, 즉 그 존의 노동력의 척도로 간주될 수 있는 것이기 때문에 두 변수가 함께 모형식에 포함되어서는 안 된다.

어떤 사람들은 이러한 통계적 의미를 검토하지 않고 위와 같은 모형식이 기준연도의 관측표본을 가장 잘 나타내기 때문에 그러한 회귀식을 통행예측 모형으로 사용하는 데 있어서 손색이 없다고 강변하는 경우가 종종 있다. 존의 인구는 존의 가구수와 가구당 평균인구로 나타낼 수 있으며, 가구당 평균인구가 장래에도 변하지 않으면 위의 모형식으로 출근목적 통행유출을 예측해도 오차가 생기지 않는다. 그러나 이 가구당 평균인구가 점점 변하여

계획기간에 도달하는 경우 현저히 변한다면 두 변수 간의 공선성이 포함되어 예측값에 큰 오차가 생기게 된다.

설명변수 간의 독립성이 없을 때 나타나는 징후의 하나는 그 회귀식 내에 불합리한 부호가 생긴다는 것이다. 예를 들어 분명히 통행발생에 기여해야 할 변수의 회귀계수가 +이어야 함에도 −부호를 가지게 되는 경우이다. 이에 대한 설명은 뒤에 다시 설명된다. 공선성을 나타내는 또 하나의 징후는 회귀계수의 값이 합리적인 값을 나타내지 않는다는 것이다. 회귀계수의 크기는 설명변수가 한 단위 변함에 따라(다른 설명변수는 평균값을 가진다고 가정) 종속변수의 값이 얼마나 변하는가를 나타낸다. 앞의 모형식은 존내의 가구수가 한 단위 증가하면 출근목적 통행유출은 0.32 증가하는 것을 나타낸다. 그러나 지금까지의 조사연구에 의하면 이 값은 약 0.9 정도는 된다고 알려지고 있다.

자료가 정규분포를 가지지 않는 것은 그다지 큰 문제가 되지 않는다. 정규분포가 아닌 자료를 사용하면 부정확하긴 하나 대부분의 경우 변수들 간의 상관관계가 크게 달라지지는 않는다. 한 설명변수에 대한 종속변수의 값이 많이 편의되었을 경우에는 그 설명변수를 회귀분석에서 제외시키는 것이 좋다.

다중회귀분석법은 Se를 최소화하게끔 회귀평면을 관측값에 적합시키는 과정이다. 이 과정은 변수 간의 상관관계가 선형이든 아니든 간에 선형모형으로 나타내는 것이다. 만약 그 상관관계가 선형은 아니지만 그 형상을 안다면 그 변수들은 선형으로 변환시켜 선형모형으로 다룰 수 있는 것도 있다. 예를 들어, 그 모형이

$$Y = A_0 + A_1X_1 + A_2{X_2}^2$$

이라고 한다면, ${X_2}^2$ 대신에 Z_2 변수로 치환하여,

$$Y = A_0 + A_1X_1 + A_2Z_2$$

의 선형회귀식으로 만들 수 있다. 그러나 변수를 변환하면 비선형관계가 있는지 알기가 어려우며, 특히 다른 변수의 효과가 혼합될 때에는 더욱 그러하다. 비선형효과를 무시하는 경우에는 자료를 부정확한 선형관계로 나타내는 결과가 된다.

일반적으로 회귀모형은 존의 크기가 비교적 크고, 각 존 안에 여러 가지 또는 여러 개의 교통시설이 포함되어 각종 시설의 원단위로는 장래 예측이 곤란한 경우에 사용하면 좋다. 그러나 이모형은 통행발생을 정확하게 설명하지는 못한다. 왜냐하면 분석 존들의 특성이 완

전히 균일하다고 볼 수 없기 때문이다. 이와 같은 문제점을 극복하기 위해서 개발된 것이 다음에 설명되는 카테고리 분석법이다.

설명을 반복하는 것 같지만, 통행발생 예측방법으로 회귀분석방법이 가장 많이 사용되므로 그 사용법과 주의할 사항을 예를 들어 설명하고자 한다.

4개의 설명변수와 한 개의 종속변수에 대한 관측값이 주어지고 회귀분석을 시작할 때를 생각해 보자. 맨 먼저 해야 할 사항은 각 설명변수와 종속변수 사이에 비선형성(nonlinearity)이 존재하는지를 확인하는 일이다. 만약 비선형성이 있다면 설명변수든 종속변수든 또는 이 모두를 선형으로 변환시켜야 한다. 대부분의 회귀분석용 컴퓨터프로그램에는 이를 변환시키는 알고리즘이 있다.

두 번째 단계는 상관계수표를 검토함으로써 종속변수와 상관관계가 큰 설명변수를 찾아내고, 설명변수 상호간의 공선성을 찾아내는 것이다. [표 11-2]는 주어진 관측값에서 구한 각 변수들 간의 상관계수(R)를 예시한 것이다. 여기서 볼 수 있는 바와 같이 설명변수 X_1은 종속변수 Y와 상관관계가 매우 크다($R=0.996$). X_2도 Y와 비교적 높은 상관관계($R=0.958$)를 가지고 있으나 X_3나 X_4는 Y와 상관관계가 비교적 적다. 이 표는 또 설명변수들 간의 상관관계도 나타낸다. X_1과 X_2는 매우 높은 상관관계($R=0.978$)를 보인다. 이와 같은 경우는 예를 들어 존내의 총 고용자수와 비거주상면적과 같은 관계에서 나타날 수도 있다. 이럴 때에는 두 변수 중에 하나를 회귀식에서 제외시켜야 한다.

표 11-2 상관계수표

	X_1	X_2	X_3	X_4	Y
X_1	1.000	0.978	0.486	0.110	0.996
X_2		1.000	0.297	0.068	0.958
X_3			1.000	0.073	0.552
X_4				1.000	0.124
Y					1.000

회귀식에 포함되는 변수의 종류와 그 개수를 정하는 방법에는 여러 가지가 있으나 단계별 회귀방법(stepwise regression method)을 많이 쓴다. 이러한 방법을 통하여 얻은 최종적인 회귀식은 다음과 같은 관점에서 다시 검토되어야 한다.

- R^2의 크기는 충분히 큰가?: 주어진 유의수준에 대한 F-검정을 통하여 유의여부를 결정한다.

- 회귀계수의 부호가 현실과 부합되며, 또 그 값이 합리적인가?
- 회귀계수가 통계적으로 유의한가?: 주어진 유의수준에 대한 t-검정을 통하여 유의여부를 결정한다.
- 상수항의 크기(절편값)가 합리적인가?: 설명변수의 값이 모두 매우 적은 값(예를 들어, 0)을 가질 때 Y값이 과대평가되는 경우가 없는지 판단하거나 t-검정을 한다.
- 포함되는 설명변수가 종속변수와 논리적으로 인과관계가 있는가?
- 각 설명변수의 회귀계수가 예측의 대상이 되는 계획연도에도 변함이 없을 것인가?

최종적으로 검토되는 회귀식이 다음 중 어느 하나로 나타난다고 가정할 때 이들을 분석해 보기로 한다.

	회 귀 모 형 식	Se	R^2	t_D	자유도
A	Y = 61.4 + 0.93X1	288.4	0.992	42	14
B	Y = 507.7 + 0.98X2	935.9	0.921	14	14
C	Y = 25.8 + 0.89X2 + 1.29X3	199.4	0.996	51, 17	13
D	Y = -69.9 + 1.26X2 − 0.37X3 + 0.02X4	142.6	0.998	3.7, 1.1, 0.06	12

X_1 = 총 고용인수
X_2 = 제조업 고용인수
X_3 = 소매 및 서비스업 고용인수
X_4 = 기타 고용인수
Y = 출퇴근목적통행유인
Se = 추정의 표준오차
R^2 = 결정계수
t_D = 단순회귀계수 또는 부분회귀계수의 t값(유의수준 1%)

A식은 R^2이 거의 1.00에 가까우며 회귀계수(+0.93)의 부호와 크기가 매우 합리적이라 판단된다. 또 유의수준 1%에서 t 분포의 크기가 2.987이며, 회귀계수에 대한 t값이 42이므로 이 값은 유의수준 1%에서 유의하다. B식은 A식에 비해 유효성이 떨어진다. 왜냐하면 R^2값이 적고 상수 값 507.7이 너무 커서 X_2값이 적을 때 Y값이 과대평가되어 합리적이지 못하다.

C식은 A식보다 R^2값이 조금 크고 Se값은 적으면서 두 개의 부분회귀계수가 1% 유의수준에서 모두 유의하며(자유도 13에서 t_D값은 3.01이므로), 상수항이 0에 가까워서 X_2, X_3값이 매우 적을 때도 통행이 과대 예측되지 않는다. C식과 A식은 통계적으로 그 유효성이 비슷하기 때문에 어느 식을 선택할 것인가 하는 결정은 자료수집에 소요되는 노력 및 비용과 설명변수 예측의 용이도에 따라 좌우된다. 이 경우 A식이 더 간단하므로 이것을 선택하는 것이 좋다.

D식의 R^2값은 네 가지 모형식 중에서 가장 크며 Se값은 가장 적다. 그러나 이 식은 통

행유인 예측모형식으로 사용될 수 없는 성격을 가지고 있다. 왜냐하면 X_3의 계수인 -0.37은 합리성이 결여되었기 때문이다. 이 계수에 의하면 어떤 존의 소매 및 서비스업 고용인수가 100명이 증가하면 출근목적통행유입은 37통행이 줄어든다는 말이 된다. 또 1% 유의수준에서의 t값은(자유도 12일 때) 3.06이므로 이 값보다 큰 부분회귀계수를 가지는 X_2의 회귀계수만이 통계적으로 유의하다. D식은 회귀모형식의 유효성을 나타내는 기준으로 R^2 하나만을 사용하면 매우 위험하다는 사실을 명확히 보여준다.

끝으로 통행발생 회귀분석에서 가장 중요한 것은 설명변수와 종속변수 간에 분명한 인과관계가 존재하는가를 검토하는 일이다. 인간의 토지이용활동의 강도와 통행발생과의 관계는 아주 밀접하기 때문에 통행발생 모형식의 유효성은 쉽게 평가될 수 있다. 그러나 많은 조사연구에서 보면, 통행발생 모형이 매우 복잡하여 통계적으로는 유효성이 있을지 모르나 인과관계의 관점에서 보면 그 타당성에 의심스러운 것이 많다. 예를 들어 어떤 교통계획 조사에서 다음과 같은 통행유입 모형식을 얻었다고 하자.

$$\text{출퇴근목적 통행유출} = 0.46(\text{인구}) + 0.28(\text{학생수}) + 0.43(\text{제조업 고용인수})$$

이 식에서와 같이 학생수와 제조업 고용인수는 논리적으로 볼 때 출퇴근목적 통행유출과 아무런 인과관계가 없고, 학생수는 그 존의 등하교목적 통행유출과 관계가 있으며, 제조업 고용인수는 그 존의 통행유입과 관계가 된다고 볼 수 있다.

또 하나의 중요한 사실은 회귀모형식의 안정성이다. 회귀식은 기준연도의 토지이용에 기초를 둔 통행유출과 통행유입을 구하기 위하여 개발된 것이다. 따라서 정확한 예측을 하기 위해서는 각 설명변수의 회귀계수가 시간이 경과하더라도 변하지 않아야 한다. 예를 들어 다음과 같은 통행유입 예측모형을 생각해 보자.

$$\text{첨두시간 출근목적 통행유입} = 61.4 + 0.93(\text{고용인수})$$

여기서 0.93이란 계수는 이 존내에서 근무하는 고용인수의 93%가 첨두시간에 그 존으로 유입되고, 나머지는 비첨두시간에 유입되거나 휴가, 출장 등으로 출근하지 않는다는 것을 의미한다. 만약 앞으로 20년 후에 주 4일 근무제가 보편화되면 이 값이 변할 수도 있다. 또 통신수단이나 컴퓨터가 발달하여 재택근무가 많아지면 이 계수는 또 더 낮아질 수도 있다.

도시인구가 계속 증가하고 근무시간이 단축되면 비근무통행이 상대적으로 많아지므로 이것 또한 이 계수를 변화시키는 요인이 된다. 따라서 통행수요를 예측하기 위해서는 이러한 회귀계수의 변화추세를 감안해서 모형식을 사용해야 한다.

11.3.4 교통유발시설의 통행발생 예측

지금까지는 분석대상이 특성이 다른 여러 존을 포함한 넓은 지역이었다. 그러나 도시시설에는 공항, 쇼핑센터, 또는 산업시설과 같은 대규모이면서도 통행발생 측면에서 균일한 교통유발시설이 있으며, 이들에 대한 통행수요 예측은 다른 각도에서 분석되어야 한다. 예를 들어 조만간(1~5년 내에) 이 시설을 출입하는 통행이 주차나 교통운영 면에서 문제가 생길 수 있다고 예상될 때, 20년 장기 예측모형보다 훨씬 더 정확한 독립변수를 사용하여 예측할 수 있을 것이다.

주요 교통유발시설에 대한 수요예측은 통행목적 및 통행의 목적지가 동질성을 가지며, 분석이 주로 통행유입에 집중될 것이므로 앞에서 언급한 4단계 수요예측보다 비교적 간단하다.

11.4 통행분포의 예측

통행분포의 예측은 통행발생 단계에서 예측된 각 존의 통행유출과 통행유입을 결부시켜 존 간의 통행수를 예측하는 과정이다. 어떤 존에서 유출된 통행이 어느 존으로 얼마나 유입되는가 하는 것은 사람의 통행행태를 유추하여 모형화함으로서 예측할 수 있다.

11.4.1 통행분포 예측모형

통행분포 모형의 여러 변수 간의 관계는 통행 조사와 교통시스템의 현황조사로부터 얻을 수 있다. 일반적으로 사용되는 모형으로는 중력(重力) 모형, 개재기회 모형(intervening opportunity model), Fratar 모형이 있다. 중력 모형과 개재기회 모형은 존 간의 통행저항(시간, 거리, 비용 등)과 통행인력(중력) 혹은 개재기회의 수를 이용하여 통행을 예측한다. 개재기회 모형은 간섭(干涉)기회 모형이라고도 하나 모형의 특성상 간섭한다는 의미가 아니라 중간에 끼인다는 의미여서 이 책에서는 개재(介在)기회 모형이라 한다.

Fratar 모형은 각 존의 통행발생량과 존 간의 기존 통행량의 장래성장을 변수로 하여 존 간의 장래 통행량을 추정하는 반복기법이다. 일반적으로 중력모형이 가장 많이 사용된다.

(1) 중력모형(Gravity Model)

중력모형은 교통계획에서 동행분포를 예측하는 기법으로 가장 널리 이용되는 모형이다. 이것은 Newton의 만유인력법칙을 사회현상에 적용시켜 어떤 목적통행에 관한 존 간의 교차통행량을 존의 통행유출과 통행유입 및 존 간의 물리적, 시간적, 경제적 거리로 설명하려는 모형이다. 즉 존 간의 통행량은 출발지 존과 목적지 존의 교통활동에 비례하고, 존 간의 거리에 반비례한다는 가정에서 출발된 것이다.

중력모형은 기점에서 유출되는 통행과 목적지로 유입되는 통행이 다음과 같은 요인에 정비례한다는 가정에 근거를 두고 있다.

- 어떤 목적통행의 출발지에서의 총 유출량
- 어떤 목적통행의 목적지에서의 총 유입량
- Calibration 항
- 사회경제 보정계수

이러한 관계를 수식으로 표시하면 다음과 같다.

$$T_{ij} = c \cdot P_i \cdot A_j \cdot F_{ij} \cdot K_{ij} \tag{11.1}$$

여기서, T_{ij} : i에서 유출되어 j로 유입되는 어떤 목적통행량

c : 상수

P_i : i에서 유출되는 어떤 목적통행량

A_j : j로 유입되는 어떤 목적통행량

F_{ij} : i, j 간의 마찰계수를 나타내는 calibration 항

K_{ij} : i, j 간의 사회경제 보정계수

j : 출발지존 번호

j : 목적지존 번호

i 출발지에 대한 c값(c_i)은 출발지 i에서 여러 존으로 분포되는 모든 통행량(T_{ij})을 합한 것이 P_i와 같다고 놓음으로써 얻을 수 있다. 즉,

$$P_i = \sum_{j=1}^{n} T_{ij} = \sum_{j=1}^{n} (c_i \cdot P_i \cdot A_j \cdot F_{ij} \cdot K_{ij})$$

$$= c_i \cdot P_i \sum_{j=1}^{n} (A_j \cdot F_{ij} \cdot K_{ij}) \tag{11.2}$$

따라서

$$c_i = \frac{1}{\sum_{j=1}^{n} (A_j \cdot F_{ij} \cdot K_{ij})} \tag{11.3}$$

그러므로

$$T_{ij} = P_i \left(\frac{A_j \cdot F_{ij} \cdot K_{ij}}{\sum_{j=1}^{n} (A_j \cdot F_{ij} \cdot K_{ij})} \right) \tag{11.4}$$

이 식은 중력모형의 표준형이다. 이 모형으로부터 계산되는 결과를 합산하면 통행유출량과는 일치하지만 통행유입량에 대해서는 일치하지 않는다. 따라서 이 둘을 모두 일치시키려면 반복적인 계산이 필요하다.

중력모형을 사용하여 통행분포를 예측할 때 K 계수는 장차 예상되는 그 존의 사회경제 특성 변화에 따라 달라질 수도 있고 변하지 않을 수도 있다. 중력모형이 완전히 calibration 되려면 기준연도의 존 간 통행교차량 값과 모형에서 나온 값을 일치시키기 위해서 사회경제 보정계수 K_{ij}의 적용이 필요한지를 검토해야 한다. 이 존 간 보정계수는 통행양단 간의 통행교차현상에 대해서 아직 설명되지 않은 변동량, 즉 일반적인 함수관계로 표시할 수 없는 존 간의 특수관계를 나타내는 것으로서 이러한 특성이 통행발생에는 영향을 미치지 않는다고 가정을 한다. 이 값은 기준연도의 O-D 조사에 의한 존 간 통행량과 모형에서 나온 존 간 통행량의 비로 나타내어 장래 예측을 하는 모형에 그대로 사용된다.

F_{ij}항은 calibration 항으로서 교통망이 변하여 통행시간이 달라질 때 한해서만 그 값이 변하며, 일반적으로 사용되는 식은 다음과 같다.

$$F_{ij} = C_{ij}^{-\alpha} \tag{11.5}$$

여기서 C_{ij}는 존 간의 교통저항 즉 통행시간이나 일반화 비용(generalized cost), 즉 통행시간과 비용 또는 쾌적성 등을 결합한 개괄비용으로 나타낸 것이다. α는 calibration에서 결정되는 매개변수로서 중력의 법칙에서처럼 2 부근의 값을 갖는다. 일반화 비용에 관해서는 11.5.1절에 자세히 설명을 하며, 이장의 마지막에 제시된 예제를 통하여 중력모형을 더 명확히 이해할 수 있을 것이다.

(2) Fratar법

이 방법은 1954년 Thomas J. Fratar에 의해서 제시된 것으로서 현재의 통행분포자료와 성장계수를 사용하여 통행분포를 예측하는 것이다.

이 방법은 요즈음에 와서 광범위한 분포모형으로 거의 사용되지 않으나, 조사지역의 외부 지점을 연결하는 외부-외부통행을 다루는 데에는 매우 유용하다고 알려지고 있다. Fratar법과 유사하게 현재의 통행분포 패턴에 성장률을 적용하여 분포를 예측하는 성장률법에는 이 밖에도 균일성장률법, 평균성장률법, Detroit법 등이 있다. Fratar법을 사용하는 과정은 다음과 같다.

① 각 존에 대한 장래의 통행유출(P_i) 및 통행유입(A_j)을 통행발생 모형에서 구하여 성장계수를 구한다. 성장계수는 기존 통행량에 대한 장래 통행량의 비로 간단히 나타낼 수 있다.

② 어떤 통행목적에 대한 존 간의 현재 통행유출 또는 유입량 t_{ij}와 성장계수F로부터 장래 통행유출 또는 유입량을 다음의 공식을 사용하여 구한다.

$$T_{ij} = t_{ij} \cdot F_i \cdot F_j (L_i + L_j) / 2 \qquad (11.6)$$

여기서, $F_i = P_i / p_i$(i 존의 장래 통행유출량과 현재 통행유출량의 비)

$F_j = A_i / a_j$ (j 존의 장래 통행유입량과 현재 통행유입량의 비)

$$L_i = p_i / \sum_{j=1}^{n} t_{ij} \cdot F_j$$

$$L_j = a_j / \sum_{i=1}^{n} t_{ij} \cdot F_i$$

③ 이 값을 구하여 각 존의 통행유출과 통행유입을 구하면 맨 처음 예측된 통행유출 및 유입량과 차이가 난다. 이때 예측된 통행유출(P_i)과 통행유입(A_j)을 계산에서 구한 값(p_i, a_j)으로 나누어 새로운 성장계수를 구한다.

④ ②와 ③의 과정을 반복하되 모든 성장계수가 1.0이 되거나 혹은 계산된 통행유출 및 통행유입량이 예측된 P_i와 A_j와 같아질 때까지 계속한다.

11.4.2 존 내부통행량의 예측

대부분의 통행분포 예측모형은 존 상호간의 교차통행량을 예측하는 것으로서 존 간 소요시간, 비용 등을 산출할 때에는 존의 중심점(centroid)을 기준으로 하는 것이 보통이다. 그러므로 존 내부의 통행에 대해서는 그와 같은 평균소요시간이라든가 비용 등의 장래값을 산출하기가 곤란하다. 따라서 존 내부의 통행량은 별도로 예측해야 한다.

존 내부통행량은 각 존의 통행유출, 유입에 대한 내부통행의 비율을 구하여 적용하는 경우와 내부통행량을 직접 구하는 경우가 있다. 대부분의 경우 존 면적, 존 인구, 존의 접근성, 존의 통행유출 및 통행유입을 설명변수로 하는 회귀분석모형을 사용한다.

11.5 교통수단 분담의 예측

4단계 예측모형에서 제3단계는 교통수단을 선택하는 모형이다. 이 수단분담을 예측하는 목적은 통행에 이용되는 몇 가지 교통수단의 이용분담률을 예측하는 것이다. 도시지역에 있어서의 교통수단 분담이란 주로 지하철(전철), 버스, 택시, 자가용승용차에 대한 분담을 말한다.

사람이 통행을 만들 때 이용하는 교통수단의 선택은 다음과 같은 요인에 의해 좌우된다.

- **통행의 종류**: 통행목적, 통행길이, 통행시간, CBD에 대한 방향 등
- **통행자의 특성**: 성별, 연령, 직업, 소득 수준, 주거인구밀도, CBD까지의 거리, 자동차 보유대수 등
- **교통수단의 특성**: 교통망의 특성, 서비스의 질, 운행빈도, 통행시간, 통행비용, 주차비용, 추가통행시간(대기시간 등), 접근성

수단분담을 하나의 독립된 실체로 보아서는 안 된다. 실제상황에서 수단분담은 통행발생과 통행분포에 매우 밀접한 관련을 맺고 있다. 예를 들어 자가용승용차를 이용할 수 있으면 추가적인 통행이 발생되며, 또 그 차량을 얼마만큼 편하게 운전할 수 있는가에 따라 목적지가 달라질 수도 있다. 만약 자가용승용차 이용을 제한한다면 다른 교통수단을 이용하기보다는 통행발생 자체를 취소하는 경우도 많을 것이다.

도시교통수단의 이용자를 조사하는 데 있어서 수단선택을 더 정확하게 예측하기 위해서는 통행자를 두 개의 부류, 즉 고정승객(captive rider)과 선택승객(choice rider)으로 나누어 생각한다. 고정승객이란 어떤 통행을 하는 데 있어서 자가용승용차를 이용할 수 없어서 부득이 대중교통수단을 이용할 수밖에 없는 승객을 말한다. 따라서 이들을 고정대중교통승객(captive transit rider)이라 부르기도 한다. 선택승객이란 어떤 특정 통행목적에 대하여 자가용승용차와 대중교통수단을 마음대로 선택하여 이용할 수 있는 사람을 말한다. 선택승객 중에서 대중교통수단을 선택한 사람을 선택대중교통승객(choice transit rider)이라 부른다.

통행발생에서 예측된 통행단을 이와 같이 고정승객과 선택승객으로 나누는 것을 고정수단 분담분석(captive modal split analysis)이라고 하며, 선택승객을 자가용승용차 이용자와 대중교통수단 이용자로 나누는 것을 선택수단 분담분석(choice modal split analysis) 또는 수단선택분석(modal choice analysis)이라고 한다. 일반적으로 고정수단 분담분석에서 고정승객과 선택승객의 신분은 통행자의 사회·경제특성, 즉 소득 수준(승용차 보유대수), 성별, 연령, 가구구성원 수, 통행목적 등에 의해 좌우된다. 또 선택승객을 자가용이용자와 대중교통이용자의 비율로 나누는 데에는 경쟁하는 수단 간의 통행시간(차내시간, 차외시간), 운행비용, 주차요금, 승차요금, 정시성, 편리성, 쾌적성 등의 요인을 근거로 하여 구분된다.

고정승객을 자가용을 보유하지 않은 가구의 통행자로만 이해해서는 안 된다. 고정승객이란 이들뿐만 아니라 자가용을 보유하고 있으면서도 어떤 특정 통행목적에 자가용을 이용할 수 없는 통행도 포함된다. 예를 들면 어느 가구가 자가용승용차를 보유하고 있더라도 그 가구의 한 학생이 등교할 때 자가용을 이용하지 못하고(가장이 출근할 때 이용하므로) 버스를 이용할 수밖에 없다면 등교목적통행을 분석할 때 그 학생은 고정대중교통승객이 된다. 그러나 그 학생이 만약 대학원생이면서 집에 자가용이 여러 대이기 때문에 자가용으로 등교할 수 있다면 선택승객이 된다. 만약 이 학생이 자가용보다는 지하철이 편리하고 비용이 적게 들어 이것을 이용한다면 그 학생은 선택대중교통승객이 될 것이다.

대중교통수단을 이용하는 통행자 중에서 고정승객과 선택승객의 비율은 대중교통수단의 개발이 안 되어 있는 소도시에서의 9 : 1 정도에서부터 대중교통이 잘 발달된 대도시의 3 : 1 정도까지 범위가 다양하다. 전자의 경우는 선택승객 중에서 거의가 대중교통이용을 기피하는 현상을 나타낸 것이며, 이러한 도시의 교통계획조사에서는 선택수단 분담분석을 구태여 할 필요가 없을 것이다. 다시 말하면 고정수단 분담분석에서 나온 선택승객은 모두가 자가용승용차를 이용한다고 보면 될 것이다.

수단분담 모형을 개발한 초창기에는 이러한 고정 및 선택승객을 명확하게 구분하지 않았고, 주로 선택승객을 위주로 선택수단분담을 예측했기 때문에 고정승객의 행태를 나타내기 어려웠다.

11.5.1 통행행태 수단분담 모형

지금까지 설명한 모형들은 통행자의 수단선택 행태를 충분히 반영하지 못할 뿐만 아니라 민감하지 못하다는 점이 지적되었다. 이에 따라 존 전체를 집계한 수단분담행태를 나타내는 대신 각 개인의 수단선택행태에 기초를 둔 여러 가지 모형이 개발되었다. 이러한 모형들의 중심개념은 수단 간의 통행의 비효용(disutility) 또는 일반화 통행비용(generalized travel cost)을 기준으로 하여 수단을 선택하는 것이다.

(1) 일반화 통행비용의 개념

통행을 하자면 여러 가지 불유쾌한 요인이 있고, 또 그 불유쾌한 정도는 통행자의 사회·경제적 특성에 따라 좌우된다는 근거에서 일반화 통행비용의 개념이 도출된다. 사회·경제적 수준에 따라 분류된 어느 한 계층에 대한 일반화 통행비용 또는 비효용은 어떤 수단을 이용하여 어느 존에서 다른 존까지 통행할 때 통행비용을 야기하는 속도, 탑승시간, 추가시간 등과 같은 교통시스템 특성과 연간소득 등과 같은 통행자의 특성의 함수로 나타낸 것이다.

NCHRP에서 개발한 QRS 방법(Quick Response Urban Travel Estimation Techniques)은 일반화 통행비용 대신에 이를 시간가치로 환산하여 다음과 같은 등가통행시간으로 나타내는 방법을 개발하였다. 즉

$$I_{ij}^{m} = (\text{탑승시간,분}) + 2.5(\text{추가시간,분}) + 3(\text{통행비용})/1\text{분당 소득} \tag{11.7}$$

여기서

$I_{ij}^{m} = m$ 수단을 이용하여 존 i 에서 존 j 로 갈 때의 교통저항(traffic impedance, 단위 : 분)

식 (11.7)에서 보는 바와 같이 추가시간의 가치는 탑승시간 가치보다 두 배 이상 크다는 데 유의해야 한다. 일반화 통행비용에 대한 대부분의 연구에서 통행자는 탑승시간보다 추가시간에 더 중요성을 두고 있다는 것을 나타낸다.

교외지역 출근통행에 있어서 대중교통의 일반화 통행비용은 승용차의 그것에 비해 약 2

배 정도나 된다. 따라서 선택승객은 대중교통을 이용하지 않고 승용차를 이용하려 한다. CBD 출근통행에 있어서 일반적으로 승용차의 일반화 통행비용이 대중교통의 비용보다 큰 것은 주로 주차요금 때문이다. 이 공식에서 사용되는 주차요금은 단지 출근통행에 대한 몫이므로 하루 주차요금의 절반으로 계산하고, 나머지 반은 퇴근통행 몫으로 계산한다. 따라서 CBD의 주차요금(공용주차장이든 직장주차장이든 관계없이)을 인상하면 CBD로 향하는 승용차이용 출근통행을 대중교통으로 전환시킬 수 있다.

(2) 확률 수단선택모형

경쟁수단 간의 일반화 통행비용을 이용하여 수단이용률을 확률로 나타내는 여러 가지 모형이 개발되었다. 이와 같이 개인의 수단선택행태를 확률 수단선택모형으로 나타내는 방법에는 판별분석, 프로빗(probit)분석, 로짓(logit)분석 방법이 있다.

이 세가지 방법은 모두 비슷하게 만족할 만한 결과를 나타내지만 판별분석모형이 다른 두 방법, 즉 프로빗과 로짓분석에 비해 정확하지 않다.

프로빗분석 방법은 통행자의 수단선택이 상대적 통행비용의 변화에 영향을 받게 되며, 어떤 특정수단을 선택하는 통행자의 비율은 [그림 11-2]에 나타난 관계를 따른다는 것을 전제로 하고 있다.

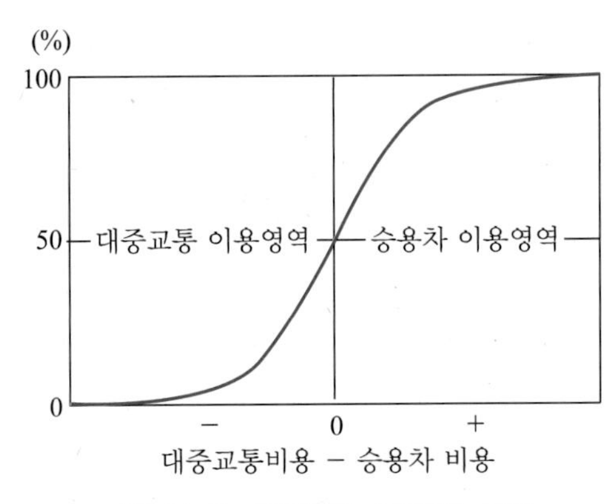

그림 11-2 프로빗형 수단분담 모형

프로빗과 로짓분석 결과 둘 사이에 큰 차이를 발견할 수는 없으나 프로빗 방법이 calibration하는 데 어려움이 많아 로짓분석 방법을 사용하는 것이 좋다고 알려지고 있다.

그 대표적인 모형이 Stopher가 개발한 로짓모형이다.

$$P_1 = \frac{\exp(Z^*_{ij})}{1+\exp(Z^*_{ij})} = \frac{1}{1+\exp(-Z^*_{ij})} \tag{11.8}$$

$$P_2 = 1 - P_1 \tag{11.9}$$

여기서, P_1, P_2 : 수단 1 또는 수단 2를 선택할 확률

Z^*_{ij} : 존 i에서 존 j까지 가는 데 수단 1과 2에 대한 일반화 통행비용(일반화 통행비용)의 함수. 이 값은 일반화 통행비용의 차이, 일반화 통행비용의 비, 또는 일반화 통행비용비의 log값으로 나타낼 수 있다.

11.6 교통배분의 예측

교통예측과정의 마지막 단계는 지금까지 목적별로 구해진 존 간의 분포교통량을 전체 목적에 대하여 합하고 이를 그 지역 내의 도로망에 배분하여 각 도로구간의 승용차와 버스 대수를 구하는 과정이다. 이 과정에서는 통행목적별로 세분하지 않아도 좋다.

노선배분의 목적은 다음과 같다.

① 현재의 교통망에 현재의 분포교통량을 배분하고 그 결과를 현재 도로망상의 교통량과 비교하여 교통배분방법의 정확성을 검토하거나 calibration한다.

② 현재 및 내정된 교통망에 장래의 분포교통량을 배분하여 장래의 교통망 결함을 판단하고 개선을 위한 틀을 마련한다.

③ 장래의 계획교통망에 장래의 분포교통량을 배분하여 장래교통망계획을 평가한다.

배분과정은 승용차이용통행과 대중교통이용통행을 구분하고, 승용차통행은 일반적으로 존 간의 교차통행량을 평균승차인원수와 같은 어떤 기준을 적용하여 차량교통량으로 환산한 다음 이것을 각 노선에 배분하고, 대중교통 통행량은 그대로 대중교통노선에 배분한다. 엄밀히 말하면 승용차교통량으로 환산하여 배분하는 것을 교통배분(traffic assignment)이라 하고, 통행량을 그대로 배분하는 것을 통행배분(trip assignment)이라 하며, 이 둘을 두루 일컬을 때에는 노선배분(route assignment)이라는 용어를 사용하기도 한다.

큰 도시에서 대규모 교통조사가 아니고는 승용차교통만을 위주로 교통배분을 하는 경향

이 있다. 그 이유는 대중교통의 노선은 일정하게 정해져 있으며, 또 대중교통노선에 승용차 교통을 배분하더라도 통행시간에 실질적인 영향을 주지 않기 때문이다.

각 교통망(승용차이용도로 및 대중교통노선망)을 각 링크의 특성, 즉 길이, 통행속도, 비용 및 용량으로 나타내는 것이 이 과정의 핵심이다. 교통배분의 근거가 되는 것이 통행시간이므로 도로망링크에서의 통행시간은 부가되는 배분교통을 변화시킬 것이다. 뿐만 아니라 통행시간이 통행분포과정에서도 사용되었기 때문에, 그 시간과 수단분담 및 교통배분에 사용된 통행시간을 일치시키기 위해서는 이 세 과정(통행분포, 수단분담, 교통배분)을 반복적으로 수행할 필요가 있다.

도로링크상의 교통량에 따른 속도의 변화는 각 도로종류별로 속도-교통량 관계로부터 얻을 수 있다. 통행속도변화는 앞에서도 간단히 언급한 바와 같이 ① 교통배분의 근거가 통행속도이므로 교통배분에 영향을 주며, ② 통행분포에서 중력모형은 통행시간을 기초로 하기 때문에 통행시간이 변하면 통행분포가 달라지고, ③ 통행시간을 비교하여 수단선택이 이루어지므로 통행시간은 수단분담에도 영향을 준다.

속도-교통량 관계에 관련되는 문제점은 같은 종류의 도로라 하더라도 도로에 따라 이 관계가 크게 달라진다는 것이다. 또 대부분의 교통연구는 24시간 교통량을 단위로 하고 있어 교통량의 시간별 변동과 방향별 분포를 알아야 하는 문제점이 있다.

교통배분에 있어서 맨 처음에 교통이 배분되는 교통망을 교차로와 같은 결절점과 링크(도로구간)로 나타낼 필요가 있다. 교통망에 포함되는 도로는 신호화되었거나 혹은 많은 교통이 이용하는 모든 도로를 말한다. 존의 중심점(centroid)은 존에서 유출 혹은 유입되는 모든 통행이 이 점에서 유출되고 이 점으로 유입된다고 가정한 부하결절점(loading node)으로서, 이것은 결절점 위에 있거나 혹은 가링크(dummy link)로 가까이 있는 결절점에 연결된다.

11.6.1 교통배분 예측모형

교통을 배분하는 방법에는 다음과 같은 네 가지가 있다.

- 전량배분법(All-or-Nothing assignment)
- 전환곡선법(Diversion curve)
- 용량제약법(Capacity restrained assignment)

• 다중노선비례법(Multipath proportional assignment)

(1) 전량배분법

이 방법은 승용차운전자나 대중교통이용자가 출발지에서부터 목적지까지 가기 위해서는 언제나 최소통행시간을 가지는 노선을 선택한다는 가정에서 출발하였다. 그러기 위해서는 어떤 존 중심점에서 다른 모든 존 중심점으로 가는 최단노선을 선정해야 하며, 이를 수형도(tree)로 나타낸 것을 발췌수형도(skim tree)라 한다. 따라서 모든 존은 각기 하나의 발췌수형도를 가진다.

그런 다음 두 존 간의 O-D 통행량을 이 노선에 모두 배분시킨다. 다시 말하면 어느 한 노선에 전체교통량을 배분하고 나머지 노선에는 하나도 배분하지 않는 것이다. 이 방법은 통행의 희망노선에 따른 이론적 통행수요를 파악하고, 도로망계획을 구상하는 데 필요한 정보를 얻을 수 있으나 어떤 링크에 용량보다 많은 교통량이 배분될 수도 있고, 또 설사 용량보다 적다하더라도 속도-교통량 관계에 의해 교통량이 많아지면 통행시간이 길어지지만 이 방법에서는 변화되는 통행시간을 고려할 수가 없다. 또 비슷한 통행시간을 나타내는 간선도로나 고속도로(또는 고속화도로)구간을 포함하는 노선이 있을 때 운전자가 선호하는 노선이 있을 수 있으나 이 방법에서는 이를 고려하지 못한다. 그러나 이러한 요인들은 다음에 설명되는 전환곡선과 용량제약법에서 고려된다.

전량배분법은 매우 간단하므로 가장 많이 사용되는 방법이다. 두 존 중심점 간의 최단노선에 분포교통량을 전부 배분한다. 부하된 교통량은 각 링크에 누적되고, 모든 분포교통량을 링크에 부하시켜 누적한 것이 링크의 총 교통량이다.

(2) 전환곡선

원래 전환곡선은 새로 건설되는 하나의 도로 또는 교통시설에 유인되는 교통량을 예측하는 데 사용되었다. 신규시설의 이용여부는 그 시설이 있을 경우와 없을 경우의 통행비용의 비 또는 그 차이를 이용해서 결정한다. 전환곡선이 교통배분에 사용될 때에도 마찬가지이다.

교통모형에서 전환이란 분포교통량을 두 개의 노선에 어떤 기준에 따라 정해진 비율로 배분하는 것을 말한다. 그 기준으로는 통상 통행시간이 사용되나 경우에 따라서는 통행거리나 일반화 비용이 사용되기도 한다. 일반적으로 두 개의 노선 중에서 하나는 가장 빠른 일반간선도로를 말하며, 이와 경쟁하는 다른 노선은 일부 또는 전부가 고속도로(또는 고속화도로)구간으로 구성된 가장 빠른 노선을 말한다. 경험에 의하면 시간이나 거리가 좀 길더라도 혼잡이 덜한 고속도로를 이용하려는 사람이 있는 반면에, 노인이나 초보운전자들은 고속도로가 시간과 거리를 단축함에도 불구하고 일반간선도로를 이용하려는 경향을 보인다.

전환곡선을 이용하여 노선 간에 교통을 배분하는 것은 전량배분법보다 더 현실적이다. 이 방법의 큰 단점은 이 곡선을 컴퓨터용 데이터베이스로 만들어 사용해야 하기 때문에 컴퓨터비용이 증가하고, 간혹 비합리적인 결과를 나타내는 경우가 있다는 것이다. 이 방법은 근래에는 잘 사용되지 않지만 교통축의 연구에서는 매우 유용하게 쓰인다.

(3) 용량제약법

전량배분법은 결과적으로 최단노선에는 통행량 전량이 배분되고 그 외의 링크에는 통행량이 배분되지 않는다. 따라서 최단노선에는 과부하)가 일어날 수 있어 현실과 잘 맞지 않는다. 실제로는 도로망을 이용하는 교통이 그 노선의 용량을 초과할 수가 없고, 또 교통량이 커지면 통행시간이 길어지므로 이 두 가지 요인을 고려하지 않는 전량배분법은 문제가 있다.

용량제약법은 교통량이 증가할 때 통행속도는 감소한다는 사실에 기초를 두고 있다. v/c비가 매우 적을 때 교통은 거의 자유속도로 통행할 수 있다. 교통량이 증가하여 v/c비가 커지면 [그림 11-3]에서 보는 바와 같이 운전자의 운행자유도가 제약을 받아 속도가 줄어든다. 이와 같은 교통량과 통행속도(즉, 통행시간)와의 관계를 이용하여 출발지와 목적지 사이의 여러 노선의 인지통행비용(perceived travel cost)이 평형을 이룰 때까지 배분을 계속 반복 조정하는 것이 용량제약법이다.

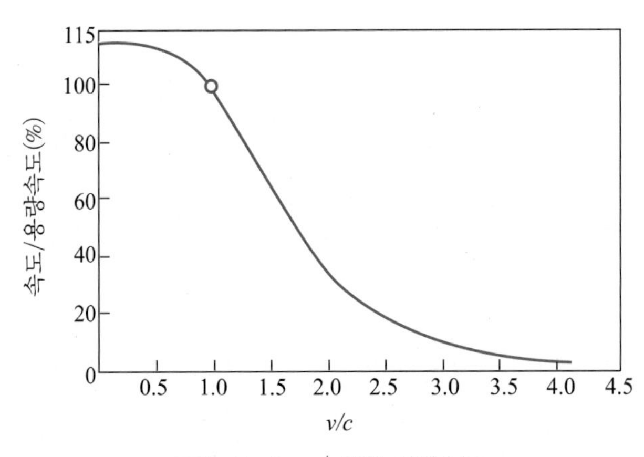

그림 11-3 v/c비와 상대속도

용량제약법의 대표적인 것에는 BPR 모형이 있다. 이모형은 처음에 최단노선에 교통량을 전량 배분한 다음, 교통량-속도 관계를 이용하여 속도(통행시간)를 보정한다. 이 속도를 이용하여 다시 최단노선을 구하여 배분을 보정하되 그 변화가 무시될 정도로 적을 때까지, 즉 각 링크의 인지통행비용이 균형을 이룰 때까지 반복한다. 이 방법에서 사용된 용량제약함수는 다음과 같다.

$$T = T_0[1 + 0.15(v/c)^4] \tag{11.10}$$

여기서 T : 균형통행시간

T_0 : 자유류 통행시간

v : 배분 교통량

c : 용량

11.6.2 대중교통 배분

대중교통 배분은 승용차교통의 배분과는 근본적으로 다르다. 대중교통시스템은 규칙적인 배차시간과 정해진 노선을 운행하는 고정서비스시스템으로 구성되어 있으므로, 한 링크상에서도 여러 개의 운행노선을 고려해야 하고, 탑승통행시간(in-vehicle travel time)은 물론이고 이용자의 보행시간, 대기시간 및 환승에 필요한 시간도 고려해야 한다. 대중교통의 배분과정은 승용차교통의 배분보다 더 복잡하기 때문에 전량배분법으로 배분한다.

대중교통배분을 위한 대표적인 모형에는 미국의 UTPS(UMTA Transportation Planning System)가 있으며, 이 모형은 링크의 시간과 거리뿐만 아니라 여러 개의 대중교통수단과 각 수단별 여러 개의 노선을 함께 처리할 수 있는 프로그램을 가지고 있다.

11.6.3 배분교통량의 결과 제시 및 활용

배분교통량의 예측결과는 각 링크의 교통량, 각 노드의 방향별 교통량, 링크별 통행소요시간 및 통행속도, 링크별 주행 대·시간, 대·km(또는 인·시간, 인·km), 총통행 대·시간, 대·km(또는 인·시간, 인·km), 통행료수입 등으로 나타난다. 이들은 모두 교통망의 평가자료가 되기 때문에 알기 쉬운 형태로 제시되어야 한다. 예를 들면 링크교통량은 [그림 5-2]와 같은 교통량도로 나타내면 좋다.

어느 한 존에서 아침, 저녁 출퇴근시간대의 첨두현상은 매우 현저하기 때문에 교통시설을 설계할 때는 교통량이 많은 첨두시간의 중방향(重)에 대한 교통량을 기준으로 설계한다.

4단계 예측과정을 거쳐 얻은 교통량은 연평균일교통량(Annual Average Daily Traffic, AADT)과 같은 의미로서, 1년 평균 양방향 하루 교통량이다. 따라서 도로공학에서 도로시설의 크기를 결정하기 위한 설계교통량을 구할 때는 이 AADT에 설계시간계수(Design Hour Factor, DHF)(K계수)와 중방향 교통량의 비(D계수)를 곱하여 구한다. K계수는 AADT에 대한 첨두시간 교통량 비이다. 여기서 첨두시간 교통량이란 일년 중 30번째 높은 시간교통량(30HV)을 의미한다. 30HV를 사용하는 이유는 일년 8,760시간 교통량 중에서 가장 교통량이 많은 시간교통량을 기준으로 설계를 하면 과다(過多)설계가 되므로 가장 경제적인 설계기준으로 30HV을 사용한다. 도로 및 교통특성에 따라 적용되는 K계수와 D계수 값과 자세한 내용은 제6장에서 설명한 바 있다.

11.7 수요예측의 예제

수요예측의 전 과정을 설명하기 위해 어느 지역에 2개의 주거 존과 2개의 쇼핑센터가 있다고 가정하고, 이존들을 잇는 모든 링크 상의 10년후 출퇴근 목적의 자동차 교통량을 예측하고자 한다.

I. 조사 및 모형개발

현재의 출퇴근 목적통행에 대한 교통수요조사(O-D조사)를 실시하고, 각 존의 사회.경제 지표와 토지이용 자료를 조사해서 이들 변수들과 통행유출 및 통행유입과의 상관관계를 회귀분석 한 결과 얻은 모형식이 다음과 같았다.

통행유출(trip production): $P = 7.16(\text{가구수})$ 통행/일

통행유입(trip attraction): $A = 2.025(\text{고용인수}) + 0.02(\text{상면적}, \text{m}^2)$ 통행/일

II. 통행발생 예측

통행발생과 깊은 관계가 있는 이들 가구특성 및 토지이용 특성 변수들이 10년 후 어떤 변화를 보이는지를 예측한 결과가 다음 [표 11-3]에 나와 있다.

표 11-3 존별 가구 및 토지이용 현황

존	가구수	고용인 수	상면적(m^2)
1	4,400	0	0
2	3,140	0	0
3	0	2,750	200,000
4	0	18,480	350,000

1. 각 존의 통행유출 및 통행유입량 계산

예측한 외생변수들을 앞의 통행발생 모형식에 대입하여 통행유출 및 통행유입 예측값을 얻는다. 이 예측은 모형식에 나타난 변수간의 관계가 10년후에도 변하지 않는다는 가정 하에 나온 것이다.

$$P_1 = 7.16(4{,}400) = 31{,}504 \quad \text{통행}$$

$$A_1 = 0 \quad \text{통행/일}$$

$$P_2 = 7.16(3{,}140) = 22{,}482 \quad \text{통행}$$

$$A_2 = 0 \quad \text{통행/일}$$

$$P_3 = 0 \quad \text{통행}$$

$$A_3 = 2.025(2{,}750) + 0.02(200{,}000) = 9{,}569 \quad \text{통행/일}$$

$$P_4 = 0 \quad \text{통행}$$

$$A_4 = 2.025(18{,}480) + 0.02(350{,}000) = 44{,}422 \quad \text{통행/일}$$

2. 통행발생 종합

여기서 총 통행유출량과 총 통행유입량은 다음과 같다.

$$\sum_i P_i = 31{,}504 + 22{,}482 + 0 + 0 = 53{,}986$$

$$\sum_j A_j = 0 + 0 + 9{,}569 + 44{,}422 = 54{,}991$$

이 두 개의 값은 서로 같아야 하며, 또 4개 존을 포함하는 그 지역 전체의 통행유출량 예측값 즉 조정총량(control total) 값과 같아야 한다. 조정총량의 예측은 별도의 모형을 사용해도 좋다. 이 3개의 값이 반드시 일치할 수는 없으나 어느 정도의 오차범위 안에 들도록 모형식을 조정해야 한다. 이를 종합하면 다음 [표 11-4]와 같다.

표 11-4 조사지역 각 존의 통행유출 및 유입량(출퇴근목적)

존	1	2	3	4	계
통행유출	31,506	22,484	0	0	53,990
통행유입	0	0	9,568	44,422	53,990

Ⅲ. 통행분포 예측

• **주어진 조건** : 식 (11.4)에서 $K_{ij}=1.0$이며 식 (11.5)에서 C_{ij}는 통행시간을 의미하며 각 존 간의 통행시간은 다음 [표 11-5]와 같다. 이를 통행발생 자료와 함께 네트워크 그림으로 나타내었다[그림 11-4].

표 11-5 존 간의 통행시간(분)

존	1	2	3	4
1		4	5	10
2	4		10	5
3	5	10		20
4	10	5	20	

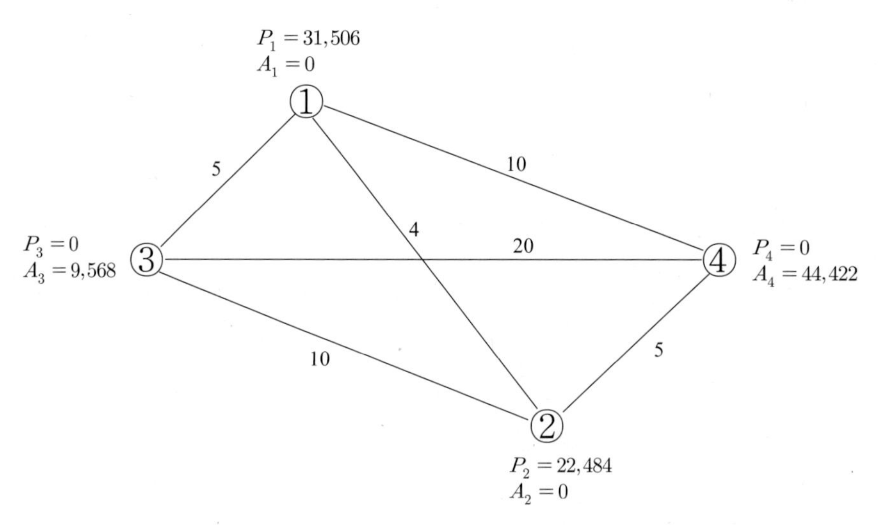

그림 11-4 각 존별 통행발생 및 존 간 통행시간

1. 모형식

$$T_{ij} = P_i\left(\frac{A_j C_{ij}^{-2}}{\sum_j A_j C_{ij}^{-2}}\right)$$

2. 1차 분포예측

존 1, 2는 통행유입이 없고, 존 3, 4는 통행유출이 없기 때문에

$T_{12} = T_{21} = T_{3j} = T_{4j} = 0$이다.

$$T_{13} = 31,506\left(\frac{9,568(1/5^2)}{9,568(1/5^2)+44,422(1/10^2)}\right) = 14,581$$

$$T_{14} = 31,506\left(\frac{44,422(1/10^2)}{9,568(1/5^2)+44,422(1/10^2)}\right) = 16,925$$

$$T_{23} = 22,484\left(\frac{9,568(1/5^2)}{9,568(1/5^2)+44,422(1/10^2)}\right) = 10,406$$

$$T_{24} = 22,484\left(\frac{44,422(1/10^2)}{9,568(1/5^2)+44,422(1/10^2)}\right) = 12,078$$

3. 존 간의 교차통행 분포

표 11-6 1차 교차통행 분포

존	1	2	3	4	P_i
1	0	0	14,581	16,925	31,506
2	0	0	10,406	12,078	22,484
3	0	0	0	0	0
4	0	0	0	0	0
계($\sum_i T_{ij}$)	0	0	24,987	29,003	53,990
A_j(실제값)	0	0	9,568	44,422	53,990

4. $\sum_i T_{i3} = 24,987 \neq 9,568$, $\sum_i T_{i4} = 29,003 \neq 44,422$이므로 T_{i3} 및 T_{i4}값을 보정한다. A_j를 구성하는 T_{ij}를 보정하는 공식은

$$T'_{ij} = T_{ij}\left(\frac{A_j}{\sum_i T_{ij}}\right) \tag{11.11}$$

$$그러므로\ T_{13} = 14,581 \times \left(\frac{9,568}{24,987}\right) = 5,583$$

$$T_{23} = 10,406 \times \left(\frac{9,568}{24,987}\right) = 3,985$$

$$T_{14} = 16,925 \times \left(\frac{44,422}{29,003}\right) = 25,923$$

$$T_{24} = 12,078 \times \left(\frac{44,422}{29,003}\right) = 18,499$$

5. 2차 통행분포 결과는 다음과 같다.

표 11-7 2차 교차통행 분포

존	1	2	3	4	계($\sum_j T_{ij}$)	P_i
1	0	0	5,583	25,923	31,506	31,506
2	0	0	3,985	18,499	22,484	22,484
3	0	0	0	0	0	0
4	0	0	0	0	0	0
계($\sum_i T_{ij}$)	0	0	9,568	44,422	53,990	53,990
A_j(실제값)	0	0	9,568	44,422	53,990	53,990

6. $\sum_j T_{ij}$ 값이 P_i값과 같으므로 P_i를 구성하는 T_{ij} 보정 즉, T_{1j} 및 T_{2j}는 더 이상 보정할 필요가 없다. 만약 $\sum_j T_{1j}$이 P_1와 큰 차이가 나거나 또는 $\sum_j T_{2j}$이 P_2와 큰 차이가 나면, 앞의 A_j를 보정하는 것과 같은 방법으로 다음 식을 이용해서 P_i를 구성하는 T_{ij}를 보정해 주어야 한다.

$$T'_{ij} = T_{ij}\left(\frac{P_i}{\sum_j T_{ij}}\right) \tag{11.12}$$

총 통행유출량과 통행유입량 및 그 지역의 조정총량이 일치가 되려면 여러번 반복계산을 해야 하나 이 예제에서는 이 지역의 4개 존의 특성이 통행유출존 아니면 통행유입존으로만 구성되어 있어 계산이 간단히 끝난 것이다.

7. 최종 통행분포 매트릭스

표 11-8 최종 교차통행 분포

존	1	2	3	4	P_i
1	0	0	5,583	25,923	31,506
2	0	0	3,985	18,499	22,484
3	0	0	0	0	0
4	0	0	0	0	0
A_j	0	0	9,568	44,422	53,990

Ⅳ. 수단분담 예측

예측된 통행량 중에서 승용차를 이용하는 부분을 구하는 것이다.

• 주어진 조건(가정): calibration 된 이항(二項) 로짓 모형식을 사용한다고 가정하며, 이 모형식의 효용(utility)함수는 다음과 같다. 여기서 효용이란 일반화 비용과 반대의 개념으로 이해하면 좋다.

$$U_A = -0.02t - 0.35c + 3.08$$

$$U_T = -0.015t - 0.35c$$

여기서 U_A = 승용차 이용 시의 효용

U_T = 대중교통 이용 시의 효용

t = 통행시간

c = 실지출비용

① 승용차 통행시간

표 11-9 존 간 승용차 통행시간(분)

존	1	2	3	4
1	-	-	5	10
2	-	-	10	5
3	-	-	-	-
4	-	-	-	-

② 대중교통 통행시간

표 11-10 존 간 대중교통 통행시간(분)

존	1	2	3	4
1	-	-	7.5	14
2	-	-	15	7.5
3	-	-	-	-
4	-	-	-	-

③ 승용차 통행비용

표 11-11 존 간 승용차 통행비용(1,000원)

존	1	2	3	4
1	-	-	1.4	2.0
2	-	-	2.2	1.0
3	-	-	-	-
4	-	-	-	-

④ 대중교통 통행비용

표 11-12 존간 대중교통 통행비용(1,000원)

존	1	2	3	4
1	-	-	2.6	2.6
2	-	-	2.6	2.6
3	-	-	-	-
4	-	-	-	-

1. 승용차 및 대중교통의 효용 계산

1-3존 간의 효용계산(통행시간이 짧고 비용이 적으면 U(효용)값이 커진다.)

$$U_{A(13)} = -0.02(5) - 0.35(1.4) + 3.08 = 2.49$$

$$U_{T(13)} = -0.015(7.5) - 0.35(2.6) = -1.0225$$

2. 승용차 이용 확률계산(식 11.8)

$$\Pr(\text{auto})_{13} = \frac{1}{1+\exp(U_T - U_A)} = \frac{1}{1+\exp(-1.0225-2.49)} = 0.9710$$

3. 같은 방법으로 계산한 승용차 이용확률

표 11-13 존 간 승용차 이용 확률

존	1	2	3	4
1	-	-	0.9710	0.9644
2	-	-	0.9625	0.9747
3	-	-	-	-
4	-	-	-	-

4. 승용차의 평균탑승인원을 1.3명이라 할 때 승용차 교통량

분포된 통행량에 앞의 확률을 곱하고 1.3를 나누어 승용차 교통량을 구한다.

표 11-14 존 간 승용차 교통량

존	1	2	3	4
1	-	-	4,170	19,230
2	-	-	2,950	13,870
3	-	-	-	-
4	-	-	-	-

V. 교통배분 예측

지금까지 예측한 승용차 교통량을 존을 연결하는 경로 또는 노선에 배분하기 위해서는 교통망이 혼잡하지 않다는 가정하에 앞에서 설명한 최단노선에 전량배분하기로 한다. 이러한 교통배분 모형은 먼저 존 간의 최단노선을 찾는 과정을 거친 후에 존 간의 교통량을 그 노선에 배분하게 된다.

존 간의 통행시간을 알면 그림을 이용하여 존쌍 간의 최단노선을 알 수 있으며 그 노선 내의 각 링크에 교통량이 실린다. 예를 들어 1-4존 간(교통량 19,230대)의 최단노선은 1-2-4존이며, 따라서 링크 1-2 및 링크 2-4에 이 교통량이 부하된다. 이렇게 해서 각 링크상의 교통량을 합한다. 따라서 1-2존 간의 통행발생요인은 없지만 두 존을 잇는 노선상의 교통량은 하루 22,180대이다.

표 11-15 최단노선 표

존	1	2	3	4
1	-	-	1-3(4,170)	1-2-4(19,230)
2	-	-	2-1-3(2,950)	2-4(13,870)
3	-	-	-	-
4	-	-	-	-

표 11-16 각 링크를 사용하는 존 간 교통량(승용차)

링 크	존 간 교통량(대)	링크 교통량(대)
1-2	1-4(19,230), 2-3(2,950)	22,180
1-3	1-3(4,170), 2-3(2,950)	7,120
1-4		0
2-3		0
2-4	1-4(19,230), 2-4(13,870)	33,100
3-4		0

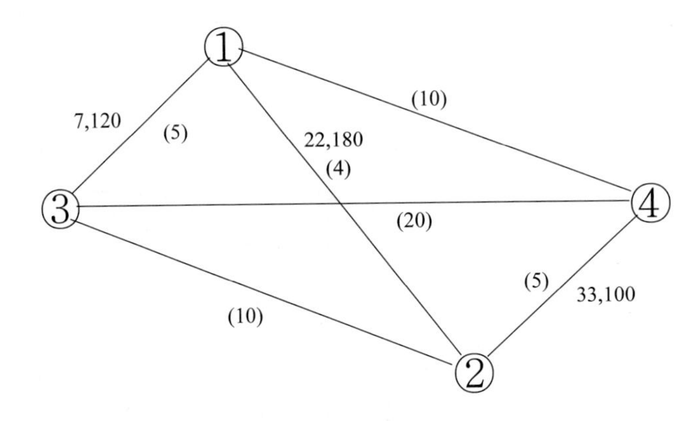

그림 11-5 배분 교통량(승용차) 및 존 간 통행시간

Ⅵ. 계획교통량과 설계교통량

4단계 수요예측에서 얻은 계획교통량은 양방향 하루 교통량이다. 도로를 설계할 때 사용하는 설계교통량은 이 계획교통량 중에서 첨두시간의 중(重)방향 승용차 교통량이다.

예를 들어 계획지역이 도시외곽 지역이고 간선도로라 가정하면, 도로설계 단계에서 K계수 10%, D계수 60%를 적용하여, ②-④ 존 간 연결도로의 설계교통량은 $DHV = 33,100 \times 0.1 \times 0.6 = 1,986\,\text{vph}$으로 계산된다. 따라서 다차로도로인 경우 각 방향에 대략 2개 차로가 필요할 수 있다.

1. R.J. Paguette, N.J. Ashford, P.H.
2. E.C. Carter, W.S. Homburger, *Introduction to Transportation Engineering*, ITE., 1978.
3. J.W Dickey, *Metropolitan Transportation Planning*, 1975.
4. B.G. Hutchinson, *Principles of Urban Transport Systems Planning*, 1974.
5. N.J. Garber, L.A. Hoel, *Traffic and Highway Engineering*, 1988.
6. *Computer Programs for Urban Transportation Planning*, USDOT/FHWA., 1977.
7. L.R. Goode, "Evaluation of Estimated Vehicle-Trip Productions and Attractions in a Small Urban Area", *TRR. 638*, TRB., 1977.
8. *Trip Generation Analysis*, USDOT/FHWA., 1975.
9. N. Draper, H. Smith, *Applied Regression Analysis*, 1966.
10. 박성현, 회귀분석, 1982.
11. T.J. Fratar, "Vehicle Trip Distribution by Successive Approximation", *Traffic Quarterly*, 1954.
12. A.M. Voorhees, *A General Theory of Traffic Movement*, ITE., 1955.
13. R.J. Salter, *Highway Traffic Analysis and Design*, 1976.
14. NCHRP, *Quick Response Urban Travel Estimation Techniques*, 1978.
15. D.A. Quarmby, "Choice of Travel Model for the Journey to Work", *Journal of Transport Economics and Policy*, Vol.1, 1967.
16. C.A. Lave, "A Behavioral Approach to Modal Split Forecasting", *Transportation Research*, Vol.3, 1969.
17. P.R. Stopher, "A Probability Model of Travel Mode Choice for the Journey to Work", *HRR. No.283*, HRB., 1969.
18. A Talvitie, "Comparison of Probabilistic Modal-Choice Models : Estimation methods and System Inputs", *HRR. No.392*, HRB., 1972.
19. USDOT, *New System Requirements Analysis Program*, UTPS, Urban Mass Transportation Administration, 1972.

1. 링크와 노선 또는 경로의 차이점을 설명하라.
2. 통행발생에 영향을 미치는 요인은 어떤 것인가?
3. 통행분포에 영향을 미치는 요인은 어떤 것인가?
4. 교통수단 선택에 영향을 미치는 요인은 어떤 것인가?
5. 교통배분에 영향을 미치는 요인은 어떤 것인가?

제12장

대중교통 운영

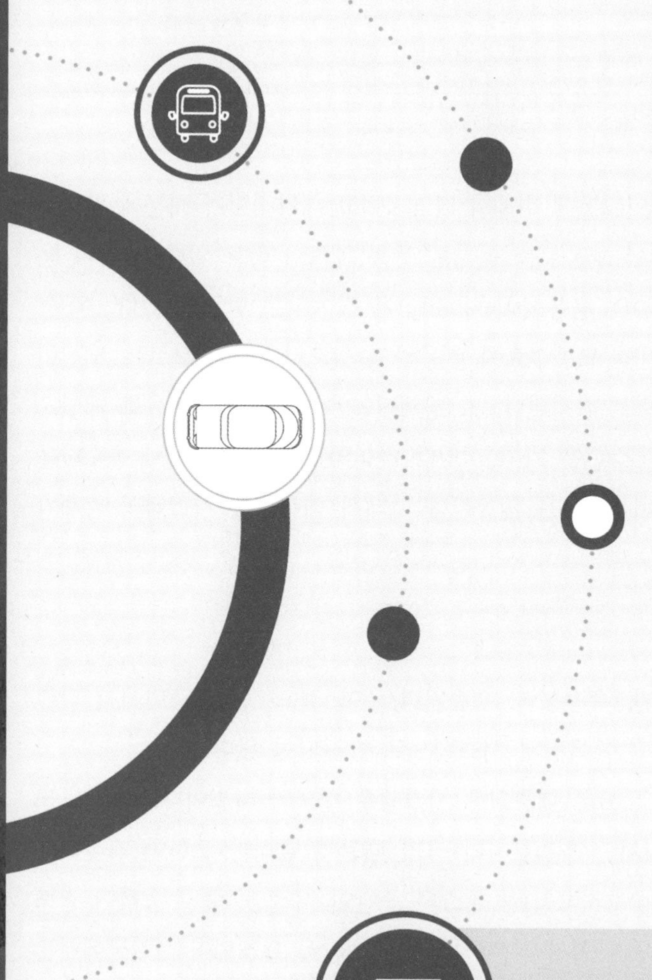

대중교통 시스템이란 도시지역에서 흔히 볼 수 있는 기본적인 공공수송 시스템이다. 여기서 공공수송 시스템이란 항공, 철도 및 시내, 시외버스까지 포함하는 것으로서 지정된 노선 위를 정해진 스케줄에 의해 규정된 요금으로 수송서비스를 제공하는 시스템이다.

대중교통 시스템 분야에서 특히 요청되는 기술은 분석, 운영 및 정비유지기술이다. 교통전문가는 도시에서 대중교통을 포함한 전체 교통시스템을 최적화하는 일을 담당해야 하므로 대중교통이 어떻게 운영되고, 승객은 어떻게 이용을 하며, 물리적인 면이나 운영면에서 또는 재정적인 면에서 어떤 제약을 받는지를 이해할 필요가 있다.

12.1 개 설

일반적으로 대중교통 시스템은 개인교통에 비해서 집약적이고 대량적이기 때문에 공간적으로 또는 에너지 및 비용 측면에서의 효율성을 높이는 것을 목표로 하고 있다. 그러나 운행노선이 고정되어 있기 때문에 수송의 융통성(flexibility)이 결여되는 단점이 있다.

대중교통 시스템은 불특정 다수인의 교통수요에 부응하고 있으나 현실적으로는 노선이 정해져 있어 서비스는 대개 지역적으로 한정된다. 또 경제적인 이유나 기타 이유로 개인교통수단을 갖지 못한 사람과 개인교통수단을 가지고 있다 하더라도 그보다 대중교통수단을 더 선호하는 사람들에게 공공적인 이동수단을 제공한다는 데서 대중교통 시스템의 존재가치를 찾을 수 있다.

(1) 대중교통 시스템의 종류

대중교통 시스템은 속도, 수송단위, 수송능력, 수송거리, 운행 빈도 등의 측면에서 각기 특색이 있는 다양한 시스템이 개발되어 독립된 시스템으로 발전되어 왔다.

도시교통시스템을 구성하는 가장 중요한 대중교통 시스템은 철도와 버스이다. 철도는 도시중심부에서 주로 지하철로 운영되지만 초기투자가 크기 때문에 금리를 포함한 자본비용을 상환하기가 쉽지 않다. 따라서 철도(지하철)와 버스의 중간인 시스템, 즉 수송력이 철도와 버스의 중간이며, 비용도 지하철보다 훨씬 적은 시스템의 개발이 요청되어 선진국에서는 모노레일(monorail)이나 신교통시스템이 개발·운용되고 있다.

도로를 운행하는 대중교통시스템 중에는 수요대응식(Demand Responsive Transit, DRT)

또는 vanpool로 운영하는 방법도 있다. vanpool이란 같은 목적지를 가진 통근자들이 개인 또는 회사에서 제공된 소형버스(9인승~12인승)를 규칙적으로 같이 이용하는 것으로서 일반적으로 버스 운전은 이용 통근자들이 교대로 담당한다. 또 재래식 시스템인 노면전차나 버스를 대폭 개량하여 그 기능을 보강하는 노력도 구체화되고 있다.

대중교통이 사용하는 통행로는 다른 차량과 함께 도로를 사용하는 공용통행로, 버스전용차로이지만 회전하는 승용차가 이용할 수 있거나 다승객승용차가 이용할 수 있는 반전용통행로, 고속도로상의 버스전용차로와 같은 전용통행로가 있다.

서비스 형태로는 정해진 노선을 규칙적으로 사용하는 고정노선식과 이용자의 사전 요청에 따라 운행노선이 변하는 수요대응식이 있다.

(2) 대중교통 시스템의 사업주체

대중교통 시스템의 서비스는 수요 측의 요구에 의해 발생되고 그 대가에 의해 서비스사업이 성립되기 때문에 시장경제의 원리를 따른다고 볼 수 있으나, 본질적으로 이 사업은 공익성이 매우 강하기 때문에 단순한 수요·공급의 관계만을 고려하여 사업을 하는 것은 허용되지 않는다. 왜냐하면 대중교통서비스가 도시의 토지이용 및 도시활동을 형성하는 구조적 요인이므로 그 서비스나 혹은 그에 따른 대가를 공익성이나 그 지역의 목표에 맞게 조정해야 하기 때문이다.

또 대도시의 지하철에서 볼 수 있듯이 대중교통 시스템이 수송능력이 크고 도시교통의 근간이 되지만 건설비가 매우 높고, 투자에 대한 상환기간이 길기 때문에 통상적인 기업체가 이를 감당할 수 없거나 이를 회피하는 경우도 있을 것이다. 따라서 공익성을 담보하기 위해 공공단체 스스로가 공영기업으로 운영한다든가 혹은 공공단체가 자본금의 일부를 출자하는 경우가 많다. 사업주체가 일반기업일 경우에도 공익성을 확보하기 위해 각종 제약을 가하고, 그 대가로 공익성의 정도에 따라 각종 지원조치를 취하는 것이 통례이다. 또 사업주체를 건설주체와 운영관리주체로 분리하여 전자를 가능한 한 공공측면에서 보조해 주는 방법도 있다.

(3) 대중교통 시스템의 계획

대중교통 시스템 중에서도 보다 근간이 되는 것일수록 도시구조의 골격을 이루고 있기 때문에 이들을 크게 변형시킨다거나 재편성하기가 쉽지 않다. 설사 그렇게 하려고 하더라도 기존의 서비스 수준을 저하시키지 않는 범위 내에서 시간적인 여유를 가지고 재편성해야 할 것이다. 이 때문에 대중교통 시스템계획의 기본입장은 기존시스템의 서비스 애로구간의 해소 및 보완, 불균형서비스의 시정 등에 목표를 두고 있다. 이때는 기존의 상황을 전제로 한 계획이기 때문에 이용자 및 운송사업자의 기존권익을 우선적으로 보호할 수밖에 없다.

그러나 기존의 권익이 존재하지 않는 대규모 신도시개발과 같은 프로젝트를 수행할 경우에는 전혀 새로운 시스템의 도입을 검토할 수 있다. 그러나 현실적으로는 이때에도 기존의 주변지역과 완전히 격리된 상황에 처하는 경우는 거의 없기 때문에 완전히 별개의 시스템이 아니라 일부에 새로운 시스템을 도입하는 결과가 된다.

12.2 대중교통 노선망

대중교통 노선망의 형성은 대중교통 수요패턴에 좌우되며, 이에 대한 것은 앞장의 수단분담에서 설명한 바 있다.

대중교통이용자는 크게 두 개의 그룹, 즉 고정승객(captive rider)과 선택승객(choice rider)으로 나눌 수 있다. 고정승객이란 대중교통 이외의 다른 교통수단을 이용할 수 없는 사람을 말하며, 이들은 어떤 특정목적의 통행에 대해서는 승용차를 이용하지 못할 뿐만 아니라 도보나 자전거도 이용할 수 없는 사람을 말한다(이는 어느 특정 통행목적에 대한 것으로서 다른 목적통행에서는 고정승객이 아닐 수도 있다). 이 그룹에 속한 사람들의 대부분은 자주 대중교통을 이용하기 때문에 그들의 주거지나 직장 또는 쇼핑장소 등을 선택할 때는 편리한 대중교통노선을 고려하게 된다. 그러므로 이들의 통행패턴은 도시지역의 중심부로 향하게 되고, 따라서 CBD로 향하는 방사형의 통행이 현저히 증가한다.

선택승객은 대중교통의 통행시간과 통행비용(실지출비용)이 승용차의 그것보다 적다고 생각될 때 대중교통을 이용하는 사람이다. CBD내에 한쪽 통행단을 둔 첨두시간 통행은 도심지역의 혼잡과 높은 주차요금을 감당해야 하기 때문에 이와 같은 선택을 해야 할 경우가 많다. 따라서 선택승객의 거의 모든 희망선(desire line)은 CBD로 향하며, 이것이 고정승객의 희망선과 합쳐져서 뚜렷한 방사선 패턴을 나타낸다.

결론적으로 대중교통 노선망은 CBD를 중심으로 방사선 형태를 보이는 경향이 두드러지며, 많은 노선이 옛날에 승용차를 갖지 않은 가구들이 형성한 비교적 안정된 주거 및 통행패턴과 잘 부합한다. 이들 노선망에 추가되는 것은 방사선 노선으로서, 이들은 새로이 개발되어 밀도가 낮은 외곽지역에 서비스를 제공하고 옛날 도로망이나 도심지로 직접 연결된다.

12.2.1 대중교통 시스템의 노선

[그림 12-1]은 이러한 대중교통 노선망의 기본골격을 나타낸 것이다. A 노선은 기본간선(arterial line)으로써 CBD와 방사선으로 연결되어 고정승객과 선택승객 모두에게 서비스를 제공한다. 이 노선들은 차량-km당 수입이 가장 높으며, 비첨두시간이나 주말에도 어느 정도의 수요가 있고, 최대부하점은 대개 CBD의 경계선 부근에서 발생된다. 경우에 따라서는 도심지에서부터 멀어질수록 수요가 급격히 떨어지므로 노선의 분기를 고려할 수도 있다(그림에서 노선 $A-1$과 $A-2$).

외곽지역과 CBD간의 수요가 매우 커지면, 급행노선(express route)(그림에서 $E-1$)을 운영하여 간선(幹線)을 보강할 수도 있다. 급행노선을 설치하는 중요한 이유는 보다 빠른 서비스를 제공하여 선택승객을 흡수하기 위한 것이다. 급행노선은 또 다른 시간대에는 수요가 적기 때문에 주중의 첨두시간대에만 운영되기도 한다.

CBD와 직접 연결될 수 없는 외곽지역도 있다. 이것은 직접연결이나 분기연결이 불가능

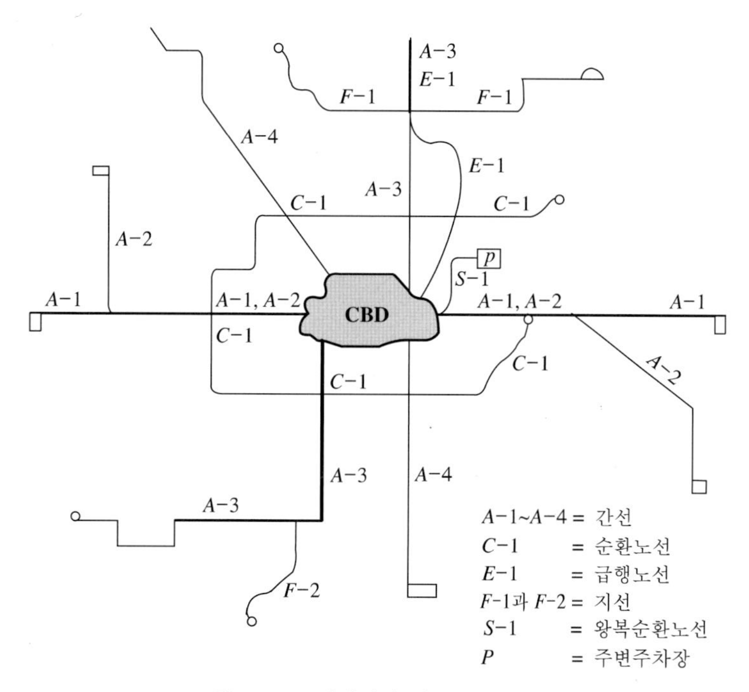

그림 12-1 체계적인 대중교통 노선망

하거나 또는 지형적으로나 도로조건상 간선에서 사용되는 것보다 더 작은 차량을 사용해야 할 필요성이 있기 때문이다. 이 경우에는 그 노선망에 지선을 갖다 붙인다(그림에서 $F-1$과 $F-2$). 이지선은 간선과 같은 시간대에 운행이 되며, 이런 경우는 고속대중교통 노선을 보강하기 위해서 가장 보편적으로 사용되는 방법이다. 지선 자체만으로는 경제적인 타당성이 없을지 모르나 지선이 간선의 승객에게 큰 도움을 준다는 점에서 결코 이를 간과해서는 안 된다. 지선의 최대부하점은 항상 간선과 만나는 점에서 생긴다.

비교적 작은 도시에서는 CBD를 거치지 않는 노선의 연결(대부분 선택승객의 수요임)을 특별히 고려하지 않아도 좋다. 이러한 통행수요는 그 기종점이 CBD 외곽에 있더라도 CBD를 경유하도록 하면 된다. 대도시에서는 이와 같은 종류의 통행을 편리하게 하고 통행길이를 단축시키기 위해서 순환노선(circumferential route) 또는 도시횡단노선(cross-town route)을 설치하는 것이 바람직하다. 이러한 노선을 계획하고 스케줄링하는 데는 어려움이 따른다. 왜냐하면 서로 다른 간선의 교차점에 최대부하점이 여러 개 생길 수도 있고, 또 순환노선의 차량이 환승점에서 방사선 노선망의 차량을 만나도록 해야 하기 때문이다.

경우에 따라서는 비교적 가까이 있는 주요 교통발생원을 연결시키기 위해서 대중교통 노선망에 왕복순환노선(shuttle route)을 포함시킨다. [그림 12-1]의 $S-1$은 CBD 내의 주차장 부족을 해결하기 위해서 변두리 주차장을 연결하는 왕복순환노선을 나타낸 것이다.

1) 노선망 계획

계획대상지역 내에 있는 기존의 대중교통 노선망을 기본으로 하여 장래 철도노선망 계획, 장래 버스노선망 계획, 장래 도로망 계획을 수립한다. 이때 지하철, 전철 등과 같이 운영주체가 다른 노선 간의 상호결합운행을 충분히 고려해야 한다. 또 시내버스는 장래 도시간선도로를 운행하는 것으로 하고, 교외 및 도시간 버스는 장래 토지이용계획에 따라 터미널 위치를 결정한다.

교통배분(traffic assignment)대상이 되는 버스나 철도 각각의 노선망이 정해지면 이를 합하여 종합 대중교통노선망을 만들 필요가 있다.

2) 존 간의 최단경로탐색

존 간의 최단경로란, 존 간의 거리, 시간 및 비용이 최소가 되는 노선을 말한다. 분포교통과 수단분담을 생각할 때 대중교통수단의 분담률곡선 작성에 사용되는 변수는 존 간의 통행비용이 최소가 되는 소요시간이며, 이는 존 간의 최단시간노선의 시간과 반드시 일치하지는 않는다. 사람이 노선을 선택할 때는 시간만이 아니고 비용도 생각하게 되므로 노선 선택시 비용을 고려하는 경우가 많다.

그러므로 대중교통수단의 분담률곡선은 최소비용비와 그 시간비에 대한 현황조사를 하고 지역특성을 고려해서 만들어진다. 그러나 도시 내의 동일 노선망 내에서는 존 간의 요금은 대체로 같고, 시간이 노선선택에 가장 큰 영향을 미친다고 생각되므로 시간비를 사용해도 좋다.

또 수단별 분담의 도보율을 결정하는 데 사용되는 최단 실거리는 도로망으로부터 계산된다. 도보비율이 실제보행거리에 좌우된다는 것은 잘 알려진 사실이다.

철도와 버스의 분담률곡선은 최단시간비를 사용한다. 이는 대중교통수단과 승용차의 분담률을 결정하는 데 비해서 비용의 영향이 그다지 크지 않다고 생각되기 때문이다.

12.2.2 대중교통 시스템의 통행로

대중교통 서비스를 위한 통행로(right-of-way)는 다른 일반 교통과 같이 사용하는 공용통행로(shared right-of-way), 회전차량이나 다승객차량과 같은 차량에게만 최소한의 사용을 허용하는 반전용통행로(semi- exclusive right-of-way), 혹은 대중교통 전용통행로(exclusive right-of-way)로 구분할 수 있다[표 12-1]. 여기서 반전용통행로란 우리가 도시가로에서 흔

표 12-1 대중교통노선 통행로 별 분류

부 지	통행로	차 량	비 고
공용통행로	가 로	버 스 노면전차	기본적인 국지 대중교통 서비스, 다른 교통의 방해를 받음.
	고속도로	버 스	방사형 직행노선
반전용통행로	가로상의 버스전용차로	버 스	도심지내 및 그 접근로. 회전하는 승용차와는 공용. 일반통행도로에서는 역류 전용차로 가능
	고속도로상의 버스전용차로	버 스	방사형 고속도로상의 직행노선, 다승객 승용차와 공용
	가로의 중앙차로	노면전차	도심지 외곽 방사형 도로에 경량철도 대중교통(LRT) 서비스
전용통행로	버스전용차로	버 스	방사형 고속도로 상. 경우에 따라서는 전용도로 또는 전용램프, 직행노선
	궤도 또는 고정 통행로	연결차량	방사형 노선상에 장거리 통행을 위한 고속 대중교통 서비스
	궤 도	노면전차	LRT의 도심지 분포 시스템

히 사용하는 버스전용차로와 같은 것을 말한다.

대중교통수단이 공용통행로(shared ROW)를 사용하는 경우에는 버스정류장표지나 대피소 등과 같은 사소한 비용 외에는 돈이 들지 않는다. 그러나 이 경우 도로상의 혼잡과 지체 또는 다른 교통수단의 교통사고나 방해에 의해 지장을 받는다. 반전용통행로를 사용하면 적은 투자로써 운행상의 신뢰도를 크게 증대시킬 수 있다. 그러나 버스전용차로의 경우에서 볼 수 있는 것처럼 다른 차로의 승용차는 그 대신 혼잡이 크게 증가한다. 전용통행로는 큰 비용이 소요되므로 반드시 좋은 것은 아니나 운영자가 운행변수를 독자적으로 결정할 수 있고, 외부적인 지체 및 방해를 받지 않게끔 완전한 통제를 할 수 있는 유일한 시설이다.

고속 대중교통시스템은 대개 전용통행로를 가지므로 신뢰성이 극대화되는 대신 노선의 융통성이 결여된다. 버스는 공용통행로나 반전용통행로 혹은 전용통행로 사이를 자유로이 이동할 수 있고 그 하부구조를 조금씩 나누어 개선할 수 있는 유일한 대중교통수단이다.

12.2.3 접근점

모든 대중교통통행은 출발지와 목적지 및 그 사이의 정류장에 접근하는 접근구간을 가진다. 총 통행시간을 최소화하기 위해서는 접근구간과 대중교통 운행구간의 절충이 필요하다. 이 절충은 접근점(정류장)을 어떻게 결정하는가에 따라 좌우된다.

단일노선에서 정류장이 많으면 접근시간을 줄일 수 있으나 차량의 통행시간이 증가되며, 반면에 정류장 수가 적으면 접근시간이 많아지는 대신 통행시간이 줄어든다. 노선의 끝 부분에서 분기를 시키면 접근성이 좋아지나 각 지선의 서비스 빈도는 본선에 비해 적어지고, 접근시간을 줄이는 데서 얻는 장점은 불편한 스케줄로 인해 완전히 또는 부분적으로 상쇄될 것이다. 지금까지 대중교통이 운행되지 않는 지역으로 노선을 연장하거나 신규노선을 투입하면 접근성은 절대적으로 개선될 것이다. 따라서 서비스지역의 범위 또는 접근성은 노선의 간격이나 정류장의 간격에 따라 좌우된다.

12.3 버스시스템 계획

역사적으로 볼 때 지금까지 6가지의 대중교통수단이 출현했으나 이중 버스를 제외한 나머지 5가지는 거의 자취를 감추었다. 맨 처음 출현한 승합마차에서부터 지금의 버스에 이르기까지 이들은 도로가 갖는 장점을 최대한 활용했으며, 이들을 위해서 도로망에 별도의 투자를 할 필요가 없었다. 그러나 승합마차는 19세기 도로의 열악한 포장상태 때문에 쇠퇴하고, 토사도로에 설치한 궤도를 이용하는 마차가 등장했다. 말이 끌기에는 너무 경사진 노선에서는 케이블카가 이용되었고, 전기로 움직이는 노면전차가 말을 대신했다. 그러나 이와 같은 3가지 종류의 궤도수송수단은 융통성이 결여되었기 때문에 곧이어 내연기관으로 움직이는 버스가 출현했다. 이때 도로상의 전선으로부터 전력을 공급받아 움직이는 트롤리 코치(trolley coach)가 나타나 가솔린버스와 경쟁을 하게 되었다. 그 후 효율성과 융통성이 크고 투자비용이 가장 적은 디젤버스가 개발되어 지금까지 국지 대중교통수단의 대종을 이루고 있다.

12.3.1 버스시스템의 개요

국지 대중교통수단을 언급하기 전에 버스의 기술적인 상황을 이해하는 것이 이들 시스템의 특성과 잠재성을 파악하는 데 매우 중요하다. 버스시스템은 환경적인 제약을 받기는 하지만 매우 좁고 경사지거나 막다른 길을 제외하고는 도로망 어디서나 운행이 될 수 있다. 또 노선을 쉽게 결정할 수 있으며 만약 그 노선이 부적절하다면 그 노선을 포기하고 다른 노선을 설정할 수도 있다. 뿐만 아니라 각기 크기와 성능이 다른 차량이 함께 시스템에 포함될 수도 있다.

그러나 앞에서 언급한 바와 같이 공공통행로를 사용하기 때문에 오는 단점도 있다. 또 뒤에 설명되겠지만 한 교통축에서 이들 버스나 노면전차의 용량은 고속대중교통수단에 비해 뒤떨어진다.

(1) 노 선

노선의 위치선정은 대중교통망의 전반적인 모양과, 노선의 간격 및 구체적인 위치를 결정하는 것을 말한다. 노선망의 전반적인 모양과 개략적인 간격은 시스템 계획 단계에서 이루어지기 때문에 여기서는 설명을 생략한다. 일반적으로 대중교통 노선망은 기본적으로 [그림 12-2]와 같이 방사순환형, 격자형 및 다중중심형이 있으나 실제로는 이들의 복합형으로 이루어지는 경우가 많다.

버스노선의 간격은 승객의 최대 허용보행거리에 근거해서 정해진다. 일반적으로 승객은

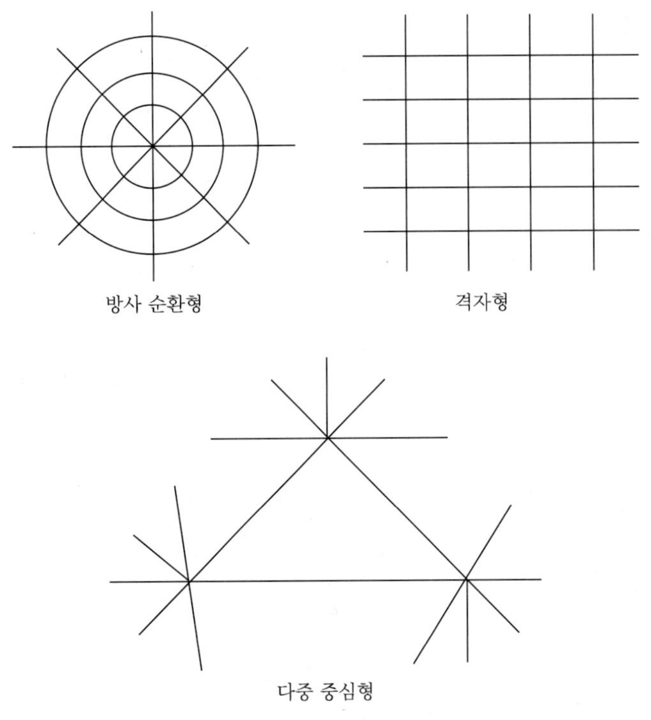

그림 12-2 대중교통망 기본 패턴

버스를 타기 위해 400 m이상 걷는 사람이 없으므로 버스 노선의 간격은 800 m 정도로 하는 것이 좋다.

노선의 위치는 승객수요의 밀도와 도로조건, 교통조건 및 교통운영조건을 고려하여 결정한다. 그 중에서 가장 중요한 것은 수요의 밀도이다. 이용자가 밀집한 곳에 접근하기 위해서는 노선이 구부러질 수도 있고 정류장도 가능한 한 밀집지역에 가까이 위치해야 한다. 이러한 밀집지역에는 아파트 단지, 노약자의 비율이 높은 주거지역, 학교, 경기장, 고용인구 밀집지역, 쇼핑몰 등이 있다.

두 번째 고려사항은 버스 운행에 적합한 도로조건이다. 지형적으로나 도로의 기하구조로 볼 때 곡선반경, 도로폭, 교차로 구조, 급경사와 같은 요소가 노선으로 부적합할 수가 있다. 버스가 곡선부를 회전할 때 항상 동일한 차로를 점유하는 것이 바람직하나 험한 지형이나 도로폭이 좁거나 노상주차가 있는 곳에서는 차로를 지키기가 쉽지 않다. 특히 주거지에서 우회전 할 때 차로유지가 어렵다.

교통조건의 관점에서 볼 때 교통이 매우 혼잡하거나 회전금지 또는 빈번히 차로변경을 해야 하는 경우 등과 같이 버스 운행에 불편함을 주는 조건이나, 반대로 버스우선대책 등과 같은 조건이 노선 선정 때 고려사항이 된다. 버스우선대책에는 신호우선, 버스전용차로, 버스우선차로 등이 있다. 환승을 편리하게 하기 위하여 가능하면 환승지점을 한 곳에 모으게 하는 것도 노선선정의 고려사항이다.

버스는 [그림 12-1]에 나타난 것과 같은 모든 종류의 노선을 모두 사용한다. 일반적으로 이들 노선은 일반도로나 고속도로상의 통행로를 다른 차량과 함께 사용한다. 환경적인 이유로 해서 버스노선은 대개 주요 간선도로나 집산도로에 한정되나 도시외곽의 주민들을 위해서 주거지 도로를 사용하기도 한다.

직행버스는 잠재적인 승객에게 매력적이기도 하지만 운영자의 운행비용을 절감시킨다. 버스노선의 질을 높이는 방법으로는 버스우선차로를 설치하는 반전용통행로 이용방법이 있다(여기서 반전용이란 말을 사용하는 것은 회전하는 승용차가 이 차로를 이용할 수 있기 때문이다). 도로변 차로를 주차나 하역을 하는 데 사용하고 있었다면 이 차로를 버스우선차로로 만들어주는 것이 가장 좋다. 그러나 도로변 차로가 정차금지구간으로 묶여 있고, 버스의 운행대수가 매우 많으면 이 차로는 어차피 다른 차량이 거의 사용하지 못할 것이기 때문에 자연적으로 버스전용차로 역할을 하게 된다. 연석차로가 버스전용차로로 지정되면 우회전하려는 승용차는 교차로직전에서만 이 차로로 진입할 수 있다.

도로중앙선을 버스전용차로로 지정하면 그 차로는 페인트로 나타낸 노면표시나 돌출한 연석을 설치하여 다른 차량의 이용을 막으며, 교차로에서 다른 차량의 좌회전을 금지시키는 것이 보통이다. 또 중앙전용차로의 경우 버스정류장에는 보행자용 교통섬을 특별히 설치해야 한다.

일방통행제에서는 중요한 교통발생원 또는 환승점으로 접근할 때 양방향에서 접근하기가 어렵다. 이에 대한 하나의 해결책으로서는 도로의 폭이 허용된다면 역류버스차로를 설치하는 것이다. 그러기 위해서는 일방통행도로의 왼쪽차로는 주차를 금지시켜야 하며 노면표시와 기타표지판으로 4.25 m 정도의 차로를 역류차로로 확보해야 한다. 택시나 긴급차량도 이 차로를 역류로 이용하게 할 수 있다.

그러나 일방통행도로망을 가진 지역에서 버스가 역류운행을 하지 않으면 버스노선망의 용량이 반으로 줄어들기 때문에 버스승객이 많은 지역의 출퇴근시간에 큰 혼잡이 생길 수 있다.

고속도로에서는 왼쪽램프가 없다면 중앙차로를 버스를 위한 반전용통행로로 활용할 수 있다. 이러한 차로는 일반교통류와 같은 방향 또는 반대방향으로도 이용된다. 어떠한 경우이든, 버스가 이 차로를 벗어나거나 진입하기 위해서는 고속도로의 바깥쪽 차로를 비스듬히 횡단해야 한다. 합승승용차(car pool)도 일반적으로 버스전용차로를 이용하게 하여 일반교통류의 혼잡을 완화하고 동시에 승용차의 합승을 유도할 수 있다. 고속도로에서의 역류차로는 타당성이 있다. 비첨두방향의 교통수요는 매우 적기 때문에 한 차로(또는 완충차로를 포함해서 두 차로)를 역류방향으로 할당할 수 있다. 역류구간에 진입하거나 벗어나는 곳의 중앙분리대는 평탄하게 만들어 주어야 하고 첨두시간이 바뀌는 시간에 교통콘이나 다른 시설을 설치해 주어야 한다.

버스전용도로는 가장 좋은 형태의 전용통행로로서 버스만 이용하거나 혹은 합승승용차와 함께 사용한다. 워싱턴 D.C. 외곽의 Shirley Highway의 중앙은 가변도로로서 버스와 합승승용차가 사용하되 오전에는 시내 쪽으로 일방통행을 하고 오후에는 교외 쪽으로 일방통행을 하도록 만들어졌다.

(2) 정류장 및 터미널

노선계획이 구체화되면 모든 정류장의 정확한 위치와 크기가 결정된다. 정류장 간격이 짧으면 이용객의 보행거리가 짧아지는 대신 버스의 운행시간 및 운행비용이 증가하므로 이 둘을 절충하여 결정한다. 정류장에서의 버스 정차시간(dwell time)은 승객의 승하차시간과 출입문 개폐시간을 합한 것이다. 버스가 정차면(berth)에 접근할 때의 감속시간과 출발 할 때의 가속시간을 정리시간(clearance time) 또는 소거시간이라 하면 버스의 정류장 점유시간은 정차시간과 정리시간을 합한 것이다.

따라서 버스의 총 통행시간은 승객 수와 정류장 수에 좌우된다. 일반적으로 정류장은 1 km당 4~5개보다 많아서는 안 되고, 2개보다 적어도 안 된다.

정류장의 구체적인 위치는 인접한 교차로와의 관계를 고려해서 결정한다. 정류장은 교차로의 접근로에 설치하는 근측정류장과 교차로를 지나서 설치하는 원측정류장, 블록중간에 설치하는 블록중간정류장이 있다. 이 중에서 어떤 것을 택하는가 하는 것은 교차로에서 버스의 회전과 다른 차량들의 주요 이동류, 교차도로의 상태, 환승의 방향 및 매우 중요한 교통발생원의 위치에 따라 달라진다.

근측정류장은 오른쪽에서 왼쪽으로 진행하는 일방통행도로와 교차하면서 버스와 같은 방향으로 진행하는 교통량이 분기되어 다른 방향으로 가는 교통량보다 많을 때, 그리고 버스가 우회전할 때 설치하면 좋다. 중앙버스전용차로에서는 반드시 근측정류장을 사용해야 한다. 원측정류장은 왼쪽에서 오른쪽으로 진행하는 일방통행도로와 교차하면서 버스의 방향과는 다른 방향으로 가는 교통량이 많을 때, 그리고 버스가 좌회전할 때 사용하면 좋다. 그러나 정류장 위치선택에서 가장 중요한 것은 많은 이용자에게 양호한 접근성을 제공해야 하며, 신호시간과 환승을 위해서 다른 노선의 정류장위치를 고려해야 하고 안전성을 고려해야 한다. 블록중간정류장은 잘 사용되지 않으며, 특히 중요한 환승을 위해서는 적절치 않다. 이것은 교통수요가 크게 발생되는 중심점이 블록중간에 있을 때, 그리고 인접교차로에 있는 정류장으로는 불충분할 때나 사용한다. 이 경우는 시간당 버스 수가 많아 하나의 정류장으로 이를 다 처리할 수 없을 때 발생한다.

버스 교통량이 많은 노선에서는 정류장의 길이가 길어야 한다. 정차면 하나의 크기는 버스의 크기에 좌우되지만 정차면의 수는 버스대수, 정차시간, 교차로 신호에 따른 정류장의 접근성, 정차하기 위해 대기하는 버스의 허용비율에 좌우된다.

정류장에는 잘 모르는 승객이 쉽게 알아볼 수 있도록 하기 위해서 표지판을 설치해야 한다. 만약 배차간격이 10분을 초과할 경우에는 의자나 대피소와 같은 편의시설이 구비되어야 한다. 대피소에는 노선지도와 버스시간표나 도착정보판 같은 것이 배치된다. 버스정류장 부근의 연석에는 다른 차량이 정차하거나 주차를 못하게 노면표시나 표지판을 설치해야 한다.

한꺼번에 한 대 이상의 버스를 정차시키는 정류장의 필요성은 뒤에 설명되는 용량공식으로부터 계산될 수 있다. 그러나 두 번째 및 세 번째 정차면(berth)의 용량은 선두정차면의 용량과 비교해 볼 때 각각 75%와 50% 정도밖에 되지 않는다. 그 이유는 이들 위치에서 출발할 때 앞에서 정지하고 있는 차량의 방해를 받기 때문이다.

경우에 따라서는 고속도로상에도 버스정류장이 필요할 때가 있다. 대부분의 급행노선은 도심과 외곽지역을 신속하게 연결하기 위해서 고속도로를 이용하는 것이지 고속도로 주위에 서비스를 제공하기 위한 것이 아니다. 그러나 고속도로와 연결된 지선을 설치하기에는 교통수요가 너무 적은 교외외곽지역 사람들을 위해서는 고속도로상에 버스정류장을 설치할 수도 있다. 이러한 정류장은 고속도로가 중요한 도시순환도로와 교차하는 곳에도 설치되며 이러한 곳은 대개 도심지주변에 있다.

다이아몬드형 인터체인지에서 정차할 때는 버스가 고속도로를 벗어나 교차도로에 정차를 하고 다시 고속도로로 재진입하는 것을 원한다. 이렇게 하면 승객의 보행거리를 줄일 수 있다. 버스가 교차도로에 도착하여 승객을 내리고 다시 고속도로로 진입하는 데 상당한 시간을 소비하게 되는 복잡한 인터체인지에서는 접근부의 출구차로에 정류장을 설치하고 보행자 연결통로를 교차도로까지 만들어 줄 수도 있다.

노외 버스정류장에는 조그만 회전서클과 승하차공간을 가진 것이 있는가 하면, 대규모 터미널도 있다. 세계에서 가장 큰 터미널은 뉴욕시의 Lincoln Tunnel에 있는 Port Authority

Bus Terminal로서 평일 하루에 200,000명의 승객과 7,000대의 버스를 운영하며, 한 방향 시간당 용량은 버스 750대와 승객 33,000명이다.

(3) 차 량

앞에서도 언급한 바와 같이 시내버스는 대부분이 디젤버스이다. 이 버스는 일반가로상을 운행하므로 그 크기 및 중량은 법에 의해서 제한을 받는다. 우리나라의 '도로운송차량보안규칙'에 규정된 차량의 크기 및 중량제한은 다음과 같다.

- 길이: 12 m 이하(연결차 3대까지, 전장 25 m 이하)
- 폭: 2.5 m 이하
- 높이: 3.8 m 이하
- 차량무게: 20톤 이하
- 축하중: 10톤 이하(바퀴하중 5톤 이하)

버스 내부설비는 용량과 쾌적성 간의 최적 절충점을 찾아 결정한다. 이때 통행길이를 특별히 고려하여야 한다. 승객 대부분의 통행길이가 30분을 초과하면 대부분의 승객은 앉아서 가도록 해야 하고, 짧은 왕복순환노선에서는 그럴 필요가 없다. 넉넉한 크기를 갖는 좌석을 설치하면 서서가는 사람의 공간은 통로 정도뿐이고 출입문도 하나로 되어 용량은 줄어들지만 쾌적성은 매우 커진다. 한두 개의 비상출입문을 설치해야 하나 이 출입문 입구의 좌석은 그대로 사용할 수 있다. 반대로 용량을 중요시한다면 작은 좌석을 적게 설치하고, 차량 뒤쪽에 출입문을 하나 더 만들며, 그것도 정류장에서의 승하차시간을 줄이기 위해 문을 넓힐 필요가 있다.

소규모의 버스시스템에서는 모든 노선에 적합한 한 종류의 버스를 사용하는 것이 좋으나 대규모시스템에서는 단거리노선용으로 용량이 큰 버스를 사용하고, 외곽지역에 서비스를 제공하는 버스는 안락한 차량을 사용하는 것이 좋다.

동력계통을 제외하고는 trolley coach도 버스와 비슷한 특성을 갖는다. 그러나 노면전차는 그 크기와 중량에서 자동차와 완전히 다르다. 굴절버스(articulated bus)의 길이는 시내버스보다 4~6 m 더 길다.

(4) 부대시설

시내버스시스템은 여러 가지 부대시설을 필요로 한다. 차량이 운행되지 않을 때는 한데

모아서 정비 및 수리를 한다. 고용인을 배치, 감독, 훈련시키는 시설도 필요하고, 행정을 담당하고 계획을 수립하고 운행시간표를 작성하는 본부요원들을 위한 시설도 있어야 한다.

지원시설 중에서 가장 중요한 것은 정류장과 정비창이다. 소규모시스템에서는 그런 시설이 단지 하나만 있으면 되지만, 노선망이 큰데도 불구하고 한 장소에서 모든 노선을 서비스한다면 노선과 정류장 또는 정비창간의 불필요한 공차운행이 과도하게 발생한다. 경험에 의하면 한 장소에서 400~500대 이상의 차량을 취급하긴 힘들다. 차량을 저장하려면 많은 토지가 필요하므로 버스정류장은 땅값이 낮은 지역에 위치하는 것이 좋고, 환경적인 이유로 해서 가능하면 공업지역에 있는 것이 좋다. 평일 날 쉬는 차가 많으면(출퇴근시간 이후 배차간격이 길어진다면), 고가고속도로 아래의 땅과 같이 CBD 가까이에 있는 땅을 사거나 빌려서 임시정류장으로 사용해도 좋다.

정류장은 버스주차뿐만 아니라 운행보고를 하고, 배차를 하며, 운행계획을 수립하고, 점검을 하는 사무실 건물이 필요하다. 또 병이 난 운전자와 교대하거나 특별운행을 위해서 필요한 대기운전자용 공간도 필요하다. 모든 정류장에서 일상적으로 이루어지는 서비스시설은 연료탱크와 펌프, 세차설비, 검사대를 가진 윤활유 주입차로, 요금함을 저장하는 금고시설이다. 대규모시스템에서 한 정류장은 중정비소로 지정되어 엔진, 트랜스미션 및 기타부품을 정비하게 한다. 소규모 버스운영에서는 중정비를 다른 정비회사에 위탁하기도 한다.

운영본부는 어느 한 정류장에 두거나 혹은 다른 건물을 사용할 수도 있다. 운영본부가 하는 일은 감독, 계획, 시간표작성, 회계관리, 사고처리, 이용홍보, 노사관계 등이다. 요즈음의 현대화된 버스회사는 무선시설을 설치 운영하기 때문에 이에 따른 중앙통제소와 기타 지원시설을 위한 공간도 필요하다.

12.3.2 버스교통의 문제점과 대책

버스는 철도가 없는 지역의 주요 대중교통수단이며, 철도가 발달한 지역에서는 철도를 보완하고 철도역에 접근하는 수단으로서 중요한 역할을 한다. 승용차의 증가로 인한 도로 혼잡으로 버스의 속도와 정시성이 저하되는 경향이 있으면서도 대중교통의 대부분은 버스가 담당하고 있다.

버스교통이 안고 있는 문제점은 도시부와 지방부가 다르며, 특히 개발밀도가 낮은 지방부에서 나타나는 문제점은 그 성격이 완전히 다르다. 도시부에서는 도로혼잡으로 인한 운행속도 및 정시성이 저하되고, 이에 따른 이용자 감소 및 운행비용의 증가로 경영이 악화되며,

따라서 서비스 수준이 저하되어 이용자가 다시 감소하는 악순환이 반복된다.

지방부 도시에서는 위에서 설명한 바와 같은 문제점도 있지만, 특히 개발밀도가 낮은 지역에서는 인구의 감소에 따라 교통수요 자체가 감소할 뿐만 아니라 자가용 승용차의 보급에 따른 이용수단전환으로 버스이용자가 감소하여 경영상태가 악화되고, 서비스 수준이 저하되어 다시 이용자가 감소하는 악순환이 생기게 된다. 그러나 이러한 지역에서는 노인, 어린이, 학생, 주부 등 자가용승용차 이용이 곤란한 계층에게 버스가 일상생활의 중요한 교통수단이 된다.

버스교통을 개선하기 위한 대책으로는 ① 버스운행로 정비, ② 차량 개선, ③ 버스노선망 개선, ④ 버스운행방법의 개선, ⑤ 운임 및 보조정책 등 다섯 가지가 있다.

이러한 대책들의 한결같은 목표는 버스의 신뢰성과 편리성과 쾌적성을 향상시키며, 경영상태를 개선하는 것으로서 다양한 대책을 종합적으로 실시하면 효과를 더욱 높일 수가 있다.

12.3.3 버스노선망 계획

버스가 서로 엇갈려 지나가기 위해서 버스노선의 폭은 5.5 m 이상이 되어야 한다. 우리나라는 주로 버스교통이 대중교통수단으로 사용되기 때문에 국도나 지방도의 대부분이 버스노선으로 사용되고 있으며, 도시부 도로의 경우 4차로 도로 이상은 버스노선으로 사용하는데 문제가 없다.

버스노선 현황을 파악하려면 각종 도로별 버스노선길이 및 노선수, 그리고 평균노선길이, 일일 운행횟수 등을 조사해야 한다.

(1) 버스노선망의 설정

버스노선망을 계획할 때는 도로망, 노선망, 운행횟수, 배차계획 등을 검토하여야 한다. 이들은 상호관련성을 가지고 있고, 또 각 단계에서 선택결정의 범위가 넓기 때문에 전체적인 최적시스템설계는 매우 어렵다. 현실적으로는 각 운수사업주체가 경영상의 관점에 입각해서 경험적으로 정하는 경우가 많다. 따라서 버스노선망 계획에 관한 이론적 모형을 소개하면 다음과 같다.

1) 버스운행 노선망 계획모형

도시가로망, 버스터미널위치, 버스이용자의 O-D표가 주어졌을 때 노선길이, 환승횟수 등에 대한 제한범위 내에서 운행노선망과 노선별 운행횟수를 결정하고 환승인구나 버스 총주행거리를 구하는 모형으로서 3개의 submodel로 구성된다.

2) 최적 버스노선망 구성시스템

버스이용자의 O-D표와 버스 보유대수가 주어질 때, 전체를 4개의 submodel(버스노선망 제한모형, 후보노선 개발모형, 노선망 결정모형, 운행횟수 결정모형)로 분할하여 각 submodel의 제약조건에 맞게 부분적으로 최적화하되 feedback도 가능하다.

(2) 버스노선망의 재편성

버스노선망의 재편성이란 매우 긴 노선을 분할하고, 경유지를 변경하거나 설치효과가 크다고 생각되는 노선을 신설하고, 효과가 낮은 노선을 폐지하는 것을 말한다. 이와 같은 재편성의 목적은 소요시간을 단축하고, 적절한 운행횟수를 유지하며, 버스대수를 절약하기 위한 것이다.

재편성을 위한 접근방법으로는 앞에서 설명한 바와 같이 현재 여건 하에서의 최적 노선망을 설정하고 현재의 노선을 이에 가깝도록 재편성하는 경우가 많다. 또 현재노선을 무시하고 버스이용객의 희망선도(desire line map)로부터 버스노선 설치가 가능한 도로에 버스교통수요를 배분하여 노선망을 설정하는 방법도 있다.

현실적으로는 기존노선을 검토하여 ① 매우 긴 노선의 일부분을 잘라내어 다른 노선에 붙이거나 분할하는 방법을 사용하는 방법, ② 교외부~도심간의 버스노선을 변경하여 도심에서 떨어진 지하철역에 버스를 연결시키는 방법, ③ 존버스를 신설하고, 지하철망과 버스노선을 상호 조정하여 버스와 지하철의 합동 할인운임제를 실시하는 방법으로 버스의 운행효율을 향상시키고 철도와 합리적인 연결을 도모하는 것이 손쉬운 방법이다.

12.3.4 버스우선대책

버스우선대책에는 버스우선차로, 버스전용차로, 버스전용도로, 버스우선신호 등이 있다. 버스에 통행우선권을 부여하는 이유는 버스의 경우 승객 한 사람당 차지하는 도로공간이 적고 도로를 효율적으로 이용할 수 있기 때문이다.

(1) 버스차로 및 버스도로

버스우선차로는 버스전용차로에 비해 다른 일반차량의 방해를 다소 받는다. 버스전용도로는 버스 이외의 차량통행이 금지되는 도로이다. 예를 들어 교외의 주요 철도역으로 통하는 폭이 좁은 도로의 짧은 구간에 이것이 설치될 수 있다. 또는 혼잡한 교통 애로구간이 있을 경우 이를 우회하는 버스전용도로를 설치하면 효과적이다.

특이한 버스차로로는 2중 버스차로를 연석 쪽에 설치하되 2개 차로를 모두 전용차로로 하거나 혹은 연석차로는 버스전용차로로 하고 그 인접차로는 버스우대차로로 하는 방법도 있다[그림 9-2]. 또 버스차로에 노선버스 이외에 택시나(실차만) 4사람 이상 승차한 자가용 승용차의 통행을 허용하는 방법이다.

일본 동경의 경우는 편도 3차로 이상의 도로에서 전체 도로길이의 50% 이상에 버스차로가 설치되고 그 중에서도 전용차로의 비율이 높다. 설치시간대는 오전 첨두시간(07:00~09:00)이 대부분이나 오후 첨두시간(17:00~19:00)에 실시되는 경우도 있다.

버스전용차로의 효과는 교통조건과 도로조건에 따라 다르나 운행시간이 평균 20~30% 단축되고 이용자수도 5% 정도가 증가한다. 대체로 버스우선차로의 효과는 전용차로에 비해 그다지 크지 않다. 버스의 운행횟수가 많으면 전용차로의 효과는 감소한다. 전용차로 설치로 인한 버스의 속도향상과 상대적으로 속도가 감소하는 일반차량을 함께 생각할 때의 1인당 평균신호지체시간은 전용차로를 설치하지 않을 때에 비해서 크게 줄어들지 않는다. 승용차에서 전용차로를 이용하는 버스로 전환하는 비율은 그 두 가지의 통행시간 차이가 20분일 때 약 5% 정도 된다.

버스차로의 효과를 높이기 위해서는 다음과 같은 사항에 유의해야 한다.

① 전용차로의 양단출입구에서 교통처리를 잘해줄 것
② 버스운행대수가 매우 많은 경우에는 정류장 부근에 버스가 몰려 있지 않기 위해 버스베이나 2중 전용차로를 설치할 것
③ 승용차가 버스전용차로에 주정차하는 것을 철저히 규제할 것

버스전용차로를 설치할 때는 버스 이외의 차량이 원활히 통행할 수 있는 대체도로를 확보하거나 적절한 교통규제를 해야 한다. 또 택시나 도로변에서 화물을 싣고 내리는 화물차의 도로변 이용을 검토해야 한다. 4차로 이상의 도로에는 버스차로의 설치가 가능하기 때문에 버스차로제를 확대하기 위해서는 중앙선을 옮겨 아침·저녁 첨두시간에 가변차로로 운용할 필요가 있다.

노폭이 넓은(25 m 이상) 도로의 중앙에 전용차로를 설치하여 버스를 운행하며, 횡단보도에서 정류장을 설치하여 인도와 연결하는 경우도 있다. 정류장 간격은 800~1,000 m로 하고,

버스우선신호를 사용하여 평균운행속도 20~30 kph를 유지하면서 지하철과 같은 운행간격을 갖도록 하며, 차량은 대형버스를 운행한다.

(2) 버스우선신호

교차로 접근로에서 버스의 접근을 검지하여 녹색신호시간을 연장함으로써, 교차로에서 정지하지 않고 통과하도록 통제하는 신호를 버스우선신호라 한다.

교차로에서 신호등에 의해 버스가 지체되는 시간은 버스운행시간의 15~30%를 차지하며, 전체 지체시간의 50% 정도나 된다. 따라서 버스차로제와 버스우선신호제를 함께 사용하면 버스교통의 운행시간을 크게 줄일 수 있다.

버스우선신호는 신호의 운영방식에 따라 몇 가지 종류로 나눌 수 있다. 여기에는 신호교차로에서 버스만 우선 출발시키는 신호현시(early-start phase)를 사용하는 방법[그림 12-3]과 교차로에서 좌회전하려는 버스가 있을 경우 버스전용현시(bus-only phase)를 설치 운영하는 방법[그림 12-4]이 있다.

이 밖에 버스의 회전과 합류를 원활하게 하기 위하여 교차로의 버스전용차로제가 끝나는 지점에 예비신호(pre-signal)를 설치하여 교차로에 설치된 신호가 적색일 때 예비신호를 녹색으로 만들어 버스를 다른 차량과 분리시켜 교차로 앞으로 전진시키는 방법이 있다. 이 방법은 교차로 접근로만 잘 사용하면 교통사고는 예방할 수 있으나 버스가 두 번 정지해야 하는 번거로움이 있다[그림 12-5].

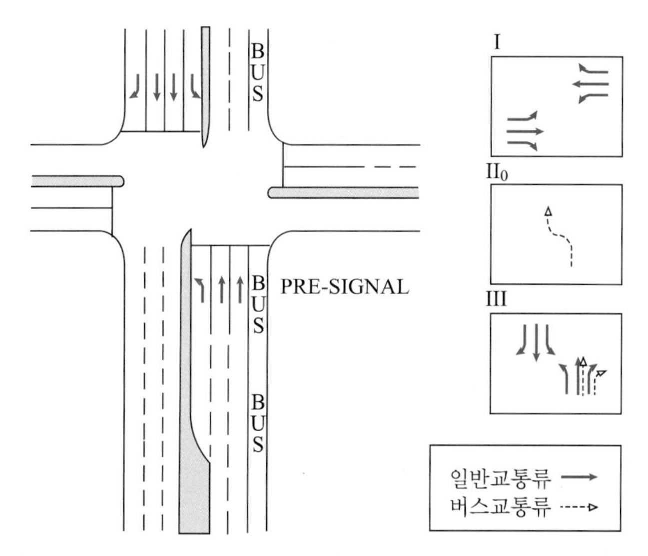

그림 12-3 버스를 먼저 출발시키는 신호현시 방법

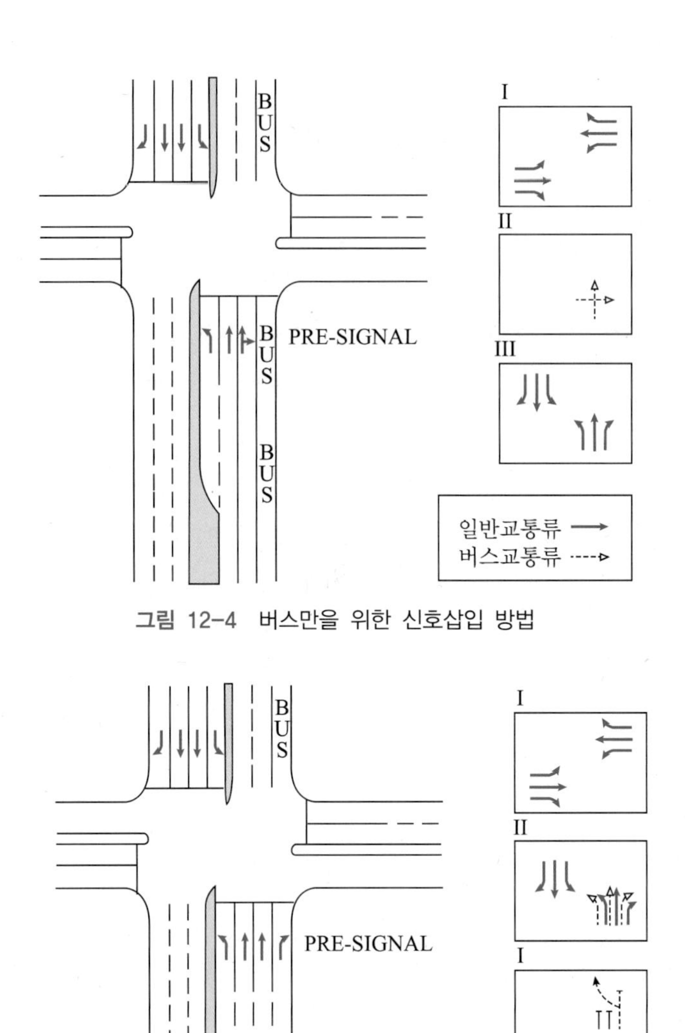

그림 12-4 버스만을 위한 신호삽입 방법

그림 12-5 버스전용차로에 별도의 예비신호설치 방법

버스를 검지하는 방법은 검지기를 설치하는 장소에 따라 지상식과 탑재식이 있으며 지상식이 일반적으로 비용이 적게 든다. 지상식은 신호등에서 약 100 m 이전에 설치하여 차량의 높이나 길이로 버스를 식별한 후 녹색신호를 연장하거나 적색신호시간을 단축한다.

12.3.5 버스 운행방식의 개선

지역별로 교통수요나 교통서비스상의 문제점이 서로 다르기 때문에 개선책도 달라야 한다. 버스운행을 그 형태별로 분류하면 정규운행(정시 및 정노선 운행)과 수요대응운행으로 나눌 수 있다[표 12-2].

표 12-2 버스 운행형태별 분류

운 행 형 태		사 례
정 규 운 행	순환 및 고빈도	소형버스
	feeder(지선) 서비스	단지버스, 회원제 버스(club bus)
	zone 방식	지구버스(zone bus)
수요대응 운 행	노선변경 방식	call mobile, coach
	수요대응 방식	호출버스, 수요버스
	승차지 지정 대상지역내에서는 자유로이 하차	합승택시

1) 소형버스(minibus)

소형버스를 높은 빈도로 운행함으로써 도심지에서의 승용차통행을 감소시켜 도로를 효율적으로 이용하고자 하는 것이다. 15인 안팎의 승객을 싣고 4~5분 간격으로 운행하며, 일부 구간에서는 자유로이 승하차할 수 있도록 한다. 지하철과의 경쟁이 있고 정류장간격이 노선버스와 거의 같아지는 것이 문제점이다.

2) 지구버스(zone bus)

교통빈곤지역에서는 버스운행횟수가 적고 결행 및 지체가 잦아지므로 버스이용을 기피하고 승용차를 이용하려고 한다. 지금까지의 버스시스템은 기종점을 연결하는 운행이므로 이용자가 많은 지역에서는 버스노선이 중복되어 복잡하면서도 이용자는 자기목적지에 맞는 노선을 찾아야 하므로 대기시간이 길어진다. 이와 같은 현상을 개선하기 위해서 중복된 노선에 간선(幹線)버스를 배치하여 직행으로 운행하고(일반적으로 대형버스), 주변부에서는 인접한 목적지를 묶어서 운행하는 지선버스(주로 중형 또는 소형버스)를 둔다[그림 12-6].

이 시스템은 환승시설 문제나 환승권을 발행하는 문제를 해결해야 한다.

3) 교통존 시스템

CBD를 몇 개의 존으로 분할하고 각 존간에 승용차출입을 금지시킨다. CBD 주변의 환상

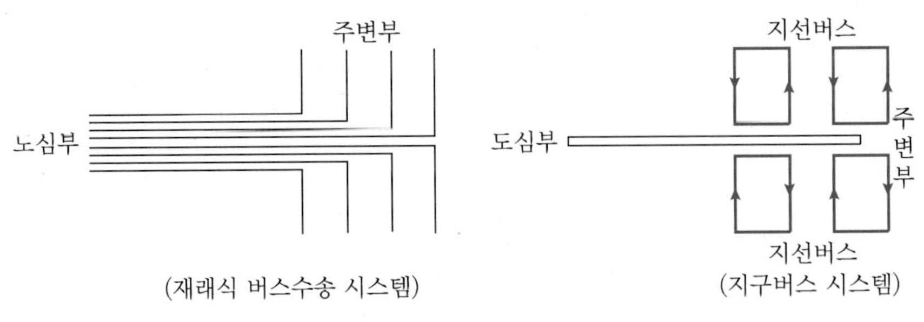

그림 12-6 재래식 버스수송시스템과 지구버스시스템

선에 각 존의 출입구를 정하여 승용차는 환상선 주변에 주차시키고 버스를 이용하여 CBD로 들어오는 시스템이다.

4) City Car 시스템

소형차를 일정한 밀도로 배치된 주차장까지 타고 가서 버리는 일종의 공공 rent car 시스템이다. 소형차를 여러 사람이 공용하므로 차량의 이용률을 높이고 주차장의 이용효과를 높이게 된다.

5) 노선변경(route deviation) 시스템

기본노선 이외에 부분적인 우회노선이 설정되어 차내 또는 우회노선상의 정류장에서 이용객의 요구가 있을 경우에만 우회노선으로 진입하여 승객을 승하차시키는 방식이다. 이는 보통 우회노선상에 설치된 call box에 의해서 버스가 호출된다.

냉난방시설을 갖춘 45인승 중형버스를 이용하여 협소한 도로에 진입이 가능하기 때문에 버스노선이 없는 주택지를 경유하게 하면 매우 효과적이다. 일본의 경험에 의하면 이 제도의 호응도는 매우 높으며 우회운행은 전체운행의 70% 정도가 되었다.

12.3.6 기타 개선대책

버스의 운영개선 방안 중에서 다음에 설명하는 것은 대부분 신교통기술에 관한 것이다.

1) 버스차량의 개선

버스차량을 개선하는 데는 ① 승하차를 편리하게 하기 위해 저상, 넓은 출입문, 3개의 출입문 등을 만들어 주고, ② 냉난방시설을 갖추어 쾌적성을 향상시키며, ③ 요금징수를 간편하게 하는 방법이 있다. 승하차를 편리하게 하면 승하차 시의 사고를 줄일 뿐만 아니라 승하차시간을 단축하는 효과가 있다.

2) 버스위치정보 시스템(bus location system)

버스운행의 정확도가 낮으면 버스 이용률이 저하된다. 따라서 control center에서 끊임없이 버스의 위치를 파악하며, 버스를 기다리는 승객에게 버스의 현재위치나 필요한 대기시간을 알려 주며, 각 버스 운전자에게 출발시간 간격 등 필요한 지시를 내리는 시스템으로서 이용자의 버스에 대한 신뢰성을 향상시킬 수 있다.

3) 주차 및 버스환승(park and ride) 시스템

도심부로 자가용승용차가 진입함으로 인한 혼잡을 완화하기 위하여 교외의 버스정류장이나 버스터미널 부근에 주차장을 건설하여 자가용승용차에서 버스로 환승하여 버스우대시스템에 의해서 원활하게 도심부로 진입할 수 있게 하는 시스템이다. 이 제도는 도심지의 주차요금이 매우 비싸고 승용차를 이용할 때의 통행료가 비싼 경우에 사용하면 매우 효과적이다. 반대로 도심진입 승용차를 억제하기 위해서는 도심지 주차요금을 인상하고 승용차의 통행료(또는 통행비용)를 높게 책정하면서 이 제도를 사용하면 효과가 있다.

4) 비정규 대중교통(paratransit)

정규버스가 정시성과 정노선 운행특성을 가진 데 반해 비정규 대중교통 시스템은 대중교통의 일종이지만 종래의 버스시스템에 비해 비정규적이면서 더욱 융통성이 있고 개인적으로 사용할 수 있는 시스템이다. 즉 정규운행으로 서비스할 수 없는 불규칙하며 개인적인 수요에 대응하는 시스템으로서 여기에는 전세버스(charter bus)와 택시는 포함되지 않는다.

Paratransit에는 Jitney(소형합승버스), Jeepney(일정한 노선을 운행하는 택시로서 버스와 일반택시의 중간형태), 수요대응버스(demand responsive bus), vanpool(정원이 약간 많은 van 형태의 자가용차 합승), car pool(승용차 합승), club bus(회원제 버스) 등이 있다. 회원제 버스와 vanpool은 정해진 요금표의 적용을 받지 않고 일반승객이 아니라 정해진 승객들만 이용할 수 있다.

전화호출버스(dial-a-bus)라 불리는 수요대응버스시스템은 도시지역내에서 소형버스로 door-to-door 서비스를 제공하는 것으로서 종래의 버스가 일정한 노선으로 일정한 시간표에 따라 운행되는 데 비해 이 시스템은 시간의 제약이 없고 버스에 택시와 같은 door-to-door 서비스 기능이 주어진다. 이 시스템의 운행방식은 다음과 같다.

- 승객은 집이나 집 근처의 call box에서 버스회사의 중앙통제소(control center)를 호출하여 행선지, 승객수, 승차시간, 수하물의 유무를 알려준다.

- control center에서는 주행 중인 버스의 위치를 기억해 컴퓨터가 최적버스를 찾아 승객에게 집 전화 또는 call box를 통하여 차량번호, 요금, 대기시간 등을 알려준다.
- 버스에서 control center에게 끊임없이 그 버스의 위치와 기타 긴급사항을 알려준다.
- control center에서 버스운전자에게 승객서비스, 즉 승차지점, 주행노선, 기타 긴급사항을 알려준다.

서비스 요청은 며칠 전 혹은 몇 주일 전에 요청할 수도 있다. 이 제도는 특히 날씨가 추워 정규버스를 타기 위해 걸어가거나 기다리는 것을 싫어하는 지방(캐나다 같은 곳)에서 성공적으로 운영되고 있다. 평일 오후 일과시간 이후와 주말에 정규노선버스의 운행을 중단하고 이 시스템을 운영하면 이 시간대에 운영하던 노선버스의 재정손실을 줄일 수 있다.

회원제 버스(club bus)는 노선버스 서비스를 받을 수 없는 지역에 있는 고용자나 고용주에 의해서 운영되며, 같은 노선을 이용하여 출퇴근하는 사람들의 수가 충분할 때 효과가 있다. 요금은 주 또는 월별로 납부하고, 버스는 승객에게 편리한 노선을 따라 정기운행 된다. 이러한 서비스를 원하는 통근자 수가 너무 적으면 고용주는 van을 구입하여 고용자들에게 대여해 주어 vanpool로 운영하는 방법도 있다. 이때 승차인원을 모집하고 운영하는 책임은 고용자에게 주어지며, 이용자는 요금을 운전자나 고용주에게 주 또는 월별로 지불한다.

12.4 운행 파라미터

대중교통 시스템의 성과는 시스템 구성요소의 설계, 현재의 서비스기준, 시스템 환경, 또는 이들의 조합에 의해 정해지는 여러 가지 파라미터에 의해서 결정된다. 용량과 통행속도는 대중교통의 관리에 따라 그날그날 조정될 수 없는 물리적 특성이라고 볼 수 있다. 서비스 수준, 쾌적성, 편리성, 서비스 빈도, 신뢰성 및 안전성은 운영기준과 실행과정에서 부분적으로 또는 총체적으로 조절될 수 있다.

12.4.1 서비스의 질

대중교통의 서비스질은 승객이 느끼는 것으로서 서비스가 제공되는 장소와 서비스 빈도, 지속시간 및 서비스 방법에 좌우된다. 승객이 원하는 서비스 질은 운영주체가 제공할 수 있는 서비스의 질과 조화를 이루어야 한다. 서비스 질이 좋으면 승객이 증가하지만 그러자면 일반적으로 비용이 증가한다.

출퇴근 시간에는 노면교통이 혼잡하므로 도시지역에서는 대중교통이 필수적이다. 이들은 아침 저녁 출퇴근시에 방향성을 나타내므로 그 반대방향은 용량에 비해 이용도가 낮다. 이 경우, 노선의 양단에 통행을 유발하는 설계를 하거나 요금할인을 통하여 대중교통수요를 비첨두 방향으로 유인함으로서 그 노선의 서비스 질을 향상시키고 효율을 높일 수 있다.

서비스의 질은 승객과 서비스 제공자 모두에게 중요하다. 서비스 질이 낮으면 고정승객은 어느 정도 불편을 감수하지만 이들이 선택승객이 되는 경우에는 대중교통을 기피하게 된다. 반대로 서비스 질이 좋으면 고정승객이 선택승객이 되어도 대중교통을 이용하게 된다.

대중교통은 시간·비용면에서 승용차와 경쟁이 된다. 대중교통전용차로나 우선신호 등 대중교통 우선정책을 시행한다면 '나홀로 차량'을 대중교통으로 유인하여 도로상의 혼잡을 해소하고 대기의 질을 개선하는 효과를 기대할 수 있다.

대중교통 승객은 통행단에 도착하면 즉시 보행자 및 자전거 이용자가 된다. 따라서 정류장 부근의 토지이용이 이용자의 기종점과 정류장을 연결하는 안전한 공간으로 사용되면 대중교통서비스를 유지하는 데 큰 도움이 된다.

(1) 서비스 질의 요인

서비스의 질을 나타내는 가장 중요한 요인은 비용, 시간, 차량 및 교통시설의 질이다. 사람이 어느 곳으로 가고자 할 때는 개인적으로 그 통행의 일반화 비용(generalized cost)을 잠재적으로 평가하고 이에 따라 노선과 수단을 결정한다. 물론 이 결정은 통행목적 및 통행자의 특성에 따라 달라질 수 있다. 통행의 일반화 비용이란 통행에 수반되는 금전적, 시간적 통행비용과, 쾌적성, 편리성, 정시성 등과 같은 정성적 요인의 정도가 승객의 사회적 경제적 수준에 따라 달라진다는 가정하에, 이용자가 속한 어느 계층이 느끼는 통행에 대한 전반적인 저항정도 또는 통행의 비효용(disutility)을 개략적으로 나타낸 것을 말한다.

통행시간이 길거나 그 수단을 이용하기 위한 접근 및 환승시간이 길거나 대기시간이 길면 서비스 질이 좋다고 할 수 없다. 또 승강장과 차내가 혼잡하고 정시성이 부족하거나 정류장 시설이 쾌적하지 않으면 서비스 질이 떨어진다. 정류장에서 제공하는 실시간 도착정보는 서비스 질을 높이는 좋은 방법이다.

(2) 쾌적성 및 편리성

도시교통은 수많은 사람들의 통행에 대한 의사결정으로 이루어진다. 이들 중 대부분은 거의 매일 동일한 결정 즉 같은 수단을 이용하여 같은 통행을 한다. 대중교통 이용자는 대중교통수단의 쾌적성과 편리성이 다른 교통수단에 비해 높다고 본다. 이러한 쾌적성과 편리성에는 다음과 같은 것이 있다.

1) 승객 부하

앉을 수 있는 좌석이 있는가? 하는 문제는 승차거리가 긴 승객에게는 특히 중요하다. 이들은 긴 시간을 독서를 한다든가 휴대전화를 할 수도 없다. 승객이 많으면 운행속도가 줄어들고 위험요인도 증가된다.

2) 정시성

정시성이 없으면 정류장에서 기다리는 시간과 전체 통행시간 및 최종목적지에 도착하는 시간이 날마다 일정하지 않다. 정시성은 운행시간을 지키는 것뿐 만 아니라 인접차량 간의 시간간격이 일정해야 한다는 것을 의미한다. 앞 차량과의 시간간격이 정상적인 간격보다 긴 차량은 승객 부하가 커지므로 많은 승객이 서서 가게 되고 승하차 시간이 길어 앞 차와의 차간시간이 더 길어지며, 반대로 그 바로 뒤 따라오는 차량은 승객수가 적어 앞 차와의 시간간격이 더 짧아질 수 있다.

정시성을 해치는 원인으로는 도로상의 교통상황과 도로공사, 기후 조건, 차량고장, 급격한 승객 수의 변화 등이 있다.

3) 통행시간

총 통행시간은 통행기점으로부터 대중교통 정류장까지의 접근시간, 차량 대기시간, 승차시간, 환승시간 및 하차지점에서 최종목적지까지의 도착시간으로 구성된다. 대중교통은 보행을 포함해서 대부분 환승을 필요로 한다. 환승은 이용자가 실수할 수도 있고 초행길의 승객을 당황하게 하여 통행시간이 길어질 수도 있다.

4) 안전성

안전성에 대한 승객의 인식은 교통수단 선택에 그대로 반영된다. 여기서 안전성이란 교통사고에 대해서 뿐만 아니라 범죄에 대한 안전, 난잡하거나 시끄러운 승객으로부터의 보호 등도 포함된다.

5) 비용

대중교통을 이용할 때의 실지출비용은 요금과 정류장에서의 주차비(환승주차의 경우)이며, 승용차를 이용할 때의 실지출비용은 도로 통행료와 주차요금이다. 그 외에 승용차는 궁극적으로 연료비, 정비유지비, 보험료, 세금 등도 지불해야 한다.

6) 외관 및 쾌적성

정류장과 역사 및 차량을 깨끗하게 하면 대중교통의 이미지가 좋아진다. 정류장의 대피시설(shelter)는 그곳에 대중교통 서비스가 제공된다는 사실을 알려주는 역할을 하기도 하지만, 더럽고 파손된 대피소나 차량은 대중교통의 쾌적성과 서비스 질에 의문을 갖게 한다. 여름과 겨울철의 냉난방 시스템 역시 쾌적성의 중요한 요소이며, 정류장의 조명, 도착정보 표시, 구급전화 비치도 빼 놓을 수가 없다.

12.4.2 용 량

대중교통노선의 용량은 차량당 승객용량과 그 노선을 운행하게 되는 최대차량대수를 곱한 것이다. 후자는 언제나 그 노선상의 가장 복잡한 정류장의 용량과 같다. 차량의 용량과 쾌적성 간의 절충에 대해서는 이미 설명한 바 있다.

우리나라 도로용량편람에서 제시한 버스정류장의 용량은 연속류상의 정차면 용량과 단속류상의 정차면 용량을 구분하여 다음과 같이 구하였다.

(1) 연속류상 정차면의 차량용량

$$c_b = \frac{3,600R}{h} = \frac{3,600R}{t_c + t_D} \tag{12.1}$$

여기서, c_b : 정차면당 시간당 최대차량대수

R : 정차면 용량 보정계수

h : 연속된 차량간의 차두시간(초)

t_c : 정리시간(초) 또는 소거시간으로 감속 및 가속시간을 말함

t_D : 정차시간(dwell time). 출입문 개폐시간과 승객 승하차시간을 합한 값

정차면을 이용하는 차량들이 동일한 정차면 점유시간과 정리시간을 가지더라도 차량의

도착분포 및 분산 정도에 따라 정류장에 차량이 없을 수도 있고 대기행렬을 이룰 수도 있다. 따라서 정차면의 용량은 정류장에서의 차량대기비율에 따라 그 값을 보정해 주어야 한다. 이때의 보정계수가 R이다. 우리나라 도로용량편람에 의하면 도시지역에서 정류장 버스 대기 비율은 최대 25% 정도가 되며 일반적으로 도시지역에서 10%, 외곽지역에서 5% 정도 된다고 한다. 이에 따른 R값은 각각 0.89, 0.81, 0.752로 사용한다. 더 자세한 것은 우리나라 도로용량편람을 참고하면 좋다.

(2) 단속류상 정차면의 차량용량

단속류상 한 정차면의 시간당 용량은 다음과 같다.

$$c_b = (g/C)\frac{3,600R}{h} = (g/C)\frac{3,600R}{t_c + t_D(g/C)} \tag{12.2}$$

여기서, c_b : 정차면당 시간당 최대버스대수

g/C : 앞 교차로의 유효녹색시간 비율

R : 정차면 용량 보정계수

h : 연속된 차량간의 차두시간(초)

t_c : 소거시간 또는 정리시간(초). 감속 및 가속시간

t_D : 정차시간(dwell time). 출입문 개폐시간과 승객 승하차시간을 합한 값

t_c의 값은 조사하는 정류장에서 측정되어야 한다. 왜냐하면 이 값 중에는 근측정류장에서 녹색신호를 기다리는 지체시간 또는 원측정류장에서 교통류에 합류하기 위한 기회를 기다리는 시간이 큰 부분을 차지하기 때문이다. 더욱이 빈 정차면으로 진입할 때는 앞 버스가 가속 중일 수가 있으므로 소요시간은 매우 적거나 그 값이 0에 가깝다.

큰 버스터미널에서는 계획된 출발시간을 기다려야 하므로 정리시간에는 이 시간도 포함되어야 한다. 따라서 이러한 터미널에서의 평균정차시간 D는 최소 5분이다.

12.4.3 속 도

노선의 평균속도는 정류장의 간격과 최고속도 또는 규정된 제한속도의 함수이다. 앞에서도 언급한 것처럼 선택승객은 최종목적지까지 가는 데 걸리는 총 통행시간이 가장 짧은 방법을 찾으며, 접근성을 고려하지 않고 노선의 속도만 높이는 것이 반드시 좋은 것은 아니다.

그러나 접근성이 비슷하다면 속도가 증가할수록 이용자에게 유리하다. 대중교통을 관리하는 입장에서 볼 때도 속도를 크게 하는 것이 차량이나 종사자를 효율적으로 이용할 수 있으므로 더욱 유리하다.

예를 들어 현재 평균속도 16 kph로 운행되는 24 km의 노선을 생각해 보자. 또 각 터미널에서의 준비시간을 15분으로 가정한다. 여기서 8분은 운전자의 휴식시간이며, 7분은 운행 중 교통혼잡으로 인한 연착에 대비한 안전여유시간이라고 본다. 따라서 한 차량이 이 노선을 한 번 왕복하는 데 소요되는 시간 T_r은

$$T_r = \frac{2\times 24}{16}\times 60\text{분} + (2\times 15) = 210\text{분}$$

운행간격이 5분이라면 42대의 차량이 필요할 것이다.

노선 중에서 가장 혼잡한 구간에 버스전용차로를 설치하는 등과 같은 교통공학적인 대책을 시행하여 평균속도를 19.6 kph로 높이고 터미널에서의 준비시간을 2분 줄이면 왕복시간은

$$T_r = \frac{2\times 24}{19.6}\times 60\text{분} + (2\times 13) = 174\text{분}$$

이 되어 동일한 서비스수준을 유지하는 데 필요한 차량대수는 35대밖에 되지 않는다. 더욱 빠른 서비스를 제공하면 새로운 승객을 유인하게 되므로 더 많은 승객을 수송하기 위해서는 운행간격을 4.5분으로 하고 운행대수를 39대로 하는 결정을 내릴 수 있다.

대중교통의 평균속도는 매우 큰 도시의 경우 첨두시간은 8 kph까지 떨어질 수도 있으며, 15 kph를 넘는 경우는 드물다. 그 이상의 속도를 내기 위해서는 특별한 조치가 필요하다.

12.4.4 서비스 빈도

서비스 빈도는 노선상에 있는 최대부하의 수요에 따라 결정된다. 그러나 승객수가 적은 구간이라 할지라도 정책적으로 어떤 최소빈도(최대운행간격)의 값보다 적지 않도록 그 값을 정해준다. 비교적 큰 도시권에서는 모든 노선이 시간당 적어도 2회는 운행되며(심야는 예외), 적은 도시권에서는 시간당 한 대가 최소운행빈도이다.

환승점에서 다른 노선과 적절한 연계를 시키기 위해서 비교적 운행빈도가 적은 노선에서는 기준시간(비첨두시간)의 운행간격을 보통 7.5분 또는 10분의 배수로 만들어 준다. 이렇게 하면 이용자가 배차시간표를 기억하기도 좋다. 시간당 10대 이상의 버스가 필요한 곳에

서는 환승연계시간이 그다지 중요하지 않고, 차량이용률을 높이기 위해서 정확한 운행간격을 유지하도록 해야 한다.

12.4.5 요 금

대중교통운영은 승객이 지불하는 요금의 종류와 그 액수에 영향을 받는다. 비록 선택승객이 수단을 선택할 때 요금이 통행시간보다 중요성이 덜하다고 생각되지만, 어쨌든 수단선택에 영향을 미친다. 고정승객도 요금 수준에 따라 어느 정도 그들의 통행빈도를 조정한다. 이 둘을 함께 고려할 때, 두 그룹의 요금탄력성은 미국의 경우 -0.25에서 -0.33의 범위에 있는 것으로 관측되었다. 즉 요금이 10% 인상되면 승객수는 2.5%~3.3% 줄어든다고 예상할 수 있다. 그러나 반대로 요금이 인하된다고 해서 승객수가 그만한 비율로 증가하지는 않는다. 일반적으로 요금이 인상되고 통행시간이 단축되는 등 서비스가 향상되었을 때 승객수가 증가한다.

운임제도에는 두 가지 종류가 있다. 그 중 한 가지는 승객을 어린아이, 학생, 노인 및 장애자로 구분하여 요금에 차등을 두는 것이다. 이때 특정그룹에게 제공되는 할인혜택으로 인한 부담을 운수업체가 질 수 없다는 이유로 많은 나라에서는 교육, 복지예산 중에서 이러한 할인으로 인한 손실을 운수업체에 보전(補塡)해 주는 것을 허용하고 있다.

운임제도 가운데 또 한 가지는 통행빈도별로 요금에 차등을 두는 것이다. 대중교통을 매일 이용하는 사람에게 할인혜택을 주는 것이 보통인데, 이들 대부분은 첨두시간에 대중교통을 이용하는 사람들이다. 이때는 추가되는 유인(誘引)교통량을 수송하는 데 드는 한계(限界)비용이 최대가 되는 때이다. 점차 인기를 끌고 있는 요금제도는 시스템전체를 마음대로 사용할 수 있는 주(週) 또는 월 정기권이다. 이렇게 하면 대중교통이용자가 통행의 비용을 생각하지 않게 된다. 이는 마치 자가용이용자가 한 번 운행에 드는 기름 값을 생각하지 않는 것과 같다.

한 시스템 안에서 통행길이에 관계없이 동일한 요금을 적용하는 경우도 많다. 그러나 적용지역이 매우 넓으면 이를 여러 존으로 분할하여 존의 경계를 벗어날 때 추가요금을 지불하게 된다. 또 다른 방법으로는 노선을 갈아 탈 경우에는 한 노선을 이용하는 사람보다 더 먼 거리를 이용한다는 가정 하에 요금을 조금 더 받는다. 그러나 이 경우는 노선을 비효율적으로 책정한 운수사업자에게 이익을 주고 부실한 서비스를 받는 이용자가 손해를 볼 수도 있다.

앞에서도 언급한 바와 같이 요금징수의 방법은 정류장에서의 정차시간에 큰 영향을 주며, 따라서 총 통행시간과 정류장 용량에도 영향을 미친다. 차량 안에서 요금을 징수하면 그 시스템의 효율성은 떨어진다. 따라서 스마트카드 사용을 권장하여 승차시간을 감소시킨다.

지하철 또는 전철에서는 요금징수 절차를 최대로 간단하게 하여야 한다. 통행길이에 따라 요금이 달라지는 시스템(런던, 파리, 샌프란시스코 등)에서 자기(磁氣)코드화된 승차권을 사용할 경우, 개찰(改札)시에는 이 표에 출발역과 그 시간이 code화되고, 출찰(出札)시에는 개찰시에 들어간 정보를 검사하고 만약 그 승차권이 지정요금보다 큰 액수의 승차권이라면 그 나머지 금액에 해당하는 승차권이 출찰구기계에서 나오게 할 수 있다. 이 개찰구를 이용할 수 있는 승객수는 1분당 약 30명 정도가 된다. 출찰구 부근에 추가요금을 징수하는 기계를 설치하여 부족한 금액의 승차권을 가진 승객은 잔여금액을 여기에 지불한다.

12.4.6 기타 운행 파라미터

역이나 정류장에서 제공하는 차량 도착안내정보는 이용자에게 편리성(convenience)을 제공한다. 이 편리성이란 그 시스템을 이용하는 용이도를 말한다. 이것은 운수사업자와 승객(잠재적인 승객 포함) 사이에 적절한 정보의 흐름을 유지하고, 그 시스템을 이용하는 여러 가지 과정을 간단하게 해줌으로써 달성할 수 있다. 정보는 쉽게 읽을 수 있는 노선도와 운행시간표를 만들어 정류장에 비치하거나 도착차량의 현재위치나 차량번호를 알려주는 전광표지판을 통하여 전달된다. 따라서 노선망의 설계나 운영은 물론이고 요금표의 구조도 가능하면 간단해야만 한다.

신뢰성(reliability)은 승객이 매우 중요시하는 것으로서 차량의 고장이나 불규칙한 서비스 때문에 신뢰성이 훼손(毁損)된다. 운행 중에 스케줄상의 큰 변동이 있는지를 찾아내고, 가능한 한 신속하게 정상적인 상태로 회복되도록 조정하기 위해서 시스템운행은 계속적으로 감독을 받는다. 이러한 일은 현장검사나 중앙통제소의 무선장치 또는 차량 자동점검장치에 의해서 이루어진다. 차량정비계획이 잘 되면 차량의 고장이나 차량의 부족으로 인한 운행취소를 줄일 수 있다. 차량고장과 운행취소는 이용자가 가지고 있는 신뢰도에 손상을 준다.

교통사고로부터의 안전성을 완전히 보장 받을 수는 없다. 그러나 운전자 교육프로그램이 좋으면 사고율을 현저히 줄일 수 있고, 결과적으로 신뢰도를 높이며, 재정적인 측면에서 볼 때도 이득이 크다. 범죄로부터의 안전성은 환경적인 문제이다. 범죄문제가 있는 경우에는 운수사업자와 경찰간의 협조체제가 필요하다. 지하철이나 전철에는 일반적으로 차량과 역을 순찰하는 내부경찰을 두어야 한다. 버스에서는 운전사로부터 무선으로 긴급신호나 무선 경보를 받을 수 있는 중앙통제소와 경찰 간에 통신망을 유지해야 한다.

1. U.S. DOT., *Dictionary of Public Transport*, 1981.
2. Massachusetts Bay Transportation Authority, *Service Policy for Surface Public Transportation*, Boston, Mass., 1975.
3. AASHO., *A Policy on Design of Urban Highways and Arterial Streets*, 1973.
4. HRB., *Highway Capacity Manual*, Special Report 87, 1965.
5. W.S. Homburger, *Noters on Transit System Characteristics*, Univ. of California, ITS., Information Circular 40, 1975.
6. OECD., *Bus Lanes and Busway Systems*, 1976.
7. E.C. Carter, W.S. Homburger, *Introduction to Transportation Engineering*, ITE., 1978.
8. American Public Transit Association, *Transit Fact Book.*
9. U.S. DOT., *Characteristics of Urban Transportation Systems*, Report URD. DCCO. 74.1.4, De Leuw, Cather & Co., 1974.
10. Institute for Defense Analysis, *Economic Characteristics of the Urban Public Transportation Industry*, 1972.
11. Lea(N.D.), Transportation Research Corp, *Lea Transit Compendium*, Huntsville, Ala.
12. H.S. Levinson, et al., *Bus Use of Highways*, TRB., NCHRP., Report 143 : *State of the Art*, 1973, Report 155 : *Planning and Design Guide*, 1975.
13. H.D. Quinby, “Mass Transportation Systems”, *Transportation and Traffic Engineering Handbook*, ITE., 1975.
14. J.H. Shortreed, *Urban Bus Transit : A Planning Guide*, Univ. of Waterloo, Dept. of Civil Engineering, 1974.
15. 일본교통공학연구회, 교통공학핸드북, 1983.
16. 영남대학교 공과대학, 종합도시교통계획.

1. 버스노선의 구체적인 위치 선택 시 고려사항은 무엇인가?
2. 버스정류장의 구체적인 위치 선택 시 고려사항은 무엇인가?
3. 고정승객과 선택승객의 구분이 통행목적에 따라 달라지는 이유와 그러한 예를 들어라.
4. 버스우선대책을 시행하는 논리적 근거를, 주행 중일 때 1인당 도로사용률을 기준으로 설명하라.
5. 버스운행에서 서비스 질을 좌우하는 구체적 요인으로는 어떤 것이 있는가?

제13장

교통 프로젝트의 평가

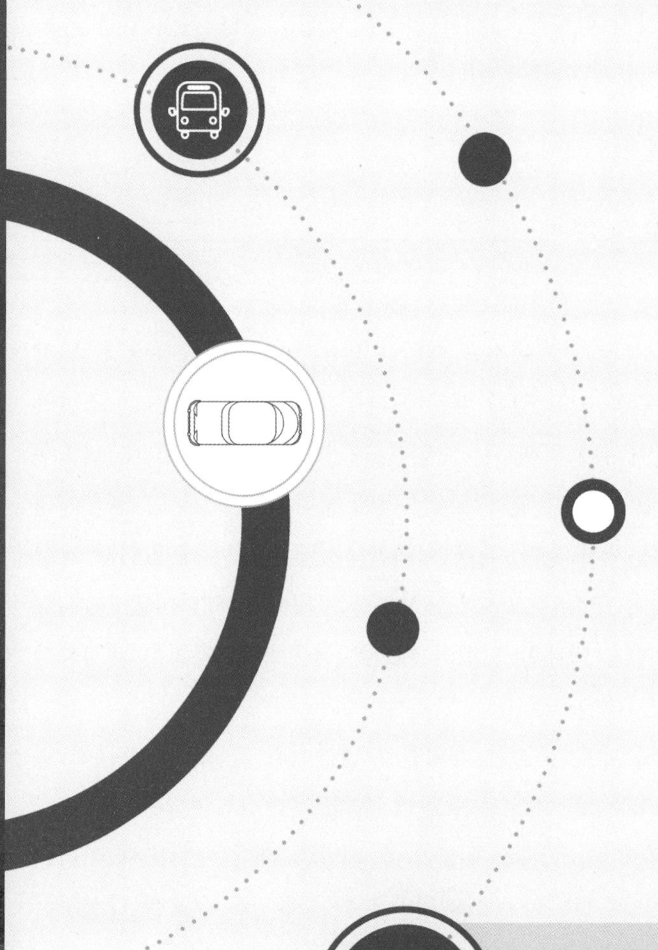

교통프로젝트의 평가란 그 프로젝트의 타당성(妥當性)을 평가하여 여러 계획안 중에서 가장 좋은 대안을 선택하는 행위, 즉 의사결정 행위를 돕기 위해 자료를 수집하고, 분석하고, 조직화하는 과정을 말한다. 평가란 의사결정 그 자체가 아니라 분석, 계획, 설계를 의사결정과 연결시켜 주는 기술적인 과정이다.

따라서 의사결정자는 교통프로젝트의 비용과 그 프로젝트로 인한 경제적 효과뿐만 아니라 사회적·문화적인 효과에 대한 많은 정보를 알아야 한다.

교통프로젝트의 여러 가지 영향중에서도 의사결정을 하는 데 있어서 가장 중요하고 결정적인 것은 그 프로젝트의 비용과 경제적 효과이다. 이 장에서는 여러 가지의 경제적 비용과 효과 중에서 특히 계산이 쉬운 몇 가지 항목에 대해서 설명을 하고, 경제외적인 영향을 포함하여 평가하는 방법은 맨 마지막 절에 언급이 된다.

13.1 계획대안의 개발

장래의 교통수요를 충족시키는 교통망과 교통수단 대안은 많이 있다. 또 교통발생, 토지이용 및 교통시설이 서로 밀접한 관련을 맺고 있기 때문에 이들 교통망은 그 수요를 조절하기도 한다. 그러나 최적시스템을 찾아내기 위해서는 수많은 대안을 모두 만들어 비교할 수는 없고, 그 중에서 몇 개의 대안만을 만들어 평가하는 수밖에 없다. 그러므로 그러한 계획대안을 어떻게 만드는가 하는 것이 문제가 된다. 다행히 대안을 만들어내는 데 있어서 가장 기본적인 출발점은 기존교통망과 이미 내정된 교통망을 사용하는 것이다. 왜냐하면 현재 있는 대규모 투자시설을 사용하지 않거나, 막대한 노력과 예산을 들여 만든 계획을 폐기한다는 것은 비현실적이기 때문이다.

내정된 시스템을 기초로 하더라도, 매우 졸렬한 계획안이 만들어질 가능성은 충분히 있다. 이와 같은 계획안은 적절한 평가과정을 거치는 동안에 제척될 것이다. 이와 같은 평가기법은 종합적인 계획목적에 입각해야 하기 때문에 대안을 개발할 때에는 반드시 이러한 목적을 염두에 두어야 한다. 일반적으로 하나의 종합계획안은 다음과 같은 목표를 달성하는 것이어야 한다.

- 주어진 토지이용계획을 뒷받침하는 가장 좋은 계획안
- 지역교통의 필요성을 충족시키는 최적교통시스템

• 원하는 방향으로 개발을 촉진하면서 바람직한 토지이용 패턴을 장려하고 서비스를 제공하는 시스템

일반적으로 계획안은 다음과 같은 순서에 따라 개발된다.

① 기존 및 내정된 시스템에 장래 교통수요를 배분하여, 수요에 비해 용량이 부족한지 여부를 검토한다.
② 용량이 부족하면 이를 해소하기 위해서 기존 및 내정시스템에 새로운 시설을 추가하여 한 번 더 배분을 한다.
③ 여기서도 해결되지 않는 결함은 시스템설계를 변경하여 해결하는 방법을 모색한다.
④ 이러한 과정은 만족할 만한 시스템이라고 여겨져 다른 대안과 비교·평가할 정도에 이를 때까지 반복한다.

13.2 교통계획안의 평가개념 및 원칙

경제성 평가란 한마디로 모든 교통계획안의 경제적 타당성을 분석하고, 또 타당성이 있는 대안들 중에서도 가장 경제성이 높은 대안을 선정하는 과정을 말한다.

교통계획대안들은 각기 서로 다른 비용과 효과를 나타낸다. 일반적으로 비용을 적게 들이면 효과가 적고, 비용을 많이 들이면 효과가 크나 비용과 효과가 반드시 비례하지는 않기 때문에 이들을 비교·평가하게 된다. 여기서 문제는 그 프로젝트로부터 얻는 편익이 그 비용을 지불할 만큼 가치가 있는가 하는 것이다. 그 편익은 교통시스템의 사용자에게만 돌아가는 경우도 있고, 경우에 따라서는 그 시스템을 사용하지 않는 그 지역사회의 불특정 다수인에게 돌아가는 경우도 있다.

13.2.1 경제성 분석의 개념

대부분의 도로, 철도, 또는 대중교통수단은 민간부문보다 정부가 시설을 제공한다. 이러한 시설에 예산을 투자하는 이유는 ① 사람이나 화물을 원활히 수송함으로써 국가 전체의 경제 수준을 향상시키고, ② 국방상의 목적에 기여하고, ③ 경찰 및 소방, 의료, 등·하교, 우

편배달 등과 같은 지역사회 서비스활동을 손쉽게 하며, ④ 위락활동의 기회를 증대시키기 위함이다.

교통시설이 건설되면 토지의 접근이 용이해짐에 따라 지가가 상승하여 지주는 이익을 얻는다. 또 차량이용자는 차량운행비용이 감소되고, 통행시간이 단축되며, 사고가 감소하고, 운전 중의 쾌적성이 증대되는 이익을 받는다. 반면에 교통시설 건설은 정부나 개인이 다른 생산적인 목적에 사용할 수 있는 자원(토지를 포함해서)을 소비하고, 운행차량은 대기오염 및 소음을 발생시킨다. 자원이용측면에서 본다면 시설이용자와 이익집단이 부담하는 비용상의 절감이 모든 비용을 초과할 때 한해서 그 교통시설의 건설이 정당화된다. 교통계획안을 검토할 때 앞에서 언급한 여러 가지 요인을 모두 고려해야 하나 여기서는 경제성과 자원소모에 대한 측면만 생각하기로 한다.

교통시설의 계획안을 비교·평가하는 데 필요한 경제성 분석은 공학경제(Engineering Economy)라는 학문분야에서 발전시킨 여러 가지 기법을 통해서 이루어진다. 공학경제는 어떤 도구나 장비, 작업, 건설 및 공정을 가장 경제적으로 계획하게 하는 학문적 도구로서 경제성공학이라는 말로도 사용된다. 그러나 근본적으로 공학이라기보다 경제학의 범주에 속하기 때문에 여기서는 공학경제라는 용어를 사용한다.

공학경제는 계획하는 공사와 장비 및 공정을 분석함에 있어서 그 계획안에서 얻을 수 있는 경제적 이득과 그 이득을 생산하는 데 드는 경제적 비용을 비교하여 순 이득의 상대적인 가치를 결정하는 것이다. 계획된 어떤 프로젝트의 경제성 분석은 그 계획안의 수익성이 계속될 때까지 복리이자를 적용하여 수입과 지출을 비교하는 과정이다. 기업에서는 투자에 대한 높은 순수익을 추구하고, 공공사업에서는 그 비용보다 큰 서비스 질을 추구한다.

공공건물, 공원, 도서관, 미술관 등과 같은 공공사업에서는 현금수입을 경제성의 척도로 삼는 것이 아니라 개인적이며 사회적인 만족도를 경제성의 척도로 삼는다. 반면에 도로라든가 공익사업, 또는 수자원프로젝트에서는 현금흐름을 경제성 분석의 기초로 삼는다. 그러므로 공공투자로 이루어지는 계획안의 영향은 비시장적(non-market)이다. 즉 금전적으로 그 사업의 성패를 따질 수 없다. 도로 등과 같은 프로젝트에서는 그 효과가 시장적(market)이기도 하고(도로이용자에의 영향) 비시장적인 요소도 있다(일반적으로 사회·경제적 효과).

경제성 분석은 금전화 할 수 있는 요소만 고려하기 때문에 결국 전체의 영향 가운데 일부분만을 대상으로 한 분석이 된다. 그러므로 최고경영자는 의사결정을 할 때 이 경제성 분석의 결과와 함께 다른 요인들에 대해서도(예를 들어 공공복리, 사회적 가치, 공공정책, 미관 등) 적절한 비중을 두어 참작을 해야 한다. 경제성 분석은 의사결정을 하는 데 있어서 유일한 자료가 아니라 의사결정자가 갖추어야 하는 유용한 수단이다.

13.2.2 경제성 분석의 원리

올바른 경제성 분석을 위해서는 반드시 경제성분석의 원칙과 개념을 이해해야 한다. 여러 가지 자료를 모으고, 그 규모를 결정하고 경제성 분석에 필요한 순차적인 과정을 밟으려면 공학경제의 모든 측면을 정확히 이해해야 한다.

다음에 열거하는 개념, 원칙 및 표준은 경제성 분석의 범위를 넘어 최종적인 의사결정에서도 적용된다. 최종의사결정과정에서는 경제성 분석에서는 포함되지 않는 사회·경제적 요인도 포함 한다.

1) 완전한 객관성이 요구된다.

경제적 분석은 객관적인 분석으로서, 전문적인 분석이 요구되지만 전문가의 견해가 포함되어서는 안 된다. 전문가의 판단에는 관련된 요인의 파악 및 그 규모결정, 비용 및 편익산정, 차후 영향의 추정 및 가능한 모든 대안 파악 등이 포함된다. 객관성의 원칙에는 정직성과 윤리적 규범을 요구한다.

경제성 분석의 최종목표는 비용과 편익을 비교하여 관리자가 최종적인 의사결정, 즉 왜 개선을 해야 하며, 어떤 설계가 더 좋으며, 건설이 시작되고 사용하는 시기는 언제가 좋은가를 결정하는 데 도움을 주는 것이다. 만약 분석의 객관성이 결여된다면 관리자가 그 분석을 토대로 가장 좋은 의사결정을 할 수가 없다. 경제성 분석은 논리적이고, 합리적이며, 현실적이고, 객관적이어야 한다.

2) 경제성 분석은 관리자의 의사결정이 아니다.

분석은 모든 요인의 금전화된 가치흐름을 편견 없이 객관적으로 비교하는 것이다. 이러한 기능을 수행하는 사람은 의사결정자가 되어서는 안 된다. 어떤 사람이 분석과 의사결정의 두 기능을 모두 가지고 있을 경우에는 한 번에 한 기능만 수행하도록 해야 한다. 프로젝트 구상에 있어서 관리자 대신 설계자가 여러 가지 설계대안에 대해서 경제성 분석을 하는 경우가 있다. 경제적 분석은 그 프로젝트의 비시장 특성, 일반대중의 성향 및 정치적인 영향에서 벗어나야 의사결정자가 바른 결정을 내릴 수 있다. 이러한 비시장 요인은 분석하는 사람이 아니라 의사결정자가 고려하는 것들이다.

3) 가능한 모든 대안을 검토하라.

안전하고, 빠르고, 편리하고, 경제적인 수송서비스를 달성하는 데 있어서 가장 바람직한 해결책을 얻기 위해서는 이 목적을 달성할 수 있는 모든 가능한 대안들을 검토해야 한다. 그러나 공학적 판단결과 위치나 건설상의 어려움이 예상되면 간단한 분석 후에 그 대안을 고려대상에서 제외시킬 수 있다. 또 너무 예산이 많이 드는 대안이나 미관상에 문제가 있는 대안, 환경에 심대한 영향을 준다고 판단되는 대안들도 제외시킨다.

물리적으로나 재정적 또는 미관상 문제가 없다고 판단되는 대안들은 다음 단계로 더욱 상세한 분석에 들어간다. 이 단계가 진행되는 과정에서도 어떤 대안은 배제될 수 있다. 도로노선의 위치선정 시 그 노선의 위치조정이나 확장 및 인접한 지선의 변경 등을 고려하지 않고 그 노선의 위치선정에만 관심을 쏟는 수가 있으므로 미리 유의해야 한다.

4) Do Nothing 대안도 고려해야 한다.

여러 가지 개선대안에 대한 경제성 분석이 필요한 것과 마찬가지로 아무런 개선도 하지 않고 현 상태를 그대로 유지하는 것도 하나의 대안으로서(null alternative) 다른 대안들과 비교되는 기본조건이 된다. 마찬가지로 현재시설을 그대로 이용할 것인가, 폐기할 것인가도 검토해 보아야 한다.

현 상태를 유지하는 것과 어느 한 계획안의 경제성을 비교하는 것은 결국 그 계획안의 경제적 타당성 정도를 결정하는 것이라 할 수 있다. 그러나 여러 가지 계획안들을 서로 비교할 때는 프로젝트의 경제적 구상을 목표로 해야 한다. 여기서 궁극적인 목표는 여러 계획안들이 갖는 경제성의 차이를 파악하는 것이다.

5) 시장 요인과 비시장 요인을 분리해야 한다.

경제성 분석에서는 경제적 요인이 아닌 전반적인 경제 및 사회적 영향은 고려하지 않는다. 여기서 경제적 요인인 금전화가 가능한 것이며(시장 요인), 전반적인 경제 및 사회적인 영향은 금전화가 불가능한(비시장 요인) 것들이다. 관리자의 최종의사결정에서 좋은 결과를 얻으려면 육감이나 가정이 아닌 철저한 금전화된 가치를 토대로 하여 경제성 분석을 해야 한다.

6) 모든 과거의 투자는 무시해도 좋다.

경제성 분석이 미래에 대한 분석이라고 말한 것처럼 과거의 조치, 과거의 현금흐름 및 비용 등은 무시해도 좋다. 모든 과거에 이루어진 조치들은 현재상태에 포함되어 있다. 지금

결정해야 할 것은 경제적으로 바람직한 미래의 결과를 만들어내는 데 있다.

이 개념은 과거가 미래를 예측하는 데 도움이 되지 않는다는 말은 아니다. 더욱이 과거의 작업이 계획대안의 비용을 산출하는 데 어느 정도 영향을 미친다. 예를 들어 기존교량을 확장하고 보강하는 대안이 있다면, 기존교량을 건설한 과거의 비용, 즉 매몰비용(sunk cost)은 고려되지 않는다.

7) 모든 요인에 대해서 동일한 시간대를 사용한다.

비용과 편익에 대한 분석은 같은 시간대에 대한 것이어야 하며, 할인율도 같은 시간대에 대해서 비교되어야 한다. 예를 들어 계획된 도시우회도로와 도시지역을 통과하는 기존노선의 경제성을 비교할 때, 우회도로를 분석할 때 사용되는 미래시간대와 같은 시간대에 대한 기존노선 교통량과 기타 영향들을 분석해야 한다.

8) 분석기간은 확실한 예측기간을 초과해서는 안 된다.

교통시설의 경제성 분석기간은 다음과 같은 3가지 기준, 즉 ① 그 시설의 서비스수명(service life), ② 경제수명(economic life), ③ 신뢰성 있는 교통여건 예측기간 중에서 가장 짧은 기간을 기준으로 삼는 것이 좋다.

이 중에서 서비스수명은 일반적으로 경제수명보다 훨씬 길며, 또 경제수명은 경제성 분석을 통해서 구할 수 있지만 교통시설의 경우 대개 20~30년으로 보면 좋다.

경제성 분석은 미래에 대한 분석이기 때문에 분석기간을 정하는 데 있어서 믿을 수 없거나 근거 없는 기간까지(예를 들어, 서비스수명 100년까지) 연장해서는 안 된다.

경제성 분석에서 특히 중요한 것은 교통조건의 예측이다. 교통량, 차종구성 및 교통상황을 비교적 신뢰성 있게 예측할 수 있고, 또 다른 모든 요소들의 불확실성을 줄이려면 20년 정도의 분석기간을 사용하는 것이 합당하다.

9) 분석에서 모든 요인을 동일한 시간에 대해서 할인한다.

각 대안에서 현금흐름은 다른 시간에 다른 크기로 일어난다. 이들을 비교하기 위해서는 이 요인들을 같은 시간에서의 등가 또는 비교 가능한 값으로 바꾸어 주어야 한다. 이러한 할인과정은 복리이자와 현재가 개념에 따라 적절한 이자율을 사용해서 이루어진다.

10) 대안 간의 차이점이 의사결정을 좌우한다.

대안들 간의 모든 요인이 같고 예상되는 영향도 같다면 이들 대안들 중 어느 것을 택해도 상관이 없다. 만약 대안들 간에 투자에 대한 요인 또는 결과에 대한 요인이 다르거나, 혹은 두 가지 요인들이 모두 다르다면 이 차이점을 면밀히 검토해야 한다.

도로개선에 관한 대안은 여러 가지 있을 수 있으며, 그 중에서 현 상태, 즉 기존도로를 그대로 유지하는 대안이 있고, 또 기존도로를 폐기하고 새로운 도로를 건설하지 않는 대안도 있을 수 있다. 때에 따라서는 기존도로를 확폭 또는 축소하는 대안도 있을 수 있다.

11) 크기가 같은 공통요소는 생략해도 좋다.

예를 들어 계획하는 노선을 관리하고 순찰하는 데 드는 연간 일반경비가 기존도로의 그것과 같거나 별 차이가 없으면 경제성 분석에서 이러한 요소를 제외시켜도 좋다. 마찬가지로 모든 대안에서 비시장적 요인에 대한 영향이 비슷할 때 이들 요인을 자세히 분석할 필요가 없다.

12) 모든 비용에서 모든 편익을 뺀 순가치를 사용하라.

건설비용과 금전화 가능한 영향을 분석하는 데 있어서 분석에 필요한 자료는 순비용과 순영향이어야 한다. 또 시장가격요인과 기회비용 및 이득을 포함해야 하고, 이중계산이나 전환 및 누락이 없어야 한다. 부지를 취득하는 데 있어서 순비용이란 토지매입 및 건물비용에다 건설하기 이전에 받은 임대수입 및 건물매매대금 등의 수입을 뺀 것이다. 고속도로는 교통을 유인하는 대신에 통행거리가 늘어나는 대가를 치르므로 이 효과도 분석에 포함되어야 한다. 마찬가지로 교통시설 개선에 조금이라도 영향을 받는 모든 영향은 분석에서 충분히 평가되어야 한다.

13.2.3 교통시설의 비용

교통시설을 건설하거나 개선하는 데 드는 시설비용은 초기투자비용과 유지관리, 운영 및 행정에 필요한 계속비용으로 구성된다. 초기투자비용은 교통시설의 설계, 부지구입 및 건설에 소요되는 비용을 말한다. 계속비용 중에서 시설의 유지관리 및 운영비용은 그 시설의 경제수명 동안에 발생하는 비용으로서 유사한 프로젝트에서의 경험자료로부터 얻을 수 있다.

일반적으로 경상비용, 즉 행정비용, 계획수립비용 및 총 경비(overhead cost) 등은 경제성 분석에서 제외된다. 왜냐하면 어떠한 대안이 선택되더라도 그 비용은 발생하기 때문이다. 이 밖에도 계산에서 제외되는 비용은 이미 사용된 매몰비용이다. 우리가 결정하고자 하는 것은 앞으로 무엇을 해야 될 것인가 하는 것이기 때문에 과거에 이미 투자된 비용은 기정사실로 보고 계획에서는 이를 무시한다.

전가비용(transferred cost)을 고려할 때에는 이중계산을 하지 않도록 유의해야 한다. 예를 들어 어떤 프로젝트에서 민간건설회사가 자신의 비용으로 도로부지 내에 있는 어떤 시설을 철거한다면, 프로젝트의 예산에서 나가는 비용은 아니지만 경제적 자원이 소모되었으므로 분석에 포함시키되 그 민간회사의 계정에서는 이를 제외시켜야 한다.

대부분의 투자사업에서 그 프로젝트의 경제수명 또는 서비스수명을 판단하고 그 후의 잔존가치를 추정해야 한다. 잔존가치란 경제수명 끝에 남아 있는 가치를 말한다. 그러나 도로에 대한 경제성 분석에서는 이 값을 무시하는 경우가 많다.

교통프로젝트 평가에 포함되는 사용자비용에는 차량운행비용, 통행시간비용 및 교통사고비용이 있다. 이 비용들은 종종 편익을 계산할 때 사용된다. 즉 교통시설이 개선되면 사용자비용이 줄어들고, 결국 인지가격(perceived price)이 낮아지므로 수요곡선에서 사용자편익이 생기게 되기 때문이다.

(1) 차량운행비용

차량운행비용은 주행거리에 따라 증가한다. 이러한 범주 내에 드는 운행비용에는 연료비, 타이어마모비용, oil비용, 정비수리비용 및 감가상각비용 중에서 마모에 의한 부분 등과 같은 직접비용이다. 고정 비용, 즉 면허세, 등록세, 주차비용, 보험 및 감가상각비용 중에서 자연적인 가치하락 부분은 주로 시간에 따라 달라지나 어떤 기간(예를 들어, 1년) 동안에는 일정하므로 km당 비용으로 따질 때에는 연간주행거리에 따라 감소된다. 또 속도에 따라 달라지는 비용(또는 가치)도 있다. 예를 들어 운전자 및 승객의 통행시간비용은 속도가 증가할수록 줄어든다. 반면에 주행거리에 따라 달라지는 운행비용 중에서 연료비, oil비 및 타이어마모비용 같은 것은 속도와 교통혼잡에 의해서도 영향을 받는다.

여기서 말하는 비용 중에서 주로 주행거리와 속도에 따라 달라지는 주행비용(running cost)이 도로개선사업에 큰 영향을 받는다. 따라서 도로의 경제성 분석에서는 각 계획대안의 주행비용만 고려한다. 주행과 관계가 없는 고정비용은 다른 대안에서도 꼭 같이 소비되기 때문이다.

1) 연료비

어떤 한 차량에서 주행 km당 연료비용은 운전자의 운전기술, 엔진 튠업상태, 속도, 교통혼잡도, 노면, 경사, 곡선반경 및 편구배, 정지시간 및 정지횟수, 기후, 표고 등에 따라 달라진다. 차량 간에는 차의 연령, 중량, 크기, 엔진과 변속기의 효율 및 조정상태, 운전자의 운전기술에 따라 주행비용이 달라진다. 낮은 속도에서는 엔진효율이 감소하고, 높은 속도에서는 공기저항과 내부마찰 때문에 연료소모가 증가한다. 교통이 혼잡할 때의 가속 및 감속, 경사, 곡선반경, 노면상태 등은 연료소모에 영향을 준다.

2) 타이어마모비용

타이어마모는 속도에 비례해서 증가하며, 마모비용은 감속, 정지, 가속, 곡선부 및 모서리 운행, 오르막길, 비포장노면에서 크게 증가한다.

3) Oil비용

도로 구조가 오일소모에 미치는 영향을 알아내기는 매우 어렵다. 포장도로에 비해 토사도로에서의 오일소모가 더 크다는 것은 분명하다.

4) 정비수리비용

정비수리비용이 총 주행비용에서 차지하는 비율은 비교적 크다. 이 비용은 도로 및 운행상태, 차량소유자의 정비수리능력, 차량의 연령 등에 따라 좌우된다. 정비수리비용 중에서도 도로에서 운행되는 부분만을 포함시켜야 한다. 사고로 인한 정비수리비용은 여기에 포함되지 않는다.

5) 감가상각비용

감가상각비용은 도로를 운행함에 따라 차량마모에 의한 것과 차량의 연령이 오래됨으로 인한 자연적인 가치절하가 있으나 경제성 분석에서는 앞의 부분만 고려한다. 이 비용이 총 주행비용에서 차지하는 비율은 매우 크다.

6) 교통혼잡에 따른 비용

교통량이 증가하면 평균주행속도가 감소할 뿐만 아니라 가·감속 및 정지가 반복해서 일어난다. 이때 추가적인 연료소모 및 오일소모가 생기며, 브레이크 및 타이어마모가 더 커지고 정비수리비도 증감한다.

7) 도로구조에 따른 비용

2차로 도로에서 시거제약으로 고속차량이 저속의 차량을 추월하기 위해서는 감속 및 가속을 반복해야 하기 때문에 발생하는 비용을 고려해야 한다. 도로의 오르막경사에서는 연료를 더 많이 소모하며, 곡선부에서는 편구배와 횡방향 마찰로 인해 타이어 마모가 크게 증가한다. 지금까지 언급한 주행비용은 모두 고급 노면포장에 대한 것이었으나, 노면상태가 자갈이나 사질토인 경우에는 주행비용이 증가한다.

(2) 통행시간 및 시간가치

“시간의 가치”란 다른 말로 바꾸어 “그 시간 동안에 생산된 상품의 가치 또는 그 시간 동안에 얻은 서비스의 가치”로 표현할 수 있다. 만약 교통수단의 속도가 빨라서 통행시간이 절약되면 출발 이전 시간이나 도착 이후의 절약된 시간에 다른 가치 있는 활동을 할 수가 있고, 이때 그 활동의 가치를 시간가치라 볼 수 있다.

도로의 경우 도로이용자는 거리가 좀 더 멀고 운행비용이 더 드는 한이 있더라도 통행시간이 가장 짧은 노선을 선택하려는 경향이 있다. 이와 같은 욕구는 교통수단을 선택하는 데서도 나타나며 요금을 더 지불하더라도 더 빠른 교통수단을 이용하려고 한다. 이때 절약되는 통행시간 대신 더 지불하게 되는 요금수준, 즉 절약된 시간의 가치가 얼마인가 하는 것은 개인의 소득수준과 통행목적, 환경, 가용한 시간의 길이, 시간절약의 신뢰도 등에 좌우된다.

1) 시간가치

차량의 통행시간이 짧아지면 절약되는 시간만큼의 가치는 생기지만, 이와 반대로 빠른 속도로 인해서 차량운행비용이 커지므로 이 두 가지를 함께 고려해야 한다. 승용차의 시간절약은 자원절약으로 볼 수 없기 때문에 시간절약은 그냥 시간단위로 나타내는 것이 좋다. 만약 시간절약의 가치를 금액으로 계산한다면, 시간당 가격이 얼마인지를 반드시 언급해야 한다.

지금까지 설명한 것은 개인승용차를 기준으로 한 것이지만, 만약 버스나 화물트럭 또는 택시의 관점에서 본다면 수익률이 통행시간의 가치를 결정하는 결정적인 요소가 된다. 화물트럭의 시간절약은 자원의 절약을 의미한다. 이 절약은 운전자나 동승한 조수의 노임과 설비투자, 화물투자, 화물의 시간가치, 그 차량의 감가상각 중에서 시간에 관련된 부분에 영향을 준다. 일반적으로 화물차량은 개인승용차보다 통행시간가치를 평가하는 기준이 명확하다. 즉 화물차량은 현금수입과 현금지출을 감안하여 이익을 위해 운영되기 때문에 이 현금의 흐름이 통행시간의 가치를 계산하는 기준이 된다.

시간가치는 또 통행시간의 길이와 소득수준과도 관계가 된다. 예를 들어 10시간에서 1시간 절약되는 가치와 2시간에서 1시간 절약되는 가치가 다를 것이다. 또 절약되는 시간의 크기에 따라서도 그 가치가 다르다. 만약 시간절약이 5분 정도밖에 되지 않는다면 그 가치를 인지하기 어렵기 때문에 절약가치가 거의 없다. 그러나 시간절약이 제법 크면(예를 들어 15분 이상) 이때의 경제적 가치는 매우 클 것이다.

절약되는 통행시간이 매우 적더라도 이를 전체교통량에 대해서 누적하여 금전화하면 그 가치는 매우 커진다. 사실상 도로프로젝트에 경제적 타당성 분석에서 시간절약가치가 절대적인 비중을 차지한다. 통행시간의 절약이 경제적 편익을 나타내기는 하나 이를 금전화하는 데에는 아직도 논란의 소지가 많다. 어떤 사람들은 통행시간 절약가치를 금전화할 때 상업용(경제적 활동에 사용되는) 차량에 대해서만 적용해야 한다고 말하기도 하다.

2) 통행시간 단축비용

통행시간의 가치만 따질 것이 아니라 통행시간을 단축시키는 데 소요되는 도로개선비용을 계산하면 좋다. 이러한 접근방법은 두 가지 장점이 있다. 첫째, 교통프로젝트에서 승용차 1대당 1시간 단축하는 데 드는 도로비용을 계산함으로써 통행시간가치를 설정하지 않고도 프로젝트대안의 우선순위를 결정하는 기준을 마련할 수 있다. 둘째, 통행시간 단축에 드는 도로비용을 분석하면 경제성 조사에 사용되는 시간의 최소가치가 설정된다. 연간 건설계획 가운데 하나하나씩 건설해 나가는 프로젝트 중에서 시간단축을 위한 도로비용이 가장 높은 프로젝트가 통행시간의 최소가치를 갖는다고 본다.

예를 들어 여러 개의 건설프로젝트 중에서, 통행시간 단축을 위한 도로비용으로 나타낸 승용차 통행시간 단축가치가 승용차 대·시간당 8,000원이 되는 프로젝트가 있다고 가정을 한다. 이용자는 그와 같은 가격으로 통행시간을 사게 되므로 이 값이 사실상 최소시간가치가 된다(이용자 중에는 이보다 더 높은 시간가치를 갖는 사람도 있을 것이기 때문에 이 값이 최소가치가 된다). 따라서 도로개선계획의 경제성 분석을 할 때 최소시간가치로 사용된 시간단축에 드는 도로비용을 기준으로 하여 그 계획을 포기할 것인가 받아들일 것인가를 결정할 수 있다.

통행시간 단축을 위한 도로비용을 구하는 일은 어렵지 않다. 이 값은 총 도로개선비용에서 도로이용자편익(화물차량의 통행시간가치 포함)을 뺀 순개선비용으로부터 구한다. 통상적인 경제성 분석에서 사용하는 방법으로 도로비용의 연균등액을 구하고 여기서 연균등가 차량비용의 절감액과 사고감소 및 화물차량 통행시간 단축가치를 뺀다. 여기서 남은 값을 분석기간 동안의 승용차 통행시간에 관한 연균등가 단축시간으로 나눈다. 그렇게 되면 순편익(차량운행비용 감소, 사고비용 감소, 화물차량 통행시간 절감에 따른)이 연균등가 도로비용을 초과하게 되는 프로젝트에서는 승용차 통행시간 단축을 위한 도로비용이 부의 값을 갖게 된다. 어떤 개선사업에서는 주행속도가 높기 때문에 차량운행비용이 증가된다. 이처럼 속도가 증가하면 차량운행비용이 증가하고, 또 승용차 통행시간의 도로비용을 증가시킨다.

(3) 교통사고비용

교통사고의 경제적 비용을 알기 위해서는 프로젝트의 경제수명 동안에 일어날 수 있는 사고의 종류와 그 크기를 예측해야 하고 각 경우에 대한 경제적 가치를 추정할 수 있어야 한다. 재산피해와 부상사고는 보험회사자료를 이용하여 그 가치를 평가할 수 있다. 사망사고의 경우, 인명의 가치를 금전적으로 나타낼 수는 없지만 통상 사망자가 장래 벌어들일 수 있는 소득으로 나타내거나 보험회사의 자료를 이용한 사망자에 대한 평균보험금으로 나타낸다.

1) 사고단위비용

경제성 분석을 할 때 포함되는 교통사고비용은 재산피해, 치료비, 소득손실, 보험회사경비 중 사고와 직접적으로 관련이 되는 비용이다. 그러나 이들을 금액으로 환산할 때에는 이중계산을 하지 않도록 특별히 주의해야 한다. 예를 들자면 치료비와 보험금 지불을 모두 비용으로 계산하면 이중계산이 된다. 또 매우 특이하게 높은 배상청구비용은 계산에서 제외시킨다.

교통사고의 사회적 영향에는 피해자 자신, 또는 부모, 자식, 친척 및 친구들의 고통과 슬픔이 있으나 이들은 자원소비를 하는 것이 아니므로 비시장 및 금전화할 수 없는 것들이다. 그렇다고 의사결정을 하는 과정에서 이들 사회적 비용을 무시하라는 말은 아니다. 단지 임의로 금전화시키면 그렇지 않아도 어려운 의사결정을 더욱 어렵게 만들게 된다는 것이다.

일반적으로 경제성 분석 목적상, 교통사고는 그 심각성에 따라 3개의 범주로 나누어진다. 즉 이들은 사망관련사고, 부상관련사고, 재산피해야기사고로 나눌 수 있다. 대개 사망관련사고에 의한 비용보다는 부상관련사고에 의한 비용이 훨씬 더 많기 때문에 경제적인 관점에서 보면 사망관련사고를 감소시키는 데만 중점을 두는 것은 옳지 않다.

사고단위비용을 계산함에 있어서 어떤 항목이 포함되느냐 하는 데 대한 의견은 아직도 사람마다 다르고, 또 이 비용을 계산하기 위한 정확한 자료를 얻기가 어려워 추정 값에 많은 차이가 있을 수 있다.

2) 장래의 사고예측

경제성 분석에서 사고비용을 고려하기 위해서는 기존시설과 계획된 시설 간에 교통사고가 얼마나 차이가 나는지를 추정해야 한다. 기존도로의 교통사고자료는 현황조사를 통해서 얻을 수 있으며, 계획된 도로의 교통사고는 이와 유사한 도로에서의 교통사고자료를 토대로 하여 예측한다.

오늘날까지도 도로의 종류, 교통량 및 특성에 따른 사고감소와 경사 및 곡선반경, 차로폭 및 차로수, 중앙분리대 및 갓길의 폭, 가드레일설치 등과 같은 도로의 구성요소에 따른 사고감소를 예측한 자료들은 매우 단편적이다. 이를 예측하는 데에는 회귀분석방법을 시도한 사람도 있으며, 유사한 시설에서의 사전·사후조사 결과를 이용하여 사고예측을 하기도 한다.

(4) 개인적 성향

운전자나 승객의 승차감 또는 만족도에 영향을 주는 요인들은 쾌적성과 편리성, 긴장 및 불쾌감, 교통류의 내부마찰 등이 있다. 이러한 항목들은 그 통행이 즐겁고 만족스러우며 바람직한 것인지 혹은 그것이 성가시고 짜증스러우며 불만족스럽거나 육체적이며 정신적인 피로를 가져오는 것인지를 객관적으로 평가하기 위한 것들이다. 또 이들은 운전 중의 쾌적감, 편리성, 긴장감, 저항감 등에 대한 것들로서 이것을 극복하기 위해서 기꺼이 대가를 지불할 수 있는 것들이다. O-D 조사에 의하면 운전자는 통행거리나 통행시간이 더 길더라도 고속도로를 이용하는 것을 선호한다. 또 혼잡한 노선을 무료로 통행하기보다 유료도로를 선호하는 운전자가 많다. 이러한 현상으로 봐서 운전자는 쾌적감과 편리성에 금전적인 가치를 부여한다고 볼 수 있다.

도로설계에서 평탄한 포장, 적절한 편구배를 갖는 평면곡선, 높은 기어(gear)로 오를 수 있는 종단구배, 고속에서의 추월시거, 넓은 포장 폭, 넓은 갓길, 넓은 중앙분리대 등을 설치함으로써 최소의 노력으로 쾌적하게 차량을 운전하게 할 수 있다. 이와 같이 교통제어 및 도로설계를 운전자에 편리하게 함으로써 운전 중의 의사결정 횟수를 최소로 줄일 수 있다.

오늘날의 도로는 운전자가 즐거운 기분으로 운전하게 하기 위하여 양 방향이 분리되었으며, 조경 및 경관에 신경을 써서 건설된다. 반면에 터널이나 지하차도를 위시하여 많은 도로는 시끄럽고 운전하기에 쾌적하지 못하다. 이와 같은 요인은 비록 중요하기는 하지만 비계량적이어서 경제성 분석에서 제외된다.

가끔 공원이나 위락시설 및 사적지에 대한 접근을 용이하게 하기 위해서 도로개선사업을 벌인다. 이러한 투자에서 나오는 편익 역시 비계량적이지만 경제성 분석에서 비계량적인 항목으로 언급하는 것이 좋다.

13.2.4 도로사용자의 편익

교통수단을 이용하는 승객은 속도, 쾌적성 및 편리성을 매우 중요시하기 때문에 지금까지의 교통개선사업은 거의가 이 요소들을 개선하는 것이 주요 목적이었다. 여기서 쾌적성과 편리성은 비시장적 요인이기는 하나 이러한 요인에 대해서 기꺼이 대가를 지불하는 사실로 미루어 보아 사실상 시장 요인으로 볼 수 있다. 단지 이들이 시장경쟁에서 가격이 형성되는 것이 아니기 때문에 비시장 요인으로 분류될 따름이다.

교통시설이 건설 또는 개선되었을 때 그 시설을 이용하는 사람이 받는 편익에는 다음과 같은 것이 있다.

① **차량 운행비용의 절감**: 운행비용에는 연료비, 오일비용, 차량수리비, 감가상각비, 인건비, 관리비 등이 있으며, 교통시설의 개선으로 인해 주행조건의 향상, 주행거리의 단축으로 차량의 운행비용이 감소된다.

② **통행시간의 단축**: 통행거리가 단축되거나 통행속도가 높아져 통행시간이 단축된다.

③ **교통사고의 감소**: 도로 및 교통여건이 개선되고, 운전자의 피로가 감소됨으로 말미암아 교통사고가 감소된다.

④ **쾌적성의 증대**: 도로 및 교통여건이 개선되어 운전자와 승객의 쾌적성이 커진다.

⑤ **화물의 손상 감소 및 포장비 절감**: 운행 중인 차량의 충격이 감소하여 수송 중인 화물의 손상이 줄어들 뿐만 아니라 포장비도 절감된다.

⑥ **운전자의 피로도 감소**: 운전자의 정신적, 육체적 피로도가 감소된다.

13.2.5 비사용자에 미치는 영향

개발된 지역을 통과하는 고속도로는 그 지역에 경제적인 영향을 준다. 고속도로로 인해 지역이 분할되기 때문에 분할된 지역간의 통행이 어려워져서 통행비용이 증가하고, 심지어는 각 지역별로 별도로 필요한 시설을 건설해야 할 경우도 생기게 된다. 이를 위한 추가비용도 계획된 프로젝트의 영향에 포함시켜야 한다. 일반대중의 관점에서 본다면 그 비용을 정부나 개인기업에서 부담해야 하므로 별것은 아니지만, 만약 그 비용이 개선사업 때문에 생긴 것이라면 경제성 분석에 포함되어야 한다. 고가차도나 인터체인지의 필요성을 검토하고, 만약 그것이 필요하다면 그 위치와 형태를 결정하는 데에도 방금 설명한 것과 꼭 같은 논리가 적용되어야 한다.

도로개선이 토지가격과 토지로부터 나오는 수입에 영향을 주므로 여러 가지 어렵고 논란의 여지가 있는 문제점이 제기된다. 어떤 경우, 도로개선으로 천연자원이나 토지에 대한 접근이 쉬워지게 되는 것이 경제적 이득이 된다는 것은 말할 필요가 없다. 여기서 그 이득이 이중계산되지 않도록 유의해야 한다. 예를 들어 외딴지역으로 접근하는 도로는 그 곳의 토지이용을 변화시켜 토지가격을 상승시키고 농작물 수입이나 다른 경제활동을 증대시킨다. 이 두 가지 영향을 모두 다 고려한다면 같은 편익을 이중계산하는 결과가 된다. 이와는 다른 경우로서, 새로운 도로 주위에서의 토지가격 상승과 기업활동의 증대효과는 다른 지역에서의 토지가격 하락과 기업활동의 위축으로 서로 상쇄될 수도 있다. 이것은 경제적 이득이 생겼다기보다 편익의 전가가 일어났다고 보기 때문에 교통경제 분석가들은 이와 같은 편익을 경제성 분석에 포함시키려 하지는 않는다.

고속도로나 주요 도로는 소음과 대기오염 생태계에 영향을 준다. 소음에 관련된 비용은 도로 주위에 소음벽을 설치하는 비용으로 계량화될 수 있다. 그러나 현재까지는 소음이나 대기오염 및 기타 효과의 경제적 비용을 계량화할 수 없어 비시장적인 영향으로 취급한다.

도로개선사업으로 주민이 이사를 가고 근린지역이 훼손되는 것은 도시고속도로의 부정적인 영향중에서 가장 중요한 것이다. 이러한 주거생활의 훼손을 보상하기 위한 중앙 혹은 지방정부의 입법활동을 통해서 경제적 또는 사회적 비용을 줄이기 위한 부분적인 대책을 마련할 수 있다. 그러나 현재까지는 그 영향들을 계량화할 수 없을 뿐만 아니라 잘 알려져 있지도 않다.

비사용자가 받는 전반적인 영향은 경제가 갖는 전반적인 복합요인들을 포함하며, 장기간에 걸쳐서 발생되는 것이 특징이다. 그러나 이 효과가 발생하기 위해서는 다른 교통시설투자뿐만 아니라 산업기반조성에 필요한 다른 관련투자가 동시에 이루어져야 한다. 또 이익을 받는 사람과 손해를 보는 사람을 구분하기 힘들고, 경제력의 파급특성과 중복 및 상쇄되는 경향 때문에 전가효과는 변한다. 여기서 또 중요한 것은 누구의 관점으로부터 보느냐 하는 것도 생각해야 한다. 도로주변지역은 사업규모와 고용 면에서 유리하지만 다른 지역에서는 사업규모가 축소되고 고용을 잃을 수고 있다. 도로주변지역의 지가는 상승되고 멀리 떨어진 지역에서는 그 반대현상이 일어난다.

간접영향 중에서 특히 중요한 것은 다음과 같다.

1) 기존도로의 혼잡완화

교통혼잡이 발생하는 교통시설과 병행하여 새로운 교통시설이 건설되면 기존시설로부터 신설노선으로의 전환교통이 발생하여 기존도로의 혼잡이 줄어든다. 따라서 기존노선의 운행비용이 절감되고 수송시간이 단축된다.

2) 산업개발효과

교통조건이 개선되어 기존의 산업지구보다 유리한 입지조건을 갖는 산업이 교통시설 주변에 새로이 건설된다. 이 효과를 산업개발효과라고 하며, 이로 인해 산업의 지방화(localization effect of industry)가 촉진된다. 또 이 교통시설 주변지역에 있는 기존산업도 생산능력이 확대된다.

3) 도시인구의 분산

교통시설의 개선 및 신설은 대도시에서의 출퇴근시간을 단축하여 도시인구의 교외이전을 가능케 하므로 대도시 주변에 위성도시가 형성된다. 도시인구의 분산이 산업의 분산과 병행하게 되면 지방의 도시화(urbanization effect)가 촉진된다.

4) 시장권의 확대

교통시설의 개선 및 신설로 운행비용의 절감, 수송시간이 단축되면 지금까지의 한계공급지 또는 한계수요지가 한층 더 먼 거리로 바뀌고, 잠재적 공급지 또는 수요지가 개발되어 그 교통시설 주변지역의 시장권이 확대된다.

13.3 교통계획안의 경제성 평가기법

경제성 분석을 하기 전에 교통서비스의 수요와 공급 간의 관계를 알 필요가 있다. 예를 들어 어떤 도로구간이나 교량건설과 같은 특정 교통프로젝트를 생각해 보자. 나아가 이 시설을 이용하는 운전자에게 부과되는 비용, 즉 연료비, 통행료, 통행시간, 정비수리비 및 기타 실제 혹은 인지실지출비용(perceived out-of-pocket cost)을 알 수 있다고 가정한다. 우선 앞 장에서 설명한 방법을 사용하여 여러 가지 사용자비용에 대한 교통량(수요)을 계산할 수 있어야 한다. 우리는 그 시설을 이용하는 비용이 감소함에 따라 교통량은 증가할 것이라는 것을 직관적으로 알 수 있을 것이다. 이러한 관계는 [그림 13-1]에서 보는 바와 같이 특정 운전자그룹에 대한 그 시설의 수요곡선으로 나타낼 수 있다. 수요곡선은 아래위로 이동될 수 있고, 또 이용자의 소득수준이나 통행목적에 따라 그 경사가 달라질 수도 있다. 만약 그

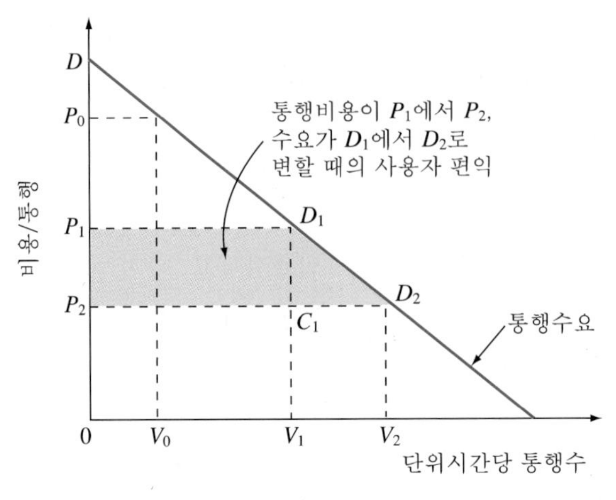

그림 13-1 통행의 수요곡선

곡선이 위로 이동되면 이는 더 많은 비용을 지불하고도 그 시설을 이용할 수 있는 높은 소득수준의 수요곡선을 나타낸다. 만약 그 곡선의 기울기가 수평에 가깝게 되면 이는 수요가 매우 탄력적인, 즉 비용의 조그만 변화에도 교통량이 크게 변함을 나타낸다. 만약 그 기울기가 수직에 가까이 이르면 이는 수요가 매우 비탄력적인, 즉 비용이 크게 변하더라도 수요는 크게 변하지 않음을 나타낸다. 예를 들어 휘발유값은 비탄력적이라고 알려지고 있는데, 이는 휘발유값이 오르더라도 사람들은 자동차를 계속해서 굴리려 하기 때문이다.

이 시설에서의 통행비용을 P_1이라 하면 단위시간당 통행수는 V_1이 되고, 그 기간 동안의 모든 이용자 총 비용은 $P_1 \times V_1$이 된다. 이것은 이 그림에서 사각형 $OP_1D_1V_1$의 면적과 같다. 이 수요곡선에서 보는 바와 같이 V_1에서 한 사람을 뺀 모든 사용자는 실제 이 비용보다 더 많이 지불할 수도 있다. 예를 들어 V_0만한 크기의 사용자들은 그 시설을 이용하는 데 P_0를 기꺼이 지불할 것이나 실제로는 이보다 적 P_1을 지불했다. 수요곡선 아래의 면적 ODD_1V_1은 V_1만한 크기의 사용자들이 기꺼이 지불할 수 있는 비용이다. 여기에다 V_1 이용자들이 실제로 지불하는 비용 $OP_1D_1V_1$을 뺀 나머지 P_1DD_1의 면적은 그 시설의 현재 이용자가 얻는 경제적 편익을 나타내며, 이를 소비자잉여(consumer surplus)라 한다.

그 시설의 개선으로 인해 시설이용비용이 P_2로 줄어들었다고 가정을 하면 총 사용자비용은 $P_2 \times V_2$가 되며 소비자잉여는 P_2DD_2가 된다. 따라서 이러한 개선에 의한 순편익은 P_2DD_2에서 P_1DD_1을 뺀$P_2P_1DD_2$가 된다. 이 면적은 두 개의 부분으로 이루어진다. 그 첫째는 처음의 통행량 V_1이 지불하는 총비용의 감소로 인한 편익 $P_2P_1D_1C_1$이며, 둘째는 비용이 낮아지므로 인해 생기는 새로운 사용자 $V_2 - V_1$의 소비자잉여, 즉 $C_1D_1D_2$이다.

개선된 교통시설이용자의 순편익은 다음 식 (13.1)과 같이 나타낼 수 있으며, 이 값은 개선에 투입된 비용과 비교된다.

$$B_{1-2} = \frac{1}{2}(P_1 - P_2)(V_1 + V_2) \tag{13.1}$$

여기서, B_{1-2} : 교통시설이용자의 순편익

P_1 : 개선되기 이전의 사용자비용

P_2 : 개선된 후의 사용자비용

V_1 : 개선되기 이전의 교통량

V_2 : 개선된 후의 교통량

대부분의 경우 실제로 수요곡선을 만들기는 매우 어렵다. 그래서 위의 예에서 경제성 계산에 사용되는 교통량의 값은 시설이 개선된 후에 그 시설을 사용하는 교통량으로 대신한다. 즉 식 (13.1)의 $(V_1 + V_2)/2$ 대신에 V_2값을 사용하여 다음과 같이 나타내는 것이 보통이다.

$$B_{1-2} = (P_1 - P_2)V_2 \tag{13.2}$$

따라서 이 값은 식 (13.1)에서 구한 값보다 과대평가되는 경향이 있다.

교통시설개선의 경제적 가치를 생각하기 위해서는 개선비용을 계산하고, 이것과 그 시설의 현재 상태를 유지하는 비용을 비교한다. 그러한 방법 중의 하나는 비교되는 대안의 비용 차이 또는 증분비용(incremental cost)을 구하고, 이를 편익의 차이 또는 증분편익(incremental benefit)과 비교하여 편익의 차이가 비용의 차이보다 크면 그 대안은 타당성을 가진다. 다른 한 가지 방법은 각 대안의 총비용(사용자비용과 시설비용을 합한)을 구하여 그 값이 가장 적은 대안을 선정하는 것이다. 경제적 기준을 사용하여 최적대안을 선정하는 방법은 그 밖에도 몇 가지가 있으나 뒤에 다시 설명된다.

교통프로젝트의 경제성을 평가하는 데는 앞에서도 설명한 바와 같이 여러 가지 방법이 있으나, 그 중에서도 가장 계량화하기 쉬운 직접효과를 측정하여 이를 분석하는 편익-비용분석법(benefit-cost analysis)이 가장 기본이 된다. 이와 같은 편익-비용분석법에는 순현재가(net present worth, NPW)방법, 연균등가(equivalent uniform annual worth, EUAW)방법,

편익-비용비(benefit-cost ratio, B/C비)방법, 내부수익률(internal rate of return, ROR 또는 IRR) 방법이 있다.

이들 중에서 어떤 방법을 사용하더라도 각 대안의 경제적인 우선순위를 구하는 데 있어서 같은 결과를 얻을 수 있다. 그러나 사용하는 방법을 선택하는 데 있어서 고려해야 할 사항은 (i) 가용한 자료의 형태, (ii) 편익 또는 수입액을 알 수 있는지 여부, (iii) 의사결정자의 취향 및 필요로 하는 정보의 내용 등이다.

B/C비 방법은 공공사업의 건설, 유지관리 및 운영에 드는 비용보다 거기서 나오는 편익이 더 많아야 한다는 단순하고도 명확한 결과를 보기 위해서 널리 사용되는 방법이다. 의사결정자에 따라서는 연간예산과 관련시켜 생각하기 위해서 연균등가(EUAW)방법, 즉 연간편익에서 연간비용을 뺀 값으로 나타내는 것이 더욱 의미가 있을 수도 있다. 프로젝트 수명동안의 모든 비용과 편익의 크기를 명확히 알기 위해서는 순현재가(NPW)방법을 사용하는 것도 좋다. 수익률법(ROR)은 투자액에 대한 수익률을 직접 비교하는 데 매우 편리한 방법이다. 연균등가 방법은 순현재가에 자본상환계수 즉 현재의 가치를 연간균등가로 나타내는 계수를 곱하여 얻으므로 여기서는 자세한 설명을 생략한다.

13.3.1 이자율의 결정

경제성분석에 이용되는 이자율의 선택은 매우 중요하다. 여기서의 이자율은 명목상 이자율로서 인플레이션으로 인한 영향은 무시한다. 이자율이 높을수록 순편익이 적어지며 이자율이 내부수익률과 같을 때 비용과 편익은 같아진다. 물론 이자율이 내부수익률보다 크면 그 프로젝트는 수행할 필요가 없다. 이자율이 높으면 프로젝트의 수명이 길 때보다 짧을 때가 더 유리하다. 만약 초기투자가 크고 운영비용이 적은 프로젝트와 초기투자가 적고 운영비용이 큰 프로젝트가 있을 때 이자율이 높을수록 운영비용이 크게 할인되어 그 중요성이 적어지므로 후자가 유리하다.

(1) 시장이자율

이자율이 0이 될 수 없다는 것은 상식이나 그렇다고 여러 가지 상황에서 어떤 값을 사용해야 할 것인가에 대해서는 단정적으로 말 할 수 없다. 경제학의 관점에서 볼 때 이자율은 시장이자율을 사용하는 것이 바람직하다. 시장이자율은 각종 경제단위의 경제활동에서 일관성을 유지하는 역할을 수행한다. 한 국가의 모든 경제단위(개인이든 공공기관이든 간에)

가 어떤 곳에 투자를 하고자 할 때 어떤 주어진 연도의 수익률을 계산할 것이다. 어떤 경제학자는 모든 사람이 같은 기준의 수익률, 즉 일반이자율을 사용해야 한다고 주장한다. 그렇게 되면 수익률이 일반이자율보다 큰 프로젝트는 시행할 가치가 있고 그렇지 않으면 시행할 가치가 없다[그림 13-2].

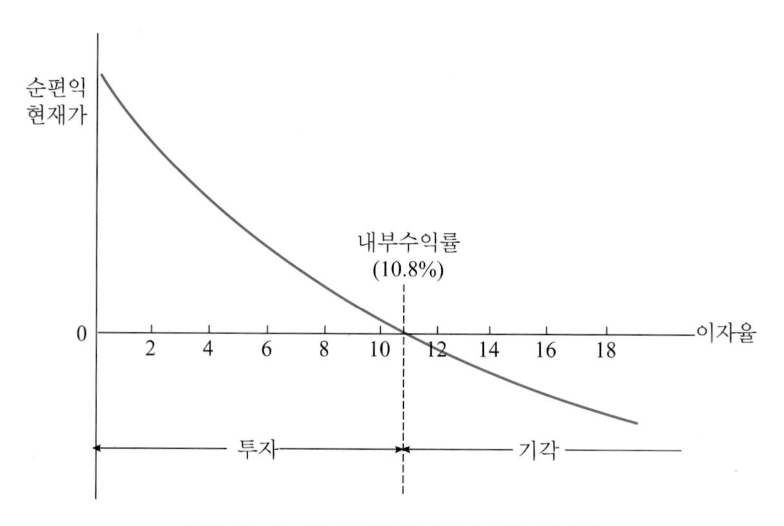

그림 13–2 각 이자율에서의 순편익 현재가

개별 프로젝트를 생각할 때 시장이자율을 사용하든 또는 내부수익률을 계산하여 시장이자율과 비교하든 상관없다. 만약 시장이자율을 사용하여 순편익이 정(正)의 값이면 그 프로젝트는 시행할 가치가 있다. 만약 내부수익률은 계산한 값이 시장이자율보다 크면 그 프로젝트 역시 시행해도 좋다. 시장이자율은 그 프로젝트의 기회비용의 척도가 된다. 만약 어떤 프로젝트의 수익률이 시장이자율보다 적다면 그 프로젝트는 기각되고 최소한 시장이자율 수준의 수익률을 갖는 프로젝트를 찾을 것이다. 따라서 시장이자율이 높을수록 프로젝트의 기회비용은 커진다.

수익률이 시장이자율보다 큰 투자기회는 아주 많을 수도 있다. 그렇게 되면 투자를 위한 자본수요는 시장이자율을 초과하게 되어 시장이자율이 상향조정된다. 이러한 조정은 시장기능에 의해서 이루어지든 시장에 영향을 미치는 공공기관에 의해서 행해지든 상관없다.

이자율을 생각할 때 그 프로젝트를 위한 자본비용(capital cost)을 반드시 고려해야 한다. 자본비용이란 개인기업에서는 주식이나 사채를 발행한다든가 또는 대부를 받는다든가 하여 외부로부터 자본금을 조달하기 위해 필요한 비용이다. 일반적으로 자본비용을 나타내는 복합률(composite rate)은 수익률보다 훨씬 높다. 왜냐하면 어떤 기업이든지 프로젝트에 따르는 위험부담과 미래에 대한 불확실성 때문에 복합률보다 얼마 높지 않는 수익률을 가진 프로젝트에는 투자하기를 기피하기 때문이다. 자금 대부를 받을 때 장단기 이자율이 다를 수 있다. 아무튼 각 프로젝트는 그 부채를 프로젝트의 경제수명과 같은 기간 동안 빌린다고 가정할 때의 이자율을 적용하여 평가되어야 한다.

이자율은 또 차용자가 개인기업 인가, 공공기관 또는 정부기관인가에 따라 달라진다. 또 차용자의 신용도에 따라 이자율이 달라질 수도 있다. 공공투자기관은 개인기업보다 낮은 위험부담률을 적용받아야 한다고 주장하는 사람이 있는 반면에 공공기관에서 실제로 지불하는 이자율이 되어야 한다고 주장하는 사람도 있으나, 미국에서는 5년 이상의 정부채권에 사용되는 평균이자를 적용하는 수가 많다. 문제는 얼마나 많은 투자가 공공기관에서 이루어져야 하는가 인데 이자율이 낮을수록 더 많은 프로젝트에 투자된다.

(2) 최저기대수익률(MARR)

개인기업은 투자분석에서 갚아야 하는 돈보다 적은 이자율(수익률)을 사용하지 않으려 한다. 실제로 기업이 투자를 분석하는 데 있어서 예를 들어 15% 정도의 매우 높은 수익률을 사용하는 것이 일반적이다. 그러나 그와 같은 이자율은 추정과정의 불확실성 때문이다. 미래비용은 과소평가되고 편익은 과대평가될 수 있다. 이와 같은 편익을 인정하기 때문에 투자분석에서 높은 이자율을 사용한다. 이처럼 기업의 투자분석에 사용되어 투자여부의 기준이 되는 높은 이자율을 최저기대수익률(minimum attractive rate of return)이라 한다. 이것은 투자에서 얻은 편익에 대한 납세 후의 순편익을 나타내는 연간 자본상환율의 하한선으로서 투자한 사람이 수락할 수 있는 최소 수익률을 말한다.

최저기대수익률(MARR)을 결정하는 문제는 과거 수십 년간 논쟁의 대상이 되어 왔으나 아직까지는 이것을 합리적으로 결정하는 방법이 고안되지 못한 상태이다. 결정된 MARR은 기업의 이윤목표를 나타내기 때문에 대개 기업 최고경영자의 판단에 의한다. 또한 이러한 판단은 기업의 경영진이 현재의 재정상태와 장차 투자기회를 어떻게 보고 있는가에 근거를 두어서 내려지게 된다.

만일 MARR이 너무 높게 책정되면 수익성이 많은 투자기회들을 포기하게 될 것이며, 또 너무 낮게 책정되면 수익성이 낮거나 손해 볼 수도 있는 투자기회들까지도 수락하게 된다. 그러므로 MARR을 정할 때는 너무 높거나 낮지 않게 적절한 타협점을 찾아야 한다.

MARR을 선정하는 한 방법은 현재 고려되고 있는 어떤 투자제안 이외에 어떤 다른 투자기회들의 수익률 중에서 최고의 수익률을 MARR로 삼는다. 그러므로 예를 들어 MARR은 은행예금 이자율보다 높아야 하는데, 그 이유는 기업 내에 아무런 투자기회가 없더라도 언제든지 은행예금에 투자할 수 있는 기회는 있기 때문이다. MARR을 선정할 때 또 한 가지 고려할 사항은 투자에 필요한 자본이 한정되어 있기 때문에 적절한 MARR을 정해줌으로써 수익률이 높은 투자기회부터 우선적으로 투자하게 된다. 도로와 같이 공공기관에서 수행하는 프로젝트에서는 가용예산으로 수행할 수 있는 우선순위가 제일 낮은 프로젝트의 납부수익률이 바로 MARR이 된다.

자본배분의 개념은 장기간에 걸친 투자에 대한 의사결정에도 적용될 수 있다. 모든 사업에는 기복이 있기 때문에 MARR을 결정해 줌으로써 사업이 안 되는 해에 수익성이 낮은 프로젝트에의 투자를 막고 그 자본을 사업이 잘 되는 해에 수익성이 높은 곳에 사용되게 할 수 있다.

또 MARR은 프로젝트의 성질에 따라 다른 율이 사용될 때도 있다. 예를 들어 감가상각되는 고정자산에 투자할 때는 25%를 요구하고 다른 회사를 흡수하는 등 기업의 확장을 위해서는 35%의 MARR을 기준으로 할 수 있다. 또한 실패할 위험률이 높은 프로젝트에는 높은 MARR값을 쓰고, 경영진이 어떤 특정분야의 프로젝트에 투자하고 싶어 한다면 투자를 권장하기 위해서 낮은 MARR을 정할 수 있다. 또 자금의 수요가 공급보다 커지면 이 값을 높여야 할 것이고, 다른 회사에서 이 값을 높여 주면 자기회사도 따라서 높여줄 때도 있다.

13.3.2 순현재가(NPW)방법

순현재가방법은 여러 가지 방법 가운데 가장 간단하고 사용하기 쉬운 방법으로서 프로젝트수명 동안의 모든 비용과 편익을 현재가치로 나타낸다. 즉 장래의 주기적인 비용과 편익도 현재시점에서의 가치로 나타낼 수 있다.

순현재가란 모든 편익의 현재가치에서 모든 비용의 현재가치를 뺀 것을 말한다. 이 값이 +이면 프로젝트는 이자율 또는 기대수익률보다 높은 수익을 올릴 수 있다는 것을 뜻한다. 서로 독립적인 대안들을 비교할 때 순현재가가 큰 것이 가장 좋은 대안이 된다.

순현재가를 나타내는 식은 다음과 같다.

$$\mathrm{NPW} = \sum_{n=0}^{N} (B_n - C_n)(P/F)_n + S(P/F)_N \tag{13.3}$$

여기서 B_n : n 연도의 편익(연말계산)

C_n : n 연도의 비용(연말계산)

S : N 연도 말의 잔존가치

N : 프로젝트의 경제수명

$(P/F)_n$: n 년(연말계산)에 발생한 일시불의 현재가계수로서 $1/(1+i)^n$ 의 값이다.

만약 비용이나 편익이 매년 A 만한 크기로 처음 해부터 N 년까지 균등하게 발생한다면, 이것의 현재가는 다음과 같이 계산된다.

$$\mathrm{PW} = A(P/A)_N \tag{13.4}$$

여기서 $(P/A)_N$ 은 균등액 현가계수로서 $\dfrac{(1+i)^N - 1}{i(1+i)^N}$ 의 값이다.

이 방법의 일반적인 적용성과 한계성은 다음의 예제를 푼 다음에 설명하는 것이 이해하는 데 더욱 도움이 될 것이다.

예제 13.1 다음과 같은 7개의 대안(do-nothing 대안 포함) 중에서 NPW 방법을 사용하여 가장 경제적인 대안을 찾아내어라. 경제수명은 모두 20년이며, 기대수익률은 8%, 잔존가치는 없다고 가정한다.

대 안	초기건설비용	유지관리비용 (연간균등)	도로사용자비용 (연간균등)	도로사용자편익[1] (연간균등)	NPW[2] (해 답)
A	-	60	500	-	-
B	800	70	280	220	1262
C	1,000	55	250	250	1503
D	1,300	52	225	275	1478
E	1,350	48	220	280	1517*
F	1,500	46	210	290	1485
G	1,650	46	195	305	1482

주: 1) 도로사용자편익은 do-nothing 대안 A 의 도로사용자비용과의 차이이다. 즉 B 도로의 사용자비용이 280이므로 기존도로에 비해 사용자비용이 220 절감되는 편익을 얻는다.
2) 대안 A 와 비교한 것이다.

풀이
- 기대수익률 $i = 8\%$
- 균등액 현가계수 $(P/A)_{20} = 9.818$

$$\mathrm{NPW_B} = -800 - (70-60)(P/A)_{20} + 220(P/A)_{20} = 1262$$

$$\mathrm{NPW_C} = -1000 - (55 - 60)(P/A)_{20} + 250(P/A)_{20} = 1503$$

$$\mathrm{NPW_D} = -1300 - (52 - 60)(P/A)_{20} + 275(P/A)_{20} = 1478$$

$$\mathrm{NPW_E} = -1350 - (48 - 60)(P/A)_{20} + 280(P/A)_{20} = 1517$$

$$\mathrm{NPW_F} = -1500 - (46 - 60)(P/A)_{20} + 290(P/A)_{20} = 1485$$

$$\mathrm{NPW_G} = -1650 - (46 - 60)(P/A)_{20} + 305(P/A)_{20} = 1482$$

따라서 대안 E가 가장 경제적인 대안이다.

(1) 적용성

이 방법은 B/C비 방법이나 ROR 방법과는 달리 모든 대안 간에 증분분석을 할 필요가 없다. 왜냐하면 어느 한 대안의 NPW값이 크면 그 대안이 경제적으로 좋다는 결론을 바로 내릴 수 있기 때문이다. 설령 두 대안 간의 증분분석을 하더라도 여기서 얻은 증분값으로 두 대안의 우열은 가릴 수 있어도 그 대안들의 경제적 타당성을 판정하지는 못하기 때문에 결국은 각 대안에 대한 독자적인 NPW값을 구하여 비교함으로써 최적안을 선택할 수 있다.

(2) 한계성

이 방법은 각 계획안의 전체적인 수익액을 나타내기는 하지만 그 수익률을 알 수는 없다. 그런 의미에서 본다면 ROR 방법보다 못하다. 경영의 측면에서 본다면 수익률을 알 필요성이 크기 때문이다.

이 방법은 프로젝트의 평가는 물론이고 프로젝트를 경제적으로 구상하는 데도 사용될 수 있으나(예를 들어, 통행료를 얼마로 해야 할 것인가를 구상하는), 프로젝트를 구상할 때, 같은 서비스수준을 제공하지 않는 대안이 있을 경우 이를 고려하지 않고 서로 비교하지 않도록 유의해야 한다. 서비스수준이 다르면 그 두 대안의 순현재가의 차이가 경제적인 설계로 인하여 초기투자(또는 유지관리비용)를 줄였기 때문인지, 아니면 서비스수준이 나빠 교통량이 적어짐으로 인해 사용자비용이 줄어들었기 때문인지를 판단해야 한다. 예를 들어 위의 예제에서 대안B의 서비스수준이 낮아 교통량이 예측값보다 10% 줄면 사용자비용은 250이 되고, 따라서 그 대안의 순현재가는 1,550이 되어 가장 좋은 대안으로 선택될 수도 있다.

결론적으로 NPW 방법은 교통프로젝트, 특히 도로의 경제성 분석에 사용하기에 적합하지 않다. 근본적으로 B/C비 방법이나 ROR 방법 대신에 NPW 방법을 사용하는 경우는 의사결정자가 비계량화 기준을 더 중요시하여 판단하고 사용자편익에 대하여 통행료를 받을 수 있을 경우이다.

13.3.3 편익-비용비(B/C비) 방법

프로젝트비용의 현재가에 대한 편익의 현재가 비를 나타내는 방법이다. 이 방법은 교통프로젝트 투자에 비해 사회에 미치는 편익이 어느 정도인지를 나타내고 싶을 때 사용된다. B/C비 방법은 또 한 대안으로부터 다른 대안으로의 증분비용에 대한 증분편익을 B/C비로 나타내어 두 대안을 비교하는 데 사용된다. 즉

$$증분(B/C)_{2-1} = \frac{B_{2-1}}{C_{2-1}} \tag{13.5}$$

여기서, B_{2-1} : 대안 1, 2의 사용자 및 운영비용의 절감효과로서 높은 비용(대안 1)에서 낮은 비용(대안 2)을 뺀 값으로 현재가 또는 연균등액으로 표시

C_{2-1} : 높은 건설비용(대안 2)에서 낮은 건설비용(대안 1)을 뺀 값으로 현재가 또는 연균등액으로 표시

이와 같은 증분 B/C비가 1보다 크면 높은 건설비용을 갖는 대안이 경제적으로 더욱 타당하다는 것을 의미하며(그러나 그 대안 자체가 경제적 타당성이 있다는 것은 아니다. 그것을 알기 위해서는 do-nothing 대안과 비교하여 그 대안만의 B/C비를 구해야 한다), 증분 B/C비가 1보다 적으면 높은 건설비용을 갖는 대안이 나쁘다는 의미로서 그 대안은 폐기된다.

증분 B/C비를 사용하기 위해서는 먼저 각 대안의 비용과 편익에 대한 현재가(또는 연균등액)를 구해야 한다. 또 계획안은 초기투자건설비용의 크기순서로 나열하되 do-nothing 대안을 맨 처음에 두어야 한다.

이 방법을 알기 쉽게 설명하기 위해서 앞에서 든 예제를 중심으로 설명한다.

대안 ①	초기비용	유지관리[1] 편익(연간)	사용자[1] 편익(연간)	B/C비 ②	증분비교 ③	증분 B/C비 ④	결 론 ⑤
A	0	-	-	-	-	-	*A*보다 *B*가 우수
B	800	-10	220	2.6	*B*-*A*	2.6	*B*보다 *C*가 우수
C	1,000	5	250	2.5	*C*-*B*	2.2	*D*보다 *C*가 우수
D	1,300	8	275	2.1	*D*-*C*	0.9	*C*보다 *E*가 우수
E	1,350	12	280	2.1	*E*-*C*	1.04	*F*보다 *E*가 우수
F	1,500	14	290	2.0	*F*-*E*	0.8	*G*보다 *E*가 우수
G	1,650	14	305	1.9	*G*-*E*	0.9	∴*E*가 가장 우수

주: 1) do-nothing 대안(*A*)과 비교한 것으로서 *A*의 비용보다 감소한 것을 편익으로 본다.

예제 13.2 앞의 예제에서 B/C비 방법을 사용하여 가장 경제적인 대안을 찾아내어라.

풀이 ① : 각 대안을 초기투자비용의 순서대로 나열한다.

② : 각 대안의 A 대안에 대한 B/C비를 구한다.

균등액 현가계수 $(P/A)_{20} = 9.818$

$$(\mathrm{B/C})_{\mathrm{B}} = (-10+220)(9.818)/800 = 2.6$$

$$(\mathrm{B/C})_{\mathrm{C}} = (5+250)(9.818)/1{,}000 = 2.5$$

$$(\mathrm{B/C})_{\mathrm{D}} = (8+275)(9.818)/1{,}300 = 2.1$$

$$(\mathrm{B/C})_{\mathrm{E}} = (12+280)(9.818)/1{,}350 = 2.1$$

$$(\mathrm{B/C})_{\mathrm{F}} = (14+290)(9.818)/1{,}500 = 2.0$$

$$(\mathrm{B/C})_{\mathrm{G}} = (14+305)(9.818)/1{,}650 = 1.9$$

여기서 구한 B/C비가 1.0보다 크다는 것은 A 대안에 비해 경제성이 있다는 의미를 나타낸다. 이 값이 1.0보다 적으면 그 대안은 이 단계에서 완전히 폐기된다. 그러나 여기서 구한 B/C값이 가장 크다고 해서(대안 B) 반드시 가장 경제적인 대안은 아니라는 것에 유의해야 한다. 가장 경제적인 대안을 찾기 위해서는 다음 단계에서 설명되는 각 대안 간의 증분비교를 해야 한다.

③, ④, ⑤ : 도전(挑戰)대안의 편익과 비용에서 방어(防禦)대안의 편익과 비용을 뺀 증분편익을 증분비용으로 나누어 증분 B/C비를 구한다. 만약 이 값이 1.0보다 크면 방어대안보다 도전대안이 좋다는 뜻이므로 방어대안은 폐기(廢棄)된다. 만약 1.0보다 적으면 방어대안이 더 좋다는 뜻이므로 도전대안이 폐기되고, 그 다음 대안이 도전대안이 되어 비교된다. 이렇게 해서 끝까지 남아 있는 대안이 최적대안이다.

$$(\mathrm{B/C})_{\mathrm{B-A}} = \text{앞의 ②에서 } 2.6$$

그러므로 대안 A는 폐기되고, 대안 B와 C를 비교

$$(\mathrm{B/C})_{\mathrm{C-B}} = (255-210)(9.818)/(1000-800) = 2.2$$

따라서 대안 B는 폐기되고, 대안 C와 D를 비교

$$(\mathrm{B/C})_{\mathrm{D-C}} = (283-255)(9.818)/(1300-1000) = 0.9$$

따라서 대안 D는 폐기되고, 대안 C와 E를 비교

$$(B/C)_{E-C} = (292-255)(9.818)/(1350-1000) = 1.04$$

따라서 대안 C는 계기되고, 대안 E와 F를 비교

$$(B/C)_{F-E} = (304-292)(9.818)/(1500-1350) = 0.8$$

따라서 대안 F는 폐기되고, 대안 E와 G를 비교

$$(B/C)_{G-E} = (319-292)(9.818)/(1650-1350) = 0.9$$

따라서 대안 G는 폐기되고, 대안 E가 가장 좋은 대안이며, 이 대안의 B/C비는 2.1이다.

※ 여기서 거듭 유의해야 할 것은 ②에서 구한 값이 크다고 해서 최적안이 아니라는 사실이다. 이 값은 단지 그 대안의 경제적 타당성만을 나타내므로 1.0보다 크면 경제성이 있고 1.0보다 적으면 경제성이 없다.

④에서 구한 값이 크다고 해서 역시 가장 좋은 대안은 아니다. 이 값은 경제적인 타당성이 있는 대안 중에서 한 대안이 다른 대안에 비해 좋으냐 나쁘냐를 판별하는 수치이기 때문이다.

이 방법을 적용함에 있어서 어떤 대안이 발생시킨 절대적인 편익(예를 들어 판매수익과 같은)을 측정할 수 있을 경우에 한해서 그 대안 자체의 B/C비를 구한다. 반면에 기존상황에 비해 개선된 상대적인 편익밖에 알 수 없으면 한 쌍의 대안에 대한 비용과 편익을 비교한 증분 B/C비를 계산해야 한다. 이와 같은 경우는 다음에 설명하는 ROR 방법에서도 마찬가지이다.

이 방법에서 한 가지 유의할 것은 유지관리비용이나 운영비용 등과 같이 초기투자에 수반해서 실제 발생하는 연간비용은 부의 편익으로 간주하여 분자의 총편익에서 빼주고, 분모에는 초기투자비용만을 사용해야 한다는 것이다. 논리적으로 볼 때 이것도 지출되는 비용이므로 초기투자비용과 마찬가지로 분모에 포함시켜야 하나 경제학이나 회계학의 측면에서 볼 때 반복되는 연간비용은 분자에 포함시키는 것이 타당하다. 또, 분석의 목적이나 다른 분석방법과의 일관성을 고려해서 연간비용을 분자에 포함시켜야 한다. 같은 이유로 해서 잔존가치도 마찬가지로 양의 편익으로 분자에 포함시켜야 한다. 이와 같은 연간비용이나 잔존가치는 초기투자에 부수되는 종속적인 것이기 때문에 편익을 나타내는 분자에 포함시켜야

한다는 논리이다. 이 문제에 대한 보다 자세한 설명은 참고문헌 (3)에 잘 나타나 있다.

13.3.4 내부수익률(IRR 또는 ROR) 방법

앞에서 설명한 방법들은 모두 정해진 이자율을 사용하였지만, 이 IRR 방법은 편익과 비용을 같게 만드는 이자율, 즉 수익률을 구하여 기대하는 이자율과 비교하는 방법이다. 즉 이렇게 계산된 IRR이 기대하는 이자율보다 크면 투자할 가치가 있고, 이보다 적으면 경제적 타당성이 없는 것이다. 여기서 '내부(internal)'이란 의미는 본 프로젝트 외부에서 어떠한 경제적 가치의 유출입 활동이 없다는 의미이다.

이 방법도 B/C비 방법과 마찬가지로 각 대안에 대한 수익률을 구하여(즉, do-nothing 대안과 비교하여) 경제적 타당성을 구하고, 여기서 그 값이 기대하는 이자율보다 적으면 그 대안을 폐기시킨다.

경제적 타당성이 있는 대안들 중에서 가장 좋은 대안을 찾기 위해서는 각 대안을 한 쌍씩 비교하여 증분수익률을 구하는 것이다. 증분수익률이란 두 대안의 비용의 차이와 편익의 차이를 같다고 본 수익률을 말한다. 그러기 위해서는 do-nothing 대안을 포함하여 초기투자비용의 크기순으로 대안을 나열해야 한다.

이 방법을 보다 알기 쉽게 하기 위하여 앞에서 든 예제를 중심으로 설명한다.

예제 13.3 앞의 예제에서 ROR 방법을 사용하여 가장 경제적인 대안을 찾아내어라.

대안 ①	초기비용	유지관리[1] 편익(연간)	사용자[1] 편익(연간)	ROR ②	증분 비교 ③	증분 ROR ④	결 론 ⑤
A	0	–	–	–	–	–	
B	800	−10	220	26.1	B-A	26.1	A보다 B가 우수
C	1,000	5	250	25.1	C-B	22.3	B보다 C가 우수
D	1,300	8	275	21.5	D-C	6.9	D보다 C가 우수
E	1,350	12	280	21.3	E-C	8.5	C보다 E가 우수
F	1,500	14	290	19.8	F-E	5.0	F보다 E가 우수
G	1,650	14	305	18.9	G-E	6.4	G보다 E가 우수
							∴E가 가장 우수

주: 1) do-nothing 대안(A)과 비교한 것으로서 A의 비용보다 감소한 것을 편익으로 본다.

풀이 ① : 각 대안을 초기투자비용의 순서대로 나열한다.

② : 각 대안의 A 대안에 대한 ROR을 구한다.

$$(\mathrm{ROR})_{\mathrm{B}} = -800 + 210(P/A)^{i} = 0 \quad i = 26.1\%$$

$$(\mathrm{ROR})_{\mathrm{C}} = -1{,}000 + 255(P/A)^{i} = 0 \quad i = 25.1\%$$

$$(\mathrm{ROR})_{\mathrm{D}} = -1{,}300 + 283(P/A)^{i} = 0 \quad i = 21.5\%$$

$$(\mathrm{ROR})_{\mathrm{E}} = -1{,}350 + 292(P/A)^{i} = 0 \quad i = 21.3\%$$

$$(\mathrm{ROR})_{\mathrm{F}} = -1{,}500 + 304(P/A)^{i} = 0 \quad i = 19.8\%$$

$$(\mathrm{ROR})_{\mathrm{G}} = -1{,}650 + 319(P/A)^{i} = 0 \quad i = 18.9\%$$

여기서 구한 ROR값이 8%의 기대이자율보다 크다는 것은 A 대안에 비해 경제성이 있다는 뜻이다. 이 값이 8%보다 적으면 그 대안은 이 과정에서 완전히 폐기된다. 그러나 여기서 구한 ROR값이 가장 크다고 해서(대안 B) 반드시 가장 좋은 대안은 아니라는 것에 유의해야 한다. 가장 좋은 대안을 찾기 위해서는 다음 단계에서 설명하는 바와 같이 각 대안 간의 증분비교를 해야 한다.

③, ④, ⑤ : 도전대안과 방어대안에 대한 편익의 차이와 비용의 차이를 같다고 놓고 이때의 증분 ROR을 계산한다. 만약 이 값이 8%보다 크면 방어대안보다 도전대안이 좋다는 뜻이므로 방어대안은 폐기된다. 만약 이 값이 8%보다 적으면 방어대안이 더 좋다는 뜻이므로 도전대안이 폐기되고, 그 다음 대안이 도전대안이 되어 비교된다. 이런 과정을 계속해서 끝까지 남는 대안이 최적안이 된다.

$(\mathrm{ROR})_{\mathrm{B-A}} =$ 앞에 ②에서 26.1%

그러므로 A 대안은 폐기되고, B와 C를 비교

$$(\mathrm{ROR})_{\mathrm{C-B}} = -1{,}000 - (-800) + (255 - 210)(P/A)^{i} = 0 \quad i = 22.3\%$$

그러므로 B 대안은 폐기되고, C와 D를 비교

$$(\mathrm{ROR})_{\mathrm{D-C}} = -1{,}300 - (-1{,}000) + (283 - 255)(P/A)^{i} = 0 \quad i = 6.9\%$$

8%보다 적으므로 D 대안은 폐기되고, C와 E를 비교

$$(\mathrm{ROR})_{\mathrm{E-C}} = -1{,}350 - (-1{,}000) + (292 - 255)(P/A)^{i} = 0 \quad i = 8.5\%$$

그러므로 C 대안은 폐기되고, E와 F를 비교

$$(\mathrm{ROR})_{\mathrm{F-E}} = -1{,}500 - (-1{,}350) + (304 - 292)(P/A)^i = 0 \qquad i = 5.0\%$$

8%보다 적으므로 F 대안은 폐기되고 E와 G를 비교

$$(\mathrm{ROR})_{\mathrm{G-E}} = -1{,}650 - (-1{,}350) + (319 - 292)(P/A)^i = 0 \qquad i = 6.4\%$$

8%보다 적으므로 G 대안은 폐기되고, E 가 가장 좋은 대안이며, 이 대안의 수익률은 21.3%이다.

※ 여기서 거듭 유의해야 할 것은 ②에서 구한 값이 크다고 해서 그것이 최적안이 아니라는 사실이다. 마찬가지로 ④의 증분 ROR 값이 크다고 최적안이 되는 것이 아니다.

이 방법도 마찬가지로 프로젝트의 평가뿐만 아니라 금액으로 나타나는 편익이 있는 경우에는 프로젝트를 구상하는 데 도움을 준다. 이 방법은 최종결과가 계획안의 수익 정도를 나타내는 직접적인 지표이기 때문에 프로젝트 평가에 특히 적합하다. 따라서 대부분의 의사결정자에게는 NPW나 B/C비 방법보다는 이 방법이 더 의미가 있다.

대부분의 ROR 방법에서는 단 하나의 수익률이 구해진다. 그러나 연간 돈의 흐름(cash flow) 합계를 연도별로 구했을 때 그 부호가 두 번 이상 바뀌면 수익률은 두 가지 이상 나오거나 또는 해를 구할 수 없는 경우가 생긴다. 이와 같은 경우는 대단히 희귀한 경우로써 초기투자 후 이자율을 고려하지 않은 편익이 초기투자를 초과한 후에 바로 다시 건설투자를 하는 경우에 해당되는 것으로 교통프로젝트에는 이런 경우가 거의 발생하지 않는다.

13.3.5 기타 경제성 평가방법

자본투자계획의 경제성을 밝혀내는 데는 여러 가지 경제성 평가방법이 있으나 지금까지 설명한 4가지 방법이 그래도 다양한 계획안의 경제적 이점을 조사하는 가장 좋은 수단으로 이용되고 있다. 참고로 이들 이외에 다른 평가방법을 소개하면 다음과 같다.

(1) 등가균등 연비용(EUAC) 방법

이 방법은 분석기간 동안의 모든 투자비용, 즉 초기비용과 운영, 유지관리, 기타 경비 등에 드는 연간비용을 사용해서 분석을 하되 편익은 고려하지 않는다. 잔존가치는 분석에 포함되나 편익으로서가 아니라 자본비용의 감소로 간주한다. 이 방법은 간단하고, 또 평균 연

간비용의 의미를 쉽게 이해할 수 있기 때문에 많이 사용된다.

이 EUAC(Equivalent Uniform Annual Cost) 방법은 각 대안의 편익이 같으면서 그것을 금액으로 나타낼 수 없는 계획안의 평가에 주로 사용된다. 그러나 이 방법이 차량운행비용을 포함하는 도로프로젝트의 평가가 사용될 때에는 각 대안의 차량운행비용 감소를 편익으로 보지 않고 비용의 값에 그대로 포함시켜야 한다. 이때 차량운행비용의 감소 이외의 다른 편익은 각 대안에서 꼭 같다고 본 것이다. 예를 들어 앞의 예제에서 각 대안의 EUAC를 계산하면 다음과 같다.

$$(EUAC)_A = 560$$
$$(EUAC)_B = 800(A/P)_{20} + (70 + 280) = 431.5$$
$$(EUAC)_C = 1{,}000(A/P)_{20} + (55 + 250) = 406.8$$
$$(EUAC)_D = 1{,}300(A/P)_{20} + (52 + 225) = 409.4$$
$$(EUAC)_E = 1{,}350(A/P)_{20} + (48 + 220) = 405.5$$
$$(EUAC)_F = 1{,}500(A/P)_{20} + (46 + 210) = 408.8$$
$$(EUAC)_G = 1{,}650(A/P)_{20} + (46 + 195) = 409.1$$

따라서 E 대안이 가장 좋다.

이 방법은 계획안의 우열을 가릴 수는 있으나 경제적 타당성을 알 수가 없다. 또 두 개의 대안에 대한 증분 EUAC를 구하더라도 그 값으로 두 대안의 우열을 가릴 수는 있으나 경제적 타당성을 모르기는 마찬가지이다. 따라서 대안 간의 증분분석을 할 필요가 없다. 그러나 이 방법은 편익을 고려하지 않기 때문에 B/C비 방법이나 ROR 방법에서 고려하는 몇 가지 까다로운 문제가 생기지는 않는다. 이 방법에서 가장 유의해야 할 것은 서비스수준이 서로 다른 대안을 비교할 때이다. 즉 서비스수준이 나빠 교통량이 적은 도로는 차량운행비용이 적어지므로(도로조건이 좋아서 차량운행비용이 적어지는 것이 아니라), 결과적으로 EUAC 값이 적어져서 최적대안으로 선정될 우려가 있음에 주의해야 한다.

(2) 상환기간(payback period) 방법

이 방법은 투자비용에 대한 상환기간이 짧을수록 좋은 대안이라는 근거에서 출발한다. 상환기간이란 순편익 또는 비용절감을 이자율을 고려하지 않고 누적한 것이 투자와 같게 되는 기간을 말한다. 이 방법에 대해서는 두 가지의 중요한 반론이 생긴다. 첫째, 돈의 시간가치를 고려하지 않는 것이고, 둘째, 상환기간이 지난 후에도 계속될 수 있는 서비스의 가치를 고려하지 않는 것이다. 따라서 이 방법은 장기간에 걸친 교통프로젝트에는 거의 사용되지 않고, 분석기간이 짧은 프로젝트를 구상하는 데 사용될 수 있다.

(3) 비김분석(break-even analysis) 방법

이 방법은 비교되는 대안들의 가치를 같게 만드는 어떤 변수의 값을 비교하는 것이다. 예를 들어 토사도로와 저급 아스팔트 포장도로를 비교할 때, 두 대안의 EUAC가 같게 되는 교통량 변수를 구함으로써 상대적인 우열을 비교할 수 있다. 또 다른 예로는 어떤 도로프로젝트에서 통행료 수입과 EUAC를 일치시키는 교통량을 구함으로써 대안평가나 대안구상을 할 수 있다.

이 방법은 의사결정을 하는 기준을 개발하고 도로운영비용에 대한 관심이 잘 나타나는 경우를 찾아내는 도로관리 측면에서 많이 이용된다. 비김점(break-even point)을 나타내는 과정은 특별한 절차를 필요로 하지 않는다. 그러나 모든 변수가 모두 포함되고 적절히 평가되고 있는지 알아볼 필요가 있다.

13.3.6 경제성 평가 시 유의사항

경제성을 평가하는 데 있어서 특별히 유의해야 할 사항이 몇 가지 있다. 상호독립적인 대안이 꼭 같은 서비스수준을 제공하지 않을 경우에 발생하는 문제점들은 앞에서 잠시 언급한 바 있다. 또 때로는 대안들의 서비스수명이 다를 수도 있음에도 불구하고, 지금까지 설명한 것은 모두 같은 분석기간을 가진다고 가정했다. 뿐만 아니라 ROR 방법에서 설명한 바와 같이 연간 자금의 흐름(cash flow)에서 분석기간 도중에 부호가 두 번 이상 바뀌는 경우에는 ROR이 두 개 이상이 되거나 해가 없을 경우도 생긴다.

이와는 별도로, 정해진 연간 총 건설예산 범위 내에서 몇 개의 프로젝트를 수행하고자 할 때의 대안선정방법은 또다른 절차를 필요로 한다.

(1) 서비스수준이 다른 경우

상호독립적인 대안의 서비스수준이 서로 다를 경우에는 비용과 편익이 질적으로나 양적으로 크게 달라진다. 예를 들어 도시고속도로에 대한 4가지의 독립적인 노선위치 대안이 있다고 할 때, 각 대안이 유인하는 교통량은 서로 다르며 이때의 교통량(AADT)을 8,000, 13,500, 16,000 및 20,000이라고 하자. 여기서 EUAC로서는 이 대안들의 우열을 가리기 어

렵다. 왜냐하면 교통량이 적은 8,000대의 노선대안이 서비스수준이 낮기 때문에 가장 적은 EUAC를 나타낼 수도 있는 것이기 때문이다. 그러나 프로젝트에 영향을 받는 지역 전체의 교통량을 생각한다면, 이 교통량이 그 지역의 나머지 부분에 미치는 긍정적인 효과는 실제로 줄어들 수 있다. 이와 같은 문제는 PWC 방법에서도 마찬가지로 발생한다.

EUAW와 NPW 방법은 우열을 가리는 변수가 편익 또는 비용감소이므로 서비스수준이 균일하지 않은 대안에 적용할 수 있다. 즉, 교통량이 적은 대안은 그 지역의 다른 부분에 적은 편익밖에 주지 못하므로 비용이 적더라도 편익이 적어지기 때문이다. 이와 같은 관점에서 볼 때 B/C비 방법이나 ROR 방법도 마찬가지이다.

프로젝트를 구상하는 데 있어서는 서비스수준이 반드시 같을 필요는 없다. 왜냐하면 모든 대안은 계획하는 교통량 또는 서비스수준에 대해서 설계되어야 하기 때문이다. 프로젝트의 경제성 평가의 증분비교과정에서 볼 때에는 증분비용 또는 증분서비스가 경제적임을 말해줄 경우도 있다.

결국 경제성 평가나 프로젝트구상에 대한 최종적인 대안선택은 목표에 근거한 관리의 측면에서 결정되어야 한다. 그 노선이 국지교통을 위한 것인가 통과교통을 위한 것인가 하는 것은 기본적인 목표에 대한 문제로서 관리의 측면에서 결정되어야 할 중요한 문제이다.

서비스수준이나 교통량이 다른 대안들을 평가할 때에는 각 대안이 영향을 주는 지역 또는 교통축 내의 모든 교통비용을 사전·사후로 계산해야 한다.

(2) 서비스수명이 다른 경우

서비스수명(service life)이란 경제수명(economic life)과는 엄밀한 의미에서 서로 구별된다. 서비스수명이란 어떤 시설이 건설되어 서비스를 시작한 때로부터 서비스를 끝내고 그 시설이 폐기되거나 혹은 다른 용도로 전용될 때까지의 기간을 말한다. 따라서 서비스수명이란 사용상 이득이 있든 없든 상관없이 실제로 그 시설의 사용기간을 말한다.

반면에 경제수명이란 그 시설이 건설되어 서비스를 시작한 때로부터 그 시설을 사용하는 데 있어서 더 이상 경제적 이득을 주지 않을 때까지의 기간을 말한다. 따라서 어떤 시설의 경제수명이 끝난 후에도 대체서비스 또는 대체시설을 제공할 예산이 없어 서비스수명은 계속되는 경우도 있다. 이와 같은 관점에서 볼 때 경제수명은 경제분석을 통해서 정해지는 것이다. 즉 어떤 시점부터는 기존의 비용보다 적은 비용을 들이고도 기존과 같은 서비스를 얻을 수 있는 어떤 대안(시설 또는 서비스)이 있다고 판단되면 그 시설의 경제수명은 그 시점까지로 본다.

지금까지의 대안평가에서는 모든 대안의 서비스수명을 같다고 보았으나 실제로는 이들이 서로 다를 수도 있다. 이 경우에는 한 프로젝트의 수명이 끝난 다음, 꼭 같은 프로젝트가 계속적으로 반복되는 경우와 그렇지 않을 경우를 나누어 생각할 수 있다.

꼭 같은 프로젝트가 계속적으로 반복되는 경우에는 EUAC, EUAW, B/C비 및 ROR 방법을 사용하면 처음 한 사이클(한 서비스수명까지의 분석) 분석 값이 그대로 유지되므로 문제될 것이 없으나 NPW 방법을 사용하면 사이클이 반복되는 횟수가 증가함에 따라 그 값도 증가된다. 이럴 때에는 비교되는 두 대안의 서비스수명의 최소공배수를 구하여 그때까지 계속된 프로젝트를 평가하면 된다. 예를 들어 서비스수명이 8년인 대안과 12년인 대안을 비교할 때, 분석기간은 24년이 되어 첫째 대안은 3회 반복하고, 둘째 대안은 2회 반복한 결과를 분석한다. 그러나 만약 두 대안의 서비스수명이 17년과 23년이라면, 분석기간이 391년(사이클 횟수는 각각 23회와 17회)이나 되어 그처럼 장기간의 프로젝트가 있을 수 없어 논리적으로 타당성이 없어진다. 이와 같은 경우에는 분석절차상의 보정이 필요하다. 이와 같은 보정은 같은 프로젝트가 계속적으로 반복되지 않는 경우에 있어서의 모든 평가방법에도 적용된다.

분석기간을 일치시키는 절차는 서비스수명이 짧은 대안을 기준으로 하여 이보다 긴 수명의 대안은 짧은 대안의 기간 이후에 남은 가치(편익 또는 비용)를 잔존가치로서 분석기간에 포함시키는 것이다. 그러나 이자율이 높고 프로젝트의 서비스수명이 길면 프로젝트 간의 수명 차이가 크더라도 분석에 큰 영향을 미치지는 않는다. 예를 들어 이자율이 20%일 때 서비스수명 20년의 자본상환계수(A/P)값은 0.2054이지만 수명 30년은 0.2009로써 2%의 차이밖에 없다. 달리 표현하면 이자율이 클 때 프로젝트의 수명을 20년으로 예측하든 30년으로 예측하든 큰 차이를 나타내지 않는다.

(3) 예산상의 제약이 있는 경우

지금까지는 한 프로젝트 내의 여러 대안들 가운데 최선의 대안을 선택할 때 그 대안을 실행하는 데 필요한 예산은 제약을 받지 않는다는 가정과 그 프로젝트는 반드시 실행되어야 한다는 가정에 기초를 둔 것이었다. 그러나 한 해의 총 건설예산은 한정되어 있고, 또 실행해야 할 프로젝트가 여러 개일 수도 있으므로 결국 여러 프로젝트의 여러 대안들을 함께 비교할 필요성이 생긴다.

따라서 가장 경제적인 대안이지만 예산부족으로 실행되지 않을 수도 있고, 또 경제성이 적더라도 비용이 적게 드는 하나 혹은 몇 개의 프로젝트들을 동시에 실행해야 할 수도 있다. 이때의 목표는 한 프로젝트의 순편익을 최대로 하는 것이 아니라 정해진 예산범위 내에서 총 순편익을 극대화하는 것이다.

1. Robley Winfrey, *Economic Analysis for Highways*, 1969.
2. E.L. Grant, W.G. Ireson, *Principles of Engineering Economy*, 1960.
3. G.A. Taylor, *Managerial and Engineering Economy-Economic Decision Making*, 1964.
4. E.L Grant, C.H Oglesby, "Economy Studies for Highways", *HRR*. 306, HRB., 1961.
5. G.W. Smith, *Engineering Economy : Analysis of Capital Expenditures*, 1973.
6. N.J. Ashford, J.M. Clark, "An Overview of Transport Technology Assesment", *Transportation Planning and Technology*, Vol. 3, No. 1, 1975.
7. I.G. Heggie(ed.), *Modal Choice and the Value of Travel Time*, Oxford : Clarendon press, 1976.
8. *Introduction to Transport Planning*, New York : UN. 1967.
9. J.M. Thompson, *Modern Transport Economics*, London, 1974.
10. H.A. Adler, "Economic Evaluation of Transport Projects", *Transport Investment and Economic Development*, Washington, D.C., 1965.
11. H.A. Adler, *Economic Appraisal of Transport Projects*, Indiana Univ. press, 1971.
12. J.L. Schofer, D.G. Stuart, "Evaluating Regional Plans and Community Impacts", *Journal of the Urban Planning and Development Division*, ASCE., March 1974.
13. M. Hill, "A Goals-Achievement Matrix for Evaluating Alternative Plans", *Journal of the American Institute of Planners*, Vol. 34, Jan. 1968.
14. "Land Use/Transportation Study : Recommended Regional Land Use and Transportation Plans", Planning Report, No.7, Vol. III, Southeastern Wisconsin Planning Commission, Nov. 1966.
15. N. Lichfield, "Cost Benefit Analysis in City Planning", *Journal of the American Institute of planners*, Vol. 26, 1968, and "Cost Benefit Analysis in Urban Expansion : A Case Study, Peterborough", *Regional Studies*, Vol. 3, 1969.
16. D.G. Stuart, W.D. Weber, "Accommodating Multiple Alternatives in Transportation Planning", *TRR*. No.639, TRB., 1977.

17. R.J. Paquette, N.J. Ashford, P.H. Wright, *Transportation Engineering-planning and design*, 2nd ed, 1982.

1. 도로개선으로 인해 단축되는 통행시간 가치를 편익으로 하여 대안을 비교하는 방법보다 통행시간을 단축시키는 데 소요되는 도로개선 비용을 계산하여 대안을 비교하는 방법의 장점을 열거하라.
2. 공공사업의 경제성 분석에 사용되는 이자율을 정할 때 어떤 기준을 사용하면 좋은가? 또 민간사업의 경제성 분석에 사용되는 최저기대수익률은 어떤 기준으로 정하는 것이 좋은가?
3. 편익-비용비가 가장 크거나 내부수익률이 가장 높다고 가장 좋은 대안이 될 수 없는 이유를 예를 들어 설명하라.
4. 최적대안은 순현재가 방법으로 비교적 간단히 선정할 수가 있는데, 구태여 편익-비용비 방법이나 내부수익률 방법으로 대안을 비교하는 이유는 무엇인가?
5. 도로건설로 인해 도로이용자가 얻는 편익에는 어떤 것이 있는가?

찾아
보기

[ㅁ]

[ㅂ]

[ㅋ]

[ㅌ]

[기타]

교통공학

2017년 12월 20일 1판 1쇄 펴냄 | 2022년 9월 13일 1판 2쇄 펴냄
지은이 도철웅
펴낸이 류원식 | **펴낸곳** **교문사**

편집팀장 김경수 | **표지디자인** 신나리 | **본문편집** 오피에스 디자인

주소 (10881) 경기도 파주시 문발로 116(문발동 536-2)
전화 031-955-6111~4 | **팩스** 031-955-0955
등록 1968. 10. 28. 제406-2006-000035호
홈페이지 www.gyomoon.com | **E-mail** genie@gyomoon.com
ISBN 978-89-6364-329-8 (93530)
값 31,500원